Python Qt

GUI与数据可视化编程

王维波 栗宝鹃 张晓东 ◎ 著

人 民 邮 电 出 版 社

北 京

图书在版编目（CIP）数据

Python Qt GUI与数据可视化编程 / 王维波，栗宝鹃，张晓东著. -- 北京 : 人民邮电出版社，2019.9
ISBN 978-7-115-51416-5

Ⅰ. ①P… Ⅱ. ①王… ②栗… ③张… Ⅲ. ①软件工具—程序设计 Ⅳ. ①TP311.561

中国版本图书馆CIP数据核字(2019)第111445号

内 容 提 要

本书介绍在 Python 中使用 PyQt5 和其他模块进行 GUI 和数据可视化编程的方法。第一部分介绍 PyQt5 设计 GUI 程序的基本框架，包括 GUI 应用程序的基本结构、窗体 UI 可视化设计与窗体业务逻辑的设计、信号与槽的特点和使用等。第二部分介绍 GUI 程序设计中一些主要功能模块的使用，包括基本界面组件、事件处理、数据库、绘图、多媒体等。第三部分先介绍使用 PyQtChart 和 PyQtDataVisualization 进行二维和三维数据可视化设计的方法，再介绍将 Matplotlib 嵌入 PyQt5 GUI 应用程序窗口界面中进行数据可视化的编程方法。通过研读本书，读者可以掌握使用 PyQt5、PyQtChart、Matplotlib 等模块进行 GUI 应用程序和数据可视化设计的方法。

本书适合具有 Python 编程基础，并想通过 Python 设计 GUI 应用程序或在 GUI 应用程序中实现数据可视化的读者阅读和参考。

◆ 著　　　　王维波　栗宝鹃　张晓东
　　责任编辑　杨海玲
　　责任印制　焦志炜

◆ 人民邮电出版社出版发行　　北京市丰台区成寿寺路 11 号
　　邮编　100164　电子邮件　315@ptpress.com.cn
　　网址　http://www.ptpress.com.cn
　　北京九州迅驰传媒文化有限公司印刷

◆ 开本：800×1000　1/16
　　印张：31.5　　　　　　　　2019 年 9 月第 1 版
　　字数：745 千字　　　　　　2024 年 8 月北京第 20 次印刷

定价：99.00 元

读者服务热线：(010)81055410　印装质量热线：(010)81055316
反盗版热线：(010)81055315
广告经营许可证：京东市监广登字 20170147 号

前　言

　　Python 作为一个开源的解释型编程软件，在教学、科研、实际项目中用得越来越多。Python 易学易用，程序资源丰富，在编程解决一些科学计算问题时比较实用，但是 Python 自带的 Tkinter 包设计 GUI 程序的功能比较弱，无法设计专业的 GUI 应用程序。

　　Qt C++类库是一套广泛使用的跨平台 GUI 设计类库，PyQt5 是 Qt5 C++类库的 Python 绑定，使用 PyQt5 在 Python 里编程，可以将 Python 丰富的科学计算、图形显示等功能与 PyQt5 的 GUI 设计功能结合起来，开发出比较专业的 Python GUI 应用程序，便于对研究成果进行有效的集成与展示。

　　目前，介绍 Python 编程的书很多，但是专门介绍 PyQt5 GUI 编程的书很少。本书介绍两个主题：一个是使用 PyQt5 进行 GUI 应用程序设计，另一个是使用 PyQtChart、PyQtDataVisualization 和 Matplotlib 在 GUI 程序的窗口界面上嵌入数据可视化功能。这两个主题都是非常实用的，可以将研究成果集成为一个 GUI 应用程序，进行交互式操作和结果展示。

本书内容

　　本书介绍在 Python 中使用 PyQt5、PyQtChart、Matplotlib 等进行 GUI 应用程序设计和数据可视化编程的方法，全书的内容分为三部分。

　　第一部分是 PyQt5 开发基础，包括第 1 章和第 2 章。

　　第 1 章介绍 Python、Qt、PyQt5 的特点和安装方法，在 Windows 中建立开发环境。

　　第 2 章介绍使用 PyQt5 开发 GUI 应用程序的基本框架原理，包括 GUI 应用程序的基本结构、使用可视化设计 UI 窗体时开发 GUI 程序的流程和框架、信号与槽的使用方法等。掌握了第 2 章的内容就掌握了 PyQt5 开发 GUI 应用程序的框架性原理，再学习第二部分和第三部分就很容易了。

　　第二部分是 GUI 应用程序设计，从第 3 章至第 11 章。

　　这部分介绍 GUI 应用程序设计中常用的一些功能模块的编程使用方法，包括常用界面组件的使用、Model/View 结构、事件处理、对话框和多窗口设计、数据库、绘图、文件读写和操作、多媒体、多语言界面和 Qt 样式表定制界面等。

　　这部分的内容根据 PyQt5 和 Python 各自的特点做了取舍，总体的原则就是对 GUI 程序设计中必需的，而 Python 中没有或功能不强的模块进行介绍。例如，Python 虽然有自带的数据库、多媒体、文件读写功能模块，但是功能不如 PyQt5 的相应模块，或不易与 PyQt5 的 GUI 程序的窗口界面结合使用，因此本书就介绍 PyQt5 的数据库、多媒体、文件读写功能模块。而 Python 自带的多线程编程功能已经比较全，且不涉及用户界面，因此本书就不介绍 PyQt5 的多线程编程功能。Python 有很多功能强大的第三方网络功能模块，因此没有必要介绍 PyQt5 的网络编程功能。

第三部分是数据可视化编程，从第 12 章至第 14 章。

Chart 和 Data Visualization 模块是 Qt C++类库的一部分，分别用于二维图表绘制和三维数据可视化，但是 PyQt5 中没有这两个模块，需要单独安装 PyQtChart 包和 PyQtDataVisualization 包。第 12 章介绍使用 PyQtChart 模块绘制各种二维图表的编程方法，第 13 章介绍使用 PyQtDataVisualization 模块绘制三维柱状图、三维散点图和三维曲面图的编程方法。

Matplotlib 是 Python 中应用最广泛的数据可视化模块，但是一般介绍 Matplotlib 数据可视化的书很少详细介绍将 Matplotlib 嵌入 GUI 窗口上的编程方法。第 14 章专门介绍 Matplotlib 与 PyQt5 结合，嵌入 GUI 程序中实现数据可视化的编程方法，这是在编写集成化的 Python GUI 应用程序时经常遇到的，是非常实用的功能。

本书学习路线

本书使用的编程语言是 Python，但是本书并不会介绍 Python 语言基础，需要读者对 Python 编程有一定的了解，特别是对 Python 的面向对象编程原理要比较熟悉。如果读者对 Python 不够熟悉，需要参考专门介绍 Python 编程基础的书，学会 Python 后再来学习本书。

本书的内容虽然用到 Qt 的 IDE，即 Qt Creator，但是并不需要编写任何 C++语言程序，所以读者无须具有 C++语言基础。当然，如果读者有 C++语言基础，或者对 Qt C++编程比较熟悉，对阅读本书的内容是非常有帮助的。

学习本书应从第一部分开始。第 1 章介绍本书用到的各个软件及其安装，搭建开发环境。第 2 章是本书的基础和重点内容，介绍了 PyQt5 GUI 应用程序的基本代码框架、基于 UI 窗体可视化设计的 GUI 应用程序的设计流程和工具软件 pyuic5 的使用、UI 与窗体业务逻辑分离设计的原理、Qt 的核心技术信号与槽的使用方法、Qt Creator 中管理和使用资源文件，以及通过工具软件 pyrcc5 将资源文件转换为 Python 程序的方法。第 2 章还创建了 3 个单窗口项目模板，本书的大部分示例都是基于这几个项目模板创建的。

掌握了第 2 章的内容就掌握了用 PyQt5 设计 GUI 程序的技术框架，剩下的就是 PyQt5 中用于 GUI 应用程序设计的各种类的使用了。

第二部分介绍 PyQt5 GUI 程序设计中各个技术模块的使用方法，包括常用界面组件、Model/View 结构、事件处理、对话框与多窗口设计、数据库、绘图、文件、多媒体等，读者可以根据自己的需要学习或查阅相应章节。第 11 章有两个新的技术点不在第 2 章介绍的技术框架内，分别是多语言界面设计方法和 Qt 样式表定制界面方法。

第三部分介绍数据可视化设计方法。PyQtChart 和 PyQtDataVisualization 是 Qt C++类库相应模块的 Python 绑定，分别用于二维图表和三维数据可视化设计，其内容的介绍比较全面。另外由于 Matplotlib 在 Python 数据可视化中应用广泛，第 14 章专门介绍将 Matplotlib 嵌入 GUI 窗体上实现交互式数据可视化的设计方法，包括主要的技术点和一些常用二维图和三维图的编程使用方法。

PyQtChart、PyQtDataVisualization 与 Matplotlib 的某些功能是重合的，但它们各有千秋，读者可根据自己的需要和熟悉的内容选择学习和使用。如果读者熟悉 Qt C++类库中的二维图表和三维数据可视化模块的使用，就参阅第 12 章和第 13 章；如果读者熟悉 Matplotlib 的使用，就参阅第 14 章。

示例源程序

本书的示例程序都是在 64 位 Windows 7 系统里开发和测试的。在开始编写本书时使用的是 Qt 5.11 和 PyQt 5.11，完成本书初稿时已经发布了 Qt 5.12 和 PyQt 5.12，由于 Qt 5.12 是一个 LTS （Long Term Supported）版本，于是又用 Qt 5.12 和 PyQt 5.12 对全书内容和程序进行了检查、修改和测试。

本书使用的各个软件或 Python 包的版本分别是 Python 3.7.0、Qt 5.12.0、PyQt 5.12、PyQtChart 5.12、PyQtDataVisualization 5.12、Matplotlib 3.0.0。

读者在拿到本书进行阅读和学习时，这些软件肯定已经有更新的发布版本了。读者在构建开发环境时使用最新的软件版本即可，不必与本书使用的软件版本完全一致，因为这些软件在大的版本序列里基本上是向下兼容的。

本书提供所有示例源程序的下载，读者可以到人民邮电出版社异步社区搜索到本书后，根据提示下载本书的示例程序资源。本书提供两套示例源程序，使用目的不同。

一套是具有全部源码的程序，包括 Qt 项目、UI 窗体、Python 程序等，其中的 Python 主程序可以直接运行，显示示例运行结果。读者可以使用这套源程序测试和查看示例运行结果，并查看已设计好的 UI 窗体和 Python 程序文件。

另外一套是只有 UI 窗体的不完整程序，包括 Qt 项目、UI 窗体、Python 程序框架，其中的 Python 程序文件只有基本框架，没有功能实现代码。这套程序是为了便于读者使用已经设计好的 UI 窗体，根据书上介绍的内容和过程，在 Python 程序框架里自己编写程序，逐步实现功能。之所以保留 UI 窗体，是因为 UI 窗体的可视化设计是个比较耗时间的过程，读者如果自己从头开始设计 UI 窗体，难以保证所有组件的名称和属性与示例的一致，在 Python 编程实现业务功能时容易出现问题。

作者一贯认为 UI 窗体的可视化设计不是学习编程的重点，窗体界面的创建能用可视化设计解决的就不要用代码。一般情况下，做过几个示例后很快就可以掌握 UI 窗体可视化设计的方法，所以，学习编程的重点是各种界面组件和功能类的接口函数、信号的灵活使用，以实现程序的业务逻辑功能。

本书约定

本书编写和运行 Python 程序使用 Python 3.7 自带的软件 IDLE，对于 Python 程序有如下的约定。

- Tab 缩进使用 3 个空格。因为 Python 源程序是采用缩进确定代码段的，排版时为减少缩进空格数，本书设置 Tab 为 3 个空格。
- 代码段的缩进只用相对缩进。在文中一个代码段内的代码使用相对缩进，而不是整个程序文件内的缩进。

资源与支持

本书由异步社区出品，社区（https://www.epubit.com/）为您提供相关资源和后续服务。

配套资源

本书提供源代码下载。要获得以上配套资源，请在异步社区本书页面中点击 配套资源 ，跳转到下载界面，按提示进行操作即可。注意：为保证购书读者的权益，该操作会给出相关提示，要求输入提取码进行验证。

提交勘误

作者和编辑尽最大努力来确保书中内容的准确性，但难免会存在疏漏。欢迎您将发现的问题反馈给我们，帮助我们提升图书的质量。

当您发现错误时，请登录异步社区，按书名搜索，进入本书页面，点击"提交勘误"，输入勘误信息，点击"提交"按钮即可。本书的作者和编辑会对您提交的勘误进行审核，确认并接受后，您将获赠异步社区的 100 积分。积分可用于在异步社区兑换优惠券、样书或奖品。

扫码关注本书

扫描下方二维码，您将会在异步社区微信服务号中看到本书信息及相关的服务提示。

与我们联系

我们的联系邮箱是 contact@epubit.com.cn。

如果您对本书有任何疑问或建议，请您发邮件给我们，并请在邮件标题中注明本书书名，以便我们更高效地做出反馈。

如果您有兴趣出版图书、录制教学视频，或者参与图书翻译、技术审校等工作，可以发邮件给我们；有意出版图书的作者也可以到异步社区在线提交投稿（直接访问 www.epubit.com/selfpublish/submission 即可）。

如果您来自学校、培训机构或企业，想批量购买本书或异步社区出版的其他图书，也可以发邮件给我们。

如果您在网上发现有针对异步社区出品图书的各种形式的盗版行为，包括对图书全部或部分内容的非授权传播，请您将怀疑有侵权行为的链接发邮件给我们。您的这一举动是对作者权益的保护，也是我们持续为您提供有价值的内容的动力之源。

关于异步社区和异步图书

"**异步社区**"是人民邮电出版社旗下 IT 专业图书社区，致力于出版精品 IT 技术图书和相关学习产品，为作译者提供优质出版服务。异步社区创办于 2015 年 8 月，提供大量精品 IT 技术图书和电子书，以及高品质技术文章和视频课程。更多详情请访问异步社区官网 https://www.epubit.com。

"**异步图书**"是由异步社区编辑团队策划出版的精品 IT 专业图书的品牌，依托于人民邮电出版社近 30 年的计算机图书出版积累和专业编辑团队，相关图书在封面上印有异步图书的 LOGO。异步图书的出版领域包括软件开发、大数据、AI、测试、前端、网络技术等。

异步社区

微信服务号

目　　录

第一部分　PyQt5 开发基础

第二部分 GUI 应用程序设计

第三部分　数据可视化

PyQt5 开发基础

## 第 1 章

开发环境安装

本书介绍如何在 Python 中使用 PyQt5 进行图形用户界面（Graphical User Interface，GUI）应用程序开发，使用的编程语言是 Python，构建开发环境需要安装的软件有 Python 3、Qt 5 和 PyQt5。

本章介绍各个软件的功能特点、安装和基本使用方法，以及构建本书介绍内容所需的开发环境。本书所有程序都是在 64 位 Windows 7 平台上开发的，但由于 Python 和 Qt 都是跨平台的，因此所介绍的内容在 Linux 等平台上也是适用的。

1.1 Python

1.1.1 Python 简介

Python 是由 Guido van Rossum 在 1989 年开发，然后在 1991 年初发布的。Python 是一种跨平台的解释型语言，它功能强大，简单易学，具有面向对象编程的功能。Python 是完全开源的软件，具有开放的特性，能很方便地将其他语言（尤其是 C/C++）的类库封装为 Python 的模块来使用。

由于 Python 语言的特点，以及其开源和开放的特性，吸引了编程社区为 Python 开发了很多实用且功能强大的包（package），例如用于矩阵处理和线性代数计算的 NumPy，用于科学计算的 SciPy，用于数据分析的 Pandas，用于数据可视化的 Matplotlib 等，这使得 Python 在科学计算、数据分析、数据可视化、神经网络、人工智能、Web 编程等各方面得到了广泛的应用，逐渐成为一种主流的编程语言。

1.1.2 Python 的下载与安装

Python 是一个完全开源的软件，从官网上可以下载最新版本的 Python 安装文件。Python 3 和 Python 2 是不兼容的，本书就不考虑 Python 2 了，直接下载最新的发布版本 Python 3.7.0。

Python 是跨平台的，有 Windows、Linux、macOS 等各种平台的安装文件。本书的示例程序都是在 64 位的 Windows 7 平台上开发的，所以下载 64 位 Windows 平台的离线安装文件。Python 的安装过程与一般的 Windows 程序安装过程一样，在一个安装向导里完成安装过程。

安装向导的第一步如图 1-1 所示。在此窗口里勾选 "Add Python 3.7 to PATH"，会自动将安装后的 Python 的两个文件夹路径添加到 Windows 系统的环境变量 PATH 里，这样就可以在 Windows 的 cmd 窗口里直接执行 Python 的一些工具程序，如 python.exe、pyuic5.exe 等。

在图 1-1 中点击"Customize installation"进行定制安装，出现的窗口如图 1-2 所示，在此窗口中勾选所有选项。其中，pip 默认是不勾选的，一定要勾选此选项。pip 是 Python 的包管理工具程序，使用 pip 可以很方便地下载和安装各种第三方的 Python 包，包括后面用到的 PyQt5、PyQtChart 等，都需要通过 pip 安装。

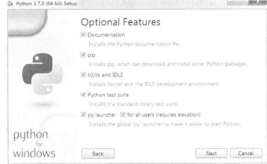

图 1-1　Python 安装向导第一步　　　　　　　图 1-2　Python 安装向导第二步

继续按照向导提示完成安装。这里设置 Python 安装到"D:\Python37"目录下，这个目录下有 Python 的主程序文件 python.exe 和 pythonw.exe。

文件夹"D:\Python37\Scripts"下存放的是 Python 的一些工具软件，如 pip.exe 和 pip3.exe。在安装其他一些第三方模块或工具软件后，可执行文件都安装到此目录下，例如安装 PyQt5 之后，会在此目录下增加 3 个可执行文件。

路径"D:\Python37"和"D:\Python37\Scripts"会被安装程序自动添加到 Windows 系统的 PATH 环境变量里，这两个目录下的文件就可以在 Windows 的 cmd 窗口里直接执行。如果在安装的第一步（图 1-1）中没有勾选"Add Python 3.7 to PATH"，那么这两个路径不会自动添加到 PATH 环境变量里，需要在安装后手动添加。

1.1.3　IDLE 的基本使用

Python 安装后有一个交互式操作环境 IDLE，其运行时界面如图 1-3 所示。在此交互式操作环境里，可以执行 Python 的各种语句。

在图 1-3 窗口的"File"菜单下，点击"New File"，可以打开一个文件编辑器，在这个编辑器里可以编写 Python 程序，然后保存为后缀为".py"的文件。例如，在图 1-4 的窗口中简单地输入了两行语句，然后保存为文件 hello.py。

点击图 1-4 文件编辑器的菜单项"Run"→"Run Module"，或直接按快捷键 F5 执行此程序，在交互式窗口里就会输出运行结果。

IDLE 的功能比较简单，不像其他一些 Python IDE（如 Eric、PyCharm）功能那么强大，但是基本的程序编辑和调试功能是具备的。IDLE 对于初学者来说简单易用，编写和调试规模不大的程序是够用的，因此本书就使用 IDLE 作为 Python 开发环境。

IDLE 的文件编辑器有以下一些常用的快捷键非常有用。

- Ctrl+]，选中的代码行右缩进一个 Tab。
- Ctrl+[，选中的代码行左移一个 Tab。
- Ctrl+S，保存文件。
- Alt+3，在选中代码行的最左端添加注释符号"##"。
- Alt+4，删除选中代码行最左端的注释符号"##"。
- F5，运行编辑器内的程序文件。

图 1-3 Python 自带的 IDLE 交互式操作环境   图 1-4 Python 程序文件编辑器

因为 Python 源程序是采用缩进确定代码段的，排版时为减少缩进空格数和缩进层级，本书设置 TAB 为 3 个空格（点击 IDLE 的"Options"→"Configure IDLE"菜单项进行设置），并且在程序中也基本不使用 try...except 和 try...finally 等语句块。

IDLE 也具有程序调试功能。在文件编辑器中打开需要调试的源程序文件，通过鼠标右键快捷菜单在当前行设置或取消断点。在 IDLE 交互环境中，点击"Debug"→"Debugger"菜单项，出现如图 1-5 所示的调试控制窗口。按 F5 开始运行程序后，就进入调试状态。在调试状态下，使用图 1-5 窗口上的"Go""Step""Over"等按钮进行程序调试。程序调试的方法与一般 IDE 的程序调试方法类似，这里就不详细介绍了。

本书不对 Python 语言基础做介绍，假定读者已熟悉 Python 语言编程的基本方法，掌握了 Python 中类的使用方法。如果读者对 Python 的基本编程不熟悉，需要找一本专门介绍 Python 编程基础的书学习后再来学习本书的内容。

除了 Python 自带的 IDLE，还有许多其他用于 Python 编程的 IDE，如 PyCharm、Eric 等。本

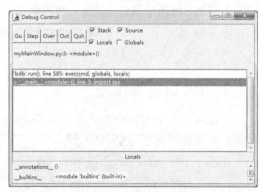

图 1-5 程序调试控制窗口

书的示例程序都用 IDLE 编程和调试，如果读者习惯于使用其他的 IDE，也可以使用自己习惯的编程环境。因为 Python 是解释型语言，无须编译，所以无论使用哪个 IDE 都可以实现 Python 程序的编写和运行。

1.1.4 安装 Python 包

Python 的一大特点就是有大量的包（package）可供使用，而且都是开源的。PyPI（Python Package

Index）网站就是 Python 程序资源的集散地，在这个网站上可以查找、下载、发布 Python 包。

在 Windows 的 cmd 窗口里使用 pip3 指令可以直接从 PyPI 网站下载包并安装。例如，SIP 是一个用于将 C++库转换为 Python 扩展模块的工具软件，这种扩展模块称为 C++库的 Python 绑定（binding）。要安装 SIP 只需在 Windows 的 cmd 窗口里执行如下的指令：

```
pip3 install sip
```

这条指令中的 pip3 就是"D:\Python37\Scripts"目录下的程序 pip3.exe；install 是指令参数，表示安装，相应地，卸载用 uninstall；sip 是需要安装的包的名称。

执行这条指令时，pip3 会自动链接到 PyPI 网站上，查找最新版本的 SIP，如果找到就自动下载并安装。成功安装后，在"D:\Python37\Lib\site-packages"目录下会出现 SIP 相关的子目录和文件，该目录下存放的都是安装的 Python 包。

如果要卸载已安装的 SIP，执行下面的指令即可。

```
pip3 uninstall sip
```

如果直接链接国外的 PyPI 服务器速度比较慢，可以在 pip3 指令中指定使用镜像服务器。例如，使用清华的镜像服务器安装 SIP 的指令是：

```
pip3 install -i  https://pypi.tuna.tsinghua.edu.cn/simple  sip
```

1.2 Qt

1.2.1 Qt 简介

Qt 是一个跨平台的应用程序 C++开发类库，支持 Windows、Linux、macOS 等各种桌面平台，也支持 iOS、Android 等移动平台，还支持各种嵌入式系统，是应用非常广泛的跨平台 C++开发类库。

Qt 最早是由挪威的 Haavard Nord 和 Eirik Chambe-Eng 在 1991 年开始开发的，在 1994 年发布，并成立了一家名为 Trolltech 的公司。Trolltech 公司在 2008 年被诺基亚公司收购，2012 年，Qt 被 Digia 公司收购，2014 年从 Digia 公司拆分出来成立了独立的 Qt 公司，专门进行 Qt 的开发、维护和商业推广。

Qt 的许可类型分为商业许可和开源许可，开源许可的 Qt 就已经包含非常丰富的功能模块，可用于 Qt 学习和一般的应用程序开发。

1.2.2 Qt 的下载与安装

在 Python 中使用 PyQt5 编写程序可以只安装 PyQt5，而不必安装 Qt 的开发环境。但是为了使用 Qt 的 IDE（即 Qt Creator）的一些功能如 UI 窗体可视化设计、Qt 类库帮助信息查找、资源文件管理等，安装 Qt 是有必要的。

　　从 Qt 官网可以下载最新版本的 Qt 软件。Qt 分为商业版和社区版，社区版就是具有开源许可协议的免费版本。Qt 的版本更新比较快，本书使用的是 Qt 5.12.0，这是一个 LTS（Long Term Supported）版本。

　　下载的 Windows 平台的 Qt 离线安装文件是一个可执行文件，运行文件就可以开始安装。安装过程与一般的 Windows 应用程序安装过程一样，按照向导进行操作即可。

　　在设置安装路径时，选择安装到"D:\Qt\Qt5.12.0"目录下，当然也可以安装在其他路径下。设置为这个路径，是为了在后面需要讲到 Qt 的路径时使用此绝对路径。

　　在安装过程中会出现如图 1-6 所示的安装模块选项设置页面，在这个页面里选择需要安装的模块。"Qt 5.12.0"节点下面是 Qt 的功能模块，包括用于不同编译器和平台的模块，这些模块如下。

图 1-6　Qt 安装模块选项设置

- 使用 MSVC（Microsoft Visual C++）编译器的模块，包括 MSVC 2015 64-bit、MSVC 2017 32-bit 和 MSVC 2017 64-bit。若要安装这几个模块，需要在计算机上预先安装相应版本的 Microsoft Visual Studio。本书不是为了研究 Qt C++编程，因此无须安装这些模块。

- MinGW 7.3.0 64-bit 编译器模块。MinGW（Minimalist GNU for Windows）是 Windows 平台上使用的 GNU 工具集的导入库的集合。为了使用 Qt 的 IDE Qt Creator，必须安装至少一个编译器，可以选择安装这个模块。

- 用于 UWP 平台的编译器模块。UWP（Universal Windows Platform）是 Windows 10 中的编译模块，有不同 CPU 和编译器类型的 UWP 模块，本书无须安装。

- 用于 Android 平台的编译模块，包括 Android x86、Android ARM64-v8a 等，这是用于 Android 平台开发的编译模块，本书无须安装。

- Sources 是 Qt C++类库的源程序，本书无须安装。

- Qt Charts 是二维图表模块，用于绘制柱状图、饼图、曲线图等常用二维图表。对于 Python，有相应的 PyQtChart 包，在第 12 章会介绍其使用。选择安装此模块，便于查看相关类的帮助信息。

- Qt Data Visualization 是三维数据图表模块，用于数据的三维显示，如散点的三维空间分布、三维曲面等。对于 Python，有相应的 PyQtDataVisualization 包，在第 13 章会介绍其使用。选择安装此模块，便于查看相关类的帮助信息。

- Qt Purchasing、Qt Virtual Keyboard、Qt WebEngine 等其他模块，这些模块在本书里不会
  讲到，可以根据自己的需要选择是否安装。
- Qt Script（Deprecated）是脚本模块，这是个已经过时的模块，无须安装。

"Tools"节点下面是一些工具软件，这些软件如下。

- Qt Creator 4.8.0 是用于 Qt 程序开发的 IDE，在开发 PyQt5 的程序时需要使用此软件进行窗
  体可视化设计、查阅类的帮助信息等，必须安装（自动）。
- Qt Creator 4.8.0 CDB Debugger support for Qt Creator，是用于支持在 Qt Creator 中进行程序
  调试的模块，可以不安装。
- MinGW 7.3.0 是 MinGW 64-bit 编译工具链，需要安装。
- Strawberry Perl 是一个 Perl 语言工具，无须安装。

1.2.3 Qt 的几个工具软件

安装完成后，在 Windows"开始"菜单里建立的"Qt 5.12.0"程序组内容如图 1-7 所示。程
序组中的一个主要程序是 Qt Creator 4.8.0（Enterprise），它是用
于开发 Qt 程序的 IDE，是 Qt 的主要工具软件。

根据选择安装的编译器模块会建立相应的几个子分组，例
如，在图 1-7 中有两个版本的编译器模块，即 MinGW 7.3.0（64-bit）
和 MSVC 2015（64-bit），每个分组下面都有以下 3 个工具软件。

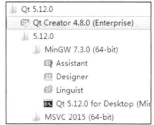

图 1-7　安装后"开始"
菜单里的"Qt 5.12.0"程序组

- Qt Assistant 是一个独立的查看 Qt 帮助文档的工具软件。
  在 Qt Creator 中也可以方便地查看 Qt 帮助文档，基本用
  不着这个软件。
- Qt Designer 是一个进行窗体可视化设计的工具软件。Qt Creator 中也有一个内置的窗体可
  视化设计工具软件（本书称之为 UI Designer），而且 UI Designer 可以为界面组件的信号生
  成槽函数框架，所以在本书中不使用这个独立的 Qt Designer，而使用 Qt Creator 内置的
  UI Designer。
- Qt Linguist 是一个编辑语言资源文件的工具软件，在第 11 章介绍开发多语言界面的应用
  程序时会用到。

1.2.4 Qt Creator 的设置

本书对使用的 Qt Creator 做了一些设置：一是将界面语言设置为英语，因为初始的汉语界面
中某些词汇翻译得并不恰当，使用英语界面会更准确一些；二是设置文件命名规则，取消默认的
全小写命名文件规则。

启动 Qt Creator 后，点击 Qt Creator 菜单栏的"Tools"→"Options..."菜单项打开如图 1-8
所示的选项设置对话框。

界面语言设置：点击对话框左侧 Environment 分组后，在 Interface 页面将界面语言设置为

English，设置主题为 Flat Light。更改语言和主题后需要重新启动 Qt Creator 才会生效。

文件命名规则设置：在图 1-8 所示的 C++分组的 File Naming 页，取消"Lower case file names"选项。默认是勾选此项的，即自动命名的文件名采用全小写字母。

在本书里用 Qt Creator 只需要进行窗体可视化设计、生成槽函数代码框架、查阅 Qt 帮助文档，而不需要使用 Qt Creator 编写任何 C++程序。Qt Creator 的具体使用在下一章详细介绍。

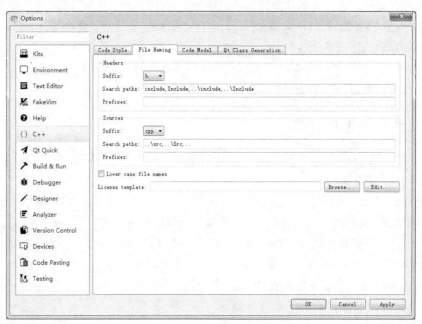

图 1-8　Qt Creator 的选项设置对话框

1.3　PyQt5

1.3.1　PyQt5 简介

Python 语言功能很强，但是 Python 自带的 GUI 开发库 Tkinter 功能很弱，难以开发出专业的 GUI。好在 Python 语言的开放性，很容易将其他语言（特别是 C/C++）的类库封装为 Python 绑定，而 Qt 是非常优秀的 C++ GUI 类库，所以就有了 PyQt。

PyQt 是 Qt C++类库的 Python 绑定，PyQt5 对应于 Qt5 类库。Qt 推出新的版本后，PyQt 就会推出跟进的版本，例如针对 Qt 5.12.0 就有 PyQt 5.12。使用 PyQt5 可以充分利用 Qt 的应用程序开发框架和功能丰富的类设计 GUI 程序。PyQt 主要有以下一些优点。

- PyQt 将 Qt 的跨平台应用框架与 Python 的跨平台解释语言结合在了一起。
- Qt 使用信号与槽（Signals/Slots）机制进行对象之间的通信，它是类型安全且弱耦合的，易于创建可重用的软件模块。
- 使用 Qt Creator 中的 UI Designer 或独立的 Qt Designer 可以可视化地设计窗体，然后将窗体转换为 Python 程序，可以大大提高界面设计的效率。

- PyQt 将 Qt 和 Python 的优点结合到了一起，程序员可以利用 Qt 丰富的 UI 设计功能，但不需要使用复杂的 C++语言，而是使用 Python 语言编程。

PyQt5 是 Riverbank 公司的产品，分为开源版本和商业版本，开源版本就包含全部的功能。Riverbank 公司不仅开发了 PyQt5，还开发了 PyQtChart、PyQtDataVisualization、PyQt3D、SIP 等软件包。可以在 Riverbank 公司网站上下载这些软件包的源代码，在 PyPI 网站上也可以找到这些软件包，所以可以使用 pip3 指令直接安装。

1.3.2　PyQt5 安装

在 PyPI 网站上可以找到最新版本的 PyQt5，直接用下面的指令安装 PyQt5。

```
pip3 install PyQt5
```

直接连接 PyPI 服务器可能速度比较慢，可以使用镜像网站安装，例如使用清华大学镜像网站的指令是：

```
pip3 install -i https://pypi.tuna.tsinghua.edu.cn/simple  PyQt5
```

这条指令正确执行后就会安装 PyQt5，并且会自动安装依赖的包 SIP。SIP 是一个将 C/C++库转换为 Python 绑定的工具，SIP 本来是为了开发 PyQt 而开发的，现在也可以用于将任何 C/C++库转换为 Python 绑定。

安装 PyQt5 之后，在"D:\Python37\Scripts"目录下增加了 pylupdate5.exe、pyrcc5.exe 和 pyuic5.exe 这 3 个用于 PyQt5 的可执行程序，如图 1-9 所示。这 3 个可执行程序的作用分别如下。

- pyuic5.exe 是用于将 Qt Designer（或 Qt Creator 内置的 UI Designer）可视化设计的界面文件（.ui 文件）编译转换为 Python 程序文件的工具软件，是使用 PyQt5 设计 GUI 程序最常用到的工具软件。
- pyrcc5.exe 是用于将 Qt Creator 里设计的资源文件（.qrc 文件）编译转换为 Python 程序文件的工具软件，资源文件一般存储了图标、图片等 UI 设计资源。
- pylupdate5.exe 是用于多语言界面设计时编辑语言资源文件的工具软件。

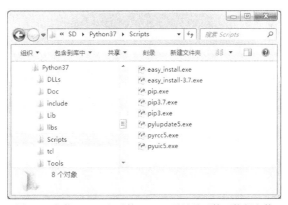

图 1-9　安装 PyQt5 之后的 Scripts 子目录下的可执行文件

路径"D:\Python37\Scripts"被添加到了 Windows 的 PATH 环境变量里，所以这些程序在 cmd 窗口里可以直接运行。

若想要卸载 PyQt5，就执行下面的指令：

```
pip3 uninstall PyQt5
```

1.3.3　在 IDLE 中开启对 PyQt5 的代码提示功能

在安装了 PyQt5 之后，可以在 IDLE 中开启代码提示功能，并且添加 PyQt5 的所有模块，这样在编写程序时，IDLE 就具有一定的代码提示功能。

首先编辑目录"D:\Python37\Lib\idlelib"下的文件 config-extensions.def，修改[AutoComplete]部分：

```
[AutoComplete]
enable=True
popupwait= 20
```

这表示开启自动提示功能，提示开启的延迟时间是 20 毫秒。

然后再编辑同一目录下的文件 autocomplete.py，在文件的 import 部分导入 PyQt5 的各个模块：

```
import os
import string
import sys

##添加需要自动提示的模块
import PyQt5.QtWidgets
import PyQt5.QtCore
import PyQt5.QtGui
import PyQt5.QtSql
import PyQt5.QtMultimedia
import PyQt5.QtMultimediaWidgets

import PyQt5.QtChart
import PyQt5.QtDataVisualization
```

这样就将 PyQt5 的各个常用模块以及第 12 章和第 13 章要单独安装的 PyQtChart 和 PyQtDataVisualization 加入了可提示模块列表。

开启和设置自动提示功能后，在 IDLE 中使用 PyQt5 各模块中的类时就会有代码提示功能。但是 IDLE 的代码提示功能比较弱，不如 PyCharm、Eric 等专业 IDE 软件。

## 第 2 章

PyQt5 GUI 程序框架

本章介绍 PyQt5 编写 GUI 程序的基本原理和主要技术点，包括 GUI 应用程序的基本框架、UI Designer 可视化设计窗体的方法、窗体文件如何转换为 Python 文件并使用和 Qt 的信号与槽技术的使用方法等。掌握了本章的内容，就掌握了 PyQt5 设计 GUI 程序的框架性原理，再学习后面的各章内容就基本上是学习各种类的使用方法了。

2.1 PyQt5 GUI 程序的基本框架

本节先通过一个简单的示例程序介绍 PyQt5 GUI 应用程序的基本框架。

启动 Python 自带的编程和交互式环境 IDLE，点击"File"→"New File"菜单项，打开一个文件编辑窗口，在此窗口中输入下面的程序，并保存为文件 demo2_1Hello.py，此文件保存在随书示例 Demo2_1 目录下。

```
## demo2_1Hello.py
## 使用 PyQt5，纯代码化创建一个简单的 GUI 程序
import sys
from PyQt5 import QtCore, QtGui, QtWidgets

app = QtWidgets.QApplication(sys.argv)        #创建 app，用 QApplication 类
widgetHello = QtWidgets.QWidget()             #创建窗体，用 QWidget 类
widgetHello.resize(280,150)                   #设置窗体的宽度和高度
widgetHello.setWindowTitle("Demo2_1")         #设置窗体的标题文字

LabHello = QtWidgets.QLabel(widgetHello)       #创建标签，父容器为 widgetHello
LabHello.setText("Hello World,PyQt5")          #设置标签文字
font = QtGui.QFont()         #创建字体对象 font，用 QFont 类
font.setPointSize(12)        #设置字体大小
font.setBold(True)           #设置为粗体
LabHello.setFont(font)       #设置为标签 LabHello 的字体
size=LabHello.sizeHint()     #获取 LabHello 的合适大小，返回值是 QSize 类对象
LabHello.setGeometry(70, 60, size.width(), size.height())

widgetHello.show()           #显示对话框
sys.exit(app.exec_())        #应用程序运行
```

程序输入完成后，在程序编辑器窗口中点击"Run"→"Run Module"菜单项，或直接按快捷键 F5 就可以运行程序，会出现图 2-1 所示的窗口。

这是一个典型的 GUI 应用程序。观察文件 demo2_1Hello.py 的代码，并结合程序中的注释，可以看出此程序的基本工作原理。

图 2-1　文件 demo2_1Hello.py 运行结果窗口

（1）首先导入了 PyQt5 包中的一些模块，包括 QtCore，QtGui，QtWidgets，其中每个模块都包含了一些类。

（2）用下面的语句创建了一个应用程序。

```
app = QtWidgets.QApplication(sys.argv)
```

这里用到了 QtWidgets 模块中的 QApplication 类。QApplication 是管理 GUI 应用程序的控制流程和设置的类，这里创建的应用程序对象是 app。

（3）使用 QtWidgets 模块中的 QWidget 类创建了窗体对象 widgetHello，然后调用 QWidget 类的 resize()函数设置窗体大小，调用 setWindowTitle()函数设置窗体标题。

（4）使用 QtWidgets 模块中的 QLabel 类创建了一个标签对象 LabHello，创建 LabHello 的语句是：

```
LabHello = QtWidgets.QLabel(widgetHello)
```

这里将 widgetHello 作为参数传递给 QLabel 的构造函数，实际是指定 widgetHello 作为 LabHello 的父容器，这样标签 LabHello 才会显示在窗体 widgetHello 上。

后面的代码用 QLabel 的接口函数 setText()设置标签的文字，又创建了一个 QFont 对象用于设置标签的字体，还设置了标签在窗体上的位置和大小。

（5）窗体显示和程序运行。

窗体 widgetHello 和文字标签 LabHello 创建并设置好各种属性后，就显示窗体并运行应用程序，即程序中的最后两行语句：

```
widgetHello.show()
sys.exit(app.exec_())
```

这里的窗体 widgetHello 是应用程序的主窗体，应用程序运行后开始消息管理。

这个示例程序演示了使用 PyQt5 的一些类创建 GUI 程序的基本过程。首先需要用 QApplication 类创建一个应用程序实例，然后创建一个窗体（窗体类主要有 QWidget、QDialog、QMainWindow），再创建界面组件（例如一个 QLabel 组件）并在窗体上显示，最后是显示窗体并开始应用程序的消息循环。这个程序虽然功能很简单，只显示了一个带标签的窗口，关闭窗口还需要点击窗口右上角的关闭按钮，但它已经是一个标准的 GUI 应用程序。

提示 从上面的程序中可以看出，PyQt5 中的类都是以大写字母 Q 开头命名的，如 QWidget、QApplication、QLabel 等，这样的命名规则很容易将 PyQt5 的类与其他的类或变量区分开来。

2.2　使用可视化设计窗体的 GUI 程序

示例 Demo2_1 用 PyQt5 的一些类创建了一个简单的 GUI 应用程序，窗体及窗体上的标签对象的创建和属性设置都完全由代码完成。显然这种纯代码方式构造 UI 的方式是比较麻烦的，特别是在窗体上组件比较多、层次比较复杂的时候，纯代码方式构造界面的工作量和难度可想而知。

Qt 提供了可视化界面设计工具 Qt Designer，以及 Qt Creator 中内置的 UI Designer。可视化地设计 UI 窗体可以大大提高 GUI 应用程序开发的工作效率。

本节通过示例 Demo2_2 演示如何用 UI Designer 可视化设计 UI 窗体，然后转换为 Python 程序，再构建为 Python 的 GUI 程序。主要工作步骤如下。

（1）在 UI Designer 中可视化设计窗体。

（2）用工具软件 pyuic5 将窗体文件（.ui 文件）转换为 Python 程序文件。

（3）使用转换后的窗体的 Python 类构建 GUI 应用程序。

2.2.1　用 UI Designer 可视化设计窗体

在 Qt Creator 中点击菜单项"File"→"New File or Project..."，在出现的对话框里选择"Qt"分组里的"Qt Designer Form"（如图 2-2 所示），这将创建一个单纯的窗体文件（.ui 文件）。

在图 2-2 的对话框中点击"Choose..."按钮后，出现如图 2-3 所示的窗体模板选择界面。窗体模板主要有以下 3 种。

- Dialog 模板，基于 QDialog 类的窗体，具有一般对话框的特性，如可以模态显示、具有返回值等。

- Main Window 模板，基于 QMainWindow 类的窗体，具有主窗口的特性，窗口上有主菜单栏、工具栏、状态栏等。

- Widget 模板，基于 QWidget 类的窗体。QWidget 类是所有界面组件的基类，如 QLabel、QPushButton 等界面组件都是从 QWidget 类继承而来的。QWidget 类也是 QDialog 和 QMainWindow 的父类，基于 QWidget 类创建的窗体可以作为独立的窗口运行，也可以嵌入到其他界面组件内显示。

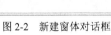

图 2-2　新建窗体对话框

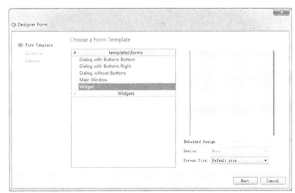

图 2-3　选择 Widget 模板

在图 2-3 的界面上选择 Widget 模板。点击"Next"按钮后，在出现的对话框里设置文件名为 FormHello.ui，文件保存到 Demo2_2 的目录下，再根据向导提示完成创建即可。创建了窗体后就可以在 Qt Creator 内置的 UI Designer 里可视化设计窗体，图 2-4 是在窗体上放置了标签和按钮，并设置好各种属性后的界面。

图 2-4 的 UI Designer 窗口有以下一些功能区域。

- 组件面板。窗口左侧是界面设计组件面板，分为多个组，如 Layouts、Buttons、Display Widgets

等，界面设计的常用组件都可以在组件面板里找到。

- 中间区域是待设计的窗体。如果要将某个组件放置到窗体上，从组件面板上拖动一个组件放到窗体上即可。例如，放一个 Label 组件和一个 PushButton 组件到窗体上。
- Action 编辑器（Action Editor）和 Signals Slots 编辑器（Signals Slots Editor），位于待设计窗体下方。Action 编辑器用于设计 Action，Signals Slots 编辑器用于可视化地进行信号与槽的关联，后面会介绍其具体使用。
- 对象浏览器（Object Inspector）。窗口右上方是对象浏览器，用树状视图显示窗体上各组件之间的布局和包含关系，视图有两列，显示每个组件的对象名称（objectName）和类名称。
- 属性编辑器（Property Editor）。窗口右下方是属性编辑器，显示某个选中的组件或窗体的各种属性及其值，可以在属性编辑器里修改这些属性的值。

主窗口上方有窗体设计模式和布局管理工具栏，最左侧还有一个工具栏，这些功能在后面详细介绍 Qt Creator 的使用时再具体介绍。

在设计窗体上用鼠标点选一个组件，在属性编辑器里会显示其各种属性，并且可以修改其属性。例如，图 2-5 是选中窗体上放置的标签组件后属性编辑器的内容。

图 2-4　在 Qt Creator 里可视化设计窗体

图 2-5　界面组件的属性编辑器

图 2-5 展示的属性编辑器的最上方显示的文字"LabHello: QLabel"表示这个组件是一个 QLabel 类的组件，objectName 是 LabHello。属性编辑器的内容分为两列，其中 Property 列是属性的名称，Value 列是属性的值。属性又分为多个组，实际上表示了类的继承关系，例如在图 2-5 中，可以看出 QLabel 的继承关系是 QObject→QWidget→QFrame→QLabel。

objectName 是组件的对象名称，界面上的每个组件都需要一个唯一的对象名称，以便被引用。界面上的组件的命名应该遵循一定的法则，具体使用什么样的命名法则根据个人习惯而定，主要目的是便于区分和记忆，也要便于与普通变量相区分。

设置组件属性的值只需在属性编辑器里进行修改即可，例如设置 LabHello 的 text 属性为"Hello, by UI Designer"，只需如图 2-5 所示那样修改 text 属性的值即可。

表 2-1 是所设计的窗体，以及窗体上的标签和按钮的主要属性的设置。

表 2-1　窗体以及各组件的主要属性设置

objectName	类名称	属性设置	备注
FormHello	QWidget	windowTitle="Demo2_2"	设置窗体的标题栏显示文字
btnClose	QPushButton	Text="关闭"	设置按钮的显示文字
LabHello	QLabel	Text="Hello, by UI Designer" Font.PointSize=12 Font.bold=True	设置标签显示文字和字体

窗体设计完成后，将这个窗体保存为文件 FormHello.ui。

提示　一般情况下，保存的.ui 文件名与窗体的 objectName 名称一致，这样通过文件名就可以直接知道窗体的名称。

窗体文件 FormHello.ui 实际上是一个 XML 文件，它记录了窗体上各组件的属性以及位置分布。FormHello.ui 的 XML 文件内容不必去深入研究，它是由 UI Designer 根据可视化设计的窗体自动生成的。使用 IDLE 的文件编辑器就可以打开 FormHello.ui 文件，下面是 FormHello.ui 文件的内容。

```xml
<?xml version="1.0" encoding="UTF-8"?>
<ui version="4.0">
 <class>FormHello</class>
 <widget class="QWidget" name="FormHello">
  <property name="geometry">
   <rect>
    <x>0</x>
    <y>0</y>
    <width>283</width>
    <height>156</height>
   </rect>
  </property>
  <property name="windowTitle">
   <string>Demo2_2</string>
  </property>
  <widget class="QLabel" name="LabHello">
   <property name="geometry">
    <rect>
     <x>50</x>
     <y>40</y>
     <width>189</width>
     <height>16</height>
    </rect>
   </property>
   <property name="font">
    <font>
     <pointsize>12</pointsize>
     <weight>75</weight>
     <bold>true</bold>
    </font>
   </property>
   <property name="text">
    <string>Hello, by UI Designer</string>
   </property>
  </widget>
  <widget class="QPushButton" name="btnClose">
   <property name="geometry">
    <rect>
     <x>100</x>
```

```
        <y>90</y>
        <width>75</width>
        <height>23</height>
       </rect>
      </property>
      <property name="text">
       <string>关闭</string>
      </property>
     </widget>
    </widget>
    <resources/>
    <connections/>
   </ui>
```

2.2.2 将 ui 文件编译为 py 文件

使用 UI Designer 设计好窗体并保存为文件 FormHello.ui 后，要在 Python 里使用这个窗体，需要使用 PyQt5 的工具软件 pyuic5.exe 将这个 ui 文件编译转换为对应的 Python 语言程序文件。

pyuic5.exe 程序位于 Python 安装目录的 Scripts 子目录下，如 "D:\Python37\Scripts"，这个路径在安装 Python 时被自动添加到了系统的 PATH 环境变量里，所以可以直接执行 pyuic5 命令。

在 Windows 的 cmd 窗口里用 cd 指令切换到文件 FormHello.ui 所在的目录，然后用 pyuic5 指令编译转换为 Python 文件。例如，假设文件 FormHello.ui 保存在目录 "G:\PyQt5Book\Demo\chap02\demo2_2" 下，依次执行下面的指令：

```
cd G:\PyQt5Book\Demo\chap02\demo2_2
pyuic5 -o  ui_FormHello.py  FormHello.ui
```

其中，pyuic5 的作用是将文件 FormHello.ui 编译后输出为文件 ui_FormHello.py。编译输出的文件名可以任意指定，在原来的文件名前面加 "ui_" 是个人命名习惯，表明 ui_FormHello.py 文件是从 FormHello.ui 文件转换来的。

为了避免重复地在 cmd 窗口里输入上述指令，可以创建一个文件 uic.bat 保存到项目 Demo2_2 的目录下。bat 文件是 Windows 的批处理文件，uic.bat 文件的内容只有一条语句，如下：

```
pyuic5 -o ui_FormHello.py  FormHello.ui
```

在 Windows 资源管理器里双击 uic.bat 文件就会执行该文件里的语句，也就是将文件 FormHello.ui 编译为 ui_FormHello.py。

编译后在 FormHello.ui 文件所在的同目录下生成了一个文件 ui_FormHello.py，用 IDLE 的文件编辑器打开这个文件，其内容如下：

```
# -*- coding: utf-8 -*-
# Form implementation generated from reading ui file 'FormHello.ui'
#
# Created by: PyQt5 UI code generator 5.12
#
# WARNING! All changes made in this file will be lost!

from PyQt5 import QtCore, QtGui, QtWidgets

class Ui_FormHello(object):
    def setupUi(self, FormHello):
        FormHello.setObjectName("FormHello")
        FormHello.resize(283, 156)
        self.LabHello = QtWidgets.QLabel(FormHello)
```

```
        self.LabHello.setGeometry(QtCore.QRect(50, 40, 189, 16))
        font = QtGui.QFont()
        font.setPointSize(12)
        font.setBold(True)
        font.setWeight(75)
        self.LabHello.setFont(font)
        self.LabHello.setObjectName("LabHello")
        self.btnClose = QtWidgets.QPushButton(FormHello)
        self.btnClose.setGeometry(QtCore.QRect(100, 90, 75, 23))
        self.btnClose.setObjectName("btnClose")

        self.retranslateUi(FormHello)
        QtCore.QMetaObject.connectSlotsByName(FormHello)

    def retranslateUi(self, FormHello):
        _translate = QtCore.QCoreApplication.translate
        FormHello.setWindowTitle(_translate("FormHello", "Demo2_2"))
        self.LabHello.setText(_translate("FormHello",
                            "Hello, by UI Designer"))
        self.btnClose.setText(_translate("FormHello", "关闭"))
```

分析这个文件的代码，可以发现这个文件实际上定义了一个类 Ui_FormHello，仔细分析一下这段代码，可以发现其原理和功能。

（1）Ui_FormHello 类的父类是 object，而不是 QWidget。

（2）Ui_FormHello 类定义了一个函数 setupUi()，其接口定义为：

```
def setupUi(self, FormHello)
```

其传入的参数有两个，其中 self 是函数自己，Python 中的 self 类似于 C++语言中的 this；FormHello 是一个传入的参数，而不是在 Ui_FormHello 类里定义的一个变量。

setupUi()函数的前两行语句是：

```
FormHello.setObjectName("FormHello")
FormHello.resize(283, 156)
```

所以，FormHello 是窗体，是一个 QWidget 对象，其名称就是在 UI Designer 里设计的窗体的 objectName。但是这个 FormHello 不是在类 Ui_FormHello 里创建的，而是作为一个参数传入的。

（3）创建了一个 QLabel 类型的对象 LabHello，创建的语句是：

```
self.LabHello = QtWidgets.QLabel(FormHello)
```

LabHello 定义为 Ui_FormHello 类的一个公共属性（类似于 C++的公共变量），它的父容器是 FormHello，所以 LabHello 在窗体 FormHello 上显示。后面的语句又设置了 LabHello 的显示位置、大小，以及字体属性。

提示 在 Python 语言中，类的接口包括属性（attribute）和方法（method），属性又分为类属性和类的实例属性。Python 的类属性类似于 C++中类的静态变量，类的实例属性类似于 C++中类的成员变量。Qt C++中的属性是指用 Q_PROPERTY 宏定义了读写函数的类的接口元素，类似于 Python 中用@property 修饰符定义了读写函数的实例属性。

不管是否为属性定义了读写函数，Python 类中的实例属性都可以当作一个变量来访问。在本书中，为了与定义了读写函数的属性区分开来，也为了明确概念，将自定义类中的实例数据型属性（也就是类似于 C++类中的成员变量）有时也称为变量，特别是一些简单类型的数据属性。

（4）创建了一个 QPushButton 类型的对象 btnClose，创建的语句是

```
self.btnClose = QtWidgets.QPushButton(FormHello)
```

btnClose 也是 Ui_FormHello 类的一个公共属性，它的父容器是 FormHello，所以在窗体上显示。

（5）setupUi()函数的倒数第二行调用了 Ui_FormHello 类里定义的另外一个函数 retranslateUi()，这个函数设置了窗体的标题、标签 LabHello 的文字、按钮 btnClose 的标题。实际上，retranslateUi() 函数集中设置了窗体上所有的字符串，利于实现软件的多语言界面。

（6）setupUi()函数的最后一行语句用于窗体上各组件的信号与槽函数的自动连接，在后面介绍信号与槽时再详细解释其功能。

所以，经过 pyuic5 编译后，FormHello.ui 文件转换为一个对应的 Python 的类定义文件 ui_FormHello.py，类的名称是 Ui_FormHello。有如下的特点和功能。

（1）Ui_FormHello.py 文件里的类名称 Ui_FormHello 与 FormHello.ui 文件里窗体的 objectName 有关，是在窗体的 objectName 名称前面加 "Ui_" 自动生成的。

（2）Ui_FormHello 类的函数 setupUi()用于窗体的初始化，它创建了窗体上的所有组件并设置其属性。

（3）Ui_FormHello 类并不创建窗体 FormHello，窗体 FormHello 是由外部传入的，作为所有界面组件的父容器。

注意　ui_FormHello.py 文件只是定义了一个类 Ui_FormHello，这个文件并不能直接运行，而是需要在其他地方编程使用这个文件里定义的类 Ui_FormHello。

2.2.3　使用 Ui_FormHello 类的 GUI 程序框架

将窗体 UI 文件 FormHello.ui 编译转换为 Python 的类定义文件 ui_FormHello.py 后，就可以使用其中的类 Ui_FormHello 创建 GUI 应用程序。编写一个程序文件 appMain1.py，它演示了使用 Ui_FormHello 类创建 GUI 应用程序的基本框架，其代码如下：

```
## appMain1.py
## 使用 ui_FormHello.py 文件中的类 Ui_FormHello 创建 app
import sys
from PyQt5 import QtWidgets
import ui_FormHello

app = QtWidgets.QApplication(sys.argv)
baseWidget=QtWidgets.QWidget()        #创建窗体的基类 QWidget 的实例

ui =ui_FormHello.Ui_FormHello()
ui.setupUi(baseWidget)      #以 baseWidget 作为传递参数，创建完整窗体

baseWidget.show()
##ui.LabHello.setText("Hello,被程序修改")        #可以修改窗体上标签的文字
sys.exit(app.exec_())
```

分析上面的代码，可以了解 GUI 程序创建和运行的过程。

（1）首先用 QApplication 类创建了应用程序实例 app。

（2）创建了一个 QWidget 类的对象 baseWidget，它是基本的 QWidget 窗体，没有做任何设置。

（3）使用 ui_FormHello 模块中的类 Ui_FormHello 创建了一个对象 ui。

（4）调用了 Ui_FormHello 类的 setupUi()函数，并且将 baseWidget 作为参数传入：

```
ui.setupUi(baseWidget)
```

根据前面的分析，Ui_FormHello 类的 setupUi()函数只创建窗体上的其他组件，而作为容器的窗体是靠外部传入的，这里的 baseWidget 就是作为一个基本的 QWidget 窗体传入的。执行这条语句后，就在窗体 baseWidget 上创建了标签和按钮。

（5）显示窗体，使用的语句是：

```
baseWidget.show()
```

注意，这里不能使用 ui.show()，因为 ui 是 Ui_FormHello 类的对象，而 Ui_FormHello 的父类是 object，根本就不是 Qt 的窗体界面类。

程序运行后的结果窗口如图 2-6 所示，这就是在 UI Designer 里设计的窗体。这个程序只是简单地实现了窗体的显示，"关闭"按钮并不能关闭窗口，在后面介绍信号与槽时再实现其功能。

那么现在有个问题，窗体上的标签、按钮对象如何访问呢？例如，若需要修改标签的显示文字，该如何修改呢？

分析一下程序，窗体上的标签对象 LabHello 是在 Ui_FormHello 类里定义的公共属性，所以在程序里可以通过 ui 对象访问 LabHello。

对 appMain1.py 文件稍作修改，在 baseWidget.show()语句后加入一条语句，如下（省略了前后的语句）：

```
baseWidget.show()
ui.LabHello.setText("Hello,被程序修改")
```

再运行 appMain1.py，结果窗口如图 2-7 所示，说明上面修改标签文字的语句是有效的。在上面的修改标签文字的语句中，不能将 ui 替换为 baseWidget，即下面的语句是错误的：

```
baseWidget.LabHello.setText("Hello,被程序修改")      #错误的
```

这是因为 baseWidget 是 QWidget 类型的对象，它只是 LabHello 的父容器，并没有定义公共属性 LabHello，所以运行时会出错。而 ui 是 Ui_FormHello 类的实例对象，窗体上的所有界面组件都是 ui 的实例属性。因此，访问窗体上的界面组件只能通过 ui 对象。

图 2-6 appMain1.py 运行结果窗口　　　图 2-7 程序中访问窗体的标签对象，修改了其显示文字

2.2.4 界面与逻辑分离的 GUI 程序框架

分析前面的程序 appMain1.py，虽然它实现了对 Ui_FormHello 类的使用，生成了 GUI 程序，但是它是存在一些缺陷的，原因在于 appMain1.py 完全是一个过程化的程序。它创建了 Ui_FormHello 类的对象 ui，通过这个对象可以访问界面上的所有组件，所以，ui 可以用于界面交互，获取界面输入，将结果输出到界面上。程序创建的 baseWidget 是 QWidget 类的对象，它不包

含任何处理逻辑，而仅仅是为了调用 ui.setupUi()函数时作为一个传入的参数。一般的程序是从界面上读取输入数据，经过业务处理后再将结果输出到界面上，那么这些业务处理的代码放在哪里呢？

appMain1.py 的应用程序框架只适合测试单个窗体的 UI 设计效果，也就是仅能显示窗体。若要基于 UI 窗体设计更多的业务逻辑，由于 appMain1.py 是一个过程化的程序，难以实现业务逻辑功能的有效封装。

界面与业务逻辑分离的设计方法不是唯一的，这里介绍两种方法，一种是多继承方法，另一种是单继承方法。

1. 多继承方法

Python 的面向对象编程支持使用多继承，编写一个程序 appMain2.py，代码如下：

```
## appMain2.py   多继承方法
import sys
from PyQt5.QtWidgets import  QWidget, QApplication
from ui_FormHello import Ui_FormHello

class QmyWidget(QWidget,Ui_FormHello):
   def __init__(self, parent=None):
      super().__init__(parent)             #调用父类构造函数，创建 QWidget 窗体

      self.Lab="多重继承的QmyWidget"     #新定义的一个变量
      self.setupUi(self)      #self 是 QWidget 窗体，可作为参数传给 setupUi()
      self.LabHello.setText(self.Lab)

if __name__ == "__main__":
   app = QApplication(sys.argv)       #创建 app
   myWidget=QmyWidget()
   myWidget.show()
   myWidget.btnClose.setText("不关闭了")
   sys.exit(app.exec_())
```

这个程序的运行结果如图 2-8 所示。分析这段代码，可以发现它的实现原理。

（1）采用多继承的方式定义了一个类 QmyWidget，称这个类为窗体的业务逻辑类，它的父类是 QWidget 和 Ui_FormHello。

（2）在这个类的构造函数中，首先用函数 super()获取父类，并执行父类的构造函数，代码是：

```
super().__init__(parent)
```

在多继承时，使用 super()得到的是第一个基类，在这里就是 QWidget。所以，执行这条语句后，self 就是一个 QWidget 对象。

图 2-8　程序 appMain2.py 运行结果

（3）调用 setupUi()函数创建 UI 窗体，即

```
self.setupUi(self)
```

因为 QmyWidget 的基类包括 Ui_FormHello 类，所以可以调用 Ui_FormHello 类的 setupUi()函数。同时，经过前面调用父类的构造函数，self 是一个 QWidget 对象，可以作为参数传递给 setupUi()函数，正好作为各组件的窗体容器。

通过这样的多继承，Ui_FormHello 类中定义的窗体上的所有界面组件对象就变成了新定义的类 QmyWidget 的公共属性，可以直接访问这些界面组件。例如，在 QmyWidget 类的构造函数里

通过下面的语句设置了界面上的标签的显示文字：

```
self.Lab="多重继承的QmyWidget"        #新定义的一个属性
self.LabHello.setText(self.Lab)
```

在应用程序创建 QmyWidget 类的实例对象 myWidget 后，通过下面的语句设置了界面上按钮的显示文字：

```
myWidget.btnClose.setText("不关闭了")
```

这种多继承方式有其优点，也有其缺点，表现为以下两方面。

（1）界面上的组件都成为窗体业务逻辑类 QmyWidget 的公共属性，外界可以直接访问。优点是访问方便，缺点是过于开放，不符合面向对象严格封装的设计思想。

（2）界面上的组件与 QmyWidget 类里新定义的属性混合在一起了，不便于区分。例如，在构造函数中有这样一条语句：

```
self.LabHello.setText(self.Lab)
```

其中，self.LabHello 是窗体上的标签对象，而 self.Lab 是 QmyWidget 类里新定义的一个属性。如果没有明确的加以区分的命名规则，当窗体上的界面组件较多，且窗体业务逻辑类里定义的属性也很多时，就难以区分哪个属性是界面上的组件，哪个属性是在业务逻辑类里新定义的，这样是不利于界面与业务逻辑分离的。

2．单继承与界面独立封装方法

针对多继承存在的一些问题，改用单继承的方法，编写另一个程序 appMain.py，其代码如下：

```
## appMain.py 单继承方法，能更好地进行界面与逻辑的分离
import sys
from PyQt5.QtWidgets import  QWidget, QApplication
from ui_FormHello import Ui_FormHello

class QmyWidget(QWidget):
    def __init__(self, parent=None):
        super().__init__(parent)          #调用父类构造函数，创建QWidget窗体
        self.__ui=Ui_FormHello()          #创建UI对象
        self.__ui.setupUi(self)           #构造UI
        self.Lab="单继承的QmyWidget"
        self.__ui.LabHello.setText(self.Lab)

    def setBtnText(self, aText):
        self.__ui.btnClose.setText(aText)

if __name__ == "__main__":
    app = QApplication(sys.argv)          #创建app，用QApplication类
    myWidget=QmyWidget()
    myWidget.show()
    myWidget.setBtnText("间接设置")
    sys.exit(app.exec_())
```

这个程序的运行结果如图 2-9 所示。分析这段代码，可以看到以下几点。

（1）新定义的窗体业务逻辑类 QmyWidget 只有一个基类 QWidget。

（2）在 QmyWidget 的构造函数中，首先调用父类（也就是 QWidget）的构造函数，这样 self 就是一个 QWidget 对象。

（3）显式地创建了一个 Ui_FormHello 类的私有属性 self.__ui，即

图 2-9　程序 appMain.py 运行结果

```
self.__ui=Ui_FormHello()    #创建 UI 对象
```

私有属性 self.__ui 包含了可视化设计的 UI 窗体上的所有组件,所以,只有通过 self.__ui 才可以访问窗体上的组件,包括调用其创建界面组件的 setupUi() 函数。

提示 Python 语言的类定义通过命名规则来限定元素对外的可见性,属性或方法名称前有两个下划线表示是私有的,一个下划线表示模块内可见,没有下划线的就是公共的。

---

(4)由于 self.__ui 是 QmyWidget 类的私有属性,因此在应用程序中创建的 QmyWidget 对象 myWidget 不能直接访问 myWidget.__ui,也就无法直接访问窗体上的界面组件。

为了访问窗体上的组件,可以在 QmyWidget 类里定义接口函数,例如函数 setBtnText() 用于设置窗体上按钮的文字。在应用程序里创建 QmyWidget 对象的实例 myWidget,通过调用 setBtnText() 函数间接修改界面上按钮的文字,即

```
myWidget.setBtnText("间接设置")
```

仔细观察和分析这种单继承的方式,发现它有如下特点。

(1)可视化设计的窗体对象被定义为 QmyWidget 类的一个私有属性 self.__ui,在 QmyWidget 类的内部对窗体上的组件的访问都通过这个属性实现,而外部无法直接访问窗体上的对象,这更符合面向对象封装隔离的设计思想。

(2)窗体上的组件不会与 QmyWidget 里定义的属性混淆。例如,下面的语句:

```
self.__ui.LabHello.setText(self.Lab)
```

self.__ui.LabHello 表示窗体上的标签对象 LabHello,它是 self.__ui 的一个属性;self.Lab 是 QmyWidget 类里定义的一个属性。这样,窗体上的对象和 QmyWidget 类里新定义的属性不会混淆,有利于界面与业务逻辑的分离。

(3)当然,也可以定义界面对象为公共属性,即创建界面对象时用下面的语句:

```
self.ui=Ui_FormHello()
```

这里的 ui 就是个公共属性,在类的外部也可以通过属性 ui 直接访问界面上的组件。为了简化程序,在本书后面的示例程序中,都定义界面对象为公共属性 self.ui。

对比多继承方法和单继承方法,可以发现单继承方法更有利于界面与业务逻辑分离。实际上,在 Qt C++ 应用程序中默认就是采用的单继承方法,对 Qt C++ 应用程序比较清楚的读者就很容易理解其工作原理了。

本书使用这种单继承和界面独立封装的方式,在后面的示例程序中都采用这种单继承的应用程序框架。

在这个示例中,窗口上虽然放置了一个按钮并显示"关闭",但是运行时点击这个按钮并不能关闭窗口,这是因为我们还没有编写任何代码。这个示例只是为了演示如何在 UI Designer 里可视化设计 UI 窗体,再编译转换为对应的 Python 类,然后使用 PyQt5 里相关的类创建 GUI 应用程序的过程,以及 GUI 程序的框架和工作原理,下一节再重点介绍如何编写代码实现窗体的功能。

2.3 信号与槽的使用

2.3.1 信号与槽功能概述

信号与槽（Signals/Slots）是 Qt 编程的基础，也是 Qt 的一大特色。因为有了信号与槽的编程机制，在 Qt 中处理界面组件的交互操作时变得比较直观和简单。

信号（Signal）就是在特定情况下被发射（emit）的一种通告，例如一个 PushButton 按钮最常见的信号就是鼠标单击时发射的 clicked()信号，一个 ComboBox 最常见的信号是选择的项变化时发射的 CurrentIndexChanged()信号。GUI 程序设计的主要内容就是对界面上各组件发射的特定信号进行响应，只需要知道什么情况下发射了哪些信号，然后合理地去响应和处理这些信号就可以了。

槽（Slot）就是对信号响应的函数。槽实质上是一个函数，它可以被直接调用。槽函数与一般的函数不同的是：槽函数可以与一个信号关联，当信号被发射时，关联的槽函数会被自动执行。Qt 的类一般都有一些内建（build-in）的槽函数，例如 QWidget 有一个槽函数 close()，其功能是关闭窗口。如果将一个 PushButton 按钮的 clicked()信号与窗体的 close()槽函数关联，那么点击按钮时就会关闭窗口。

本节通过一个完整的示例 Demo2_3 介绍信号与槽的使用方法，示例的主程序 appMain.py 的运行结果如图 2-10 所示。界面上的所有功能都是可以操作的。

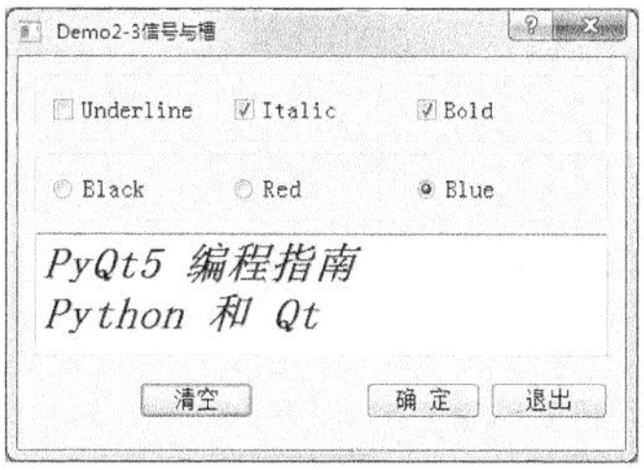

图 2-10 示例 Demo2_3 的
主程序 appMain.py 运行结果窗体

- 上方的 3 个复选框可以控制文本框内的字体的下划线、斜体、粗体特性。
- 3 个 RadioButton 按钮可以控制文本框内的文字颜色。
- "清空"按钮可以清空文本框内的文字。
- "确定"和"退出"按钮都可以关闭窗口，但是表示对话框的不同选择结果。

这个示例的设计包含了 PyQt5 GUI 应用程序设计的完整过程，以及涉及的一些关键技术问题，本节将逐步展开讲解这些问题。

（1）在 UI Designer 里设计窗体的布局，使界面上的各个组件合理地分布，并且随窗体大小变化而自动调整大小和位置。

（2）在 UI Designer 里设计窗体时，设置组件的某个内建信号与窗体上其他组件的内建槽函数关联。

（3）在与 UI 窗体对应的业务逻辑类里，设计窗体组件内建信号的响应槽函数，并且与组件的信号关联起来。

（4）信号与槽设计和关联时的各种情况的处理方法。

详细地研究和实现这个示例后，基本上就掌握了用 PyQt5 编写 GUI 程序的完整流程。

2.3.2 Qt Creator 的使用

Qt Creator 是 Qt 的 IDE，它可以管理、编译和调试 Qt 的 C++项目。本节将用 Qt Creator 创建一个 C++应用程序项目，主要是为了用 Qt Creator 内置的 UI Designer 可视化设计窗体，方便提取组件的信号并创建信号的槽函数原型，不需要编写 C++ 程序，也无须对项目进行编译。

启动 Qt Creator，创建一个名为 QtApp 的 C++ GUI 应用程序项目，步骤如下。

（1）点击 Qt Creator 的菜单项"File"→"New File or Project…"，出现如图 2-11 所示的对话框。在此对话框里选择 Project 类型为 Application，中间的模板里选择 Qt Widgets Application，这是常见的 GUI 应用程序项目。

（2）在图 2-11 的对话框中点击"Choose…"按钮，出现如图 2-12 所示的新建项目向导。在此对话框中，设置项目名称为 QtApp，点击"Browse…"按钮选择示例 Demo2_3 所在的文件夹，例如"G:\PyQt5Book\Demo\chap02\demo2_3"，这样创建的项目将自动保存在"G:\PyQt5Book\Demo\chap02\demo2_3\QtApp"文件夹下。

（3）继续下一步，在出现选择编译工具的页面选择一个 Desktop Qt 5.12.0 MinGW 64-bit 即可，因为不需要编译项目，选择哪一个都可以。

（4）继续下一步，出现如图 2-13 所示的

图 2-11　Qt Creator 的新建项目对话框，
选择新建 Qt Widgets Application 项目

创建 UI 窗体的界面，这个窗体将作为应用程序的主窗体。本示例的目的是创建一个对话框，所以选择基类 QDialog，新窗体的类名称就使用默认的 Dialog，这将自动创建 3 个文件，即 Dialog.h、Dialog.cpp 和 Dialog.ui。注意一定要勾选"Generate form"旁边的复选框，否则不会创建文件 Dialog.ui，也就不能进行窗体的可视化设计了。

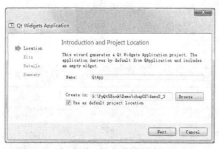

图 2-12　创建项目的名称设置为 QtApp

图 2-13　创建 UI 窗体的设置，选择基类 QDialog

完成向导创建项目 QtApp 后，Qt Creator 的界面如图 2-14 所示。Qt Creator 的界面非常简洁，本书不需要用它来编写 C++ 程序，而只是用于窗体可视化设计和槽函数原型生成，所以用到的功能较少。

窗体左侧是项目的文件管理目录树，与窗体相关的文件有以下 3 个。

- Dialog.ui 是窗体 UI 文件，双击这个文件，会打开内置的 UI Designer 进行窗体可视化设计。
- Dialog.h 和 Dialog.cpp 是定义窗体业务逻辑类的头文件和程序实现文件。

主窗体左侧的工具栏上是一些功能按钮，"Edit"按钮用于切换到如图 2-14 所示的项目文件管理界

面,"Design"按钮用于在有 ui 文件被打开时,切换到 UI Designer 设计界面,"Help"按钮用于切换到内置的 Qt Assistant 界面查看 Qt 的帮助文档。还有其他一些用于项目编译、调试和运行的按钮,本书未用到。

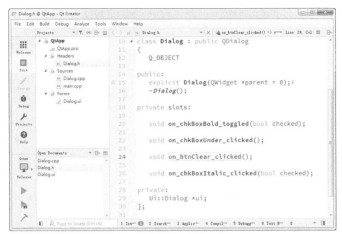

图 2-14 Qt Creator 项目管理与代码文件编辑器

该 Qt 项目的所有文件存放在 Demo2_3 目录的子目录 "\QtApp" 下,其中 QtApp.pro 是 Qt 项目文件。在 Qt Creator 里再次打开 QtApp.pro 文件时,就可以打开这个项目。

2.3.3 窗体可视化设计

在图 2-14 的项目文件管理目录树上,双击文件 Dialog.ui 可以打开内置的 UI Designer 对窗体进行可视化设计,界面如图 2-15 所示。图中显示的是本示例已经设计好的窗体,在界面设计中使用了布局管理功能。窗体中间的文本框是一个 PlainTextEdit 组件,在组件面板的 Input Widgets 分组里。

图 2-15 在 Qt Creator 内置的 UI Designer 里进行窗体可视化设计

在界面可视化设计时,对于需要在窗体业务逻辑类里访问的界面组件,修改其 objectName,例如各个按钮、需要读取输入的编辑框、需要显示结果的标签等,以便在程序里加以区分。对于不需要在程序里访问的界面组件则无须修改其 objectName，例如用于界面上组件分组的 GroupBox、Frame、布局等，UI Designer 自动命名即可。

对图 2-15 所设计窗体的主要组件的命名、属性设置如表 2-2 所示。

表 2-2　Dialog.ui 中各个组件的相关设置

对象名	类名称	属性设置	功能
Dialog	QDialog	windowTitle= "Demo2-3 信号与槽"	窗体的类名称是 Dialog，objectName 不要修改
textEdit	QPlainTextEdit	Text= "PyQt5 编程指南\nPython 和 Qt." Font.PointSize=20 Font.bold=True	用于显示文字，可编辑
chkBoxUnder	QCheckBox	Text= "Underline"	设置字体的下划线特性
chkBoxItalic	QCheckBox	Text= "Italic"	设置字体的斜体特性
chkBoxBold	QCheckBox	Text= "Bold"	设置字体的粗体特性
radioBlack	QRadioButton	Text= "Black"	设置字体颜色为黑色
radioRed	QRadioButton	Text= "Red"	设置字体颜色为红色
radioBlue	QRadioButton	Text= "Blue"	设置字体颜色为蓝色
btnClear	QPushButton	Text= "清空"	清空文本框的内容
btnOK	QPushButton	Text= "确定"	返回确定，并关闭窗口
btnClose	QPushButton	Text= "退出"	退出程序

对于界面组件的属性设置，需要注意以下两点。

（1）objectName 是窗体上的组件的实例名称，界面上的每个组件需要有一个唯一的 objectName，程序里访问界面组件时都通过其 objectName 进行访问，自动生成的槽函数名称与 objectName 有关。所以，组件的 objectName 需要在设计程序之前设置好，设置好之后一般不再改动。若程序设计好之后再改动 objectName，涉及的代码需要进行相应的改动。

（2）窗体的 objectName 是窗体的类名称，也就是利用向导新建窗体时设置的名称，在 UI Designer 里一般不修改窗体的 objectName。

2.3.4　界面组件布局管理

Qt 的窗体设计具有布局（layout）功能。所谓布局，就是界面上的组件的排列方式。使用布局管理功能可以使组件有规则地分布，并且随着窗体大小变化自动地调整大小和相对位置。布局管理是 GUI 设计的必备技巧，下面逐步讲解如何实现图 2-15 的窗体。

1. 界面组件的层次关系

为了将界面上的各个组件的分布设计得更加美观，经常使用一些容器类组件，如 GroupBox、TabWidget、Frame 等。例如，将 3 个 CheckBox（复选框）组件放置在一个 GroupBox 组件里，这个 GroupBox 组件就是这 3 个复选框的容器，移动这个 GroupBox 就会同时移动其中的 3 个 CheckBox。

图 2-16 是设计图 2-15 所示的窗体的前期阶段。在窗体上放置了两个 GroupBox 组件，其中在 groupBox1 里放置 3 个 CheckBox 组件，在 groupBox2 里放置 3 个 RadioButton 按钮。图 2-16 右侧 Object Inspector 里显示了界面上各组件之间的层次关系。

2. 布局管理

Qt 为窗体设计提供了丰富的布局管理功能，在 UI Designer 里，组件面板里有 Layouts 和 Spacers

两个分组，在窗体上方的工具栏里有布局管理的按钮（如图 2-17 所示）。

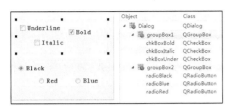

图 2-16 窗体上组件的放置与层次关系

图 2-17 用于布局可视化设计的组件面板和工具栏

组件面板里 Layouts 和 Spacers 这两个分组里的布局组件的功能如表 2-3 所示。

表 2-3 组件面板上用于布局的组件

布局组件	功能
Vertical Layout	垂直布局，组件自动在垂直方向上分布
Horizontal Layout	水平布局，组件自动在水平方向上分布
Grid Layout	网格状布局，网格状布局大小改变时，每个网格的大小都改变
Form Layout	窗体布局，与网格状布局类似，但是只有最右侧的一列网格会改变大小
Horizontal Spacer	一个用于水平分隔的空格
Vertical Spacer	一个用于垂直分隔的空格

使用组件面板里的布局组件设计布局时，先拖放一个布局组件到窗体上，例如在设计图 2-17 窗体下方的 3 个按钮的布局时，先放一个 Horizontal Layout 到窗体上，布局组件会以红色矩形框显示。再向布局组件里拖放 3 个 PushButton 和两个 Horizontal Spacer，就可以得到图 2-17 中 3 个按钮的水平布局效果。

每个布局还有 layoutTopMargin、layoutBottomMargin、layoutLeftMargin、layoutRightMargin 这 4 个属性用于调整布局边框与内部组件之间的上、下、左、右的边距大小。

在设计窗体的上方有一个工具栏，用于使界面进入不同的设计状态，以及进行布局设计，工具栏上各按钮的功能如表 2-4 所示。

表 2-4 内置的 UI Designer 工具栏各按钮的功能

按钮及快捷键	功能
Edit Widget (F3)	界面设计进入编辑状态，也就是正常的设计状态
Edit Signals/Slots(F4)	进入信号与槽的可视化设计状态
Edit Buddies	进入伙伴关系编辑状态，可以设置一个 Label 与一个组件成为伙伴关系
Edit Tab Order	进入 Tab 顺序编辑状态，Tab 顺序是指在键盘上按 Tab 键时，输入焦点在界面各组件之间跳动的顺序
Lay Out Horizontally (Ctrl+H)	将窗体上所选组件水平布局
Lay Out Vertically (Ctrl+L)	将窗体上所选组件垂直布局
Lay Out Horizontally in Splitter	将窗体上所选组件用一个分割条进行水平分割布局
Lay Out Vertically in Splitter	将窗体上所选组件用一个分割条进行垂直分割布局
Lay Out in a Form Layout	将窗体上所选组件按窗体布局
Lay Out in a Grid	将窗体上所选组件按网格状布局
Break Layout	解除窗体上所选组件的布局，也就是打散现有的布局
Adjust Size （Ctrl+J）	自动调整所选组件的大小

使用工具栏上的布局设计按钮时，只需在窗体上选中需要设计布局的组件，然后点击某个布局按钮即可。在窗体上选择组件时同时按住 Ctrl 键，可以实现组件多选。选择某个容器类组件，相当于选择了其内部的所有组件。例如，在图 2-16 的窗体中，选中 groupBox1，然后单击"Lay Out Horizontally"工具栏按钮，就可以对 groupBox1 内的 3 个复选框水平布局。

在图 2-16 的窗体上，使 groupBox1 里的 3 个复选框水平布局，groupBox2 里的 3 个 RadioButton 按钮水平布局，下方放置的 3 个按钮水平布局，窗体上又放置一个 PlainTextEdit 组件。现在如果改变 groupBox1、groupBox2 或按钮的水平布局的大小，其内部组件会自动改变大小，但是如果改变窗体大小，界面上的各组件却并不会自动改变大小。

还需为窗体指定一个总的布局。选中窗体（即不选择任何组件），单击工具栏上的"Lay Out Vertically"按钮，使 4 个组件垂直分布。这样布局后，当窗体大小改变时，各个组件都会自动改变大小，且当窗体纵向增大时，只有中间的文本框增大，其他 3 个布局组件不增大。最终设计好的窗体的组件布局如图 2-18 所示，从图中可以清楚地看出组件的层次关系，以及布局的设置。

图 2-18 设计好的窗体的组件布局与层次关系

在窗体可视化设计布局时，要善于利用水平和垂直空格组件，善于设置组件的最大、最小宽度或高度属性，善于设置布局的 layoutStretch 等属性来达到布局效果。

提示 窗体可视化设计和布局就是放置组件并合理地布局，设计过程如同拼图一般，设计的经验多了自然就熟悉了，所以本书后面的示例一般不会花篇幅来描述界面可视化设计的具体实现过程，读者看本书示例源程序里的窗体 UI 文件即可。

---

3. 伙伴关系与 Tab 顺序

在 UI Designer 工具栏上单击"Edit Buddies"按钮可以进入伙伴关系编辑状态，例如设计一个窗体时，进入伙伴关系编辑状态之后如图 2-19 所示。

伙伴关系（Buddy）是指界面上一个 Label 和一个具有输入焦点的组件相关联，在图 2-19 的伙伴关系编辑状态，单击一个 Label，按住鼠标左键，然后拖向一个组件，就建立了 Label 和组件之间的伙伴关系。

伙伴关系是为了在程序运行时，在窗体上用快捷键快速将输入焦点切换到某个组件上。例如，在图 2-19 的界面上，设定"姓名"标签的 text 属性为"姓 名(&N)"，其中符号"&"用来指定快捷字符，界面上并不显示"&"。这里指定快捷字母为 N，那么程序运行时，如果用户按下 Alt+N，输入焦点就会快速切换到"姓名"标签关联的文本框内。

在 UI Designer 工具栏上单击"Edit Tab Order"按钮进入 Tab 顺序编辑状态（如图 2-20 所示）。Tab 顺序是指程序运行时，按下键盘上的 Tab 键时输入焦点的移动顺序。一个好的用户界面，在按 Tab 键时焦点应该以合理的顺序在界面上移动。

进入 Tab 顺序编辑状态后，在界面上会显示具有 Tab 顺序的组件的 Tab 顺序编号，依次按希望的顺序单击组件，就可以重排 Tab 顺序了。没有输入焦点的组件是没有 Tab 顺序的，例如 Label 组件。

图 2-19　编辑伙伴关系

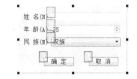

图 2-20　Tab 顺序编辑状态

2.3.5　组件的信号与内建槽函数的关联

Qt 的界面组件都是从 QWidget 继承而来的，都支持信号与槽的功能。每个类都有一些内建的信号和槽函数，例如 QPushButton 按钮类常用的信号是 clicked()，在按钮被单击时发射此信号。QDialog 是对话框类，它有以下 3 个内建的槽函数。

- accept()，功能是关闭对话框，表示肯定的选择，例如"确定"。
- reject()，功能是关闭对话框，表示否定的选择，例如"取消"。
- close()，功能是关闭对话框。

这 3 个槽函数都可以关闭对话框，但是表示的对话框的返回值不同，关于对话框的显示和返回值在 6.2 节详细介绍。在图 2-17 的对话框上，我们希望将"确定"按钮与对话框的 accept() 槽函数关联，将"退出"按钮与对话框的 close() 槽函数关联。

可以在 UI Designer 里使用可视化的方式实现信号与槽函数的关联。在 UI Designer 里单击上方工具栏里的"Edit Signals/Slots"按钮，窗体进入信号与槽函数编辑状态，如图 2-21 所示。

鼠标点选"确定"按钮，再按住鼠标左键拖动到窗体的空白区域后释放左键，这时出现如图 2-22 所示的关联设置对话框。此对话框左边的列表框里显示了 btnOK 的信号，选择 clicked()，右边的列表框里显示了 Dialog 的槽函数，选择 accept()，然后单击"OK"按钮。同样的方法可以将 btnClose 的 clicked() 信号与 Dialog 的 close() 槽函数关联。

图 2-21　窗体进入 Signals/Slots 编辑状态（已设置好关联）

图 2-22　信号与槽关联编辑对话框

提示　在图 2-22 的右边列表框中没有 close() 函数，需要勾选下方的"Show signals and slots inherited from QWidget"才会出现 close() 函数。

设置好这两个按钮的信号与槽关联之后，在窗体下方的 Signals Slots 编辑器里就显示了这两个关联（如图 2-23 所示）。实际上，可以直接在 Signals Slots 编辑器进行某个组件的内建信号与其他组件的内建槽函数关联。

图 2-23　信号与槽关联编辑器

2.3.6　PyQt5 GUI　项目程序框架

1. 项目文件组成

在完成上一步的窗体可视化设计后，就可以将窗体文件 Dialog.ui 编译转换为相应的 Python 类定义文件，并编写 PyQt5 GUI 应用程序，测试程序运行效果。

在这个示例中，我们对 PyQt5 GUI 应用程序的文件组成做了一个统一的规划。示例 Demo2_3 的文件夹下的文件组成如图 2-24 所示。各个文件或文件夹的作用如下。

- 子文件夹_pycache_是 Python 运行程序时自动生成的临时文件夹。

- 子文件夹 QtApp 是创建的 Qt C++ GUI 项目 QtApp
  所在的文件夹。由于 Qt 项目的文件比较多，而我
  们只是为了使用其中的 ui 文件，因此在 Demo2_3
  项目的目录下单独建一个文件夹。

图 2-24　示例 Demo2_3 的文件夹下的文件组成

- 文件 Dialog.ui 是在 Qt Creator 里设计的窗体 UI 文
  件，将子文件夹 QtApp 下的同名文件复制到此。每次在 QtApp 项目里修改了窗体文件后，应该将新的文件复制到此处并覆盖原有文件。文件 Dialog.ui 的窗体类的名称是 Dialog。

- 文件 ui_Dialog.py 是用 pyuic5 对文件 Dialog.ui 编译转换得到的 Python 程序文件，包含一个创建窗体界面的 Python 类的定义，文件 ui_Dialog.py 中的类名称是 Ui_Dialog。

- 文件 myDialog.py 是采用 2.2 节介绍的单继承和界面独立封装方式定义的一个对窗体进行业务逻辑操作的类的文件，文件 myDialog.py 中的类的名称是 QmyDialog（这个名称是可以根据个人命名规则自行决定的）。

- 文件 appMain.py 是创建应用程序和 QmyDialog 类窗体对象的实例，显示窗体并运行的主程序。

- 文件 uic.bat 是一个批处理文件，用于复制 Dialog.ui 文件，并用 pyuic5 指令编译 Dialog.ui 文件而生成文件 ui_Dialog.py。

2. 批处理文件 uic.bat

用鼠标右键单击文件 uic.bat（注意不要双击，双击是执行此文件），在快捷菜单里点击"编辑"会显示此文件的内容。uic.bat 文件的内容如下：

```
echo off

rem 将子目录 QtApp 下的.ui 文件复制到当前目录下
copy .\QtApp\Dialog.ui  Dialog.ui

rem 用 pyuic5 编译.ui 文件
pyuic5 -o ui_Dialog.py  Dialog.ui
```

uic.bat 文件是指令批处理文件，运行批处理文件就相当于在 Windows 的 cmd 窗口里顺序执行文件里的操作指令。文件中的"rem"表示注释行，这个文件主要执行了以下两条指令。

- 第一条是复制文件 Dialog.ui 的指令，它将子文件夹 QtApp 下的文件 Dialog.ui 复制为 uic.bat 文件所在文件夹下的文件 Dialog.ui，如果文件已存在会自动覆盖。

- 第二条是编译Dialog.ui文件的指令,使用工具软件pyuic5将UI文件Dialog.ui编译为Python
  程序文件 ui_Dialog.py。

将操作指令编写为批处理文件 uic.bat 后,双击此文件就可以执行这些指令,避免了在 cmd 窗口里重复键入指令的麻烦。

3. 窗体界面定义文件 ui_Dialog.py

运行批处理文件 uic.bat 后,将得到窗体 UI 文件 Dialog.ui 编译后的窗体界面定义文件 ui_Dialog.py,下面是这个文件的完整内容:

```python
from PyQt5 import QtCore, QtGui, QtWidgets
class Ui_Dialog(object):
    def setupUi(self, Dialog):
        Dialog.setObjectName("Dialog")
        Dialog.resize(337, 318)
        font = QtGui.QFont()
        font.setFamily("宋体")
        font.setPointSize(11)
        font.setBold(True)
        font.setWeight(75)
        Dialog.setFont(font)
        self.verticalLayout = QtWidgets.QVBoxLayout(Dialog)
        self.verticalLayout.setContentsMargins(11, 11, 11, 9)
        self.verticalLayout.setSpacing(6)
        self.verticalLayout.setObjectName("verticalLayout")
        self.groupBox1 = QtWidgets.QGroupBox(Dialog)
        self.groupBox1.setTitle("")
        self.groupBox1.setObjectName("groupBox1")
        self.horizontalLayout_2 = QtWidgets.QHBoxLayout(self.groupBox1)
        self.horizontalLayout_2.setContentsMargins(11, 11, 11, 11)
        self.horizontalLayout_2.setSpacing(6)
        self.horizontalLayout_2.setObjectName("horizontalLayout_2")
        self.chkBoxUnder = QtWidgets.QCheckBox(self.groupBox1)
        self.chkBoxUnder.setObjectName("chkBoxUnder")
        self.horizontalLayout_2.addWidget(self.chkBoxUnder)
        self.chkBoxItalic = QtWidgets.QCheckBox(self.groupBox1)
        self.chkBoxItalic.setObjectName("chkBoxItalic")
        self.horizontalLayout_2.addWidget(self.chkBoxItalic)
        self.chkBoxBold = QtWidgets.QCheckBox(self.groupBox1)
        self.chkBoxBold.setChecked(True)
        self.chkBoxBold.setObjectName("chkBoxBold")
        self.horizontalLayout_2.addWidget(self.chkBoxBold)
        self.verticalLayout.addWidget(self.groupBox1)
        self.groupBox2 = QtWidgets.QGroupBox(Dialog)
        self.groupBox2.setTitle("")
        self.groupBox2.setObjectName("groupBox2")
        self.horizontalLayout_3 = QtWidgets.QHBoxLayout(self.groupBox2)
        self.horizontalLayout_3.setContentsMargins(11, 11, 11, 11)
        self.horizontalLayout_3.setSpacing(6)
        self.horizontalLayout_3.setObjectName("horizontalLayout_3")
        self.radioBlack = QtWidgets.QRadioButton(self.groupBox2)
        self.radioBlack.setChecked(True)
        self.radioBlack.setObjectName("radioBlack")
        self.horizontalLayout_3.addWidget(self.radioBlack)
        self.radioRed = QtWidgets.QRadioButton(self.groupBox2)
        self.radioRed.setObjectName("radioRed")
        self.horizontalLayout_3.addWidget(self.radioRed)
        self.radioBlue = QtWidgets.QRadioButton(self.groupBox2)
        self.radioBlue.setChecked(False)
        self.radioBlue.setObjectName("radioBlue")
```

```
        self.horizontalLayout_3.addWidget(self.radioBlue)
        self.verticalLayout.addWidget(self.groupBox2)
        self.textEdit = QtWidgets.QPlainTextEdit(Dialog)
        font = QtGui.QFont()
        font.setPointSize(20)
        font.setBold(True)
        font.setWeight(75)
        self.textEdit.setFont(font)
        self.textEdit.setObjectName("textEdit")
        self.verticalLayout.addWidget(self.textEdit)
        self.horizontalLayout = QtWidgets.QHBoxLayout()
        self.horizontalLayout.setContentsMargins(-1, 10, -1, 10)
        self.horizontalLayout.setSpacing(6)
        self.horizontalLayout.setObjectName("horizontalLayout")
        spacerItem = QtWidgets.QSpacerItem(40, 20, QtWidgets.QSizePolicy.Expanding,
QtWidgets.QSizePolicy.Minimum)
        self.horizontalLayout.addItem(spacerItem)
        self.btnClear = QtWidgets.QPushButton(Dialog)
        self.btnClear.setObjectName("btnClear")
        self.horizontalLayout.addWidget(self.btnClear)
        spacerItem1 = QtWidgets.QSpacerItem(40, 20, QtWidgets.QSizePolicy.Expanding,
QtWidgets.QSizePolicy.Minimum)
        self.horizontalLayout.addItem(spacerItem1)
        self.btnOK = QtWidgets.QPushButton(Dialog)
        self.btnOK.setObjectName("btnOK")
        self.horizontalLayout.addWidget(self.btnOK)
        self.btnClose = QtWidgets.QPushButton(Dialog)
        self.btnClose.setObjectName("btnClose")
        self.horizontalLayout.addWidget(self.btnClose)
        self.verticalLayout.addLayout(self.horizontalLayout)

        self.retranslateUi(Dialog)
        self.btnOK.clicked.connect(Dialog.accept)
        self.btnClose.clicked.connect(Dialog.close)
        QtCore.QMetaObject.connectSlotsByName(Dialog)

    def retranslateUi(self, Dialog):
        _translate = QtCore.QCoreApplication.translate
        Dialog.setWindowTitle(_translate("Dialog", " Demo2-3 信号与槽"))
        self.chkBoxUnder.setText(_translate("Dialog", "Underline"))
        self.chkBoxItalic.setText(_translate("Dialog", "Italic"))
        self.chkBoxBold.setText(_translate("Dialog", "Bold"))
        self.radioBlack.setText(_translate("Dialog", "Black"))
        self.radioRed.setText(_translate("Dialog", "Red"))
        self.radioBlue.setText(_translate("Dialog", "Blue"))
        self.textEdit.setPlainText(_translate("Dialog", "PyQt5 编程指南\n"
"Python 和 Qt"))
        self.btnClear.setText(_translate("Dialog", "清空"))
        self.btnOK.setText(_translate("Dialog", "确定"))
        self.btnClose.setText(_translate("Dialog", "退出"))
```

这个文件定义了一个 Python 类 Ui_Dialog，在 2.2.2 节已经分析了这种类的基本构成，它主要完成两个任务：界面创建，信号与槽函数的关联。

（1）界面创建

setupUi() 函数创建窗体上的各个组件，包括布局管理组件。布局管理也是通过相应的类实现的，例如，groupBox1 组件内部是 3 个 CheckBox 组件的水平布局，相关代码是（省略了中间一些属性设置的代码行）：

```
self.groupBox1 = QtWidgets.QGroupBox(Dialog)
self.horizontalLayout_2 = QtWidgets.QHBoxLayout(self.groupBox1)

self.chkBoxUnder = QtWidgets.QCheckBox(self.groupBox1)
self.horizontalLayout_2.addWidget(self.chkBoxUnder)

self.chkBoxItalic = QtWidgets.QCheckBox(self.groupBox1)
self.horizontalLayout_2.addWidget(self.chkBoxItalic)

self.chkBoxBold = QtWidgets.QCheckBox(self.groupBox1)
self.horizontalLayout_2.addWidget(self.chkBoxBold)
```

第 2 行代码创建了一个水平布局 horizontalLayout_2，其父容器是 groupBox1。

创建 CheckBox 组件时指定父容器为 groupBox1，然后添加到水平布局 horizontalLayout_2 里。这样依次添加的 3 个 CheckBox 组件就在 groupBox1 里水平分布了。同样，其他的布局管理的代码也是类似的。

分析这些代码可以发现代码化创建窗体组件和布局管理的编程方法。可视化设计的窗体最后其实也都是转换为代码来执行的，但显然，没几个人愿意手工编写这样的代码来创建窗体。但是我们需要知道这些代码的原理，一般情况下尽量用 UI Designer 可视化设计窗体，在必须手工编写代码创建界面时再编写代码，例如在后面要讲到的混合方式创建界面的时候。

（2）信号与槽的关联

在 setupUi() 函数的最后有 3 行这样的语句：

```
self.btnOK.clicked.connect(Dialog.accept)
self.btnClose.clicked.connect(Dialog.close)
QtCore.QMetaObject.connectSlotsByName(Dialog)
```

其中，第 1 行将界面上的按钮 btnOK 的 clicked() 信号与窗体对象 Dialog 的 accept() 槽函数关联起来；第 2 行将按钮 btnClose 的 clicked() 信号与 Dialog 的 close() 槽函数关联起来；第 3 行的作用在后面解释。

信号与槽函数关联使用 connect() 函数，语句如下：

```
sender.signalName.connect(receiver.slotName)
```

其中：

- sender 表示发射信号的对象名称，如 self.btnOK；
- signalName 表示信号的名称，如 clicked；
- receiver 是对信号作出响应的接收者的名称，如 Dialog；
- slotName 是接收者的响应槽函数的名称，如 accept。

所以，对于在图 2-23 的 Signals Slots 编辑器里可视化设置的关联，setupUi() 函数将自动生成信号与槽关联的语句。

提示　在本书后面的示例程序中，将不会再显示.ui 文件编译后生成的 Python 文件的内容，因为这个文件就是可视化设计的 UI 窗体的代码实现，代码多且没有显示的意义。如果需要分析某种界面效果的代码化构建方法，可以自行分析此文件代码。

---

4. 窗体业务逻辑类文件 myDialog.py

按照 2.2 节介绍的界面与业务逻辑分离且界面独立封装的方式定义一个类 QmyDialog，并保存为文件 myDialog.py。文件代码如下：

```
##与 UI 窗体类对应的业务逻辑类
import sys
from PyQt5.QtWidgets import  QApplication, QDialog
from ui_Dialog import Ui_Dialog

class QmyDialog(QDialog):
    def __init__(self, parent=None):
        super().__init__(parent)        #调用父类构造函数，创建窗体
        self.ui=Ui_Dialog()             #创建 UI 对象
        self.ui.setupUi(self)           #构造 UI

if  __name__ == "__main__":             #用于当前窗体测试
    app = QApplication(sys.argv)        #创建 GUI 应用程序
    form=QmyDialog()                    #创建窗体
    form.show()
    sys.exit(app.exec_())
```

这个文件有窗体测试程序，运行此文件时，就会执行文件后面部分的程序，其功能是创建应用程序和窗体，并运行应用程序。

现在运行程序 myDialog.py 就会出现所设计的窗体，点击窗体上的"确定"和"退出"按钮可以关闭窗体并退出程序，说明这两个按钮的功能实现了。这是因为在 QmyDialog 类的构造函数中，创建了窗体类的实例对象 self.ui，并调用了其 setupUi()函数，即下面这两行语句：

```
self.ui=Ui_Dialog()             #创建 UI 对象
self.ui.setupUi(self)           #构造 UI
```

而 Ui_Dialog 的 setupUi()函数实现了这两个按钮的信号与窗体相关槽函数的关联，所以点击按钮的操作起作用了。

5. 应用程序主程序文件 appMain.py

程序 myDialog.py 可以当作主程序直接运行，但是建议单独编写一个主程序文件 appMain.py，此文件的代码如下：

```
##   GUI 应用程序主程序
import sys
from PyQt5.QtWidgets import  QApplication
from myDialog import QmyDialog

app = QApplication(sys.argv)        #创建 GUI 应用程序
mainform=QmyDialog()                #创建主窗体
mainform.show()                     #显示主窗体
sys.exit(app.exec_())
```

appMain.py 的功能是创建应用程序和主窗体，然后显示主窗体，并开始运行应用程序。它将 myDialog.py 文件的测试运行部分单独拿出来作为一个文件。当一个应用程序有多个窗体，并且窗体之间有数据传递时，appMain.py 负责创建应用程序的主窗体并运行起来，这样使整个应用程序的结构更清晰。

注意 为了避免混淆，我们在命名文件时，将文件名与文件内的类名称区分开来，将 Python 中针对 UI 窗体创建的业务逻辑类的名称与 UI 窗体名称区分开来，这与 Eric 中的命名方法不同。

例如，UI 文件 Dialog.ui 中的窗体名称是 Dialog，文件 Dialog.ui 编译后生成的 Python 类名称是固定的 Ui_Dialog，我们设置保存为文件 ui_Dialog.py，而 Eric 会自动保存为文件 Ui_Dialog.py。

针对文件 ui_Dialog.py 中的类 Ui_Dialog 创建的窗体业务逻辑类是可以自由命名的，我们将类命名为 QmyDialog，保存为文件 myDialog.py。而在 Eric 中创建的业务逻辑类默认的文件名是 Dialog.py，类名称也是 Dialog，这对于初学者容易造成混淆。

2.3.7 为组件的内建信号编写槽函数

1. 自动关联的槽函数

下面为窗体上的"清空"按钮编写槽函数，首先要找到应该使用该按钮的那个信号。在 Qt Creator 中打开本示例的 QtApp 项目，再打开窗体 Dialog.ui，选中"清空"按钮，点击右键调出其快捷菜单，在菜单中点击"Go to slot..."菜单项，会打开如图 2-25 所示的 Go to slot 对话框。

这个对话框显示了所选组件类的所有可用信号。"清空"按钮是一个 QPushButton 类的按钮，所以图 2-25 显示的是 QPushButton 类及其所有父类的信号。按钮最常用的信号是 clicked()，就是点击按钮时发射的信号。在图 2-25 中选择 clicked()信号，然后点击"OK"按钮，这样会在 QtApp 项目的 Dialog.cpp 文件里生成下面这样一个 C++槽函数框架：

```
void DialogText::on_btnClear_clicked()
{
}
```

按快捷键 F4 会在 Dialog.h 和 Dialog.cpp 文件之间切换，在 Dialog.h 文件里可看到自动生成的这个槽函数的 C++原型定义：

```
void on_btnClear_clicked();
```

我们并不需要编写任何 C++程序，而只需要自动生成的这个槽函数名称。复制此函数名称，在 myDialog.py 文件的 QmyDialog 类里定义一个同名的函数并编写代码：

```
def on_btnClear_clicked(self):
    self.ui.textEdit.clear()
```

现在若运行 myDialog.py 文件，会发现"清空"按钮可用了，它会将文本框里的内容全部清除。

同样，在 UI Designer 里可视化设计窗体时，选中"Bold"复选框，打开其 Go to slot 对话框（如图 2-26 所示），这里显示了 QCheckBox 类的所有信号。

其中的 toggled(bool)信号在复选框的状态变化时发射，复选框的勾选状态作为参数传递给函数，点击"OK"按钮后生成其 C++槽函数原型为：

```
void on_chkBoxBold_toggled(bool checked);
```

在 myDialog.py 文件的 QmyDialog 类里定义一个同名函数，并且具有相同类型的参数，代码如下：

```
def on_chkBoxBold_toggled(self,checked):
    font=self.ui.textEdit.font()
    font.setBold(checked)      #参数 checked 表示勾选状态
    self.ui.textEdit.setFont(font)
```

现在若运行 myDialogText.py 文件，会发现"Bold"复选框可用了，会使文本框的字体在粗体和正常之间切换。

图 2-25 QPushButton 类按钮的 Go to slot 对话框

图 2-26 QCheckBox 类组件的 Go to slot 对话框

同样，在窗体可视化设计时，选中"Underline"复选框，打开其 Go to slot 对话框如图 2-26 所示。在对话框里不选择 toggled(bool)信号，而是选择 clicked()信号。而且要注意，还有一个带参数的 clicked(bool)信号，它会将点击复选框时的勾选状态当作一个参数传递给槽函数。现在暂时用 clicked()信号，对于同名而参数不同的 overload 型信号的处理在后面讨论。

"Underline"复选框的 clicked()信号的 C++槽函数原型是：

```
void on_chkBoxUnder_clicked();
```

在 myDialog.py 文件的 QmyDialog 类里定义一个同名函数并编写代码。现在 QmyDialog 类的完整代码如下：

```
import sys
from PyQt5.QtWidgets import  QApplication, QDialog
from ui_Dialog import Ui_Dialog

class QmyDialog(QDialog):
    def __init__(self, parent=None):
        super().__init__(parent)      #调用父类构造函数，创建窗体
        self.ui=Ui_Dialog()           #创建 UI 对象
        self.ui.setupUi(self)         #构造 UI

##==== 由 connectSlotsByName() 自动与组件的信号关联的槽函数=====
    def on_btnClear_clicked(self): ##"清空"按钮
        self.ui.textEdit.clear()

    def on_chkBoxBold_toggled(self,checked):        ## "Bold" 复选框
        font=self.ui.textEdit.font()
        font.setBold(checked)                       #参数 checked 表示勾选状态
        self.ui.textEdit.setFont(font)

    def on_chkBoxUnder_clicked(self):               ## "Underline"复选框
        checked=self.ui.chkBoxUnder.isChecked()     #读取勾选状态
        font=self.ui.textEdit.font()
        font.setUnderline(checked)
        self.ui.textEdit.setFont(font)
```

现在运行文件 myDialog.py，"Underline"复选框的功能也可用了。

在 QmyDialog 类里定义了 3 个函数，这 3 个函数与相应界面组件的信号关联起来了，实现了信号与槽的关联。但是，在 QmyDialog 类的构造函数里并没有添加任何代码进行信号与槽的关联，而 Ui_Dialog 类也没有做任何修改（在 UI Designer 里可视化生成槽函数框架时，并不会对 Dialog.ui 做任何修改，所以无须重新编译 Dialog.ui），这些信号与槽的关联是如何实现的呢？

秘密在于 ui_Dialog.py 文件中的 Ui_Dialog.setupUi()函数的最后一行语句

```
QtCore.QMetaObject.connectSlotsByName(Dialog)
```

使用了 Qt 的元对象（QMetaObject），它会搜索 Dialog 窗体上的所有从属组件，将匹配的信号和槽函数关联起来，它假设槽函数的名称是：

```
on_<object name>_<signal name>(<signal parameters>)
```

在组件的 Go to slot 对话框里，选择一个信号后生成的槽函数名称就是符合这个命名规则的。所以，如果在 UI Designer 里通过可视化设计自动生成槽函数框架，然后复制函数名到 Python 程序里，这样的槽函数就可以和组件的信号自动关联，而不用逐个手工编写关联的语句。

不符合这样的命名规则的函数不能自动与信号关联，即使非常小的改动，例如函数 on_btnClear_clicked()改为 on_btnClear_clicked2()，也不能与组件的信号自动关联。

提示　要在 Qt Creator 中通过 Go to slot 对话框为一个 UI 窗体上的组件自动生成槽函数框架，UI 窗体文件必须是在一个 Qt GUI 项目里打开的，一个.ui 文件有对应的.h 和.cpp 文件。像示例 Demo2_2 里那样只有一个独立的.ui 文件是不能生成槽函数框架的。使用 Qt 的独立软件 Qt Designer 只能设计 UI 窗体，没有 Go to slot 对话框，不能生成槽函数框架，这就是为什么我们使用 Qt Creator 内置的 UI Designer，而不使用独立的 Qt Designer 的原因。

---

2. overload 型信号的处理

在图 2-26 的 QCheckBox 类组件的 Go to slot 对话框中，有两个名称为 clicked 的信号，一个是不带参数的 clicked()信号，"Underline"复选框使用这个信号生成槽函数是可以自动关联的；另一个是带参数的 clicked(bool)信号，它将复选框的当前勾选状态作为参数传递给槽函数。这种名称相同但参数个数或类型不同的信号就是 overload 型信号。

对于窗体上的"Italic"复选框，在其 Go to slot 对话框中选择 clicked(bool)信号生成槽函数原型，用相应的函数名在 QmyDialog 类中定义一个函数，代码如下：

```
def on_chkBoxItalic_clicked(self,checked):
    font=self.ui.textEdit.font()
    font.setItalic(checked)
    self.ui.textEdit.setFont(font)
```

我们"以为"这个槽函数会和 chkBoxItalic 的 clicked(bool)信号自动关联，运行文件 myDialog.py，却发现点击"Italic"复选框时，程序出现异常直接退出了！为什么会出现这种情况呢？

这是因为有两个不同类型参数的 clicked 信号，connectSlotsByName()函数进行信号与槽函数的关联时会使用一个默认的信号，对 QCheckBox 来说，默认使用的是不带参数的 clicked()信号。而现在定义的函数 on_chkBoxItalic_clicked(self, checked)是需要传递进来一个参数的，程序运行到 on_chkBoxItalic_clicked(self, checked)函数时，无法给它传递一个参数 checked，所以发生了异常。

要解决这个问题，需要使用@pyqtSlot 修饰符，用这个修饰符将函数的参数类型声明清楚。将

on_chkBoxItalic_clicked()函数的代码修改为如下形式：

```
@pyqtSlot(bool)        ##修饰符指定参数类型，用于 overload 型的信号
def on_chkBoxItalic_clicked(self,checked):
  font=self.ui.textEdit.font()
  font.setItalic(checked)
  self.ui.textEdit.setFont(font)
```

这样使用@pyqtSlot 修饰符声明函数参数类型后，connectSlotsByName()函数就会自动使用 clicked(bool)信号与这个槽函数关联，运行就没有问题了。

注意　对于非默认的 overload 型信号，槽函数必须使用修饰符@pyqtSlot 声明函数参数类型。如果两种参数的 overload 型信号都要关联槽函数，那么两个槽函数名必须不同名，且在关联时要做设置（具体的设置方法在 2.4 节的示例里介绍）。

3. 手动关联信号与槽函数

很多情况下也需要手工编写代码进行信号与槽的关联，例如在图 2-18 的窗体上，希望将设置颜色的 3 个 RadioButton 按钮的 clicked()信号与同一个槽函数关联。

在 QmyDialog 类里定义一个新的函数 do_setTextColor()，并且在构造函数里进行关联，添加这些功能后的 myDialog.py 的完整代码如下：

```
import sys
from PyQt5.QtWidgets import  QApplication, QDialog
from PyQt5.QtGui import  QPalette
from PyQt5.QtCore import Qt, pyqtSlot

from ui_Dialog import Ui_Dialog
class QmyDialog(QDialog):
    def __init__(self, parent=None):
        super().__init__(parent)      #调用父类构造函数
        self.ui=Ui_Dialog()            #创建 UI 对象
        self.ui.setupUi(self)          #构造 UI
        self.ui.radioBlack.clicked.connect(self.do_setTextColor)
        self.ui.radioRed.clicked.connect(self.do_setTextColor)
        self.ui.radioBlue.clicked.connect(self.do_setTextColor)

##==== 由 connectSlotsByName() 自动与组件的信号关联的槽函数====
    def on_btnClear_clicked(self): ##"清空" 按钮
        self.ui.textEdit.clear()

    def on_chkBoxBold_toggled(self,checked):       ##"Bold"复选框
        font=self.ui.textEdit.font()
        font.setBold(checked)                       #函数参数 checked 表示勾选状态
        self.ui.textEdit.setFont(font)

    def on_chkBoxUnder_clicked(self):              ##"Underline"复选框
        checked=self.ui.chkBoxUnder.isChecked()    #读取勾选状态
        font=self.ui.textEdit.font()
        font.setUnderline(checked)
        self.ui.textEdit.setFont(font)

    @pyqtSlot(bool)        ##修饰符指定参数类型，用于 overload 型的信号
    def on_chkBoxItalic_clicked(self,checked):  #"Italic"复选框
        font=self.ui.textEdit.font()
        font.setItalic(checked)
        self.ui.textEdit.setFont(font)
```

```
##=========自定义槽函数========
    def do_setTextColor(self):                   ##设置文本颜色
        plet=self.ui.textEdit.palette()          #获取 palette
        if (self.ui.radioBlack.isChecked()):
            plet.setColor(QPalette.Text, Qt.black)      #black
        elif (self.ui.radioRed.isChecked()):
            plet.setColor(QPalette.Text, Qt.red)        #red
        elif (self.ui.radioBlue.isChecked()):
            plet.setColor(QPalette.Text, Qt.blue)       #blue
        self.ui.textEdit.setPalette(plet)            #设置 palette

if __name__ == "__main__":                   ##用于当前窗体测试
    app = QApplication(sys.argv)             #创建 GUI 应用程序
    form=QmyDialog()                         #创建窗体
    form.show()
    sys.exit(app.exec_())
```

代码里用到了 QPalette、Qt、pyqtSlot 等类或函数，所以需要用 import 语句从相应的模块导入。

自定义的函数 do_setTextColor()读取 3 个 RadioButton 按钮的选中状态，哪个按钮被选中就设置这个按钮文本框里文本的颜色为相应的颜色。do_setTextColor()的代码涉及的具体操作现在暂时不解释，第 3 章会介绍常用界面组件的使用。

在 QmyDialog 的构造函数中增加了下面 3 条语句：

```
self.ui.radioBlack.clicked.connect(self.do_setTextColor)
self.ui.radioRed.clicked.connect(self.do_setTextColor)
self.ui.radioBlue.clicked.connect(self.do_setTextColor)
```

这样就将 3 个 RadioButton 按钮的 clicked()信号与同一个槽函数 do_setTextColor()关联起来了，实现了信号与槽函数的关联。

提示 为了与 connectSlotsByName()自动关联的槽函数区别，本书中自定义槽函数的函数名一律使用"do_"作为前缀。当然，这只是个人习惯的命名规则。

现在运行程序 myDialog.py，就会发现 3 个设置颜色的 RadioButton 按钮都可以用了，整个窗体的所有功能都实现了。

2.4 自定义信号的使用

2.4.1 信号与槽的一些特点和功能

在 PyQt5 中，信号与槽的使用有如下一些特点。
- 一个信号可以关联多个槽函数。
- 一个信号也可以关联其他信号。
- 信号的参数可以是任何 Python 数据类型。
- 一个槽函数可以和多个信号关联。
- 关联可以是直接的（同步）或排队的（异步）。
- 可以在不同线程之间建立关联。

- 信号与槽也可以断开关联。

2.3 节的示例使用的信号都是类的内建信号，在自定义类中还可以自定义信号。使用自定义信号在程序的对象之间传递信息是非常方便的，例如在多窗体应用程序中，通过信号与槽在窗体之间传递数据。

使用 PyQt5.QtCore.pyqtSignal()为一个类定义新的信号。要自定义信号，类必须是 QObject 类的子类。pyqtSignal()的句法是：

```
pyqtSignal(types[, name[, revision=0[, arguments=[]]]])
```

信号可以带有参数 types，后面的参数都是一些可选项，基本不使用。

信号需要定义为类属性，这样定义的信号是未绑定（unbound）信号。当创建类的实例后，PyQt5 会自动将类的实例与信号绑定，这样就生成了绑定的（bound）信号。这与 Python 语言从类的函数生成绑定的方法的机制是一样的。

一个绑定的信号（也就是类的实例对象的信号）具有 connect()、disconnect()和 emit()这 3 个函数，分别用于关联槽函数、断开与槽函数的关联、发射信号。

2.4.2　自定义信号使用示例

下面是示例 Demo2_4 目录下的程序 human.py 的完整代码，这个程序演示了自定义信号的使用，以及信号与槽的使用中一些功能的实现方法。

```python
## 自定义信号与槽的演示
import sys
from PyQt5.QtCore import QObject, pyqtSlot, pyqtSignal

class Human(QObject):
    ##定义一个带 str 类型参数的信号
    nameChanged = pyqtSignal(str)
    ## overload 型信号有两种参数，一种是 int，另一种是 str
    ageChanged = pyqtSignal([int],[str])

    def __init__(self,name='Mike',age=10,parent=None):
        super().__init__(parent)
        self.setAge(age)
        self.setName(name)

    def  setAge(self,age):
        self.__age= age
        self.ageChanged.emit(self.__age)        #发射 int 参数信号
        if age<=18:
            ageInfo="你是 少年"
        elif (18< age <=35):
            ageInfo="你是 年轻人"
        elif (35< age <=55):
            ageInfo="你是 中年人"
        elif (55< age <=80):
            ageInfo="您是 老人"
        else:
            ageInfo="您是 寿星啊"
        self.ageChanged[str].emit(ageInfo)       #发射 str 参数信号

    def setName(self,name):
```

```
            self.__name = name
            self.nameChanged.emit(self.__name)

class Responsor(QObject):
    @pyqtSlot(int)
    def do_ageChanged_int(self,age):
        print("你的年龄是: "+str(age))

    @pyqtSlot(str)
    def do_ageChanged_str(self,ageInfo):
        print(ageInfo)

##    @pyqtSlot(str)
    def do_nameChanged(self, name):
        print("Hello,"+name)

if __name__ == "__main__":        ##测试程序
    print("**创建对象时**")
    boy=Human("Boy",16)
    resp=Responsor()
    boy.nameChanged.connect(resp.do_nameChanged)

    ## overload 的信号, 两个槽函数不能同名, 关联时需要给信号加参数区分
    boy.ageChanged.connect(resp.do_ageChanged_int)      #默认参数, int 型
    boy.ageChanged[str].connect(resp.do_ageChanged_str)      #str 型参数

    print("\n **建立关联后**")
    boy.setAge(35)        #发射两个 ageChanged 信号
    boy.setName("Jack")    #发射 nameChanged 信号

    boy.ageChanged[str].disconnect(resp.do_ageChanged_str)      #断开关联
    print("\n **断开 ageChanged[str]的关联后**")
    boy.setAge(10)          #发射两个 ageChanged 信号
```

（1）信号的定义

定义的类 Human 是从 QObject 继承而来的，它定义了两个信号，两个信号都需要定义为类的属性。nameChanged 信号是带有一个 str 类型参数的信号，定义为：

```
nameChanged = pyqtSignal(str)
```

ageChanged 信号是具有两种类型参数的 overload 型的信号，信号的参数类型可以是 int，也可以是 str。ageChanged 信号定义为：

```
ageChanged = pyqtSignal([int],[str])
```

（2）信号的发射

通过信号的 emit()函数发射信号。在类的某个状态发生变化，需要通知外部发生了这种变化时，发射相应的信号。如果信号关联了一个槽函数，就会执行槽函数，如果信号没有关联槽函数，就不会产生任何动作。

例如在 Human.setName()函数中，当变量 self.__name 发生变化时发射 nameChanged 信号，并且传递参数，即

```
self.nameChanged.emit(self.__name)
```

变量 self.__name 作为信号的参数，关联的槽函数可以从参数中获得当前信号的名称，从而进行相应的处理。

Human.setAge()函数中发射了两次 ageChanged 信号，但是使用了不同的参数，分别是 int 型参数和 str 型参数，即

```
self.ageChanged.emit(self.__age)          #int 参数信号
self.ageChanged[str].emit(ageInfo)        #str 参数信号
```

（3）信号与槽的关联

另外定义的一个类 Responsor 也是从 QObject 继承而来的，它定义了三个函数，分别用于与 Human 类实例对象的信号建立关联。

因为信号 ageChanged 有两种参数类型，要与两种参数的 ageChanged 信号都建立关联，两个槽函数的名称必须不同，所以定义的两个槽函数名称分别是 do_ageChanged_int 和 do_ageChanged_str。

需要在创建类的具体实例后再进行信号与槽的关联，所以，程序在测试部分先创建两个具体的对象。

```
boy=Human("Boy",16)
resp=Responsor()
```

如果一个信号的名称是唯一的，即不是 overload 型信号，那么关联时无须列出信号的参数，例如，nameChanged 信号的连接为：

```
boy.nameChanged.connect(resp.do_nameChanged)
```

对于 overload 型的信号，定义信号时的第一个位置的参数是默认参数。例如，ageChanged 信号的定义是：

```
ageChanged = pyqtSignal([int],[str])
```

所以，ageChanged 信号的默认参数就是 int 型。默认参数的信号关联无须标明参数类型，所以有：

```
boy.ageChanged.connect(resp.do_ageChanged_int)          #默认参数，int 型
```

但是，对于另外一个非默认参数，必须在信号关联时在信号中注明参数，即

```
boy.ageChanged[str].connect(resp.do_ageChanged_str)     #str 型参数
```

（4）@pyqtSlot 修饰符的作用

在 PyQt5 中，任何一个函数都可以作为槽函数，但有时也需要使用@pyqtSlot 修饰符说明函数的参数类型，以使信号与槽之间能正确关联。

@pyqtSlot()修饰符用于声明槽函数的参数类型，例如在 2.3 节的示例中，为了使函数 on_chkBoxItalic_clicked(self,checked)与窗体上 chkBoxItalic 复选框的 clicked(bool)信号自动建立关联，就使用了@pyqtSlot(bool)进行修饰。

在本例 Responsor 类的 3 个槽函数前的@pyqtSlot()修饰符都可以被注释掉，不影响程序的运行结果。因为 overload 型信号的两个槽函数名称不同，在建立关联时也指定了参数类型。

（5）断开信号与槽的关联

在程序中可以使用 disconnect()函数断开信号与槽的关联，例如，程序中用下面的代码断开了一个关联。

```
boy.ageChanged[str].disconnect(resp.do_ageChanged_str)     #断开关联
```

运行程序 human.py，在 Python Shell 中显示如下的运行结果：

```
**创建对象时**

 **建立关联后**
你的年龄是：35
你是 年轻人
Hello,Jack

 **断开 ageChanged[str]的关联后**
你的年龄是：10
```

从运行结果中可以看到：

- 创建对象时虽然也发射信号，但还未建立关联，所以无响应；
- 建立关联后，3 个信号关联的槽函数都响应了；
- 断开关联后，断开关联的槽函数无响应了。

2.4.3　使用信号与槽的一些注意事项

通过这两节的示例讲解，信号与槽使用中涉及的一些用法基本都介绍了。信号与槽机制是非常好用的，特别是为 GUI 程序各对象之间的信息传递提供了很方便的处理方法，但是在 PyQt5 中使用信号与槽时也要注意以下问题。

（1）对于 PyQt5 中的类的内建 overload 型信号，一般只为其中一种信号编写槽函数。例如 QCheckBox 组件有 clicked()和 clicked(bool)两种信号，可以有针对性地只选择其中一种参数类型的信号编写槽函数。如果使用的 overload 型信号不是默认参数类型的信号，那么槽函数还需要使用 @pyqtSlot()修饰符声明参数类型。

（2）在自定义信号时，尽量不要定义 overload 型信号。因为 Python 的某些类型转换为 C++的类型时，对于 C++来说可能是同一种类型的参数，例如，若定义一个 overload 型的信号：

```
valueChanged = pyqtSignal([dict], [list])
```

dict 和 list 在 Python 中是不同的数据类型，但是转换为 C++后可能就是相同的数据类型了，这可能会出现问题。

2.5　资源文件的使用

2.5.1　功能概述

到目前为止，我们已经介绍了窗体可视化设计的 PyQt5 GUI 应用程序框架，以及 Qt 核心技术信号与槽的使用方法，熟悉窗体可视化设计和常用界面组件使用的读者完全可以开始编写自己的 GUI 应用程序了。但还有一个技术点需要解决，就是资源文件的使用。例如，在示例 Demo2_3 的窗体上（图 2-10）的按钮都没有设置图标，而图标的使用是 GUI 程序不可或缺的一项功能。

本节介绍如何在 PyQt5 GUI 应用中使用资源文件，包括如何在 Qt Creator 中创建和管理资源文件，如何在窗体可视化设计时为按钮设置图标，以及如何将 Qt 的资源文件通过 pyrcc5 工具软件编译为 Python 文件。

本节仍然结合 2.4 节的程序文件 human.py 创建一个示例 Demo2_5，示例运行时界面如图 2-27 所示。通过这个示例可以掌握资源文件的使用方法，加深对 GUI 应用程序的设计流程、窗体布局可视化设计、自定义信号与槽函数的使用等内容的理解。

掌握这个应用程序的设计方法后，就基本掌握了 PyQt5 设计 GUI 应用程序的基本流程和关键技术了，再继续学习就是学习更多的 PyQt5 的类的使用方法了。就如同你已经精通了英语语法，剩下的只是增加单词量的问题了。

图 2-27　示例 Demo2_5 运行时界面

2.5.2　窗体可视化设计

在 Demo2_5 的项目目录下新建一个 Qt Widgets Application 项目 QtApp，创建窗体时选择窗体基类为 QWidget，新建窗体类的名称设置为默认的 Widegt。创建项目后，对窗体 Widget.ui 进行可视化设计，设计好的窗体如图 2-28 所示。

该窗体在设计时采用了布局管理方法。"年龄设置"分组框用的是组件面板 Container 分组里的 GroupBox 组件，其内部组件按网格状布局；"姓名设置"分组框里的组件也按网格状布局；最下方的按钮和多个空格组件使用了组件面板 Container 分组里的 Frame 组件作为容器，采用水平布局。窗口的主布局采用垂直布局。

窗体上所有组件的层次关系如图 2-29 所示，图 2-29 还显示了各个组件的 objectName 及其所属的类。用于设置年龄的是一个 QSlider 组件，在属性编辑器里设置其 minimum 属性为 0，maximum 属性为 100。

图 2-28　可视化设计完成的窗体 Widget.ui

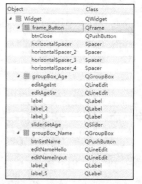

图 2-29　窗体上的组件的层次关系、objectName 及其所属类

2.5.3　创建和使用资源文件

在 Qt Creator 里单击"File"→"New File or Project…"菜单项，在新建文件与项目对话框里选择"Qt Resource File"，然后按照向导的指引设置资源文件的文件名，并添加到当前项目里。

本项目创建的资源文件名为 res.qrc。在项目文件目录树里，会自动创建一个与 Headers、Sources、Forms 并列的 Resources 文件组，在 Resources 组里有 res.qrc 节点。在 res.qrc 节点上点击鼠标右键，在弹出的快捷菜单中选择"Open in Editor"打开资源文件编辑器（如图 2-30 所示）。

资源文件最主要的功能是存储图标和图片文件，以便在程序里使用。在资源文件里首先建一个前缀（Prefix），例如 icons，方法是在图 2-30 窗口右下方的功能区单击"Add"按钮下的"Add Prefix"，设置一个前缀名为 icons，前缀就是资源的分组。

然后再单击"Add"按钮下的"Add Files"选择图标文件。如果所选的图标文件不在本项目的子目录里，会提示复制文件到项目下的子目录里。在 QtApp 项目的目录下建一个子目录 \images，将所有图标文件放置在这个文件夹里。在图 2-30 的前缀和图标文件目录已设置的情况下，如果要在代码里使用其中的 app.ico 图标文件，其引用名称是 ":/icons/images/app.ico"。

将图标导入到资源文件里后，就可以在窗体设计时使用图标了。例如，在图 2-28 中要设置"关闭"按钮的图标，在属性编辑器中有 icon 属性，点击右侧下拉菜单中的"Choose Resource..."，就可以在项目的资源文件里为按钮选择图标了（如图 2-31 所示）。

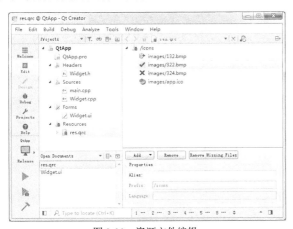

图 2-30 资源文件编辑

图 2-31 为按钮在资源文件里选择图标

2.5.4 窗体文件和资源文件的编译

在 Qt Creator 里设计的资源文件要在 Python 程序里使用，需要使用 pyrcc5.exe 工具软件将资源文件 res.qrc 编译为一个对应的 Python 文件 res_rc.py。在 Demo2_5 目录下执行编译的指令如下：

```
pyrcc5 .\QtApp\res.qrc -o res_rc.py
```

该指令将\QtApp 目录下的 res.qrc 进行编译，输出文件 res_rc.py 到 Demo2_5 目录下，编译后的资源文件名必须是原文件名后面加"_rc"。

不能先将文件 QtApp\res.qrc 复制到 Demo2_5 目录下之后再编译，因为 res.qrc 需要查找其子目录 \images 下的文件，复制后相对位置变化了，编译时会找不到图标文件。

同样还需要编译窗体文件 Widget.ui。于是在 Demo2_5 目录下建一个批处理文件 uic.bat，用于执行这两条编译指令，文件 uic.bat 内容如下：

```
echo off

rem 将子目录 QtApp 下的.ui 文件复制到当前目录下，并且编译
copy .\QtApp\Widget.ui  .\Widget.ui
```

```
pyuic5 -o ui_Widget.py  \Widget.ui
```

rem 编译并复制资源文件
```
pyrcc5 .\QtApp\res.qrc -o res_rc.py
```

双击执行这个批处理文件，就同时编译了窗体文件和资源文件。

可以打开资源文件 res.qrc 编译后的文件 res_rc.py，查看其内容。res_rc.py 文件里存储了图标的十六进制编码数据，以及相关的管理代码。

窗体文件编译后的文件是 ui_Widget.py，由于这个窗体使用了资源文件，在此文件的最后自动加入了一行 import 语句，即

```
import res_rc
```

文件 ui_Widget.py 里定义了一个类 Ui_Widget，其 setupUi()函数是构建窗体界面的代码。如果有兴趣研究代码化构建窗体界面的原理，或需要参考其中的代码，例如布局管理的代码、使用图标的代码，可以查看此文件的内容。

2.5.5 窗体业务逻辑类的设计

将示例 Demo2_4 创建的文件 human.py 复制到本示例目录下。采用单继承方法设计一个窗体业务逻辑类 QmyWidget，保存为文件 myWidget.py，该文件的完整内容如下：

```
import sys
from PyQt5.QtWidgets import  QApplication, QWidget
from PyQt5.QtCore import  pyqtSlot
from PyQt5.QtGui import  QIcon

from ui_Widget import Ui_Widget
from human import Human
class QmyWidget(QWidget):
   def __init__(self, parent=None):
      super().__init__(parent)      #调用父类构造函数
      self.ui=Ui_Widget()           #创建 UI 对象
      self.ui.setupUi(self)         #构造 UI

      self.boy=Human("Boy",16)
      self.boy.nameChanged.connect(self.do_nameChanged)
      self.boy.ageChanged.connect(self.do_ageChanged_int)
      self.boy.ageChanged[str].connect(self.do_ageChanged_str)

##=====由 connectSlotsByName() 自动与组件的信号关联的槽函数=====
   def on_sliderSetAge_valueChanged(self,value):
      self.boy.setAge(value)

   def on_btnSetName_clicked(self):
      hisName=self.ui.editNameInput.text()
      self.boy.setName(hisName)

##=======自定义槽函数=======
   def do_nameChanged(self,name):
      self.ui.editNameHello.setText("Hello,"+name)

   @pyqtSlot(int)
   def do_ageChanged_int(self,age):
      self.ui.editAgeInt.setText(str(age))
```

```
        @pyqtSlot(str)
        def do_ageChanged_str(self,info):
            self.ui.editAgeStr.setText(info)

if __name__ == "__main__":        ##用于当前窗体测试
    app = QApplication(sys.argv)
    icon = QIcon(":/icons/images/app.ico")
    app.setWindowIcon(icon)
    form=QmyWidget()
    form.show()
    sys.exit(app.exec_())
```

QmyWidget 的构造函数创建了一个 Human 类的实例 self.boy，并且将其 3 个信号分别与 3 个自定义槽函数关联，这 3 个自定义槽函数的功能是在窗体界面上显示相关信息。

QmyWidget 类还定义了两个可以由 connectSlotsByName()自动创建连接的槽函数。一个是界面组件 sliderSetAge 的 valueChanged(int)信号的槽函数，其函数名称是 on_sliderSetAge_valueChanged()，这个函数名是在 UI Designer 里用 Go to slot 对话框自动生成的（生成方法参见 2.3.7 节）。窗体上的组件 sliderSetAge 的滑块滑动时触发执行这个槽函数，其响应代码 self.boy.setAge(value)又会使 self.boy 发射两个 ageChanged()信号，与其关联的两个自定义槽函数 do_ageChanged_int()和 do_ageChanged_str()会被执行，从而在窗体上显示信息。另一个是组件 btnSetName 的 clicked()信号的槽函数 on_btnSetName_clicked()，其执行过程类似。

2.5.6　为应用程序设置图标

可以为应用程序设置一个图标，这样，应用程序的每个窗体将自动使用这个图标作为窗体的图标。在 myWidget.py 文件的测试程序部分添加设置应用程序图标的代码：

```
app = QApplication(sys.argv)        #创建 GUI 应用程序
icon = QIcon(":/icons/images/app.ico")
app.setWindowIcon(icon)
```

就是从资源文件里提取了一个图标作为应用程序的图标。当然，也可以使用 QWidget 的 setWindowIcon()函数为一个窗体单独设置图标。

2.6　从 Qt C++类库到 PyQt5

2.6.1　帮助信息的查找

1．在 Qt Creator 中查找帮助信息

安装 PyQt5 时不会安装完整的类库帮助文档，PyQt5 的在线 Reference Guide 提供了 PyQt5 使用中的一些关键技术问题的说明，但是关于具体的某个类的信息并不完整，不如 Qt 官网上的帮助文档信息全面。

要离线获取一个类的详细帮助信息，可以使用 Qt Creator 的帮助窗口。例如，在 Qt Creator 的帮助窗口里搜索 QSpinBox，其资料页面如图 2-32 所示，这里有对 QSpinBox 类的简单说明和主要特性的示例代码，列出了其所有的属性、类型定义、公共接口函数、公共槽函数、信号等，并

且可以查看每一项的详细资料。

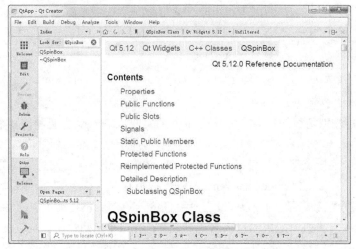

图 2-32 在 Qt Creator 的帮助窗口查找类的详细信息

Qt 类库包含的类很多，具体到某个特定的类，其属性、接口函数、信号也很多，不可能全部介绍或列出来。对任何一种编程语言来说，其自带的帮助文档的信息都是最全面最准确的，学习时要善于查找帮助信息。

2. 在 Python 中查找帮助信息

PyQt5 安装后虽然没有 Qt Creator 里那样详细的类库帮助文档，但是可以通过 Python 的一些基本指令获取类或函数的内置帮助信息。例如，dir()指令可以显示一个类的所有接口信息；help()指令可以显示一个类的详细接口定义或一个函数的原型定义。

例如，要在 Python Shell 里查看 QSpinBox 的帮助信息，可执行下面的指令：

```
>>> from PyQt5.QtWidgets import QSpinBox
>>> dir(QSpinBox)
```

指令 dir(QSpinBox)会列出 QSpinBox 的所有属性和方法的名称，包括所有从父类继承的属性和方法。

```
>>> help(QSpinBox)
```

指令 help(QSpinBox)会更详细地列出 QSpinBox 类的所有属性和方法，它会先列出 QSpinBox 类里新定义的属性和方法，然后依次列出父类的属性和方法。接口函数（即方法）会显示输入输出参数定义。

help()指令也可以显示一个方法的函数原型（如 QSpinBox.setValue()函数）的帮助信息：

```
>>> help(QSpinBox.setValue)
Help on built-in function setValue:
setValue(...)
    setValue(self, int)
```

其中的最后一行表示 setValue()函数需要一个 int 类型的输入参数，没有返回值。self 是 Python 中所有类的接口函数的第一个参数，不看作函数参数。

```
>>> help (QSpinBox.value)
Help on built-in function value:
value(...)
    value(self) -> int
```

上面显示的是 QSpinBox.value()函数的帮助信息，最后一行表示 value()函数返回一个 int 类型的数据，没有输入参数。

PyQt5 的内置帮助信息虽然不详细、查阅不方便，但是可以提供最准确的信息，特别是在函数的输入输出参数定义上。对于某些类或函数，Qt C++类库中的定义和 PyQt5 中的定义有差异，应该以 PyQt5 的定义为准。

2.6.2　正确导入模块中的类

1. PyQt5 的常用模块

PyQt5 是 Qt C++类库的一个 Python 绑定，它包含了很多模块，在 PyQt5 安装后的目录"D:\Python37\Lib\site-packages\PyQt5"里可以看到所有模块的文件。在前面的示例程序中已经用到了 QtWidgets、QtCore、QtGui 等模块，PyQt5 中常用的几个模块如表 2-5 所示。

表 2-5　PyQt5 中常用的模块

PyQt5 模块名	主要功能	包含的类示例
QtCore	提供核心的非 GUI 功能的类，包括常用的名称空间 Qt	QFile、QDir、QTimer 等 Qt 中的非界面组件类 包含各种枚举类型的名称空间 Qt pyqtSlot、pyQtSignal 等在 PyQt5 中引入的函数
QtGui	提供 GUI 设计中用于窗口系统集成、事件处理、绘图等功能的类	QIcon、QFont、QPixMap、QCloseEvent、QPalette、QPainter 等 GUI 底层实现类
QtWidgets	提供 GUI 设计中所有窗体显示的类，包括各种窗体、标准对话框、按钮、文本框等组件	QMainWindow、QWidget、QDialog 等窗体 QColorDialog、QFileDialog 等标准对话框 QRadioButton、QSpinBox、QMenu 等界面组件
QtMultimedia	提供音频、视频、摄像头操作的类	QCamera、QAudioInput、QMedaiPlayer 等
QtMultimediaWidgets	提供多媒体窗体显示的类	QCameraViewfinder、QVideoWidget 等
QtSql	提供 SQL 数据库驱动、数据查询和操作的类	QSqlDatabase、QSqlQuery、QSqlRecord 等

2. 查找类所在的模块

在 Python 程序里用到某个 PyQt5 的类时，需要用 import 语句导入这个类，例如在前面的示例程序中用过这样的导入语句：

```
from PyQt5.QtWidgets import  QApplication, QWidget
from PyQt5.QtCore import  pyqtSlot, pyqtSignal
from PyQt5.QtGui import  QIcon
```

因为 Qt 的类一般都以大写字母 Q 开头作为类名，与 Python 自带的类或其他程序包的类有很好的区分度，所以一般导入具体的类，然后在程序里直接使用这个类。

尽量不要使用类似于这样的导入语句：

```
from PyQt5.QtWidgets import  *
```

这样虽然可以导入 PyQt5.QtWidgets 中的所有类并且直接使用，但是会导入很多不需要用到的类，这可能使程序运行变慢。

对于一个具体的类，如何知道它属于哪个模块呢？例如，对于类 QPalette，如何知道它属于哪个模块，从而使用正确的 import 语句呢？

Qt C++的类库也是以模块组织的，Qt C++类库中的模块与 PyQt5 中的模块基本是对应的，可以在 Qt Creator 的帮助页面查找一个类的详细资料来查到其属于哪个模块。例如，QPalette 类的帮助信息的基本描述如图 2-33 所示，其中有一行是：

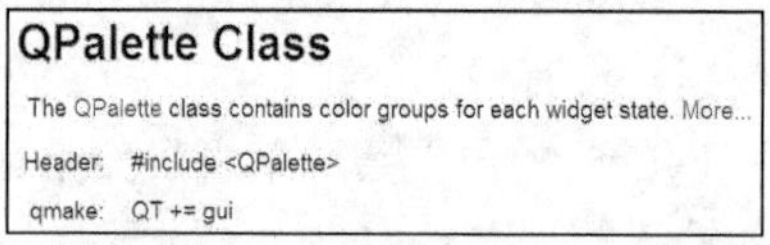

> **QPalette Class**
>
> The QPalette class contains color groups for each widget state. More...
>
> Header:　#include <QPalette>
>
> qmake:　QT += gui

```
qmake:  QT += gui
```

图 2-33　Qt 帮助文档里 QPalette 类的基本描述

这表明在 Qt C++类库中，QPalette 是属于 gui 模块的，那么在 PyQt5 中对应的模块就是 PyQt5.QtGui，所以导入语句应该是：

```
from PyQt5.QtGui import  QPalette
```

Qt 帮助文档中 qmake 语句常见的描述与 PyQt5 模块的对应关系如表 2-6 所示。

表 2-6　Qt 帮助文档里的 qmake 描述与 PyQt5 模块的对应关系

Qt 帮助中 qmake 描述	对应的 PyQt5 模块	示例导入语句
QT += core	QtCore	from　PyQt5.QtCore　import　QDateTime
		from　PyQt5.QtCore　import　Qt
QT += gui	QtGui	from　PyQt5.QtGui　import　QIcon
QT += widgets	QtWidgets	from　PyQt5.QtWidgets　import　QFileDialog
QT += multimedia	QtMultimedia	from　PyQt5.QtMultimedia　import　QAudioInput
QT += multimediawidgets	QtMultimediaWidgets	from　PyQt5.QtMultimediaWidgets　import　QVideoWidget
QT += sql	QtSql	from　PyQt5.QtSql　import　QSqlQuery

2.6.3　部分类和接口函数的差异

PyQt5 中大部分类的接口函数，以及每个函数的输入输出参数定义与 Qt C++类库中的是一致的，所以在 Qt Creator 中查询帮助信息就可以知道类的接口或一个函数的输入输出参数。

但是有少量 PyQt5 的类或接口函数与 Qt C++类库中的是不一样的。例如，对于 QDataStream 类，Qt C++类库中使用流操作符"＞＞"和"＜＜"实现各种类型数据的输入和输出，但是 PyQt5 中的 QDataStream 类没有这两个流操作符，而是定义了很多接口函数进行各种数据的输入和输出（详见 9.3 节）。

另外，有少量函数的接口在 PyQt5 和 Qt C++中的定义不一样。例如，QFileDialog 类的 getOpenFileName()在 Qt C++中的函数原型（省略了输入参数）是：

```
QString  getOpenFileName(…);
```

而用 help()指令查看的 PyQt5 中的函数原型（省略了输入参数）是：

```
getOpenFileName(…) -> Tuple[str, str]
```

getOpenFileName()函数在 Qt C++和 PyQt5 中的输入参数相同，所以上面都省略了输入参数的显示。但是在 Qt C++中，getOpenFileName()函数只返回一个选择的文件名，而在 PyQt5 中，getOpenFileName()返回一个 Tuple 类型的数据，第一个 str 类型数据是选择的文件名，第二个 str 类型数据是使用的文件过滤器。如果直接按照 Qt C++中的函数原型在 Python 中使用 QFileDialog.getOpenFileName()函数就会出现问题。

在 Qt C++类库和 PyQt5 之间存在差异的类和接口函数并不多，但如果不知道这些差异，按照 Qt C++类库的接口定义来使用 PyQt5 中的相应类或函数就会出现问题。例如，只根据 Qt 帮助文档里的函数原型使用 PyQt5 中的类或函数，或者是熟悉 Qt C++类库使用的读者根据经验使用这些有差异的类或函数。

下面是整理的本书示例程序或使用 PyQt5 过程中遇到过的有差异的类或函数，这不是覆盖整个 PyQt5 的清单，不全面，但是可以让读者遇到此类问题时避免落入陷阱耗费时间。下面整理的内容只是列出了这些有差异的类或函数，并做简单说明，至于具体的差异之处，书中示例程序中涉及的地方会有具体说明。读者在用到以下这些类或函数时，也可以查阅 Qt C++帮助文档和 PyQt5 内置帮助信息来明确这些差异之处。

（1）QDataStream 类：接口函数存在较大差异，Qt C++中使用流操作符"＞＞"和"＜＜"，PyQt5 中使用大量的接口函数替代流操作符。

（2）QFileDialog 类：三个类函数 getOpenFileName()、getOpenFileNames()、getSaveFileName() 的返回数据有差异。Qt C++中只返回文件名或文件名列表，而 PyQt5 中返回的是一个 Tuple 类型的数据，第一个元素是文件名或文件名列表，第二个元素是使用的文件名过滤器。

（3）QFontDialog 类：类函数 getFont()的输入参数、返回数据有差异。

（4）QInputDialog 类：getText()、getInt()等类函数返回数据有差异。

（5）QMediaRecorder 类：supportedAudioSampleRates()函数返回数据有差异。

2.6.4 数据类型对应关系

C++是强制类型定义的语言，Python 是动态数据类型语言，而且两种语言之间的数据类型有一些差异。例如对于字符串数据，Python 有内建的 str 类型，而 Qt C++中使用 QString 类。

Qt C++类库转换为 PyQt5 后，某些 Qt C++中的数据类型与 Python 中的数据类型存在对应关系，知道这些常见的对应关系后，就可以根据 Qt Creator 里查到的 Qt C++函数原型迅速知道 Python 中的函数原型，从而正确使用这些函数。

1. 枚举型常数

Qt C++的名称空间（namespace）Qt 包含大量的枚举类型的定义，例如，表示预定义颜色的枚举类型：

```
enum Qt::GlobalColor
```

其部分枚举值有 Qt::white、Qt::black、Qt::red、Qt::blue 等。

PyQt5.QtCore 模块中的类 Qt 对应于 Qt C++类库中的名称空间 Qt，这些枚举类型常量都通过类属性访问，例如预定义颜色常量 Qt.white、Qt.red 等。

在 Qt C++中，也经常在类里定义枚举类型，例如 QPalette 类定义的用于表示颜色角色的枚举类型：

```
enum QPalette::ColorRole
```

其部分枚举值有 QPalette::Window、QPalette::Text 等。

在 PyQt5 中，对应的枚举类型就是 QPalette.ColorRole，而这些枚举类型常量作为类属性访问，也就是 QPalette.Window、QPalette.Text 等。

2. Qt C++中的 QString 与 Python 的 str 类型

PyQt5 中没有 QString 类型，Qt C++中的 QString 会被自动转换为 Python 的 str 类型，例如，C++中的一个函数返回值是 QString 类型：

```
QString QFileDialog::getExistingDirectory(…);
```

在 PyQt5 中的返回值就是 str 类型：

```
getExistingDirectory(…) -> str
```

由于返回结果是 Python 的 str 类型，不能使用 QString 的接口函数对返回结果进行处理，而应该使用 Python 的 str 类型的接口函数。

3. 列表类型

在 Qt C++中用 QList<type>定义类型为 type 的数据列表，而在 Python 中有内建的 list 数据类型，所以，Qt C++中的 QList<type>在 PyQt5 中对应的是 list[type]数据。例如，Qt C++中用于表示字符串列表的是 QStringList 类，在 PyQt5 中没有这个类，而是转换为 list[str]数据。

例如，Qt C++中 QFileDialog.getOpenFileNames()函数用于返回选择的多个文件的列表，其 C++函数原型定义（省略了输入参数）是：

```
QStringList  getOpenFileNames(…);
```

而在 PyQt5 的内置帮助信息显示的函数原型（省略了输入参数）是：

```
getOpenFileNames(…) -> Tuple[List[str], str]
```

其返回数据是 Tuple 类型，第一个数据 List[str]是选择的文件名称字符串列表，第二个 str 数据是使用的文件过滤器。所以，这里还存在 Qt C++与 PyQt5 函数参数不一致的问题。

既然返回的结果是 list[str]，就应该用 Python 的 list 数据处理的方法，例如：

```
fileList,flt=QFileDialog.getOpenFileNames(self,"选择多个文件",
                        "", "Images(*.jpg)")
if (len(fileList)<1):    #fileList是字符串列表
    return
for i in range(len(fileList)):
    print(fileList[i])
```

2.7 3 个单窗体 GUI 项目模板

2.7.1 概述

本书的示例程序大部分只有一个窗体，并且采用可视化方法设计窗体 UI 文件。窗体的常用基类是 QWidget、QDialog 和 QMainWindow，示例 Demo2_2 中使用的是基于 QDialog 的窗体，示例 Demo2_5 中使用的是基于 QWidget 的窗体。

为了便于读者创建新的示例项目进行编程练习，我们创建了 3 个单窗体 GUI 应用程序模板，存放在随书示例程序的 "\AppTemplates" 目录下。这个目录下有以下 3 个模板项目文件夹。

- \dialogApp 目录，是一个主窗体基于 QDialog 的应用程序模板。
- \widgetApp 目录，是一个主窗体基于 QWidget 的应用程序模板。

- \mainWindowApp 目录，是一个主窗体基于 QMainWindow 的应用程序模板。

2.7.2 dialogApp 项目模板

dialogApp 项目是主窗体基于 QDialog 的项目模板，项目目录下的文件及其子目录\QtApp 里的文件如图 2-34 所示。

图 2-34 dialogApp 模板目录下文件（左）及其子目录\QtApp 下的文件（右）

子目录\QtApp 里是一个 Qt GUI 应用程序项目，\QtApp\images 目录下是 Qt 项目资源文件用到的一些图标和图片文件。Qt 项目文件是 QtApp.pro，窗体文件是 Dialog.ui。使用 Qt Creator 打开项目 QtApp.pro 后的主要工作是可视化设计窗体文件 Dialog.ui，利用 Go to slot 对话框为界面上的组件的信号生成槽函数框架，以便复制槽函数名。

dialogApp 项目目录下的批处理文件 uic.bat 用于编译 UI 窗体文件和资源文件，双击此文件就可以完成编译，分别生成文件 ui_Dialog.py 和 res_rc.py。uic.bat 文件的内容如下：

```
echo off

rem 将子目录 QtApp 下的.ui 文件复制到当前目录下，并且编译
copy .\QtApp\Dialog.ui  Dialog.ui
pyuic5 -o ui_Dialog.py  Dialog.ui

rem 编译并复制资源文件
pyrcc5 .\QtApp\res.qrc -o res_rc.py
```

文件 myDialog.py 是与 Dialog.ui 对应的窗体业务逻辑类 QmyDialog 所在的文件，这个文件的内容如下：

```
# -*- coding: utf-8 -*-
import sys
from PyQt5.QtWidgets import  QApplication, QDialog
##from PyQt5.QtCore import  pyqtSlot,pyqtSignal,Qt
##from PyQt5.QtWidgets import
##from PyQt5.QtGui import
##from PyQt5.QtSql import
##from PyQt5.QtMultimedia import
##from PyQt5.QtMultimediaWidgets import

from ui_Dialog import Ui_Dialog
class QmyDialog(QDialog):
   def __init__(self, parent=None):
      super().__init__(parent)         #调用父类构造函数，创建窗体
      self.ui=Ui_Dialog()              #创建 UI 对象
      self.ui.setupUi(self)            #构造 UI

##    ============自定义功能函数============================
```

```
##    ==========事件处理函数==========================

##    ========由connectSlotsByName()自动关联的槽函数=========

##    ==========自定义槽函数==========================

##    ==========窗体测试程序 ==========================
if __name__ == "__main__":              ##用于当前窗体测试
    app = QApplication(sys.argv)        #创建 GUI 应用程序
    form=QmyDialog()                    #创建窗体
    form.show()
    sys.exit(app.exec_())
```

这个文件里定义了窗体业务逻辑类 QmyDialog，在构造函数里已经有创建窗体的代码。QmyDialog 的代码分为几部分，分别用于添加各种函数代码。

文件 myDialog.py 里还有窗体测试程序，所以可以直接运行 myDialog.py 文件以测试 QmyDialog 类的功能。

文件 appMain.py 是将文件 myDialog.py 中的窗体测试部分的程序单独拿出来作为一个文件。在具有多个窗体的 GUI 项目里，appMain.py 文件的代码创建主窗体然后运行应用程序。

2.7.3　widgetApp 项目模板

widgetApp 项目是主窗体基于 QWidget 的项目模板，项目目录下的文件及其子目录\QtApp 里的文件如图 2-35 所示。

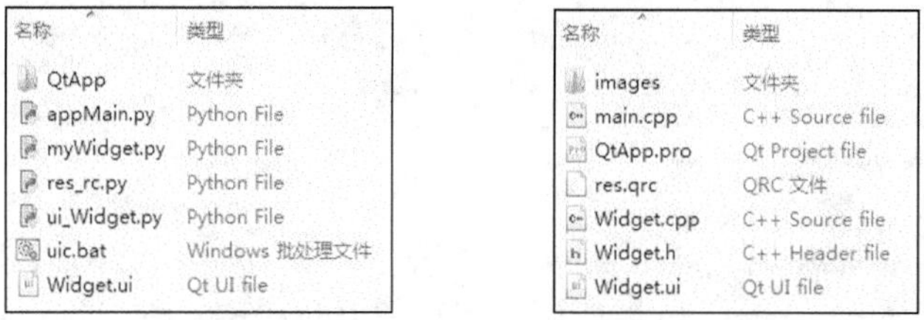

名称	类型		名称	类型
QtApp	文件夹		images	文件夹
appMain.py	Python File		main.cpp	C++ Source file
myWidget.py	Python File		QtApp.pro	Qt Project file
res_rc.py	Python File		res.qrc	QRC 文件
ui_Widget.py	Python File		Widget.cpp	C++ Source file
uic.bat	Windows 批处理文件		Widget.h	C++ Header file
Widget.ui	Qt UI file		Widget.ui	Qt UI file

图 2-35　widgetApp 模板目录下文件（左）及其子目录\QtApp 下的文件（右）

子目录\QtApp 里是一个 Qt GUI 应用程序项目，Qt 项目文件是 QtApp.pro，窗体 UI 文件是 Widget.ui。

widgetApp 项目目录下的批处理文件 uic.bat 用于编译 UI 窗体文件和资源文件，双击此文件就可以完成编译，分别生成文件 ui_Widget.py 和 res_rc.py。uic.bat 文件的内容如下。

```
echo off

rem 将子目录 QtApp 下的.ui 文件复制到当前目录下，并且编译
copy .\QtApp\Widget.ui  Widget.ui
pyuic5 -o ui_Widget.py  Widget.ui

rem 编译并复制资源文件
pyrcc5 .\QtApp\res.qrc -o res_rc.py
```

文件 myWidget.py 是与 Widget.ui 对应的窗体业务逻辑类 QmyWidget 所在的文件，这个文件的内容如下。

```
# -*- coding: utf-8 -*-
import sys
from PyQt5.QtWidgets import QApplication, QWidget
##from PyQt5.QtCore import  pyqtSlot,pyqtSignal,Qt
##from PyQt5.QtWidgets import
##from PyQt5.QtGui import
##from PyQt5.QtSql import
##from PyQt5.QtMultimedia import
##from PyQt5.QtMultimediaWidgets import

from ui_Widget import Ui_Widget
class QmyWidget(QWidget):
   def __init__(self, parent=None):
      super().__init__(parent)       #调用父类构造函数，创建窗体
      self.ui=Ui_Widget()            #创建 UI 对象
      self.ui.setupUi(self)          #构造 UI

##   =============自定义功能函数===========================

##   =============事件处理函数=========================

##   =========由 connectSlotsByName()自动关联的槽函数========

##   =============自定义槽函数==========================

##   ===========窗体测试程序 ======================
if __name__ == "__main__":          ##用于当前窗体测试
   app = QApplication(sys.argv)      #创建 GUI 应用程序
   form=QmyWidget()                  #创建窗体
   form.show()
   sys.exit(app.exec_())
```

2.7.4 mainWindowApp 项目模板

mainWindowApp 项目是主窗体基于 QMainWindow 的项目模板，项目目录下的文件及其子目录\QtApp 里的文件如图 2-36 所示。

图 2-36 mainWindowApp 模板目录下文件（左）及其子目录\QtApp 下的文件（右）

子目录\QtApp 里的 Qt 项目的窗体文件是 MainWindow.ui，用 Qt Creator 可视化设计窗体 MainWindow.ui 并生成界面组件的槽函数框架。

项目目录下的批处理文件 uic.bat 用于编译 UI 窗体文件和资源文件，双击此文件就可以完成编译，分别生成文件 ui_MainWindow.py 和 res_rc.py。uic.bat 文件的内容如下。

```
echo off

rem 将子目录 QtApp 下的.ui 文件复制到当前目录下, 并且编译
copy .\QtApp\MainWindow.ui   MainWindow.ui
pyuic5 -o ui_MainWindow.py   MainWindow.ui

rem 编译并复制资源文件
pyrcc5 .\QtApp\res.qrc -o res_rc.py
```

文件 myMainWindow.py 是与窗体 MainWindow.ui 对应的窗体业务逻辑类 QmyMainWindow 所在的文件, 这个文件的内容如下:

```
# -*- coding: utf-8 -*-
import sys
from PyQt5.QtWidgets import  QApplication, QMainWindow
##from PyQt5.QtCore import  pyqtSlot,pyqtSignal,Qt
##from PyQt5.QtWidgets import
##from PyQt5.QtGui import
##from PyQt5.QtSql import
##from PyQt5.QtMultimedia import
##from PyQt5.QtMultimediaWidgets import

from ui_MainWindow import Ui_MainWindow
class QmyMainWindow(QMainWindow):
   def __init__(self, parent=None):
      super().__init__(parent)       #调用父类构造函数, 创建窗体
      self.ui=Ui_MainWindow()        #创建 UI 对象
      self.ui.setupUi(self)          #构造 UI
##   ==============自定义功能函数==============================

##   ==============事件处理函数=============================

##   ==========由 connectSlotsByName()自动关联的槽函数=========

##   ==============自定义槽函数===============================

##   ==============窗体测试程序 =============================
if __name__ == "__main__":            ##用于当前窗体测试
   app = QApplication(sys.argv)        #创建 GUI 应用程序
   form=QmyMainWindow()                #创建窗体
   form.show()
   sys.exit(app.exec_())
```

2.7.5 使用项目模板和实例源程序

本书的示例程序都使用 IDLE 编写和运行, 这 3 个项目模板中的 uic.bat 完全控制了窗体 UI 文件和资源文件到 Python 文件的编译过程, 当 UI 文件多于一个, 或 UI 文件名不同于模板中的 UI 文件名时, 直接修改 uic.bat 文件的内容即可。

PyQt5 应用程序的开发主要有两项工作内容: 一项是窗体的 UI 设计, 这主要在 UI Designer 里可视化设计完成; 另一项是对应的窗体业务逻辑类的功能实现, 也就是在 3 个项目模板的 myDialog.py、myWidget.py 和 myMainWindow.py 文件里编写功能实现代码。

读者在学习本书时, 如果要自己完成完整示例, 可以从这 3 个项目模板中直接复制一个作为自己的项目, 然后可视化设计 UI 窗体, 在业务逻辑类里编写功能实现代码。

本书提供了两套示例源程序，其中一套是具有全部源码的程序，包括 Qt 项目、UI 窗体、Python 程序等，实现窗体业务逻辑操作的 Python 程序文件可以直接运行出结果。使用这套源程序可以查看示例运行结果，查看已设计好的 UI 窗体，也可以查看 Python 程序文件中的功能实现代码。

另一套是不完整的程序，包括 Qt 项目、UI 窗体和 Python 程序文件，但是实现窗体业务逻辑操作的 Python 程序文件只有基本代码框架，而没有功能实现代码。这套程序是为了便于读者使用已经设计好的 UI 窗体，根据书上的介绍内容和过程，在 Python 程序框架里自己编写程序，逐步实现功能。之所以保留 UI 窗体，是因为 UI 窗体的可视化设计是个比较耗时间的过程，读者如果自己从头开始设计 UI 窗体，难以保证所有组件的名称和属性与示例的一致，而使用已经设计好的 UI 窗体进行编程学习就可以避免这些问题，将学习的重点放在类的各种接口属性和函数的使用，以及业务逻辑功能的实现上。

2.7.6　在 Eric 中编辑和运行示例程序

本书的示例程序都使用 IDLE 编写和运行，而没有使用另一种常用的 Python 编程 IDE 软件 Eric。项目模板中使用批处理文件 uic.bat 可以让读者更清楚掌握 UI 文件、Qt 资源文件到 Python 文件的编译过程。另外，Eric 有以下一些问题。

- Eric 在针对 UI 窗体文件生成业务逻辑类时使用多继承，多继承在界面与业务逻辑分离方面不如单继承好（参见 2.2.4 节）。
- Eric 在为界面组件的信号生成槽函数时需要在一个对话框上选择组件及其信号，对话框上列出了所有界面组件的名称及其信号，这样的选择不如在 UI Designer 里选择一个组件然后使用 Go to slot 对话框生成槽函数框架直观和快捷，特别是在界面组件非常多时。

但 Eric 也有其优势，例如代码导航功能比较好，代码提示和自动完成功能较强，这些是 IDLE 的劣势。熟悉 Eric 的读者可以为本书的示例项目创建一个 Eric 项目保存到示例项目的文件夹下，然后添加示例的程序文件，将 Qt Creator、批处理文件 uic.bat 和 Eric 结合起来用，具体的用法如下。

- 在 Qt Creator 中使用 UI Designer 可视化设计窗体 UI 文件。
- 运行 uic.bat 编译窗体 UI 文件和资源文件。
- 在 UI Designer 中使用 Go to slot 对话框为组件的信号生成槽函数框架，复制函数名到 Eric 中定义槽函数并编写功能实现代码。
- 在 Eric 中编辑 Python 程序文件，充分利用 Eric 的代码导航、代码提示和自动完成等功能。
- 在 Eric 里调试和运行程序。

这样可以综合各个软件和方法的优点。例如，将示例项目 Demo2_3 的整个目录复制为示例 Demo2_6，然后在示例根目录下创建一个 Eric6 的项目文件 EricProject，将根目录下的所有文件都添加到这个 Eric6 项目，然后就可以在 Eric6 软件里编辑、调试和运行程序了。图 2-37 是在 Eric6 里管理示例项目 Demo2_6 的界面。

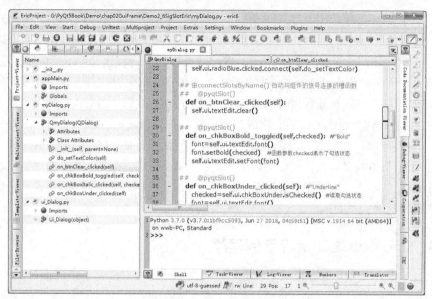

图 2-37 在 Eric6 里管理示例 Demo2_6

由于本书的示例程序一般不是太复杂,代码行数不多,因此使用 IDLE 来编程和运行测试。熟悉 Eric6,或对使用 Eric6 管理项目感兴趣的读者可以使用 Eric6 来编程。

第二部分

GUI 应用程序设计

第 3 章

常用界面组件的使用

第 2 章已经介绍了 PyQt5 编写 GUI 应用程序的基本原理,本章将介绍一些常用的 GUI 界面设计组件的使用。这些常用组件的使用是比较简单的, 所以示例程序一般是一次融合了几个组件的使用, 而不是逐个做简单介绍。很多编程细节问题在示例中逐步展开进行解释。当然, 在示例程序中不可能展现一个组件或类的所有方法, 读者在使用中可以通过 Qt 帮助文档查找某个类的详细信息。

3.1 数据输入输出

QLineEdit 是常用的输入输出字符串的组件,也可以用于输入输出数值数据,只需进行字符串与数字之间的转换。QSpinBox 是专门用于输入输出整数的组件,还可以使用二进制、十六进制显示; QDoubleSpinBox 是专门用于输入输出浮点数的组件。

示例 Demo3_1 演示以上 3 个组件的使用方法,程序运行时界面如图 3-1 所示。点击"计算总价"按钮时,会根据两个 QLineEdit 组件里输入的数量和单价计算总价。在"SpinBox 输入和显示"分组框里,改变"数量"或"单价"的值,就会自动计算总价。

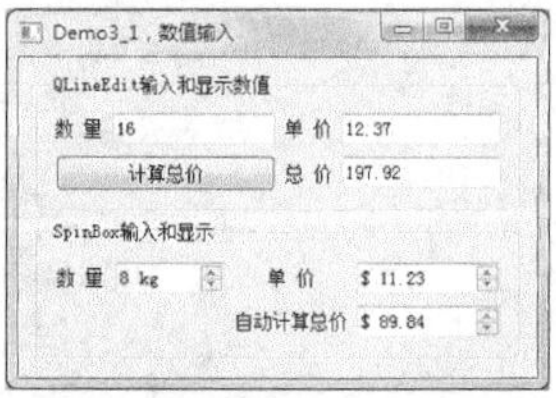

Demo3_1 是采用单窗体应用程序模板 widgetApp 创建的。在 UI Designer 里可视化设计窗体 Widget.ui 时,两个 GroupBox 内部的组件采用网格状布局,窗体总体采用垂直布局。窗体上各组件的命名、布局和属性设置详见示例源文件 Widget.ui。

图 3-1 示例 Demo3_1 运行时界面

在窗体可视化设计时可以设置各个组件的属性。QSpinBox 和 QDoubleSpinBox 都是 QAbstractSpinBox 的子类,具有大多数相同的属性,区别只是参数类型不同。QSpinBox 和 QDoubleSpinBox 的主要属性如表 3-1 所示。

表 3-1 QSpinBox 和 QDoubleSpinBox 的主要属性

属性名称	描述
prefix	数字显示的前缀,例如"$"
suffix	数字显示的后缀,例如"kg"
minimum	数值范围的最小值,例如 0
maximum	数值范围的最大值,例如 255
singlestep	单击右侧上下调整按钮时的单步改变值,例如设置为 1 或 0.1
value	当前显示的值
displayIntegerBase	QSpinBox 特有属性,显示整数使用的进制,例如 2 就表示二进制
decimals	QDoubleSpinBox 特有属性,显示数值的小数位数,例如 2 就表示显示两位小数

在 UI Designer 的属性编辑器里可设置属性，一个属性一般对应于类的两个接口函数，即一个读取函数和一个设置函数。例如，QDoubleSpinBox 的 decimals 属性，读取属性值的函数为 decimals()，返回一个 int 数值；设置属性值的函数为 setDecimals(prec)，参数 prec 是 int 类型。

双击 Demo3_1 项目目录下的 uic.bat 文件，就可以对 Widget.ui 文件进行编译，生成文件 ui_Widget.py。文件 ui_Widget.py 中的类 Ui_Widget 是定义了窗体上所有组件和布局的类，这里不再显示其代码内容。

文件 myWidget.py 里的代码是窗体业务逻辑类 QmyWidget 的实现代码，其完整代码如下：

```python
import sys
from PyQt5.QtWidgets import  QApplication, QWidget
from PyQt5.QtCore import  pyqtSlot

from ui_Widget import Ui_Widget
class QmyWidget(QWidget):
    def __init__(self, parent=None):
        super().__init__(parent)       #调用父类构造函数，创建窗体
        self.ui=Ui_Widget()            #创建 UI 对象
        self.ui.setupUi(self)          #构造 UI

##   ========由 connectSlotsByName() 自动关联的槽函数==========
    def on_btnCalculate_clicked(self):      ##"计算总价"按钮
        num=int(self.ui.editCount.text())
        price=float(self.ui.editPrice.text())
        total=num*price
        self.ui.editTotal.setText("%.2f" %total)

    @pyqtSlot(int)           ##"数量"SpinBox
    def on_spinCount_valueChanged(self,count):
        price=self.ui.spinPrice.value()
        self.ui.spinTotal.setValue(count*price)

    @pyqtSlot(float)       ##"单价" DoubleSpinBox
    def on_spinPrice_valueChanged(self,price):
        count=self.ui.spinCount.value()
        self.ui.spinTotal.setValue(count*price)

##   ===========窗体测试程序 ===========================
if __name__ == "__main__":           ##用于当前窗体测试
    app = QApplication(sys.argv)      #创建 GUI 应用程序
    form=QmyWidget()                  #创建窗体
    form.show()
    sys.exit(app.exec_())
```

对于具有 overload 型参数的信号，只为其中的一种参数形式的信号生成槽函数时，如果不是默认参数类型，应该使用@pyqtSlot 修饰符声明参数类型。

btnCalculate 是窗体上的"计算总价"按钮，它是一个 QPushButton 组件，有 clicked()和 clicked(bool)两种参数类型的 clicked 信号，但是 clicked()是默认信号，所以无须使用@pyqtSlot 修饰符。

spinCount 是窗体上用于输入"数量"的 QSpinBox 组件，其 valueChanged 信号有 valueChanged(str)和 valueChanged(int)两种参数类型。在代码里使用的是 valueChanged(int)信号，所以在槽函数前面使用了修饰符@pyqtSlot(int)。

同样，QDoubleSpinBox 的 valueChanged 信号也有两种参数类型，使用其中的 valueChanged(float)信号时，使用了修饰符@pyqtSlot(float)。

在对 overload 型信号编写槽函数时，如果不清楚哪个是默认的信号，最好直接使用@pyqtSlot() 修饰符对参数类型进行声明。

在使用 QSpinBox 和 QDoubleSpinBox 读取和设置数值时，无须做字符串与数值之间的转换，其显示效果（前缀、后缀、进制、小数位数）设置好之后就自动按照效果进行显示，这对于数值数据的输入输出是非常方便的。

3.2　QPushButton

QPushButton 是常用的按钮组件，前面的一些示例中都是将其当作一个普通按钮使用的，为其 clicked()信号编写槽函数进行响应。

QPushButton 有一个 checkable 属性，如果设置为 True，QPushButton 按钮可以当作 CheckBox 或 RadioButton 使用。

图 3-2 是示例 Demo3_2 运行时界面。最上面一行的 3 个用于设置文字对齐方式的按钮只能选择一个，类似于 QRadioButton 组件。中间一行用于设置粗体、斜体、下划线的 3 个按钮可以切换选中状态，类似于 QCheckBox 组件。下面的 3 个 QCheckBox 组件用于控制下方的一个 QLineEdit 组件的属性。

QPushButton 按钮之所以具有这样的效果，是对按钮进行了分组，并且设置了相应的属性。一个容器组件内的同类型 QPushButton 按钮自动分成一组，图 3-2 中的 6 个 QPushButton 按钮的分组和关键属性设置如表 3-2 所示。

表 3-2　窗体上 QPushButton 按钮的主要属性设置

按钮分组	组件 objectName	属性设置	描述
对齐方式按钮	btnAlign_Left btnAlign_Center btnAlign_Right	checkable=True autoExclusive=True flat=True	具有 QRadioButton 组件的效果
字体按钮	btnFont_Bold btnFont_Italic btnFont_UnderLine	checkable=True autoExclusive=False	具有 QCheckBox 组件的效果

窗体 Widget.ui 设计时的布局如图 3-3 所示，设置对齐方式的 3 个按钮用一个水平布局设置为一组，设置字体的 3 个按钮也采用水平布局设置为一组。窗体上所有组件的布局管理和属性设置可查看源文件 Widget.ui。

图 3-2　示例 Demo3_2 运行时界面

图 3-3　示例 Demo3_2 的窗体设计时界面

窗体业务逻辑类 QmyWidget 所在文件 myWidget.py 的代码如下（省略了窗体测试部分的代码）：

```python
import sys
from PyQt5.QtWidgets import  QApplication, QWidget
from PyQt5.QtCore import  pyqtSlot, Qt
from PyQt5.QtGui import  QFont
```

```
from ui_Widget import Ui_Widget
class QmyWidget(QWidget):
    def __init__(self, parent=None):
        super().__init__(parent)        #调用父类构造函数，创建窗体
        self.ui=Ui_Widget()             #创建 UI 对象
        self.ui.setupUi(self)           #构造 UI

##    ======由 connectSlotsByName() 自动关联的槽函数=================
    def on_btnAlign_Left_clicked(self):        ##"居左"按钮
        self.ui.editInput.setAlignment(Qt.AlignLeft)

    def on_btnAlign_Center_clicked(self):      ##"居中"按钮
        self.ui.editInput.setAlignment(Qt.AlignCenter)

    def on_btnAlign_Right_clicked(self):       ##"居右"按钮
        self.ui.editInput.setAlignment(Qt.AlignRight)

    @pyqtSlot(bool)      ##"粗体"按钮
    def on_btnFont_Bold_clicked(self,checked):
        font=self.ui.editInput.font()
        font.setBold(checked)
        self.ui.editInput.setFont(font)

    @pyqtSlot(bool)      ##"斜体"按钮
    def on_btnFont_Italic_clicked(self,checked):
        font=self.ui.editInput.font()
        font.setItalic(checked)
        self.ui.editInput.setFont(font)

    @pyqtSlot(bool)      ##"下划线"按钮
    def on_btnFont_UnderLine_clicked(self,checked):
        font=self.ui.editInput.font()
        font.setUnderline(checked)
        self.ui.editInput.setFont(font)

    @pyqtSlot(bool)      ##"Readonly"复选框
    def on_chkBox_Readonly_clicked(self,checked):
        self.ui.editInput.setReadOnly(checked)

    @pyqtSlot(bool)      ##"Enabled"复选框
    def on_chkBox_Enable_clicked(self,checked):
        self.ui.editInput.setEnabled(checked)

    @pyqtSlot(bool)      ##"ClearButtonEnabled"复选框
    def on_chkBox_ClearButton_clicked(self,checked):
        self.ui.editInput.setClearButtonEnabled(checked)
```

　　用于设置对齐方式的 3 个按钮是互斥的，点击一个按钮就可以设置相应的对齐方式，所以这 3 个按钮使用 clicked()信号编写槽函数。

　　设置字体的 3 个按钮是可复选的，所以使用 clicked(bool)信号编写槽函数，复选的状态参数 checked 可以在槽函数里直接使用。注意，QPushButton 的信号 clicked(bool)与 clicked()是 overload 型信号，且 clicked(bool)不是默认信号，所以需要使用修饰符@pyqtSlot(bool)进行函数参数类型说明。

　　QCheckBox 组件一般使用 clicked(bool)信号编写槽函数，复选状态可以作为参数传递给槽函数。

提示　如果窗体测试部分的程序没有特别的变化，后面在列出窗体业务逻辑类的代码时，都将省略窗体测试部分的代码。

3.3 QSlider 和 QProgressBar

在 UI Designer 的组件面板里还有几个常见的用于输入和输出的组件。在 Input Widgets 分组里有 QSlider 和 QScrollBar 两个滑动型输入组件，在 Display Widgets 分组里的 QProgressBar 是进度条显示组件。这三个组件都有 orientation 属性，可以设置为水平或垂直样式。

使用这三个组件设计的示例 Demo3_3 运行时界面如图 3-4 所示。当滑动 Slider 或 ScrollBar 的滑块改变值时，都将当前值设置为 ProgressBar 的值。下面几个复选框和 RadioButton 按钮用于 ProgressBar 的显示效果设置。

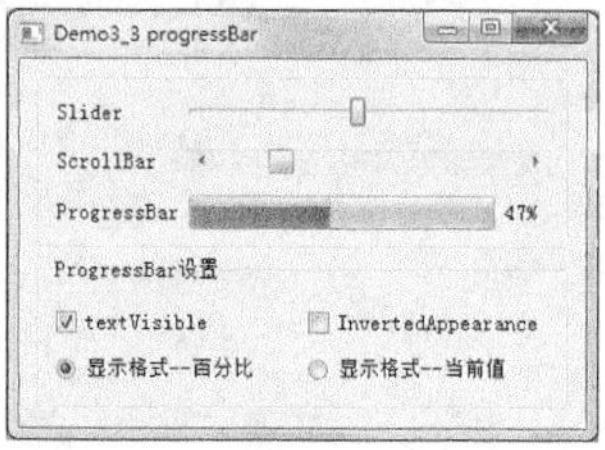

该示例是基于 widgetApp 项目模板的，下面是 myWidget.py 文件的完整代码：

图 3-4　示例 Demo3_3 运行时界面

```python
import sys
from PyQt5.QtWidgets import  QApplication, QWidget
from PyQt5.QtCore import  pyqtSlot

from ui_Widget import Ui_Widget
class QmyWidget(QWidget):
   def __init__(self, parent=None):
      super().__init__(parent)       #调用父类构造函数，创建窗体
      self.ui=Ui_Widget()            #创建 UI 对象
      self.ui.setupUi(self)          #构造 UI

      self.ui.slider.setMaximum(200)
      self.ui.scrollBar.setMaximum(200)
      self.ui.progressBar.setMaximum(200)
      self.ui.slider.valueChanged.connect(self.do_valueChanged)
      self.ui.scrollBar.valueChanged.connect(self.do_valueChanged)

##   =======由 connectSlotsByName() 自动关联的槽函数==================
   def on_radio_Percent_clicked(self):      ##"显示格式--百分比"
      self.ui.progressBar.setFormat("%p%")

   def on_radio_Value_clicked(self):        ##"显示格式--当前值"
      self.ui.progressBar.setFormat("%v")

   @pyqtSlot(bool)       ##"textVisible" 复选框
   def on_chkBox_Visible_clicked(self,checked):
      self.ui.progressBar.setTextVisible(checked)

   @pyqtSlot(bool)       ##"InvertedAppearance"复选框
   def on_chkBox_Inverted_clicked(self,checked):
      self.ui.progressBar.setInvertedAppearance(checked)

##   ========自定义槽函数===========================
   def do_valueChanged(self,value):
      self.ui.progressBar.setValue(value)
```

QSlider 和 QScrollBar 都是从 QAbstractSlider 类继承来的，拥有一些相同的属性，在属性编辑器里设置后即可看到效果，这些属性如下。

- minimum 和 maximum：输入范围的最小值和最大值。
- singleStep：单步长，拖动标尺上的滑块，或按下左/右键时的最小变化数值。

- pageStep：输入焦点在组件上时，按 PgUp 或 PgDn 键时变化的数值。
- value：组件的当前值，拖动滑块时自动改变此值，并限定在 minimum 和 maximum 定义的范围之内。
- sliderPosition：滑块的位置，若 tracking 属性设置为 True，sliderPosition 就等于 value。
- tracking：sliderPosition 是否等同于 value，如果 tracking 设置为 True，改变 value 时也同时改变 sliderPosition。
- orientation：Slider 或 ScrollBar 的方向，可以设置为水平或垂直。方向参数是枚举类型 Qt.Orientation，其值包括：
  - Qt.Horizontal（水平方向）；
  - Qt.Vertical（垂直方向）。
- invertedAppearance：显示方式是否反向，若 invertedAppearance 设置为 False，水平的 Slider 由左向右数值逐渐增大，否则反过来。
- invertedControls：反向按键控制，若 invertedControls 设置为 True，则按下 PgUp 或 PgDn 键时调整数值的方向相反。

属于 QSlider 的专有属性有两个，分别如下。

- tickPosition：标尺刻度的显示位置，使用枚举类型 QSlider.TickPosition，其值包括：
  - QSlider.NoTicks（不显示刻度）；
  - QSlider.TicksBothSides（标尺两侧都显示刻度）；
  - QSlider.TicksAbove（标尺上方显示刻度）；
  - QSlider.TicksBelow（标尺下方显示刻度）；
  - QSlider.TicksLeft（标尺左侧显示刻度）；
  - QSlider.TicksRight（标尺右侧显示刻度）。
- tickInterval：标尺刻度的间隔值，若设置为 0，会在 singleStep 和 pageStep 之间自动选择。

QSlider 和 QScrollBar 最常用的一个信号是 valueChanged(int)，在拖动滑块改变当前值时就会发射这个信号。

在 QmyWidget 类中定义了一个自定义槽函数 do_valueChanged(int)，这个槽函数的功能是根据传递来的参数 value，设置为 progressBar 的当前值。在构造函数里有两条 connect 语句，即

```
self.ui.slider.valueChanged.connect(self.do_valueChanged)
self.ui.scrollBar.valueChanged.connect(self.do_valueChanged)
```

这是将窗体上 slider 和 scrollBar 两个组件的 valueChanged(int)信号都与这个自定义槽函数关联，因为它们的操作响应是完全一样的。如果还是按照生成自动关联的槽函数的方法，需要为这两个组件分别生成槽函数，但是两个槽函数里的代码是完全一样的。

QProgressBar 的父类是 QWidget，一般用于进度显示，常用属性有以下几个。

- minimum 和 maximum：最小值和最大值。
- value：当前值，可以设定或读取当前值。
- textVisible：是否显示文字，文字一般是百分比表示的进度。

- orientation：可以设置为水平或垂直方向。
- format：显示文字的格式，"%p%"显示百分比，"%v"显示当前值，"%m"显示总步数。默认为"%p%"。

3.4 日期时间数据

3.4.1 日期时间类和界面组件

日期时间是经常遇到的数据类型，PyQt5 中日期时间相关的类有以下几个。

- QTime：时间数据类型，仅表示时间，如 15:21:13。
- QDate：日期数据类型，仅表示日期，如 2018-5-6。
- QDateTime：日期时间数据类型，表示日期和时间，如 2018-05-23 09:12:43。

PyQt5 中有以下几个专门用于日期、时间编辑和显示的界面组件。

- QTimeEdit：编辑和显示时间的组件。
- QDateEdit：编辑和显示日期的组件。若 calendarPopup 属性设置为 True，运行时右侧按钮变成下拉按钮，单击按钮时出现一个日历选择框，用于在日历上选择日期。
- QDateTimeEdit：编辑和显示日期时间的组件，也有 calendarPopup 属性。
- QCalendarWidget：一个用日历形式选择日期的组件。在日历上点击日期发生变化时发射信号 selectionChanged()，可响应此信号读取选择的日期。

示例 Demo3_4 用于演示这些日期时间相关的类和界面组件的使用，运行时界面如图 3-5 所示。窗体 UI 文件 Widget.ui 在 UI Designer 里可视化设计，界面上的组件布局和属性设置见示例源文件 Widget.ui。

下面是窗体业务逻辑类 QmyWidget 的完整代码，代码涉及的内容在后面各小节逐一解释。

图 3-5 示例 Demo3_4 运行时界面

```python
import sys
from PyQt5.QtWidgets import  QApplication, QWidget
from PyQt5.QtCore import  QDateTime, QDate, QTime

from ui_Widget import Ui_Widget
class QmyWidget(QWidget):
    def __init__(self, parent=None):
        super().__init__(parent)       #调用父类构造函数，创建窗体
        self.ui=Ui_Widget()            #创建 UI 对象
        self.ui.setupUi(self)          #构造 UI

##  ======由 connectSlotsByName() 自动关联的槽函数====================
    def on_btnGetTime_clicked(self):      ##"读取当前日期时间"按钮
        curDateTime=QDateTime.currentDateTime()
        self.ui.timeEdit.setTime(curDateTime.time())
        self.ui.editTime.setText(curDateTime.toString("hh:mm:ss"))
        self.ui.dateEdit.setDate(curDateTime.date())
```

```
        self.ui.editDate.setText(curDateTime.toString("yyyy-MM-dd"))
        self.ui.dateTimeEdit.setDateTime(curDateTime)
        self.ui.editDateTime.setText(
                    curDateTime.toString("yyyy-MM-dd hh:mm:ss"))

    def on_calendarWidget_selectionChanged(self):        ##日历组件
        date=self.ui.calendarWidget.selectedDate()
        self.ui.editCalendar.setText(date.toString("yyyy 年 M 月 d 日"))

    def on_btnSetTime_clicked(self):         ##"设置时间"按钮
        tmStr=self.ui.editTime.text()
        tm=QTime.fromString(tmStr,"hh:mm:ss")
        self.ui.timeEdit.setTime(tm)

    def on_btnSetDate_clicked(self):         ##"设置日期"按钮
        dtStr=self.ui.editDate.text()
        dt=QDate.fromString(dtStr,"yyyy-MM-dd")
        self.ui.dateEdit.setDate(dt)

    def on_btnSetDateTime_clicked(self):        ##"设置日期时间"按钮
        dttmStr=self.ui.editDateTime.text()
        dttm=QDateTime.fromString(dttmStr,"yyyy-MM-dd hh:mm:ss")
        self.ui.dateTimeEdit.setDateTime(dttm)
```

3.4.2　日期时间数据的获取并转换为字符串

界面上的"读取当前日期时间"按钮用于获取当前日期时间并转换为字符串显示，其槽函数是 on_btnGetTime_clicked()。

代码中用 QDateTime 的类函数（也就是 C++中类的静态函数）currentDateTime()获取当前日期时间，并赋值给变量 curDateTime。然后用 curDateTime 变量设置界面上 3 个日期时间编辑器的日期或时间值，利用了 QDateTime 的 date()和 time()函数分别提取日期和时间。

其实，QTime 和 QDate 类也有各自的类函数分别获取当前时间和日期，类函数 QTime.currentTime()返回当前时间，类函数 QDate.currentDate()返回当前日期。

日期时间转换为字符串使用了 QDateTime 的 toString()函数，分别用不同的格式显示时间、日期、日期时间。QDateTime、QTime、QDate 都有函数 toString()，它们的函数参数是相同的，且遵循相同的格式规则。例如 QDateTime 的 toString()函数的 Python 函数原型是：

```
toString(self, formatStr) -> str
```

它将日期时间数据按照 formatStr 指定的格式转换为字符串。formatStr 是一个字符串，包含一些特定的字符表示日期或时间的各个部分，表 3-3 是用于日期时间显示的常用格式符。

表 3-3　用于日期显示的格式符及其意义

字符	意义
d	天，不补零显示，1-31
dd	天，补零显示，01-31
M	月，不补零显示，1-12
MM	月，补零显示，01-12
yy	年，两位显示，00-99
yyyy	年，4 位数字显示，如 2018
h	小时，不补零，0-23 或 1-12（如果显示 AM/PM）

续表

字符	意义
hh	小时，补零 2 位显示，00-23 或 01-12（如果显示 AM/PM）
H	小时，不补零显示，0-23（即使显示 AM/PM）
HH	小时，补零显示，00-23（即使显示 AM/PM）
m	分钟，不补零显示，0-59
mm	分钟，补零显示，00-59
z	毫秒，不补零显示，0-999
zzz	毫秒，补零 3 位显示，000-999
AP 或 A	使用 AM/PM 显示
ap 或 a	使用 am/pm 显示

在设置日期时间显示字符串格式时，还可以使用填字符，甚至使用汉字，例如，日期显示格式可以设置为：

```
curDateTime.toString("yyyy 年 MM 月 dd 日")
```

3.4.3　字符串转换为日期时间

同样，也可以将字符串转换为 QTime、QDate 或 QDateTime 类型，这三个类都有类函数 fromString()，且参数形式相同，例如 QDateTime.fromString()函数原型为：

```
fromString(dateTimeStr, formatStr) -> QDateTime
```

注意，类函数没有 self 参数。第 1 个参数 dateTimeStr 是日期时间字符串，第 2 个参数 formatStr 是字符串表示的格式，按照表 3-3 的格式字符定义。例如：

```
dttm=QDateTime.fromString("2018-02-12 12:32:02","yyyy-MM-dd hh:mm:ss")
```

3.4.4　QLineEdit 的 inputMask

在将字符串转换为日期时间数据时，需要字符串具有指定的格式，例如图 3-5 上的 "设置日期" 按钮的槽函数代码是：

```
def on_btnSetDate_clicked(self):      ##"设置日期"按钮
    dtStr=self.ui.editDate.text()
    dt=QDate.fromString(dtStr,"yyyy-MM-dd")
    self.ui.dateEdit.setDate(dt)
```

其中的 dtStr 是读取的界面上一个 QLineEdit 组件里的字符串，这个字符串需要符合日期格式 "yyyy-MM-dd"，如果不符合这个格式，转换就会出错。

为了限定 QLineEdit 的输入符合某些格式，可以设置其 inputMask 属性。在设计图 3-5 的窗体时，为 3 个显示时间、日期、日期时间的 QLineEdit 组件设置了 inputMask 属性。inputMask 属性的设置内容及其意义如表 3-4 所示，在没有输入任何数据时，其显示如图 3-6 所示。

表 3-4　窗体上 3 个 QLineEdit 组件的 inputMask 属性设置及其意义

组件	inputMask 属性	意义
editTime	99:99:99;_	只能输入 0 到 9 的数字，空格用 "_" 显示
editDate	9999-99-99	只能输入 0 到 9 的数字
editDateTime	9999-99-99 99:99:99	只能输入 0 到 9 的数字

这样用 inputMask 属性对输入格式做了限制后，可以避免一些无效的输入。inputMask 属性设置还有很多具体的格式定义，在此就不照搬帮助文件进行介绍了，需要用到时去查 Qt 的帮助文件即可。

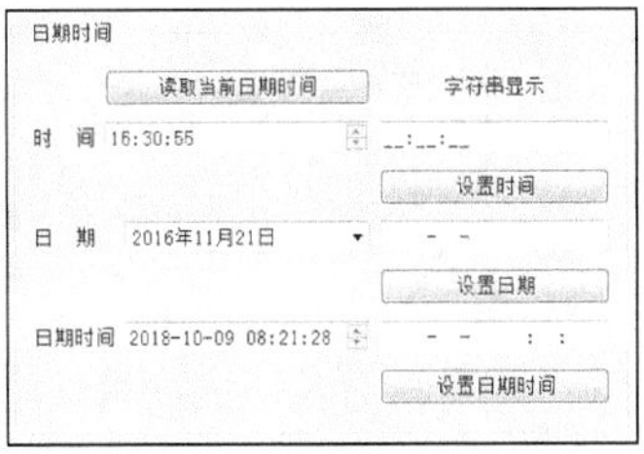

图 3-6　设置了 inputMask 属性的 QLineEdit 组件

3.5　定时器 QTimer

PyQt5 中的定时器类是 QTimer。QTimer 不是一个可见的界面组件，在 UI Designer 的组件面板里找不到它。

QTimer 主要的属性是 interval，是定时中断的周期，单位是毫秒。

QTimer 主要的信号是 timeout()，在定时中断时发射此信号，若要在定时中断里做出响应，就需要编写与 timeout()信号关联的槽函数。

示例 Demo3_5 演示了定时器的使用，程序运行时界面如图 3-7 所示。窗体上还使用了 3 个 QLCDNumber 组件在定时器运行时显示当前时间,定时器停止后会计算从开始到停止经过的时间。

窗体 UI 文件 Widget.ui 在 UI Designer 里可视化设计，界面上组件的布局和属性设置见源文件。窗体业务逻辑类 QmyWidget 的完整代码如下：

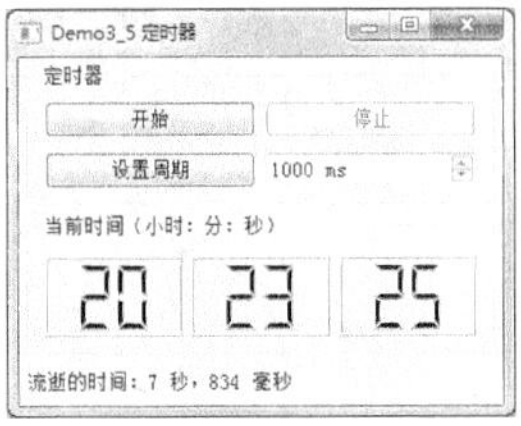

图 3-7　示例 Demo3_5 运行时界面

```python
import sys
from PyQt5.QtWidgets import  QApplication, QWidget
from PyQt5.QtCore import   QTime, QTimer

from ui_Widget import Ui_Widget
class QmyWidget(QWidget):
    def __init__(self, parent=None):
        super().__init__(parent)      #调用父类构造函数，创建窗体
        self.ui=Ui_Widget()           #创建 UI 对象
        self.ui.setupUi(self)         #构造 UI

        self.timer=QTimer()           #创建定时器
        self.timer.stop()             #停止
        self.timer.setInterval(1000)      #定时周期 1000ms
        self.timer.timeout.connect(self.do_timer_timeout)
        self.counter=QTime()               #创建计时器

##   =======由 connectSlotsByName() 自动关联的槽函数=====================
    def on_btnStart_clicked(self):        ##"开始"按钮
        self.timer.start()            #开始定时
        self.counter.start()          #开始计时
        self.ui.btnStart.setEnabled(False)
        self.ui.btnStop.setEnabled(True)
        self.ui.btnSetIntv.setEnabled(False)

    def on_btnSetIntv_clicked(self):      ##设置定时器的周期
        self.timer.setInterval(self.ui.spinBoxIntv.value())

    def on_btnStop_clicked(self):         ##"停止"按钮
        self.timer.stop()      #定时器停止
        tmMs=self.counter.elapsed()           #计时器经过的毫秒数
        ms=tmMs % 1000           #取余数，毫秒
```

```
        sec=tmMs/1000              #整秒
        timeStr="经过的时间：%d 秒，%d 毫秒"%(sec, ms)
        self.ui.LabElapsedTime.setText(timeStr)
        self.ui.btnStart.setEnabled(True)
        self.ui.btnStop.setEnabled(False)
        self.ui.btnSetIntv.setEnabled(True)

##    =========自定义槽函数===============================
    def do_timer_timeout(self):            ##定时中断响应
        curTime=QTime.currentTime()        #获取当前时间
        self.ui.LCDHour.display(curTime.hour())
        self.ui.LCDMin.display(curTime.minute())
        self.ui.LCDSec.display(curTime.second())
```

程序中几个过程的代码功能分析如下。

（1）构造函数功能

在构造函数中创建了定时器对象 self.timer 并立刻停止。设置定时周期为 1000ms，并为其 timeout()信号关联了自定义槽函数 do_timer_timeout()。

还创建了一个计时器对象 self.counter，这是一个 QTime 类的实例，用于在开始与停止之间计算经过的时间。

（2）定时器开始运行

点击"开始"按钮后，定时器开始运行，计时器也开始运行。

定时器的定时周期到了之后发射 timeout()信号，触发关联的自定义槽函数 do_timer_timeout()执行，此槽函数的功能通过类函数 QTime.currentTime()读取当前时间，然后将时、分、秒显示在三个 LCD 组件上。

（3）定时器停止运行

点击"停止"按钮时，定时器停止运行。计时器通过调用 elapsed()函数可以获得上次执行 start()之后经过的毫秒数。

3.6 下拉列表框 QComboBox

3.6.1 QComboBox 功能概述

QComboBox 是下拉列表框组件，它提供一个下拉列表供用户选择，也可以直接当作一个 QLineEdit 用于字符串输入。QComboBox 除了显示可见下拉列表外，每个项（item，或称列表项）还可以关联一个 QVariant 类型的用户数据，用于存储一些在列表中不可见的数据。

示例 Demo3_6 演示了 QComboBox 的用法，其运行时界面如图 3-8 所示。

窗口左侧"简单的 ComboBox"分组框里是一个不带用户数据的简单的 ComboBox，右侧"有用户数据的 ComboBox"分组框里是每个项带有一个用户数据的 ComboBox，每个项是一个城市名，关联的数据是城市的区号。

QComboBox 主要的功能是提供一个下拉列表供选择输入。在可视化设计窗体时，在界面上放置一个 QComboBox 组件后，双击此组件会出现如图 3-9 所示的对话框，可以对 QComboBox 组件的下拉列表的项进行编辑。在此对话框中可以进行编辑、添加、删除、上移、下移等操作，可以设置项的图标。

窗体 UI 文件 Widget.ui 在 UI Designer 里可视化设计，界面上组件的布局和属性设置见源文件 Widget.ui。

图 3-8 示例 Demo3_6 运行时界面

图 3-9 QComboBox 组件设计时的列表项编辑器

下面是 myWidget.py 文件中的 import 部分和 QmyWidget 类构造函数的代码：

```python
import sys
from PyQt5.QtWidgets import QApplication, QWidget
from PyQt5.QtCore import  pyqtSlot
from PyQt5.QtGui import  QIcon

from ui_Widget import Ui_Widget
class QmyWidget(QWidget):
    def __init__(self, parent=None):
        super().__init__(parent)        #调用父类构造函数，创建窗体
        self.ui=Ui_Widget()             #创建 UI 对象
        self.ui.setupUi(self)           #构造 UI
```

import 部分显示了本示例用到的一些 PyQt5 的类及其所在的模块，构造函数显示了窗体构建时的初始化工作，其余的代码在后面逐渐展开介绍。QmyWidget 的构造只是创建了窗体，没有做其他初始化工作。

3.6.2 简单的 ComboBox 操作

1. 初始化列表

"初始化列表"按钮用于创建"简单的 ComboBox"分组框里的 ComboBox 组件的列表内容，其槽函数代码如下：

```python
def on_btnIniItems_clicked(self):       ##"初始化列表"按钮
    ##设置图标的操作
    icon=QIcon(":/icons/images/aim.ico")
    self.ui.comboBox.clear()            #清除列表
    provinces=["山东","河北","河南","湖北","湖南","广东"]     #列表数据
    for i in range(len(provinces)):
        self.ui.comboBox.addItem(icon,provinces[i])
```

其中，icon 是图标类 QIcon 的实例，从资源文件获取图标数据；provinces 是一个字符串列表。

QComboBox 的 addItem()函数用于添加一个项到列表里，它是一个 overload 型函数，其两种带参数的原型定义如下：

```python
addItem(self, str, userData: Any = None)
addItem(self, QIcon, str, userData: Any = None)
```

第一种参数的 addItem()函数添加一个项的文字，用户数据是可选添加的。第二种参数的

addItem()函数添加一个项的图标和文字，用户数据是可选添加的。

槽函数 on_btnIniItems_clicked()的代码为每个项设置了一个图标。如果不需要为每个项设置图标，只是添加一个字符串列表，可以简化为如下代码：

```
def on_btnIniItems_clicked(self):          ##"初始化列表"按钮
    self.ui.comboBox.clear()               #清除列表
    provinces=["山东","河北","河南","湖北","湖南","广东"]    #列表数据
    self.ui.comboBox.addItems(provinces)  #直接添加列表，但无法加图标
```

这里使用了 QComboBox 的 addItems()函数将字符串列表 provinces 的内容全部添加到列表框里，provinces 的每一项作为列表框的一个条目，只是没有图标。

2. 可编辑操作的 ComboBox

窗体上的"可编辑"复选框可设置组件 ComboBox 的 editable 属性的值，其槽函数代码如下：

```
@pyqtSlot(bool)      ##"可编辑"CheckBox
def on_chkBoxEditable_clicked(self,checked):
    self.ui.comboBox.setEditable(checked)
```

当 editable 属性为 False 时，只能从 ComboBox 组件的下拉列表中选择，而不能直接输入；当 editable 属性为 True 时，ComboBox 组件具有 QLineEdit 的功能，可以直接输入内容，并且按回车键后，新输入的内容会添加到下拉列表里。

3. ComboBox 的项选择操作

在一个 QComboBox 组件上的选择项发生变化时，会发射 currentIndexChanged 信号，这是一个 overload 型信号，有两种类型的参数，其定义如下：

```
currentIndexChanged(int)
currentIndexChanged(str)
```

这两个信号中的一个传递的是当前项的索引号，另一个传递的是当前项的文字。

选择为 currentIndexChanged(str)信号编写槽函数（必须使用@pyqtSlot 修饰符标明参数类型），将当前选择项的字符串显示到编辑框里，代码如下：

```
@pyqtSlot(str)       ##"简单的 ComboBox"的当前项变化
def on_comboBox_currentIndexChanged(self,curText):
    self.ui.lineEdit.setText(curText)
```

3.6.3 带用户数据的 ComboBox

在使用 QComboBox 的 addItem()函数添加一个条目时，还可以为每个项设定一个用户数据，这个用户数据是不显示在下拉列表里的。

界面上另一个 ComboBox 组件使用了用户数据，"初始化城市+区号"按钮的槽函数代码如下：

```
def on_btnIni2_clicked(self):       ##有用户数据的 comboBox2 的初始化
    icon=QIcon(":/icons/images/unit.ico")
    self.ui.comboBox2.clear()
    cities={"北京":10, "上海":21, "天津":22, "徐州":516, "福州":591, "青岛":532}        #字典数据
    for k in cities:
        self.ui.comboBox2.addItem(icon,k,cities[k])
```

这里使用了一个字典数据 cities，它的每一个条目存储的是城市名称及其对应的区号。为 comboBox2 添加项时，区号作为项的用户数据。

为 comboBox2 的 currentIndexChanged(str)信号编写槽函数，代码如下：

```
@pyqtSlot(str)      ##当前项变化
def on_comboBox2_currentIndexChanged(self,curText):
    self.ui.lineEdit.setText(curText)
    zone=self.ui.comboBox2.currentData()        #读取关联数据
    if (zone != None):      #必须加此判断，因为有可能是 None
        self.ui.lineEdit.setText(curText+":区号=%d"%zone)
```

这里通过 QComboBox 的 currentData()函数读取当前项的用户数据。

3.6.4 QComboBox 常用函数总结

QComboBox 存储的项是一个列表，但是 QComboBox 不提供整个列表用于访问，而可以通过索引访问某个项。访问项的一些函数主要有以下几个。

- currentIndex()：返回当前项的序号，第一项的序号为 0。
- currentText()：返回当前项的文字。
- currentData(role)：返回当前项的关联数据，参数 role 表示数据角色，角色 role 的默认值为 Qt.UserRole。可以为一个项定义多个角色的用户数据，更多自定义角色的编号从 Qt.UserRole 开始增加，如 Qt.UserRole + 1、Qt.UserRole + 2。
- itemText(index)：返回索引号为 index 的项的文字。
- itemData(index, role)：返回索引号为 index 的项的角色为 role 的关联数据，角色 role 的默认值为 Qt.UserRole。
- count()：返回项的个数。

3.7 QMainWindow 与 QAction

3.7.1 功能简介

QMainWindow 是主窗体类，可以作为一个应用程序的主窗体，具有主菜单栏、工具栏、状态栏等主窗体常见的界面元素。

QAction 是直接从 QObject 继承而来的一个类，不是一个可视组件。QAction 就是一个实现某些功能的"动作"，可以为其编写槽函数，使用一个 QAction 对象可以创建菜单项、工具栏按钮，点击菜单项或工具栏按钮就执行了关联的 Action 的槽函数。

本节的示例 Demo3_7 主要演示 QMainWindow 和 QAction 的使用，程序运行时界面如图 3-10 所示。

图 3-10 示例 Demo3_7 运行时界面

示例 Demo3_7 是一个简单的文本编辑器，窗体中间是一个 QPlainTextEdit 组件。本示例的设计实现过程涉及较多的技术点，具体如下。

- 可视化设计 Action，通过 Action 可视化设计主菜单、工具栏。可复选的 Action，如设置字体的粗体、斜体、下划线的 3 个 Action；分组互斥型可复选的 Action，如选择界面语言的两个 Action。
- 可视化地将 Action 与 QPlainTextEdit 组件的槽函数关联，实现剪切、复制、粘贴、撤销等常见的编辑操作。
- 根据文本框里当前选择内容的变化，更新相关 Action 的状态，例如，更新"剪切""复制""粘贴"的 Enabled 属性，更新"粗体""斜体""下划线"的 Checked 属性。
- 在窗体的构造函数里，通过编写代码在工具栏上创建用于字体大小设置的 QSpinBox 组件和用于字体选择的 QFontComboBox 组件，因为这两个组件在窗体可视化设计时无法放置到工具栏上。
- 在窗体的构造函数里，编写代码在窗体的状态栏上添加 QLabel 和 QProgressBar 组件，编写代码创建 QActionGroup 分组对象，将选择界面语言的两个 Action 添加到分组，实现互斥选择。
- 为 QPlainTextEdit 组件提供标准右键快捷菜单响应。

本示例从 mainWindowApp 项目模板创建，窗体 UI 文件是 MainWindow.ui，窗体业务逻辑类 QmyMainWindow 所在的文件是 myMainWindow.py。下面是 myMainWindow.py 文件的 import 部分、QmyMainWindow 类的构造函数和窗体测试部分的代码。import 部分显示了本示例用到的一些类及其所在的模块，构造函数完成窗体构建时的初始化工作，其他功能实现的代码在讲解过程中再列出。

```python
import sys
from PyQt5.QtWidgets import (QApplication, QMainWindow,QActionGroup,
                QLabel, QProgressBar, QSpinBox, QFontComboBox)
from PyQt5.QtCore import  Qt, pyqtSlot
from PyQt5.QtGui import  QTextCharFormat, QFont

from ui_MainWindow import Ui_MainWindow
class QmyMainWindow(QMainWindow):
    def __init__(self, parent=None):
        super().__init__(parent)        #调用父类构造函数，创建窗体
        self.ui=Ui_MainWindow()         #创建 UI 对象
        self.ui.setupUi(self)           #构造 UI

        self.__buildUI()                #动态创建组件，添加到工具栏和状态栏
        self.__spinFontSize.valueChanged[int].connect(
                self.do_fontSize_Changed)       #字体大小设置
        self.__comboFontName.currentIndexChanged[str].connect(
                self.do_fontName_Changed)       #字体选择
        self.setCentralWidget(self.ui.textEdit)

##  ===========窗体测试程序===============================
if __name__ == "__main__":              ##用于当前窗体测试
    app = QApplication(sys.argv)        #创建 GUI 应用程序
    form=QmyMainWindow()                #创建窗体
    form.show()
    sys.exit(app.exec_())
```

在构造函数里完成基本窗体的创建后，调用自定义函数__buildUI()创建几个无法在窗体可视

化设计时放置到窗体上的界面组件，并添加到工具栏和状态栏，还为在函数__buildUI()里创建的两个组件 self.__spinFontSize 和 self.__comboFontName 的信号关联自定义槽函数。

3.7.2 窗体可视化设计

1. 设计 Action

在 UI Designer 里对窗体 MainWindow.ui 进行可视化设计，在 UI Designer 里有一个 Action 编辑器用于 Action 的设计。本示例设计好的 Action 如图 3-11 所示，根据图标和文字就基本能知道每个 Action 的作用。

在 Action 编辑器的上方有一个工具栏，可以新建、复制、粘贴、删除 Action，还可以设置 Action 列表的显示方式。若要编辑某个 Action，在列表里双击该 Action 即可，单击工具栏上的"New"按钮可以新建一个 Action。新建或编辑 Action 的对话框如图 3-12 所示。

图 3-11 Action 编辑器里已经设计好的 Action

图 3-12 新建或编辑一个 Action

在图 3-12 所示的对话框里有以下的一些设置。

- Text：Action 的显示文字，该文字会作为菜单标题或工具栏按钮标题显示。若该标题后面有省略号（一般用于打开对话框的操作），如"打开..."，则在工具栏按钮上显示时会自动忽略省略号，只显示"打开"。
- Object name：该 Action 的 objectName。应该遵循自己的命名规则，例如以"act"开头表示这是一个 Action，在 Action 较多时还应该采用分组。如图 3-12 所示的是打开文件的 Action，命名为 actFile_Open，表示它属于"文件"分组。
- ToolTip：这个文字内容是当鼠标在一个菜单项或工具栏按钮上短暂停留时出现的提示文字。
- Icon：设置 Action 的图标，单击其右边的按钮可以从资源文件里选择图标，或直接选择图片文件作为图标。
- Checkable：设置 Action 是否可以被复选，如果选中此选项，那么该 Action 就类似于 QCheckBox，可以改变其复选状态。
- Shortcut：设置快捷键，将输入光标移动到 Shortcut 旁边的编辑框里，然后按下想要设置的快捷键即可，如 Ctrl+O。

做好这些设置后，单击"OK"按钮就可以新建或修改 Action 了。所有用于菜单和工具栏设计的功能都需要用 Action 来实现。

2. 设计菜单和工具栏

建立 Action 之后，就可以在主窗体上设计菜单和工具栏了。本示例的窗体类是从 QMainWindow 继承的，具有菜单栏、工具栏和状态栏。在可视化设计窗体时，使用主窗体的右键快捷菜单可以添加或删除工具栏、菜单栏和状态栏。

已完成设计的窗体设计时的效果如图 3-13 所示。在窗体最上方是菜单栏，菜单栏下方是工具栏，最下方是状态栏。中间工作区放置了一个 QPlainTextEdit 组件，其 objectName 设置为 textEdit。

要设计菜单栏，在菜单栏显示"Type Here"的地方双击，出现一个编辑框，在编辑框里输入所要设计菜单的分组名称，如"文件(&F)"，然后回车，这样就创建了一个"文件(F)"菜单分组，在程序运行时通过快捷键 Alt+F 可以快捷打开"文件"菜单。同样可以创建"编辑(E)""格式(M)"分组。

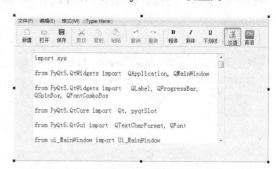

图 3-13 设计时的窗体（已完成界面可视化设计）

创建主菜单的分组后，从 Action 编辑器的列表里将一个 Action 拖放到菜单某个分组下，就可以创建一个菜单项，如同在界面上放置一个组件一样。如果需要在菜单里增加一个分隔条，双击"Add Separator"就可以创建一个分隔条，然后拖动到需要的位置即可。如果需要删除某个菜单项或分隔条，单击右键，选择"Remove"菜单项。如果要为一个菜单项创建下级菜单，则点击菜单项右边的图标，拖放 Action 到下级菜单上就可以创建菜单项。菜单设计的结果如图 3-14 所示。

  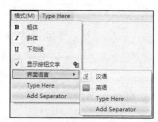

图 3-14 完成后的菜单栏各分组下的菜单项

工具栏上的按钮也通过 Action 创建。将一个 Action 拖放到窗体的工具栏上，就会新建一个工具栏按钮。同样可以在工具栏上添加分隔条，可以移除工具栏按钮。主窗体上初始只有一个工具栏，如果需要设计多个工具栏，在主窗体上单击右键，在快捷菜单中单击"Add Tool Bar"即可新建一个工具栏。

工具栏上的按钮的显示方式有很多种，只需设置工具栏的 toolButtonStyle 属性，它是 Qt.ToolButtonStyle 枚举类型，默认是 Qt.ToolButtonIconOnly，即只显示按钮的图标。还可以设置为：

- Qt.ToolButtonTextBesideIcon（文字显示在按钮旁边）；
- Qt.ToolButtonTextOnly（只显示文字）；
- Qt.ToolButtonTextUnderIcon（文字显示在按钮下方）。

在可视化设计窗体时，只能将 Action 拖放到工具栏上生成按钮，不能将其他组件拖放到工具栏上，如图 3-10 工具栏上的 SpinBox 和 FontComboBox 组件是在业务逻辑类 QmyMainWindow 的构造函数里用代码创建的。

3. 编辑类 Action 的功能实现

"编辑"分组的 Action 实现对窗口上的 QPlainTextEdit 组件 textEdit 的一些编辑操作，如剪切、复制、撤销、全选等。这些功能无须自己编写代码来实现，QPlainTextEdit 提供了实现这些编辑功能的槽函数，如 cut()、copy()、paste()、undo()等，只需将这些 Action 和相应的槽函数关联即可。

图 3-15 是本示例在信号与槽编辑器里设置的关联，可以看见所有的编辑操作的 Action 的 triggered()信号都与 textEdit 的相应的槽函数建立了关联。

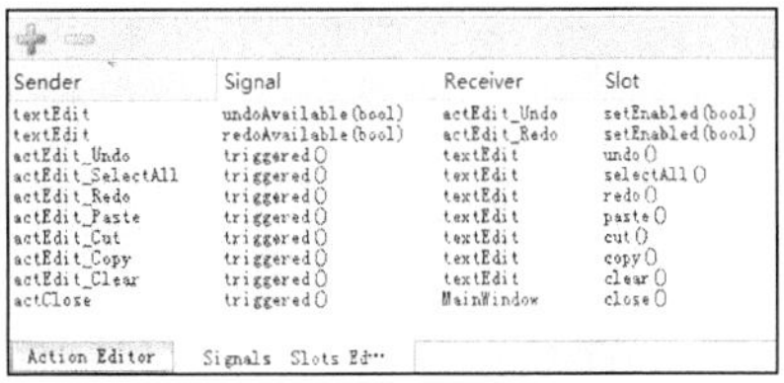

另外，textEdit 的信号 undoAvailable(bool) 与 actEdit_Undo 的槽函数 setEnabled(bool)关联，可以自动设置 actEdit_Undo 的使能状态；redoAvailable(bool)信号与 actEdit_Redo 的槽函数 setEnabled(bool)关联，可以自动设置 actEdit_Redo 的使能状态。

图 3-15 信号与槽编辑器里设置信号与槽的关联

3.7.3 界面操作功能的代码实现

1. 动态创建界面组件

可视化设计时无法在工具栏上添加除 Action 之外的其他组件，状态栏也无法可视化添加组件，但是可以使用代码在窗体创建后再动态添加组件。另外，设置界面语言的两个互斥型 Action 需要为其创建 QActionGroup 分组才能实现互斥选择。

QmyMainWindow 类的构造函数里调用的函数__buildUI()就实现这些功能，下面是__buildUI()函数的代码：

```
def __buildUI(self):                ##窗体上动态添加组件
##创建状态栏上的组件
    self.__LabFile=QLabel(self)      #QLabel 组件显示信息
    self.__LabFile.setMinimumWidth(150)
    self.__LabFile.setText("文件名： ")
    self.ui.statusBar.addWidget(self.__LabFile)     #添加到状态栏

    self.__progressBar1=QProgressBar(self)          #progressBar1
    self.__progressBar1.setMaximumWidth(200)
    self.__progressBar1.setMinimum(5)
    self.__progressBar1.setMaximum(50)
    sz=self.ui.textEdit.font().pointSize()          #字体大小
    self.__progressBar1.setValue(sz)
    self.ui.statusBar.addWidget(self.__progressBar1)    #添加到状态栏

    self.__LabInfo=QLabel(self)                     #QLabel 组件显示字体名称
    self.__LabInfo.setText("选择字体名称： ")
    self.ui.statusBar.addPermanentWidget(self.__LabInfo)  #添加到状态栏

##为 actLang_CN 和 actLang_EN 创建 QActionGroup，互斥型选择
    actionGroup= QActionGroup(self)
```

```
        actionGroup.addAction(self.ui.actLang_CN)
        actionGroup.addAction(self.ui.actLang_EN)
        actionGroup.setExclusive(True)            #互斥型分组
        self.ui.actLang_CN.setChecked(True)

##创建工具栏上的组件
        self.__spinFontSize=QSpinBox(self)        #字体大小 spinbox
        self.__spinFontSize.setMinimum(5)
        self.__spinFontSize.setMaximum(50)
        sz=self.ui.textEdit.font().pointSize()
        self.__spinFontSize.setValue(sz)
        self.__spinFontSize.setMinimumWidth(50)
        self.ui.mainToolBar.addWidget(self.__spinFontSize)    #添加到工具栏

        self.__comboFontName=QFontComboBox(self)              #字体 combobox
        self.__comboFontName.setMinimumWidth(100)
        self.ui.mainToolBar.addWidget(self.__comboFontName)   #添加到工具栏

        self.ui.mainToolBar.addSeparator()                    #添加一个分隔条
        self.ui.mainToolBar.addAction(self.ui.actClose)       #添加"关闭"按钮
```

对于这段代码，需要注意以下几点。

（1）动态创建的组件定义为 QmyMainWindow 类的私有变量，例如 self.__LabFile, self.__progressBar1，它们不是可视化设计的窗体的元素。可视化设计的窗体的元素用 self.ui 访问，如 self.ui.statusBar, self.ui.mainToolBar，这样可以很容易地将可视化设计的窗体的界面组件与动态创建的界面组件区分开来，这也是采用单继承方式设计 QmyMainWindow 类的一个特点。

（2）状态栏 QStatusBar 的 addWidget()函数将一个组件添加到状态栏，按添加的顺序从左到右排列，addPermanentWidget()添加的组件则位于状态栏的最右边。

（3）工具栏 QToolBar 添加组件涉及以下 3 个函数。

- addWidget()：添加一个界面组件到工具栏，如 QSpinBox 组件、QLabel 组件等。
- addAction()：添加一个 QAction 对象并创建工具栏按钮。
- addSeparator()：添加一个分隔条。

对于工具栏上动态创建的两个组件，必须手动设置其信号与自定义槽函数的关联，这在 QmyMainWindow 的构造函数里实现。这两个自定义槽函数分别设置选择的文本的字体大小和字体名称，代码如下：

```
@pyqtSlot(int)       ##设置字体大小，关联 self.__spinFontSize
def do_fontSize_Changed(self, fontSize):
    fmt=self.ui.textEdit.currentCharFormat()
    fmt.setFontPointSize(fontSize)
    self.ui.textEdit.mergeCurrentCharFormat(fmt)
    self.__progressBar1.setValue(fontSize)

@pyqtSlot(str)       ##选择字体名称，关联 self.__comboFontName
def do_fontName_Changed(self, fontName):
    fmt=self.ui.textEdit.currentCharFormat()
    fmt.setFontFamily(fontName)
    self.ui.textEdit.mergeCurrentCharFormat(fmt)
    self.__LabInfo.setText("字体名称：%s   "%fontName)
```

2. 设置字体的 Action 的代码

QAction 常用的信号是 triggered()和 triggered(bool)，它们是 overload 型信号。在关联的菜单项

或按钮被点击时会发射此信号，triggered()是默认的信号，triggered(bool)是带有复选状态参数的信号。

"粗体""斜体""下划线" 3 个用于设置字体的 Action 使用 triggered(bool)信号生成槽函数，需要用@pyqtSlot()进行参数说明。这 3 个槽函数代码如下：

```
@pyqtSlot(bool)      ##设置粗体
def on_actFont_Bold_triggered(self, checked):
    fmt=self.ui.textEdit.currentCharFormat()
    if (checked == True):
        fmt.setFontWeight(QFont.Bold)
    else:
        fmt.setFontWeight(QFont.Normal)
    self.ui.textEdit.mergeCurrentCharFormat(fmt)

@pyqtSlot(bool)      ##设置斜体
def on_actFont_Italic_triggered(self,checked):
    fmt=self.ui.textEdit.currentCharFormat()
    fmt.setFontItalic(checked)
    self.ui.textEdit.mergeCurrentCharFormat(fmt)

@pyqtSlot(bool)      ##设置下划线
def on_actFont_UnderLine_triggered(self,checked):
    fmt=self.ui.textEdit.currentCharFormat()
    fmt.setFontUnderline(checked)
    self.ui.textEdit.mergeCurrentCharFormat(fmt)
```

这里用 QPlainTextEdit 类的 currentCharFormat()来获取当前选择的文本的格式，它是一个 QTextCharFormat 类的实例，修改其相应属性后再设置为选中文本的格式。

3. QPlainTextEdit 其他信号的使用

QPlainTextEdit 还有 3 个可以利用的信号，其槽函数代码如下：

```
def on_textEdit_copyAvailable(self, avi):     ##文本框内容可复制
    self.ui.actEdit_Cut.setEnabled(avi)
    self.ui.actEdit_Copy.setEnabled(avi)
    self.ui.actEdit_Paste.setEnabled(self.ui.textEdit.canPaste())

def on_textEdit_selectionChanged(self):     ##文本选择内容发生变化
    fmt=self.ui.textEdit.currentCharFormat()
    self.ui.actFont_Bold.setChecked(fmt.font().bold())
    self.ui.actFont_Italic.setChecked(fmt.fontItalic())
    self.ui.actFont_UnderLine.setChecked(fmt.fontUnderline())

def on_textEdit_customContextMenuRequested(self,pos):     ##标准右键菜单
    popMenu=self.ui.textEdit.createStandardContextMenu()
    popMenu.exec(pos)     #显示快捷菜单
```

copyAvailable(bool)信号在文本选择变化时发射，表示是否可以剪切和复制，所以其响应代码里设置 actEdit_Cut 和 actEdit_Copy 的使能状态。同时还利用 QPlainTextEdit 的 canPaste()函数返回的值设置 actEdit_Paste 的使能状态。

selectionChanged()信号在选择的文本变化时发射，在此信号的响应槽函数里可以通过判断选择文本的格式，设置"粗体""斜体""下划线"等 Action 的 Checked 状态。

customContextMenuRequested(pos)信号在单击鼠标右键时发射，它是在父类 QWidget 里定义的一个信号，也就是任何界面组件都有这个信号。参数 pos 是 QPoint 类型，表示鼠标右键单击点的屏幕坐标。这个信号的响应代码一般用于创建右键快捷菜单，QPlainTextEdit 的 createStandardContextMenu()

函数可以创建一个内建的标准的编辑功能快捷菜单。

4. 其他功能代码的实现

还有其他 4 个 Action 的槽函数代码如下：

```
@pyqtSlot(bool)         ##设置工具栏按钮样式
def on_actSys_ToggleText_triggered(self,checked):
    if(checked):
        st=Qt.ToolButtonTextUnderIcon
    else:
        st=Qt.ToolButtonIconOnly
    self.ui.mainToolBar.setToolButtonStyle(st)

def on_actFile_New_triggered(self):        ##新建文件，不实现具体功能
    self.__LabFile.setText(" 新建文件 ")

def on_actFile_Open_triggered(self):       ##打开文件，不实现具体功能
    self.__LabFile.setText(" 打开的文件 ")

def on_actFile_Save_triggered(self):       ##保存文件，不实现具体功能
    self.__LabFile.setText(" 文件已保存 ")
```

actSys_ToggleText 用于设置工具栏按钮样式，在有文字标签和无文字标签之间切换。

"新建""打开""保存" 3 个 Action 的具体功能并未实现，因为文件读写不是本示例的目的，只是在状态栏上的标签里显示信息。

设置界面语言的两个 Action 不需要编写任何代码，在运行时就可以实现互斥选择。这两个 Action 的功能实现在 11.1 节介绍多语言界面的实现时再具体介绍。

3.8 QListWidget 和 QToolButton

3.8.1 功能概述

PyQt5 中用于项（Item）处理的组件有两大类：一类是 Item Views，包括 QListView、QTreeView、QTableView、QColumnView 等；另一类是 Item Widgets，包括 QListWidget、QTreeWidget、QTableWidget。

Item Views 基于模型/视图（Model/View）结构，视图（View）与模型数据（Model Data）关联实现数据的显示和编辑，模型/视图结构的使用在第 4 章详细介绍。

Item Widgets 直接将数据存储在每一个项里，例如，QListWidget 的每行是一个项，QTreeWidget 的每个节点是一个项，QTableWidget 的每个单元格是一个项。一个项存储了文字、文字的格式、自定义数据等。

Item Widgets 是 GUI 设计中常用的组件，也是功能稍微复杂一点的组件。本节通过示例 Demo3_8 先介绍 QListWidget 以及其他一些组件的用法，后面两节再分别介绍 QTreeWidget 和 QTableWidget。示例 Demo3_8 运行时界面如图 3-16 所示。

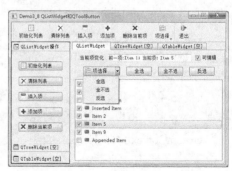

图 3-16 示例 Demo3_8 运行时界面

本示例不仅介绍 QListWidget 的使用，还介绍如下一些功能的实现。

- 使用 QTabWidget 设计多页界面，工作区右侧是一个有 3 个页面的 TabWidget 组件。
- 使用 QToolBox 设计分组工具箱，工作区左侧是一个有 3 个分组的 ToolBox 组件。
- 使用分割条（QSplitter）设计可以左右分割的界面，工作区的 ToolBox 组件和 TabWidget 组件之间有一个水平分割条，运行时可以分割调整两个组件的大小。
- 创建 Action，用 Action 设计主工具栏。
- 使用 QToolButton 按钮，设置与 Action 关联，设计具有下拉菜单功能的 ToolButton 按钮，在主工具栏上添加具有下拉菜单的 ToolButton 按钮。
- 使用 QListWidget，演示如何创建和添加项、为项设置图标和复选框、如何遍历列表进行选择。
- 介绍 QListWidget 的主要信号 currentItemChanged()的功能，编写响应槽函数。
- 为 ListWidget 组件利用已设计的 Action 创建自定义快捷菜单。

示例 Demo3_8 是从 mainWindowApp 项目模板创建的。窗体业务逻辑类的实现文件 myMainWindow.py 的 import 部分，以及 QmyMainWindow 的构造函数部分的代码如下（省略了窗体测试部分的代码）：

```python
import sys
from PyQt5.QtWidgets import  (QApplication, QMainWindow,
                      QListWidgetItem, QMenu, QToolButton)
from PyQt5.QtGui import  QIcon, QCursor
from PyQt5.QtCore import  pyqtSlot, Qt
from ui_MainWindow import Ui_MainWindow

class QmyMainWindow(QMainWindow):
    def __init__(self, parent=None):
        super().__init__(parent)      #调用父类构造函数，创建窗体
        self.ui=Ui_MainWindow()       #创建 UI 对象
        self.ui.setupUi(self)         #构造 UI

        self.setCentralWidget(self.ui.splitter)
        self.__setActionsForButton()
        self.__createSelectionPopMenu()
        self.__FlagEditable =(Qt.ItemIsSelectable | Qt.ItemIsUserCheckable
                            | Qt.ItemIsEnabled | Qt.ItemIsEditable)
        self.__FlagNotEditable =( Qt.ItemIsSelectable
                            | Qt.ItemIsUserCheckable | Qt.ItemIsEnabled)
```

构造函数调用了两个自定义函数，其中__setActionsForButton()为窗体上的 ToolButton 按钮设置关联的 Action，__createSelectionPopMenu()创建工具栏上按钮的用于列表项选择的下拉菜单。

最后定义了两个私有变量 self.__FlagEditable 和 self.__FlagNotEditable，它们用于创建列表项时设置项的标志，表示可编辑和不可编辑的项。定义为变量后便于在后面重复使用。

3.8.2　窗体可视化设计

1．窗体可视化设计完成效果

窗体 MainWindow.ui 可视化设计完成后的界面效果如图 3-17 所示。工具栏上的按钮是用设计好的 Action 创建的，其他按钮都使用 QToolButton 组件，在设计时只为这些按钮命名并设置一些属性，图中按钮上显示的文字就是按钮的 objectName。

QToolButton 有一个 setDefaultAction()函数，可以使其与一个 Action 关联，按钮的文字、图标、ToolTip 都将自动设置为与关联的 Action 一致，单击一个 QToolButton 按钮就会执行 Action 的槽函数，与工具栏上的按钮一样。实际上，主工具栏上的按钮就是根据 Action 自动创建的 QToolButton 按钮。

QToolButton 还有一个 setMenu()函数，可以为其设置一个下拉式菜单，配合 QToolButton 的一些属性设置，可以有不同的下拉菜单效果。在图 3-16

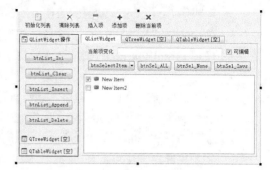

图 3-17　可视化设计时完成的窗体界面

中，工具栏上的"项选择"按钮直接显示下拉菜单，而在列表框上方的"项选择"按钮，只有单击右侧的向下箭头才弹出下拉菜单，直接单击按钮会执行按钮关联的 Action 的槽函数。

要实现图 3-16 的运行时的窗体界面效果，还需要用代码完成部分界面创建和设置，这就是 QmyMainWindow 类的构造函数中调用的两个自定义函数实现的功能，主要就是为界面上的各 ToolButton 按钮设置关联的 Action，在工具栏上动态添加一个 ToolButton 按钮，并设置其下拉菜单功能。

2. 工具箱（QToolBox）组件

在主窗体工作区的左侧是一个 QToolBox 组件。在 ToolBox 组件上调出右键快捷菜单，可以使用"Insert Page""Delete Page"等菜单项实现分组的添加或删除。在属性编辑器里可以设置如下常用属性的值。

- currentIndex：当前分组的编号，第一个分组的编号是 0，通过改变这个值，可以选择不同的分组页面。
- currentItemText：当前分组的标题。
- currentItemName：当前分组的对象名称。
- currentItemIcon：为当前分组设置一个图标，显示在文字标题的左侧。

在一个 ToolBox 内可以放置任何界面组件，如 QGroupBox、QLineEdit、QPushButton 等。在图 3-17 里，第一个分组里放置了几个 QToolButton 按钮，并设置为网格状布局。注意不要使用水平布局，因为使用水平布局时组内的 ToolButton 按钮都是自动左对齐，而使用网格状布局则是自动居中。

3. 多页（QTabWidget）组件

QTabWidget 是一个多页的容器类组件。在窗体上放置一个 QTabWidget 组件，通过其快捷菜单的"Insert Page""Delete Page"等菜单项实现页面的添加或删除。在属性编辑器里可以设置如下一些常用属性的值。

- tabPosition：页标签的位置，东西南北四个方位中选择一个。
- currentIndex：当前页的编号。
- currentTabText：当前页的标题。
- currentTabName：当前页的对象名称。
- currentTabIcon：可以为当前页设置一个图标，显示在文字标题的左侧。
- tabsClosable：页面是否可以被关闭。若设置为 True，则每个页面的标题栏上会出现一个关闭按钮，点击关闭按钮可以关闭页面。

4. 使用 QSplitter 设计分割界面

具有分割效果的典型界面是 Windows 的资源管理器，QSplitter 用于设计具有分割效果的界面，可以左右或上下分割。

本示例主窗体工作区的两个主要组件是 toolBox 和 tabWidget，希望这两个组件设计为左右分割的效果。同时选中这两个组件，单击主窗体工具栏上的"Lay Out Horizontally in Splitter"按钮，就可以为这两个组件创建一个水平分割的布局组件 splitter。

在 QmyMainWindow 的构造函数里使用下面一行语句就可以使 splitter 充满整个工作区：

```
self.setCentralWidget(self.ui.splitter)
```

在使用分割条调整大小时，如果不希望 toolBox 的宽度变得太小而影响按钮的显示，可以通过设置 toolBox 的 minimumSize.Width 属性设置一个最小宽度。

5. QListWidget 组件

在 TabWidget 组件的第一个页面上放置一个 QListWidget 组件，以及其他几个按钮和编辑框，组成如图 3-17 所示的界面。QListWidget 是存储多个项的列表组件，每个项是一个 QListWidgetItem 类型的对象。

在窗体可视化设计时双击 ListWidget 组件，可以打开其列表项编辑器，如图 3-18 所示。在这个编辑器里可以增加、删除、上移、下移列表项，可以设置每个项的属性，包括文字内容、字体、文字对齐方式、背景色、前景色等。

图 3-18 QListWidget 组件的列表项编辑器

比较重要的是其 flags 属性（如图 3-18 所示），用于设置项的一些标志，以下这些标志是枚举类型 Qt.ItemFlag 的值的组合。

- Selectable：项可被选择，对应枚举值 Qt.ItemIsSelectable。
- Editable：项可被编辑，对应枚举值 Qt.ItemIsEditable。
- DragEnabled：项可以被拖动，对应枚举值 Qt.ItemIsDragEnabled。
- DropEnabled：项可以接收拖放的项，对应枚举值 Qt.ItemIsDropEnabled。
- UserCheckable：项可以被复选，若为 True，项前面出现一个 CheckBox，对应枚举值 Qt.ItemIsUserCheckable。
- Enabled：项被使能，对应枚举值 Qt.ItemIsEnabled。
- Tristate：允许 Check 的第三种状态，若为 False，则只有 checked 和 unchecked 两种状态，对应枚举值 Qt.ItemIsAutoTristate。

QListWidget 的列表项一般是在程序里动态创建，后面会演示如何用程序完成添加、删除列表项等操作。

6. 创建 Action

本示例采用 Action 设计工具栏，并且将 Action 用于 QToolButton 按钮。创建的 Action 列表如图 3-19 所示。利用这些 Action 创建主工具栏按钮，设计时完成的主工具栏如图 3-17 所示。

actSelPopMenu 用于"项选择"的 ToolButton 按钮，也就是窗体上具有下拉菜单的两个按钮。将 actSelPopMenu 的功能设置为与 actSel_Invs（"反选"）完全相同，在信号与槽编辑器里设置这两个 Action 关联（如图 3-20 所示），这样，执行 actSelPopMenu 就相当于执行 actSel_Invs。

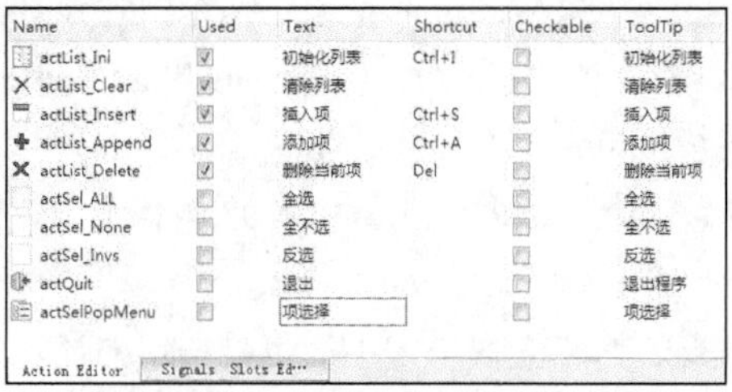

Name		Used	Text	Shortcut	Checkable	ToolTip
▣	actList_Ini	☑	初始化列表	Ctrl+I	☐	初始化列表
✕	actList_Clear	☑	清除列表		☐	清除列表
▬	actList_Insert	☑	插入项	Ctrl+S	☐	插入项
✚	actList_Append	☑	添加项	Ctrl+A	☐	添加项
✕	actList_Delete	☑	删除当前项	Del	☐	删除当前项
	actSel_ALL	☐	全选		☐	全选
	actSel_None	☐	全不选		☐	全不选
	actSel_Invs	☐	反选		☐	反选
⊕	actQuit	☐	退出		☐	退出程序
▣	actSelPopMenu	☐	项选择		☐	项选择

Action Editor | Signals Slots Ed···

图 3-19　本示例创建的 Action

图 3-20　在信号与槽编辑器中设置的关联

3.8.3　QToolButton 与下拉式菜单

1.　QToolButton 关联 QAction

在图 3-17 所示的界面上，在 ToolBox 里放置了几个 ToolButton 按钮，希望它们实现工具栏上的按钮完成的功能；列表框上方放置了几个 ToolButton 按钮，希望它们完成列表项选择的功能。这些功能都已经有相应的 Action 实现，要让 ToolButton 按钮实现这些功能，无须再为其编写代码，只需设置一个关联的 QAction 对象即可。

QToolButton 有一个函数 setDefaultAction()，其函数原型为：

```
setDefaultAction(self, QAction)
```

使用 setDefaultAction() 函数为一个 ToolButton 按钮设置一个 Action 之后，将自动获取 Action 的文字、图标、ToolTip 等设置作为按钮的相应属性，所以，在界面设计时无须为 ToolButton 按钮做过多的设置。

在 QmyMainWindow 类里定义一个私有函数__setActionsForButton()用于为界面上的 ToolButton 按钮设置关联的 Action，并在构造函数里调用，其代码如下：

```
def __setActionsForButton(self):    ##为 ToolButton 按钮设置 Action
    self.ui.btnList_Ini.setDefaultAction(self.ui.actList_Ini)
    self.ui.btnList_Clear.setDefaultAction(self.ui.actList_Clear)

    self.ui.btnList_Insert.setDefaultAction(self.ui.actList_Insert)
    self.ui.btnList_Append.setDefaultAction(self.ui.actList_Append)
    self.ui.btnList_Delete.setDefaultAction(self.ui.actList_Delete)

    self.ui.btnSel_ALL.setDefaultAction(self.ui.actSel_ALL)
    self.ui.btnSel_None.setDefaultAction(self.ui.actSel_None)
    self.ui.btnSel_Invs.setDefaultAction(self.ui.actSel_Invs)
```

在程序启动后，界面上的 ToolButton 按钮自动根据关联的 Action 设置其按钮文字、图标和 ToolTip。单击某个 ToolButton 按钮，就执行其关联的 Action 的槽函数代码。使用 Action 集中设计功能代码，然后用于菜单、工具栏、ToolButton 的设计，是避免重复编写代码的一种方式。

2.　为 ToolButton 按钮设计下拉菜单

还可以为 ToolButton 按钮设计下拉菜单，在图 3-16 的运行时窗口中，单击工具栏上的"项选择"按钮，会在按钮的下方弹出一个菜单，有 3 个菜单项用于项选择。

在 QmyMainWindow 类里定义一个私有函数__createSelectionPopMenu()用于创建按钮的下拉菜单，并在构造函数里调用，其代码如下：

```
def __createSelectionPopMenu(self):      ##创建 ToolButton 按钮的下拉菜单
    menuSelection=QMenu(self)            #下拉菜单
    menuSelection.addAction(self.ui.actSel_ALL)
    menuSelection.addAction(self.ui.actSel_None)
    menuSelection.addAction(self.ui.actSel_Invs)

##listWidget 上方的 btnSelectItem 按钮
    self.ui.btnSelectItem.setPopupMode(QToolButton.MenuButtonPopup)
    ## self.ui.btnSelectItem.setPopupMode(QToolButton.InstantPopup)
    self.ui.btnSelectItem.setToolButtonStyle(
                Qt.ToolButtonTextBesideIcon)
    self.ui.btnSelectItem.setDefaultAction(self.ui.actSelPopMenu)
    self.ui.btnSelectItem.setMenu(menuSelection)      #设置下拉菜单

##工具栏上的下拉式菜单按钮
    toolBtn=QToolButton(self)
    toolBtn.setPopupMode(QToolButton.InstantPopup)
    toolBtn.setDefaultAction(self.ui.actSelPopMenu)
    toolBtn.setToolButtonStyle(Qt.ToolButtonTextUnderIcon)
    toolBtn.setMenu(menuSelection)        #设置下拉菜单
    self.ui.mainToolBar.addWidget(toolBtn)

##工具栏添加分隔条和"退出"按钮
    self.ui.mainToolBar.addSeparator()
    self.ui.mainToolBar.addAction(self.ui.actQuit)
```

这段代码首先创建一个 QMenu 对象 menuSelection，将 3 个用于选择列表项的 Action 添加作为菜单项。

使用 QToolButton 的 setPopupMode()函数为一个 ToolButton 按钮的下拉式菜单设置不同的弹出方式，此函数的原型是：

```
setPopupMode(self, mode)
```

参数 mode 是枚举类型 QToolButton.ToolButtonPopupMode，有以下两种模式。

- QToolButton.MenuButtonPopup 模式：在这种模式下，按钮右侧有一个向下的小箭头，必须单击这个小箭头才会弹出下拉菜单，如果直接单击按钮会执行按钮关联的 Action，而不会弹出下拉菜单。
- QToolButton.InstantPopup 模式：在这种模式下，按钮右下角有一个向下的小箭头，单击按钮时直接弹出下拉菜单，按钮关联的 Action 不会被触发。

创建好菜单后，用 QToolButton 的 setMenu()函数为一个 ToolButton 按钮指定下拉菜单。

在 QmyMainWindow 的构造函数里执行了__setActionsForButton()函数和__createSelectionPopMenu()函数，程序启动后才具有图 3-16 的运行时界面效果。

3.8.4　QListWidget 的操作

1. 初始化列表

actList_Ini（"初始化列表"）实现 listWidget 的列表项初始化，其槽函数代码如下：

```
@pyqtSlot()        ##初始化列表
def on_actList_Ini_triggered(self):
    icon = QIcon(":/icons/images/724.bmp")
    editable=self.ui.chkBoxList_Editable.isChecked()
    if (editable == True):
        Flag=self.__FlagEditable         #可编辑
    else:
        Flag=self.__FlagNotEditable      #不可编辑
    self.ui.listWidget.clear()           #清除列表
    for i in range(10):
        itemStr="Item %d"%i
        aItem=QListWidgetItem()
        aItem.setText(itemStr)
        aItem.setIcon(icon)
        aItem.setCheckState(Qt.Checked)
        aItem.setFlags(Flag)             #项的 flags
        self.ui.listWidget.addItem(aItem)
```

列表框里一行是一个项（item），每个项是一个 QListWidgetItem 类型的对象，如果要向列表框添加一个项，需要先创建一个 QListWidgetItem 类型的实例 aItem，然后设置 aItem 的一些属性，再用 QListWidget 的 addItem()函数将该 aItem 添加到列表框里。

QListWidgetItem 有许多函数方法，可以设置项的很多属性，例如设置文字、图标、选中状态，还可以设置 flags，这些函数方法就是图 3-18 对话框里设置功能的代码化。

2. 插入项和添加项

插入项使用 QListWidget 的 insertItem()函数，它有两种函数原型，第一种是：

```
insertItem(self, row, itemText)
```

这个 insertItem()函数在第 row 行前面插入项，项的标题由 str 型参数 itemText 指定，QListWidget 将自动为这个项创建 QListWidgetItem 对象，但无法做更多的属性设置。

另一种函数原型是：

```
insertItem(self, row, item)
```

其功能是在第 row 行前面插入一个 QListWidgetItem 对象 item，需要先创建这个 item，并设置其属性。actList_Insert（"插入项"）实现这个功能，其槽函数代码如下：

```
@pyqtSlot()        ##插入一项
def on_actList_Insert_triggered(self):
    icon = QIcon(":/icons/images/724.bmp")
    editable=self.ui.chkBoxList_Editable.isChecked()
    if (editable == True):
        Flag=self.__FlagEditable         #可编辑
    else:
        Flag=self.__FlagNotEditable      #不可编辑
    aItem=QListWidgetItem()
    aItem.setText("Inserted Item")
    aItem.setIcon(icon)
    aItem.setCheckState(Qt.Checked)
    aItem.setFlags(Flag)                 #项的 flags
    curRow=self.ui.listWidget.currentRow()   #当前行
    self.ui.listWidget.insertItem(curRow,aItem)
```

在列表末尾添加一项用 QListWidget.addItem()函数，使用方法在初始化列表的代码里有演示。actList_Append 是"添加项"的 Action，其槽函数代码里就用到 addItem()函数添加一个项，代码与槽函数 on_actList_Insert_triggered() 的基本相同，在此不再列出。

3．删除当前项和清空列表

删除当前项和清空列表的两个 Action 的槽函数代码如下：

```
@pyqtSlot()      ##删除当前项
def on_actList_Delete_triggered(self):
    row=self.ui.listWidget.currentRow()
    self.ui.listWidget.takeItem(row)       #移除当前项，Python 自动删除

@pyqtSlot()      ##清空列表
def on_actList_Clear_triggered(self):
    self.ui.listWidget.clear()
```

QListWidget.takeItem(int) 函数只是移除一个项，并不删除项对象，但是 Python 有垃圾内存自动回收机制，所以无须手工删除移除的项。

4．遍历并选择项

界面上有"全选""全不选""反选" 3 个按钮，其功能由 3 个 Action 实现，用于遍历列表框里的项并设置选择状态。这 3 个 Action 的槽函数代码如下：

```
@pyqtSlot()      ##全选
def on_actSel_ALL_triggered(self):
    for i in range(self.ui.listWidget.count()):
        aItem=self.ui.listWidget.item(i)
        aItem.setCheckState(Qt.Checked)

@pyqtSlot()      ##全不选
def on_actSel_None_triggered(self):
    for i in range(self.ui.listWidget.count()):
        aItem=self.ui.listWidget.item(i)
        aItem.setCheckState(Qt.Unchecked)

@pyqtSlot()      ##反选
def on_actSel_Invs_triggered(self):
    for i in range(self.ui.listWidget.count()):
        aItem=self.ui.listWidget.item(i)
        if (aItem.checkState() != Qt.Checked):
            aItem.setCheckState(Qt.Checked)
        else:
            aItem.setCheckState(Qt.Unchecked)
```

QListWidgetItem.setCheckState() 函数设置列表项的复选状态，Qt.Checked 和 Qt.Unchecked 是 Qt 中的枚举类型 Qt.CheckState 的两个值，分别表示选中和不选中。

5．QListWidget 的常用信号

QListWidget 在当前项切换时发射以下两个信号，传递的参数不同。

- currentRowChanged(int)，传递当前项的行号作为参数。
- currentItemChanged(current, previous)，两个参数都是 QListWidgetItem 对象，current 表示当前项，previous 表示前一项。

当前项的内容发生变化时发射信号 currentTextChanged(str)。

为 listWidget 的 currentItemChanged() 信号编写槽函数，代码如下：

```
def on_listWidget_currentItemChanged(self,current,previous):
    strInfo=""
```

```
    if (current!=None):
        if (previous==None):
            strInfo="当前:"+current.text()
        else:
            strInfo="前一项:"+previous.text()+"; 当前项: "+current.text()
    self.ui.editCurItemText.setText(strInfo)
```

代码里需要判断 current 和 previous 是否为空，否则运行时可能出现访问错误。

3.8.5 创建右键快捷菜单

每个从 QWidget 继承的类都有信号 customContextMenuRequested()，这个信号在鼠标右键单击时发射，为此信号编写槽函数，可以创建和运行右键快捷菜单。

本示例为组件 listWidget 的 customContextMenuRequested()信号创建槽函数，实现快捷菜单的创建与显示，代码如下：

```
def on_listWidget_customContextMenuRequested(self,pos):      ##右键快捷菜单
    menuList=QMenu(self)       #创建菜单
    menuList.addAction(self.ui.actList_Ini)
    menuList.addAction(self.ui.actList_Clear)
    menuList.addAction(self.ui.actList_Insert)
    menuList.addAction(self.ui.actList_Append)
    menuList.addAction(self.ui.actList_Delete)
    menuList.addSeparator()
    menuList.addAction(self.ui.actSel_ALL)
    menuList.addAction(self.ui.actSel_None)
    menuList.addAction(self.ui.actSel_Invs)
    menuList.exec(QCursor.pos())      #显示菜单
```

在这段代码里，首先创建一个 QMenu 类型的对象 menuList，然后利用 QMenu 的 addAction()方法添加已经设计的 Action 作为菜单项。创建完菜单后，使用 QMenu 的 exec()函数显示快捷菜单，即：

```
    menuList.exec(QCursor.pos())        #显示菜单
```

这样会在鼠标当前位置显示弹出式菜单，类函数 QCursor.pos() 获得鼠标光标当前位置。快捷菜单的运行效果如图 3-21 所示。

图 3-21　组件 listWidget 的右键 快捷菜单的运行效果

3.9　QTreeWidget 和 QDockWidget

3.9.1　功能概述

本节介绍 QTreeWidget、QDockWidget 的使用方法，并且结合 QLabel 的图片显示功能创建一个图片管理器，图 3-22 是示例 Demo3_9 运行时界面。这个示例主要演示如下几个组件的使用方法。

- QTreeWidget 目录树组件：QTreeWidget 是创建和管理目录树结构的类。示例使用一个 QTreeWidget 组件管理照片目录，可以添加、删除分组和图片节点。每个节点是一个 QTreeWidgetItem 对象，每个节点除显示的标题和图标外，还有类型和自定义数据，示例中图片节点的自定义数据存储了完整的图片文件名，点击节点时就可以根据存储的文件名读取图片文件并显示。

- QDockWidget 停靠区组件：QDockWidget 是可以在 QMainWindow 窗口停靠，或在桌面最上层浮动的界面组件。本示例将一个 QTreeWidget 组件放置在一个 QDockWidget 区域上，设置其可以在主窗体的左侧或右侧停靠，也可以浮动。

- QLabel 组件显示图片：窗体工作区右侧是一个 QScrollArea 组件，ScrollArea 上面放置一个 QLabel 组件，QLabel 的 pixmap 属性可以显示图片。通过 QPixmap 对象的操作可进行缩放显示，包括放大、缩小、实际大小、适合宽度、适合高度等。

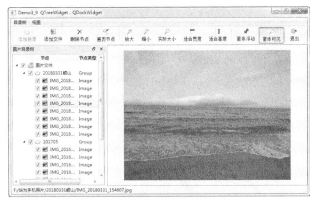

图 3-22 示例 Demo3_9 运行时界面

示例 Demo3_9 由 mainWindowApp 项目模板创建而来，程序功能主要用 Action 实现，主菜单和主工具栏都由 Action 实现。

下面先列出窗体业务逻辑类 QmyMainWindow 所在文件 myMainWindow.py 的 import 部分、两个枚举类型类的定义、QmyMainWindow 构造函数部分的代码，其他功能实现代码在讲解过程中逐步介绍。

```python
import sys
from PyQt5.QtWidgets import  (QApplication, QMainWindow,
            QTreeWidgetItem, QLabel,QFileDialog,QDockWidget)
from enum import Enum        ##枚举类型
from PyQt5.QtCore import  pyqtSlot, Qt, QDir, QFileInfo
from PyQt5.QtGui import  QIcon,QPixmap
from ui_MainWindow import Ui_MainWindow

class TreeItemType(Enum):  ##节点类型枚举类型
    itTopItem=1001          #顶层节点
    itGroupItem=1002        #组节点
    itImageItem=1003        #图片文件节点

class TreeColNum(Enum):     ##目录树的列号枚举类型
    colItem=0               #分组/文件名列
    colItemType=1          #节点类型列

class QmyMainWindow(QMainWindow):
    def __init__(self, parent=None):
        super().__init__(parent)      #调用父类构造函数，创建窗体
        self.ui=Ui_MainWindow()       #创建 UI 对象
        self.ui.setupUi(self)         #构造 UI

        self.curPixmap=QPixmap()      #图片
        self.pixRatio=1               #显示比例
        self.itemFlags=(Qt.ItemIsSelectable | Qt.ItemIsUserCheckable
                | Qt.ItemIsEnabled | Qt.ItemIsAutoTristate)     #节点标志
        self.setCentralWidget(self.ui.scrollArea)
        self.__iniTree()
```

##以下的属性在 UI Designer 里已经设置，这里是代码设置方法

```
self.ui.dockWidget.setFeatures(QDockWidget.AllDockWidgetFeatures)
self.ui.dockWidget.setAllowedAreas(
        Qt.LeftDockWidgetArea | Qt.RightDockWidgetArea)
self.ui.scrollArea.setWidgetResizable(True)        #自动调整内部组件大小
self.ui.scrollArea.setAlignment(Qt.AlignCenter)
self.ui.LabPicture.setAlignment(Qt.AlignCenter)
```

在构造函数中定义了 3 个变量，其中 self.curPixmap 用于存储当前显示的原始图片，图片的放大、缩小等处理都是基于这个原始图片的；self.pixRatio 是图片显示比例，1 表示原始大小；self.itemFlags 是创建的目录树节点的标志，此处定义为一个变量是为了避免重复写相同内容的代码，且便于修改。

有几行代码是对界面上的 dockWidget、scrollArea 和 LabPicture 组件的属性设置，这些属性在 UI Designer 里已经可视化设置了，这里是演示代码设置方法。

3.9.2　窗体可视化设计

1. 界面布局设计

窗体工作区左侧是一个 QDockWidget 组件 dockWidget，在 dockWidget 上放置一个 QTreeWidget 组件，用水平布局使其充满停靠区。

工作区右侧是一个 QScrollArea 组件 scrollArea，在 scrollArea 里放置一个 QLabel 组件，利用 QLabel 的 pixmap 属性显示图片。scrollArea 内部的组件采用水平布局，当图片较小时，显示的图片可以自动居于 scrollArea 的中间，当显示的图片大小超过 scrollArea 可显示区域的范围时，scrollArea 会自动显示水平或垂直方向的滚动条，用于显示更大范围的区域。

在主窗体构造函数里将 scrollArea 设置为主窗体工作区的中心组件后，dockWidget 与 scrollArea 之间自动出现分割条，用于两个组件的左右分割。

2. QDockWidget 组件属性设置

在 UI Designer 里可对 DockWidget 组件的主要属性进行设置，主要属性有以下两个。

- allowedAreas 属性，设置允许停靠区域。停靠区域是枚举类型 Qt.DockWidgetArea 的值的组合，可以设置在窗口的左、右、顶、底停靠，所有区域都可停靠或不允许停靠。本示例设置为允许左侧和右侧停靠，即构造函数里的语句：

```
self.ui.dockWidget.setAllowedAreas(
                Qt.LeftDockWidgetArea | Qt.RightDockWidgetArea)
```

- features 属性，设置停靠区组件的特性。features 是枚举类型 QDockWidget.DockWidgetFeature 的值的组合，枚举值有：
    - QDockWidget.DockWidgetClosable（停靠区可关闭）；
    - QDockWidget.DockWidgetMovable（停靠区可移动）；
    - QDockWidget.DockWidgetFloatable（停靠区可浮动）；
    - QDockWidget.DockWidgetVerticalTitleBar（在停靠区左侧显示垂直标题栏）；
    - QDockWidget.AllDockWidgetFeatures（使用以上所有特征）；
    - QDockWidget.NoDockWidgetFeatures（不能停靠、移动和关闭）。

    本示例设置为可关闭、可停靠、可浮动，即构造函数里的语句：

```
self.ui.dockWidget.setFeatures(QDockWidget.AllDockWidgetFeatures)
```

3. QTreeWidget 组件的设置

QTreeWidget 是目录树结构的界面组件,每个节点是一个 QTreeWidgetItem 对象。QTreeWidget 可以有多列,节点层次可以无限嵌套。

在 UI Designer 里双击界面上的 QTreeWidget 组件,可以打开如图 3-23 所示的设计器,设计器有两页,分别对 Columns 和 Items 进行设计。

Columns 页用于设计目录树的列,目录树可以有多列。在设计器里可以添加、删除、移动列,设置列的文字、字体、前景色、背景色、文字对齐方式、图标等。本示例设置了两个列,标题分别为"节点"和"节点类型"。

Items 页面用于设计目录树的节点,可对每个节点进行设置,设置文字、字体、图标等,特别是 flags 属性,可以设置节点是否可选、是否可编辑、是否有 CheckBox 等,还可以设置节点的 CheckState。在图 3-23 下方有一组按钮可以进行新增节点、新增下级节点、删除节点、改变节点级别、平级移动节点等操作。

使用设计器设计目录树的列和节点,适用于创建固定结构的目录树,但是目录树一般是根据内容动态创建的,需要运用代码实现对节点的动态控制。

4. Action 设计

本示例的功能代码大多采用 Action 实现,在 Action 编辑器里设计 Action,然后利用 Action 设计主菜单和主工具栏。设计完成的 Action 如图 3-24 所示。

图 3-23　QTreeWidget 组件的设计器（Items 页面）

图 3-24　设计完成的 Action

3.9.3　QTreeWidget 操作

1. 本示例的目录树节点操作规则

本示例的目录树节点操作定义如下一些规则。

- 将目录树的节点分为 3 种类型,即顶层节点、分组节点和图片节点。
- 窗体创建时初始化目录树,初始化的目录树只有一个顶层节点,这个顶层节点不能被删除,而且不允许再新建顶层节点。
- 顶层节点下允许添加分组节点和图片节点。
- 分组节点下可以添加分组节点或图片节点,分组节点的级数不受限制。
- 图片节点是终端节点,可以在图片节点同级再添加图片节点。
- 创建每个节点时设置其类型信息,图片节点存储图片文件的完整文件名作为自定义数据。

- 单击一个图片文件节点时，显示其关联文件的图片。

2. 枚举类型的定义

在文件 myMainWindow.py 中定义了两种枚举类型，其中 TreeItemType 是表示节点类型的枚举类型，TreeColNum 是表示目录树的各个列的编号的枚举类型，定义如下：

```
class TreeItemType(Enum):    ##节点类型的枚举类型
    itTopItem=1001           #顶层节点
    itGroupItem=1002         #分组节点
    itImageItem=1003         #图片文件节点

class TreeColNum(Enum):      ##目录树的列号的枚举类型
    colItem=0                #分组/文件名列
    colItemType=1            #节点类型列
```

在 PyQt5 中有大量的枚举类型的定义，很多函数都使用枚举类型的参数。在 Python 中枚举类型需要定义为一个类，从 enum 模块中的 Enum 类继承。枚举类型的枚举常量有对应的值，例如，目录树的列号枚举类型 TreeColNum 的常量用 TreeColNum.colItem 和 TreeColNum.colItemType 表示，但如果要取枚举常量的值，需要用枚举常量的 value 表示，所以下面的两个等式成立。

```
TreeColNum.colItem.value==0
TreeColNum.colItemType.value==1
```

在程序设计中将目录树或表格组件的列用枚举类型表示是为了便于后面的修改，例如在目录树中插入了某个列，原来的列的编号就会发生改变，我们只需在枚举类型里更改一下定义就可以了。

当然也可以直接定义一个变量表示某个数值，并当作"常数变量"来使用，但是 Python 里没有类似于 C++中的 const 关键字，不能保证程序中不会意外修改所定义的"常数变量"。

在 Python 中也可以用字典数据代替枚举类型数据，但是字典数据的值也是可以在程序里修改的。若要严格使用不可被更改的常量，还是使用枚举类型保险一些。

3. 目录树初始化添加顶层节点

在 QmyMainWindow 的构造函数里调用了自定义函数__iniTree()对目录树进行初始化，只是添加了一个顶层节点，该函数的实现代码如下：

```
def __iniTree(self):       ##初始化目录树
    self.ui.treeFiles.clear()
    icon= QIcon(":/images/icons/15.ico")

    item=QTreeWidgetItem(TreeItemType.itTopItem.value)
    item.setIcon(TreeColNum.colItem.value, icon)
    item.setText(TreeColNum.colItem.value,"图片文件")
    item.setFlags(self.itemFlags)
    item.setCheckState(TreeColNum.colItem.value, Qt.Checked)
    item.setData(TreeColNum.colItem.value, Qt.UserRole,"")
    self.ui.treeFiles.addTopLevelItem(item)
```

QTreeWidget 的每个节点是一个 QTreeWidgetItem 类对象，添加一个节点需先创建节点，并做好相关设置。这里创建节点的语句是：

```
item=QTreeWidgetItem(TreeItemType.itTopItem.value)
```

这里传递了枚举类型常量值 TreeItemType.itTopItem.value 作为节点类型。在构造函数里传递一个整数表示的类型值之后，用 QTreeWidgetItem.type()函数可以返回这个类型值。

QTreeWidgetItem 有以下几个重要的接口函数。

- setIcon()和 setText()：为节点的某一列设置图标和文字，都需要传递一个列号作为参数。列号可以直接用数字，但是为了便于理解代码和统一修改，这里使用了自定义的枚举类型常量 TreeColNum.colItem.value，其值为 0，表示目录树的第 1 列。
- setFlags()函数：设置节点的一些属性标志，是 Qt.ItemFlag 枚举类型常量的组合，传递的参数 self.itemFlags 在构造函数里已经定义为：

```
self.itemFlags=(Qt.ItemIsSelectable | Qt.ItemIsUserCheckable
                | Qt.ItemIsEnabled | Qt.ItemIsAutoTristate)
```

这表示节点是可选择的、可以勾选的（节点前面出现一个复选框）、可以使用的、自动三态切换的。三态指的是枚举类型 Qt.CheckState 所表示的三种状态，即：

- ◆ Qt.Unchecked（未被勾选）；
- ◆ Qt.PartiallyChecked（部分被勾选）；
- ◆ Qt.Checked（被勾选）。

- setData()函数：为节点的某一列设置一个角色数据，setData()函数原型为：

```
setData(self, column, role, value)
```

其中，column 是列号，role 是表示角色的值，value 是任意类型的数据（即 Qt C++中的 QVariant）。代码中设置节点数据的语句是：

```
item.setData(TreeColNum.colItem.value, Qt.UserRole,"")
```

它为节点的第 1 列，角色 Qt.UserRole，设置了一个空字符串数据。Qt.UserRole 是枚举类型 Qt.ItemDataRole 中一个预定义的值，关于节点的角色和 Qt.ItemDataRole 在 4.1 节详细介绍。

创建并设置好节点后，用 QTreeWidget.addTopLevelItem()函数将节点作为顶层节点添加到目录树。

4．添加目录节点

actTree_AddFolder 是用于添加组节点的 Action，只有当目录树上的当前节点类型是 itTopItem 或 itGroupItem 时才可以添加组节点。actTree_AddFolder 的 triggered()信号的槽函数代码如下：

```
@pyqtSlot()     ##添加目录节点
def on_actTree_AddFolder_triggered(self):
    dirStr=QFileDialog.getExistingDirectory()     #选择目录
    if (dirStr == ""):
        return

    parItem=self.ui.treeFiles.currentItem()     #当前节点
    if (parItem == None):
        parItem=self.ui.treeFiles.topLevelItem(0)
    icon= QIcon(":/images/icons/open3.bmp")
    dirObj=QDir(dirStr)                #QDir 对象
    nodeText=dirObj.dirName()          #最后一级目录的名称

    item=QTreeWidgetItem(TreeItemType.itGroupItem.value)       #节点类型
    item.setIcon(TreeColNum.colItem.value, icon)
    item.setText(TreeColNum.colItem.value,nodeText)            #第 1 列
    item.setText(TreeColNum.colItemType.value,"Group")         #第 2 列
    item.setFlags(self.itemFlags)
    item.setCheckState(TreeColNum.colItem.value, Qt.Checked)
    item.setData(TreeColNum.colItem.value, Qt.UserRole,dirStr)     #关联数据
    parItem.addChild(item)
    parItem.setExpanded(True)          #展开节点
```

在目录树中添加顶层节点时用 QTreeWidget.addTopLevelItem()函数，但是添加非顶层节点时，要

将节点添加到父节点下面，节点和父节点都是 QTreeWidgetItem 对象，添加子节点用 QTreeWidgetItem 的 addChild()函数。

这段代码的功能是选择一个目录，用目录的末级名称作为节点的名称，创建一个分组节点，节点的类型是 TreeItemType.itGroupItem.value，节点的关联数据是完整的目录名称。

5．添加图片文件节点

actTree_AddFiles 是添加图片文件节点的 Action，当目录树的当前节点为任何类型时这个 Action 都可用。actTree_AddFiles 的槽函数代码如下：

```python
@pyqtSlot()        ##添加图片文件节点
def on_actTree_AddFiles_triggered(self):
    fileList,flt=QFileDialog.getOpenFileNames(self,
                  "选择一个或多个文件","","Images(*.jpg)")
    if (len(fileList)<1):      #fileList 是 list[str]
        return
    item=self.ui.treeFiles.currentItem()           #当前节点
    if (item.type()==TreeItemType.itImageItem.value):    #当前是图片节点
        parItem=item.parent()
    else:       #否则取当前节点为父节点
        parItem=item

    icon= QIcon(":/images/icons/31.ico")
    for i in range(len(fileList)):
        fullFileName=fileList[i]         #带路径文件名
        fileinfo=QFileInfo(fullFileName)
        nodeText=fileinfo.fileName()     #不带路径文件名
        item=QTreeWidgetItem(TreeItemType.itImageItem.value)   #节点类型
        item.setIcon(TreeColNum.colItem.value, icon)         #第 1 列的图标
        item.setText(TreeColNum.colItem.value, nodeText)     #第 1 列的文字
        item.setText(TreeColNum.colItemType.value,"Image")   #第 2 列的文字
        item.setFlags(self.itemFlags)
        item.setCheckState(TreeColNum.colItem.value, Qt.Checked)
        item.setData(TreeColNum.colItem.value, Qt.UserRole,fullFileName)
        parItem.addChild(item)

    parItem.setExpanded(True)       #展开节点
```

代码首先用类函数 QFileDialog.getOpenFileNames()获取图片文件列表，返回结果变量 fileList 是一个字符串列表，列表的每一项是所选择的一个文件名。

然后判断当前节点类型，选择一个分组节点作为父节点 parItem。

再根据选择的文件列表，为每一个文件创建一个节点，并添加到父节点下。创建的节点类型设置为 TreeItemType.itImageItem.value，表示图片节点，节点关联的数据是图片文件带路径的完整文件名，这个数据在单击节点打开图片文件时会用到。

这段代码里涉及的打开文件对话框 QFileDialog 在 6.1 节有详细介绍，获取文件信息的类 QFileInfo 在 9.4 节有详细介绍。

6．当前节点变化后的响应

目录树上当前节点变化时，会发射 currentItemChanged()信号，为此信号创建槽函数，实现当前节点类型判断、几个 Action 的使能控制、显示图片等功能，代码如下：

```python
def on_treeFiles_currentItemChanged(self,current,previous):
    if (current == None):
        return
```

```
        nodeType=current.type()      #获取节点类型
        if (nodeType==TreeItemType.itTopItem.value):          #顶层节点
            self.ui.actTree_AddFolder.setEnabled(True)
            self.ui.actTree_AddFiles.setEnabled(True)
            self.ui.actTree_DeleteItem.setEnabled(False)     #顶层节点不能删除
        elif (nodeType==TreeItemType.itGroupItem.value):      #分组节点
            self.ui.actTree_AddFolder.setEnabled(True)
            self.ui.actTree_AddFiles.setEnabled(True)
            self.ui.actTree_DeleteItem.setEnabled(True)
        elif (nodeType==TreeItemType.itImageItem.value):      #图片节点
            self.ui.actTree_AddFolder.setEnabled(False)
            self.ui.actTree_AddFiles.setEnabled(True)
            self.ui.actTree_DeleteItem.setEnabled(True)
            self.__displayImage(current)    #显示图片
```

函数的参数 current 和 previous 都是 QTreeWidgetItem 类型的变量，分别表示当前节点和前一节点。

通过 current.type() 可以获得当前节点的类型，也就是在创建节点时设置的枚举类型 TreeItemType 的具体值。代码根据当前节点类型控制界面上 3 个 Action 的使能状态，如果是图片文件节点，还调用__displayImage()函数显示节点关联的图片，这个函数的功能实现在后面介绍 QLabel 图片显示部分再详细介绍。

7. 删除节点

除了顶层节点，选中一个分组节点或图片文件节点后可以删除此节点及其子节点。 actTree_DeleteItem 是实现节点删除的 Action，其槽函数代码如下：

```
@pyqtSlot()      ##删除当前节点
def on_actTree_DeleteItem_triggered(self):
    item =self.ui.treeFiles.currentItem()
    parItem=item.parent()
    parItem.removeChild(item)
```

QTreeWidgetItem.removeChild()函数用于移除一个节点及其所有子节点。一个节点不能移除自己，所以需要获取其父节点，使用父节点的 removeChild()函数来移除该节点。

若是要删除顶层节点，则需要使用 QTreeWidget.takeTopLevelItem(index)函数，index 是节点的序号。在 Python 中，移除的节点会被自动删除。

8. 节点的遍历

目录树的节点都是 QTreeWidgetItem 类，可以嵌套多层节点。有时需要在目录树中遍历所有节点，例如按条件查找某些节点、统一修改节点的标题等。遍历节点需要用到 QTreeWidgetItem 类的一些关键函数，还需要使用递归调用函数。

actTree_ScanItems 实现工具栏上"遍历节点"的功能，其槽函数及相关自定义函数代码如下：

```
@pyqtSlot()      ##遍历节点
def on_actTree_ScanItems_triggered(self):
    count=self.ui.treeFiles.topLevelItemCount()
    for i in range(count):
        item=self.ui.treeFiles.topLevelItem(i)
        self.__changeItemCaption(item)

def __changeItemCaption(self,item):       ##递归调用函数，修改节点标题
    title="*"+item.text(TreeColNum.colItem.value)
    item.setText(TreeColNum.colItem.value, title)
    if (item.childCount()>0):
        for i in range(item.childCount()):
            self.__changeItemCaption(item.child(i))
```

QTreeWidget 的顶层节点没有父节点，如果要访问所有顶层节点，需要用到以下两个函数。

- topLevelItemCount()：返回顶层节点个数。
- topLevelItem(index)：返回序号为 index 的顶层节点。

自定义函数__changeItemCaption(item)用于改变节点 item 及其所有子节点的标题。这个函数是一个递归调用函数，即在这个函数里还会调用函数自己。它的前两行更改传递来的节点 item 的标题，即在标题前加星号。后面的代码根据 item.childCount()是否大于 0，判断这个节点是否有子节点，如果有子节点，在后面的 for 循环里逐一获取子节点，并作为参数再调用__changeItemCaption()函数。

3.9.4   QLabel 和 QPixmap 显示图片

1. 显示节点关联的图片

在目录树上单击一个节点后，如果节点类型为 TreeItemType.itImageItem.value（图片节点），就会调用__displayImage(item)函数显示节点 item 的图片。__displayImage()函数的代码如下：

```
def __displayImage(self,item):                      ##显示节点 item 的图片
    filename=item.data(TreeColNum.colItem.value, Qt.UserRole)
    self.ui.statusBar.showMessage(filename)         #状态栏显示文件名
    self.curPixmap.load(filename)                   #原始图片
    self.on_actZoomFitH_triggered()                 #适合高度显示
    self.ui.actZoomFitH.setEnabled(True)
    self.ui.actZoomFitW.setEnabled(True)
    self.ui.actZoomIn.setEnabled(True)
    self.ui.actZoomOut.setEnabled(True)
    self.ui.actZoomRealSize.setEnabled(True)
```

QTreeWidgetItem.data()函数返回节点存储的数据，也就是用 setData()设置的数据。前面在添加图片节点时，将带路径的文件名存储为节点的数据，这里的第一行语句就可以获得节点存储的图片文件全名。

self.curPixmap 是在构造函数中定义的一个 QPixmap 类型的变量，用于保存原始大小图片。QPixmap.load(fileName)函数直接载入一个图片文件的内容。

然后调用函数 on_actZoomFitH_triggered()显示图片，这是 actZoomFitH 的槽函数，以适应高度的形式显示图片。

2. 图片缩放与显示

有几个 Action 实现图片的缩放显示，包括适合宽度、适合高度、放大、缩小、实际大小等，这几个槽函数的代码如下：

```
@pyqtSlot()    ##适应高度显示图片
def on_actZoomFitH_triggered(self):
    H=self.ui.scrollArea.height()       #得到 scrollArea 的高度
    realH=self.curPixmap.height()       #原始图片的实际高度
    self.pixRatio=float(H)/realH        #当前显示比例，必须转换为浮点数
    pix=self.curPixmap.scaledToHeight(H-30)     #图片缩放到指定高度
    self.ui.LabPicture.setPixmap(pix)           #设置 Label 的 PixMap

@pyqtSlot()    ##适应宽度显示图片
def on_actZoomFitW_triggered(self):
    W=self.ui.scrollArea.width()-20
    realW=self.curPixmap.width()
    self.pixRatio=float(W)/realW
```

```
                pix=self.curPixmap.scaledToWidth(W-30)
                self.ui.LabPicture.setPixmap(pix)            #设置 Label 的 PixMap

    @pyqtSlot()        ##放大显示
    def on_actZoomIn_triggered(self):
        self.pixRatio=self.pixRatio*1.2
        W=self.pixRatio*self.curPixmap.width()
        H=self.pixRatio*self.curPixmap.height()
        pix=self.curPixmap.scaled(W,H)        #图片缩放到指定高度和宽度，保持长宽比例
        self.ui.LabPicture.setPixmap(pix)

    @pyqtSlot()        ##缩小显示
    def on_actZoomOut_triggered(self):
        self.pixRatio=self.pixRatio*0.8
        W=self.pixRatio*self.curPixmap.width()
        H=self.pixRatio*self.curPixmap.height()
        pix=self.curPixmap.scaled(W,H)        #图片缩放到指定高度和宽度，保持长宽比例
        self.ui.LabPicture.setPixmap(pix)

    @pyqtSlot()        ##实际大小
    def on_actZoomRealSize_triggered(self):
        self.pixRatio=1        #恢复显示比例为1
        self.ui.LabPicture.setPixmap(self.curPixmap)
```

QPixmap 存储图片数据，并且可以缩放图片，QPixmap 有以下几个函数。

- scaledToHeight(height, mode = Qt.FastTransformation)：返回一个缩放后的图片的副本，图片缩放到一个高度 height。可选参数 mode 表示变换模式，是枚举类型 Qt.TransformationMode，默认为 Qt.FastTransformation，表示快速变换。另一可能的取值是 Qt.SmoothTransformation，表示光滑变换。

- scaledToWidth(width, mode = Qt.FastTransformation)：返回一个缩放后的图片的副本，图片缩放到一个宽度 width。

- scaled(width, height, ratio = Qt.IgnoreAspectRatio , mode = Qt.FastTransformation)：返回一个缩放后的图片的副本，图片缩放到宽度 width 和高度 height。可选参数 ratio 是枚举类型 Qt.AspectRatioMode，默认为 Qt.IgnoreAspectRatio，即不保持比例。

变量 self.curPixmap 保存了图片的原始副本，要缩放只需调用相应函数，返回缩放后的图片副本。变量 self.pixRatio 存储缩放系数，self.pixRatio = 1 表示原始大小。

界面上的 QLabel 组件 LabPicture 显示图片，是通过使用 QLabel.setPixmap(pixmap)函数显示一个 QPixmap 类对象 pixmap 存储的图片。

3.9.5　QDockWidget 的操作

程序运行时，主窗体上的 DockWidget 组件可以被拖动，可在主窗体的左侧或右侧停靠，或在桌面上浮动。工具栏上"窗体浮动"和"窗体可见"两个按钮分别控制停靠区是否浮动、是否可见，其代码如下：

```
    @pyqtSlot(bool)        ##设置停靠区浮动性
    def on_actDockFloat_triggered(self,checked):
        self.ui.dockWidget.setFloating(checked)

    @pyqtSlot(bool)        ##设置停靠区可见性
    def on_actDockVisible_triggered(self,checked):
        self.ui.dockWidget.setVisible(checked)
```

当单击 DockWidget 组件标题栏的关闭按钮时，会隐藏停靠区并发射信号 visibilityChanged (bool)；当拖动 DockWidget 组件使其浮动或停靠时，会发射信号 topLevelChanged(bool)。为这两个信号编写槽函数，可更新两个 Action 的使能状态，代码如下：

```
@pyqtSlot(bool)      ##停靠区浮动性改变
def on_dockWidget_topLevelChanged(self,topLevel):
    self.ui.actDockFloat.setChecked(topLevel)

@pyqtSlot(bool)      ##停靠区可见性改变
def on_dockWidget_visibilityChanged(self,visible):
    self.ui.actDockVisible.setChecked(visible)
```

3.10   QTableWidget

3.10.1   QTableWidget 概述

QTableWidget 是 PyQt5 中的表格组件类。在窗体上放置一个 QTableWidget 组件后，可以在属性编辑器里对其进行属性设置，双击这个组件，可以打开一个编辑器，对其 Columns、Rows、Items 进行编辑。一个 QTableWidget 组件的界面基本结构如图 3-25 所示，这个表格设置为 5 行 4 列。

表格的第 1 行称为行表头（或水平表头），用于设置每一列的标题。第 1 列称为列表头（或垂直表头），可以设置其标题，但一般使用默认的标题，即为行号。行表头和列表头一般是不可编辑的，可以隐藏，可以设置默认的宽度和高度。

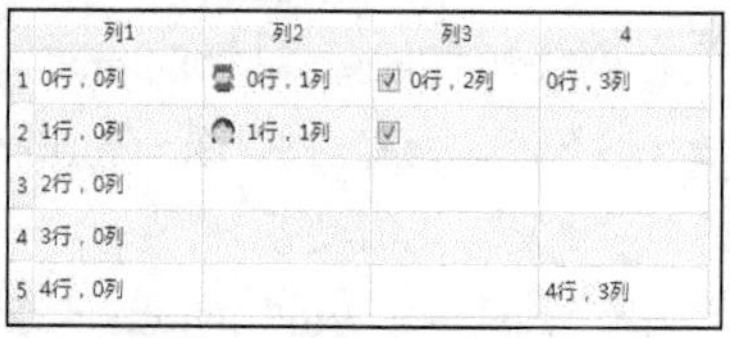

除行表头和列表头之外的表格区域是工作区，工作区呈规则的网格状，如同一个二维数组，每个网格称为一个单元格 (cell)。每个单元格有一个行号、列号，图 3-25 表示了行号、列号的变化规律。

图 3-25   一个 QTableWidget 表格的基本结构和工作区的行号、列号

在 QTableWidget 表格中，每一个单元格是一个 QTableWidgetItem 对象，可以设置文字内容、字体、前景色、背景色、图标等，可以设置编辑和显示标志。每个单元格还可以存储一个或多个自定义数据。

示例 Demo3_10 以 QTableWidget 为主要组件，介绍 QTableWidget 一些主要操作的实现。示例运行时的界面如图 3-26 所示，该示例将介绍以下功能的实现。

- 设置表格的列数和行数，设置表头的文字、格式等。
- 初始化表格数据，设置一批示例数据填充到表格里。
- 为单元格设置图标、复选框、背景色等操作。
- 插入行、添加行、删除当前行的操作。
- 遍历表格所有单元格，读取表格内容到一个 QPlainTextEdit 组件里，表格的一行数据作为一行文本。

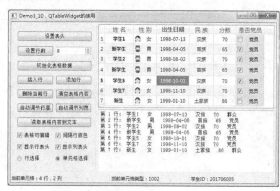

图 3-26   示例 Demo3_10 运行时界面

- 表格上选择的当前单元格变化时，在状态栏显示单元格存储的信息。

3.10.2 窗体设计与初始化

本示例使用 mainWindowApp 项目模板创建，但是主窗体上删除了菜单栏和工具栏，没有设计 Action，仅保留了状态栏。

图 3-26 所示的窗体上，一个 QTableWidget 组件和一个 QPlainTextEdit 组件组成上下分割布局 splitter。左侧的按钮都放在一个 QGroupBox 组件 groupBox 里，采用网格状布局，然后将 groupBox 与 splitter 采用左右分割布局。这是一个典型的三区分割的布局。

下面是文件 myMainWindow.py 的 import 部分、枚举类型定义和窗体业务逻辑类 QmyMainWindow 的构造函数的代码。

```
import sys
from PyQt5.QtWidgets import  (QApplication, QMainWindow,
            QLabel,QTableWidgetItem,QAbstractItemView)
from enum import Enum       ##枚举类型
from PyQt5.QtCore import  pyqtSlot, Qt,QDate
from PyQt5.QtGui import  QFont, QBrush, QIcon
from ui_MainWindow import Ui_MainWindow

class CellType(Enum):       ##各单元格的类型
   ctName=1000
   ctSex =1001
   ctBirth =1002
   ctNation=1003
   ctScore=1004
   ctPartyM=1005

class FieldColNum(Enum):       ##各字段在表格中的列号
   colName=0
   colSex=1
   colBirth=2
   colNation=3
   colScore=4
   colPartyM=5

class QmyMainWindow(QMainWindow):
   def __init__(self, parent=None):
      super().__init__(parent)       #调用父类构造函数，创建窗体
      self.ui=Ui_MainWindow()       #创建 UI 对象
      self.ui.setupUi(self)         #构造 UI

      self.LabCellIndex=QLabel("当前单元格坐标: ",self)
      self.LabCellIndex.setMinimumWidth(250)
      self.LabCellType=QLabel("当前单元格类型: ",self)
      self.LabCellType.setMinimumWidth(200)
      self.LabStudID=QLabel("学生 ID: ",self)
      self.LabStudID.setMinimumWidth(200)
      self.ui.statusBar.addWidget(self.LabCellIndex)       #添加到状态栏
      self.ui.statusBar.addWidget(self.LabCellType)
      self.ui.statusBar.addWidget(self.LabStudID)

      self.ui.tableInfo.setAlternatingRowColors(True)       #交替行颜色
      self.__tableInitialized=False       #表格数据未初始化
```

这里定义了两个枚举类型类，其中 CellType 用于表示每个单元格的类型，FieldColNum 用于表示每个列的编号。

　　在 QmyMainWindow 类的构造函数中创建 3 个 QLabel 组件，并将它们添加到状态栏里，用于后面相应的信息显示。

3.10.3　QTableWidget 操作

1.　设置表头和行数

界面上的 "设置表头" 按钮实现行表头设置，其 clicked()信号的槽函数代码如下：

```
@pyqtSlot()       ##"设置表头"按钮
def on_btnSetHeader_clicked(self):
    headerText=["姓 名","性 别","出生日期","民 族","分数","是否党员"]
    self.ui.tableInfo.setColumnCount(len(headerText))       #列数
    for i in range(len(headerText)):
        headerItem=QTableWidgetItem(headerText[i])
        font=headerItem.font()
        font.setPointSize(11)
        headerItem.setFont(font)
        headerItem.setForeground(QBrush(Qt.red))       #前景色，即文字颜色
        self.ui.tableInfo.setHorizontalHeaderItem(i,headerItem)
```

　　在一个表格中，不管是表头还是工作区，每个单元格都是一个 QTableWidgetItem 对象。上面的代码中，行表头各列的标题由一个字符串列表 headerText 初始化存储，然后根据这个列表设置表格的列数，并逐一创建表头单元格对象并设置其字体、大小、颜色等属性。

　　如果只是设置表头的标题而无须设置表头的格式，上面的代码可以简化为下面的形式，它使用了 QTableWidget.setHorizontalHeaderLabels()函数。

```
@pyqtSlot()       ##"设置表头"按钮
def on_btnSetHeader_clicked(self):
    headerText=["姓 名","性 别","出生日期","民 族","分数","是否党员"]
    self.ui.tableInfo.setColumnCount(len(headerText))
    self.ui.tableInfo.setHorizontalHeaderLabels(headerText)
```

　　"设置行数" 按钮根据界面上 QSpinBox 组件的数值设置表格行数，其代码如下：

```
@pyqtSlot()       ##"设置行数"按钮
def on_btnSetRows_clicked(self):
    self.ui.tableInfo.setRowCount(
        self.ui.spinRowCount.value())                #设置工作区行数
    self.ui.tableInfo.setAlternatingRowColors(
        self.ui.chkBoxRowColor.isChecked())          #设置交替行背景颜色
```

2.　初始化表格数据

界面上的 "初始化表格数据" 按钮根据表格的行数，生成数据填充表格，为每个单元格生成 QTableWidgetItem 对象并设置相应属性。下面是该按钮的 clicked()信号的槽函数代码：

```
@pyqtSlot()       ##初始化表格数据
def on_btnIniData_clicked(self):
    self.ui.tableInfo.clearContents()             #清除表格内容
    birth=QDate(1998,6,23)
    isParty=True
    nation="汉族"
    score=70

    rowCount=self.ui.tableInfo.rowCount()       #表格行数
    for i in range(rowCount):
```

```
        strName="学生%d"%i
        if ((i % 2)==0):
            strSex="男"
        else:
            strSex="女"
        self.__createItemsARow(i,strName,strSex, birth,nation,isParty,score)
        birth=birth.addDays(20)
        isParty=not isParty

    self.__tableInitialized=True        #表格数据已初始化
```

QTableWidget.clearContents()函数清除表格工作区的所有内容，但是不清除表头。

QTableWidget.rowCount()函数返回表格工作区的行数。

在 for 循环里为每一行生成需要显示的数据，然后调用函数__createItemsARow()为表格一行的各个单元格生成 QTableWidgetItem 对象。__createItemsARow()是一个自定义函数，其代码如下：

```
def __createItemsARow(self,rowNo,name,sex,birth,nation,isParty,score):
    StudID=201805000+rowNo         #学号
##姓名
    item=QTableWidgetItem(name,CellType.ctName.value)
    item.setTextAlignment(Qt.AlignHCenter | Qt.AlignVCenter)
    font=item.font()
    font.setBold(True)
    item.setFont(font)
    item.setData(Qt.UserRole,StudID)        #关联数据
    self.ui.tableInfo.setItem(rowNo,FieldColNum.colName.value,item)

##性别
    if (sex=="男"):
        icon=QIcon(":/icons/images/boy.ico")
    else:
        icon=QIcon(":/icons/images/girl.ico")
    item=QTableWidgetItem(sex,CellType.ctSex.value)
    item.setIcon(icon)
    item.setTextAlignment(Qt.AlignHCenter | Qt.AlignVCenter)
    self.ui.tableInfo.setItem(rowNo,FieldColNum.colSex.value,item)

##出生日期
    strBitrh=birth.toString("yyyy-MM-dd")        #日期转换为字符串
    item=QTableWidgetItem(strBitrh,CellType.ctBirth.value)
    item.setTextAlignment(Qt.AlignHCenter | Qt.AlignVCenter)
    self.ui.tableInfo.setItem(rowNo,FieldColNum.colBirth.value,item)

##民族
    item=QTableWidgetItem(nation,CellType.ctNation.value)
    item.setTextAlignment(Qt.AlignHCenter | Qt.AlignVCenter)
    if (nation != "汉族"):
        item.setForeground(QBrush(Qt.blue))
    self.ui.tableInfo.setItem(rowNo,FieldColNum.colNation.value,item)

##分数
    strScore=str(score)
    item=QTableWidgetItem(strScore,CellType.ctScore.value)
    item.setTextAlignment(Qt.AlignHCenter | Qt.AlignVCenter)
    self.ui.tableInfo.setItem(rowNo,FieldColNum.colScore.value,item)

##党员
    item=QTableWidgetItem("党员",CellType.ctPartyM.value)
    item.setTextAlignment(Qt.AlignHCenter | Qt.AlignVCenter)
    if (isParty==True):
```

```
            item.setCheckState(Qt.Checked)
        else:
            item.setCheckState(Qt.Unchecked)
    item.setFlags(Qt.ItemIsSelectable | Qt.ItemIsEnabled
                    | Qt.ItemIsUserCheckable)      #不允许编辑文字
    item.setBackground(QBrush(Qt.yellow))
    self.ui.tableInfo.setItem(rowNo,FieldColNum.colPartyM.value,item)
```

　　该表格的每一行有 6 列，为每一个单元格都创建一个 QTableWidgetItem 类型的变量 item，并做相应的设置。创建 QTableWidgetItem 使用的构造函数的原型为：

```
QTableWidgetItem(text, type)
```

其中，第一个参数 text 作为单元格的显示文字，第二个 int 型参数 type 作为节点的类型。

　　例如，创建"姓名"单元格对象时的语句是：

```
item=QTableWidgetItem(name,CellType.ctName.value)
```

其中，CellType.ctName.value 是枚举类型 CellType 的一个常量值，表示这个单元格是"姓名"单元格。

　　"姓名"单元格 item 还调用 setData()函数设置了一个自定义的数据，存储的是学生 ID，相当于数据表中一条记录的唯一标志，这个自定义数据不显示在界面上，但是与单元格相关联。

```
item.setData(Qt.UserRole,StudID)    #关联数据
```

QTableWidgetItem 有以下接口函数对单元格进行属性设置。

- setTextAlignment(alignment)：设置文字对齐方式，alignment 是枚举类型 Qt.Alignment。
- setBackground(brush)：设置单元格背景颜色，brush 是一个 QBrush 对象。
- setForeground(brush)：设置单元格前景色，即文字颜色，brush 是一个 QBrush 对象。
- setIcon(icon)：为单元格设置一个图标，icon 是一个 QIcon 对象。
- setFont(font)：为单元格设置字体，font 是一个 QFont 对象。
- setCheckState(state)：设置单元格勾选状态，state 是枚举类型 Qt.CheckState。
- setFlags(flags)：设置单元格的属性标志，flags 是枚举类型 Qt.ItemFlag 的值的组合。

　　设置好 item 的各种属性后，用 QTableWidget.setItem()函数将 item 设置为某个单元格的项，例如，"姓名"单元格的设置是

```
self.ui.tableInfo.setItem(rowNo,FieldColNum.colName.value,item)
```

单元格的位置需要由行号和列号指定，这里的列号用枚举类型 FieldColNum 的常量值表示。

　　这样初始化表格后，就可以得到如图 3-26 所示的运行时的表格内容。表格里并没有显示学生 ID，学生 ID 是"姓名"单元格的关联数据。

　　3. 获得当前单元格数据

　　当鼠标在表格上点击某个单元格时，被选中的单元格是当前单元格。通过 QTableWidget 的 currentColumn()和 currentRow()函数可以获得当前单元格的列号和行号。

　　当前单元格发生切换时会发射 currentCellChanged()信号和 currentItemChanged()信号，两个信号都可以利用，只是传递的参数不同。

　　对 currentCellChanged()信号编写槽函数，用于获取当前单元格的数据，以及当前行的学生 ID

信息，代码如下：

```python
@pyqtSlot(int,int,int,int)        ##当前单元格发生变化
def on_tableInfo_currentCellChanged(self,currentRow,currentColumn,
                                     previousRow,previousColumn):
    if (self.__tableInitialized ==False):      #表格数据未初始化
        return
    item=self.ui.tableInfo.item(currentRow,currentColumn)
    if (item == None):
        return

    self.LabCellIndex.setText("当前单元格：%d 行, %d 列" %(currentRow,currentColumn))
    itemCellType=item.type()       #获取单元格的类型
    self.LabCellType.setText("当前单元格类型：%d" %itemCellType)

    item2=self.ui.tableInfo.item(currentRow,FieldColNum.colName.value)
    studID=item2.data(Qt.UserRole)       #读取用户自定义数据
    self.LabStudID.setText("学生 ID：%d" %studID)
```

在 currentCellChanged()信号中，传递的参数 currentRow、currentColumn 分别表示当前单元格的行号和列号，通过这两个编号可以得到单元格的 QTableWidgetItem 对象 item。

获得 item 之后，通过 QTableWidgetItem.type()函数获得单元格的类型，这个类型就是为单元格创建 QTableWidgetItem 对象时传递的类型参数。

再获取同一行的"姓名"单元格的项 item2，用 QTableWidgetItem.data()函数提取自定义数据，也就是创建"姓名"单元格时存储的学生 ID。

4. 插入、添加、删除行，清空表格内容

QTableWidget 处理插入行、删除行、清空表格的操作有以下几个函数。

- insertRow(row)：在行号为 row 的行前面插入一行，如果 row 等于或大于总行数，则在表格最后添加一行。insertRow()函数只是插入一个空行，不会为单元格创建 QTableWidgetItem 对象，需要手工为单元格创建 QTableWidgetItem 对象。

- removeRow(row)：删除行号为 row 的行。

- clearContents()：清空表格工作区的全部内容，但是不清除表头。

- clear()：清除表格全部内容，包括表头。

下面是界面上"插入行""添加行""删除当前行""清空表格内容"等按钮的响应代码。在插入或添加行之后，会调用__createItemsARow()函数为新创建的空行的各单元格创建 QTableWidgetItem 对象。

```python
@pyqtSlot()       ##插入行
def on_btnInsertRow_clicked(self):
    curRow=self.ui.tableInfo.currentRow()        #当前行号
    self.ui.tableInfo.insertRow(curRow)
    birth=QDate.fromString("1998-4-5","yyyy-M-d")
    self.__createItemsARow(curRow, "新学生", "男",birth,"苗族",True,65)

@pyqtSlot()       ##添加行
def on_btnAppendRow_clicked(self):
    curRow=self.ui.tableInfo.rowCount()
    self.ui.tableInfo.insertRow(curRow)
    birth=QDate.fromString("1999-1-10","yyyy-M-d")
    self.__createItemsARow(curRow, "新生", "女",birth,"土家族",False,86)
```

```
@pyqtSlot()      ##删除当前行
def on_btnDelCurRow_clicked(self):
    curRow=self.ui.tableInfo.currentRow()    #当前行号
    self.ui.tableInfo.removeRow(curRow)

@pyqtSlot()      ##清空表格内容
def on_btnClearContents_clicked(self):
    self.ui.tableInfo.clearContents()
```

5. 自动调整行高和列宽

QTableWidget 有以下几个函数自动调整表格的行高和列宽，它们实际上是 QTableWidget 的父类 QTableView 定义的函数。

- resizeColumnsToContents()：自动调整所有列的宽度，以适应其内容。
- resizeColumnToContents(column)：自动调整列号为 column 的列的宽度。
- resizeRowsToContents()：自动调整所有行的高度，以适应其内容。
- resizeRowToContents(row)：自动调整行号为 row 的行的高度。

窗体上"自动调节行高"和"自动调节列宽"两个按钮的代码如下：

```
@pyqtSlot()      ##自动行高
def on_btnAutoHeight_clicked(self):
    self.ui.tableInfo.resizeRowsToContents()

@pyqtSlot()      ##自动列宽
def on_btnAutoWidth_clicked(self):
    self.ui.tableInfo.resizeColumnsToContents()
```

6. QTableWidget 其他属性控制

- 设置表格内容是否可编辑。QTableWidget 的 editTriggers 属性表示是否可编辑，以及进入编辑状态的方式。界面上的"表格可编辑"复选框的槽函数代码为：

```
@pyqtSlot(bool)      ##"表格可编辑"
def on_chkBoxEditable_clicked(self,checked):
    if (checked):
        trig=(QAbstractItemView.DoubleClicked | QAbstractItemView.SelectedClicked)
    else:
        trig=QAbstractItemView.NoEditTriggers      #不允许编辑
    self.ui.tableInfo.setEditTriggers(trig)
```

setEditTriggers(triggers) 函数用于设置 editTriggers 属性，参数 triggers 是枚举类型 QAbstractItemView.EditTrigger 的取值组合，具体取值可查看 Qt 帮助文档。

- 设置行表头、列表头是否显示。horizontalHeader()函数获取行表头，verticalHeader()函数获取列表头，然后可设置其可见性。

```
@pyqtSlot(bool)      ##是否显示行表头
def on_chkBoxHeaderH_clicked(self,checked):
    self.ui.tableInfo.horizontalHeader().setVisible(checked)

@pyqtSlot(bool)      ##是否显示列表头
def on_chkBoxHeaderV_clicked(self,checked):
    self.ui.tableInfo.verticalHeader().setVisible(checked)
```

- 间隔行底色。setAlternatingRowColors()函数设置表格的行是否用交替底色显示，若为交替底色，则间隔的一行会用灰色底色，底色的颜色可以用样式表设置。

```
@pyqtSlot(bool)      ##间隔行底色
def on_chkBoxRowColor_clicked(self,checked):
    self.ui.tableInfo.setAlternatingRowColors(checked)
```

- 选择模式。setSelectionBehavior(behavior)函数设置单元格的选择方式，参数 behavior 是枚举类型 QAbstractItemView.SelectionBehavior，有 3 种取值，分别表示单元格选择、行选择和列选择。

```
@pyqtSlot()      ##选择模式：行选择
def on_radioSelectRow_clicked(self):
    selMode=QAbstractItemView.SelectRows
    self.ui.tableInfo.setSelectionBehavior(selMode)

@pyqtSlot()      ##选择模式：单元格选择
def on_radioSelectItem_clicked(self):
    selMode=QAbstractItemView.SelectItems
    self.ui.tableInfo.setSelectionBehavior(selMode)
```

7. 遍历表格读取数据

表格上的每个单元格都可以通过获取其 QTableWidgetItem 对象进行访问，窗体上的"读取表格内容到文本"按钮演示了将表格工作区的内容全部读出的方法。它将每个单元格的文字读出，同一行的单元格的文字用空格分隔开，作为文本的一行，然后将这一行文字作为文本编辑器的一行文字，代码如下：

```
@pyqtSlot()      ##读取表格到文本
def on_btnReadToText_clicked(self):
    self.ui.textEdit.clear()
    rowCount=self.ui.tableInfo.rowCount()          #行数
    colCount=self.ui.tableInfo.columnCount()       #列数
    for i in range(rowCount):
        strText="第 %d 行： " %(i+1)
        for j in range(colCount-1):
            cellItem=self.ui.tableInfo.item(i,j)
            strText =strText+cellItem.text()+"    "
        cellItem=self.ui.tableInfo.item(i,colCount-1)       #最后一列
        if (cellItem.checkState() == Qt.Checked):
            strText=strText+"党员"
        else:
            strText=strText+"群众"
        self.ui.textEdit.appendPlainText(strText)
```

3.11　容器类组件与布局设计

本章前面的部分介绍了多种界面组件的使用，示例程序的窗体都采用可视化设计，包括布局也是可视化设计。在 2.3 节简单介绍了如何使用工具栏上的按钮进行布局设计，本节再专门介绍一些典型布局的设计方法和布局设计的一些技巧，再显示实现布局的代码，以便读者对布局设计有更深入的理解。

本节的示例程序在目录 Demo3_11 下，是基于 widgetApp 模板的项目，窗体 Widget.ui 用于可

视化设计窗体，用 uic.bat 编译后的代码文件是 ui_Widget.py，从 ui_Widget.py 内容可以看出是如
何用代码创建界面组件和布局的。

　　本节的示例程序不涉及窗体业务逻辑类的设计，运行文件 myWidget.py 只是显示可视化设计
好的窗体。

3.11.1　QGroupBox 组件与水平布局

　　QGroupBox 组件是常用的容器类组件，可以在一个 GroupBox 里放置其他界面组件且进行布
局。例如在一个 GroupBox 里放置两个 PushButton 按钮和一个 ComboBox 组件，且采用水平布局
（如图 3-27 所示），组件上的文字对应于组件的 objectName。

　　QGroupBox 有两个属性：checkable 和 checked。当 checkable 设置为 True 时，GroupBox 组件
上出现一个复选框，设置 checked 属性可以勾选或不勾选此复选框。当 checked 为 False 时，GroupBox
组件内部的所有组件都被禁用，当 checked 为 True 时，内部组件的 enabled 属性恢复为原来的状态。
所以使用 QGroupBox 的复选功能可以自动批量控制内部组件的 enabled 状态。

　　任何布局类对象在可视化设计时都有 layoutLeftMargin、layoutTopMargin、layoutRightMargin
和 layoutBottomMargin 这 4 个属性，这 4 个属性用于设置布局组件与父容器的 4 个边距，默认为 9，
本示例中都设置为 10。

　　水平布局类 QHBoxLayout 和垂直布局类 QVBoxLayout 都有一个属性 spacing，用于设置布局
内组件之间的间隔，默认为 6，本示例中设置为 12。

　　查看 Widget.ui 编译后的文件 ui_Widget.py 里的代码，可以发现构建图 3-27 界面效果的代码
如下（省略了部分无关的代码行）：

```
self.groupBox = QtWidgets.QGroupBox(Widget)
self.groupBox.setCheckable(True)
self.groupBox.setChecked(True)
self.groupBox.setFlat(False)

self.horizontalLayout = QtWidgets.QHBoxLayout(self.groupBox)
self.horizontalLayout.setContentsMargins(10, 10, 10, 10)
self.horizontalLayout.setSpacing(12)

self.pushButton_1 = QtWidgets.QPushButton(self.groupBox)
self.horizontalLayout.addWidget(self.pushButton_1)

self.pushButton_2 = QtWidgets.QPushButton(self.groupBox)
self.pushButton_2.setEnabled(False)
self.horizontalLayout.addWidget(self.pushButton_2)

self.comboBox = QtWidgets.QComboBox(self.groupBox)
self.comboBox.addItem("comboBox")
self.horizontalLayout.addWidget(self.comboBox)
```

图 3-27　GroupBox 组件里按钮水平布局

图 3-28　GroupBox 组件的 flat
属性设置为 True 时的效果

　　QGroupBox 还有一个属性 flat，当设置 flat 为 True 时，图 3-27
的界面变成图 3-28 的界面效果。

3.11.2　布局的 layoutStretch 属性

　　在图 3-27 的水平布局中，当 GroupBox 改变宽度时，内部的 3 个组件也会自动改变宽度且宽度

相等。有时希望宽度不是平均分配的，例如希望最右边的组件 comboBox 自动占用右侧扩展区域。

在窗体可视化设计时，水平布局 QHBoxLayout 和垂直布局 QVBoxLayout 都有一个 layoutStretch 属性，对于图 3-27 的水平布局，其 layoutStretch 属性值为"0,0,0"，若将此值改为"0,0,1"，就可以得到如图 3-29 所示的布局效果。这时增大 groupBox 的宽度，左侧两个按钮的宽度增大到一定值后就不再增大，comboBox 自动占用剩余宽度。

查看编译后的文件 ui_Widget.py 里的代码，是在前面代码的基础上在后面增加了下面这行语句：

图 3-29 水平布局的 layoutStretch 属性
设置为"0,0,1"后的效果

```
self.horizontalLayout.setStretch(2, 1)
```

这里用到的是 QHBoxLayout 的父类 QBoxLayout 的 setStretch()函数，其函数原型定义是：

```
setStretch(self, index, stretch)
```

index 和 stretch 都是 int 型数据，表示将布局内索引号为 index 的组件延伸系数设置为 stretch。在前面的代码中，setStretch(2, 1)就是将 comboBox 的延伸系数设置为 1。

3.11.3 网格状布局

网格状布局类是 QGridLayout。设计网格状布局时一般是先摆放组件，使各组件的位置和大小与期望的效果大致相同（如图 3-30 左图所示），然后点击工具栏上的网格状布局按钮应用网状布局。完成的网格状布局一般能按照摆放的位置和大小实现期望的布局效果（如图 3-30 右图所示）。

图 3-30 的容器组件使用的是 QFrame。QFrame 组件默认是没有边框的，可视化设计时通过设置其 frameShape 属性可以设置多种边框样式，例如设置为面板型。

图 3-30 网格状布局组件摆放（左图）和布局后（右图）

可视化设计得到图 3-30 右图的网格状布局效果，通过查看 Widget.ui 文件编译后的文件 ui_Widget.py 里的代码，可以发现创建界面的主要代码如下（省略了部分无关的代码行）：

```
self.frame = QtWidgets.QFrame(Widget)
self.frame.setFrameShape(QtWidgets.QFrame.Panel)      #设置边框
self.frame.setFrameShadow(QtWidgets.QFrame.Raised)

self.gridLayout = QtWidgets.QGridLayout(self.frame)
self.gridLayout.setContentsMargins(11, 11, 11, 11)    #4 个边距
self.gridLayout.setHorizontalSpacing(15)       #水平间隔
self.gridLayout.setVerticalSpacing(12)         #垂直间隔

self.pushButton_1 = QtWidgets.QPushButton(self.frame)
self.gridLayout.addWidget(self.pushButton_1, 0, 0, 1, 1)

self.pushButton_2 = QtWidgets.QPushButton(self.frame)
self.gridLayout.addWidget(self.pushButton_2, 0, 1, 1, 1)

self.comboBox = QtWidgets.QComboBox(self.frame)
self.comboBox.addItem("comboBox ")
self.gridLayout.addWidget(self.comboBox, 1, 0, 1, 2)
```

```
self.plainTextEdit = QtWidgets.QPlainTextEdit(self.frame)
self.gridLayout.addWidget(self.plainTextEdit, 2, 0, 1, 2)
```

QGridLayout 类添加组件的函数是 addWidget()，该函数原型定义是：

```
addWidget(self, widget, fromRow, fromColumn, rowSpan, columnSpan)
```

其中，widget 是 QWidget 类对象，其他几个参数都是 int 类型。fromRow 和 fromColumn 分别表示组件所在的行号和列号，rowSpan 和 columnSpan 分别表示组件占的行数和列数。

图 3-30 右图的网格状布局有 3 行 2 列，添加 pushButton_1 的语句是：

```
self.gridLayout.addWidget(self.pushButton_1, 0, 0, 1, 1)
```

表示在第 0 行第 0 列的位置，占用 1 行和 1 列。

添加 comboBox 的语句是：

```
self.gridLayout.addWidget(self.comboBox, 1, 0, 1, 2)
```

表示在第 1 行第 0 列的位置，占用 1 行和 2 列。

在可视化设计网格状布局时，有 layoutColumnStretch 和 layoutRowStretch 属性，与 QHBoxLayout 和 QVBoxLayout 的 layoutStretch 属性功能相同，只是分别用于列和行。

3.11.4 分割条

实现分割条功能的类是 QSplitter，可以左右分割或上下分割，一般是在两个可以自由改变大小的组件之间进行分割。

如图 3-31 所示是一个 QGroupBox 组件和一个 QTableWidget 组件的左右分割布局，可视化设计时只需同时选中这两个组件，然后点击工具栏上的 "Lay Out Horizontally in Splitter" 按钮即可。

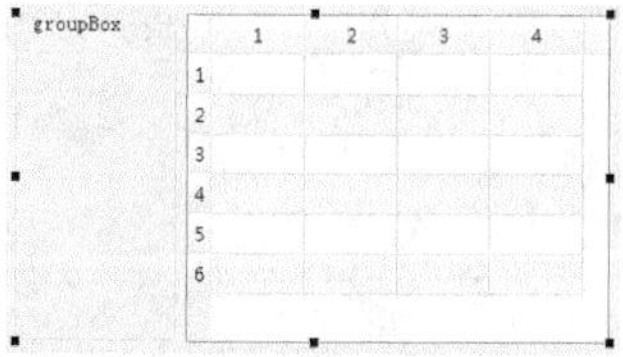

查看 Widget.ui 文件编译后的文件 ui_Widget.py 里的代码，可以发现创建图 3-31 界面的主要代码如下（省略了部分无关的代码行）：

图 3-31 左右分割布局

```
self.splitter = QtWidgets.QSplitter(Widget)
self.splitter.setOrientation(QtCore.Qt.Horizontal)
self.splitter.setHandleWidth(6)

self.groupBox = QtWidgets.QGroupBox(self.splitter)
self.groupBox.setMaximumSize(QtCore.QSize(200, 16777215))
self.tableWidget = QtWidgets.QTableWidget(self.splitter)
```

由上述代码可见，创建分割布局就是将分割条对象 splitter 作为两个组件 groupBox 和 tableWidget 的容器即可。在可视化设计窗体时为 groupBox 设置 maximumSize.Width 属性值为 200，即设定其最大宽度为 200 像素。

可视化设计的 UI 窗体最后都是经过 pyuic5 编译转换为 Python 程序，所以理论上可以不使用 UI Designer 可视化设计窗体，而是直接用 Python 编写创建界面的代码。但是这种纯代码方式与可视化设计相比效率太低，且界面复杂时工作难度大。所以，尽量采用 UI Designer 可视化设计窗体，当某些界面效果不能可视化设计时，可以在窗体的业务逻辑类里补充创建，如 3.7 节演示的那样。界面的可视化设计比较简单，多做几个示例后自然就熟练了。

## 第4章

Model/View 结构

Model/View（模型/视图）结构是进行数据显示与编辑的一种编程结构，在这种结构里，源数据由模型（Model）读取，然后在视图（View）组件上显示和编辑，在界面上编辑修改的数据又通过模型保存到源数据。源数据可以是内存中的字符串列表或二维表格型数据，也可以是数据库中的数据表。视图就是界面上的视图类组件，如 QListView、QTreeView、QTableView 等。

Model/View 结构是显示和编辑数据的一种有效结构，将数据模型和用户界面分离开来，分别用不同的类实现。与第 3 章介绍的 QListWidget、QTreeWidget、QTableWidget 等类将数据直接存储在组件里相比，Model/View 结构使用起来更方便和灵活，特别是在处理大型数据的时候。

本章介绍 Model/View 结构的原理，以及常用的数据模型和视图组件的使用方法。与数据库相关的数据模型的使用在第 7 章再介绍。

4.1 Model/View 结构

4.1.1 Model/View 结构基本原理

GUI 应用程序的主要功能是由用户在界面上编辑和修改数据，典型的如数据库应用程序。在数据库应用程序中，用户在界面上显示和修改数据，界面上的数据来源于数据库，修改后的数据又保存到数据库。

将界面组件与原始数据分离，又通过数据模型将界面和原始数据关联起来，从而实现界面与数据的交互操作，这是处理界面与数据的一种较好的方式。PyQt5 使用 Model/View 结构来处理这种关系，Model/View 的基本结构如图 4-1 所示，其中各部分的功能如下。

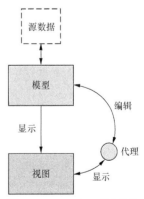

图 4-1   Model/View 基本结构
（来自 Qt 帮助文档）

- Data（源数据）是原始数据，如数据库的一个数据表或 SQL 查询结果、内存中的一个字符串列表或磁盘文件结构等。
- View（视图或视图组件）是界面组件，视图从数据模型获得数据然后显示在界面上。PyQt5 提供一些现成的视图组件类，如 QListView、QTreeView 和 QTableView 等。
- Model（模型或数据模型）与源数据通信，并为视图组件提供数据接口。它从源数据提取需要的数据，用于视图组件进行显示和编辑。PyQt5 中有一些预定义的数据模型，如 QStringListModel 是字符串列表的数据模型，QSqlTableModel 可以作为数据库中一个数据表的数据模型。

- Delegate（代理或委托）在视图与模型之间交互操作时提供临时编辑组件的功能。模型向视图提供数据是单向的，一般仅用于显示。当需要在视图上编辑数据时，代理功能会为编辑数据提供一个编辑器，这个编辑器获取模型的数据、接受用户编辑的数据后又提交给模型。例如在 QTableView 组件上双击一个单元格编辑数据时，在单元格里就会出现一个 QLineEdit 组件，这个编辑框就是代理提供的临时编辑器。代理的主要任务就是为视图组件提供代理编辑器，例如 QTableView 的默认代理编辑器是 QLineEdit。可以自定义代理类，根据数据特点为视图组件提供合适的编辑器，例如 QTableView 组件的某一列显示整数型数据时，就可以提供一个 QSpinBox 组件作为代理编辑器。

由于通过 Model/View 结构将原始数据与显示/编辑界面分离开来，可以将一个数据模型在不同的视图中显示，也可以在不修改数据模型的情况下，设计特殊的视图组件。

模型、视图和代理之间使用信号和槽进行通信。当源数据发生变化时，数据模型发射信号通知视图组件；当用户在界面上操作数据时，视图组件发射信号表示这些操作信息；在编辑数据时，代理会发射信号告知数据模型和视图组件编辑器的状态。

4.1.2　Model（数据模型）

所有的基于项数据（item data）的数据模型都是基于 QAbstractItemModel 类的，这个类定义了视图组件和代理存取数据的接口。源数据无须存储在数据模型里，源数据可以是其他类、文件、数据库或任何数据源。PyQt5 中与数据模型相关的几个主要的类的层次结构如图 4-2 所示。

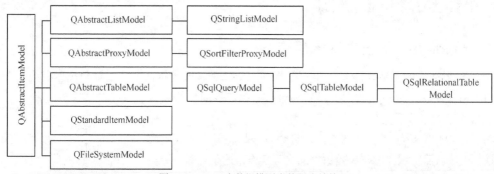

图 4-2　PyQt5 中数据模型类的层次结构

在图 4-2 中的抽象类是不能直接使用的，需要由子类继承实现一些纯虚函数。PyQt5 提供了一些模型类用于数据处理，常见的数据模型类如表 4-1 所示。

表 4-1　PyQt5 提供的数据模型类

Model 类	用途
QStringListModel	用于处理字符串列表数据的数据模型类
QStandardItemModel	标准的基于项数据的数据模型类，每个项数据可以是任何数据类型
QFileSystemModel	计算机上文件系统的数据模型类
QSortFilterProxyModel	与其他数据模型结合，提供排序和过滤功能的数据模型类
QSqlQueryModel	用于数据库 SQL 查询结果的数据模型类
QSqlTableModel	用于数据库的一个数据表的数据模型类
QSqlRelationalTableModel	用于关系型数据表的数据模型类

数据库相关的 3 个模型类将在第 7 章介绍数据库编程时专门介绍。如果这些现有的模型类无法满足需求，用户可以从 QAbstractItemModel、QAbstractListModel 或 QAbstractTableModel 继承，自己定制数据模型类。

4.1.3 View（视图）

视图就是显示数据模型的数据的界面组件，PyQt5 提供的视图组件有：

- QListView：用于显示单列的列表数据，适用于一维数据的操作；
- QTreeView：用于显示树状结构数据，适用于树状结构数据的操作；
- QTableView：用于显示表格状数据，适用于二维表格型数据的操作；
- QColumnView：用多个 QListView 显示树状层次结构，树状结构的一层用一个 QListView 显示；
- QHeaderView：提供行表头或列表头的视图组件，如 QTableView 的行表头和列表头。

视图组件在显示数据时，只需调用视图类的 setModel()函数为视图组件设置一个数据模型，就可以实现视图组件与数据模型之间的关联，在视图组件上的修改自动保存到关联的数据模型里，一个数据模型可以同时在多个视图组件里显示数据。

在第 3 章介绍了 QListWidget、QTreeWidget 和 QTableWidget 这三个可用于数据编辑的组件。这三个类分别是三个视图类的子类，称为视图类的便利类（convenience class）。这些类的继承关系图如图 4-3 所示。

用于 Model/View 结构的几个视图类直接从 QAbstractItemView 继承而来，而便利类则从相应的视图类继承而来。

视图组件类的数据来源于数据模型，视图组件不存储数据。便利类则为组件的每个节点或单元格创建一个项（item），用项存储数据，例如 3.10 节介绍的 QTableWidget

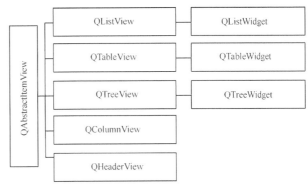

图 4-3 视图相关类的继承关系图

类，每个单元格是一个 QTableWidgetItem 对象。便利类没有数据模型，它实际上是用项的方式集成了数据模型的功能，将界面与数据绑定了。因此，便利类缺乏对大型数据源进行灵活处理的能力，只适用于小型数据的显示和编辑，而视图类组件则会根据数据模型的数据内容自动显示，减少了编程工作量，也更灵活。

4.1.4 Delegate（代理）

代理就是在视图组件上为编辑数据提供临时编辑器，例如在 QTableView 组件上编辑一个单元格的数据时，默认会提供一个 QLineEdit 编辑框。代理负责从数据模型获取相应的数据，然后显示在编辑器里，修改数据后又将数据保存到数据模型中。

QAbstractItemDelegate 是所有代理类的基类，作为抽象类，它不能直接使用。它的一个子类 QStyledItemDelegate 是 PyQt5 的视图组件默认使用的代理类。

对于一些特殊的数据编辑需求，例如只允许输入整型数，使用一个 QSpinBox 作为代理组件更合适，需要从列表中选择数据时使用一个 QComboBox 作为代理组件更好，这时就可以从 QStyledItemDelegate 继承创建自定义代理类。

4.1.5 Model/View 结构的一些概念

1. 数据模型的基本结构

在 Model/View 结构中，数据模型为视图组件和代理提供存取数据的标准接口。在 PyQt5 中，所有的数据模型类都从 QAbstractItemModel 继承而来。不管底层的数据结构是如何组织数据的，QAbstractItemModel 的子类都以表格的层次结构表示数据，视图组件通过这种规则来存取模型中的数据，但是表现给用户的形式不一样。

图 4-4 是数据模型的 3 种常见表现形式，分别是列表模型（List Model）、表格模型（Table Model）和树状模型（Tree Model）。不管数据模型的表现形式是怎样的，数据模型中存储数据的基本单元都是项（item），每个项有一个行号、一个列号，还有一个父项（parent item）。在列表和表格模式下，所有的项都有相同的一个顶层项（root item）；在树状结构中，行号、列号、父项稍微复杂一点，但是由这 3 个参数完全可以定义一个项的位置，从而存取项的数据。

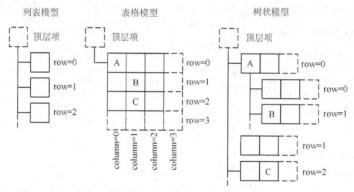

图 4-4　数据模型的 3 种表现形式（来自 Qt 帮助文档）

2. 模型索引（model index）

为了保证数据的表示与数据存取方式的分离，数据模型中引入了模型索引的概念。通过数据模型存取的每个数据都有一个模型索引，视图组件和代理都通过模型索引来获取数据。

QModelIndex 是表示模型索引的类。模型索引提供数据存取的一个临时指针，用于通过数据模型提取或修改数据。因为模型内部组织数据的结构可能随时改变，所以模型索引是临时的，例如对于一个 QTreeView 组件，如果获得一个节点的模型索引后又修改了模型数据，那么前面获得的那个模型索引可能就不再指向原来那个节点了。

3. 行号和列号

数据模型的基本形式是用行和列定义的表格数据，但这并不意味着底层的数据是用二维数组存储的，使用行和列只是为了组件之间交互方便而使用的一种规定。一个模型索引只包含行号和列号。

要获得一个模型索引，必须提供 3 个参数：行号、列号、父项的模型索引。例如，对于图 4-4

中的表格数据模型中的 3 个数据项 A、B、C，获取其模型索引的代码是：

```
indexA = model.index(0, 0, QModelIndex())
indexB = model.index(1, 1, QModelIndex())
indexC = model.index(2, 1, QModelIndex())
```

其中，indexA、indexB、indexC 都是 QModelIndex 类型的变量，model 是数据模型。在创建模型索引的函数中需要传递行号、列号和父项的模型索引。对于列表和表格类型的数据模型，顶层节点总是用 QModelIndex() 表示。

4. 父项（parent item）

当数据模型是列表或表格模型时，使用行号、列号存储数据比较直观，所有数据项的父项就是顶层项。当数据模型是树状模型时情况比较复杂（树状模型中，项一般习惯上被称为节点），一个节点有父节点，也可以是其他节点的父节点，在构造数据项的模型索引时，必须指定正确的行号、列号和父节点。

对于图 4-4 中的树状数据模型，节点 A 和节点 C 的父节点是顶层节点，获取模型索引的代码是：

```
indexA = model.index(0, 0, QModelIndex())
indexC = model.index(2, 1, QModelIndex())
```

但是，节点 B 的父节点是节点 A，节点 B 的模型索引由下面的代码生成：

```
indexB = model.index(1, 0, indexA)
```

5. 项的角色（item role）

为数据模型的一个项设置数据时，可以为项设置不同角色的数据。例如，数据模型类 QStandardItemModel 的项数据类是 QStandardItem，设置其数据的函数是：

```
setData(self, value, role: int = Qt.UserRole+1)
```

其中，value 是设置的任意类型的数据，role 是设置数据的角色，默认为 Qt.UserRole+1。

一个项可以有不同角色的数据，不同角色的数据有不同的用途（如图 4-5 所示）。角色是枚举类型 Qt.ItemDataRole，有多种取值，如 Qt.DisplayRole 角色是在视图组件中显示的字符串，Qt.ToolTipRole 是鼠标提示消息，Qt.UserRole 是自定义数据。项的标准和基本角色是 Qt.DisplayRole。

在获取一个项的数据时也需要指定角色，QStandardItem.data() 函数用于读取项的数据，其函数原型是：

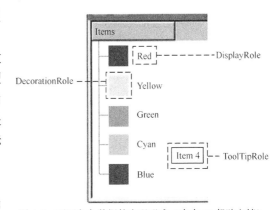

图 4-5　不同角色数据的表现形式（来自 Qt 帮助文档）

```
data(self, role: int = Qt.UserRole+1) -> Any
```

为一个项的不同角色定义数据，视图组件和代理组件就会根据角色数据自动显示。例如，在图 4-5 中，项的 DisplayRole 角色数据是显示的字符串，DecorationRole 角色数据是用于装饰显示的属性，ToolTipRole 角色数据定义了鼠标提示信息。不同的视图组件对各种角色数据的解释和显示可能不一样，也可以忽略某些角色的数据。

前一章已经介绍了便利类 QListWidget、QTreeWidget 和 QTableWidget 的使用，本章将介绍

Model/View 结构的基本用法，包括 PyQt5 预定义的模型类 QStringListModel、QFileSystemModel、QStandardItemModel 以及视图类 QListView、QTableView、QTreeView 的使用，并介绍如何设计和使用自定义代理类。涉及数据库的 Model/View 结构的使用在第 7 章再介绍。

4.2　QFileSystemModel

4.2.1　QFileSystemModel 类的基本功能

QFileSystemModel 为本机的文件系统提供一个数据模型，可用于访问本机的文件系统。QFileSystemModel 和视图组件 QTreeView 结合使用，可以用目录树的形式显示本机上的文件系统，如同 Windows 的资源管理器一样。使用 QFileSystemModel 提供的接口函数，可以创建目录、删除目录、重命名目录，可以获得文件名称、目录名称、文件大小等参数，还可以获得文件的详细信息。

要通过 QFileSystemModel 获得本机的文件系统，需要用 setRootPath()函数为 QFileSystemModel 设置一个根目录，例如：

```
model = QFileSystemModel()
model.setRootPath(QDir.currentPath())
```

类函数 QDir.currentPath()用于获取应用程序的当前路径。

使用 QFileSystemModel 作为数据模型，使用 QTreeView、QListView、QTableView 为主要组件设计的示例 Demo4_1 运行时界面如图 4-6 所示。在 TreeView 中以目录树的形式显示本机的文件系统，在 TreeView 上单击一个目录节点时，右边的 ListView 和 TableView 显示该目录下的目录和文件，在下方的几个标签里显示当前节点的信息。

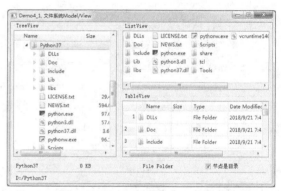

图 4-6　示例 Demo4_1 的运行时界面

4.2.2　QFileSystemModel 的使用

示例 Demo4_1 由项目模板 mainWindowApp 创建。在主窗体可视化设计时删除了工具栏和状态栏，主窗体界面布局采用了两个分割条的设计，"ListView"和"TableView"分组框采用上下分割布局，然后和左边的"TreeView"分组框采用水平分割布局。该水平分割布局再和下方显示信息的 groupBox 在主窗体工作区水平布局。

文件 myMainWindow.py 的完整代码如下（省略了窗体测试部分的代码）：

```
import sys
from PyQt5.QtWidgets import  QApplication, QMainWindow, QFileSystemModel
from PyQt5.QtCore import  QDir
from ui_MainWindow import Ui_MainWindow

class QmyMainWindow(QMainWindow):
    def __init__(self, parent=None):
```

```
        super().__init__(parent)          #调用父类构造函数，创建窗体
        self.ui=Ui_MainWindow()           #创建 UI 对象
        self.ui.setupUi(self)             #构造 UI
        self.__buildModelView()

##   =============自定义功能函数===========
    def __buildModelView(self):          ##构造 Model/View 系统
        self.model=QFileSystemModel(self)
        self.model.setRootPath(QDir.currentPath())
        self.ui.treeView.setModel(self.model)      #设置数据模型
        self.ui.listView.setModel(self.model)
        self.ui.tableView.setModel(self.model)
        self.ui.treeView.clicked.connect(self.ui.listView.setRootIndex)
        self.ui.treeView.clicked.connect(self.ui.tableView.setRootIndex)

##   ========由 connectSlotsByName() 自动关联的槽函数==============
    def on_treeView_clicked(self,index):      ##单击 treeView
        self.ui.chkBox_IsDir.setChecked(self.model.isDir(index))
        self.ui.LabPath.setText(self.model.filePath(index))      #目录名
        self.ui.LabType.setText(self.model.type(index))          #节点类型
        self.ui.LabFileName.setText(self.model.fileName(index))  #文件名

        fileSize=self.model.size(index)/1024
        if (fileSize<1024):
            self.ui.LabFileSize.setText("%d KB"% fileSize)
        else:
            self.ui.LabFileSize.setText("%.2f MB"% (fileSize/1024.0))
```

在窗体的构造函数中调用自定义函数__buildModelView()进行 Model/View 结构的初始化设置。在这个函数中做了如下的工作。

- 定义了一个 QFileSystemModel 类的数据模型 self.model，用 QDir.currentPath()获取当前路径并设置为 self.model 的根目录。
- 窗体上的 3 个视图组件都使用 setModel()函数将 self.model 设置为自己的数据模型。
- 将界面组件 treeView 的 clicked(QModelIndex)信号与界面组件 listView 和 tableView 的槽函数 setRootIndex(QModelIndex)关联。这样，当在 treeView 上单击一个节点时，这个节点的模型索引就会传递给 listView 和 tableView 的槽函数 setRootIndex()，treeView 的当前节点就设置为 listView 和 tableView 的根目录，listView 和 tableView 就显示此节点下的目录和文件。

程序中还为界面组件 treeView 的 clicked(QModelIndex)信号编写了槽函数，使得在 treeView 上单击一个节点时，在下方的一些标签里显示该节点的一些信息。

QTreeView 的 clicked(QModelIndex)信号传递一个 QModelIndex 类型的参数，它是单击的节点在数据模型中的模型索引。通过传递来的模型索引，利用 QFileSystemModel 的以下函数可获得节点的一些数据。

- isDir(QModelIndex)：判断节点是不是一个目录。
- filePath(QModelIndex)：返回节点的目录名或带路径的文件名。
- fileName(QModelIndex)：返回去除路径的文件夹名或文件名。
- type(QModelIndex)：返回描述节点类型的文字，如硬盘符是"Drive"，文件夹是"File Folder"，文件则用具体的后缀描述，如"txt File""exe File""pdf File"等。
- size(QModelIndex)：如果节点是文件，返回文件大小的字节数，如果节点是文件夹，返回 0。

至于 QFileSystemModel 是如何获取磁盘目录文件结构的，以及 3 个视图组件是如何显示这些

数据的，就是其底层实现的问题了。

4.3　QStringListModel

4.3.1　QStringListModel 功能概述

QStringListModel 是用于处理字符串列表的数据模型，可以作为 QListView 的数据模型，在界面上显示和编辑字符串列表。

QStringListModel 的 setStringList()函数可以初始化数据模型的字符串列表的内容，stringList()函数返回数据模型内的字符串列表。在关联的 QListView 组件里编辑修改数据后，数据都会及时更新到数据模型内的字符串列表里。

QStringListModel 提供编辑和修改字符串列表数据的函数，如 insertRows()，removeRows()，setData()等，这些操作直接影响数据模型内部的字符串列表，并且修改后的数据会自动在关联的 QListView 组件里刷新显示。

示例 Demo4_2 采用 QStringListModel 作为数据模型，QListView 作为视图组件，演示了 QStringListModel 和 QListView 构成 Model/View 结构编辑字符串列表的功能，程序运行时界面如图 4-7 所示。

窗体左侧是一个关联了 QStringListModel 数据模型的 QListView 组件，几个按钮实现添加、删除等操作。右侧有一个 QPlainTextEdit 组件，可显示 QStringListModel 数据模型的 stringList()的内容，以查看其内容是否与界面上 QListView 组件显示的内容一致。

图 4-7　示例 Demo4_2 运行时界面

4.3.2　QStringListModel 的使用

1．Model/View 结构对象和组件初始化

示例 Demo4_2 基于 widgetApp 项目模板创建，窗体 UI 文件 Widget.ui 的组件布局和属性设置见源文件。下面是文件 myWidget.py 的 import 部分和窗体业务逻辑类 QmyWidget 构造函数的代码。

```python
import sys
from PyQt5.QtWidgets import  QApplication, QWidget, QAbstractItemView
from PyQt5.QtCore import  pyqtSlot, QStringListModel, Qt, QModelIndex
from ui_Widget import Ui_Widget

class QmyWidget(QWidget):
    def __init__(self, parent=None):
        super().__init__(parent)        #调用父类构造函数，创建窗体
        self.ui=Ui_Widget()             #创建 UI 对象
        self.ui.setupUi(self)           #构造 UI

        self.__provinces=["北京","上海","天津","河北","山东","四川","重庆","广东","河南"]
        self.model=QStringListModel(self)
        self.model.setStringList(self.__provinces)
        self.ui.listView.setModel(self.model)
```

```
self.ui.listView.setEditTriggers(QAbstractItemView.DoubleClicked
        | QAbstractItemView.SelectedClicked)
```

self.__provinces 是一个字符串列表。QStringListModel 的 setStringList()函数将 self.__provinces 的内容作为数据模型的初始数据内容。QListView 的 setModel()函数用于设置一个数据模型。

经过这样的初始化，程序运行时，界面上的组件 listView 就会显示初始化的字符串列表内容。

2. 编辑、添加、删除项的操作

- 编辑项。QListView 的 setEditTriggers()函数设置 QListView 的项是否可以编辑，以及如何进入编辑状态，函数的参数是 QAbstractItemView.EditTrigger 枚举类型值的组合。构造函数中设置为：

```
self.ui.listView.setEditTriggers(QAbstractItemView.DoubleClicked
                    | QAbstractItemView.SelectedClicked)
```

这表示在双击或选择并单击列表项后，就进入编辑状态。若要设置为不可编辑，则可以设置为：

```
self.ui.listView.setEditTriggers(QAbstractItemView.NoEditTriggers)
```

- 添加项。添加项是要在列表的最后添加一行，界面上"添加项"按钮的槽函数代码如下：

```
@pyqtSlot()       ##添加项
def on_btnList_Append_clicked(self):
    lastRow=self.model.rowCount()
    self.model.insertRow(lastRow)             #在尾部插入一空行
    index=self.model.index(lastRow,0)         #获取最后一行的模型索引
    self.model.setData(index,"new item",Qt.DisplayRole)      #设置显示文字
    self.ui.listView.setCurrentIndex(index)   #设置当前选中的行
```

对数据的操作都是针对数据模型的，所以，插入行使用的是 QStringListModel 的 insertRow(row)函数，其中 row 是一个行号，表示在 row 行之前插入一行。要在列表的最后插入一行，参数 row 设置为列表当前的行数即可。

insertRow()函数只是在列表尾部添加一个空行，没有任何文字。为了给添加的项设置一个默认的文字标题，首先要获得新增项的模型索引，即

```
index=self.model.index(lastRow,0)     #获取最后一行的 ModelIndex
```

QStringListModel.index()函数根据传递的行号、列号、父项的模型索引生成一个模型索引，这行代码为新增的最后一个项生成一个模型索引 index。

为新增的项设置一个文字标题"new item"，使用 QStringListModel.setData()函数，并用到前面生成的模型索引 index，即

```
self.model.setData(index,"new item",Qt.DisplayRole)      #设置显示文字
```

在使用 setData()函数时，必须指定设置数据的角色，这里的角色是 Qt.DisplayRole，是用于显示的角色，即项的文字标题。

- 插入项。"插入项"按钮的功能是在列表的当前行前面插入一行，其实现代码如下：

```
@pyqtSlot()        ##插入项
def on_btnList_Insert_clicked(self):
    index=self.ui.listView.currentIndex()      #当前模型索引
    self.model.insertRow(index.row())
```

```
        self.model.setData(index,"inserted item", Qt.DisplayRole)
        self.ui.listView.setCurrentIndex(index)      #设置当前选中的行
```

QListView.currentIndex()函数返回当前项的模型索引 index，index.row()则返回这个模型索引的行号。

- 删除当前项。使用 QStringListModel 的 removeRow()函数删除某一行。

```
    @pyqtSlot()       ##删除当前项
    def on_btnList_Delete_clicked(self):
        index=self.ui.listView.currentIndex()      #获取当前的模型索引
        self.model.removeRow(index.row())          #删除当前行
```

- 清空列表。删除列表的所有项使用 QStringListModel 的 removeRows(row, count)函数，它表示从行号 row 开始删除 count 行。

```
    @pyqtSlot()       ##清空列表
    def on_btnList_Clear_clicked(self):
        count=self.model.rowCount()
        self.model.removeRows(0,count)
```

3. 以文本显示数据模型的内容

在以上对界面上 ListView 组件的项进行编辑时，实际操作的都是其关联的数据模型，在对数据模型进行插入、添加、删除项操作后，内容立即在 ListView 组件上显示出来，这是数据模型与视图组件之间信号与槽作用的结果，当数据模型的内容发生改变时，通知视图组件更新显示。

同样地，当在 ListView 组件上双击一行进入编辑状态并修改一个项的文字内容后，修改的文字内容也保存到数据模型里了，这就是图 4-1 所表示的过程。

那么，数据模型内部应该保存最新的数据内容，对 QStringListModel 模型来说，通过 stringList()函数可以得到其最新的数据副本。界面上的"显示数据模型的 StringList"按钮获取数据模型的数据内容并用多行文本显示出来，以检验对数据模型修改数据，特别是在界面上修改列表项的内容后，其内部的数据是否同步更新了。

以下是界面上的"显示数据模型的 StringList"按钮的 clicked()信号的槽函数代码，它通过数据模型的 stringList()函数获取字符串列表，并在 plainTextEdit 里逐行显示。

```
    @pyqtSlot()       ##显示数据模型的内容
    def on_btnText_Display_clicked(self):
        strList=self.model.stringList()       #列表类型
        self.ui.plainTextEdit.clear()
        for strLine in strList:
            self.ui.plainTextEdit.appendPlainText(strLine)
```

程序运行时，无论对界面组件 listView 的列表做了什么编辑和修改，单击"显示数据模型的 StringList"按钮，在文本框里显示的文字内容与组件 listView 里的内容都是完全相同的，说明数据模型的数据与界面上视图组件显示的内容是同步的。

4. 其他功能

QListView 的 clicked()信号会传递一个 QModelIndex 类型的参数，利用该参数，可以显示当前项的模型索引的行和列的信息，实现代码如下：

```
def on_listView_clicked(self,index):
    self.ui.LabInfo.setText("当前项 index: row=%d, column=%d"
                            %(index.row(),index.column()))
```

在这个示例中，通过 QStringListModel 和 QListView 说明了数据模型与视图组件之间构成 Model/View 结构的基本原理。

第 3 章的示例 Demo3_8 中采用 QListWidget 设计了一个列表编辑器，对比这两个示例，可以发现 Model/View 结构与便利组件之间的如下区别。

- 在 Model/View 结构中，数据模型与视图组件是分离的，可以直接操作数据模型以修改数据，在视图组件中做的修改也会自动保存到数据模型里。
- 在使用 QListWidget 的例子中，每个列表项是一个 QListWidgetItem 类型的对象，保存了项的各种数据，数据和显示界面是一体的，对数据的修改操作就是对项关联的对象的修改。

4.4　QStandardItemModel

4.4.1　功能概述

QStandardItemModel 是以项数据（item data）为基础的标准数据模型类，通常与 QTableView 组成 Model/View 结构，实现通用的二维数据的管理。本节的示例 Demo4_3 主要用到以下 3 个类。

- QStandardItemModel：基于项数据的标准数据模型，用于处理二维数据。它维护一个二维的项数据数组，每个项是一个 QStandardItem 类的对象，用于存储项的数据、字体格式、对齐方式等各种角色的数据。
- QTableView：二维数据表视图组件，有多个行和多个列，每个基本显示单元是一个单元格，通过 setModel()函数设置一个 QStandardItemModel 类的数据模型之后，一个单元格显示 QStandardItemModel 数据模型中的一个项。
- QItemSelectionModel：一个用于跟踪视图组件的单元格选择状态的类，需要指定一个 QStandardItemModel 类数据模型，当在 QTableView 组件上选择某个单元格或多个单元格时，通过 QItemSelectionModel 可以获得选中单元格的模型索引，为单元格的选择操作提供方便。

这 3 个类之间的关系是：QStandardItemModel 是数据模型类；QItemSelectionModel 需要设置一个 QStandardItemModel 对象作为数据模型；QTableView 是界面视图组件，它需要设置一个 QStandardItemModel 类对象作为数据模型，若要实现方便的项选择操作，还需要设置一个 QItemSelectionModel 类对象作为项选择模型。

示例 Demo4_3 演示了这 3 个类的使用，其运行时界面如图 4-8 所示。该示例具有如下功能。

- 打开一个纯文本文件,该文件是规则的二维数据文件,通过字符串处理获取表

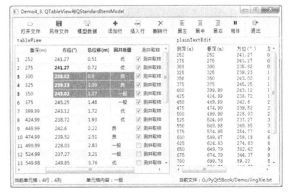

图 4-8　示例 Demo4_3 的运行时界面

头和各行各列的数据，导入一个 QStandardItemModel 数据模型。

- 编辑修改数据模型的数据，可以插入行、添加行、删除行，可以在 QTableView 视图组件中直接修改单元格的数据内容。
- 可以设置数据模型中某个项的不同角色的数据，设置文字对齐方式、是否粗体等。
- 通过 QItemSelectionModel 获取视图组件上的当前单元格，以及选择单元格的范围，对选择的单元格进行操作。
- 将数据模型的数据内容显示到 QPlainTextEdit 组件里，显示数据模型的内容，检验在视图组件上做的修改是否与数据模型同步。
- 将修改后的模型数据另存为一个文本文件。

4.4.2　界面设计

本示例由项目模板 mainWindowApp 复制创建，窗体文件是 MainWindow.ui，窗体中间的 TableView 组件和 PlainTextEdit 组件采用水平分割布局。在 Action 编辑器中创建如图 4-9 所示的一些 Action，并由 Action 创建主工具栏上的按钮。窗体下方的状态栏创建了几个 Label 组件显示当前单元格行号、列号和当前单元格的内容，以及打开的文件名。

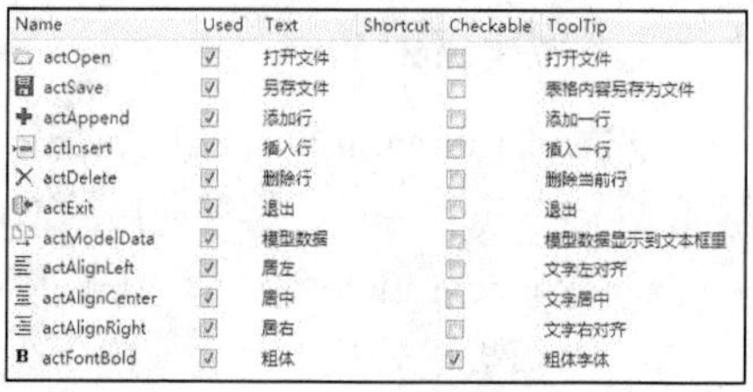

Name	Used	Text	Shortcut	Checkable	ToolTip
actOpen	☑	打开文件		☐	打开文件
actSave	☑	另存文件		☐	表格内容另存为文件
actAppend	☑	添加行		☐	添加一行
actInsert	☑	插入行		☐	插入一行
actDelete	☑	删除行		☐	删除当前行
actExit	☑	退出		☐	退出
actModelData	☑	模型数据		☐	模型数据显示到文本框里
actAlignLeft	☑	居左		☐	文字左对齐
actAlignCenter	☑	居中		☐	文字居中
actAlignRight	☑	居右		☐	文字右对齐
actFontBold	☑	粗体		☑	粗体字体

图 4-9　示例中创建的 Action

4.4.3　QStandardItemModel 的使用

1. 初始化

在 QmyMainWindow 的构造函数中进行界面初始化、数据模型和选择模型的创建，以及与视图组件的关联、信号与槽的关联等设置。文件 myMainWindow.py 的 import 部分和 QmyMainWindow 类的构造函数部分的代码如下：

```
import sys,os
from PyQt5.QtWidgets import  (QApplication, QMainWindow,
                         QLabel, QAbstractItemView, QFileDialog)
from PyQt5.QtCore import  Qt, pyqtSlot, QItemSelectionModel, QDir, QModelIndex
from PyQt5.QtGui import QStandardItemModel, QStandardItem
from ui_MainWindow import Ui_MainWindow

class QmyMainWindow(QMainWindow):
    def __init__(self, parent=None):
        super().__init__(parent)
        self.ui=Ui_MainWindow()
        self.ui.setupUi(self)

        self.__ColCount =6      #常数，列数=6
        self.itemModel = QStandardItemModel(5,self.__ColCount,self)
        self.selectionModel = QItemSelectionModel(self.itemModel)
        self.selectionModel.currentChanged.connect(self.do_curChanged)
        self.__lastColumnTitle="测井取样"        #最后一列的文字
        self.__lastColumnFlags=(Qt.ItemIsSelectable
                | Qt.ItemIsUserCheckable | Qt.ItemIsEnabled)
```

```
##tableView属性设置
    self.ui.tableView.setModel(self.itemModel)                    #数据模型
    self.ui.tableView.setSelectionModel(self.selectionModel)      #选择模型
    oneOrMore=QAbstractItemView.ExtendedSelection                 #选择模式
    self.ui.tableView.setSelectionMode(oneOrMore)                 #可多选
    itemOrRow=QAbstractItemView.SelectItems                       #项选择模式
    self.ui.tableView.setSelectionBehavior(itemOrRow)             #单元格选择
    self.ui.tableView.verticalHeader().setDefaultSectionSize(22)
    self.ui.tableView.setAlternatingRowColors(True)               #交替行颜色
    self.ui.tableView.setEnabled(False)      #先禁用tableView

    self.setCentralWidget(self.ui.splitter)
    self.__buildStatusBar()

##  =============自定义功能函数===========
    def __buildStatusBar(self):      ##构建状态栏
    self.LabCellPos = QLabel("当前单元格: ",self)
    self.LabCellPos.setMinimumWidth(180)
    self.ui.statusBar.addWidget(self.LabCellPos)

    self.LabCellText = QLabel("单元格内容: ",self)
    self.LabCellText.setMinimumWidth(150)
    self.ui.statusBar.addWidget(self.LabCellText)

    self.LabCurFile = QLabel("当前文件: ",self)
    self.ui.statusBar.addPermanentWidget(self.LabCurFile)

##  ============自定义槽函数=========================
    def do_curChanged(self,current,previous):
    if (current != None):      #当前模型索引有效
        text="当前单元格: %d 行, %d 列"%(current.row(),current.column())
        self.LabCellPos.setText(text)
        item=self.itemModel.itemFromIndex(current)      #从模型索引获得item
        self.LabCellText.setText("单元格内容: "+item.text())
        font=item.font()
        self.ui.actFontBold.setChecked(font.bold())
```

在构造函数里首先创建了数据模型和选择模型。

- 创建了 QStandardItemModel 类型的数据模型 self.itemModel，创建时指定了数据模型的行数和列数。
- 创建了 QItemSelectionModel 类型的选择模型 self.selectionModel，创建选择模型时以 self.itemModel 作为参数，这样选择模型 selectionModel 就与数据模型 itemModel 建立了关联，selectionModel 可以反映数据模型 itemModel 的项数据选择操作。

构造函数里还将选择模型 self.selectionModel 的 currentChanged()信号与自定义槽函数 do_curChanged()关联，在界面组件 tableView 中选择的当前单元格发生变化时会发射此信号，从而在槽函数里显示当前单元格的行号、列号、内容等信息。

定义的私有变量 self.__lastColumnFlags 用于插入或添加行时为最后一列的单元格设置属性，避免后面在程序里写较多重复代码。

创建数据模型和选择模型后，为界面组件 tableView 设置数据模型和选择模型：

```
self.ui.tableView.setModel(self.itemModel)                    #数据模型
self.ui.tableView.setSelectionModel(self.selectionModel)      #选择模型
```

还为 tableView 设置了选择模式，使其可以多选单元格。在 tableView 上进行选择操作时，是由关联的选择模型 self.selectionModel 发射相应的信号，选择单元格的范围和模型索引信息也通过 self.selectionModel 获取。

构造函数最后调用了私有函数__buildStatusBar()构建状态栏，在状态栏上创建了几个标签用于信息显示。

2. 从文本文件导入数据

QStandardItemModel 是标准的基于项数据的数据模型，以类似于二维数组的形式管理内部数据，适合于处理表格型数据，其显示也一般用 QTableView 组件。

QStandardItemModel 的数据可以是程序生成的内存中的数据，也可以来源于文件。例如，在实际数据处理中，经常有些数据是以纯文本格式保存的，它们有固定的列数，每一列是一项数据，实际构成一个二维数据表。图 4-10 是本示例程序要打开的一个纯文本文件 JingXie.txt 的内容，文件的第 1 行是数据列的文字标题，相当于数据表的表头，然后以行存储数据，以 Tab 键分隔每列数据。

当单击工具栏上的"打开文件"按钮时，需要选择一个这样的文件导入数据模型，并在界面组件 tableView 上显示和编辑。图 4-10 的数据有 6 列，第 1 列是整数，第 2 至 4 列是浮点数，第 5 列是文字，第 6 列是逻辑型变量，其中"1"表示 True。

下面是"打开文件"按钮的槽函数代码：

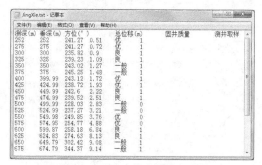

图 4-10 纯文本格式的数据文件

```
@pyqtSlot()        ##"打开文件"
def on_actOpen_triggered(self):
    curPath=os.getcwd()        #获取当前路径
    filename,flt=QFileDialog.getOpenFileName(self,"打开一个文件",curPath,
            "井斜数据文件(*.txt);;所有文件(*.*)")
    if (filename==""):
        return

    self.LabCurFile.setText("当前文件："+filename)
    self.ui.plainTextEdit.clear()
    aFile=open(filename,'r')
    allLines=aFile.readlines()        #读取所有行，list 类型，每行末尾带有\n
    aFile.close()
    for strLine in allLines:
        self.ui.plainTextEdit.appendPlainText(strLine.strip())

    self.__iniModelFromStringList(allLines)
    self.ui.tableView.setEnabled(True)        #启用 tableView
    self.ui.actAppend.setEnabled(True)        #更新 Action 的 enabled 属性
    self.ui.actInsert.setEnabled(True)
    self.ui.actDelete.setEnabled(True)
    self.ui.actSave.setEnabled(True)
    self.ui.actModelData.setEnabled(True)
```

这段代码有如下一些功能实现需要解释。

- os.getcwd() 使用 os 模块中的 getcwd()函数获取当前工作路径。
- filename,flt=QFileDialog.getOpenFileName() 通过一个打开文件对话框选择一个文件。返回

的结果是两个变量，其中 filename 是选择的文件名，flt 是使用的文件过滤器。QFileDialog 的使用在第 6 章详细介绍。

- 打开文件时使用了 Python 内建的打开文件的函数 open()，以只读方式打开文件，并且一次性将所有文本读入一个字符串列表里，即：

```
aFile=open(filename,'r')
allLines=aFile.readlines()          #读取所有行，list 类型，每行末尾带有\n
```

allLines 是一个字符串列表，为读取的每一行文本自动添加了换行符。程序将 allLines 的文本内容显示到窗体上的组件 plainTextEdit 里。

__iniModelFromStringList()函数是自定义的私有函数，它根据读取的文件内容进行数据模型的初始化。下面是__iniModelFromStringList()函数的代码：

```
def __iniModelFromStringList(self,allLines):   ##从字符串列表构建模型
    rowCnt=len(allLines)                        #文本行数，第 1 行是标题
    self.itemModel.setRowCount(rowCnt-1)        #实际数据行数
    headerText=allLines[0].strip()              #第 1 行是表头，去掉末尾的换行符 "\n"
    headerList=headerText.split("\t")           #转换为 str 列表
    self.itemModel.setHorizontalHeaderLabels(headerList)    #设置表头标题
    self.__lastColumnTitle=headerList[len(headerList)-1]     #最后一列标题

    lastColNo=self.__ColCount-1                  #最后一列的列号
    for i in range(rowCnt-1):
        lineText=allLines[i+1].strip()          #一行的文字，用\t 分隔
        strList=lineText.split("\t")            #分割为字符串列表
        for j in range(self.__ColCount-1):      #不含最后一列
            item=QStandardItem(strList[j])
            self.itemModel.setItem(i,j,item)    #设置模型的 item
        item=QStandardItem(self.__lastColumnTitle)   #最后一列
        item.setFlags(self.__lastColumnFlags)        #单元格标志
        item.setCheckable(True)
        if (strList[lastColNo]=="0"):
            item.setCheckState(Qt.Unchecked)
        else:
            item.setCheckState(Qt.Checked)
        self.itemModel.setItem(i,lastColNo,item)     #设置最后一列的 item
```

传递来的参数 allLines 是文本文件所有行构成的字符串列表，文件的每一行是 allLines 的一个字符串，第 1 行是表头文字，数据从第 2 行开始。

从 allLines 获取表头字符串 headerText，然后用 str.split()函数将一个字符串分割成一个字符串列表 headerList，并设置为数据模型的表头标题，即

```
headerText=allLines[0].strip()              #第 1 行是表头，去掉末尾的换行符 "\n"
headerList=headerText.split("\t")           #转换为列表
self.itemModel.setHorizontalHeaderLabels(headerList)    #设置表头标题
```

str.split()函数根据某个特定的符号将字符串进行分割，例如，headerText 是数据列的标题，每个标题之间通过一个 Tab 键分隔，其内容是：

```
"测深(m)   垂深(m) 方位(°)    总位移(m)   固井质量    测井取样"
```

那么通过 str.split()函数操作，得到一个字符串列表 headerList，其内容是：

```
['测深(m)', '垂深(m)', '方位(°)', '总位移(m)', '固井质量', '测井取样']
```

而 QStandardItemModel 的 setHorizontalHeaderLabels()函数直接将一个字符串列表设置为表头标题，表头标题在关联的 QTableView 组件中显示为水平表头标题。

QStandardItemModel 以二维表格的形式保存项数据，每个项是一个 QStandardItem 对象，每个项对应着 QTableView 的一个单元格。项数据不仅可以存储显示的文字，还可以存储其他角色的数据。

数据文件的最后一列是一个逻辑型数据，在界面组件 tableView 上显示时为其提供一个复选框，此功能通过调用 QStandardItem 的 setCheckable(True)函数实现。

QStandardItem 的 setFlags(ItemFlags)函数可以设置项的一些标志，ItemFlags 是枚举类型 Qt.ItemFlag 的值的组合。在 QmyMainWindow 的构造函数中定义了一个私有变量 self.__lastColumnFlags 用于设置最后一列的标志，其定义为：

```
self.__lastColumnFlags=(Qt.ItemIsSelectable
                       | Qt.ItemIsUserCheckable | Qt.ItemIsEnabled)
```

这样设置的最后一列是可选的，具有复选框，但不能修改其文字内容。

3. 数据修改

当界面组件 tableView 设置为可编辑时，双击一个单元格可以修改其内容，对于使用复选框的列，改变复选框的勾选状态，就可以修改单元格关联项的数据。

在示例程序主窗体工具栏上有"添加行""插入行""删除行"等按钮，分别实现相应的编辑操作，这些操作都是针对数据模型的，数据模型被修改后，会立刻在界面组件 tableView 上显示出来。

- 添加行。"添加行"操作是在数据表的最后添加一行，其实现代码如下：

```
@pyqtSlot()          ##添加一行
def on_actAppend_triggered(self):
    itemlist=[]       #QStandardItem 对象列表
    for i in range(self.__ColCount-1):           #不包括最后一列
        item=QStandardItem("0")
        itemlist.append(item)

    item=QStandardItem(self.__lastColumnTitle)   #最后一列
    item.setCheckable(True)
    item.setFlags(self.__lastColumnFlags)
    itemlist.append(item)

    self.itemModel.appendRow(itemlist)           #添加一行
    curIndex=self.itemModel.index(self.itemModel.rowCount()-1,0)
    self.selectionModel.clearSelection()         #清除选择
    self.selectionModel.setCurrentIndex(curIndex, QItemSelectionModel.Select)#选择单元格
```

使用 QStandardItemModel 的 appendRow()函数在数据模型的最后添加一行,其函数原型是：

```
appendRow(self, items)
```

其中，items 是一个 QStandardItem 类型的列表，需要为添加的行的每个项创建一个 QStandardItem 类型的对象，然后传递给 appendRow()函数。

在这段程序中，为前 5 列创建 QStandardItem 对象时，都使用文字"0"，最后一列使用表头的标题，并设置为可复选的。

要获得 QStandardItemModel 中的某个单元格的模型索引，就要使用其 index()函数。在程

序中，通过传递单元格的行号和列号获取其模型索引，即

```
curIndex=self.itemModel.index(self.itemModel.rowCount()-1,0)
```

要通过程序选择某个项，使用选择模型 QItemSelectionModel 的相应方法，选择操作也会及时反映到关联的界面组件 tableView 上。这里用到了 QItemSelectionModel 类的clearSelection()和 setCurrentIndex()函数分别完成清除选择和设置刚插入的行的第一列单元格被选中的功能。

- 插入行。"插入行"按钮的功能是在当前行的前面插入一行，其实现代码与"添加行"类似。

```
@pyqtSlot()        ##插入一行
def on_actInsert_triggered(self):
    itemlist=[]        #QStandardItem 对象列表
    for i in range(self.__ColCount-1):              #不包括最后一列
        item=QStandardItem("0")
        itemlist.append(item)

    item=Q3tandardItem(self.__lastColumnTitle)      #最后 列
    item.setFlags(self.__lastColumnFlags)
    item.setCheckable(True)
    item.setCheckState(Qt.Checked)
    itemlist.append(item)

    curIndex=self.selectionModel.currentIndex()     #当前选中项的模型索引
    self.itemModel.insertRow(curIndex.row(),itemlist)      #插入一行
    self.selectionModel.clearSelection()
    self.selectionModel.setCurrentIndex(curIndex, QItemSelectionModel.Select)
```

使用 QStandardItemModel 的 insertRow()函数插入一行，其函数原型是：

```
insertRow(self, row, items)
```

其中，row 是一个行号，表示在此行号的行之前插入一行，若 row 等于或大于总行数，则在最后添加一行。items 是一个 QStandardItem 类型的列表。

- 删除行。"删除行"按钮的功能是删除当前行，首先从选择模型中获取当前单元格的模型索引，然后从模型索引中获取行号，调用 removeRow(row)函数删除指定的行，代码如下：

```
@pyqtSlot()        ##删除当前行
def on_actDelete_triggered(self):
    curIndex=self.selectionModel.currentIndex()     #获取当前单元格的模型索引
    self.itemModel.removeRow(curIndex.row())        #删除当前行
```

4. 单元格格式设置

项数据模型的每个项是一个 QStandardItem 对象，QStandardItem 提供了一些接口函数可以设置每个项的字体、背景颜色、前景颜色、文字对齐方式、图标等，其设置方法与 3.10 节中QTableWidget 的项的格式设置方法类似。

本示例中只用文字对齐方式、粗体设置来说明项数据模型的格式设置，以及选择范围的读取。工具栏上 3 个设置单元格文字对齐方式的按钮的代码如下：

```
@pyqtSlot()        ##左对齐
def on_actAlignLeft_triggered(self):
    self.__setCellAlignment(Qt.AlignLeft | Qt.AlignVCenter)
```

```
@pyqtSlot()      ##中间对齐
def on_actAlignCenter_triggered(self):
    self.__setCellAlignment(Qt.AlignHCenter| Qt.AlignVCenter)

@pyqtSlot()      ##右对齐
def on_actAlignRight_triggered(self):
    self.__setCellAlignment(Qt.AlignRight | Qt.AlignVCenter)

def __setCellAlignment(self, align=Qt.AlignHCenter):
    if (not self.selectionModel.hasSelection()):          #没有选择的项
        return
    selectedIndex=self.selectionModel.selectedIndexes()      #模型索引列表
    count=len(selectedIndex)
    for i in range(count):
        index=selectedIndex[i]   #获取其中的一个模型索引
        item=self.itemModel.itemFromIndex(index)     #获取一个单元格的 item
        item.setTextAlignment(align)                 #设置文字对齐方式
```

3 个设置对齐方式的 Action 的代码都调用了自定义私有函数__setCellAlignment()。在此函数中用到了 QItemSelectionModel 的以下两个函数。

- hasSelection()函数，返回一个 bool 值，表示是否有选中的单元格。
- selectedIndexes()函数，返回一个元素为 QModelIndex 类型的列表，包括所有被选中的单元格的模型索引，当界面组件 tableView 设置为多选时可以选择多个单元格。

在获得选择单元格的模型索引列表后，通过模型索引从数据模型中获取项数据对象，使用 QStandardItemModel 类的 itemFromIndex(index)函数，返回的是模型索引为 index 的 QStandardItem 对象。

获得一个单元格的 QStandardItem 对象 item 后，就可以调用 QStandardItem 的函数进行属性设置了。

工具栏上的"粗体"按钮设置单元格的字体是否为粗体。在选择单元格时，actFontBold 的复选状态会根据当前单元格的字体是否为粗体自动更新，这是在自定义槽函数 do_curChanged()中实现的（见前面的代码），而这个自定义槽函数是和选择模型的 currentChanged()信号关联的，在当前单元格变化时就会执行此槽函数。

actFontBold 的 triggered(bool)信号的槽函数代码如下，与设置文字对齐方式的代码类似，故不再解释。

```
@pyqtSlot(bool)      ##字体 Bold
def on_actFontBold_triggered(self,checked):
    if (not self.selectionModel.hasSelection()):      #没有选择的项
        return
    selectedIndex=self.selectionModel.selectedIndexes()      #模型索引列表
    count=len(selectedIndex)
    for i in range(count):
        index=selectedIndex[i]                        #获取其中的一个模型索引
        item=self.itemModel.itemFromIndex(index)      #获取单元格的 item
        font=item.font()
        font.setBold(checked)
        item.setFont(font)
```

5. 数据另存为文件

在视图组件上对数据的修改都会自动更新到数据模型里，单击工具栏上的"模型数据"按钮可以将数据模型的数据内容显示到窗体右侧的 PlainTextEdit 组件里，代码如下：

```python
@pyqtSlot()      ##模型数据显示到plainTextEdit里
def on_actModelData_triggered(self):
    self.ui.plainTextEdit.clear()
    lineStr=""
    for i in range(self.itemModel.columnCount()-1):              #表头，不含最后一列
        item=self.itemModel.horizontalHeaderItem(i)
        lineStr=lineStr+item.text()+"\t"
    item=self.itemModel.horizontalHeaderItem(self.__ColCount-1)  #最后一列
    lineStr=lineStr+item.text()       #表头文字字符串
    self.ui.plainTextEdit.appendPlainText(lineStr)

    for i in range(self.itemModel.rowCount()):
        lineStr=""
        for j in range(self.itemModel.columnCount()-1):   #不包括最后一列
            item=self.itemModel.item(i,j)
            lineStr=lineStr+item.text()+"\t"
        item=self.itemModel.item(i,self.__ColCount-1)     #最后一列
        if (item.checkState()==Qt.Checked):
            lineStr=lineStr+"1"
        else:
            lineStr=lineStr+"0"
        self.ui.plainTextEdit.appendPlainText(lineStr)
```

这里主要涉及项数据模型的表头标题的读取、项数据内容逐行逐列的读取。

QStandardItemModel 的 horizontalHeaderItem()函数返回行标题的一个数据项对象，其函数原型是：

```python
horizontalHeaderItem(self, colNo) -> QStandardItem
```

其中 int 型参数 colNo 是列号，返回值是一个 QStandardItem 对象。

读取的各表头标题用 Tab 键分隔组成一个字符串，添加到 plainTextEdit 里显示。

QStandardItemModel 的 item()函数根据行号和列号返回工作区的数据项，其函数原型是：

```python
item(self, rowNo, colNo: int = 0) -> QStandardItem
```

其中 rowNo 是行号，colNo 是列号，返回值是一个 QStandardItem 对象。

每一行的数据内容也用 Tab 分隔组成一个字符串，添加到 plainTextEdit 里显示。

一旦在界面组件 tableView 中做任何修改后，点击"模型数据"按钮就会显示与 tableView 里完全相同的数据内容，说明在视图组件上显示的数据和数据模型内容是同步的。

工具栏上的"另存文件"按钮可以将数据模型的数据另存为一个文本文件，其实现代码如下：

```python
@pyqtSlot()      ##保存文件
def on_actSave_triggered(self):
    curPath=os.getcwd()      #获取当前路径
    filename,flt=QFileDialog.getSaveFileName(self,"保存文件",curPath,
                "井斜数据文件(*.txt);;所有文件(*.*)")
    if (filename==""):
        return
    self.on_actModelData_triggered()     #更新数据到plainTextEdit
    aFile=open(filename,'w')             #以写方式打开
    aFile.write(self.ui.plainTextEdit.toPlainText())
    aFile.close()
```

这里先调用了槽函数 on_actModelData_triggered()将数据模型的内容显示到组件 plainTextEdit 里，然后利用了 QPlainTextEdit 的 toPlainText()将其内容全部导出为文本，并写入文件。

4.5 自定义代理

4.5.1 自定义代理的功能

在前一节的示例中，在导入数据文件进行编辑时，QTableView 组件为每个单元格提供的是默认的代理编辑组件，这是一个 QLineEdit 组件。在编辑框里可以输入任何数据，所以比较通用。但是有些情况下，我们希望根据数据的类型限定使用不同的编辑组件，例如在 Demo4_3 的示例的数据中，"测深"是整数，使用 QSpinBox 或小数位数为零的 QDoubleSpinBox 作为编辑组件更合适；"垂深""方位""总位移"是浮点数，使用 QDoubleSpinBox 更合适，并且根据需要设定数据范围和小数位个数；而"固井质量"使用一个 QComboBox，从一组列表文字中选择更合适。

要实现这些功能就需要为 TableView 组件的某列或某个单元格设置自定义代理组件。本节在示例 Demo4_3 的基础上，为窗体上的组件 tableView 增加了自定义代理组件功能，运行时处于编辑状态时的效果如图 4-11 所示。

图 4-11 使用自定义代理组件后编辑数据时的效果

本节设计了以下两个自定义代理类。

- 基于 QDoubleSpinBox 的类 QmyFloatSpinDelegate，用于数字量的输入，可以设置小数位数，设置输入数据范围。
- 基于 QComboBox 的类 QmyComboBoxDelegate，用于"固井质量"的数据录入，可以设置列表选择的内容。

4.5.2 自定义代理类的基本设计要求

PyQt5 中有关代理的几个类的层级结构如图 4-12 所示。

QAbstractItemDelegate 是所有代理类的抽象基类，QStyledItemDelegate 是视图组件使用的默认的代理类，QItemDelegate 也是具有类似功能的类。QStyledItemDelegate 与 QItemDelegate 的差别在于：QStyledItemDelegate 可以使用当前的样式表设置来绘制组件，因此建议使用 QStyledItemDelegate 作为自定义代理组件的基类。

不管从 QStyledItemDelegate 还是 QItemDelegate 继承设计自定义代理组件，都必须实现如下 4 个函数。

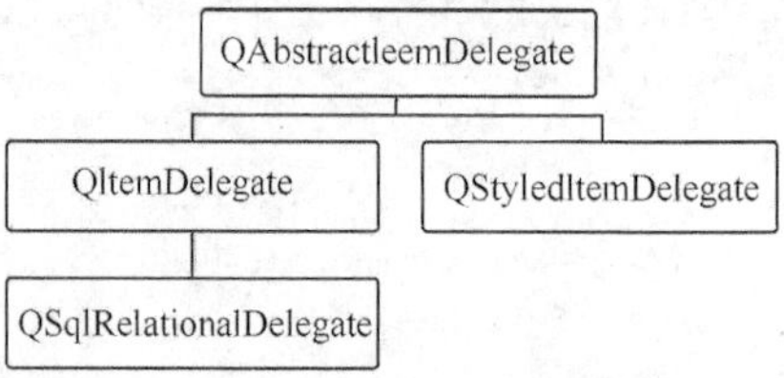

- createEditor()函数，创建用于编辑模型数据的 widget 组件，如一个 QSpinBox 组件或一个 QComboBox 组件。

图 4-12 实现代理功能的类的层级结构

- setEditorData()函数，从数据模型获取数据，供 widget 组件进行编辑。
- setModelData()函数，将 widget 上的数据更新到数据模型。
- updateEditorGeometry()函数，用于给 widget 组件设置合适的大小。

4.5.3　基于 QDoubleSpinBox 的自定义代理类

在 Demo4_4 的根目录下新建一个文件 myDelegates.py，在这个文件里实现了两个类 QmyFloat SpinDelegate 和 QmyComboBoxDelegate，其中 QmyFloatSpinDelegate 的完整代码如下：

```python
from PyQt5.QtWidgets import  QStyledItemDelegate
from PyQt5.QtWidgets import  QDoubleSpinBox,QComboBox
from PyQt5.QtCore import  Qt


## ==============基于 QDoubleSpinbox 的代理组件====================
class QmyFloatSpinDelegate(QStyledItemDelegate):
   def __init__(self, minV=0,maxV=10000,digi=2,parent=None):
      super().__init__(parent)
      self.__min=minV
      self.__max=maxV
      self.__decimals=digi

##自定义代理组件必须实现以下 4 个函数
   def createEditor(self, parent, option, index):
      editor = QDoubleSpinBox(parent)
      editor.setFrame(False)
      editor.setRange(self.__min,self.__max)
      editor.setDecimals(self.__decimals)
      return editor

   def setEditorData(self,editor,index):
      model=index.model()      #关联的数据模型
      text=model.data(index, Qt.EditRole)      #单元格文字
      editor.setValue(float(text))

   def setModelData(self,editor,model,index):
      value = editor.value()
      model.setData(index, value, Qt.EditRole)

   def updateEditorGeometry(self,editor,option,index):
      editor.setGeometry(option.rect)
```

QmyFloatSpinDelegate 的父类是 QStyledItemDelegate，使用的编辑器组件是 QDoubleSpinBox，它实现了代理组件要求实现的 4 个基本函数。

QmyFloatSpinDelegate 的构造函数中可以传入参数 minV、maxV、digi，分别用于设置最小值、最大值和小数位数，并且这 3 个参数都有默认值。在类中定义了 3 个私有变量，分别用于存储这 3 个参数。重新实现了以下 4 个函数完成代理功能。

- 函数 createEditor(parent, option, index)。createEditor()函数用于创建需要的编辑器组件，并作为函数的返回值。函数中的参数 parent 是代理组件的父容器对象；option 是 QStyleOptionViewItem 类型变量，可以对创建的编辑器组件的效果做一些高级设置；index 是 QModelIndex 变量，是关联数据项的模型索引，通过 index.model()可以获取关联的数据模型。

  程序里创建了一个 QDoubleSpinBox 类型的组件 editor，并用存储的私有变量设置其数据范围和小数位数，然后将 editor 作为函数的返回值。

  在 TableView 组件上双击一个单元格进入编辑状态时，就会调用此函数创建一个

QDoubleSpinBox 组件并显示在单元格里。

- 函数 setEditorData(editor, index)。setEditorData()函数用于从数据模型获取数据，设置为编辑器的显示值。双击一个单元格进入编辑状态时，就会自动调用此函数。

  函数传递来的参数 editor 指向代理编辑器组件，也就是在 createEditor()函数中创建的 QDoubleSpinBox 对象。index 是关联的数据单元的模型索引，index.model()指向关联的数据模型，然后通过模型的 data(index, Qt.EditRole)函数获取单元格的显示文字 text，再将 text 转换为浮点数后赋值为代理组件的显示值。

- 函数 setModelData(editor, model, index)。setModelData()函数用于将代理编辑器上的值更新到数据模型，当用户在界面上完成编辑时会自动调用此函数。

  函数的参数 editor 是所创建的编辑器组件，model 是关联的数据模型，index 是关联的单元格的模型索引。

  程序里先获取代理组件编辑器 editor 的数值 value，然后将这个值更新到数据模型。

- 函数 updateEditorGeometry(editor, option, index)。updateEditorGeometry()函数用于为代理组件 editor 的显示效果进行设置，参数 option 是 QStyleOptionViewItem 类型变量，其 rect 属性定义了单元格适合显示代理组件的大小，程序中直接设置为此值。index 是关联数据项的模型索引。

4.5.4　基于 QComboBox 的自定义代理类

在 myDelegates.py 文件里还定义了一个基于 QComboBox 的自定义代理类 QmyComboBox Delegate，其实现代码如下：

```python
class QmyComboBoxDelegate(QStyledItemDelegate):
    def __init__(self, parent=None):
        super().__init__(parent)
        self.__itemList=[]
        self.__isEditable=False

    def setItems(self,itemList, isEditable=False):
        self.__itemList=itemList
        self.__isEditable=isEditable

##自定义代理组件必须继承以下 4 个函数
    def createEditor(self, parent, option, index):
        editor = QComboBox(parent)
        editor.setFrame(False)
        editor.setEditable(self.__isEditable)
        editor.addItems(self.__itemList)
        return editor

    def setEditorData(self,editor,index):
        model=index.model()
        text= model.data(index, Qt.EditRole)
        editor.setCurrentText(text)

    def setModelData(self,editor,model,index):
        text = editor.currentText()
```

```
        model.setData(index, text, Qt.EditRole)

    def updateEditorGeometry(self,editor,option,index):
        editor.setGeometry(option.rect)
```

QmyComboBoxDelegate 的构造函数定义了私有变量 self.__itemList 用于存储 QComboBox 组件的下拉列表的内容，私有变量 self.__isEditable 用于设置 QComboBox 组件是否可编辑。

自定义接口函数 setItems()用于为这两个私有变量赋值。在 createEditor()函数里创建 QComboBox 组件 editor 后，用这两个变量设置 editor 的下拉列表内容，以及 editable 属性的值。

4.5.5　自定义代理类的使用

示例 Demo4_4 完全在 Demo4_3 的基础上修改，在 myMainWindow.py 文件中导入 myDelegates.py 文件中定义的两个代理类，即增加下面的语句：

```
from myDelegates import QmyFloatSpinDelegate, QmyComboBoxDelegate
```

然后在 QmyMainWindow 类的构造函数中增加设置代理组件的代码，构造函数的完整代码如下：

```
def __init__(self, parent=None):
    super().__init__(parent)
    self.ui=Ui_MainWindow()
    self.ui.setupUi(self)
    self.setCentralWidget(self.ui.splitter)
    self.__buildStatusBar()

    self.__ColCount=6        #常数，列数=6
    self.itemModel = QStandardItemModel(10,self.__ColCount,self)
    self.selectionModel = QItemSelectionModel(self.itemModel)
    self.selectionModel.currentChanged.connect(self.do_currentChanged)
    self.__lastColumnFlags=(Qt.ItemIsSelectable
            | Qt.ItemIsUserCheckable | Qt.ItemIsEnabled)

    self.ui.tableView.setModel(self.itemModel)               #数据模型
    self.ui.tableView.setSelectionModel(self.selectionModel)     #选择模型
    oneOrMore=QAbstractItemView.ExtendedSelection
    self.ui.tableView.setSelectionMode(oneOrMore)            #可多选
    itemOrRow=QAbstractItemView.SelectItems
    self.ui.tableView.setSelectionBehavior(itemOrRow)    #单元格选择
    self.ui.tableView.verticalHeader().setDefaultSectionSize(22)

##创建自定义代理组件并设置
    self.spinCeShen= QmyFloatSpinDelegate(0,10000,0,self)    #用于测深
    self.spinLength= QmyFloatSpinDelegate(0,6000,2,self)     #垂深，总位移
    self.spinDegree= QmyFloatSpinDelegate(0,360,1,self)      #用于方位
    self.ui.tableView.setItemDelegateForColumn(0,self.spinCeShen) #测深
    self.ui.tableView.setItemDelegateForColumn(1,self.spinLength) #垂深
    self.ui.tableView.setItemDelegateForColumn(3,self.spinLength) #总位移
    self.ui.tableView.setItemDelegateForColumn(2,self.spinDegree) #方位角

    qualities=["优","良","合格","不合格"]
    self.comboDelegate= QmyComboBoxDelegate(self)
    self.comboDelegate.setItems(qualities,False)        #不可编辑
    self.ui.tableView.setItemDelegateForColumn(4,self.comboDelegate)
```

前面部分的代码与 Demo4_3 的构造函数中的代码一样，后面部分是为创建和设置代理组件而新增的代码。

这里创建了 3 个 QmyFloatSpinDelegate 类型的代理组件，但是设置了不同的数据范围和小数位数，以便用于不同的数据列。

创建了一个 QmyComboBoxDelegate 类型的代理组件，并调用其 setItems()函数对下拉列表和 editable 属性进行了初始化设置。

可以为 QTableView 组件的某一行、某一列或整个表格设置代理组件，用到 QTableView 的函数如下。

- setItemDelegateForColumn(column, delegate)，为某一列 column 设置代理组件 delegate。本示例中，一列为一个字段，所以用 setItemDelegateForColumn()函数为列设置代理组件。
- setItemDelegateForRow(row, delegate)，为某一行 row 设置代理组件 delegate。
- setItemDelegate(delegate)，为整个 TableView 组件设置代理组件 delegate。

这样为 TableView 组件设置代理组件后，在表格上编辑数据时就会有图 4-11 的效果，其他功能与示例 Demo4_3 完全相同，就不再重复介绍了。

## 第 5 章

事件处理

基于窗体（Widget）的应用程序都是由事件（event）驱动的，鼠标单击、按下某个按键、重绘某个组件、最小化窗口都会产生相应的事件，应用程序对这些事件作出相应的响应处理以实现程序的功能。本章介绍 PyQt5 中事件的处理方法，包括：

- 常见的特定事件的处理函数及其使用方法；
- 使用 event()函数拦截 QWidget 窗体的事件，然后进行识别和分发处理的方法；
- 使用事件过滤器进行事件拦截和处理的方法；
- 拖放操作的实现方法。

5.1 默认事件处理

5.1.1 应用程序的事件循环

事件主要是由操作系统的窗口系统产生的，如一般的鼠标事件、键盘事件、窗体绘制事件等，产生的事件进入一个事件队列，由应用程序的事件循环进行处理。PyQt5 应用程序的主程序一般具有如下代码结构：

```
app = QApplication(sys.argv)
mainform=QmyWidget()
mainform.show()
sys.exit(app.exec_())
```

app 是创建的应用程序对象，最后执行的 app.exec_()开启了应用程序的事件处理循环。

应用程序会对事件队列中排队的事件进行处理，还可以对相同事件进行合并处理，例如一个界面组件的重绘事件 paintEvent，如果在事件队列中重复出现同一事件，应用程序就会合并处理，所以，事件处理是一种异步处理机制。

5.1.2 事件类型与默认的事件处理函数

在 PyQt5 中，事件是一种对象，由抽象类 QEvent 表示。QEvent 还有很多子类表示具体的事件，如 QKeyEvent 表示按键事件，QMouseEvent 表示鼠标事件，QPaintEvent 表示窗体绘制事件。

当一个事件发生时，PyQt5 会根据事件的具体类型用 QEvent 相应的子类创建一个事件实例对象，然后传递给产生事件的对象的 event()函数进行处理。QObject 类及其子类都可以进行事件的处理，但主要还是窗体类（QWidget 及其子类）中用到事件处理。

QObject 类的 event()函数的原型是：

```
event(self, e)
```

参数 e 是 QEvent 类型。QEvent 类主要有以下 3 个接口函数。

- accept()，表示事件接收者接受此事件，对此事件进行处理，接受的事件不会再传播给上层容器组件。
- ignore()，表示事件接收者忽略此事件，忽略的事件将传播给上层容器组件。
- type()，返回事件的类型，是枚举类型 QEvent.Type，这个枚举类型有 100 多个值，表示 100 多个类型的事件。

枚举类型 QEvent.Type 的每个值都对应一个事件类，例如 QEvent.KeyPress 类型表示的是按键事件，对应的事件类是 QKeyEvent。

一个类接收到事件后，首先会触发其 event()函数，如果 event()函数不做任何处理，就会自动触发默认的事件处理函数。

QWidget 类是所有界面组件类的父类，它定义了各种事件的默认处理函数，例如鼠标双击事件的枚举类型是 QEvent.MouseButtonDblClick，默认的事件处理函数是 mouseDoubleClickEvent()，其函数原型是：

```
mouseDoubleClickEvent(self, event)
```

参数 event 是 QMouseEvent 类型，这是鼠标事件对应的类。

QWidget 定义了很多的默认事件处理函数，都会传递一个 event 参数，但是 event 的类型由具体事件类型决定。常用的默认事件处理函数如表 5-1 所示（表中只列出了函数名称，未列出函数输入参数）。

表 5-1　常用的默认事件处理函数

默认函数名称	触发时机	参数 event 类型
mousePressEvent()	鼠标按键按下时触发	QMouseEvent
mouseReleaseEvent()	鼠标按键释放时触发	QMouseEvent
mouseMoveEvent()	鼠标移动时触发	QMouseEvent
mouseDoubleClickEvent()	鼠标双击时触发	QMouseEvent
keyPressEvent()	键盘按键按下时触发	QKeyEvent
keyReleaseEvent()	键盘按键释放时触发	QKeyEvent
paintEvent()	在界面需要重新绘制时触发	QPaintEvent
closeEvent()	一个窗体关闭时触发	QCloseEvent
showEvent()	一个窗体显示时触发	QShowEvent
hideEvent()	一个窗体隐藏时触发	QHideEvent
resizeEvent()	组件改变大小时触发，如一个窗口改变大小时	QResizeEvent
focusInEvent()	当一个组件获得键盘焦点时触发，如一个 QLineEdit 组件获得输入焦点	QFocusEvent
focusOutEvent()	当一个组件失去键盘焦点时触发，如一个 QLineEdit 组件失去输入焦点	QFocusEvent
enterEvent()	当鼠标进入组件的屏幕空间时触发，如鼠标移动到一个 QPushButton 组件上	QEvent
leaveEvent()	当鼠标离开组件的屏幕空间时触发，如鼠标离开一个 QPushButton 组件	QEvent
dragEnterEvent()	拖动操作正在进行，鼠标移动到组件上方时触发	QDragEnterEvent
dragLeaveEvent()	拖动操作正在进行，鼠标移出组件上方时触发	QDragLeaveEvent
dragMoveEvent()	拖动操作正在进行，鼠标移动时触发	QDragMoveEvent
dropEvent()	当拖动操作在某个组件上放下时触发	QDropEvent

用户在继承于 QWidget 或其子类的自定义类中可以重新实现这些默认的事件处理函数，从而

实现一些需要的功能。例如，QWidget 没有 clicked()
信号，那么就不能通过信号与槽的方式实现对鼠标单击
的处理，但是可以重新实现 mouseReleaseEvent()函数对
鼠标单击事件进行处理。

下面用示例 Demo5_1 来说明一些常用事件的处
理。Demo5_1 由项目模板 widgetApp 创建，程序运行
时的界面如图 5-1 所示。

示例的窗体 UI 文件是 Widget.ui，可视化设计时只
是在窗体上放置了一个 QLabel 标签和两个 QPushButton

图 5-1　示例 Demo5_1 运行时界面

按钮。文件 myWidget.py 的 import 部分和窗体业务逻辑类 QmyWidget 的构造函数的代码如下：

```
import sys
from PyQt5.QtWidgets import  QApplication, QWidget, QMessageBox
from PyQt5.QtCore import  pyqtSlot, Qt, QEvent
from PyQt5.QtGui import   QPainter, QPixmap

from ui_Widget import Ui_Widget
class QmyWidget(QWidget):
    def __init__(self, parent=None):
        super().__init__(parent)      #调用父类构造函数，创建窗体
        self.ui=Ui_Widget()           #创建 UI 对象
        self.ui.setupUi(self)         #构造 UI
```

然后在 QmyWidget 类中重新实现了以下一些典型事件的默认处理函数。

（1）paintEvent()

paintEvent()在界面需要重新绘制时触发，在此事件函数里可以实现一些自定义的绘制功能，
例如绘制窗体背景图片。paintEvent()函数的代码如下：

```
def paintEvent(self,event):       ##绘制窗体背景图片
    painter=QPainter(self)
    pic=QPixmap("sea1.jpg")
    painter.drawPixmap(0,0,self.width(),self.height(),pic)
    super().paintEvent(event)
```

这个函数的功能是将一个图片文件 sea1.jpg 绘制到窗体的整个区域，绘图时使用了窗体的画
笔对象 painter，在第 8 章介绍绘图时会详细介绍画笔的使用。图片文件 sea1.jpg 必须与 myWidget.py
文件在同一个目录里。

最后一行语句表示再执行父类的 paintEvent()事件处理函数，以便父类执行其内建的一些操作。

（2）resizeEvent()

resizeEvent()在窗体改变大小时触发，在此事件函数里，根据窗体大小，使一个按钮 btnTest
总是居于窗体的中央。

```
def resizeEvent(self,event):       ##改变窗体大小
    W=self.width()
    H=self.height()
    Wbtn=self.ui.btnTest.width()
    Hbtn=self.ui.btnTest.height()
    self.ui.btnTest.setGeometry((W-Wbtn)/2, (H-Hbtn)/2, Wbtn,Hbtn)
```

（3）closeEvent()

closeEvent()在窗体关闭时触发，在此事件函数里可以使用一个对话框询问是否关闭窗体，代

码如下：

```
def closeEvent(self,event):      ##窗体关闭时询问
    dlgTitle="Question 消息框"
    strInfo="closeEvent 事件触发, 确定要退出吗? "
    defaultBtn=QMessageBox.NoButton      #默认按钮
    result=QMessageBox.question(self, dlgTitle, strInfo,
            QMessageBox.Yes | QMessageBox.No,  defaultBtn)
    if (result==QMessageBox.Yes):
        event.accept()      #窗体可关闭
    else:
        event.ignore()      #窗体不能被关闭
```

这里使用了 QMessageBox 对话框询问是否关闭窗体，当关闭窗体时会触发此函数，出现如图 5-2 所示的对话框。

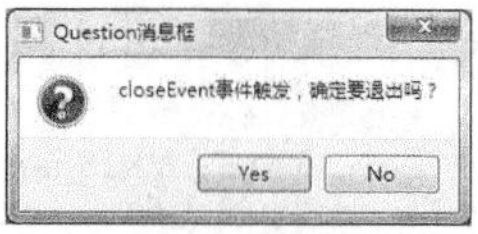

closeEvent(event)函数的参数 event 是 QCloseEvent 类型，根据对话框的返回结果调用 QCloseEvent 的 accept()函数可以关闭窗体，ignore()函数则不关闭窗体。

图 5-2　窗体关闭时的询问对话框

（4）mousePressEvent()

mousePressEvent()在鼠标按键按下时触发，在此事件函数里判断鼠标左键是否按下，如果是左键按下就显示鼠标光标处的屏幕坐标，即

```
def mousePressEvent(self,event):
    pt=event.pos()           #鼠标位置, QPoint
##    pt=event.localPos()      #鼠标位置, QPointF 与 pos()相同
##    pt=event.windowPos()     #鼠标位置, QPointF 与 pos()相同
    if (event.button() == Qt.LeftButton):      #鼠标左键按下
        self.ui.LabMove.setText("(x,y)=(%d,%d)"%(pt.x(),pt.y()))
        rect=self.ui.LabMove.geometry()
        self.ui.LabMove.setGeometry(pt.x(),pt.y(), rect.width(),rect.height())
    super().mousePressEvent(event)
```

此事件函数中的参数 event 是 QMouseEvent 类型，QMouseEvent 有以下几个接口函数，表示按下的按键的信息和鼠标坐标信息。

- button()函数：返回值是枚举类型 Qt.MouseButton，表示被按下的是鼠标的哪个按键，有 Qt.NoButton、Qt.LeftButton、Qt.RightButton 和 Qt.MidButton 等多种取值。

- buttons()函数：返回值是枚举类型 Qt.MouseButton 的取值组合，可用于判断多个按键被按下的情况，例如判断鼠标左键和右键同时按下时的语句是：

```
if (event.buttons() & Qt.LeftButton) and (event.buttons() & Qt.RightButton):
```

- x()函数和 y()函数：返回值是 int 类型；pos()函数，返回值是 QPoint 类型。这两组函数的返回值都表示鼠标光标在接收此事件的组件（widget）上的相对坐标。

- localPos()函数：返回值是 QPointF 类型，表示鼠标光标在接收此事件的组件（widget）或项（item）上的相对坐标。

- windowPos()函数：返回值是 QPointF 类型，表示鼠标光标在接收此事件的窗口（window）上的相对坐标。

- globalX()函数和 globalY()函数：返回值是 int 类型；globalPos()函数，返回值是 QPoint 类型。这两组函数的返回值都表示鼠标光标的全局坐标，也就是屏幕上的坐标。

- screenPos()函数：返回值是 QPointF 类型，表示鼠标光标在接收此事件的屏幕（screen）上的全局坐标。

在本示例中，接收 QMouseEvent 事件的是一个 QWidget 窗口，所以 pos()、localPos()和windowPos()返回的结果都是相同的，都可表示鼠标光标在窗体上的当前位置。

（5）keyPressEvent()或 keyReleaseEvent()

keyPressEvent()在键盘上的按键按下时触发，keyReleaseEvent()在按键释放时触发，为keyPressEvent()编写的代码如下：

```
def keyPressEvent(self,event):
##def keyReleaseEvent(self,event):
    rect=self.ui.btnMove.geometry()
    if event.key() in set([Qt.Key_A,Qt.Key_Left]):
        self.ui.btnMove.setGeometry(rect.left()-20,rect.top(),
            rect.width(),rect.height())
    elif event.key() in set([Qt.Key_D, Qt.Key_Right]):
        self.ui.btnMove.setGeometry(rect.left()+20,rect.top(),
            rect.width(),rect.height())
    elif event.key() in set([Qt.Key_W, Qt.Key_Up]):
        self.ui.btnMove.setGeometry(rect.left(),rect.top()-20,
            rect.width(),rect.height())
    elif event.key() in set([Qt.Key_S, Qt.Key_Down]):
        self.ui.btnMove.setGeometry(rect.left(),rect.top()+20,
            rect.width(),rect.height())
```

keyPressEvent(event)函数的参数 event 是 QKeyEvent 类型，它有以下两个主要的接口函数，表示按下的按键的信息。

- key()函数：返回值类型是 int，表示被按下的按键，与枚举类型 Qt.Key 的取值对应。枚举类型 Qt.Key 包括键盘上所有按键的枚举值，如 Qt.Key_Escape、Qt.Key_Tab、Qt.Key_Delete、Qt.Key_Alt、Qt.Key_F1、Qt.Key_A 等（详见 Qt 帮助文档）。
- modifiers()函数：返回值是枚举类型 Qt.KeyboardModifier 的取值组合，表示一些用于组合的按键，如 Ctrl、Alt、Shift 等按键。例如，判断 Ctrl+Q 是否被按下的语句如下：

```
if (event.key()==Qt.Key_Q) and (event.modifiers() & Qt.ControlModifier):
```

这段程序是期望在按下 W、A、S、D 或上、下、左、右方向键时，窗体上的按钮 btnMove能上下左右移动位置。但是却会发现在使用 keyPressEvent()事件函数时，只有 W、A、S、D 有效，而如果使用的是 keyReleaseEvent()函数，则 W、A、S、D 和上、下、左、右方向键都有效。这说明上、下、左、右方向键按下时不会产生 QEvent.KeyPress 类型的事件。

5.1.3 事件与信号的关系

事件与信号是有区别的，但是也有关联。Qt 为某个界面组件定义的信号通常是对某个事件的封装，例如 QPushButton 有 clicked()信号和 clicked(bool)信号，就可以看作是对 mouseReleaseEvent()事件的不同封装。

在使用一个界面组件的时候，我们通常是使用其信号，根据信号编写关联的槽函数，例如为一个 QPushButton 组件的 clicked()信号编写槽函数实现需要的功能。

但是某些时候，一个界面组件无法提供需要的信号，例如 QLabel 的所有信号如图 5-3 所示，
它没有 doubleClicked()信号，就无法通过信号与槽的方式实现
QLabel 组件的鼠标双击响应。但是，我们可以通过事件处理和自
定义信号创建一个具有 doubleClicked()信号的新的标签类。

下面是示例 Demo5_2 的程序文件 demo5_2EventSignal.py 的代
码内容，这个示例只有这一个文件。

图 5-3　QLabel 的信号

```python
import sys
from PyQt5.QtWidgets import  QApplication, QWidget, QLabel
from PyQt5.QtCore import  pyqtSignal
from PyQt5.QtGui import  QMouseEvent, QFont

## 自定义标签类，自定义 doubleClicked()信号
class QmyLabel(QLabel):
    doubleClicked = pyqtSignal()             ##自定义信号
    def mouseDoubleClickEvent(self,event):   ##双击事件的处理
        self.doubleClicked.emit()

class QmyWidget(QWidget):
    def __init__(self, parent=None):
        super().__init__(parent)
        self.resize(280,150)
        self.setWindowTitle("Demo5_2,事件与信号")

        LabHello = QmyLabel(self)
        LabHello.setText("双击我啊")
        font = LabHello.font()
        font.setPointSize(14)
        font.setBold(True)
        LabHello.setFont(font)
        size=LabHello.sizeHint()
        LabHello.setGeometry(70, 60, size.width(), size.height())
        LabHello.doubleClicked.connect(self.do_doubleClicked)

    def do_doubleClicked(self):        ##标签的槽函数
        print("标签被双击了")

    def mouseDoubleClickEvent(self,event):        ##双击事件的处理
        print("窗口双击事件响应")

## ============窗体测试程序 =================
if __name__ == "__main__":
    app = QApplication(sys.argv)
    form=QmyWidget()
    form.show()
    sys.exit(app.exec_())
```

（1）QmyLabel 类的定义和功能

这段程序中首先定义一个类 QmyLabel，它从 QLabel 继承而来。QmyLabel 类自定义一个信号
doubleClicked()，还重新实现了鼠标双击事件的默认处理函数 mouseDoubleClickEvent()，但是在处
理函数里只是简单地发射信号 doubleClicked()。

从 QmyLabel 类的实现代码里可以很清晰地看到事件与信号的关系，信号可以看作是对事件
的一种封装。

（2）QmyWidget 类的定义和功能

QmyWidget 是从 QWidget 继承的窗口类，它在构造函数里创建了一个 QmyLabel 组件 LabHello，为其 doubleClicked()信号关联自定义槽函数 do_doubleClicked()。

同时，QmyWidget 类也重新实现了鼠标双击事件函数 mouseDoubleClickEvent()。

示例 Demo5_2 运行时界面如图 5-4 所示。在标签上双击时，会在 Python 的交互窗口里显示文字"标签被双击了"，在窗体的非标签区域双击时，会显示文字"窗口双击事件响应"，说明标签和窗体分别对各自的双击事件作出了响应。

图 5-4　示例 Demo5_2 运行时界面

在这个示例中，如果窗体上放置的是一个普通的 QLabel 组件，窗体实现了 mouseDoubleClickEvent()事件函数，那么即使在 QLabel 组件上双击，也是触发窗体的 mouseDoubleClickEvent()事件函数，这是因为 QLabel 组件没有对双击事件作出响应，双击事件就传播给其父容器组件，即所在的窗体。

5.2　事件拦截与事件过滤

5.2.1　event()函数的作用

一个界面组件产生的事件首先会发送给其 event()函数做处理，如果 event()函数不做任何处理，就自动调用事件对应的默认处理函数。根据这个特性，可以在 event()函数里做一些事件屏蔽或预处理工作。

将示例 Demo5_1 完全复制为 Demo5_3，在 QmyWidget 类中增加 event()的函数实现，代码如下：

```
def event(self,event):
    if(event.type()== QEvent.Paint):
        return True      #不再绘制背景
    elif (event.type()== QEvent.KeyRelease) and (event.key()==Qt.Key_Tab):
        rect=self.ui.btnMove.geometry()
        self.ui.btnMove.setGeometry(rect.left()+100,rect.top(),
                rect.width(),rect.height())

    return super().event(event)
```

event()函数中的参数 event 是 QEvent 类型，event.type()返回事件的具体类型。

在前两行语句中，判断事件类型如果是 QEvent.Paint，就直接返回 True 并退出函数。QEvent.Paint 事件类型的默认处理函数是 paintEvent()，就是用于绘制窗体背景图片的函数。这样处理后，系统将不会执行已经重新实现的 paintEvent()函数，也就是不会绘制窗体的背景图片了，相当于把这个事件屏蔽了。

第二部分判断如果是 QEvent.KeyRelease 事件类型，且按键是 Tab 键，就将窗体上的按钮 btnMove 右移 100 个像素，使右移加速。

最后一行语句是调用父类的 event()函数进行默认的处理，所以已经重定义的各种事件的处理函数依然是可以执行的，除了 paintEvent()函数。

event()函数相当于事件的一个总入口,可以在这个函数里监视产生的事件的顺序,例如,可以编写如下的代码:

```
def event(self,event):
    eventType=(int)(event.type())
    print("event.type()=%d" %eventType)
    return super().event(event)
```

这样,每个事件的类型代码都会在 Python 交互窗口里显示出来。利用这段代码可以测试按下字母键 W 时产生的事件及顺序,再测试按下一个方向键时产生的事件及顺序,就会发现按下方向键时不会产生 QEvent.keyPress 类型的事件。

5.2.2   事件过滤器

PyQt5 的事件处理还提供了一个强大的功能:事件过滤器(event filter),可以将一个对象的事件委托给另一个对象来监测并处理。

要实现事件过滤器功能,需要完成以下两项操作。

(1)被监测对象使用 installEventFilter()函数将自己注册给监测对象。

(2)监测对象实现 eventFilter()函数,对监测到的对象和事件作出处理。

installEventFilter()和 eventFilter()都是在 QObject 类中定义的公共函数。

本节用示例 Demo5_4 演示事件过滤器的用法。示例由项目模板 widgetApp 创建,运行时界面如图 5-5 所示。窗体可视化设计时就是用两个 QLabel 组件垂直布局。

myWidget.py 文件的完整代码如下(省略了窗体测试部分的代码):

图 5-5   示例 Demo5_4 运行时界面

```
import sys
from PyQt5.QtWidgets import  QApplication, QWidget,qApp
from PyQt5.QtCore import  Qt, QEvent
from ui_Widget import Ui_Widget

class QmyWidget(QWidget):
    def __init__(self, parent=None):
        super().__init__(parent)
        self.ui=Ui_Widget()
        self.ui.setupUi(self)
        self.ui.LabHover.installEventFilter(self)
        self.ui.LabDBClick.installEventFilter(self)

    def eventFilter(self,watched,event):
        if (watched==self.ui.LabHover):          #上面的 QLabel 组件
            if (event.type()==QEvent.Enter):     #鼠标光标移入
                self.ui.LabHover.setStyleSheet("background-color: rgb(170, 255, 255);")
            elif (event.type()==QEvent.Leave):  #鼠标光标移出
                self.ui.LabHover.setStyleSheet("")
                self.ui.LabHover.setText("靠近我,点击我")
            elif (event.type()==QEvent.MouseButtonPress):      #鼠标按键按下
                self.ui.LabHover.setText("button pressed")
            elif (event.type()==QEvent.MouseButtonRelease):    #鼠标按键释放
                self.ui.LabHover.setText("button released")
```

```
if (watched==self.ui.LabDBClick):          #下面的 QLabel 组件
    if (event.type()==QEvent.Enter):
        self.ui.LabDBClick.setStyleSheet("background-color: rgb(85, 255, 127);")
    elif (event.type()==QEvent.Leave):
        self.ui.LabDBClick.setStyleSheet("")
        self.ui.LabDBClick.setText("可双击的标签")
    elif (event.type()==QEvent.MouseButtonDblClick):  #鼠标双击
        self.ui.LabDBClick.setText("double clicked")

return super().eventFilter(watched,event)
```

（1）事件过滤器的安装

在 QmyWidget 类的构造函数中有以下两行语句实现事件过滤器的安装：

```
self.ui.LabHover.installEventFilter(self)
self.ui.LabDBClick.installEventFilter(self)
```

self 是两个 QLabel 组件所在的窗体，这样，界面组件 LabHover 和 LabDBClick 就将窗体注册为其事件监测者，在 LabHover 或 LabDBClick 组件上触发的事件会发送给窗体进行处理。

（2）监测事件的处理

窗体通过重新实现 eventFilter()函数对被监测的对象及其事件进行处理。eventFilter()函数有两个传入参数：watched 是 QObject 类对象，表示事件发生的对象；event 是 QEvent 类对象，表示事件类型和参数。

在 eventFilter()函数的实现代码中，首先通过 watched 判断哪个是被监测对象，然后再根据 event.type()判断事件类型并作出相应处理。例如，如果触发事件的对象是窗体上面的标签组件 LabHover，就对其以下 4 种事件作出响应处理。

- QEvent.Enter：鼠标移入 LabHover 时触发的事件，通过设置样式表的方式设置其背景色为亮蓝色。
- QEvent.Leave：鼠标移出 LabHover 时触发的事件，通过清除样式表，恢复背景颜色，恢复初始显示的文字。
- QEvent.MouseButtonPress：按键按下时触发的事件，LabHover 显示文字 "button pressed"。
- QEvent.MouseButtonRelease：按键释放时触发的事件，LabHover 显示文字 "button released"。

同样，当参数 watched 是标签对象 LabDBClick 时，对其 3 个事件做出处理。

eventFilter()函数的代码中的最后一行语句是必需的，即

```
return super().eventFilter(watched,event)
```

它的功能是执行父类的 eventFilter()函数，实现一些默认的处理。如果没有这一行语句，程序运行时会出错。

5.2.3　事件队列的及时处理

一个 QApplication 类型的应用程序执行 exec_()函数后就开始了事件的循环处理。所有的事件都进入到一个事件队列里，应用程序检测队列里是否有未处理的事件，以便及时处理队列里的事件。

一般情况下，应用程序都能及时处理完队列里的事件，用户操作不会感觉到响应迟滞。但

是在某些情况下，例如执行一个大的循环，并且在循环里进行大量的计算或数据传输，同时又要求更新界面显示，这时就可能出现界面响应迟滞甚至无响应的情况，这就是因为事件队列未能得到及时处理。

要解决这样的问题可以采用多线程方法，例如一般的涉及网络大量数据传输的程序都会使用多线程功能，将界面更新与网络数据传输分别用两个线程处理，就不会出现界面无响应的情况。

另外一种简单的处理方法是使用 QCoreApplication 的类函数 processEvents()。QCoreApplication 是 QApplication 的父类，processEvents()函数的功能是让应用程序处理完事件队列里所有未处理的事件。processEvents()函数的函数原型是：

```
processEvents(flags = QEventLoop.AllEvents)
```

其中，参数 flags 是枚举类型 QEventLoop.ProcessEventsFlag，表示处理的方式，默认取值为 QEventLoop.AllEvents。这个枚举类型有以下几种取值：

- QEventLoop.AllEvents（处理所有事件）；
- QEventLoop.ExcludeUserInputEvents（排除用户输入事件，如键盘和鼠标的事件）；
- QEventLoop.ExcludeSocketNotifiers（排除网络 socket 的通知事件）；
- QEventLoop.WaitForMoreEvents（如果没有未处理的事件，等待更多事件）。

在程序中调用 processEvents()函数一般用如下的代码：

```
qApp.processEvents()
```

其中 qApp 是 PyQt5.QtWidgets 模块中的一个全局变量，表示当前应用程序，要使用 qApp，需要用以下的语句导入：

```
from PyQt5.QtWidgets import qApp
```

如果要排除用户输入事件，例如在一个耗时较长的计算处理过程中不允许用户用鼠标或键盘操作，就可使用下面的调用方式：

```
qApp.processEvents(QEventLoop.ExcludeUserInputEvents)
```

5.3　拖放事件与拖放操作

5.3.1　拖放操作相关事件

拖放（drag and drop）操作是 GUI 应用程序经常使用的一种操作，例如将视频文件拖到一个视频播放软件上，软件就可以播放此文件；在 UI Designer 里设计窗体界面时，将一个 Action 拖放到工具栏上就会创建一个工具栏按钮。

拖放过程由两个操作组成：拖动（drag）和放置（drop）。被拖动的组件称为拖动点（drag site），接收拖动操作的组件称为放置点（drop site）。拖动点与放置点可以是不同的组件，甚至是不同的应用程序，也可以是同一个组件。

整个拖放操作可以分解为以下两个过程。

（1）drag site 启动拖动操作。drag site 通过 mousePressEvent()事件函数和 mouseMoveEvent()事件函数的处理，检测到鼠标左键按下并移动时就可以开始一个拖动操作。启动拖动操作需要创建一个 QDrag 对象描述拖动操作，并再创建一个 QMimeData 类的对象用于存储拖动操作的格式信息和数据，并赋值为 QDrag 对象的 mimeData 属性。

（2）drop site 处理放置操作。当一个拖动操作移动到 drop site 范围内时，首先触发 dragEnterEvent()事件函数，在此事件函数里一般要通过拖动操作的 mimeData 数据判断拖动操作的来源和参数，从而决定是否接受此拖动操作。只有被接受的拖动操作才可以被放置，并触发 dropEvent()事件函数。dropEvent()事件函数用于处理放置时的具体操作，例如判断拖动来的文件类型，然后执行相应的操作。

从这个过程中可以看到，要实现一个完整的拖放操作需要对各种事件进行处理，drag site 和 drop site 最好是各自实现了相关事件处理的类，如果放在同一个窗体上来实现这些事件的处理，需要用到事件过滤器功能。

5.3.2 外部文件拖放操作示例

本节通过示例 Demo5_5 演示一个 drop site 功能的实现，这是一个比较实用的示例。示例运行时界

面如图 5-6 所示，从 Windows 资源管理器中拖动一个 JPEG 图片文件到示例程序窗体上，示例程序会显示拖动事件的 mimeData 数据，并显示图片。示例程序窗体只接受 JPEG 格式的文件，其他文件一律不接受。

示例 Demo5_5 由项目模板 widgetApp 创建，窗体上只放置了一个 QPlainTextEdit 组件和一个 QLabel 组件，没有使用水平布局，

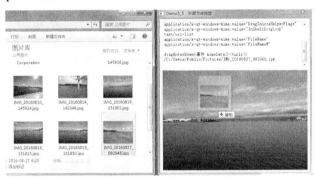

图 5-6 从 Windows 的资源管理器里拖
一个 JPEG 格式的图片文件到示例 Demo5_5 的窗体

而是固定大小。QLabel 组件的 scaledContents 属性设置为 True，让图片适应 QLabel 组件的大小。

文件 myWidget.py 的完整代码如下（省略了窗体测试的代码）：

```
import sys,os
from PyQt5.QtWidgets import   QApplication, QWidget
from PyQt5.QtGui import   QPixmap
from ui_Widget import Ui_Widget

class QmyWidget(QWidget):
    def __init__(self, parent=None):
        super().__init__(parent)
        self.ui=Ui_Widget()
        self.ui.setupUi(self)

        self.setAcceptDrops(True)
        self.ui.plainTextEdit.setAcceptDrops(False)     #不允许放置
        self.ui.LabPic.setAcceptDrops(False)            #由父窗体处理
        self.ui.LabPic.setScaledContents(True)          #图片适应 Label 大小

##   ===============事件处理函数==========================
    def dragEnterEvent(self,event):
```

```
        self.ui.plainTextEdit.clear()
        self.ui.plainTextEdit.appendPlainText(
              "dragEnterEvent 事件 mimeData().formats()")
        for  strLine in event.mimeData().formats():     #格式数据
            self.ui.plainTextEdit.appendPlainText(strLine)

        self.ui.plainTextEdit.appendPlainText(
              "\ndragEnterEvent 事件 mimeData().urls()")
        for url in event.mimeData().urls():
            self.ui.plainTextEdit.appendPlainText(url.path())

        if (event.mimeData().hasUrls()):
            filename=event.mimeData().urls()[0].fileName()   #只有文件名
            basename,ext=os.path.splitext(filename)          #文件名和后缀
            ext=ext.upper()
            if (ext ==".JPG"):   #只接受 JPEG 文件
                event.acceptProposedAction()      #接受拖放操作
            else:
                event.ignore()
        else:
            event.ignore()

    def dropEvent(self,event):
        filename=event.mimeData().urls()[0].path()     #完整文件名
        cnt=len(filename)
        realname=filename[1:cnt]                         #去掉最左边的"/"
        pixmap = QPixmap(realname)
        self.ui.LabPic.setPixmap(pixmap)
        event.accept()
```

（1）构造函数中的处理

setAcceptDrops()是 QWidget 类定义的函数，用于设置一个窗体组件是否接受放置操作。如果设置为 False，则组件不接受放置操作，如果设置为 True，则会有默认的操作，并可以重新实现 dragEnterEvent()和 dropEvent()等事件函数实现特定的操作。

构造函数里设置界面组件 plainTextEdit 和 LabPic 都不接受放置操作，而窗体接受放置操作，所以即使将一个文件图标拖动到 plainTextEdit 或 LabPic 上然后释放，事件也是传播到组件所在的父容器，也就是由窗口处理。

（2）dragEnterEvent()事件函数的处理

dragEnterEvent()事件函数在拖动进入组件上方时触发，此函数的主要功能一般是通过读取拖动事件的 mimeData 属性的内容，判断是否是所需要的拖动来源，以决定是否允许此拖动被放置。

dragEnterEvent()函数传递进的参数 event 是 QDragEnterEvent 类型，event.mimeData()函数返回一个 QMimeData 对象，这个对象记录了拖动操作数据源的一些关键信息。

MIME (Multipurpose Internet Mail Extensions)是多功能因特网邮件扩展，它设计的最初目的是为了在发送电子邮件时附加多媒体数据，让邮件客户程序能根据其类型进行处理。QMimeData 是对 MIME 数据的封装，在拖放操作和剪切板操作中都用 QMimeData 类描述传输的数据。

一个 QMimeData 对象可能用多种格式存储同一数据。QMimeData.formats()函数返回对象支持的 MIME 格式的字符串列表。示例程序中用下面的代码将 formats()函数返回的格式全部显示出来。

```
for  strLine in event.mimeData().formats():
    self.ui.plainTextEdit.appendPlainText(strLine)
```

在本示例程序运行时,当从 Windows 资源管理器中拖动一个 JPEG 图片文件到程序窗体上时,formats()函数返回的格式列表如下:

```
application/x-qt-windows-mime;value="Shell IDList Array"
application/x-qt-windows-mime;value="UsingDefaultDragImage"
application/x-qt-windows-mime;value="DragImageBits"
application/x-qt-windows-mime;value="DragContext"
application/x-qt-windows-mime;value="DragSourceHelperFlags"
application/x-qt-windows-mime;value="InShellDragLoop"
text/uri-list
application/x-qt-windows-mime;value="FileName"
application/x-qt-windows-mime;value="FileNameW"
```

其中,application/x-qt-windows-mime 是 Windows 平台上自定义的 MIME 格式;text/uri-list 是标准的 MIME 格式,表示 URL 网址或本机上的文件来源。本示例接受从 Windows 资源管理器拖来的一个 JPEG 文件,所以 MIME 的格式中有 text/uri-list。

知道 MIME 的数据格式是 text/uri-list 后,就可以用 QMimeData 的 urls()函数获取一个列表,例如,程序中用下面的代码显示 urls()函数返回的列表的内容。

```
for url in event.mimeData().urls():
    self.ui.plainTextEdit.appendPlainText(url.path())
```

QMimeData.urls()函数返回的结果是 QUrl 类的列表数据,QUrl.path()函数返回 URL 的路径,对于本机上的文件就是带路径的文件名。本示例在 Windows 上运行时返回的文件名类似于下面的字符串,在开头有一个多余的 "/"。

```
"/C:/Users/Public/Pictures/Sample Pictures/Penguins.jpg"
```

QMimeData 对常见的 MIME 格式有相应的判断函数和获取数据函数(省略了函数的输入输出参数,仅列出函数名),如表 5-2 所示。

表 5-2 QMimeData 对常见 MIME 格式的判断和获取数据函数

判断函数	获取函数	设置函数	MIME 格式
hasText()	text()	setText()	text/plain
hasHtml()	html()	setHtml()	text/html
hasUrls()	urls()	setUrls()	text/uri-list
hasImage()	imageData()	setImageData()	image/*
hasColor()	colorData()	setColorData()	application/x-color

在 dragEnterEvent()函数中判断 MIME 数据格式和来源文件是否为 JPEG 文件,然后调用 QDragEnterEvent 的 acceptProposedAction()函数或 ignore()函数作出相应的处理。

- acceptProposedAction()函数表示接受拖动操作,允许后续的放置操作。
- ignore()函数表示不接受此拖动操作,不允许后续的放置操作。可以测试拖放一个非 JPEG 文件到程序窗体上,会显示禁止放置的图标。

(3)dropEvent ()事件函数的处理

在 dragEnterEvent()事件函数中被接受的拖动操作在放置时才会触发 dropEvent()事件函数,所以在此函数里无须再进行 MIME 格式判断。程序的关键是通过下面的代码获取拖动操作的源文件的完整文件名:

```
filename=event.mimeData().urls()[0].path()
```

在 Windows 平台上，返回的字符串 filename 最前面有一个多余的"/"，通过字符串处理去掉此字符得到正确的文件名，然后在窗体上的标签 LabPic 上显示此图片。

5.4　具有拖放操作功能的组件

5.4.1　功能概述

任何一个界面组件都是 QWidget 的子类，通过调用 setAcceptDrops(True) 函数就可以将组件作为 drop site 接收放置操作。前一节的示例 Demo5_5 演示了如何实现作为 drop site 接受放置操作的功能，但没有启动拖动操作的功能。

若要编写代码对一个界面组件实现启动拖动操作的功能，需要对其 mousePressEvent()、mouseMoveEvent() 等事件函数编写代码，在启动拖动操作时需要创建一个 QDrag 对象实例，创建一个 QMimeData 类的实例用于存储拖动操作的格式信息和数据，并赋值为 QDrag 实例的 mimeData 属性。要实现这些功能，最好是从界面组件继承一个子类后，在自定义类里实现这些功能，例如，可以从 QTreeWidget 继承设计一个具有节点拖放操作功能的目录树组件。

PyQt5 类库中的一些类实现了完整的拖放操作功能，QLineEdit、QAbstractItemView、QStandardItem 等都有一个函数 setDragEnabled(enable)，当设置参数 enable 为 True 时，组件就可以作为一个 drag site，具有默认的操作功能。

QAbstractItemView 是 QListView、QTableView、QTreeView 的父类，而这 3 个类的便利类分别是 QListWidget、QTableWidget、QTreeWidget。在第 3 章、第 4 章已经介绍了这几个类的用法，但是没有介绍其拖放操作，例如目录树节点的任意拖放、ListWidget 组件中条目的任意拖放等。

QAbstractItemView 类定义了拖放操作相关的各种函数，通过这些函数的设置，QListView、QTableView、QTreeView 及其便利类 QListWidget、QTableWidget、QTreeWidget 具有非常方便的节点拖放操作功能。

本节的示例程序 Demo5_6 演示了 QListWidget、QTableWidget、QTreeWidget 的拖放操作功能，程序运行时界面如图 5-7 所示，有以下 4 个具有拖放操作功能的界面组件。

- 窗体最左侧的"listSource"框里是一个 QListWidget 组件，对象名称为 listSource，在窗体可视化设计时就设计好了十几个带图标的项。

- "listWidget"框里是一个 QListWidget 组件，对象名称是 listWidget，在窗体可视化设计时其内容为空。

- "treeWidget"框里是一个 QTreeWidget

图 5-7　示例 Demo5_6，具有拖放操作功能的界面组件

组件，对象名称是 treeWidget，在窗体可视化设计时只设计了"编辑"和"格式"两个节点。

- "tableWidget"框里是一个 QTableWidget 组件，对象名称是 tableWidget，在窗体可视化设计时其内容为空。

在窗体上方还可以对这 4 个界面组件进行拖放操作相关的设置。在"设置对象"分组框里选择一个对象后，在"拖放参数设置"框里会显示这个组件的 4 个属性的值，也可以设置对象的这 4 个拖放操作属性。拖放操作的 4 个属性的设置影响到组件的拖放操作的特性，在后面会结合代码具体解释这些属性的作用。

5.4.2 界面设计与初始化

本示例是基于项目模板 widgetApp 创建的，窗体 Widget.ui 的可视化设计结果参见示例源文件。窗体业务逻辑类 QmyWidget 的构造函数的代码如下：

```
import sys
from PyQt5.QtWidgets import (QApplication, QWidget,  QAbstractItemView,
                QTreeWidgetItem, QListWidget,QTreeWidget,QTableWidget)
from PyQt5.QtCore import  pyqtSlot, Qt, QEvent

from ui_Widget import Ui_Widget
class QmyWidget(QWidget):
   def __init__(self, parent=None):
      super().__init__(parent)
      self.ui=Ui_Widget()
      self.ui.setupUi(self)

      self.ui.listSource.installEventFilter(self)        #安装事件过滤器
      self.ui.listWidget.installEventFilter(self)
      self.ui.treeWidget.installEventFilter(self)
      self.ui.tableWidget.installEventFilter(self)

      self.ui.listSource.setAcceptDrops(True)
      self.ui.listSource.setDragDropMode(QAbstractItemView.DragDrop)
      self.ui.listSource.setDragEnabled(True)
      self.ui.listSource.setDefaultDropAction(Qt.CopyAction)

      self.ui.listWidget.setAcceptDrops(True)
      self.ui.listWidget.setDragDropMode(QAbstractItemView.DragDrop)
      self.ui.listWidget.setDragEnabled(True)
      self.ui.listWidget.setDefaultDropAction(Qt.MoveAction)

      self.ui.treeWidget.setAcceptDrops(True)
      self.ui.treeWidget.setDragDropMode(QAbstractItemView.DragDrop)
      self.ui.treeWidget.setDragEnabled(True)
      self.ui.treeWidget.setDefaultDropAction(Qt.MoveAction)

      self.ui.tableWidget.setAcceptDrops(True)
      self.ui.tableWidget.setDragDropMode(QAbstractItemView.DragDrop)
      self.ui.tableWidget.setDragEnabled(True)
      self.ui.tableWidget.setDefaultDropAction(Qt.MoveAction)

      self.__itemView=None       #用于设置属性的当前组件
      self.on_radio_Source_clicked()        #调用一次槽函数，初始化界面
```

在构造函数中主要实现了如下一些功能。

- 为 4 个可拖放操作的界面组件调用 installEventFilter()函数安装了事件过滤器，让窗体在 eventFilter()函数里处理事件，当事件为 KeyPress 类型且按键是 Delete 键时，就删除组件上的当前节点。

- 为 4 个可拖放操作组件分别设置了拖放操作的属性，其中 setAcceptDrops(True)使组件可以作为 drop site 接受放置操作，setDragEnabled(True)使组件可以作为 drag site 启动拖动操作。另外两个函数的功能和参数在后面详细介绍。
- 定义了一个私有变量 self.__itemView 指向当前设置属性的对象组件，即 4 个可拖放组件中的某一个。

5.4.3　拖放操作属性的显示

在窗体上的“设置对象”框里点击 4 个 RadioButton 按钮中的某一个时，就会在右侧的“拖放参数设置”框里显示选择组件的拖放操作属性。QmyWidget 类中相关代码如下：

```
##  =====4 个 RadioButton 按钮的槽函数===============
@pyqtSlot()    ##listSource
def on_radio_Source_clicked(self):
    self.__itemView=self.ui.listSource
    self.__refreshToUI()

@pyqtSlot()    ##listWidget
def on_radio_List_clicked(self):
    self.__itemView=self.ui.listWidget
    self.__refreshToUI()

@pyqtSlot()    ##treeWidget
def on_radio_Tree_clicked(self):
    self.__itemView=self.ui.treeWidget
    self.__refreshToUI()

@pyqtSlot()    ##tableWidget
def on_radio_Table_clicked(self):
    self.__itemView=self.ui.tableWidget
    self.__refreshToUI()

##==============自定义函数==================
def __refreshToUI(self):       ##属性显示到界面
    self.ui.chkBox_AcceptDrops.setChecked(self.__itemView.acceptDrops())
    self.ui.chkBox_DragEnabled.setChecked(self.__itemView.dragEnabled())
    self.ui.combo_Mode.setCurrentIndex(self.__itemView.dragDropMode())
    index=self.__getDropActionIndex(self.__itemView.defaultDropAction())
    self.ui.combo_DefaultAction.setCurrentIndex(index)

def __getDropActionIndex(self,actionType):
    if actionType==Qt.CopyAction:
        return 0
    elif actionType==Qt.MoveAction:
        return 1
    elif actionType==Qt.LinkAction:
        return 2
    elif actionType==Qt.IgnoreAction:
        return 3
    else:
        return 0
```

在某个 RadioButton 按钮被点击时，设置私有变量 self.__itemView 为对应的界面组件，然后调用自定义函数__refreshToUI()显示所选组件的 4 个拖放操作相关属性的设置结果。这 4 个函数中除了 acceptDrops()是在 QWidget 类中定义的，其他 3 个函数都是在 QAbstractItemView 类中定义的。

- acceptDrops()：返回一个 bool 值，表示组件是否可以作为 drop site 接受放置操作。

- dragEnabled()：返回一个 bool 值，表示组件是否可以作为 drag site 启动拖动操作。
- dragDropMode()：返回结果是枚举类型 QAbstractItemView.DragDropMode，表示拖放操作模式，其取值和意义如表 5-3 所示。
- defaultDropAction()：返回结果是枚举类型 Qt.DropAction。当组件作为 drag site 时，它表示在完成拖放操作时 drag site 组件的数据操作模式，其取值和意义如表 5-4 所示。

表 5-3　枚举类型 QAbstractItemView.DragDropMode 的取值和意义

枚举值	数值	意义
QAbstractItemView.NoDragDrop	0	不支持拖放操作
QAbstractItemView.DragOnly	1	组件只支持 drag 操作
QAbstractItemView.DropOnly	2	组件只支持 drop 操作
QAbstractItemView.DragDrop	3	组件支持 drag 和 drop 操作
QAbstractItemView.InternalMove	4	组件只支持内部项的移动操作，例如目录树自身节点的移动操作

表 5-4　枚举类型 Qt.DropAction 的取值和意义

枚举值	数值	意义
Qt.CopyAction	1	将数据复制到 drop site 组件
Qt.MoveAction	2	将数据从 drag site 组件移动到 drop site 组件
Qt.LinkAction	4	在 drag site 组件和 drop site 组件之间建立数据连接
Qt.IgnoreAction	0	对数据不进行任何操作

在窗体上的 "defaultDropAction" 下拉列表框中列出了表 5-4 的 4 个枚举选项，因为其数值不连续的，所以用一个自定义函数 __getDropActionIndex() 进行从枚举类型到序号的转换。

5.4.4　拖放属性的设置

窗体上 "拖放参数设置" 框里的 4 个组件用于设置所选的可拖放组件的属性，相关代码如下：

```python
##============用于属性设置的 4 个组件的槽函数====================
@pyqtSlot(bool)
def on_chkBox_AcceptDrops_clicked(self,checked):
    self.__itemView.setAcceptDrops(checked)

@pyqtSlot(bool)
def on_chkBox_DragEnabled_clicked(self,checked):
    self.__itemView.setDragEnabled(checked)

@pyqtSlot(int)
def on_combo_Mode_currentIndexChanged(self,index):
    mode= (QAbstractItemView.DragDropMode)(index)
    self.__itemView.setDragDropMode(mode)

@pyqtSlot(int)
def on_combo_DefaultAction_currentIndexChanged(self,index):
    actionType=self.__getDropActionType(index)
    self.__itemView.setDefaultDropAction(actionType)

def __getDropActionType(self,index):
    if index==0:
        return Qt.CopyAction
    elif index==1:
        return Qt.MoveAction
    elif index==2:
        return Qt.LinkAction
```

```
elif index==3:
    return Qt.IgnoreAction
else:
    return Qt.CopyAction
```

变量 self.__itemView 是属性设置的对象组件，通过以下 4 个接口函数设置拖放操作的属性。

- setAcceptDrops(checked)，当 checked 为 True 时，组件作为 drop site 可接受放置操作，否则不是 drop site。
- setDragEnabled(checked)，当 checked 为 True 时，组件作为 drag site 可以启动拖动操作，否则不是 drag site。
- setDragDropMode(mode)，参数 mode 是枚举类型 QAbstractItemView.DragDropMode，其取值如表 5-3 所示，用于设置拖放操作模式。

  使用 setDragDropMode() 函数设置拖放操作模式时，相当于用不同的组合调用了 setAcceptDrops() 和 setDragEnabled()，例如，执行语句

  ```
  setDragDropMode(QAbstractItemView.DragOnly)
  ```

  就相当于执行了 setAcceptDrops(False) 和 setDragEnabled(True)。反之也是有影响的。
- setDefaultDropAction(dropAction)，参数 dropAction 是枚举类型 Qt.DropAction，用于设置完成拖放操作时源组件的数据操作方式。枚举类型的取值如表 5-4 所示。

这些属性的设置对于拖放操作的影响，特别是 dragDropMode 和 defaultDropAction 属性对操作的影响，可运行示例程序并进行不同的设置来考查其实际效果。

5.4.5 通过事件过滤器实现项的删除

在 QmyWidget 类的构造函数中为 4 个可拖放操作组件设置了事件过滤器，事件过滤器的实现函数 eventFilter() 的代码如下：

```
def eventFilter(self,watched,event):
    if (event.type()==QEvent.KeyPress) and (event.key()==Qt.Key_Delete):
        if (watched==self.ui.listSource):
            self.ui.listSource.takeItem(self.ui.listSource.currentRow())
        elif (watched==self.ui.listWidget):
            self.ui.listWidget.takeItem(self.ui.listWidget.currentRow())
        elif (watched==self.ui.treeWidget):
            curItem=self.ui.treeWidget.currentItem()
            if (curItem.parent()!=None):
                parItem=curItem.parent()
                parItem.removeChild(curItem)
            else:
                index=self.ui.treeWidget.indexOfTopLevelItem(curItem)
                self.ui.treeWidget.takeTopLevelItem(index)
        elif (watched==self.ui.tableWidget):
            self.ui.tableWidget.takeItem(self.ui.tableWidget.currentRow(),
                                         self.ui.tableWidget.currentColumn())

    return super().eventFilter(watched,event)
```

该函数的功能是当事件类型为 QEvent.KeyPress 且按下的按键是 Delete 键时，通过 watched 参数判断是哪个界面组件，然后删除该组件的当前节点或当前项。

事件过滤器在 5.2 节已有介绍，本示例实现此功能是为了方便删除节点或当前项，QTreeWidget、QTableWidget 等组件删除节点的操作在第 3 章有具体介绍，这里就不再赘述了。

## 第 6 章

对话框与多窗口设计

在一个功能稍微多一点的应用程序中，除了主窗口外，一般还有多个其他窗口或对话框。一般由主窗口调用和显示这些窗口或对话框，并且需要从对话框返回数据，这就是多窗口的设计和调用问题，是设计一个完整的应用程序必不可少的功能。

本章介绍多窗口的设计和调用问题，包括 PyQt5 标准对话框的使用、自定义对话框的设计和使用、如何在主窗口和对话框之间传递数据、如何设计类似于多页浏览器的多窗口程序及如何设计标准 MDI（Multiple Document Interface）应用程序等问题。

6.1 标准对话框

6.1.1 概述

PyQt5 为应用程序设计提供了一些常用的标准对话框，如打开文件对话框、选择颜色对话框、信息提示和确认选择对话框、标准输入对话框等，用户无须自己设计这些常用的对话框，从而可以减少程序设计工作量。在前面几章的示例中，或多或少地用到了其中的一些对话框。

PyQt5 预定义标准对话框的主要功能一般由其类函数实现，表 6-1 是几个主要的标准对话框及其常用类函数的列表，表中省略了函数的输入、输出参数表示，在示例程序中再详细说明。

表 6-1　PyQt5 预定义标准对话框

对话框	常用类函数名称	函数功能
QFileDialog	getOpenFileName()	选择打开一个文件
	getOpenFileNames()	选择打开多个文件
	getSaveFileName()	选择保存一个文件
	getExistingDirectory()	选择一个已有的目录
	getOpenFileUrl()	选择打开一个文件，可选择远程网络文件
QColorDialog	getColor()	选择颜色
QFontDialog	getFont()	选择字体
QProgressDialog		显示进度变化的对话框，无直接可供使用的类函数
QInputDialog	getText()	输入单行文本
	getInt()	输入整数
	getDouble()	输入浮点数
	getItem()	从一个下拉列表框中选择输入
	getMultiLineText()	输入多行文本

续表

对话框	常用类函数名称	函数功能
QMessageBox	information()	信息提示对话框
	question()	询问并获取是否确认的对话框
	warning()	警告信息提示对话框
	critical()	出错消息提示对话框
	about()	设置自定义信息的关于对话框
	aboutQt()	关于 Qt 的对话框

示例 Demo6_1 演示这些对话框的使用，程序运行时界面如图 6-1 所示。下方的文本框显示打开文件的文件名或一些提示信息，某些对话框的选择结果应用于文本框的属性设置，如字体和颜色。

示例 Demo6_1 是基于项目模板 dialogApp 创建的，窗体 UI 文件 Dialog.ui 的可视化设计结果参见示例源文件。下面是文件 myDialog.py 的 import 部分和窗体业务逻辑类 QmyDialog 的构造函数的代码，构造函数里除了创建可视化设计的窗体，不需要做其他初始化工作。

图 6-1　示例 Demo6_1 运行时界面

```
import sys
from PyQt5.QtWidgets import  (QApplication, QDialog, QFileDialog,
                            QColorDialog, QFontDialog,QProgressDialog,
                            QLineEdit,QInputDialog,QMessageBox )
from PyQt5.QtCore import  Qt, pyqtSlot, QDir,QTime
from PyQt5.QtGui import QPalette, QColor, QFont
from ui_Dialog import Ui_Dialog


class QmyDialog(QDialog):
    def __init__(self, parent=None):
        super().__init__(parent)
        self.ui=Ui_Dialog()
        self.ui.setupUi(self)
```

6.1.2　QFileDialog 对话框

1．选择打开一个文件

若要打开一个文件，调用类函数 QFileDialog.getOpenFileName()，窗体上的"打开一个文件"按钮的槽函数代码如下：

```
@pyqtSlot()      ##"打开一个文件" 按钮
def on_btnOpen_clicked(self):
    curPath=QDir.currentPath()     #获取系统当前目录
    dlgTitle="选择一个文件"           #对话框标题
    filt="所有文件(*.*);;文本文件(*.txt);;图片文件(*.jpg *.gif *.png)"
    filename,filtUsed=QFileDialog.getOpenFileName(self,dlgTitle,curPath,filt)
    self.ui.plainTextEdit.appendPlainText(filename)
    self.ui.plainTextEdit.appendPlainText("\n"+filtUsed)
```

QFileDialog.getOpenFileName()函数的原型定义是：

```
getOpenFileName(parent:QWidget = None, caption: str = '', directory: str = '', filter: str = '', initialFilter:
str='', options: Union[QFileDialog.Options, QFileDialog.Option] = 0) -> Tuple[str, str]
```

所有输入参数都有默认值，这些参数的意义分别如下。

- 对话框的父容器 parent：一般设置为调用对话框的窗体对象，也可以设置为 None。
- 对话框标题 caption：这里设置为"选择一个文件"。
- 初始化目录 directory：打开对话框时的初始目录，这里用类函数 QDir.currentPath()获取当前目录。
- 文件过滤器 filter：设置选择不同后缀的文件，可以设置多组文件，如：

  ```
  filt="所有文件(*.*);;文本文件(*.txt);;图片文件(*.jpg *.gif *.png)"
  ```

  每组文件之间用两个分号隔开，同一组文件内不同后缀之间用空格隔开。
- 初始的文件过滤器 initialFilter：设置初始的文件过滤器，如"文本文件(*.txt)"。
- 对话框选项 options：是枚举类型 QFileDialog.Option 的取值的组合，此枚举类型常用的一些取值如下：
  - ◆ QFileDialog.ShowDirsOnly（在对话框中只显示目录，默认是显示目录和文件夹）；
  - ◆ QFileDialog.DontConfirmOverwrite（覆盖一个已经存在的文件时不进行提示，默认是要提示的）；
  - ◆ QFileDialog.DontUseNativeDialog（不使用本地对话框，默认是使用本地对话框的）；
  - ◆ QFileDialog.ReadOnly（对话框显示的文件系统是只读的）。

getOpenFileName()函数返回结果是一个含有两个元素的 Tuple 数据，在程序中用两个变量分别获取两部分的数据，即

```
filename,filtUsed=QFileDialog.getOpenFileName(self,dlgTitle,curPath,filt)
```

其中，filename 是选择文件的带路径文件名，filtUsed 是使用的文件过滤器字符串。

2. 选择打开多个文件

若要选择打开多个文件，使用类函数 QFileDialog.getOpenFileNames()，"打开多个文件"按钮的槽函数代码如下：

```
@pyqtSlot()      ##"打开多个文件"按钮
def on_btnOpenMulti_clicked(self):
    curPath=QDir.currentPath()      #获取系统当前目录
    dlgTitle="选择一个文件"
    filt="所有文件(*.*);;文本文件(*.txt);;图片文件(*.jpg *.gif *.png)"
    fileList,filtUsed=QFileDialog.getOpenFileNames(self,dlgTitle,curPath,filt)
    for i in range(len(fileList)):
        self.ui.plainTextEdit.appendPlainText(fileList[i])
    self.ui.plainTextEdit.appendPlainText("\n"+filtUsed)
```

getOpenFileNames()函数的输入参数与 getOpenFileName()函数一样，返回的 Tuple 数据中第一个变量是一个字符串列表，列表的每一项是选择的一个文件名。

3. 选择保存文件名

使用类函数 QFileDialog.getSaveFileName()选择一个保存文件，函数的输入参数与 getOpenFileName()函数相同。

在调用 getSaveFileName()函数时，若选择的是一个已经存在的文件，会提示是否覆盖原有的文件。如果选择覆盖，会返回选择的文件名，但是并不会对文件进行实际的操作，对文件的删除操作

需要在选择文件之后自己编码实现。如下面的代码，即使选择覆盖文件，由于代码里没有实际覆盖原来的文件，也不会对选择的文件造成任何影响。如果不希望出现覆盖提示，可在 getSaveFileName() 函数里设置 options 参数，将 QFileDialog.DontConfirmOverwrite 添加到 options 参数里即可。

```
@pyqtSlot()      ##"保存文件"按钮
def on_btnSave_clicked(self):
    curPath=QDir.currentPath()      #获取系统当前目录
    dlgTitle="保存文件"
    filt="所有文件(*.*);;文本文件(*.txt);;图片文件(*.jpg *.gif *.png)"
    filename,filtUsed=QFileDialog.getSaveFileName(self,dlgTitle,curPath,filt)
    self.ui.plainTextEdit.appendPlainText(filename)
    self.ui.plainTextEdit.appendPlainText("\n"+filtUsed)
```

注意　QFileDialog 的 getOpenFileName()、getOpenFileNames()、getSaveFileName() 函数的返回结果与 Qt C++ 版本不同。在 Qt C++ 中，只返回文件名，不返回使用的文件过滤器。

4. 选择已有目录

选择已有目录用类函数 QFileDialog.getExistingDirectory()，同样需要传递对话框标题和初始路径，还需传递一个选项，一般用 QFileDialog.ShowDirsOnly，表示对话框中只显示目录。

窗体上"选择已有目录"按钮的槽函数代码如下：

```
@pyqtSlot()      ##"选择已有目录"按钮
def on_btnSelDir_clicked(self):
    curPath=QDir.currentPath()      #获取系统当前目录
    dlgTitle="选择一个目录"
    selectedDir=QFileDialog.getExistingDirectory(self,
            dlgTitle,curPath,QFileDialog.ShowDirsOnly)
    self.ui.plainTextEdit.appendPlainText("\n"+selectedDir)
```

getExistingDirectory() 函数的返回数据是选择的目录名称字符串。

6.1.3　QColorDialog 对话框

QColorDialog 是选择颜色对话框，选择颜色使用类函数 QColorDialog.getColor()。下面是"选择颜色"按钮的槽函数代码，它为文本框的文本设置颜色。

```
@pyqtSlot()      ##"选择颜色"按钮
def on_btnColor_clicked(self):
    pal=self.ui.plainTextEdit.palette()      #获取现有 palette
    iniColor=pal.color(QPalette.Text)        #现有的文本颜色
    color=QColorDialog.getColor(iniColor,self,"选择颜色")
    if color.isValid():        #选择有效
        pal.setColor(QPalette.Text,color)              #palette 设置选择的颜色
        self.ui.plainTextEdit.setPalette(pal)      #设置 palette
```

getColor() 函数可以传递一个初始的颜色，这里是通过 palette 提取的文本的颜色作为初始颜色。getColor() 函数返回一个颜色变量，若在颜色对话框里取消选择，则返回的颜色值无效，通过 QColor.isValid() 函数来判断返回是否有效。

6.1.4　QFontDialog 对话框

QFontDialog 是选择字体对话框，选择字体使用类函数 QFontDialog.getFont()。下面是"选择字体"

按钮的槽函数代码，它为文本框选择字体，字体设置的内容包括字体名称、大小、粗体、斜体等。

```
@pyqtSlot()       ##"选择字体"按钮
def on_btnFont_clicked(self):
    iniFont=self.ui.plainTextEdit.font()      #获取文本框的字体
    font,OK=QFontDialog.getFont(iniFont)      #选择字体，注意与C++版本不同
    if (OK):      #选择有效
        self.ui.plainTextEdit.setFont(font)
```

getFont()返回一个 Tuple 数据，分别用两个变量 font 和 OK 获取返回的数据，其中，font 是选择的字体，OK 表示字体对话框选择是否有效。注意，此函数与 C++ 版本的函数的输入输出参数有差异。

6.1.5 QProgressDialog 对话框

QProgressDialog 是用于显示进度的对话框，可以在大的循环操作中显示操作进度。QProgressDialog 没有类函数，需要创建一个对话框实例后显示，并且在中间不断刷新对话框上的进度条。

示例窗口上的"进度对话框"按钮的槽函数代码如下：

```
@pyqtSlot()       ##"进度对话框"按钮
def on_btnProgress_clicked(self):
    labText="正在复制文件..."      #文本信息
    btnText="取消"                  #"取消"按钮的标题
    minV=0
    maxV=200
    dlgProgress=QProgressDialog(labText,btnText,minV, maxV, self)
    dlgProgress.canceled.connect(self.do_progress_canceled)
    dlgProgress.setWindowTitle("复制文件")
    dlgProgress.setWindowModality(Qt.WindowModal)      #模态对话框
    dlgProgress.setAutoReset(True)      #value()达到最大值时自动调用 reset()
    dlgProgress.setAutoClose(True)      #调用 reset()时隐藏窗口

    msCounter=QTime()      #计时器
    for i in range(minV,maxV+1):
        dlgProgress.setValue(i)
        dlgProgress.setLabelText("正在复制文件,第 %d 个"%i)
        msCounter.start()      #计时器重新开始
        while(msCounter.elapsed()<30):      #延时 30ms
            None
        if (dlgProgress.wasCanceled()):      #中途取消
            break

def do_progress_canceled(self):      ##canceled 信号关联的槽函数
    self.ui.plainTextEdit.appendPlainText("**进度对话框被取消了**")
```

点击"进度对话框"按钮后显示一个进度对话框，运行时效果如图 6-2 所示。

在创建 QProgressDialog 对话框实例时传递了信息标签的显示文字、"取消"按钮的显示文字、进度条的最小值和最大值，这些参数也可以在创建对话框后用相应的函数进行设置。QProgressDialog 有一个信号 canceled()，在进度对话框上的"取消"按钮被点击时发射，程序中为此信号关联了自定义槽函数 do_progress_canceled()。

图 6-2　显示进度对话框

QProgressDialog 类的几个主要接口函数的功能如下。

- setAutoReset(reset)：若参数 reset 设置为 True，当进度条的值达到最大值时将自动调用 reset() 函数。
- setAutoClose(close)：若参数 close 为 True，执行 reset() 函数时对话框将自动隐藏。
- setValue(progress)：为对话框上的进度条设置一个整数值 progress，设置后进度条会自动刷新显示。
- reset()：使进度对话框复位，如果 autoClose() 属性为 True，将隐藏对话框。
- cancel()：使对话框复位，并且 wasCanceled() 函数返回 True。
- wasCanceled()：如果调用了 cancel() 函数，或者点击了对话框上的"取消"按钮，则此函数返回 True，表示对话框被取消。

在此示例程序中，设置对话框以模态方式显示。在一个 for 循环中，每一次循环更新显示进度对话框上的进度条的数值和标签显示文字，并通过计数器每一步延时 30 毫秒。在循环中通过 wasCanceled() 函数判断对话框是否取消，如果取消就自动退出。

6.1.6 QInputDialog 输入对话框

QInputDialog 有单行字符串输入、整数输入、浮点数输入、列表框选择输入和多行文本输入等多种输入方式，图 6-3 是其中的 4 种输入的界面效果。

图 6-3 QinputDialog 4 种输入对话框

1．输入文字

类函数 QInputDialog.getText() 显示一个对话框用于输入字符串，传递的参数包括对话框标题、提示标签文字、默认输入、编辑框响应模式等。

其中编辑框响应模式是枚举类型 QLineEdit.EchoMode，它控制编辑框上文字的显示方式，正常情况下用 QLineEdit.Normal，如果是输入密码，用 QLineEdit.Password。

```
@pyqtSlot()      ##"输入字符串"按钮
def on_btnInputString_clicked(self):
   dlgTitle="输入文字对话框"
   txtLabel="请输入文件名"
   defaultInput="新建文件.txt"
   echoMode=QLineEdit.Normal          #正常文字输入
##    echoMode=QLineEdit.Password     #密码输入
   text,OK = QInputDialog.getText(self, dlgTitle,txtLabel, echoMode,defaultInput)
   if (OK):
      self.ui.plainTextEdit.appendPlainText(text)
```

getText() 函数返回结果是 Tuple 数据，用两个变量 text 和 OK 分别获取两个返回值，其中，text 是对话框中输入的字符串，OK 表示输入是否有效。

2．输入整数

使用类函数 QInputDialog.getInt() 输入一个整数，下面的代码为文本选择字体大小。

```
@pyqtSlot()      ##"输入整数"按钮
def on_btnInputInt_clicked(self):
   dlgTitle="输入整数对话框"
```

```
txtLabel="设置字体大小"
defaultValue=self.ui.plainTextEdit.font().pointSize()        #现有字体大小
minValue=6
maxValue=50
stepValue=1
inputValue,OK = QInputDialog.getInt(self, dlgTitle,txtLabel,
                       defaultValue, minValue, maxValue,stepValue)
if OK:
    font=self.ui.plainTextEdit.font()
    font.setPointSize(inputValue)
    self.ui.plainTextEdit.setFont(font)
```

输入整数对话框使用一个 QSpinBox 组件输入整数，getInt()需要传递的参数包括数值范围、步长、初始值。确认选择输入后，将输入的整数值作为文本框字体的大小。

3．输入浮点数

使用类函数 QInputDialog.getDouble()输入一个浮点数，输入对话框使用一个 QDoubleSpinBox 组件用于输入数值。getDouble()函数的输入参数包括输入范围、初始值、小数位数等。

```
@pyqtSlot()        ##"输入浮点数"按钮
def on_btnInputFloat_clicked(self):
    dlgTitle="输入浮点数对话框"
    txtLabel="输入一个浮点数"
    defaultValue=3.65
    minValue=0
    maxValue=10000
    decimals=2
    inputValue,OK = QInputDialog.getDouble(self, dlgTitle,txtLabel,
                         defaultValue, minValue, maxValue,decimals)
    if OK:
        text="输入了一个浮点数: %.2f"%inputValue
        self.ui.plainTextEdit.appendPlainText(text)
```

4．下拉列表选择输入

使用类函数 QInputDialog.getItem()可以从一个 QComboBox 组件的下拉列表中选择输入。

```
@pyqtSlot()        ##"条目选择输入"按钮
def on_btnInputItem_clicked(self):
    dlgTitle="条目选择对话框"
    txtLabel="请选择级别"
    curIndex=0
    editable=True        #是否可编辑
    items=["优秀","良好","合格","不合格"]
    text,OK = QInputDialog.getItem(self, dlgTitle,txtLabel, items, curIndex, editable)
    if OK:
        self.ui.plainTextEdit.appendPlainText(text)
```

getItem()函数需要一个字符串列表变量为其 ComboBox 组件做条目初始化，curIndex 指明初始选择项，editable 表示对话框里的 ComboBox 组件是否可编辑，若不能编辑，就只能在下拉列表中选择。

注意 QInputDialog 的这几个类函数的输入、输出参数与 Qt C++版本有区别。

6.1.7 QMessageBox 消息对话框

1．简单信息提示

消息对话框 QMessageBox 用于显示提示、警告、错误等信息，或进行确认选择，由几个类函数实现这些功能（详见表 6-1）。其中 warning()、information()、critical() 和 about() 这几个函数的输入参数和使用方法相同，但是信息提示的图标有区别。例如 warning() 的函数原型是：

```
warning(parent, title, text, buttons, defaultButton) -> QMessageBox.StandardButton
```

其中，parent 是对话框的父窗口，指定父窗口之后，打开对话框时对话框将自动显示在父窗口的上方中间位置；title 是对话框标题字符串；text 是对话框需要显示的信息字符串。参数 buttons 和 defaultButton 有默认值，为了使函数原型结构清晰没有在函数中列出来。buttons 是对话框提供的按钮，是枚举类型 QMessageBox.StandardButton 的组合，默认值为 QMessageBox.Ok；defaultButton 是枚举类型 QMessageBox.StandardButton，表示默认选择的按钮，默认值为 QMessageBox.NoButton。

warning() 函数的返回结果是 QMessageBox.StandardButton 枚举类型。

枚举类型 QMessageBox.StandardButton 是各种按钮的枚举定义，如 OK、Cancel 按钮，其枚举取值分别是 QMessageBox.Ok 和 QMessageBox.Cancel。此枚举类型有十几种取值，就不逐一列举了，详见 Qt 帮助文档中的 QMessageBox.StandardButton 类型的说明。

对于 warning()、information()、critical() 和 about() 这几种对话框，对话框上一般只有一个 OK 按钮，且无须关心对话框的返回值，所以，使用默认的按钮设置即可。下面是程序中调用 QMessageBox 信息显示的代码，显示的几个对话框如图 6-4 所示。

```python
@pyqtSlot()
def on_btnMsgInformation_clicked(self):
    dlgTitle="information 消息框"
    strInfo="文件已经被正确打开."
    QMessageBox.information(self, dlgTitle, strInfo)

@pyqtSlot()
def on_btnMsgWarning_clicked(self):
    dlgTitle="warning 消息框"
    strInfo="文件内容已经被修改."
    QMessageBox.warning(self, dlgTitle, strInfo)

@pyqtSlot()
def on_btnMsgCritical_clicked(self):
    dlgTitle="critical 消息框"
    strInfo="出现严重错误,程序将关闭."
    QMessageBox.critical(self, dlgTitle, strInfo)

@pyqtSlot()
def on_btnMsgAbout_clicked(self):
    dlgTitle="about 消息框"
    strInfo="Python Qt GUI 与数据可视化编程\n 保留所有版权"
    QMessageBox.about(self, dlgTitle, strInfo)
```

图 6-4　QMessageBox 的几种消息提示对话框

2. 确认选择对话框

类函数 QMessageBox.question() 用于打开一个对话框显示提示信息，并提供 Yes、No、OK、Cancel 等按钮，用户单击某个按钮返回选择，例如常见的文件保存确认对话框如图 6-5 所示。

类函数 QMessageBox.question() 的函数原型如下：

```
question(parent, title, text, buttons, defaultButton) ->
QMessageBox.StandardButton
```

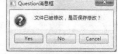

图 6-5　QMessageBox.question()
生成的对话框

其中，参数 buttons 和 defaultButton 都有默认值，为了使函数原型结构清晰没有在函数中列出来。

question()对话框关键是在对话框中可以显示多个按钮，例如同时显示 Yes、No、Cancel，或 OK、Cancel。其返回结果也是一个 QMessageBox.StandardButton 枚举类型变量，表示哪个按钮被单击了。下面是产生如图 6-5 所示对话框，并根据对话框选择结果进行判断和显示的代码：

```
@pyqtSlot()
def on_btnMsgQuestion_clicked(self):
    dlgTitle="Question 消息框"
    strInfo="文件已被修改，是否保存修改？"
    defaultBtn=QMessageBox.NoButton          #默认按钮
    result=QMessageBox.question(self, dlgTitle, strInfo,
            QMessageBox.Yes|QMessageBox.No |QMessageBox.Cancel,
            defaultBtn)

    if (result==QMessageBox.Yes):
        self.ui.plainTextEdit.appendPlainText("Question: Yes 被选择")
    elif(result==QMessageBox.No):
        self.ui.plainTextEdit.appendPlainText("Question: No 被选择")
    elif(result==QMessageBox.Cancel):
        self.ui.plainTextEdit.appendPlainText("Question: Cancel 被选择")
    else:
        self.ui.plainTextEdit.appendPlainText("Question: 无选择")
```

6.2 自定义对话框及其使用

6.2.1 对话框的不同调用方式

在一个应用程序的设计中，为了实现一些特定的功能，必须设计自定义对话框。自定义对话框一般从 QDialog 继承，并且可以采用 UI Designer 可视化地设计对话框。对话框的调用一般包括创建对话框、传递数据给对话框、显示对话框获取输入、判断对话框单击按钮的返回类型、获取对话框输入数据等过程。

本节通过示例 Demo6_2 详细介绍设计和使用自定义对话框的方法。图 6-6 是示例 Demo6_2 运行时的主窗口，主窗口采用一个 QTableView 组件和 QStandardItemModel、QItemSelectionModel 构成一个通用的数据表格编辑器。

程序里设计了 3 个对话框，主窗口工具栏上的 3 个按钮调用这 3 个对话框，分别具有不同的调用方式。

- 设置表格行数和列数对话框。如图 6-7 所示是设置表格行数和列数对话框，该对话框每次动态创建，以模态方式显示（必须关闭此对话框才可以返回主窗口操作），对话框关闭后获取返回值用于设置主窗口的表格行数和列数。

  这种对话框的创建和调用方式适用于比较简单，并且无须从主窗口传递大量数据做对话框初始化的对话框，调用后就自动删除对话框对象可以释放内存。

- 设置表格表头标题对话框。如图 6-8 所示是设置表格表头标题对话框，该对话框在父窗口（本例中就是主窗口）存续期间只创建一次，创建时传递表格表头字符串列表给对话框，在对话框里编辑表头标题后，主窗口获取编辑之后的表头标题。对话框以模态方式显示，关闭后只是隐藏，并不删除对象，下次再调用时只是打开已创建的对话框对象。

这种对话框的创建和调用方式适用于比较复杂的对话框，需要从父窗口传递大量数据做对话框初始化。下次调用时无须重复初始化，提高了对话框调用速度，但是会一直占用内存，直到父窗口删除时，对话框才从内存中删除。

图 6-6　示例 Demo6_2 主窗口

图 6-7　设置表格行数和列数对话框

- 单元格定位与文字设置对话框。图 6-9 中的单元格定位和文字设置对话框，该对话框以非模态方式调用，显示对话框时还可以对主窗口进行操作，对话框只是浮动在窗口上方。在对话框里可以定位于主窗口表格的某个单元格并设置其文字内容，在主窗口上的表格中单击鼠标时，单元格的行号、列号也会更新到对话框中。对话框关闭后将自动删除，释放内存。

图 6-8　设置表格表头标题对话框

图 6-9　浮动于主窗口上方的对话框，可交互式操作

这种对话框适用于主窗口与对话框需要交互操作的情况，例如用于查找和替换操作的对话框。

6.2.2　示例项目的文件组成

示例 Demo6_2 由项目模板 mainWindowApp 创建，但是因为有多个窗体，所以有多个文件。示例中各窗体对应的文件如表 6-2 所示。

表 6-2　示例项目 Demo6_2 的窗体文件的组成

窗体 UI 文件和窗体的 objectName	窗体编译后文件和类名	窗体逻辑操作文件和类名	功能描述
MainWindow.ui	ui_MainWindow.py	myMainWindow.py	主窗口
MainWindow	Ui_MainWindow	QmyMainWindow	

窗体 UI 文件和窗体的 objectName	窗体编译后文件和类名	窗体逻辑操作文件和类名	功能描述
QWDialogSize.ui	ui_QWDialogSize.py	myDialogSize.py	设置表格大小对话框
QWDialogSize	Ui_QWDialogSize	QmyDialogSize	
QWDialogHeaders.ui	ui_QWDialogHeaders.py	myDialogHeaders.py	设置表格表头标题对话框
QWDialogHeaders	Ui_QWDialogHeaders	QmyDialogHeaders	
QWDialogLocate.ui	ui_QWDialogLocate.py	myDialogLocate.py	设置单元格定位与文字
QWDialogLocate	Ui_QWDialogLocate	QmyDialogLocate	对话框

除主窗口外，其他窗口遵循下面的命名规则。

（1）在 Qt Creator 中设计的 UI 窗体类的名称都以"QW"开头，如 QWDialogSize.ui 文件中的 QWDialogSize。

（2）ui 文件经过 pyuic5 编译后根据 ui 文件中的窗体类名自动生成带"Ui_"前缀的 Python 类名，如 Ui_QWDialogSize，保存的 Python 文件是自由命名的，这里用"ui_"作为前缀，如 ui_QWDialogSize.py。

（3）在 Python 中创建的窗体业务逻辑类的名称用"Qmy"作为前缀，如 QmyDialogSize，保存的文件名用"my"作为前缀，如 myDialogSize.py。

注意 在 Python 语言中创建的窗体业务逻辑类的名称和文件名是可以自由命名的，甚至可以与.ui 文件中的类名相同，如对应于 QWDialogSize.ui 文件的窗口业务逻辑类，其 Python 文件名可以是 QWDialogSize.py，其中的类名称可以是 QWDialogSize。在用户熟悉了这些文件和类的关系后，完全可以采用这种同名命名法。本书为了介绍时不至于使读者混淆，通过名称进行区别。

由于增加了多个窗体文件，项目中用于编译 UI 文件和资源文件的 uic.bat 需要改写。本示例的 uic.bat 文件的内容如下：

```
echo off
rem 将子目录 QtApp 下的.ui 文件复制到当前目录下，并且编译

copy .\QtApp\MainWindow.ui  MainWindow.ui
pyuic5 -o ui_MainWindow.py  MainWindow.ui

copy .\QtApp\QWDialogSize.ui QWDialogSize.ui
pyuic5 -o ui_QWDialogSize.py  QWDialogSize.ui

copy .\QtApp\QWDialogLocate.ui QWDialogLocate.ui
pyuic5 -o ui_QWDialogLocate.py  QWDialogLocate.ui

copy .\QtApp\QWDialogHeaders.ui QWDialogHeaders.ui
pyuic5 -o ui_QWDialogHeaders.py  QWDialogHeaders.ui

rem 编译并复制资源文件
pyrcc5 .\QtApp\res.qrc -o res_rc.py
```

用于启动主窗口的文件 appMain.py 与项目模板 mainWindowApp 中的文件相同，不需要修改。

6.2.3 主窗口的设计与初始化

示例的主窗口从 QMainWindow 继承，采用可视化设计方法设计窗口的基本界面。主窗口上用一个 QTableView 组件作为界面中心组件，设计几个 Action 用于创建主工具栏按钮。

在主窗口业务逻辑类 QmyMainWindow 的构造函数中，采用 QStandardItemModel 作为数据模型，QItemSelectionModel 作为选择模型，构建了 Model/View 结构的数据表格编辑功能。下面是 myMainWindow.py 文件的 import 部分和 QmyMainWindow 类构造函数及相关代码：

```
import sys
from PyQt5.QtWidgets import  QApplication, QMainWindow, QLabel,QDialog
from PyQt5.QtCore import  pyqtSlot,pyqtSignal, Qt, QItemSelectionModel
from PyQt5.QtGui import QStandardItemModel

from ui_MainWindow import Ui_MainWindow
from myDialogSize import QmyDialogSize
from myDialogHeaders import QmyDialogHeaders
from myDialogLocate import QmyDialogLocate

class QmyMainWindow(QMainWindow):
    cellIndexChanged= pyqtSignal(int,int)        ##单元格变化时发射的信号
    def __init__(self, parent=None):
        super().__init__(parent)
        self.ui=Ui_MainWindow()
        self.ui.setupUi(self)

        self.__dlgSetHeaders=None
        self.setCentralWidget(self.ui.tableView)
    ##构建状态栏
        self.LabCellPos = QLabel("当前单元格： ",self)
        self.LabCellPos.setMinimumWidth(180)
        self.ui.statusBar.addWidget(self.LabCellPos)
        self.LabCellText = QLabel("单元格内容： ",self)
        self.LabCellText.setMinimumWidth(200)
        self.ui.statusBar.addWidget(self.LabCellText)
    ##构建 Item Model/View
        self.itemModel = QStandardItemModel(10,5,self)
        self.selectionModel = QItemSelectionModel(self.itemModel)
        self.selectionModel.currentChanged.connect(self.do_currentChanged)
    ##为 tableView 设置数据模型
        self.ui.tableView.setModel(self.itemModel)
        self.ui.tableView.setSelectionModel(self.selectionModel)

##   =============自定义槽函数=============================
    def do_currentChanged(self,current,previous):
        if (current != None):        #当前模型索引有效
            self.LabCellPos.setText("当前单元格： %d 行, %d 列"
                    %(current.row(),current.column()))
            item=self.itemModel.itemFromIndex(current)
            self.LabCellText.setText("单元格内容："+item.text())
            self.cellIndexChanged.emit(current.row(),current.column())
```

在 QmyMainWindow 类中自定义了一个信号 cellIndexChanged()：

```
cellIndexChanged= pyqtSignal(int,int)
```

该信号在表格的当前单元格变化时发射，用于向 QmyDialogLocate 对话框实例传递数据（后面具体介绍）。

在构造函数中定义了一个私有变量 self.__dlgSetHeaders，并初始化为 None，这个是用于指向 QmyDialogHeaders 对话框实例的，创建一次后重复使用。

创建了 QStandardItemModel 和 QItemSelectionModel 对象与界面上的组件 tableView 构成 Model/View 结构。选择模型 self.selectionModel 的 currentChanged()信号与槽函数 do_currentChanged()

相关联。该自定义槽函数的功能是显示当前单元格的行号、列号和内容，关键是发射自定义信号 cellIndexChanged()，即

```
self.cellIndexChanged.emit(current.row(),current.column())
```

后面介绍 QmyDialogLocate 对话框时会看到，对话框和主窗口之间是通过信号与槽的方法传递数据的。

6.2.4 对话框 QmyDialogSize 的创建和使用

1. 可视化设计对话框 QWDialogSize.ui

在 Qt Creator 中打开本示例的 Qt 项目后，要创建如图 6-7 所示的设置表格行数和列数的对话框的 UI 界面，单击 Qt Creator 的菜单项 "File" → "New File or Project"，选择 Qt 类别下的 "Qt Designer Form Class"，就可以创建可视化设计的对话框类。

在随后出现的向导里，选择窗体模板为 Dialog without Buttons，再设置创建的对话框类名称为 QWDialogSize，Qt Creator 会自动生成 QWDialogSize.h、QWDialogSize.cpp 和 QWDialogSize.ui 这 3 个文件（如图 6-10 所示）。

对话框的 UI 文件 QWDialogSize.ui 在 UI Designer 里可视化设计，放置组件并设置好布局，设置组件的属性。

设计 QWDialogSize 对话框的界面时，在对话框上放置了两个 QPushButton 按钮，并命名为 btnOK 和 btnCancel，分别是 "确定" 和 "取消" 按钮，用于获取对话框运行时用户的选择。那么，如何获得用户操作的返回值呢？

在信号与槽编辑器里，将 btnOK 的 clicked()信号与对话框的 accept()槽函数关联，将 btnCancel 的 clicked()信号与对话框的 reject()槽函数关联（如图 6-11 所示）。

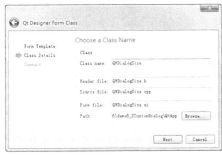

图 6-10　创建对话框的向导界面

图 6-11　对话框设计时 "确定" 和 "取消" 按钮的信号与槽关联

这样，单击 "确定" 按钮会执行 QDialog 类的 accept()槽函数（或在代码里调用 accept()槽函数也是一样的），这会关闭对话框，并返回 QDialog.Accepted 作为对话框运行函数 QDialog.exec()的返回值。

单击 "取消" 按钮会执行 QDialog 类的 reject()槽函数，也会关闭对话框，并返回 QDialog.Rejected 作为 QDialog.exec()函数的返回值。

2. 对话框的调用和返回值

QWDialogSize.ui 文件经过 pyuic5 编译后生成文件 ui_QWDialogSize.py，这个文件中的类

Ui_QWDialogSize 封装了可视化设计的对话框界面。

在 Python 中再创建一个文件 myDialogSize.py，在其中定义一个类 QmyDialogSize 用于通过 Ui_QWDialogSize 类创建对话框界面并进行业务逻辑操作。myDialogSize.py 文件的完整代码如下：

```python
from PyQt5.QtWidgets import  QDialog
from PyQt5.QtCore import  Qt
from ui_QWDialogSize import Ui_QWDialogSize

class QmyDialogSize(QDialog):
    def __init__(self, rowCount=3,colCount=5,parent=None):
        super().__init__(parent)
        self.ui=Ui_QWDialogSize()
        self.ui.setupUi(self)
        self.setWindowFlags(Qt.MSWindowsFixedSizeDialogHint)  #固定窗口大小
        self.setIniSize(rowCount,colCount)

    def __del__(self):     ##析构函数
        print("QmyDialogSize 对象被删除了")

## =============自定义功能函数============
    def setIniSize(self,rowCount,colCount):       ##设置界面组件初值
        self.ui.spin_RwoCount.setValue(rowCount)
        self.ui.spin_ColCount.setValue(colCount)

    def getTableSize(self):      ##以元组数据同时返回行数和列数
        rows=self.ui.spin_RwoCount.value()
        cols=self.ui.spin_ColCount.value()
        return rows, cols
```

QmyDialogSize 类中定义了两个接口函数：setIniSize(rowCount, colCount)用于向对话框传递初始行数和列数；getTableSize()用于返回在对话框上设置的行数和列数。

注意，在 QmyDialogSize 类中还为析构函数__del__()编写了代码。析构函数在类的实例对象被删除时调用，在析构函数里显示的信息有助于我们了解对话框是在什么时候被删除的。

点击主窗口工具栏上的"设置行数列数"按钮将使用 QmyDialogSize 类创建对话框，QmyMainWindow 类中与"设置行数列数"按钮关联的 Action 的槽函数代码如下：

```python
@pyqtSlot()      ##"设置行数列数"按钮
def on_actTab_SetSize_triggered(self):
    dlgTableSize=QmyDialogSize()        #局部变量，构建时不能传递 self
    dlgTableSize.setIniSize(self.itemModel.rowCount(), self.itemModel.columnCount())
    ret=dlgTableSize.exec()             #以模态方式运行对话框
    if (ret == QDialog.Accepted):
        rows,cols=dlgTableSize.getTableSize()
        self.itemModel.setRowCount(rows)
        self.itemModel.setColumnCount(cols)
```

创建的 QmyDialogSize 类的实例 dlgTableSize 是函数内的局部变量，创建对话框后调用对话框的接口函数 setIniSize()将主窗口数据模型 self.itemModel 现有的行数和列数传递给对话框，显示到对话框上的两个 SpinBox 组件里。

调用对话框的 exec()函数会以模态方式显示对话框。模态显示方式下，用户只能在对话框上操作，不能再操作其他窗口，主程序也在此处等待 exec()函数的返回结果。

当用户单击对话框的"确定"按钮后，exec()返回结果为 QDialog.Accepted，主程序获得此返

回结果后，通过对话框的接口函数 getTableSize() 获得对话框上新设置的行数和列数，然后设置为数据模型 self.itemModel 的行数和列数。

这里创建的对话框 dlgTableSize 是函数内的局部变量，对话框关闭后会在 Python 交互窗口中看到 QmyDialogSize 类析构函数输出的字符串，说明函数结束后对话框就被删除了。

6.2.5 对话框 QmyDialogHeaders 的创建和使用

1. 对话框的生存期

对话框的生存期是指对话框从创建到删除的存续区间。前面介绍的设置表格行数和列数的对话框的生存期只在调用它的函数里，因为创建的对话框是函数里的局部变量，函数退出后就自动删除了此对话框对象。

而对于如图 6-8 所示的设置表格表头标题对话框，我们希望在主窗口里首次调用时创建它，对话框关闭时并不删除，而只是隐藏，下次调用时再次显示此对话框。只有在主窗口释放时该对话框才释放，所以这个对话框的生存期是在主窗口存续期间。

2. QWDialogHeaders.ui 的可视化设计

与创建对话框 QWDialogSize.ui 相同，也是在 Qt Creator 用 New File or Project 向导创建对话框 QWDialogHeaders.ui。

QWDialogHeaders.ui 的可视化设计比较简单，对话框上放置了一个 QListView 组件，命名为 listView，同样放置两个 QPushButton 按钮，并分别与对话框的槽函数 accept() 和 reject() 关联。

3. QmyDialogHeaders 的设计

QWDialogHeaders.ui 文件编译后生成文件 ui_QWDialogHeaders.py，在 Python 中创建相应的窗口逻辑操作类 QmyDialogHeaders，并保存为文件 myDialogHeaders.py。此文件的完整代码如下：

```python
from PyQt5.QtWidgets import QDialog, QAbstractItemView
from PyQt5.QtCore import  QStringListModel,Qt
from ui_QWDialogHeaders import Ui_QWDialogHeaders

class QmyDialogHeaders(QDialog):
   def __init__(self, parent=None):
      super().__init__(parent)
      self.ui=Ui_QWDialogHeaders()
      self.ui.setupUi(self)

      self.__model=QStringListModel()
      self.ui.listView.setModel(self.__model)
      self.ui.listView.setAlternatingRowColors(True)
      self.ui.listView.setDragDropMode(QAbstractItemView.InternalMove)
      self.ui.listView.setDefaultDropAction(Qt.MoveAction)

   def __del__(self):      ##析构函数
      print("QmyDialogHeaders 对象被删除了")

##  =============自定义功能函数============
   def setHeaderList(self,headerStrList):
      self.__model.setStringList(headerStrList)

   def headerList(self):
      return self.__model.stringList()
```

在构造函数中创建了一个 QStringListModel 模型类实例 self.__model，并设置为界面上的组件 listView 的数据模型，构成了 Model/View 结构。界面上的组件 listView 用于编辑此字符串列表数据模型的数据，并且支持内部拖放操作。

接口函数 setHeaderList()用于设置数据模型的字符串列表，接口函数 headerList()用于返回数据模型的字符串列表。

在 QmyDialogHeaders 类的析构函数中也输出信息字符串，以便观察对话框对象是在什么时候被删除的。

4. QmyDialogHeaders 的使用

因为要在主窗口中重复调用此对话框，所以在 QmyMainWindow 的构造函数里定义一个私有变量 self.__dlgSetHeaders，并初始化为 None。

下面是 QmyMainWindow 中"设置表头标题"按钮关联 Action 的槽函数的代码：

```
@pyqtSlot()    ##"设置表头标题" 按钮
def on_actTab_SetHeader_triggered(self):
    if (self.__dlgSetHeaders == None):     #未创建对话框
        self.__dlgSetHeaders=QmyDialogHeaders(self)
    count=len(self.__dlgSetHeaders.headerList())
    if (count != self.itemModel.columnCount()):    #列数改变了
        strList=[]
        for i in range(self.itemModel.columnCount()):
            text=str(self.itemModel.headerData(i, Qt.Horizontal,Qt.DisplayRole))
            strList.append(text)    #现有表格标题
        self.__dlgSetHeaders.setHeaderList(strList)

    ret=self.__dlgSetHeaders.exec()    #以模态方式运行对话框
    if (ret == QDialog.Accepted):
        strList2=self.__dlgSetHeaders.headerList()
        self.itemModel.setHorizontalHeaderLabels(strList2)
```

在这段代码中，首先判断变量 self.__dlgSetHeaders 是否为 None，如果为 None（初始化为 None），说明对话框还没有被创建，就创建 QmyDialogHeaders 对话框实例。在主窗口的生存期内，这个对话框只会被创建一次。

初始化的工作是获取主窗口数据模型现有的表头标题，然后调用对话框的自定义函数 setHeaderList()设置为对话框的数据源。

使用 exec()函数以模态方式显示对话框，然后在"确定"按钮被单击时获取对话框上输入的字符串列表，设置为主窗口数据模型的表头标题。

注意   在关闭此对话框后，QmyDialogHeaders 类析构函数中的信息并没有显示，说明对话框并没有从内存中删除，而只是隐藏了。只有当主窗口关闭时，才会自动删除此对话框，但是也不会显示析构函数中的信息。实际上，即使在 QmyMainWindow 类的析构函数中使用 print 输出信息，在关闭主窗口时也不会显示主窗口析构函数内的 print 信息。

6.2.6   对话框 QmyDialogLocate 的创建和使用

1. 非模态对话框

前面设计的两个对话框是以模态（Modal）方式显示的，即用 QDialog.exec()函数显示对话框。

以模态方式显示的对话框不允许鼠标再去单击其他窗口，直到对话框退出。

若使用 QDialog.show()，则能以非模态（Modeless）方式显示对话框。非模态显示的对话框在显示后继续运行主程序，还可以在主窗口上操作，主窗口和非模态对话框之间可以交互操作，典型的如文字编辑软件里的"查找/替换"对话框。

图 6-9 中的单元格定位与文字设置对话框以非模态方式显示，对话框类是 QmyDialogLocate，它有如下的一些功能。

- 主窗口每次调用此对话框时就创建此对话框对象，并以 StayOnTop 的方式显示，对话框关闭时自动删除。
- 在对话框中可以定位到主窗口上 TableView 组件的单元格，并设置单元格的文字。
- 在主窗口的 TableView 组件中单击鼠标时，如果对话框已创建，自动更新对话框上单元格的行号和列号 SpinBox 组件的值。
- 主窗口上的 actTab_Locate 是调用此对话框的 Action，对话框显示后 actTab_Locate 设置为禁用，对话框关闭时自动使 actTab_Locate 可用。这样可以避免在对话框显示时，在主窗口上再次单击"定位单元格"按钮，而在对话框关闭后，按钮又恢复为可用。

2. QmyDialogLocate 对话框的设计

在 Qt Creator 中创建对话框 QWDialogLocate.ui 并进行可视化设计，编译后生成文件 ui_QWDialogLocate.py，在 Python 中创建相应的窗口业务逻辑类 QmyDialogLocate，并保存为文件 myDialogLocate.py，此文件的完整代码如下：

```python
from PyQt5.QtWidgets import  QDialog
from PyQt5.QtCore import  pyqtSlot, pyqtSignal, Qt, QEvent
from ui_QWDialogLocate import Ui_QWDialogLocate

class QmyDialogLocate(QDialog):
    ##此信号用于更新主窗口的几个 Action 的 enabled 属性
    changeActionEnable = pyqtSignal(bool)
    ##此信号用于更新主窗口的单元格的内容
    changeCellText = pyqtSignal(int, int, str)

    def __init__(self, parent=None):
        super().__init__(parent)
        self.ui=Ui_QWDialogLocate()
        self.ui.setupUi(self)
        self.setWindowFlag(Qt.WindowStaysOnTopHint)     #StayOnTop 显示

    def __del__(self):
        print("QmyDialogLocate 对象被删除了")

##    ==============自定义功能函数============
    def setSpinRange(self,rowCount, colCount):       ##设置 SpinBox 最大值
        self.ui.spinRow.setMaximum(rowCount-1)
        self.ui.spinColumn.setMaximum(colCount-1)

##    ==============事件处理函数==================
    def showEvent(self,event):       ##对话框显示事件
        self.changeActionEnable.emit(False)
        super().showEvent(event)

    def closeEvent(self,event):       ##对话框关闭事件
```

```
        self.changeActionEnable.emit(True)
        super().closeEvent(event)

##   ========由 connectSlotsByName() 自动关联的槽函数========
    @pyqtSlot()      ##"设定文字"按钮
    def on_btnSetText_clicked(self):
        row=self.ui.spinRow.value()               #行号
        col=self.ui.spinColumn.value()         #列号
        text=self.ui.editCellText.text()       #文字
        self.changeCellText.emit(row,col,text)     #发射信号
        if (self.ui.chkBoxRow.isChecked()):          #行增
            self.ui.spinRow.setValue(1+self.ui.spinRow.value())
        if (self.ui.chkBoxColumn.isChecked()):       #列增
            self.ui.spinColumn.setValue(1+self.ui.spinColumn.value())

##   ===================自定义槽函数======================
    @pyqtSlot(int,int)      ##用于与主窗口的 cellIndexChanged()信号关联
    def do_setSpinValue(self,rowNo, colNo):
        self.ui.spinRow.setValue(rowNo)
        self.ui.spinColumn.setValue(colNo)
```

QmyDialogLocate 的构造函数中设置对话框具有 StayOnTop 特性，这样即使以非模态方式显示对话框，对话框也总是处于所有窗口的上方。

QmyDialogLocate 同样在析构函数中输出文字信息，以便观察对话框何时被删除。

QmyDialogLocate 类中有两个自定义信号，这两个信号是用于从对话框向主窗口传递数据的。

（1）自定义信号 changeActionEnable(bool)

这个信号用于设置主窗口上的 actTab_Locate 的 enabled 属性。利用了对话框的 showEvent() 和 closeEvent()事件（事件的原理和操作见第 5 章），在 showEvent()事件里发射此信号并传递 False，在 closeEvent()事件里发射此信号并传递 True。在主窗口中设计相应的槽函数与此信号关联，就可以实现对主窗口上的 actTab_Locate 的 enabled 属性的设置。

（2）自定义信号 changeCellText (int, int, str)

这个信号在对话框的"设定文字"按钮的槽函数里发射，它将对话框界面上设置的行号、列号和文字内容作为信号的参数。

```
        self.changeCellText.emit(row,col,text)
```

在主窗口中设计相应的槽函数与此信号关联，就可以设置相应单元格的文字内容。

QmyDialogLocate 类中还定义了一个槽函数 do_setSpinValue()，这个槽函数用于与主窗口的 cellIndexChanged()信号关联，当主窗口上的组件 tableView 的当前单元格变化时就发射此信号，将单元格的行号、列号传递过来，从而更新对话框上两个 SpinBox 组件的显示值。

3．QmyDialogLocate 对话框的使用

在主窗口工具栏上点击"定位单元格"按钮就会创建 QmyDialogLocate 对话框实例并显示，并且可以在对话框和主窗口之间进行数据交换。QmyMainWindow 类中与此对话框使用相关的代码如下：

```
class QmyMainWindow(QMainWindow):
    cellIndexChanged= pyqtSignal(int,int)        ##单元格变化时发射的信号

    @pyqtSlot()      ##"定位单元格"按钮
    def on_actTab_Locate_triggered(self):
        dlgLocate=QmyDialogLocate(self)
```

```
        dlgLocate.setSpinRange(self.itemModel.rowCount(),
                               self.itemModel.columnCount())
        dlgLocate.changeActionEnable.connect(self.do_setActLocateEnable)
        dlgLocate.changeCellText.connect(self.do_setACellText)
        self.cellIndexChanged.connect(dlgLocate.do_setSpinValue)
        dlgLocate.setAttribute(Qt.WA_DeleteOnClose)      #对话框关闭时自动删除
        dlgLocate.show()

##   ============自定义槽函数===============================
    def do_currentChanged(self,current,previous):
        if (current != None):          #当前模型索引有效
            self.LabCellPos.setText("当前单元格: %d 行, %d 列"
                                    %(current.row(),current.column()))
            item=self.itemModel.itemFromIndex(current)
            self.LabCellText.setText("单元格内容: "+item.text())
            self.cellIndexChanged.emit(current.row(),current.column())

    def do_setActLocateEnable(self,enable):
        self.ui.actTab_Locate.setEnabled(enable)

    def do_setACellText(self,row, column, text):
        index=self.itemModel.index(row,column)      #获取模型索引
        self.selectionModel.clearSelection()        #清除现有选择
        self.selectionModel.setCurrentIndex(index,
                          QItemSelectionModel.Select)    #定位到单元格
        self.itemModel.setData(index,text,Qt.DisplayRole)   #设置单元格文字
```

"定位单元格"按钮关联的槽函数是 on_actTab_Locate_triggered(),在此函数的代码中注意以下两点。

(1)对话框的生存期

对话框实例 dlgLocate 是局部变量,并且最后使用 show()函数以非模态方式显示此对话框,但是在显示之前有如下的设置语句:

```
dlgLocate.setAttribute(Qt.WA_DeleteOnClose)
```

这是设置对话框在关闭时自动删除。如此设置后,在关闭对话框时会看到其析构函数输出的信息。如果注释掉这条语句,关闭对话框时不会输出析构函数里的信息,说明对话框实例没有被删除。没有被删除的对话框实例成为"孤魂野鬼",如果是在 C++里就会造成内存垃圾,但是 Python 具有垃圾回收机制,在主窗口关闭时会自动删除这些对象,但还是要尽量避免生成这种内存垃圾。

(2)主窗口与对话框的数据传输方法

代码里设置了 3 组信号与槽函数的关联:

```
dlgLocate.changeActionEnable.connect(self.do_setActLocateEnable)
dlgLocate.changeCellText.connect(self.do_setACellText)
self.cellIndexChanged.connect(dlgLocate.do_setSpinValue)
```

前两个是对话框发射信号,主窗口的槽函数作出响应。do_setActLocateEnable()用于设置 actTab_Locate 的 enabled 属性;do_setACellText()用于定位到单元格并设置文字内容。后一个是主窗口在当前单元格变化时发射的 cellIndexChanged()信号,它与对话框的槽函数关联,用于刷新对话框上两个 SpinBox 组件的值。

从 QmyMainWindow 和 QmyDialogLocate 的代码中可以看到,主窗口和对话框之间的交互操作完全采用信号与槽的方式进行,无须获得对方的变量名或引用,这在 GUI 交互操作中是非常方便的。

6.3　多窗口应用程序

6.3.1　主要的窗体类及其用途

常用的窗体基类是 QWidget、QDialog 和 QMainWindow，在创建 GUI 应用程序时选择窗体基类就是从这 3 个类中选择。QWidget 直接继承于 QObject，是 QDialog 和 QMainWindow 的父类，其他继承于 QWidget 的窗体类还有 QSplashScreen、QMdiSubWindow 和 QDesktopWidget。另外还有一个类 QWindow，它同时从 QObject 和 QSurface 继承。这些类的继承关系如图 6-12 所示。

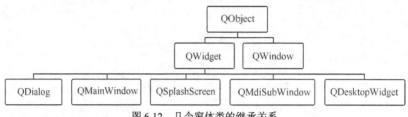

图 6-12　几个窗体类的继承关系

这些窗体类的主要特点和用途如下。

- QWidget：在没有指定父容器时可作为独立的窗口，指定父容器后可以作为父容器的内部组件。QWidget 是所有界面组件的基类。
- QDialog：用于设计对话框，以独立窗口显示。
- QMainWindow：用于设计带有菜单栏、工具栏、状态栏的主窗口，一般以独立窗口显示。
- QSplashScreen：用作应用程序启动时的 splash 窗口，没有边框。
- QMdiSubWindow：用于为 QMdiArea 提供一个子窗口，用于 MDI 应用程序设计。
- QDesktopWidget：具有多个显卡和多个显示器的系统具有多个桌面，这个类提供用户桌面信息，如屏幕个数、每个屏幕的大小等。
- QWindow：是通过底层的窗口系统表示一个窗口的类，一般作为一个父容器的嵌入式窗体，不作为独立窗体。

6.3.2　窗体类重要特性的设置

窗体显示或运行的一些特性可以通过 QWidget 的一些函数进行设置。

1. setAttribute()函数

setAttribute()函数用于设置窗体的一些属性，其函数原型为：

```
setAttribute(self, attribute, on: bool = True)
```

参数 attribute 是枚举类型 Qt.WidgetAttribute，bool 型参数 on 默认为 True。

枚举类型 Qt.WidgetAttribute 定义了窗体的一些属性，通过 setAttribute()函数可以打开或关闭这些属性。常用的一个属性是 Qt.WA_DeleteOnClose，用于设置窗体在关闭时是否自动删除，在

6.2 节中对创建的对话框进行设置时就用到了这个函数和属性。枚举类型 Qt.WidgetAttribute 有几十种取值，详见 Qt 帮助文档。

2. setWindowFlag()函数

函数 setWindowFlag()用于设置窗口标志，其函数原型为：

```
setWindowFlag(self, flag, on: bool = True)
```

参数 flag 是枚举类型 Qt.WindowType，bool 型参数 on 默认为 True。

还有另外一个函数 setWindowFlags()，其函数原型为：

```
setWindowFlags(self, type)
```

其中，参数 type 是枚举类型 Qt.WindowType 的值的组合，可以一次设置多个标志。

枚举类型 Qt.WindowType 常用的常量值如表 6-3 所示。

表 6-3　枚举类型 Qt.WindowType 常用的常量

常量	意义
表示窗体类型的常量	
Qt.Widget	这是 QWidget 类的默认类型。这种类型的窗体如果有父窗体，就作为父窗体的子窗体，否则就作为一个独立的窗口
Qt.Window	表明这个窗体是一个窗口，通常具有窗口的边框、标题栏，而不管它是否有父窗体
Qt.Dialog	表明这个窗体是一个窗口，并且要显示为对话框（例如在标题栏没有最小化、最大化按钮）。这是 QDialog 类的默认类型
Qt.Popup	表明这个窗体是用作弹出式菜单的窗体
Qt.Tool	表明这个窗体是工具窗体，具有更小的标题栏和关闭按钮，通常作为工具栏的窗体
Qt.ToolTip	表明这是用于 ToolTip 消息提示的窗体
Qt.SplashScreen	表明窗体是 splash 屏幕，这是 QSplashScreen 类的默认类型
Qt.Desktop	表明窗体是桌面，这是 QDesktopWidget 类的类型
Qt.SubWindow	表明窗体是子窗体，例如 QMdiSubWindow 就是这种类型
控制窗体显示效果的常量	
Qt.MSWindowsFixedSizeDialogHint	在 Windows 平台上，使窗口具有更窄的边框，用于固定大小的对话框
Qt.FramelessWindowHint	创建无边框窗口
定制窗体外观的常量，要定义窗体外观，需要先设置 Qt.CustomizeWindowHint	
Qt.CustomizeWindowHint	关闭默认的窗口标题栏
Qt.WindowTitleHint	窗口有标题栏
Qt.WindowSystemMenuHint	有窗口系统菜单
Qt.WindowMinimizeButtonHint	有最小化按钮
Qt.WindowMaximizeButtonHint	有最大化按钮
Qt.WindowMinMaxButtonsHint	有最小化、最大化按钮
Qt.WindowCloseButtonHint	有关闭按钮
Qt.WindowContextHelpButtonHint	有上下文帮助按钮
Qt.WindowStaysOnTopHint	窗口总是处于最顶层
Qt.WindowStaysOnBottomHint	窗口总是处于最底层
Qt.WindowTransparentForInput	窗口只作为输出，不接受输入

3. setWindowState()函数

setWindowState()函数使窗口处于最小化、最大化等状态，其函数原型是：

```
setWindowState(self, state)
```

参数 state 是枚举类型 Qt.WindowState 的值的组合，这个枚举类型表示了窗体的状态，其取值如表 6-4 所示。

表 6-4 枚举类型 Qt.WindowState 的常量

常量	意义
Qt.WindowNoState	正常状态
Qt.WindowMinimized	窗口最小化
Qt.WindowMaximized	窗口最大化
Qt.WindowFullScreen	窗口填充整个屏幕，而且没有边框
Qt.WindowActive	变为活动的窗口，例如可以接受键盘输入

4. setWindowModality()函数

setWindowModality()函数用于设置窗口的模态形式，其函数原型为：

```
setWindowModality(self, windowModality)
```

参数 windowModality 是枚举类型 Qt.WindowModality，此枚举类型的各种取值如表 6-5 所示。

表 6-5 枚举类型 Qt.WindowModality 的常量

常量	意义
Qt.NonModal	无模态，不会阻止其他窗口的输入
Qt.WindowModal	窗口对于其父窗口、所有的上级父窗口都是模态的
Qt.ApplicationModal	窗口对整个应用程序是模态的，阻止所有窗口的输入

5. setWindowOpacity()函数

setWindowOpacity()函数用于设置窗口的透明度，其函数原型如下：

```
setWindowOpacity(self, level)
```

参数 level 是 1.0（完全不透明）至 0.0（完全透明）之间的浮点数。窗口透明度默认值是 1.0，即完全不透明。

6.3.3　多窗口应用程序设计示例

1. 示例功能概述

本节以示例 Demo6_3 演示多窗口应用程序的设计，运行时主窗口如图 6-13 所示。

图 6-13　示例 Demo6_3 运行时主窗口

示例由项目模板 mainWindowApp 创建，主窗口 UI 文件是 MainWindow.ui。又设计了两个窗口，一个是从 QWidget 继承的文本文件显示窗口，另一个是从 QMainWindow 继承的表格数据编辑窗口，表格编辑窗口又可使用两个对话框进行表格的大小和表头设置。项目 Demo6_3 的各窗体文件的组成如表 6-6 所示。

表 6-6 项目 Demo6_3 的窗体文件的组成

窗体 UI 文件和窗体的 objectName	窗体编译后文件和类名	窗体业务逻辑文件和类名	功能描述
MainWindow.ui MainWindow	ui_MainWindow.py Ui_MainWindow	myMainWindow.py QmyMainWindow	主窗口
QWFormDoc.ui QWFormDoc	ui_QWFormDoc.py Ui_QWFormDoc	myFormDoc.py QmyFormDoc	文本文件显示窗口，从 QWidget 继承
QWFormTable.ui QWFormTable	ui_QWFormTable.py Ui_QWFormTable	myFormTable.py QmyFormTable	表格数据编辑窗口，从 QMainWindow 继承

续表

窗体 UI 文件和窗体的 objectName	窗体编译后文件和类名	窗体业务逻辑文件和类名	功能描述
QWDialogSize.ui QWDialogSize	ui_QWDialogSize.py Ui_QWDialogSize	myDialogSize.py QmyDialogSize	设置表格大小对话框, 由 QmyFormTable 调用
QWDialogHeaders.ui QWDialogHeaders	ui_QWDialogHeaders.py Ui_QWDialogHeaders	myDialogHeaders.py QmyDialogHeaders	表格标题设置对话框, 由 QmyFormTable 调用

其中, 用于设置表格大小的对话框相关文件 QWDialogSize.ui 和 myDialogSize.py, 以及用于设置表格表头的对话框相关文件 QWDialogHeaders.ui 和 myDialogHeaders.py 可以直接从示例 Demo6_2 复制而来。

示例项目 Demo6_3 的 uic.bat 文件根据项目的窗口文件修改为如下的内容:

```
echo off

rem 将子目录 QtApp 下的.ui 文件复制到当前目录下，并且编译
copy .\QtApp\MainWindow.ui  MainWindow.ui
pyuic5 -o ui_MainWindow.py  MainWindow.ui

copy .\QtApp\QWFormDoc.ui QWFormDoc.ui
pyuic5 -o ui_QWFormDoc.py  QWFormDoc.ui

copy .\QtApp\QWFormTable.ui QWFormTable.ui
pyuic5 -o ui_QWFormTable.py QWFormTable.ui

copy .\QtApp\QWDialogSize.ui QWDialogSize.ui
pyuic5 -o ui_QWDialogSize.py  QWDialogSize.ui

copy .\QtApp\QWDialogHeaders.ui QWDialogHeaders.ui
pyuic5 -o ui_QWDialogHeaders.py  QWDialogHeaders.ui

rem 编译并复制资源文件
pyrcc5 .\QtApp\res.qrc -o res_rc.py
```

2. 主窗口设计

程序的主窗口是从 QMainWindow 继承的, 采用可视化方法设计 MainWindow.ui。主窗口有一个工具栏, 4 个创建窗体的工具栏按钮由相应的 Action 创建, 以不同方式创建和使用窗体。主窗口工作区放置一个 QTabWidget 组件命名为 tabWidget, 用于作为创建窗体的父容器。没有子窗体时, tabWidget 不显示。

MainWindow.ui 文件经过编译后生成 ui_MainWindow.py, 创建对应的窗体业务逻辑类文件 myMainWindow.py, 其部分代码如下:

```
import sys
from PyQt5.QtWidgets import  QApplication, QMainWindow
from PyQt5.QtCore import  pyqtSlot, Qt
from PyQt5.QtGui import QPainter, QPixmap

from ui_MainWindow import Ui_MainWindow
from myFormDoc import QmyFormDoc
from myFormTable import QmyFormTable

class QmyMainWindow(QMainWindow):
    def __init__(self, parent=None):
        super().__init__(parent)
        self.ui=Ui_MainWindow()
        self.ui.setupUi(self)
```

```
        self.ui.tabWidget.setVisible(False)           #隐藏
        self.ui.tabWidget.clear()                     #清除所有页面
        self.ui.tabWidget.setTabsClosable(True)       #Page 有关闭按钮
        self.ui.tabWidget.setDocumentMode(True)

        self.setCentralWidget(self.ui.tabWidget)
        self.setWindowState(Qt.WindowMaximized)#窗口最大化显示
        self.setAutoFillBackground(True)              #自动绘制背景
        self.__pic=QPixmap("sea1.jpg")                #载入背景图片到内存，提高绘制速度

##   =============事件处理函数=============
    def paintEvent(self,event):
        painter=QPainter(self)
        painter.drawPixmap(0,self.ui.mainToolBar.height(), self.width(),
                self.height()-self.ui.mainToolBar.height()
                    -self.ui.statusBar.height(), self.__pic)
        super().paintEvent(event)

##   =========由 connectSlotsByName()  自动关联的槽函数=============
    def on_tabWidget_currentChanged(self,index):      ##tabWidget 当前页面变化
        hasTabs=self.ui.tabWidget.count()>0           #页面个数
        self.ui.tabWidget.setVisible(hasTabs)

    def on_tabWidget_tabCloseRequested(self,index):##分页关闭时关闭窗体
        if (index<0):
            return
        aForm=self.ui.tabWidget.widget(index)
        aForm.close()
```

QmyMainWindow 类的构造函数对窗口上的组件 tabWidget 做了一些属性设置，使其分页标签是可以关闭的，还为组件 tabWidget 的以下两个信号编写了槽函数。

- currentChanged()信号：在组件 tabWidget 的当前页变换时发射，在此信号的槽函数里判断 tabWidget 的分页个数，如果分页个数为零就隐藏组件 tabWidget。
- tabCloseRequested()信号：在点击组件 tabWidget 的某个页面上的关闭按钮时发射，槽函数的功能是调用页面上的窗体的 close()函数，以关闭此窗体。

构造函数中将项目根目录下的图片文件 sea1.jpg 载入私有变量 self.__pic，用于在 paintEvent()事件函数中绘制窗口背景。

3. QmyFormDoc 的设计和使用

（1）QWFormDoc.ui 的设计

在 Qt Creator 里打开本示例的 Qt 项目 QtApp.pro，然后单击 "File" → "New File or Project" 菜单项，在出现的对话框里选择创建 Qt Designer Form Class，并且在向导中选择基类为 QWidget，创建的新类命名为 QWFormDoc。

在 UI Designer 里可视化设计窗体 QWFormDoc.ui，放置一个 QPlainTextEdit 组件到窗体上。
由于 QWFormDoc 是从 QWidget 继承的，在可视化设计时不能直接设计工具栏，但是可以创建 Action，然后在 Python 的对应的窗体业务逻辑类的构造函数里用代码创建工具栏。

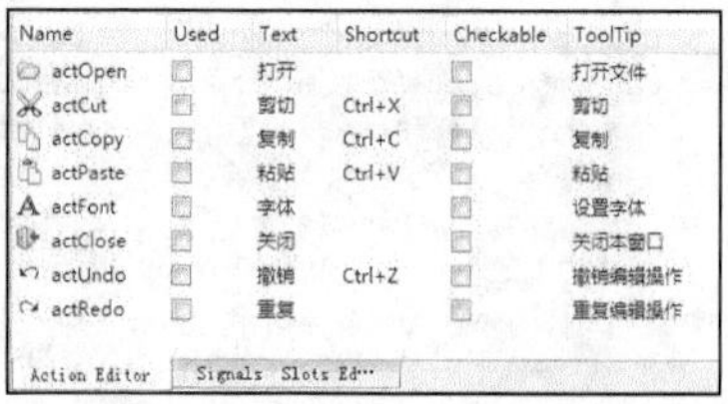

图 6-14 是设计的 Action，除了 actOpen 和 actFont 之外，其他编辑操作的 Action 都和 QPlainTextEdit 组件相

图 6-14　QWFormDoc.ui 窗口设计的 Action

关槽函数关联。QPlainTextEdit 类常见编辑功能的槽函数的使用可参考 3.7 节的示例。

（2）QmyFormDoc 的设计

QWFormDoc.ui 文件编译生成文件 ui_QWFormDoc.py，再创建相应的窗体业务逻辑类 QmyFormDoc，保存为文件 myFormDoc.py，此文件的完整代码如下：

```python
import sys,os
from PyQt5.QtWidgets import  (QApplication, QWidget,QFileDialog,
                              QToolBar, QVBoxLayout,QFontDialog)
from PyQt5.QtCore import  pyqtSlot, pyqtSignal,Qt
from PyQt5.QtGui import QPalette,  QFont
from ui_QWFormDoc import Ui_QWFormDoc

class QmyFormDoc(QWidget):
    docFileChanged=pyqtSignal(str)        ##自定义信号，打开文件时发射

    def __init__(self, parent=None):
        super().__init__(parent)
        self.ui=Ui_QWFormDoc()
        self.ui.setupUi(self)
        self.__curFile=""       #当前文件名
        self.__buildUI()        #构建工具栏
        self.setAutoFillBackground(True)

    def __del__(self):          ##析构函数
        print("QmyFormDoc 对象被删除了")

    def __buildUI(self):        ##使用 UI 可视化设计的 Action 创建工具栏
        locToolBar = QToolBar("文档",self)       #创建工具栏
        locToolBar.addAction(self.ui.actOpen)
        locToolBar.addAction(self.ui.actFont)
        locToolBar.addSeparator()
        locToolBar.addAction(self.ui.actCut)
        locToolBar.addAction(self.ui.actCopy)
        locToolBar.addAction(self.ui.actPaste)
        locToolBar.addAction(self.ui.actUndo)
        locToolBar.addAction(self.ui.actRedo)
        locToolBar.addSeparator()
        locToolBar.addAction(self.ui.actClose)
        locToolBar.setToolButtonStyle(Qt.ToolButtonTextBesideIcon)

        Layout = QVBoxLayout()
        Layout.addWidget(locToolBar)
        Layout.addWidget(self.ui.plainTextEdit)
        Layout.setContentsMargins(2,2,2,2)       #减小边框的宽度
        Layout.setSpacing(2)
        self.setLayout(Layout)  #设置布局

##   =========由 connectSlotsByName() 自动关联的槽函数=============
    @pyqtSlot()                     ##打开文件
    def on_actOpen_triggered(self):
        curPath=os.getcwd()         #获取当前路径
        filename,flt=QFileDialog.getOpenFileName(self,
            "打开一个文件",curPath,
            "文本文件(*.cpp *.h *.py);;所有文件(*.*)")
        if (filename==""):
            return

        self.__curFile=filename
        self.ui.plainTextEdit.clear()
```

```
        aFile=open(filename,'r',encoding='utf-8')
        try:
            for eachLine in aFile:        #每次读取一行
                self.ui.plainTextEdit.appendPlainText(eachLine.strip())
        finally:
            aFile.close()
        baseFilename=os.path.basename(filename)        #去掉目录后的文件名
        self.setWindowTitle(baseFilename)
        self.docFileChanged.emit(baseFilename)        #发射信号，传递文件名

    @pyqtSlot()      ##选择字体
    def on_actFont_triggered(self):
        iniFont=self.ui.plainTextEdit.font()
        font,OK=QFontDialog.getFont(iniFont)
        if (OK):      #选择有效
            self.ui.plainTextEdit.setFont(font)
```

在构造函数里调用自定义函数__buildUI()创建工具栏，主要是使用可视化设计的 Action 创建工具栏按钮，还用到了布局管理。

析构函数里输出信息，以便观察对象是何时被删除的。

"打开"按钮的槽函数的功能是打开一个文本文件，使用了 QFileDialog 类，在函数的最后发射了自定义信号 docFileChanged()，并且传递文件名作为参数。

（3）主窗口中使用 QmyFormDoc 类

点击主窗口工具栏上的"嵌入式 Widget"按钮时，会创建一个 QmyFormDoc 窗体并添加到主窗口的组件 tabWidget 的一个分页上显示；点击"独立 Widget 窗口"按钮时会创建一个 QmyFormDoc 窗体，然后独立显示。下面是文件 myMainWindow.py 中的相关代码：

```
    @pyqtSlot()      ## "嵌入式 Widget" 按钮
    def on_actWidgetInsite_triggered(self):
        formDoc=QmyFormDoc(self)
        formDoc.setAttribute(Qt.WA_DeleteOnClose)        #关闭时自动删除
        formDoc.docFileChanged.connect(self.do_docFileChanged)
        title= "Doc %d"%self.ui.tabWidget.count()
        curIndex=self.ui.tabWidget.addTab(formDoc,title)        #添加到 tabWidget
        self.ui.tabWidget.setCurrentIndex(curIndex)
        self.ui.tabWidget.setVisible(True)

    @pyqtSlot(str)
    def do_docFileChanged(self,shotFilename):
        index=self.ui.tabWidget.currentIndex()
        self.ui.tabWidget.setTabText(index,shotFilename)        #显示文件名

    @pyqtSlot()      ##"独立 Widget 窗口"按钮
    def on_actWidget_triggered(self):
        formDoc=QmyFormDoc(self)        #必须传递 self，否则无法显示
        formDoc.setAttribute(Qt.WA_DeleteOnClose)
        formDoc.setWindowTitle("基于 QWidget 的窗体，关闭时删除")
        formDoc.setWindowFlag(Qt.Window,True)
##      formDoc.setWindowFlag(Qt.CustomizeWindowHint,True)
##      formDoc.setWindowFlag(Qt.WindowMinMaxButtonsHint,False)
##      formDoc.setWindowFlag(Qt.WindowCloseButtonHint,True)
##      formDoc.setWindowFlag(Qt.WindowStaysOnTopHint,True)
        formDoc.setWindowOpacity(0.9)        #窗口透明度
        formDoc.show()
```

槽函数 on_actWidgetInsite_triggered()创建一个 QmyFormDoc 类实例 formDoc，然后用

QTabWidget 的 addTab()函数将 formDoc 添加为主窗口上的组件 tabWidget 的一个页面，称这种窗体显示方式为"嵌入式"。程序里还将动态创建的窗体 formDoc 的信号 docFileChanged()与自定义槽函数 do_docFileChanged()关联，用于在打开文件后更新 tabWidget 分页的标题。

槽函数 on_actWidget_triggered()创建一个 QmyFormDoc 类实例 formDoc，使用 setWindowFlag()函数设置其为 Qt.Window 类型，并用 show()函数显示窗口。这样创建和显示的是一个单独的窗口。还可以将程序中注释的几行代码取消注释，测试其他窗体风格，如没有最大化、最小化按钮的窗口。

图 6-15 是嵌入式和独立的 QmyFormDoc 窗体的显示效果。在主窗口的 tabWidget 上单击某个分页的关闭按钮时，会执行其槽函数 on_tabWidget_tabCloseRequested()，关闭相应的窗体。通过析构函数观察 QmyFormDoc 窗体对象是何时被删除的，还可以通过改变 formDoc.setAttribute(Qt.WA_DeleteOnClose)的设置观察其对窗口的影响。

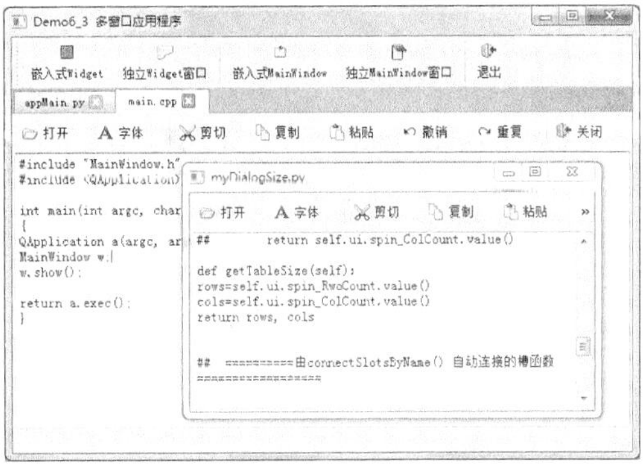

4. QmyFormTable 的设计和使用

（1）QWFormTable.ui 的设计

在 Qt Creator 中创建一个基于 QMainWindow 的窗口类 QWFormTable，采用可视化方法设计 QWFormTable.ui，在窗口上设计工具栏，工作区放置一个 QTableView 组件。窗体 QWFormTable.ui 的设计效果参考图 6-16 的运行时界面。

（2）QmyFormTable 的设计

文件 QWFormTable.ui 编译后生成文件

图 6-15 嵌入式和独立的 QmyFormDoc 窗体显示效果

ui_QWFormTable.py，再创建相应的窗体业务逻辑类 QmyFormTable，保存为文件 myFormTable.py，此文件的完整代码如下：

```python
import sys
from PyQt5.QtWidgets import  (QApplication, QMainWindow,
                        QLabel,QAbstractItemView,QDialog)
from PyQt5.QtCore import  pyqtSlot, Qt, QItemSelectionModel
from PyQt5.QtGui import QStandardItemModel

from ui_QWFormTable import Ui_QWFormTable
from myDialogSize import QmyDialogSize
from myDialogHeaders import QmyDialogHeaders

class QmyFormTable(QMainWindow):
    def __init__(self, parent=None):
        super().__init__(parent)
        self.ui=Ui_QWFormTable()
        self.ui.setupUi(self)

        self.__dlgSetHeaders=None        #表头设置对话框
        self.setAutoFillBackground(True)
        self.setCentralWidget(self.ui.tableView)
        self.ui.tableView.setAlternatingRowColors(True)
##构建 Model/View
        self.itemModel = QStandardItemModel(10,5,self)     #数据模型
        self.selectionModel = QItemSelectionModel(self.itemModel)
        self.ui.tableView.setModel(self.itemModel)           #设置数据模型
        self.ui.tableView.setSelectionModel(self.selectionModel)
```

```
    def __del__(self):      ##析构函数
        print("QmyFormTable 对象被删除了")

##  ==========由 connectSlotsByName() 自动关联的槽函数==============
    @pyqtSlot()       ##设置表格大小
    def on_actSetSize_triggered(self):
        dlgTableSize=QmyDialogSize()      #局部变量, 构建时不能传递 self
        dlgTableSize.setIniSize(self.itemModel.rowCount(),
                            self.itemModel.columnCount())
        ret=dlgTableSize.exec()
        if (ret == QDialog.Accepted):
            rows,cols=dlgTableSize.getTableSize()
            self.itemModel.setRowCount(rows)
            self.itemModel.setColumnCount(cols)

    @pyqtSlot()       ##设置表头标题
    def on_actSetHeader_triggered(self):
        if (self.__dlgSetHeaders == None):
            self.__dlgSetHeaders=QmyDialogHeaders(self)
        count=len(self.__dlgSetHeaders.headerList())
        if (count != self.itemModel.columnCount()):
            strList=[]
            for i in range(self.itemModel.columnCount()):
                text=str(self.itemModel.headerData(i,
                        Qt.Horizontal,Qt.DisplayRole))
                strList.append(text)
            self.__dlgSetHeaders.setHeaderList(strList)

        ret=self.__dlgSetHeaders.exec()
        if (ret == QDialog.Accepted):
            strList2=self.__dlgSetHeaders.headerList()
            self.itemModel.setHorizontalHeaderLabels(strList2)
```

　　QmyFormTable 类在构造函数里创建 QStandardItemModel 和 QItemSelectionModel 的实例对象,
与窗体上的组件 tableView 组成 Model/View 结构的表格数据编辑器。

　　"设置表格大小"对话框 QmyDialogSize 和"设置表头"对话框 QmyDialogHeaders 的功能与
示例 Demo6_2 的相同,从示例 Demo6_2 中复制相关文件到本示例即可。QmyFormTable 类中对这
两个对话框的调用方式也与示例 Demo6_2 相同,在此不再赘述。

　　(3)主窗口中使用 QmyFormTable 类

　　主窗口工具栏上的"嵌入式 MainWindow"和"独立 MainWindow 窗口"两个按钮都创建
QmyFormTable 窗体并显示,文件 myMainWindow.py 与这两个按钮相关的槽函数代码如下:

```
    @pyqtSlot()       ##"嵌入式 MainWindow"
    def on_actWindowInsite_triggered(self):
        formTable=QmyFormTable(self)
        formTable.setAttribute(Qt.WA_DeleteOnClose)
        title= "Table %d"%self.ui.tabWidget.count()
        curIndex=self.ui.tabWidget.addTab(formTable,title)
        self.ui.tabWidget.setCurrentIndex(curIndex)
        self.ui.tabWidget.setVisible(True)

    @pyqtSlot()       ##"独立 MainWindow 窗口"
    def on_actWindow_triggered(self):
        formTable=QmyFormTable(self)       #必须传递 self, 否则无法显示
        formTable.setAttribute(Qt.WA_DeleteOnClose)
        formTable.setWindowTitle("基于 QMainWindow 的窗口, 关闭时删除")
        formTable.show()
```

槽函数 on_actWindowInsite_triggered()的功能是创建一个 QmyFormTable 对象 formTable，并在主窗口的 tabWidget 里新增一个页面，将 formTable 在新增页面里显示。所以，即使是从 QMainWindow 继承的窗口类，也可以在其他界面组件里嵌入显示。

槽函数 on_actWindow_triggered()里创建的 QmyFormTable 窗口对象 formTable 则是独立显示的。

无论是嵌入的还是独立的 QmyFormTable 窗口，都可以调用 QmyDialogSize 和 QmyDialogHeaders 对话框进行表格大小和表头文字设置，两个对话框的调用方法与示例 Demo6_2 完全相同，还可以通过析构函数的输出信息查看对话框何时被删除。

创建 QmyFormTable 嵌入式窗体和独立窗口运行时效果如图 6-16 所示。

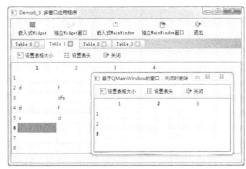

图 6-16 嵌入式和独立的 QmyFormTable 窗体运行时效果

6.4 MDI 应用程序设计

6.4.1 MDI 简介

MDI（Multiple Document Interface）就是多文档界面，它是一种应用程序窗口管理方法，一般是在一个应用程序里打开多个同类型的窗口，典型 MDI 应用程序如 Microsoft 早期的 Word、Excel 等软件。

PyQt5 为设计 MDI 应用程序提供了相应的类。本节的示例 Demo6_4 就是一个 MDI 应用程序，程序运行时界面如图 6-17 所示。

MDI 应用程序由一个主窗口和任意多个 MDI 子窗口组成，子窗口一般是同一个类的实例，这些 MDI 子窗口在主窗口里显示，并一般共享主窗口上的工具栏和菜单等操作功能，主窗口上的操作都针对当前活动的 MDI 子窗口。

图 6-17 MDI 应用程序示例 Demo6_4 运行时界面

示例 Demo6_4 由项目模板 mainWindowApp 创建，有一个主窗体类和一个子窗体类，窗体文件的组成如表 6-7 所示。

表 6-7 项目 Demo6_4 的窗体文件的组成

窗体 UI 文件和窗体的 objectName	窗体编译后文件和类名	窗体逻辑操作文件和类名	功能描述
MainWindow.ui	ui_MainWindow.py	myMainWindow.py	MDI 主窗口
MainWindow	Ui_MainWindow	QmyMainWindow	
QWFormDoc.ui	ui_QWFormDoc.py	myFormDoc.py	MDI 子窗口，从
QWFormDoc	Ui_QWFormDoc	QmyFormDoc	QWidget 继承

项目中有一个主窗体类 QmyMainWindow 和一个 MDI 子窗体类 QmyFormDoc，图 6-17 中的

多个 MDI 子窗口都是 QmyFormDoc 类的实例对象。注意，本示例的 QWFormDoc.ui 和 myFormDoc.py 与示例 Demo6_3 中的不同，子窗口没有工具栏。

示例 Demo6_4 的文件 uic.bat 需要根据实际的窗体文件修改，该文件内容如下：

```
echo off
rem 将子目录 QtApp 下的.ui 文件复制到当前目录下，并且编译
copy .\QtApp\MainWindow.ui  MainWindow.ui
pyuic5 -o ui_MainWindow.py  MainWindow.ui

copy .\QtApp\QWFormDoc.ui  QWFormDoc.ui
pyuic5 -o ui_QWFormDoc.py  QWFormDoc.ui

rem 编译并复制资源文件
pyrcc5 .\QtApp\res.qrc -o res_rc.py
```

6.4.2　文档窗体类 QmyFormDoc 的设计

在 Qt Creator 中创建一个基于 QWidget 的 UI 窗体 QWFormDoc.ui，可视化设计窗体时，只放置一个 QPlainTextEdit 组件，并以水平布局填充整个窗口。

将 QWFormDoc.ui 文件编译为 ui_QWFormDoc.py，然后创建相应的窗体业务逻辑类 QmyFormDoc，并保存为文件 myFormDoc.py，该文件的完整代码如下：

```
import sys,codecs,os
from PyQt5.QtWidgets import  QApplication, QWidget, QFontDialog
from PyQt5.QtCore import  Qt
from ui_QWFormDoc import Ui_QWFormDoc

class QmyFormDoc(QWidget):
    def __init__(self, parent=None):
        super().__init__(parent)
        self.ui=Ui_QWFormDoc()
        self.ui.setupUi(self)
        self.setWindowTitle("New Doc")
##        self.setAttribute(Qt.WA_DeleteOnClose)      #MDI 子窗口会被自动删除
        self.__currentFile=""        #当前文件名
        self.__fileOpened=False     #是否已打开文件

    def __del__(self):      ##析构函数
        print("QmyFormDoc 对象被删除了")

##  ==============自定义功能函数============
    def loadFromFile(self, aFileName):   ##打开文件
        aFile=codecs.open(aFileName,encoding='utf-8')
        try:
            for eachLine in aFile:          #每次读取一行
                self.ui.plainTextEdit.appendPlainText(eachLine.strip())
        finally:
            aFile.close()

        self.__currentFile=aFileName
        self.__fileOpened=True
        baseFilename=os.path.basename(aFileName)      #去掉目录后的文件名
        self.setWindowTitle(baseFilename)

    def currentFileName(self):       ##返回当前文件名
        return self.__currentFile
```

```
def isFileOpened(self):            ##文件是否打开
    return self.__fileOpened

def textCut(self):                 ## 剪切操作
    self.ui.plainTextEdit.cut()

def textCopy(self):                ## 复制操作
    self.ui.plainTextEdit.copy()

def textPaste(self):               ## 粘贴操作
    self.ui.plainTextEdit.paste()

def textSetFont(self):             ##设置字体
    iniFont=self.ui.plainTextEdit.font()
    font,OK=QFontDialog.getFont(iniFont)
    if (OK):            #选择有效
        self.ui.plainTextEdit.setFont(font)
```

在 QmyFormDoc 类中定义了一些接口函数，用于打开文件、编辑文本等操作，这些接口函数将由主窗口调用。函数 loadFromFile(aFileName)用于打开文件名 aFileName 指定的一个文本文件，为了能正确打开有汉字的文本文件，使用了 codecs.open()函数，并指定使用 UTF-8 编码。

在析构函数中输出信息以便观察实例对象是何时被删除的，在构造函数中注释掉了 setAttribute()函数的一行语句。在示例程序运行时会发现，作为 MDI 子窗口，不管子窗口是否设置为关闭时删除，在主窗口里关闭一个 MDI 子窗口时，都会删除子窗口对象。

6.4.3 主窗口设计与子窗口的使用

1. 主窗口设计

主窗口 UI 文件 MainWindow.ui 可视化设计的结果如图 6-18 所示。

要在主窗口实现 MDI 功能，只需在主窗口的工作区放置一个 QMdiArea 组件。图 6-18 窗口中间是一个 QMdiArea 组件，命名为 mdiArea，在窗体业务逻辑类的构造函数里使其填充整个工作区。再可视化创建一些 Action，并用 Action 设计图 6-18 的主工具栏按钮。

图 6-18 设计时的主窗口 MainWindow.ui

MainWindow.ui 文件编译后生成 ui_MainWindow.py，再创建相应的窗体业务逻辑类 QmyMainWindow，保存为文件 myMainWindow.py。该文件的 import 部分和 QmyMainWindow 类的构造函数、closeEvent()事件函数代码如下：

```
import sys,os
from PyQt5.QtWidgets import QApplication, QMainWindow, QFileDialog, QMdiArea
from PyQt5.QtCore import  pyqtSlot, Qt
from ui_MainWindow import Ui_MainWindow
from myFormDoc import QmyFormDoc

class QmyMainWindow(QMainWindow):
    def __init__(self, parent=None):
        super().__init__(parent)        #调用父类构造函数，创建窗体
```

```
        self.ui=Ui_MainWindow()           #创建 UI 对象
        self.ui.setupUi(self)             #构造 UI
        self.setCentralWidget(self.ui.mdiArea)    #填充整个工作区
        self.ui.mainToolBar.setToolButtonStyle(Qt.ToolButtonTextUnderIcon)

##  ==============事件处理函数==================
    def closeEvent(self,event):
        self.ui.mdiArea.closeAllSubWindows()    #关闭所有子窗口
        event.accept()
```

QmyMainWindow 类为事件函数 closeEvent()编写了代码，使得主窗口在关闭前先关闭所有
MDI 子窗口。如果不编写此段代码，当还有 MDI 子窗口存在时就关闭主窗口会导致程序出错。

2．MDI 子窗口的创建与加入

主窗口上"新建文档"按钮的关联槽函数代码如下：

```
@pyqtSlot()      ##"新建文档"
def on_actDoc_New_triggered(self):
    formDoc = QmyFormDoc(self)
    self.ui.mdiArea.addSubWindow(formDoc)    #文档窗口添加到 MDI
    formDoc.show()     #显示窗口
    self.__enableEditActions(True)

def __enableEditActions(self,enabled):
    self.ui.actEdit_Cut.setEnabled(enabled)
    self.ui.actEdit_Copy.setEnabled(enabled)
    self.ui.actEdit_Paste.setEnabled(enabled)
    self.ui.actEdit_Font.setEnabled(enabled)
```

代码功能是新建一个 QmyFormDoc 类的窗口 formDoc，构造函数中传入了主窗口指针 self，
所以主窗口是 formDoc 的父窗口，然后使用 QMdiArea 的 addSubWindow()函数将 formDoc 加入界
面上的 MDI 工作区组件 mdiArea 里。

私有函数__enableEditActions()用于设置与编辑操作相关的几个 Action 的使能状态。

主窗口上"打开文档"按钮的关联槽函数代码如下：

```
@pyqtSlot()      ##"打开文档"
def on_actDoc_Open_triggered(self):
    needNew=False    #是否需要新建子窗口
    if len(self.ui.mdiArea.subWindowList())>0:          #如果有子窗口
        formDoc=self.ui.mdiArea.activeSubWindow().widget()  #获取活动窗口
        needNew=formDoc.isFileOpened()      #文件已经打开，需要新建窗口
    else:
        needNew=True

    curPath=os.getcwd()     #获取当前路径
    filename,flt=QFileDialog.getOpenFileName(self,"打开一个文件",curPath,
            "文本文件(*.cpp *.h *.py);;所有文件(*.*)")
    if (filename==""):
        return

    if(needNew):    #需要新建 MDI 子窗口
        formDoc = QmyFormDoc(self)       #必须指定父窗口
        self.ui.mdiArea.addSubWindow(formDoc)    #添加到 MDI 区域
    formDoc.loadFromFile(filename)       #载入文件
    formDoc.show()
    self.__enableEditActions(True)
```

通过 QMdiArea 类的 subWindowList() 可以获得子窗口对象列表，从而判断子窗口的个数。如果没有 MDI 子窗口，就创建一个新的子窗口并打开文件。

如果有 MDI 子窗口，总有一个活动子窗口，通过 QMdiArea 类的 activeSubWindow() 可以获得此活动的子窗口，通过子窗口的 isFileOpened() 函数判断是否打开了文件，如果没有打开过文件，就在这个活动子窗口里打开文件，否则新建窗口打开文件。

注意 一定要先获取 MDI 子窗口，再使用 QFileDialog 选择需要打开的文件。如果颠倒顺序，则无法获得正确的 MDI 活动子窗口。

3. QMdiArea 常用接口函数

QMdiArea 提供了一些接口函数，可以进行一些 MDI 相关的操作，工具栏上的"关闭全部""MDI 模式""级联展开""平铺展开"等按钮都是通过调用 QMdiArea 类的接口函数实现的。下面是这几个按钮功能的实现代码：

```
@pyqtSlot()      ##"级联展开"
def on_actMDI_Cascade_triggered(self):
    self.ui.mdiArea.cascadeSubWindows()

@pyqtSlot()      ##"平铺展开"
def on_actMDI_Tile_triggered(self):
    self.ui.mdiArea.tileSubWindows()

@pyqtSlot()      ##"关闭全部"
def on_actDoc_CloseALL_triggered(self):
    self.ui.mdiArea.closeAllSubWindows()

@pyqtSlot(bool)      ##"MDI 模式"
def on_actMDI_Mode_triggered(self,checked):
    if checked:      #Tab 多页显示模式
        self.ui.mdiArea.setViewMode(QMdiArea.TabbedView)        #Tab 多页模式
        self.ui.mdiArea.setTabsClosable(True)        #页面可关闭
        self.ui.actMDI_Cascade.setEnabled(False)
        self.ui.actMDI_Tile.setEnabled(False)
    else:                #子窗口模式
        self.ui.mdiArea.setViewMode(QMdiArea.SubWindowView)      #子窗口模式
        self.ui.actMDI_Cascade.setEnabled(True)
        self.ui.actMDI_Tile.setEnabled(True)
```

设置 MDI 视图模式用 QMdiArea 类的 setViewMode(mode) 函数，参数 mode 是枚举类型 QMdiArea.ViewMode，有以下两种模式可以选择。

- QMdiArea.SubWindowView 是传统的子窗口模式，显示效果如图 6-17 所示。

- QMdiArea.TabbedView 是多页的显示模式，显示效果如图 6-19 所示。

4. QMdiArea 的信号

图 6-19 多页模式下的 MDI 界面

QMdiArea 有一个信号 subWindowActivated()，在当前活动窗口变化时发射。利用此信号在活动窗口切换时进行一些处理，例如，在状态栏里显示活动 MDI 子窗口的文件名，在没有 MDI 子窗口时，将工具栏上的编辑功能按钮设置为禁用。下面是该信号的槽函数代码：

```
def on_mdiArea_subWindowActivated(self,arg1):
    cnt=len(self.ui.mdiArea.subWindowList())
    if (cnt==0):
        self.__enableEditActions(False)
        self.ui.statusBar.clearMessage()
    else:
        formDoc=self.ui.mdiArea.activeSubWindow().widget()
        self.ui.statusBar.showMessage(formDoc.currentFileName())
```

5. 编辑功能的实现

主窗口工具栏上的"剪切""复制""粘贴""字体设置"等按钮都是调用当前子窗口的相应函数，关键是获取当前 MDI 子窗口对象。编辑功能的几个按钮的关联槽函数代码如下：

```
@pyqtSlot()      ##剪切操作
def on_actEdit_Cut_triggered(self):
    formDoc=self.ui.mdiArea.activeSubWindow().widget()
    formDoc.textCut()

@pyqtSlot()      ##复制操作
def on_actEdit_Copy_triggered(self):
    formDoc=self.ui.mdiArea.activeSubWindow().widget()
    formDoc.textCopy()

@pyqtSlot()      ##粘贴操作
def on_actEdit_Paste_triggered(self):
    formDoc=self.ui.mdiArea.activeSubWindow().widget()
    formDoc.textPaste()

@pyqtSlot()      ##"字体设置"
def on_actEdit_Font_triggered(self):
    formDoc=self.ui.mdiArea.activeSubWindow().widget()
    formDoc.textSetFont()
```

## 第 7 章

数据库

通过一些数据库模块可以在 Python 中访问数据库，例如 Python 自带的 sqlite3 模块就可以用于 SQLite 数据库的操作，但是这些数据库模块一般侧重于数据库的 SQL 操作，如果要在 GUI 界面上显示和操作数据，还需要使用 PyQt5 的界面组件。若要使用 PyQt5 的 Model/View 结构，需要将数据库查询的数据转换为 PyQt5 的数据模型存储的数据，这样的操作就多了一个转换过程。

PyQt5.QtSql 模块提供了数据库连接、数据表和 SQL 操作的各种类，从数据库获得的数据可以直接用 QSqlTableModel、QSqlQueryModel 等模型类表示，可以与 QTableView 等类组成 Model/View 结构，便于高效实现数据和 GUI 界面的交互操作。本章介绍 PyQt5.QtSql 模块中数据库操作相关的一些类的使用，并且与 QTableView 等界面组件结合实现数据的 GUI 显示和编辑。

7.1 Qt SQL 模块概述

7.1.1 Qt SQL 支持的数据库

Qt SQL 是 Qt 的数据库功能模块，在 PyQt5 中就是 PyQt5.QtSql 模块。Qt SQL 提供了一些常见数据库的驱动，包括大型数据库，如 Oracle、MySQL 等，也包括简单的单机型数据库，如 SQLite。Qt SQL 提供的数据库驱动如表 7-1 所示。

表 7-1　Qt SQL 支持的数据库

驱动名	数据库
QDB2	IBM DB2（7.1 及以上版本）数据库
QIBASE	Borland　InterBase 数据库
QMYSQL	MySQL 数据库
QOCI	Oracle 调用接口驱动（Oracle Call Interface Driver）
QODBC	Open Database Connectivity（ODBC），Microsoft 的 SQL Server 数据库，以及其他支持 ODBC 接口的数据库，如 Access
QPSQL	PostgreSQL（7.3 及以上版本）数据库
QSQLITE2	SQLite 2 数据库
QSQLITE	SQLite 3 数据库

7.1.2 SQLite 数据库

本书假设读者已经掌握数据库的基本概念和 SQL 语句的基础知识，因此不再介绍这些基础知识。为了用示例研究 Qt SQL 的数据库编程功能，本章采用 SQLite 数据库作为数据库示例。

SQLite 是一种单机数据库，所有的数据表、索引等数据库元素全都存储在一个文件里，在应用程序里可以将 SQLite 数据库当作一个文件使用，使用起来非常方便。SQLite 是跨平台的数据库，在不同平台之间可以随意复制数据库。

SQLite 是一个开源免费使用的数据库，可以从其官网下载最新版本的数据库驱动安装文件。SQLite Expert 是 SQLite 数据库可视化管理工具，可以从其官网下载最新的安装文件，SQLite Expert 安装文件带有 SQLite 数据库驱动，所以安装 SQLite Expert 后无须再下载安装 SQLite 数据库驱动。

SQLite Expert 软件进行数据库字段设计的界面如图 7-1 所示。在 SQLite Expert 软件里建立一个数据库 demodb.db3，在此数据库里建立 4 个表，本章的编程示例都采用这个数据库文件作为数据库示例。

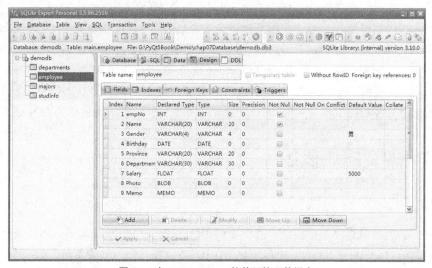

图 7-1　在 SQLite Expert 软件里管理数据库

（1）employee 数据表是一个员工信息表，用于在示例 Demo7_1 里演示通过 QSqlTableModel 获取、显示和编辑数据表的内容，employee 数据表的字段定义如表 7-2 所示。

表 7-2　employee **数据表的字段定义**

序号	字段名	类型	描述	说明
1	EmpNo	INT	员工编号	主键，非空
2	Name	VARCHAR(20)	姓名	非空
3	Gender	VARCHAR(4)	性别	默认值"男"
4	Birthday	DATE	出生日期	
5	Province	VARCHAR(20)	省份	
6	Department	VARCHAR(30)	工作部门	
7	Salary	FLOAT	工资	默认值 3500
8	Photo	BLOB	照片	BLOB 字段可存储任意二进制内容
9	Memo	MEMO	备注	MEMO 字段可存储任意长度的普通文本

（2）departments 数据表是一个学院信息表，记录学院编号和学院名称，如表 7-3 所示。

表 7-3   departments 数据表的字段定义

序号	字段名	类型	描述	说明
1	departID	INT	学院编号	主键，非空
2	departments	VARCHAR(40)	学院名称	非空

（3）majors 数据表是专业信息表，记录各专业的信息，如表 7-4 所示。

表 7-4   majors 数据表的字段定义

序号	字段名	类型	描述	说明
1	majorID	INT	专业编号	主键，非空
2	major	VARCHAR(40)	专业名称	非空
3	departID	INT	学院编号	非空，等于 departments 表中某个学院的 departID

departments 和 majors 构成一个 Master/Detail 关系数据表，majors 表里的 departID 字段记录了这个专业属于哪个学院，departments 表里的一条记录关联 majors 表中的多条记录。

（4）studInfo 是一个记录学生信息的数据表，如表 7-5 所示。

表 7-5   studInfo 数据表的字段定义

序号	字段名	类型	描述	说明
1	studID	INT	学号	主键，非空
2	name	VARCHAR(10)	姓名	非空
3	gender	VARCHAR(4)	性别	
4	departID	INT	学院编号	关联 departments 表中的记录
5	majorID	INT	专业编号	关联 majors 表中的记录

studInfo 数据表中采用代码字段 departID 记录学生所在的学院，具体的学院名称需要通过查询 departments 数据表中具有相同 departID 的记录获得；majorID 记录了专业代码，具体的专业名称需要通过查找 majors 数据表中的记录获取。这两个字段都是代码字段，只存储代码，代码的意义需要通过查询关联数据表的相应记录获得，在实际的数据库设计中经常用到这种设计方式。Qt SQL 中使用 QSqlRelationalTableModel 类可以很方便地实现这种代码型数据表的显示与编辑，示例 Demo7_4 演示了 QSqlRelationalTableModel 的使用方法。

7.1.3   Qt SQL 模块的主要类

Qt SQL 模块提供了数据库驱动和连接、数据查询和表示、SQL 操作等相关的各种类，该模块中一些主要类的简要功能描述如表 7-6 所示。

表 7-6   Qt SQL 模块包含的主要类的功能

类名称	功能描述
QSqlDatabase	用于建立与数据库的连接
QSqlError	SQL 数据库出错消息，可以用于访问上一次出错的信息
QSqlField	操作数据表或视图的字段的类
QSqlIndex	操作数据库的索引的类
QSqlQuery	执行各种 SQL 语句的类
QSqlQueryModel	SQL 查询结果数据的只读数据模型类，用于 SELECT 查询结果数据记录的只读显示
QSqlRecord	封装了数据记录操作的类

续表

类名称	功能描述
QSqlRelation	用于存储 SQL 外键信息的类，用于 QSqlRelationalTableModel 数据源中设置代码字段与关联数据表的关系
QSqlRelationalDelegate	用于 QSqlRelationalTableModel 的一个代码字段的显示和编辑的代理组件，一般是一个 QComboBox 组件，下拉列表中自动填充代码表的代码字段对应的实际内容
QSqlRelationalTableModel	用于一个数据表的可编辑的数据模型，支持代码字段的外键
QSqlTableModel	编辑一个单一数据表的数据模型类
QDataWidgetMapper	用于界面组件与字段之间实现映射，实现字段内容自动显示的类

QSqlDatabase 用于建立与数据库的连接，一般是先加载需要的数据库驱动，然后设置数据库的登录参数，如主机地址、用户名、登录密码等。如果是单机型数据库且未设置登录密码（如 SQLite 数据库），则只需设置数据库文件即可。

数据库的操作一般需要将数据库的内容在界面上进行显示和编辑，PyQt5 采用 Model/View 结构进行数据库内容的界面显示。QTableView 是常用的数据库内容显示组件，用于数据库操作的数据模型类有 QSqlQueryModel、QSqlTableModel 等，这几个类的继承关系如图 7-2 所示。

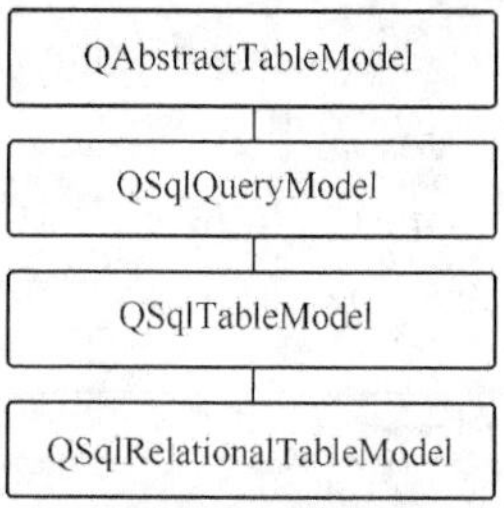

图 7-2 数据库相关数据模型类的继承关系

QSqlQueryModel 通过设置 SELECT 查询语句获取数据库的内容，但是 QSqlQueryModel 的数据是只读的，不能进行编辑。

QSqlTableModel 直接设置一个数据表的名称，可以获取数据表的全部记录，其结果是可编辑的，设置为界面上的 QTableView 组件的数据模型后就可以显示和编辑数据。

QSqlRelationalTableModel 编辑一个数据表，并且可以通过关系将代码字段与代码表关联，将代码字段的编辑转换为直观的列表选择。

QSqlQuery 是另外一个常用的类，它可以执行任何 SQL 语句，特别是没有返回记录的语句，如 UPDATE、INSERT、DELETE 等，通过 SQL 语句对数据库直接进行编辑修改。

这些涉及数据库操作的类都在模块 PyQt5.QtSql 中，所以使用 import 语句导入相关类的示例语句如下：

```
from PyQt5.QtSql import QSqlDatabase, QSqlQueryModel, QSqlQuery
```

7.2 QSqlTableModel 的使用

7.2.1 功能概述

示例 Demo7_1 显示示例数据库 demodb 中 employee 数据表的内容，实现编辑、插入、删除记录的操作，实现对数据的排序和记录的过滤，并实现对 BLOB 类型字段 Photo 中存储照片的显示、导入等操作，运行时界面如图 7-3 所示。工具栏上的按钮根据当前状态自动变为可用或禁用，特别是"保存"和"取消"两个按钮在数据表的内容被修改后自动变为可用，当保存或取消修改后又变为禁用。

在图 7-3 中，左侧是一个 QTableView 组件，它显示 employee 数据表的全部或部分记录，在

QTableView 组件中点击某一行时，这行的记录就是当前记录。右侧的编辑框、下拉列表框等界面组件，其每个与一个字段关联，这些组件自动显示当前记录的字段内容。

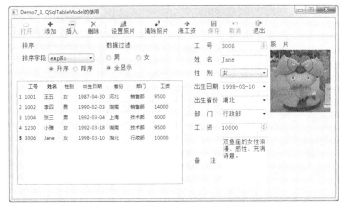

图 7 3　示例 Demo7_1 运行时界面

　　示例 Demo7_1 包括数据库连接、数据获取和界面显示等功能的实现，涉及的一些类及其相互关系如图 7-4 所示。图中几个主要类的功能和用法描述如下。

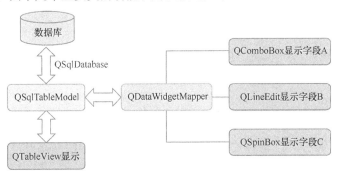

图 7-4　数据库连接、数据模型与界面组件之间的关系

　　（1）QSqlDatabase 类用于建立与数据库的连接。在一个应用程序中首先需要创建一个 QSqlDatabase 对象，一般用类函数 QSqlDatabase.addDatabase() 创建，如：

```
self.DB=QSqlDatabase.addDatabase("QSQLITE")
```

　　函数 addDatabase(dbType) 加载数据库驱动，str 型参数 dbType 表示数据库类型，各种数据库的类型字符串就是表 7-1 中的"驱动名"，如"QSQLITE"就是 SQLite 数据库驱动。函数返回的是 QSqlDatabase 类型的对象，就是创建的数据库连接。

　　还需要用 QSqlDatabase 的 setDatabaseName(dbName) 函数设置一个数据库名称，如果是 SQLite 数据库，dbName 就是带路径的数据库文件名，如：

```
self.DB.setDatabaseName("demodb.db3")
```

　　如果是网络型数据库或设置了用户名和密码的数据库，还需要用 QSqlDatabase 的 setHostName()、setUserName()、setPassword() 等函数传递相关参数。

　　做好这些设置后，用 QSqlDatabase.open() 函数打开数据库，bool 型返回值表示数据库是否成功打开。

（2）QSqlTableModel 类是数据模型类，它与数据库的一个数据表连接后就作为数据表的数据模型。QSqlTableModel 类的构造函数原型是：

```
QSqlTableModel(parent: QObject = None, db: QSqlDatabase = QSqlDatabase())
```

创建 QSqlTableModel 时可以传递一个 QSqlDatabase 对象作为连接的数据库对象，如果不传递数据库对象，会自动使用应用程序里已经创建的数据库对象作为连接的数据库对象。

还需使用 QSqlTableModel.setTable()函数设置需要连接的数据表。所以，创建 QSqlTableModel 对象和设置数据表的示例代码如下：

```
self.tabModel=QSqlTableModel(self,self.DB)
self.tabModel.setTable("employee")
```

（3）QTableView 与 QSqlTableModel 组成 Model/View 结构，为一个 QTableView 组件设置一个 QSqlTableModel 数据模型后，就可以显示数据表的记录。只需用 QTableView.setModel()函数设置数据模型即可，如：

```
self.ui.tableView.setModel(self.tabModel)
```

在 QTableView 组件中可以使用自定义代理组件显示一些字段的数据，本例中为"性别"和"部门"两个字段使用了自定义数据代理类 QmyComboBoxDelegate。这个数据代理类的功能与 4.5 节的示例 Demo4_4 中的完全相同，将 Demo4_4 中的文件 myDelegates.py 复制到本示例目录下即可。

（4）QDataWidgetMapper 类与一个 QSqlTableModel 数据模型建立连接，然后将数据表的某个字段与界面上某个组件建立映射，那么界面组件就可以自动显示这个字段的数据内容，示例代码如下：

```
self.mapper= QDataWidgetMapper()
self.mapper.setModel(self.tabModel)        #设置数据模型
self.mapper.addMapping(self.ui.dbEditName,1)      #设置映射字段
```

这样设置后，界面上的组件 dbEditName 就会显示数据模型 self.tabModel 中序号为 1 的字段的内容。

一般的数值、字符串、备注等类型的字段可以用 QLineEdit、QSpinBox、QPlainTextEdit 等界面组件建立映射后自动显示字段数据，但是 BLOB 字段不能直接与某个界面组件建立映射。本示例中 employee 数据表的 Photo 字段存储的是图片数据，界面上使用一个 QLabel 组件显示图片，但是需要单独编写代码实现照片的显示、导入和清除等操作。

7.2.2　窗体可视化设计

示例 Demo7_1 是基于项目模板 mainWindowApp 创建的。在 Qt Creator 中可视化设计窗体 MainWindow.ui，设计的 Action 如图 7-5 所示，使用 Action 创建工具栏按钮，界面上各组件的布局和命名见示例源文件 MainWindow.ui，此处不再赘述。

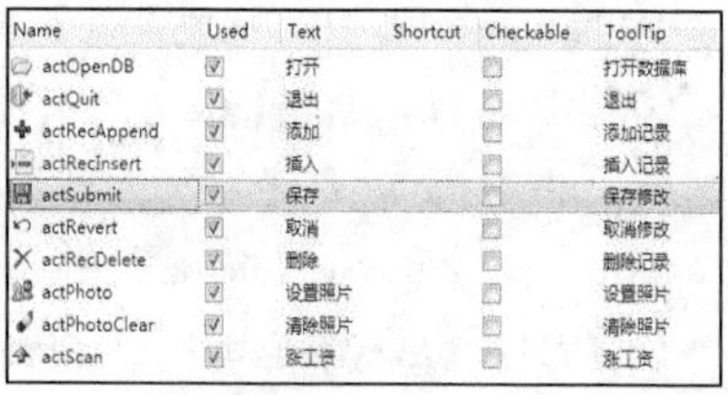

图 7-5　主窗口 MainWindow.ui 里设计的 Action

7.2.3　窗体业务逻辑类的设计和初始化

运行示例 Demo7_1 目录下的文件 uic.bat，窗体文件 MainWindow.ui 经过编译后生成文件 ui_MainWindow.py。文件 myMainWindow.py 的 import 部分和窗

体业务逻辑类 QmyMainWindow 的初始化部分代码如下：

```
import sys
from PyQt5.QtWidgets import  (QApplication, QMainWindow, QFileDialog,
            QAbstractItemView, QMessageBox, QDataWidgetMapper)
from PyQt5.QtCore import (pyqtSlot, Qt, QItemSelectionModel,
                            QModelIndex, QFile, QIODevice)
from PyQt5.QtSql import QSqlDatabase, QSqlTableModel, QSqlRecord
from PyQt5.QtGui import QPixmap

from ui_MainWindow import Ui_MainWindow
from myDelegates import QmyComboBoxDelegate

class QmyMainWindow(QMainWindow):
    def __init__(self, parent=None):
        super().__init__(parent)
        self.ui=Ui_MainWindow()
        self.ui.setupUi(self)

        self.setCentralWidget(self.ui.splitter)
## tableView 显示属性设置
        self.ui.tableView.setSelectionBehavior(QAbstractItemView.SelectItems)
        self.ui.tableView.setSelectionMode(QAbstractItemView.SingleSelection)
        self.ui.tableView.setAlternatingRowColors(True)
        self.ui.tableView.verticalHeader().setDefaultSectionSize(22)
        self.ui.tableView.horizontalHeader().setDefaultSectionSize(60)
```

构造函数里并没有进行任何与数据库相关的操作，只是设置了界面上的数据显示组件 tableView 的一些属性。

7.2.4　打开数据库和数据表

主窗口工具栏上的 "打开" 按钮由 actOpenDB 生成，单击此按钮时将添加 SQLite 数据库驱动、打开数据库文件、连接 employee 数据表并设置显示属性，并且创建用于 tableView 显示的代理组件、设置数据源与界面组件的映射等。其槽函数代码如下：

```
@pyqtSlot()      ##选择数据库，打开数据表
def on_actOpenDB_triggered(self):
    dbFilename,flt=QFileDialog.getOpenFileName(self,"选择数据库文件","",
                            "SQL Lite 数据库(*.db *.db3)")
    if (dbFilename==''):
        return

    self.DB=QSqlDatabase.addDatabase("QSQLITE")     #添加 SQL LITE 数据库驱动
    self.DB.setDatabaseName(dbFilename)             #设置数据库名称
##      DB.setHostName()
##      DB.setUserName()
##      DB.setPassword()
    if self.DB.open():          #打开数据库
        self.__openTable()      #打开数据表
    else:
        QMessageBox.warning(self, "错误", "打开数据库失败")
```

通过打开文件对话框选择需要打开的 SQLite 数据库文件，本示例中需要打开 demodb.db3 数据库，此文件在第 7 章示例程序总目录下。

创建的变量 self.DB 是 QSqlDatabase 类对象。QSqlDatabase 用于数据库的操作，包括建立数据库连接、设置登录数据库的参数、打开数据库等。下面的一行语句使用 QSqlDatabase 的类函数 addDatabase()添加 SQLite 数据库的驱动。

```
self.DB=QSqlDatabase.addDatabase("QSQLITE")
```

然后需要使用 QSqlDatabase 的几个函数设置数据库登录参数。setDatabaseName()设置数据库名称，对于 SQLite 数据库就设置为数据库文件。如果是网络型数据库如 Oracle、MySQL 等，还需要使用 setHostName()设置数据库主机名，setUserName()设置数据库用户名，setPassword()设置数据库登录密码。

设置数据库连接与登录参数后，调用 QSqlDatabase 的 open()函数打开数据库。如果成功打开数据库，再调用自定义函数__openTable()打开数据表 employee，并进行相应的操作。__openTable()函数和相关的__getFieldNames()函数代码如下：

```
def __getFieldNames(self):       ##获取所有字段名称
    emptyRec=self.tabModel.record()       #获取空记录,只有字段名
    self.fldNum={}      #字段名与序号的字典
    for i in range(emptyRec.count()):
        fieldName=emptyRec.fieldName(i)   #字段名
        self.ui.comboFields.addItem(fieldName)
        self.fldNum.setdefault(fieldName)
        self.fldNum[fieldName]=i
    print (self.fldNum)       #显示字典数据


def __openTable(self):     ##打开数据表
    self.tabModel=QSqlTableModel(self,self.DB)       #数据模型
    self.tabModel.setTable("employee")               #设置数据表
    self.tabModel.setSort(self.tabModel.fieldIndex("empNo"),
                Qt.AscendingOrder)                   #排序
    self.tabModel.setEditStrategy(QSqlTableModel.OnManualSubmit)
    if (self.tabModel.select() == False):            #查询数据失败
        QMessageBox.critical(self, "出错消息",
                "打开数据表错误,出错消息\n"+self.tabModel.lastError().text())
        return

    self.__getFieldNames()       #获取字段名和序号
##设置字段显示名
    self.tabModel.setHeaderData(self.fldNum["empNo"],
            Qt.Horizontal,"工号")
    self.tabModel.setHeaderData(self.fldNum["Name"],
            Qt.Horizontal,"姓名")
    self.tabModel.setHeaderData(self.fldNum["Gender"],
            Qt.Horizontal,"性别")
    self.tabModel.setHeaderData(self.fldNum["Birthday"],
            Qt.Horizontal,"出生日期")
    self.tabModel.setHeaderData(self.fldNum["Province"],
            Qt.Horizontal,"省份")
    self.tabModel.setHeaderData(self.fldNum["Department"],
            Qt.Horizontal,"部门")
    self.tabModel.setHeaderData(self.fldNum["Salary"],
            Qt.Horizontal,"工资")
    self.tabModel.setHeaderData(self.fldNum["Memo"],
            Qt.Horizontal,"备注")       #这个字段不在 tableView 中显示
    self.tabModel.setHeaderData(self.fldNum["Photo"],
            Qt.Horizontal,"照片")       #这个字段不在 tableView 中显示
```

```
##创建界面组件与数据模型的字段之间的数据映射
    self.mapper= QDataWidgetMapper()
    self.mapper.setModel(self.tabModel)        #设置数据模型
    self.mapper.setSubmitPolicy(QDataWidgetMapper.AutoSubmit)
##界面组件与 tabModel 的具体字段之间的联系
    self.mapper.addMapping(self.ui.dbSpinEmpNo, self.fldNum["empNo"])
    self.mapper.addMapping(self.ui.dbEditName,  self.fldNum["Name"])
    self.mapper.addMapping(self.ui.dbComboSex,  self.fldNum["Gender"])
    self.mapper.addMapping(self.ui.dbEditBirth, self.fldNum["Birthday"])
    self.mapper.addMapping(self.ui.dbComboProvince,
                   self.fldNum["Province"] )
    self.mapper.addMapping(self.ui.dbComboDep,
                   self.fldNum["Department"] )
    self.mapper.addMapping(self.ui.dbSpinSalary,self.fldNum["Salary"] )
    self.mapper.addMapping(self.ui.dbEditMemo,  self.fldNum["Memo"])
    self.mapper.toFirst()        #移动到首记录

    self.selModel=QItemSelectionModel(self.tabModel)      #选择模型
    self.selModel.currentChanged.connect(self.do_currentChanged)
    self.selModel.currentRowChanged.connect(self.do_currentRowChanged)

    self.ui.tableView.setModel(self.tabModel)              #设置数据模型
    self.ui.tableView.setSelectionModel(self.selModel)     #设置选择模型
    self.ui.tableView.setColumnHidden(self.fldNum["Memo"],True)   #隐藏列
    self.ui.tableView.setColumnHidden(self.fldNum["Photo"],True)  #隐藏列

##tableView 上为"性别"和"部门"两个字段设置自定义代理组件
    strList=("男","女")
    self.__delegateSex= QmyComboBoxDelegate()
    self.__delegateSex.setItems(strList,False)           #不可编辑
    self.ui.tableView.setItemDelegateForColumn(self.fldNum["Gender"],
            self.__delegateSex)               #ComboBox 选择模型
    strList=("销售部","技术部","生产部","行政部")
    self.__delegateDepart= QmyComboBoxDelegate()
    self.__delegateDepart.setItems(strList,True)         #可编辑
    self.ui.tableView.setItemDelegateForColumn(
            self.fldNum["Department"], self.__delegateDepart)

##更新 action 和界面组件的使能状态
    self.ui.actOpenDB.setEnabled(False)
    self.ui.actRecAppend.setEnabled(True)
    self.ui.actRecInsert.setEnabled(True)
    self.ui.actRecDelete.setEnabled(True)
    self.ui.actScan.setEnabled(True)
    self.ui.groupBoxSort.setEnabled(True)
    self.ui.groupBoxFilter.setEnabled(True)
```

函数__openTable()的功能主要是创建 QSqlTableModel 类型的对象 self.tabModel、指定需要打开的数据表为 employee，以及设置与界面显示组件的关联等。QSqlTableModel 对象设置一个数据表名称后就作为数据表的数据模型，与界面上的 QTableView 组件组成 Model/View 结构就可以方便地编辑一个数据表。

函数__openTable()的代码主要完成以下几个部分的功能。

1. 数据模型创建与属性设置

首先创建 QSqlTableModel 类对象 self.tabModel，并且在创建时指定数据库连接，就是前面创建的 QSqlDatabase 对象 self.DB，然后用 setTable()函数指定数据表。

QSqlTableModel 类的 setSort()函数设置排序字段和排序方式，其函数原型为：

```
setSort(self, column, order)
```

参数 column 是排序字段的列号；参数 order 是枚举类型 Qt.SortOrder，表示排序方式，取值 Qt.AscendingOrder 表示升序、Qt.DescendingOrder 表示降序。程序中设置为根据 empNo 字段升序排序，即

```
self.tabModel.setSort(self.tabModel.fieldIndex("empNo"), Qt.AscendingOrder)
```

其中，self.tabModel.fieldIndex("empNo")用于获得字段 empNo 在数据表中的序号，这比直接使用数字更直观。

QSqlTableModel 类 的 setEditStrategy() 函 数 用 于 设 置 编 辑 策 略， 参 数 是 枚 举 类 型 QSqlTableModel.EditStrategy，各取值的意义如下：

- QSqlTableModel.OnFieldChange（字段的值变化时立即更新到数据库）；
- QSqlTableModel.OnRowChange（当前行（就是记录）变化时更新到数据库）；
- QSqlTableModel.OnManualSubmit（所有修改暂时缓存，需手动调用 submitAll()保存所有修改，或调用 revertAll()函数取消所有未保存修改）。

程序里设置编辑策略为 QSqlTableModel.OnManualSubmit，在修改数据后并不直接提交更新，只是让工具栏上的"保存"和"取消"按钮可用，用户手动提交或取消修改。

对 self.tabModel 设置这些属性后，使用 QSqlTableModel.select()函数打开数据表，如果打开失败，可以通过 QSqlTableModel 的 lastError()函数获取上一出错消息的文本。

2. 获取字段名和序号的字典数据

自定义函数__getFieldNames()用于获取数据表的"字段名:序号"字典数据，并将所有字段名添加到界面上的下拉列表框 comboFields 里，用于排序时选择字段。

代码里使用了 QSqlTableModel.record()函数获取一个空的记录 emptyRec，这是 QSqlRecord 类型实例。再通过 QSqlRecord 类的相关函数获得字段总数和每个字段名。__getFieldNames()函数执行后得到数据表 employee 所有字段的"字段名:序号"字典数据变量 self.fldNum，其内容如下：

```
{'empNo': 0, 'Name': 1, 'Gender': 2, 'Birthday': 3, 'Province': 4, 'Department': 5, 'Salary': 6, 'Photo': 7, 'Memo': 8}
```

这个字典数据在后面的代码中非常有用，用于通过字段名获取字段的序号。

3. 表头设置

QSqlTableModel 的 setHeaderData()函数用于设置每个字段的表头数据，主要是设置显示标题。如果不进行表头设置，在界面组件 tableView 里显示时将以字段名作为表头。程序中将每个字段的显示标题设置为相应的中文标题，例如，设置 Name 字段的显示标题为"姓名"的代码是：

```
self.tabModel.setHeaderData(self.fldNum["Name"],Qt.Horizontal,"姓名")
```

setHeaderData()函数的第一个参数是字段的序号，这里使用了__getFieldNames()函数里得到的字典变量 self.fldNum，通过字段名获取序号。

当然，这里也可以通过 QSqlTableModel.fieldIndex()函数获取一个字段的序号，即上面的一行程序也可以写为：

```
self.tabModel.setHeaderData(self.tabModel.fieldIndex("Name"), Qt.Horizontal,"姓名")
```

不管是哪种方式，通过字段名获取序号，避免了直接使用数字时程序不便于理解和修改的问题。

4. 数据字段映射

QDataWidgetMapper 用于建立界面组件与数据模型之间的映射，可以将界面上的 QLineEdit、QComboBox 等组件与数据模型的一个字段关联起来，那么界面组件将自动显示当前记录的字段数据。

在图 7-3 的界面上，左边的 tableView 显示了表格的所有记录，而右边的一些组件则显示当前记录的内容。在 tableView 中移动记录使当前记录变化时，右侧组件中的数据自动变化为当前记录的内容，也可以在这些组件里编辑修改当前记录的内容（"照片"字段除外）。

界面组件与数据表字段的映射通过 QDataWidgetMapper 类实现，程序中创建 QDataWidgetMapper 类对象 self.mapper 并进行设置的代码是：

```
self.mapper= QDataWidgetMapper()
self.mapper.setModel(self.tabModel)        #设置数据模型
self.mapper.setSubmitPolicy(QDataWidgetMapper.AutoSubmit)
self.mapper.addMapping(self.ui.dbSpinEmpNo, self.fldNum["empNo"])
```

QDataWidgetMapper 类对象需要函数 setModel()用于设置一个关联的数据模型。函数 setSubmitPolicy()用于设置数据提交策略，有自动（AutoSubmit）和手动（ManualSubmit）两种方式。函数 addMapping()用于设置界面组件与数据模型的字段映射，其函数原型为：

```
addMapping(self, widget, section)
```

其中，widget 是某个界面组件，section 是关联的字段序号。程序中将界面上的各编辑组件与数据表的各字段之间建立了映射关系。Memo 字段可以与一个 QPlainTextEdit 的组件映射，但是 Photo 字段是一个 BLOB 字段，没有组件可以直接显示其内容。

QDataWidgetMapper 还有 toFirst()、toPrevious()、toNext()、toLast()这 4 个函数用于在记录间移动；setCurrentIndex()和 setCurrentModelIndex()用于直接移动到某一行记录；revert()和 submit()用于手工取消或提交当前记录的修改，当提交策略设置为自动时，行切换时将自动提交修改。

5. 选择模型及其信号的作用

为数据模型创建一个选择模型，并为其两个信号关联自定义槽函数。

```
self.selModel=QItemSelectionModel(self.tabModel)        #选择模型
self.selModel.currentChanged.connect(self.do_currentChanged)
self.selModel.currentRowChanged.connect(self.do_currentRowChanged)
```

选择模型的作用是当用户在组件 tableView 上操作时，获取当前选择的行、列信息，并且在选择的单元格变化时发射 currentChanged()信号，在当前行变化时发射 currentRowChanged()信号。

为 currentChanged()信号编写槽函数 do_currentChanged()，通过 QSqlTableModel 的 isDirty()函数的返回值判断是否有未提交的修改，从而更新工具栏按钮"保存"和"修改"的使能状态。自定义槽函数 do_currentChanged()的代码如下：

```
def do_currentChanged(self,current,previous):
    self.ui.actSubmit.setEnabled(self.tabModel.isDirty())        #有未提交的修改
    self.ui.actRevert.setEnabled(self.tabModel.isDirty())
```

当 isDirty()函数的返回值为 True 时，表示数据有修改且没有提交。

为 currentRowChanged()信号编写槽函数 do_currentRowChanged(),用于在当前行变化时,从新的记录里提取 Photo 字段的内容,并将图片在 QLabel 组件中显示出来。do_currentRowChanged()的代码如下:

```
def do_currentRowChanged(self, current, previous):      ##行切换时
    self.ui.actRecDelete.setEnabled(current.isValid())
    self.ui.actPhoto.setEnabled(current.isValid())
    self.ui.actPhotoClear.setEnabled(current.isValid())
    if (current.isValid() ==False):
        self.ui.dbLabPhoto.clear()        #清除图片显示
        return

    self.mapper.setCurrentIndex(current.row())      #更新数据映射的行号
    curRec=self.tabModel.record(current.row())      #当前记录,QSqlRecord 类型
    if (curRec.isNull("Photo")):       #图片字段内容为空
        self.ui.dbLabPhoto.clear()
    else:
        data=curRec.value("Photo")       #Photo 字段的数据,是 bytearray 类型
        pic=QPixmap()
        pic.loadFromData(data)
        W=self.ui.dbLabPhoto.size().width()
        self.ui.dbLabPhoto.setPixmap(pic.scaledToWidth(W))
```

槽函数 do_currentRowChanged()传递的参数 current 是行切换后新的当前行的模型索引,是 QModelIndex 类型变量。首先根据 current 是否有效更新 3 个 Action 的使能状态,若 current 是有效的,更新数据映射 self.mapper 的当前行,即

```
self.mapper.setCurrentIndex(current.row())      #更新数据映射的行号
```

这将使界面上与字段关联映射的界面组件显示当前记录的内容。

由于没有现成的界面组件可以通过数据映射显示 BLOB 字段内的图片,在此槽函数里通过编程获取 Photo 字段的数据,并将其显示为一个 QLabel 组件的 pixmap。

用下面一行代码获取当前的记录:

```
curRec=self.tabModel.record(current.row())      #当前记录
```

curRec 是 QSqlRecord 类型,返回当前记录的数据,可以获取当前记录的每个字段的数据内容。程序中获取 Photo 字段的数据内容的代码是:

```
data=curRec.value("Photo")
```

返回的结果 data 是 Python 的 bytearray 数据类型。然后可以将此数据载入一个 QPixmap 对象并在一个 QLabel 组件上显示为图片。

在数据表的当前记录变化时,界面上的编辑组件因为设置了数据映射会自动显示相应字段的当前记录的内容,而 Photo 字段的内容则在此自定义槽函数里刷新显示。

6. 表示记录的类 QSqlRecord

QSqlRecord 类记录了数据表的字段信息和一条记录的数据内容,QSqlTableModel 有以下两种参数的 record()函数可以返回一条记录。

- record()函数:返回一条空记录,只有字段定义,没有数据。这个函数一般用于获取一个数据表的字段定义。
- record(row)函数:返回行号为 row 的记录,包括记录的字段定义和数据。

QSqlRecord 类封装了对记录的字段定义和数据的操作,其主要接口函数如表 7-7 所示。表中的函数表示省略了函数的返回值,对于具有不同类型参数的 overload 型函数,只列出一种参数形式的函数。

表 7-7　QSqlRecord 类的主要接口函数

函数原型	功能描述
clear()	清除记录的所有字段定义和数据
clearValues()	清除所有字段的数据,将字段数据内容设置为 None
contains(name)	判断记录是否含有名称为 name 的字段
isEmpty()	若记录里没有字段返回 True,否则返回 False
count()	返回记录的字段个数
fieldName(index)	返回序号为 index 的字段的名称
indexOf(name)	返回字段名称为 name 的字段的序号,如果字段不存在,返回-1
field(name)	返回字段名称为 name 的字段对象,返回值类型为 QSqlField
value(name)	返回字段名称为 name 的字段的值,返回值类型为 Any,即动态类型的
setValue(name, val)	设置字段名称为 name 的字段的值为 val
isNull(name)	判断名称为 name 的字段数据是否为空
setNull(name)	设置名称为 name 的字段的值为空

QSqlRecord 用于字段操作的函数一般有两种参数形式的同名函数,即用字段序号或字段名表示一个字段,例如 value()函数返回一个字段的值,有以下两种参数形式的函数。

- value(index):返回序号为 index 的字段的值。
- value(name):返回字段名为 name 的字段的值。

7. 表示字段的类 QSqlField

QSqlRecord 的 field()函数返回某个字段,返回数据类型是 QSqlField,它封装了字段定义信息和数据。字段的定义一般在设计数据表时就固定了,不用在 QSqlField 里修改。QSqlField 用于字段数据读写的函数如表 7-8(表中的函数表示省略了函数的返回值)所示。

表 7-8　QSqlField 类的主要接口函数

接口函数	功能描述
clear()	清除字段数据,设置为空。如果字段是只读的,则不清除
isNull()	判断字段值是否为空
setReadOnly(readOnly)	设置一个字段是否为只读,只读的字段不能用 setValue()函数设置值,也不能用 clear()函数清除值
value()	返回字段的值,返回值是动态类型的
setValue(value)	设置字段的值为 value

8. tableView 的设置

界面上用一个 QTableView 组件 tableView 显示 self.tabModel 的表格数据内容,设置其数据模型和选择模型,并且将 Memo 和 Photo 两个字段的列设置为隐藏,因为在表格里不显示备注文字和图片。

为了在 tableView 中显示和编辑"性别"和"部门"两个字段,使用了自定义代理组件类 QmyComboBoxDelegate,这个类就是在 4.5 节的示例 Demo4_4 中设计的,复制文件 myDelegates.py 直接使用即可。

7.2.5　添加、插入与删除记录

工具栏上的"添加""插入""删除"3 个按钮用于记录操作,这 3 个按钮关联的槽函数代码如下:

```
@pyqtSlot()      ##添加记录
def on_actRecAppend_triggered(self):
    self.tabModel.insertRow(self.tabModel.rowCount(),QModelIndex())
    curIndex=self.tabModel.index(self.tabModel.rowCount()-1,1)
    self.selModel.clearSelection()      #清空选择项
    self.selModel.setCurrentIndex(curIndex,QItemSelectionModel.Select)
    currow=curIndex.row()              #获得当前行
    self.tabModel.setData(self.tabModel.index(currow,
                self.fldNum["empNo"]), 2000+self.tabModel.rowCount())
    self.tabModel.setData(self.tabModel.index(currow,
                self.fldNum["Gender"]),"男")

@pyqtSlot()      ##插入记录
def on_actRecInsert_triggered(self):
    curIndex=self.ui.tableView.currentIndex()    #QModelIndex
    self.tabModel.insertRow(curIndex.row(),QModelIndex())
    self.selModel.clearSelection()               #清除已有选择
    self.selModel.setCurrentIndex(curIndex,QItemSelectionModel.Select)

@pyqtSlot()      ##删除记录
def on_actRecDelete_triggered(self):
    curIndex=self.selModel.currentIndex()        #获取当前选择单元格的模型索引
    self.tabModel.removeRow(curIndex.row())      #删除当前行
```

QSqlTableModel 的 insertRow(row)函数在数据模型的 row 行前面插入一行记录，如果 row 大于或等于数据模型的总行数，则在最后添加一行记录。

在插入或删除记录但未提交保存之前，tableView 的左侧表头会以标记表示记录的编辑状态，"*"表示新插入的记录，"!"表示删除的记录。在保存或取消修改后，这些标记就消失了，删除的记录行也从 tableView 里删除。

7.2.6 保存与取消修改

在打开数据表初始化时，设置数据模型的编辑策略为 OnManualSubmit，即手动提交修改。当数据模型的数据被修改后，不管是直接修改字段数据，还是插入或删除记录，在未提交修改前，QSqlTableModel 的 isDirty()函数返回 True，就是利用这个函数在自定义槽函数 do_currentChanged() 里修改 actSubmit 和 actRevert 两个 Action 的使能状态。

actSubmit 用于保存修改，actRevert 用于取消修改，它们分别对应工具栏上的"保存"和"取消"两个按钮，下面是这两个 Action 的槽函数的代码。

```
@pyqtSlot()      ##保存修改
def on_actSubmit_triggered(self):
    res=self.tabModel.submitAll()
    if (res==False):
        QMessageBox.information(self, "消息",
                "数据保存错误,出错消息\n"+self.tabModel.lastError().text())
    else:
        self.ui.actSubmit.setEnabled(False)
        self.ui.actRevert.setEnabled(False)

@pyqtSlot()      ##取消修改
def on_actRevert_triggered(self):
    self.tabModel.revertAll()
    self.ui.actSubmit.setEnabled(False)
    self.ui.actRevert.setEnabled(False)
```

QSqlTableModel 的 submitAll()函数用于将数据表所有未提交的修改保存到数据库，revertAll()
函数取消所有修改。

调用 submitAll()函数保存数据时如果失败，可以通过 lastError()函数获取错误的具体信息，例如，
Name 是必填字段，添加记录时若没有填写 Name 字段的内容就提交，就会出现出错消息提示对话框。

7.2.7　设置和清除照片

employee 数据表的 Photo 字段是 BLOB 字段，用于存储图片文件。Photo 字段内容的显示已
经在自定义槽函数 do_currentRowChanged()里实现了，就是在当前记录变化时提取 Photo 字段的内
容，并显示为界面组件 dbLabPhoto 的 pixmap。

actPhoto 和 actPhotoClear 分别是设置照片和清除照片的两个 Action，与工具栏上的"设置照
片"和"清除照片"按钮分别关联。这两个 Action 的槽函数代码如下：

```python
@pyqtSlot()      ##设置照片
def on_actPhoto_triggered(self):
    fileName,filt=QFileDialog.getOpenFileName(self,
                        "选择图片文件","","照片(*.jpg)")
    if (fileName==''):
        return
    file=QFile(fileName)          #fileName 为图片文件名
    file.open(QIODevice.ReadOnly)
    try:
        data = file.readAll()     # 返回数据 QByteArray 类型
    finally:
        file.close()

    curRecNo=self.selModel.currentIndex().row()
    curRec=self.tabModel.record(curRecNo)        #获取当前记录
    curRec.setValue("Photo",data)                #设置字段数据
    self.tabModel.setRecord(curRecNo,curRec)
    pic=QPixmap()
    pic.loadFromData(data)
    W=self.ui.dbLabPhoto.width()
    self.ui.dbLabPhoto.setPixmap(pic.scaledToWidth(W))      #在界面上显示

@pyqtSlot()      ##清除照片
def on_actPhotoClear_triggered(self):
    curRecNo=self.selModel.currentIndex().row()
    curRec=self.tabModel.record(curRecNo)        #获取当前记录，QSqlRecord
    curRec.setNull("Photo")                #设置为空值
    self.tabModel.setRecord(curRecNo,curRec)
    self.ui.dbLabPhoto.clear()             #清除界面上的图片显示
```

设置照片就是用文件对话框选择一个图片文件，使用 PyQt5 的文件读取功能将文件内容读取
到变量 data 里。获取当前记录到变量 curRec 后，用 QSqlRecord 的 setValue()函数为 Photo 字段设
置数据为 data，然后更新记录到数据模型。

7.2.8　数据记录的遍历

工具栏上的"涨工资"按钮用于将数据表内所有记录的 Salary 字段的数值增加 10%，演示了
记录遍历的功能。actScan 是实现此功能的 Action，其槽函数实现代码如下：

```
@pyqtSlot()      ##涨工资，遍历数据表所有记录
def on_actScan_triggered(self):
    if (self.tabModel.rowCount()==0):
        return
    for i in range(self.tabModel.rowCount()):
        aRec=self.tabModel.record(i)       #获取当前记录
        salary=aRec.value("Salary")
        salary=salary*1.1
        aRec.setValue("Salary",salary)
        self.tabModel.setRecord(i,aRec)
    if (self.tabModel.submitAll()):
        QMessageBox.information(self, "消息", "涨工资计算完毕")
```

7.2.9　记录的排序

QSqlTableModel 的 setSort()函数设置数据表根据某个字段按照升序或降序排列，实际上就是设置 SQL 语句里的 ORDER BY 子句。

在打开数据库时，已经调用__getFieldNames()函数将数据表的所有字段名添加到界面上的"排序字段"下拉列表框里。下拉列表框 comboFields、"升序"和"降序"这两个 RadioButton 按钮的槽函数实现按选择字段排序。

```
@pyqtSlot(int)      ##排序字段变化
def on_comboFields_currentIndexChanged(self,index):
    if self.ui.radioBtnAscend.isChecked():
        self.tabModel.setSort(index,Qt.AscendingOrder)
    else:
        self.tabModel.setSort(index,Qt.DescendingOrder)
    self.tabModel.select()

@pyqtSlot()      ##升序
def on_radioBtnAscend_clicked(self):
    self.tabModel.setSort(self.ui.comboFields.currentIndex(), Qt.AscendingOrder)
    self.tabModel.select()

@pyqtSlot()      ##降序
def on_radioBtnDescend_clicked(self):
    self.tabModel.setSort(self.ui.comboFields.currentIndex(), Qt.DescendingOrder)
    self.tabModel.select()
```

在调用 setSort()函数设置排序规则后，需要调用 QSqlTableModel 的 select()函数重新读取数据表的数据才能使排序规则生效。

7.2.10　记录的过滤

QSqlTableModel 的 setFilter()函数设置记录过滤条件，其函数原型为：

```
setFilter(self, filter)
```

其中，str 类型的参数 filter 表示记录过滤条件，实际上就是设置 SQL 语句里的 WHERE 子句。

示例演示针对 Gender 字段设置记录过滤条件，界面上"数据过滤"分组框里有 3 个 RadioButton 按钮，分别为"男""女"和"全显示"，这 3 个按钮的 clicked()信号的槽函数实现代码如下：

```
@pyqtSlot()      ##数据过滤，男
def on_radioBtnMan_clicked(self):
```

```
        self.tabModel.setFilter("Gender='男'")

    @pyqtSlot()      ##数据过滤，女
    def on_radioBtnWoman_clicked(self):
        self.tabModel.setFilter("Gender='女'")

    @pyqtSlot()      ##取消数据过滤
    def on_radioBtnBoth_clicked(self):
        self.tabModel.setFilter("")
```

调用 setFilter()后无须调用 QSqlTableModel.select()函数就可以立即刷新记录，若要取消过滤条件，只需在 setFilter()函数里传递一个空字符串即可。

7.3　QSqlQueryModel 的使用

7.3.1　QSqlQueryModel 功能概述

从图 7-2 的 Qt SQL 数据模型类的继承关系看，QSqlQueryModel 是 QSqlTableModel 的父类。QSqlQueryModel 封装了执行 SELECT 语句从数据库查询数据的功能，但是 QSqlQueryModel 只能作为只读数据源使用，不可以修改数据。

要使用 QSqlQueryModel 作为数据模型从数据库里查询数据，只需使用其 setQuery()函数设置一条 SELECT 查询语句即可，例如：

```
qryModel=QSqlQueryModel()
qryModel.setQuery('''SELECT empNo, Name, Gender,  Birthday,
        Province,Department, Salary FROM employee ORDER BY empNo''')
```

QSqlQueryModel 与 QSqlTableModel 有以下一些异同。

- QSqlTableModel 只能设定一个数据表，查询出数据表所有字段的数据，而 QSqlQueryModel 通过设置 SELECT 语句，可以从一个或多个数据表里灵活查询所需要的数据。

- QSqlTableModel 得到的数据是可以编辑修改的，而 QSqlQueryModel 查询到的数据是只读的。

- QSqlQueryModel 和 QSqlTableModel 都可以作为 QTableView 和 QDataWidgetMapper 的数据模型。

本节的示例 Demo7_2 演示 QSqlQueryModel 的使用，其功能是从 employee 表里查询记录并在界面上显示，运行时界面如图 7-6 所示。注意，因为 QSqlQueryModel 的查询结果是只读的，所以在这个示例的运行时窗口上即使修改了数据也无法保存到数据库。

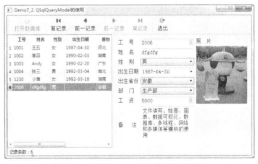

图 7-6　示例 Demo7_2 运行时界面

示例 Demo7_2 是基于项目模板 mainWindowApp 创建的。在 UI Designer 里可视化设计窗体 MainWindow.ui，设计几个 Action，并使用 Action 创建工具栏按钮，界面上各组件的布局和命名见

示例源文件 MainWindow.ui，此处不再赘述。

7.3.2 窗体业务逻辑类的设计和初始化

文件 myMainWindow.py 的 import 部分和窗体业务逻辑类 QmyMainWindow 的构造函数的代码如下：

```python
import sys
from PyQt5.QtWidgets import (QApplication, QMainWindow, QFileDialog,
                    QAbstractItemView, QMessageBox, QDataWidgetMapper)
from PyQt5.QtCore import  pyqtSlot,Qt,QItemSelectionModel,QModelIndex
from PyQt5.QtSql import (QSqlDatabase, QSqlQueryModel,
                    QSqlRecord, QSqlQuery)
from PyQt5.QtGui import QPixmap

from ui_MainWindow import Ui_MainWindow
class QmyMainWindow(QMainWindow):
    def __init__(self, parent=None):
        super().__init__(parent)
        self.ui=Ui_MainWindow()
        self.ui.setupUi(self)
        self.setCentralWidget(self.ui.splitter)
## tableView 显示属性设置
        self.ui.tableView.setSelectionBehavior(QAbstractItemView.SelectRows)
        self.ui.tableView.setSelectionMode(QAbstractItemView.SingleSelection)
        self.ui.tableView.setAlternatingRowColors(True)
        self.ui.tableView.verticalHeader().setDefaultSectionSize(22)
        self.ui.tableView.horizontalHeader().setDefaultSectionSize(60)
```

构造函数创建窗体后，只是设置了界面上的数据显示组件 tableView 的一些属性。

7.3.3 打开数据库和查询数据

主窗口工具栏上的"打开数据库"按钮由 actOpenDB 生成，单击此按钮时将添加 SQLite 数据库驱动、打开数据库文件、查询数据表 employee 的部分字段的数据、设置数据源与界面组件的映射等。该 Action 的槽函数代码如下：

```python
@pyqtSlot()      ##"打开数据库"按钮
def on_actOpenDB_triggered(self):
    dbFilename,flt=QFileDialog.getOpenFileName(self,"选择数据库文件","",
                        "SQL Lite 数据库(*.db *.db3)")
    if (dbFilename==''):
        return
    self.DB=QSqlDatabase.addDatabase("QSQLITE")  #添加 SQL LITE 数据库驱动
    self.DB.setDatabaseName(dbFilename)              #设置数据库名称
    if self.DB.open():    #打开数据库
        self.__openTable()
    else:
        QMessageBox.warning(self, "错误", "打开数据库失败")
```

这段代码里调用了自定义函数 __openTable()，这个函数实现数据的查询、显示设置等操作。函数 __openTable()的代码如下：

```python
def __openTable(self):
    self.qryModel=QSqlQueryModel(self)
    self.qryModel.setQuery('''SELECT empNo, Name, Gender,  Birthday,
```

```
                      Province,Department, Salary FROM employee ORDER BY empNo''')
        if self.qryModel.lastError().isValid():
            QMessageBox.critical(self, "错误",
                "数据表查询错误,出错消息\n"+self.qryModel.lastError().text())
            return
        self.ui.statusBar.showMessage("记录条数: %d"%self.qryModel.rowCount())

    ##设置字段显示名,直接使用序号
        self.qryModel.setHeaderData(0,    Qt.Horizontal,"工号")
        self.qryModel.setHeaderData(1,    Qt.Horizontal,"姓名")
        self.qryModel.setHeaderData(2,    Qt.Horizontal,"性别")
        self.qryModel.setHeaderData(3,    Qt.Horizontal,"出生日期")
        self.qryModel.setHeaderData(4,    Qt.Horizontal,"省份")
        self.qryModel.setHeaderData(5,    Qt.Horizontal,"部门")
        self.qryModel.setHeaderData(6,    Qt.Horizontal,"工资")

    ##创建界面组件与数据模型的字段之间的数据映射
        self.mapper= QDataWidgetMapper()
        self.mapper.setModel(self.qryModel)            #设置数据模型
    ##    self.mapper.setSubmitPolicy(QDataWidgetMapper.AutoSubmit)
    ##界面组件与qryModel的具体字段之间的联系,直接使用序号
        self.mapper.addMapping(self.ui.dbSpinEmpNo,     0)
        self.mapper.addMapping(self.ui.dbEditName,      1)
        self.mapper.addMapping(self.ui.dbComboSex,      2)
        self.mapper.addMapping(self.ui.dbEditBirth,     3)
        self.mapper.addMapping(self.ui.dbComboProvince,4)
        self.mapper.addMapping(self.ui.dbComboDep,      5)
        self.mapper.addMapping(self.ui.dbSpinSalary,    6)
        self.mapper.toFirst()      #移动到首记录

        self.selModel=QItemSelectionModel(self.qryModel)        #选择模型
        self.selModel.currentRowChanged.connect(self.do_currentRowChanged)
        self.ui.tableView.setModel(self.qryModel)              #设置数据模型
        self.ui.tableView.setSelectionModel(self.selModel)      #设置选择模型
        self.ui.actOpenDB.setEnabled(False)
```

（1）QSqlQueryModel 对象的创建与数据查询

程序首先创建 QSqlQueryModel 类型的对象 self.qryModel，然后调用 setQuery()函数设置 SELECT 语句从 employee 表里查询除 Memo 和 Photo 之外的其他所有字段，即

```
self.qryModel.setQuery('''SELECT empNo, Name, Gender,  Birthday,
        Province,Department, Salary FROM employee ORDER BY empNo''')
```

QSqlQueryModel 的 setQuery()函数只能设置 SELECT 语句，用于从一个或多个数据表中查询数据记录，不能设置其他类型的 SQL 语句。

执行任意 SQL 语句的类是 QSqlQuery（在下一节详细介绍），QSqlQueryModel 类实际上是封装了一个 QSqlQuery 的实例用于执行所设置的 SELECT 语句。通过 QSqlQueryModel.query()函数可以获得此 QSqlQuery 对象。

（2）字段标题和字段映射的设置

使用 QSqlQueryModel 的 setHeaderData()函数为每个字段设置显示标题，为使代码简化，这里直接使用字段的序号。

创建 QDataWidgetMapper 数据映射对象 self.mapper 并设置 self.qryModel 为其数据模型。因为 QSqlQueryModel 查询出来的数据是不可编辑的，所以对 self.mapper 设置数据更新策略是无效的，

即使设置了也无法修改数据。

（3）创建选择模型以及记录移动时的操作

再为 self.qryModel 创建选择模型 self.selModel，并且将其 currentRowChanged()信号与自定义槽函数 do_currentRowChanged()关联。这个槽函数的功能是在记录移动时，查询出 Memo 和 Photo 字段的内容，并在界面上显示出来。

下面是自定义槽函数 do_currentRowChanged()的代码：

```
def do_currentRowChanged(self, current, previous):        ##记录移动时触发
    if (current.isValid() ==False):
        self.ui.dbLabPhoto.clear()        #清除图片显示
        return
    self.mapper.setCurrentIndex(current.row())              #更新数据映射的行号

    first=(current.row()==0)        #是否首记录
    last=(current.row()==self.qryModel.rowCount()-1)    #是否尾记录
    self.ui.actRecFirst.setEnabled(not first)          #更新使能状态
    self.ui.actRecPrevious.setEnabled(not first)
    self.ui.actRecNext.setEnabled(not last)
    self.ui.actRecLast.setEnabled(not last)

    curRec=self.qryModel.record(current.row())              #当前记录, QSqlRecord
    empNo=curRec.value("EmpNo")
    query=QSqlQuery(self.DB)
    query.prepare('''SELECT EmpNo, Memo, Photo
                    FROM employee WHERE EmpNo = :ID''')
    query.bindValue(":ID",empNo)
    if not query.exec():
        QMessageBox.critical(self, "错误",
                        "执行 SQL 语句错误\n"+query.lastError().text())
        return
    else:
        query.first()

    picData=query.value("Photo")        #图片字段数据内容
    if (picData==None):        #图片字段内容为空
        self.ui.dbLabPhoto.clear()
    else:                        #显示照片
        pic=QPixmap()
        pic.loadFromData(picData)
        W=self.ui.dbLabPhoto.size().width()
        self.ui.dbLabPhoto.setPixmap(pic.scaledToWidth(W))

    memoData=query.value("Memo")        #备注字段的数据
    self.ui.dbEditMemo.setPlainText(memoData)
```

这个函数实现了 3 个功能，第 1 个功能是更新数据映射的行号，即

```
self.mapper.setCurrentIndex(current.row())
```

这样使界面上与字段关联的显示组件刷新显示当前记录的内容。

第 2 个功能是根据当前行号，判断当前记录是否是首记录或尾记录，以此更新界面上 4 个记录移动的 Action 的使能状态。

第 3 个功能是获取当前记录的 EmpNo 字段（即员工编号）的值，再用一个 QSqlQuery 类对象 query 执行查询语句，只查询出这个员工的 Memo 和 Photo 字段的数据，然后在界面组件上显示。

这里使用了 QSqlQuery 类，它用来执行任意的 SQL 语句，下一节将详细介绍 QSqlQuery 的使用。

在为 self.qryModel 设置 SELECT 语句时，并没有查询所有字段，因为 Photo 是 BLOB 字段，如果全部查询出来后将占用较大内存，而且在做记录遍历时，如果存在 BLOB 字段数据，执行速度会变慢。所以，这个示例里对普通字段用 QSqlQueryModel 来查询并显示，而对 Memo 和 Photo 字段的数据采用按需查询的方式，这样可以减少内存消耗，提高记录遍历时的执行速度。

7.3.4　记录移动

工具栏上有 4 个记录移动的按钮，它们调用 QDataWidgetMapper 的记录移动函数实现记录移动，4 个 Action 的槽函数及用到的自定义函数的代码如下：

```
@pyqtSlot()     ##首记录
def on_actRecFirst_triggered(self):
    self.mapper.toFirst()
    self.__refreshTableView()

@pyqtSlot()     ##前一记录
def on_actRecPrevious_triggered(self):
    self.mapper.toPrevious()
    self.__refreshTableView()

@pyqtSlot()     ##后一条记录
def on_actRecNext_triggered(self):
    self.mapper.toNext()
    self.__refreshTableView()

@pyqtSlot()     ##最后一条记录
def on_actRecLast_triggered(self):
    self.mapper.toLast()
    self.__refreshTableView()

def __refreshTableView(self):       ##刷新 tableView 显示
    index=self.mapper.currentIndex()
    curIndex=self.qryModel.index(index,1)      #QModelIndex
    self.selModel.clearSelection()             #清空选择项
    self.selModel.setCurrentIndex(curIndex,QItemSelectionModel.Select)
```

用于数据映射的 QDataWidgetMapper 类设置数据模型后，其显示的记录由其 currentIndex()函数的值决定，而不会自动显示数据模型的当前记录。当数据模型的当前记录变化时，例如在界面上的组件 tableView 里切换行时，需要用 QDataWidgetMapper 的 setCurrentIndex()函数设置其显示记录为数据模型的当前记录。

QDataWidgetMapper 有 4 个函数进行显示记录的移动，分别是 toFirst()、toLast()、toNext()、toPrevious()。这 4 个函数改变 QDataWidgetMapper 显示的记录，但是不会改变关联数据模型的当前记录，也不会触发选择模型的 currentRowChanged()信号。所以这 4 个按钮的槽函数在执行记录移动后，都要调用自定义函数__refreshTableView()，这个函数的功能是为选择模型 self.selModel 设置当前记录，选择模型 self.selModel 的当前记录变化时就会触发其 currentRowChanged()信号，从而执行与此信号关联的槽函数 do_currentRowChanged()，实现 Memo 和 Photo 字段的数据获取与显示。

7.4 QSqlQuery 的使用

7.4.1 QSqlQuery 基本用法

QSqlQuery 是能执行任意 SQL 语句的类，如 SELECT、INSERT、UPDATE、DELETE 等语句。QSqlQuery 类的主要接口函数如表 7-9 所示（表中的函数表示省略了函数的返回值）。

表 7-9 QSqlQuery 类的主要接口函数

接口函数	功能描述
prepare(queryStr)	设置准备执行的 SQL 语句，一般用于带参数的 SQL 语句
bindValue(placeholder, val)	设置 SQL 语句中参数 placeholder 的值为 val
exec()	执行由 prepare()和 bindValue()设置的带参数的 SQL 语句
exec(queryStr)	直接执行一个不带参数的 SQL 语句
isActive()	如果成功执行了 exec()函数，就返回 True
isSelect()	如果执行的 SQL 语句是 SELECT 语句，就返回 True
record()	返回当前记录，返回数据类型是 QSqlRecord
value(fieldname)	返回当前记录中名为 fieldname 的字段的值
isNull(fieldname)	判断一个字段是否为空，当 query 非活动、未定位在有效记录、无此字段或字段为空时都返回 True
size()	对于 SELECT 语句，返回查询到的记录条数，其他语句返回-1
numRowsAffected()	返回 SQL 语句影响的记录条数，如 DELETE 语句删除记录的条数，对于 SELECT 语句无定义
first()	定位到第一条记录，isActive()和 isSelect()都为 True 时才有效
previous()	定位到上一条记录，isActive()和 isSelect()都为 True 时才有效
next()	定位到下一条记录，isActive()和 isSelect()都为 True 时才有效
last()	定位到最后一条记录，isActive()和 isSelect()都为 True 时才有效
seek(index)	定位到指定序号为 index 的记录
at()	返回当前记录的序号

QSqlQuery 有两个具有不同参数的 overload 型函数 exec()，其函数原型分别是：

```
exec(self, queryStr) -> bool
exec(self) -> bool
```

第一种带参数的函数 exec(queryStr)直接执行不带参数的 SQL 语句，如：

```
query=QSqlQuery(self.DB)
query.exec('''UPDATE employee SET Salary=3000 where Gender="女" ''')
```

第二种不带参数的函数 exec()执行由 prepare()和 bindValue()设置的带参数的 SQL 语句，如：

```
query=QSqlQuery(self.DB)
query.prepare('''UPDATE employee SET Salary=9000 where Gender=:Gender ''')
query.bindValue(":Gender","男")
query.exec()
```

prepare()函数准备一个带参数的 SQL 语句，SQL 语句中的参数用 “:参数名” 的形式；bindValue()函数为 SQL 语句中的参数赋值；最后调用 exec()函数执行。

prepare()函数中写带参数的 SQL 语句时，还可以使用占位符 “?” 表示参数，在 bindValue()函数中用参数出现的序号表示参数，如：

```
query.prepare("UPDATE employee SET Department=?, Salary=?  where Name=?")
query.bindValue(0, "技术部")
query.bindValue(1, 5500)
```

```
query.bindValue(2, "张三")
query.exec()
```

7.4.2 QSqlQueryModel 和 QSqlQuery 联合使用

1. 示例功能

QSqlQueryModel 可以查询数据并作为数据模型，但其数据是不能修改的，示例 Demo7_2 已经演示了 QSqlQueryModel 作为只读数据模型的功能。QSqlQuery 可以执行任何 SQL 语句，可以通过 UPDATE、INSERT、DELETE 等 SQL 语句实现数据的编辑修改。

将 QSqlQueryModel 和 QSqlQuery 结合使用，可以实现数据的显示和编辑功能，本节的示例 Demo7_3 就演示这样的功能，其运行时主窗口如图 7-7 所示。

主窗口使用一个 QTableView 组件显示 QSqlQueryModel 对象查询的结果数据（未查询 Memo 字段和 Photo 字段），主窗口工具栏上的几个按钮可以对数据进行操作，这些操作都是通过 QSqlQuery 执行相应的 SQL 语句实现的。

当在工具栏上点击"插入记录"或"编辑记录"时出现一个如图 7-8 所示的对话框，对单条记录进行修改。

图 7-7　示例 Demo7_3 运行时主窗口

图 7-8　插入或编辑单条记录的对话框

示例 Demo7_3 由项目模板 mainWindowApp 创建，除主窗口外，在 Qt Creator 中还创建了一个基于 QDialog 的用于更新记录的对话框 QWDialogData.ui，其在 Python 中相应的窗体业务逻辑类是 QmyDialogData，保存文件为 myDialogData.py。

对项目目录下的 uic.bat 文件稍作修改，增加对 QWDialogData.ui 文件的编译功能。uic.bat 文件的内容如下：

```
echo off
rem 将子目录 QtApp 下的.ui 文件复制到当前目录下，并且编译
copy .\QtApp\MainWindow.ui  MainWindow.ui
pyuic5 -o ui_MainWindow.py  MainWindow.ui

copy .\QtApp\QWDialogData.ui  QWDialogData.ui
pyuic5 -o ui_QWDialogData.py  QWDialogData.ui

rem 编译并复制资源文件
pyrcc5 .\QtApp\res.qrc -o res_rc.py
```

2. 主窗口上的数据显示

主窗口 UI 文件 MainWindow.ui 的可视化设计比较简单，主窗口上工作区是一个 QTableView

组件，命名为 tableView，创建了几个 Action，由这些 Action 创建工具栏。

myMainWindow.py 文件的 import 部分和窗体业务逻辑类 QmyMainWindow 的构造函数代码如下：

```python
import sys
from PyQt5.QtWidgets import (QApplication, QMainWindow, QFileDialog,
                             QAbstractItemView, QMessageBox, QDialog)
from PyQt5.QtCore import  pyqtSlot, Qt,QItemSelectionModel,QModelIndex
from PyQt5.QtSql import (QSqlDatabase, QSqlQueryModel,
                         QSqlRecord, QSqlQuery)

from ui_MainWindow import Ui_MainWindow
from myDialogData import QmyDialogData

class QmyMainWindow(QMainWindow):
    def __init__(self, parent=None):
        super().__init__(parent)
        self.ui=Ui_MainWindow()
        self.ui.setupUi(self)
        self.setCentralWidget(self.ui.tableView)
## tableView 显示属性设置
        self.ui.tableView.setSelectionBehavior(QAbstractItemView.SelectRows)
        self.ui.tableView.setSelectionMode(QAbstractItemView.SingleSelection)
        self.ui.tableView.setAlternatingRowColors(True)
        self.ui.tableView.verticalHeader().setDefaultSectionSize(22)
        self.ui.tableView.horizontalHeader().setDefaultSectionSize(60)
```

主窗口工具栏上的"打开数据库"按钮关联的槽函数是 on_actOpenDB_triggered()，在这个槽函数里调用函数__openTable()查询数据，相关代码如下：

```python
@pyqtSlot()      ##打开数据库
def on_actOpenDB_triggered(self):
    dbFilename,flt=QFileDialog.getOpenFileName(self,"选择数据库文件","",
                       "SQL Lite 数据库(*.db *.db3)")
    if (dbFilename==''):
        return

    self.DB=QSqlDatabase.addDatabase("QSQLITE")    #添加 SQL LITE 数据库驱动
    self.DB.setDatabaseName(dbFilename)      #设置数据库名称
    if self.DB.open():     #打开数据库
        self.__openTable()
    else:
        QMessageBox.warning(self, "错误", "打开数据库失败")

def __openTable(self):       ##查询数据
    self.qryModel=QSqlQueryModel(self)
    self.qryModel.setQuery('''SELECT empNo, Name, Gender,  Birthday,
           Province,Department, Salary FROM employee ORDER BY empNo''')
    if self.qryModel.lastError().isValid():
        QMessageBox.critical(self, "错误",
            "数据表查询错误,出错消息\n"+self.qryModel.lastError().text())
        return

##字段显示名
    self.qryModel.setHeaderData(0,    Qt.Horizontal,"工号")
    self.qryModel.setHeaderData(1,    Qt.Horizontal,"姓名")
    self.qryModel.setHeaderData(2,    Qt.Horizontal,"性别")
    self.qryModel.setHeaderData(3,    Qt.Horizontal,"出生日期")
    self.qryModel.setHeaderData(4,    Qt.Horizontal,"省份")
```

```
        self.qryModel.setHeaderData(5,    Qt.Horizontal,"部门")
        self.qryModel.setHeaderData(6,    Qt.Horizontal,"工资")

        self.selModel=QItemSelectionModel(self.qryModel)         #关联选择模型
        self.selModel.currentRowChanged.connect(self.do_currentRowChanged)
        self.ui.tableView.setModel(self.qryModel)                #设置数据模型
        self.ui.tableView.setSelectionModel(self.selModel)       #设置选择模型

        self.ui.actOpenDB.setEnabled(False)
        self.ui.actRecInsert.setEnabled(True)
        self.ui.actRecDelete.setEnabled(True)
        self.ui.actRecEdit.setEnabled(True)
        self.ui.actScan.setEnabled(True)
        self.ui.actTestSQL.setEnabled(True)

    def do_currentRowChanged(self, current, previous):      ##行切换时触发
        if (current.isValid() ==False):
            return
        curRec=self.qryModel.record(current.row())        #当前记录，QSqlRecord 类型
        empNo=curRec.value("EmpNo")
        self.ui.statusBar.showMessage("当前记录：工号=%d"%empNo)
```

函数__openTable()创建了 QSqlQueryModel 类对象 self.qryModel，它从数据表 employee 里查询除
Memo 和 Photo 之外的其他字段的数据，并作为界面上的组件 tableView 的数据模型。因为
QSqlQueryModel 查询的数据是不能修改的，所以即使在 tableView 里修改了数据也不能保存到数据库。

还创建了选择模型 self.selModel，为其 currentRowChanged()信号关联了自定义槽函数
do_currentRowChanged()，在这个槽函数里获取当前记录，并在状态栏上显示当前记录的"工号"
字段的内容。

3. 单条记录数据编辑对话框

在主窗口的 tableView 上无法编辑修改数据，通过主窗口工具栏上的"插入记录""编辑记录"
"删除记录"等按钮对数据进行编辑。"插入记录"和"编辑记录"都会打开一个如图 7-8 的对话
框，编辑一条记录的所有字段数据，确认插入后用 QSqlQuery 执行一条 INSERT 语句插入一条记
录，确认编辑后用 QSqlQuery 执行一条 UPDATE 语句更新一条记录。

在 Qt Creator 中创建一个基于 QDialog 的对话框 QWDialogData，其 UI 文件是 QWDialogData.ui，
该对话框的界面设计见示例源文件 QWDialogData.ui，此处不再赘述。

QWDialogData.ui 经过编译后生成文件 ui_QWDialogData.py，在 Python 中创建相应的窗体业
务逻辑类 QmyDialogData，保存为文件 myDialogData.py。myDialogData.py 文件的完整代码如下：

```
from PyQt5.QtWidgets import   QApplication, QDialog, QFileDialog
from PyQt5.QtCore import   pyqtSlot, Qt, QFile,QIODevice,QDate
from PyQt5.QtSql import    QSqlRecord
from PyQt5.QtGui import QPixmap

from ui_QWDialogData import Ui_QWDialogData
class QmyDialogData(QDialog):
    def __init__(self,parent=None):
        super().__init__(parent)
        self.ui=Ui_QWDialogData()
        self.ui.setupUi(self)
        self.__record=QSqlRecord()                   #用于存储一条记录的数据

##   ==============自定义功能函数============
```

```python
    def setInsertRecord(self,recData):        ##设置插入记录的数据
        self.__record=recData
        self.ui.spinEmpNo.setEnabled(True)    #员工编号允许编辑
        self.setWindowTitle("插入新记录")
        self.ui.spinEmpNo.setValue(recData.value("empNo"))

    def setUpdateRecord(self,recData):        ##设置更新记录的数据
        self.__record=recData
        self.ui.spinEmpNo.setEnabled(False)   #员工编号不允许编辑
        self.setWindowTitle("更新记录")
##根据 recData 的数据更新界面显示
        self.ui.spinEmpNo.setValue(recData.value("empNo"))
        self.ui.editName.setText(recData.value("Name"))
        self.ui.comboSex.setCurrentText(recData.value("Gender"))

        birth=recData.value("Birthday")       #注意，返回的是 str 类型
        birth_date=QDate.fromString(birth,"yyyy-MM-dd")
        self.ui.editBirth.setDate(birth_date)

        self.ui.comboProvince.setCurrentText(recData.value("Province"))
        self.ui.comboDep.setCurrentText(recData.value("Department"))
        self.ui.spinSalary.setValue(recData.value("Salary"))
        self.ui.editMemo.setPlainText(recData.value("Memo"))

        picData=recData.value("Photo")        #bytearray 类型
        if (picData==''):     #图片字段内容为空
            self.ui.LabPhoto.clear()
        else:
            pic=QPixmap()
            pic.loadFromData(picData)
            W=self.ui.LabPhoto.size().width()
            self.ui.LabPhoto.setPixmap(pic.scaledToWidth(W))

    def getRecordData(self):      ##返回界面编辑的数据
        self.__record.setValue("empNo",   self.ui.spinEmpNo.value())
        self.__record.setValue("Name",    self.ui.editName.text())
        self.__record.setValue("Gender", self.ui.comboSex.currentText())
        self.__record.setValue("Birthday",  self.ui.editBirth.date())
        self.__record.setValue("Province", self.ui.comboProvince.currentText())
        self.__record.setValue("Department", self.ui.comboDep.currentText())
        self.__record.setValue("Salary", self.ui.spinSalary.value())
        self.__record.setValue("Memo",    self.ui.editMemo.toPlainText())
        return self.__record         #以记录作为返回值

##   ==========由 connectSlotsByName() 自动关联的槽函数============
    @pyqtSlot()       ##"导入照片"按钮
    def on_btnSetPhoto_clicked(self):
        fileName,filt=QFileDialog.getOpenFileName(self,
                        "选择图片","","照片(*.jpg)")
        if (fileName==''):
            return
        file=QFile(fileName)
        file.open(QIODevice.ReadOnly)
        data = file.readAll()
        file.close()

        self.__record.setValue("Photo",data)     #图片保存到 Photo 字段
        pic=QPixmap()
        pic.loadFromData(data)        #在界面上显示
        W=self.ui.LabPhoto.width()
        self.ui.LabPhoto.setPixmap(pic.scaledToWidth(W))
```

```
@pyqtSlot()      ##"清除照片按钮"
def on_btnClearPhoto_clicked(self):
    self.ui.LabPhoto.clear()
    self.__record.setNull("Photo")      #Photo 字段清空
```

在构造函数中创建了一个 QSqlRecord 类型私有变量 self.__record，这个变量用于存储一条记录的数据。

接口函数 setInsertRecord(recData)用于插入记录时，主窗口向对话框传递一条记录的数据。由于插入的记录是新建的记录，无须刷新对话框界面上的显示。

接口函数 setUpdateRecord(recData)用于编辑记录时，主窗口向对话框传递一条记录的数据。由于是已经存在的一条记录，需要刷新界面上的各个组件显示记录的内容。

在使用 QSqlRecord 的 value()函数获取一个字段的值时，Python 一般会自动根据字段的类型确定返回数据的类型，如一般的数值、字符串、备注型字段。但是对于日期型字段 Birthday，value()函数返回的是字符串数据，所以需要将其转换为 QDate 类型。

接口函数 getRecordData()是在对话框执行后，向主窗口返回一条记录的数据，就是将界面上各组件的数据保存到 self.__record 的各个字段里，然后将 self.__record 作为此函数的返回值。

对话框上的"导入照片"按钮的功能是选择一个 JPEG 图片后，将图片数据导入记录的 Photo 字段；"清除照片"按钮的功能是清除记录中 Photo 字段的数据。

4. 编辑记录

单击主窗口工具栏上的"编辑记录"按钮，或在 tableView 上双击某条记录，会编辑当前记录，相关代码如下：

```
@pyqtSlot()      ##编辑记录
def on_actRecEdit_triggered(self):
    curRecNo=self.selModel.currentIndex().row()
    self.__updateRecord(curRecNo)

def on_tableView_doubleClicked(self,index):      ##双击编辑记录
    curRecNo=index.row()
    self.__updateRecord(curRecNo)

def __updateRecord(self,recNo):      ##更新一条记录
    curRec=self.qryModel.record(recNo)      #获取当前记录
    empNo=curRec.value("EmpNo")      #获取 EmpNo
    query=QSqlQuery(self.DB)      #查询出当前记录的所有字段
    query.prepare("SELECT * FROM employee WHERE EmpNo = :ID")
    query.bindValue(":ID",empNo)
    query.exec()
    query.first()
    if (not query.isValid()):      #是否为有效记录
        return

    curRec=query.record()      #获取当前记录的数据，QSqlRecord 类型
    dlgData=QmyDialogData(self)      #创建对话框
    dlgData.setUpdateRecord(curRec)      #调用对话框函数，更新数据和界面
    ret=dlgData.exec()      #以模态方式显示对话框
    if (ret != QDialog.Accepted):
        return

    recData=dlgData.getRecordData()      #获得对话框返回的记录
```

```
query.prepare('''UPDATE employee SET Name=:Name, Gender=:Gender,
               Birthday=:Birthday, Province=:Province,
               Department=:Department, Salary=:Salary,
               Memo=:Memo, Photo=:Photo WHERE EmpNo = :ID''')
query.bindValue(":Name",       recData.value("Name"))
query.bindValue(":Gender",     recData.value("Gender"))
query.bindValue(":Birthday",   recData.value("Birthday"))
query.bindValue(":Province",   recData.value("Province"))
query.bindValue(":Department",recData.value("Department"))
query.bindValue(":Salary", recData.value("Salary"))
query.bindValue(":Memo",       recData.value("Memo"))
query.bindValue(":Photo",   recData.value("Photo"))
query.bindValue(":ID",     empNo)
if (not query.exec()):
    QMessageBox.critical(self, "错误",
                "记录更新错误\n"+query.lastError().text())
else:
    self.qryModel.query().exec()        #重新查询数据，更新 tableView 显示
```

两个槽函数都调用自定义函数__updateRecord()，并且以记录的序号作为传递参数。

函数__updateRecord(recNo)根据行号 recNo 从 self.qryModel 获取当前记录的 EmpNo 字段的值，即员工编号，然后使用一个 QSqlQuery 对象 query 从数据表里查询出这个员工的所有字段的一条记录。使用 QSqlQuery 查询数据时用到了参数 SQL 语句：

```
query=QSqlQuery(self.DB)
query.prepare("SELECT * FROM employee WHERE EmpNo = :ID")
query.bindValue(":ID",empNo)
query.exec()
```

由于 EmpNo 是数据表 employee 的主键字段，不允许出现重复，因此只会查询出一条记录，查询出的一条完整记录保存到变量 curRec。

然后创建 QmyDialogData 类型的对话框对象 dlgData，调用 setUpdateRecord(curRec)将完整记录传递给对话框。对话框执行后，如果是"确定"返回，通过 getRecordData()函数获取对话框编辑后的记录数据，即

```
recData=dlgData.getRecordData()
```

recData 里包含了编辑后的最新数据，然后使用 QSqlQuery 对象 query 执行带参数的 UPDATE 语句更新一条记录。更新成功后，将数据模型 self.qryModel 内建的 QSqlQuery 对象的 SELECT 语句重新执行一次就可刷新 tableView 的显示，即

```
self.qryModel.query().exec()
```

5. 插入记录

主窗口工具栏上的"插入记录"可以插入一条新记录，代码如下：

```
@pyqtSlot()      ##插入记录
def on_actRecInsert_triggered(self):
    query=QSqlQuery(self.DB)
    query.exec("select * from employee where EmpNo =-1")    #无记录
    curRec=query.record()      #获取当前记录，实际为空记录，只有字段信息
    curRec.setValue("EmpNo",self.qryModel.rowCount()+3000)

    dlgData= QmyDialogData(self)
    dlgData.setInsertRecord(curRec)      #插入记录
    ret=dlgData.exec()
```

```
if (ret != QDialog.Accepted):
    return

recData=dlgData.getRecordData()
query.prepare('''INSERT INTO employee (EmpNo,Name,Gender,Birthday,
                Province,Department,Salary,Memo,Photo)
                VALUES (:EmpNo,:Name, :Gender,:Birthday,:Province,
                :Department,:Salary,:Memo,:Photo)''')
query.bindValue(":EmpNo",      recData.value("EmpNo"))
query.bindValue(":Name",       recData.value("Name"))
query.bindValue(":Gender",     recData.value("Gender"))
query.bindValue(":Birthday",   recData.value("Birthday"))
query.bindValue(":Province",   recData.value("Province"))
query.bindValue(":Department", recData.value("Department"))
query.bindValue(":Salary",     recData.value("Salary"))
query.bindValue(":Memo",       recData.value("Memo"))
query.bindValue(":Photo",      recData.value("Photo"))
res=query.exec()          #执行 SQL 语句
if (res==False):
    QMessageBox.critical(self, "错误",
            "插入记录错误\n"+query.lastError().text())
else:      #插入、删除记录后需要重新设置 SQL 查询语句
    sqlStr=self.qryModel.query().executedQuery()    #执行过的 SELECT 语句
    self.qryModel.setQuery(sqlStr)       #重新查询数据
```

　　程序首先用 QSqlQuery 类对象 query 执行一个 SQL 语句 "select * from employee where EmpNo =-1"，这样不会查询到任何记录，目的就是得到一条空记录 curRec，但是这个空记录包含字段信息。

　　创建 QmyDialogData 类型的对话框 dlgData 后，调用 setInsertRecord(curRec)函数将空记录 curRec 传递给对话框。

　　对话框 dlgData 运行 "确认" 返回后，使用 query 执行 INSERT 语句插入一条新记录。若插入记录执行成功，数据模型 self.qryModel 需要重新查询数据，才会更新界面上的 tableView 的显示。功能实现的代码是最后两行：

```
sqlStr=self.qryModel.query().executedQuery()      #执行过的 SELECT 语句
self.qryModel.setQuery(sqlStr)         #重新查询数据
```

　　如果直接用 self.qryModel.exec()替代上面的两行语句是无法刷新 tableView 的显示的，新插入的记录不会被显示出来。但是在__updateRecord()函数中更改一条记录的内容后，执行 self.qryModel.exec()是可以在 tableView 上更新记录内容的。原因可能在于新增或减少记录后，每条记录的模型索引发生了变化，数据模型需复位后重新查询以建立新的模型索引。

6. 删除记录

工具栏上的 "删除记录" 删除 tableView 上的当前记录，代码如下：

```
@pyqtSlot()     ##删除记录
def on_actRecDelete_triggered(self):
    curRecNo=self.selModel.currentIndex().row()
    curRec=self.qryModel.record(curRecNo)      #获取当前记录
    if (curRec.isEmpty()):     #当前为空记录
        return

    empNo=curRec.value("EmpNo")      #获取员工编号
    query=QSqlQuery(self.DB)
```

```
query.prepare("DELETE  FROM employee WHERE EmpNo = :ID")
query.bindValue(":ID",empNo)
if (query.exec()==False):
   QMessageBox.critical(self, "错误",
          "删除记录出现错误\n"+query.lastError().text())
else:
   sqlStr=self.qryModel.query().executedQuery()       #执行过的 SELECT 语句
   self.qryModel.setQuery(sqlStr)       #重新查询数据
```

从数据模型的当前记录中获取员工编号，然后使用一个 QSqlQuery 类的对象执行一条
DELETE 语句删除这条记录。

7. 遍历记录

工具栏上的"涨工资"按钮通过遍历记录，修改所有记录的 Salary 字段的值，其代码如下：

```
@pyqtSlot()      ##遍历记录，涨工资
def on_actScan_triggered(self):
   qryEmpList=QSqlQuery(self.DB)      #员工工资信息列表
   qryEmpList.exec("SELECT empNo,Salary FROM employee ORDER BY empNo")
   qryUpdate=QSqlQuery(self.DB)       #临时 QSqlQuery 对象
   qryUpdate.prepare('''UPDATE employee SET Salary=:Salary
                   WHERE EmpNo = :ID''')

   qryEmpList.first()
   while (qryEmpList.isValid()):      #当前记录有效
      empID=qryEmpList.value("empNo")
      salary=qryEmpList.value("Salary")
      salary=salary+500
      qryUpdate.bindValue(":ID",empID)
      qryUpdate.bindValue(":Salary",salary)       #设置 SQL 语句参数
      qryUpdate.exec()
      if not qryEmpList.next():      #移动到下一条记录，并判断是否到末尾了
         break

   self.qryModel.query().exec()       #更新 tableView 的显示
   QMessageBox.information(self, "提示", "涨工资计算完毕")
```

程序里使用了两个 QSqlQuery 类变量，其中 qryEmpList 查询 EmpNo 和 Salary 两个字段的全
部记录，qryUpdate 用于执行一条带参数的 UPDATE 语句，每次更新一条记录。

遍历 qryEmpList 的所有记录，QSqlQuery 有 first()、previous()、next()、last() 等函数进行记录
移动，若到了最后一条记录再执行 next() 将返回 False，依此判断是否遍历完所有记录。

8. SQL 语句测试

工具栏上的"SQL 测试"按钮关联的槽函数是 on_actTestSQL_triggered()，可以在此槽函数里
用一个 QSqlQuery 对象执行各种 SQL 语句，以测试 SQL 语句的功能。例如，可以通过执行一条
SQL 语句实现所有记录涨工资的功能，代码如下：

```
@pyqtSlot()      ##SQL 语句测试
def on_actTestSQL_triggered(self):
   query=QSqlQuery(self.DB)
   query.exec('''UPDATE employee SET Salary=500+Salary ''')
   sqlStr=self.qryModel.query().executedQuery()
   self.qryModel.setQuery(sqlStr)
```

7.5　QSqlRelationalTableModel 的使用

7.5.1　关系数据表和示例功能

从图 7-2 的类继承关系图上看，QSqlRelationalTableModel 是 QSqlTableModel 的子类，它可以处理关系数据表。所谓关系数据表，是指主表里的某个字段存储为代码型字段，而代码的具体意义在另外一个数据表里定义。

表 7-5 给出了 studInfo 数据表的字段定义，studInfo 数据表实际存储的数据示例如表 7-10 所示，字段 departID 和 majorID 存储的是学院代码和专业代码。

表 7-10　数据表 studInfo 的数据记录示例

序号	studID	name	gender	departID	majorID
1	2017200211	张三	男	20	2003
2	2017200102	李四	男	10	1002
3	2017300212	小明	男	50	5001
4	2017400102	小雅	女	50	5002

学院代码字段 departID 的具体意义在数据表 departments 里定义，departments 表的字段结构如表 7-3 所示，departments 表的示例数据如表 7-11 所示。

表 7-11　数据表 departments 的数据记录示例

序号	departID	department
1	10	生物科学学院
2	20	数理学院
3	50	化工学院

同样，专业数据表 majors 定义了专业代码及其专业名称，majors 表的字段结构如表 7-4 所示，majors 表的示例数据如表 7-12 所示。majors 数据表不仅定义了专业代码的意义，还用到了学院代码字段 departID，与 departments 数据表发生关联。

表 7-12　数据表 majors 的数据记录示例

序号	majorID	major	departID
1	1001	生物遗传学	10
2	1002	生物工程	10
3	5001	计算机网络	50
4	5002	自动化	50

在数据库设计中使用代码字段和代码表的好处一是可以减少数据表的存储量，一个大的数据表存储代码用的空间远比存储具体文字用的空间少，二是代码表示的文字可能会被修改，例如学院的名称可能会被修改，这时只需修改代码表里的一条记录即可。

QSqlRelationalTableModel 类专门用来编辑这种具有代码字段的数据表，可以很方便地将代码字段与关系数据表建立关联，在显示和编辑数据表时，直接使用关系数据表的代码意义字段的内容。示例 Demo7_4 演示关系数据表使用的方法，图 7-9 是程序运行时界面。

示例 Demo7_4 由项目模板 mainWindowApp 创建，主窗口工作区是一个 QTableView 组件，命名为 tableView。程序中使用 QSqlRelationalTableModel 对象作为 tableView 的数据模型，显示和编辑 studInfo 数据表。学院和专业两个字段与代码表建立了关联，tableView 中直接显示这两个字段的文字内容，编辑时有一个下拉列表框，列表框里是代码表里的全部代码意义文字。

图 7-9　示例 Demo7_4 编辑数据表 studInfo 的界面

窗体业务逻辑类 QmyMainWindow 的构造函数，以及 myMainWindow.py 文件的 import 部分代码如下：

```python
import sys
from PyQt5.QtWidgets import (QApplication, QMainWindow, QFileDialog,
                             QAbstractItemView,QMessageBox)
from PyQt5.QtCore import  pyqtSlot, Qt,QItemSelectionModel,QModelIndex
from PyQt5.QtSql import (QSqlDatabase, QSqlRelationalTableModel,
    QSqlTableModel, QSqlRecord,QSqlRelation,QSqlRelationalDelegate)

from ui_MainWindow import Ui_MainWindow
class QmyMainWindow(QMainWindow):
   def __init__(self, parent=None):
      super().__init__(parent)
      self.ui=Ui_MainWindow()
      self.ui.setupUi(self)
      self.setCentralWidget(self.ui.tableView)
## tableView 显示属性设置
      self.ui.tableView.setSelectionBehavior(QAbstractItemView.SelectItems)
      self.ui.tableView.setSelectionMode(QAbstractItemView.SingleSelection)
      self.ui.tableView.setAlternatingRowColors(True)
      self.ui.tableView.verticalHeader().setDefaultSectionSize(22)
      self.ui.tableView.horizontalHeader().setDefaultSectionSize(100)
```

7.5.2　关系数据模型功能实现

1. 打开数据表

主窗口工具栏上的"打开"按钮用于选择数据库文件并打开数据表，其槽函数里调用函数 __openTable()，"打开"按钮的槽函数及相关函数代码如下：

```python
@pyqtSlot()     ##"打开"按钮
def on_actOpenDB_triggered(self):
    dbFilename,flt=QFileDialog.getOpenFileName(self,"选择数据库文件","",
                   "SQL Lite 数据库(*.db *.db3)")
    if (dbFilename==''):
       return
##打开数据库
    self.DB=QSqlDatabase.addDatabase("QSQLITE")   #添加 SQL LITE 数据库驱动
    self.DB.setDatabaseName(dbFilename)      #设置数据库名称
    if self.DB.open():       #打开数据库
       self.__openTable()   #打开数据表
```

```
    else:
        QMessageBox.warning(self, "错误", "打开数据库失败")

def __getFieldNames(self):   ##获取所有字段名称
    emptyRec=self.tabModel.record()         #获取空记录，只有字段名
    self.fldNum={}       #"字段名：序号"的字典
    for i in range(emptyRec.count()):
        fieldName=emptyRec.fieldName(i)
        self.fldNum.setdefault(fieldName)
        self.fldNum[fieldName]=i
    print (self.fldNum)

def __openTable(self):    ##打开数据表
    self.tabModel=QSqlRelationalTableModel(self,self.DB)
    self.tabModel.setTable("studInfo")          #设置数据表
    self.tabModel.setEditStrategy(QSqlTableModel.OnManualSubmit)
    self.tabModel.setSort(self.tabModel.fieldIndex("studID"), Qt.AscendingOrder)
    if (self.tabModel.select() == False):       #查询数据失败
        QMessageBox.critical(self, "出错消息",
            "打开数据表错误,出错消息\n"+self.tabModel.lastError().text())
        return
    self.__getFieldNames()     #获取字段名和序号
##字段显示名
    self.tabModel.setHeaderData(self.fldNum["studID"], Qt.Horizontal,"学号")
    self.tabModel.setHeaderData(self.fldNum["name"], Qt.Horizontal,"姓名")
    self.tabModel.setHeaderData(self.fldNum["gender"], Qt.Horizontal,"性别")
    self.tabModel.setHeaderData(self.fldNum["departID"], Qt.Horizontal,"学院")
    self.tabModel.setHeaderData(self.fldNum["majorID"], Qt.Horizontal,"专业")
##   设置代码字段的查询关系数据表
    self.tabModel.setRelation(self.fldNum["departID"],
        QSqlRelation("departments","departID","department"))    #学院
    self.tabModel.setRelation(self.fldNum["majorID"],
        QSqlRelation("majors","majorID","major"))      #专业

    self.selModel=QItemSelectionModel(self.tabModel)    #选择模型
    self.selModel.currentChanged.connect(self.do_currentChanged)
    self.ui.tableView.setModel(self.tabModel)         #设置数据模型
    self.ui.tableView.setSelectionModel(self.selModel)   #设置选择模型

    delgate=QSqlRelationalDelegate(self.ui.tableView)
    self.ui.tableView.setItemDelegate(delgate)   #为关系字段设置默认代理组件
    self.tabModel.select()      #必须重新查询数据
##更新 Action 和界面组件的使能状态
    self.ui.actOpenDB.setEnabled(False)
    self.ui.actRecAppend.setEnabled(True)
    self.ui.actRecInsert.setEnabled(True)
    self.ui.actRecDelete.setEnabled(True)
    self.ui.actFields.setEnabled(True)

def do_currentChanged(self,current,previous):    ##更新 Action 的状态
    self.ui.actSubmit.setEnabled(self.tabModel.isDirty())
    self.ui.actRevert.setEnabled(self.tabModel.isDirty())
```

　　QSqlRelationalTableModel 类的主要函数与 QSqlTableModel 相同，有一个新的函数 setRelation()用于设置代码字段的关系数据表和关联字段。setRelation()函数的原型是：

```
setRelation(self, column, relation)
```

其中 column 是主表中代码字段的序号，relation 是 QSqlRelation 类型的表示关系数据表的关系。例如，设置代码字段 departID 的关系的代码是：

```
self.tabModel.setRelation(self.fldNum["departID"],
    QSqlRelation("departments","departID","department"))
```

第 1 个参数是 departID 字段在 studInfo 表中的字段序号。

第 2 个参数用 QSqlRelation("departments", "departID", "department")创建了一个 QSqlRelation 类型对象，其中，第 1 个参数"departments"是指代码表 departments，第 2 个参数"departID"是代码字段名称，第 3 个参数"department"是代码意义字段名称。

__openTable()函数中还有关键的两行：

```
delgate=QSqlRelationalDelegate(self.ui.tableView)
self.ui.tableView.setItemDelegate(delgate)
```

这是在 tableView 中为代码字段创建默认的关系型代理组件，这样在 tableView 中编辑代码字段的内容时，就会出现一个下拉列表框，列出代码表的所有可选内容。

2. 实际字段列表

使用 QSqlRelationalTableModel 类设置代码字段的关系后，在 tableView 中以代码意义显示代码字段的内容，其实际字段有没有变化呢？点击工具栏上的"字段列表"按钮会列出 self.tabModel 的所有字段的名称，其代码如下：

```
@pyqtSlot()       ##显示字段列表
def on_actFields_triggered(self):
    emptyRec=self.tabModel.record()       #获取空记录，只有字段名
    str=''
    for i in range(emptyRec.count()):
        str=str+emptyRec.fieldName(i)+'\n'
    QMessageBox.information(self, "所有字段名", str)
```

显示字段列表的对话框如图 7-10 所示，可以看到两个代码字段 departID 和 majorID 被代码表中的代码意义字段 department 和 major 替换了。但是在界面上修改数据后，数据能以代码的形式保存到原数据表 studInfo 里。

图 7-10   self.tabModel 的字段列表

工具栏上"添加""插入""删除""保存""取消"等按钮的功能的实现与示例 Demo7_1 相同，不再重复介绍。

## 第 8 章

绘图

PyQt5 提供了两种绘图方法。一种是使用 QPainter 类在 QWidget 类提供的画布上画图，可以绘制点、线、圆等各种基本形状，从而组成自己需要的图形。所有界面组件都是 QWidget 的子类，界面上的按钮、编辑框等各种组件的界面效果都是使用 QPainter 绘制出来的。用户从 QWidget 继承定义自己的界面组件时，要绘制组件的界面效果也是使用这种方法。QPainter 绘制的图形如同位图，是不可交互操作的图形。

PyQt5 另外提供一种基于 Graphics View 架构的绘图方法，这种方法使用 QGraphicsView、QGraphicsScene 和各种 QGraphicsItem 图形项绘图，在一个场景中可以绘制大量图件，且每个图件是可选择、可交互的，如同矢量图编辑软件那样可以操作每个图件。Graphics View 架构为用户绘制复杂的组件化图形提供了便利。

本章首先介绍使用 QPainter 绘图的原理，这是 PyQt5 绘图的基础，再介绍 Graphics View 架构的原理和使用。

8.1 QPainter 绘图

8.1.1 QPainter 绘图系统

1. paintEvent 事件和绘图区

PyQt5 的绘图系统使用户可以在屏幕或打印设备上用相同的 API 绘图，QPainter 是用来进行绘图操作的类，一般的绘图设备包括 QWidget、QPixmap、QImage 等，这些绘图设备为 QPainter 提供了一个"画布"。

QWidget 类是所有界面组件的基类，QWidget 类有一个 paintEvent()事件，在此事件里创建一个 QPainter 对象获取绘图设备的接口，就可以用 QPainter 对象在绘图设备的"画布"上绘图了。

在 paintEvent()事件里绘图的基本程序结构是：

```
def paintEvent(self,event):
    painter=QPainter(self)
## painter 在设备的窗口上画图
```

首先创建一个属于本绘图设备的 QPainter 对象 painter，然后使用这个 painter 在绘图设备的窗口上画图。

QWidget 的绘图区就是其窗口内部区域。图 8-1 是在一个 QWidget 窗口上绘制了一个填充矩形（这个实心矩形及其边框是程序绘制的图形，其他直线和文字是为说明而加的），整个窗口的内部矩形区就是 QPainter 可以绘图的区域。

QWidget 的内部绘图区的坐标系统如图 8-1 所示，坐标系统的单位是像素。左上角坐标为(0, 0)，向右是 x 轴正方向，向下是 y 轴正方向，绘图区的宽度由 QWidget.width()函数得到，高度由 QWidget.height()函数得到。这个坐标系统是 QWidget 的绘图区的局部物理坐标，称为视口（viewport）坐标。相应的还有逻辑坐标，称为窗口（window）坐标，后面会详细介绍。使用 QPainter 在 QWidget 上绘图就是在这样的一个矩形区域里绘图。

2. QPainter 绘图的主要属性

用 QPainter 在绘图设备上绘图，主要是绘制一些基本的图形元素，包括点、直线、圆形、矩形、曲线、文字等，控制这些绘图元素特性的主要是 QPainter 的以下 3 个属性。

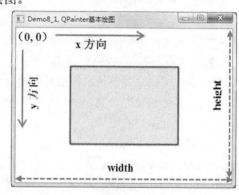

图 8-1 在 QWidget 的窗口上绘图

- pen 属性是一个 QPen 对象，用于控制线条的颜色、宽度、线型等，图 8-1 中矩形边框的线条的特性就是由 pen 属性决定的。

- brush 属性是一个 QBrush 对象，用于设置一个区域的填充特性，可以设置填充颜色、填充方式、渐变特性等，还可以采用图片做材质填充。图 8-1 中的矩形用黄色填充就是由 brush 属性决定的。

- font 属性是一个 QFont 对象，用于绘制文字时，设置文字的字体样式、大小等属性。

使用这 3 个属性基本就控制了绘图的基本特点，当然还有一些其他的功能可以结合使用，例如叠加模式、旋转和缩放等功能。

3. 示例程序结构

为演示 QPainter 绘图的基本功能，使用 QPainter 对象在一个 QWidget 窗体的 paintEvent()事件函数里直接绘图。界面上无需其他任何组件，所以不创建 UI 文件，直接创建一个 myWidget.py 文件，该文件的完整代码如下（此处的 import 部分还包含了后面的示例代码中要用到的各种类），运行后可得到如图 8-1 所示的效果。

```python
import sys
from PyQt5.QtWidgets import  QApplication, QWidget
from PyQt5.QtCore import  Qt,QRect,QLine,QPoint,QRectF
from PyQt5.QtGui import (QPainter, QPen, QBrush, QPalette,QFont,
          QImage,QPainterPath, QPolygon,QPixmap, QRadialGradient,
          QGradient,QLinearGradient,QConicalGradient)

class QmyWidget(QWidget):
    def __init__(self, parent=None):
        super().__init__(parent)
        self.setPalette(QPalette(Qt.white))       #设置窗口背景颜色为白色
        self.setAutoFillBackground(True)
        self.resize(400, 280)
        self.setWindowTitle("Demo8_1, QPainter 基本绘图")
```

```
    def paintEvent(self,event):        ##在窗口上绘图
        painter=QPainter(self)
        painter.setRenderHint(QPainter.Antialiasing)
        painter.setRenderHint(QPainter.TextAntialiasing)
##设置画笔
        pen=QPen()
        pen.setWidth(3)                      #线宽
        pen.setColor(Qt.red)                 #画线颜色
        pen.setStyle(Qt.SolidLine)           #线的类型,如实线、虚线等
        pen.setCapStyle(Qt.FlatCap)          #线端点样式
        pen.setJoinStyle(Qt.BevelJoin)       #线的连接点样式
        painter.setPen(pen)
##设置画刷
        brush=QBrush()
        brush.setColor(Qt.yellow)            #画刷颜色
        brush.setStyle(Qt.SolidPattern)      #填充样式
        painter.setBrush(brush)
##绘图
        W=self.width()      #绘图区宽度
        H=self.height()     #绘图区高度
        rect=QRect(W/4,H/4,W/2,H/2)
        painter.drawRect(rect)

##  ============窗体测试程序 ==============================
if __name__ == "__main__":
    app = QApplication(sys.argv)
    form=QmyWidget()
    form.show()
    sys.exit(app.exec_())
```

构造函数中设置窗口背景颜色为白色,并设置为自动重绘背景。绘图功能在 paintEvent()事件函数里实现,该函数的代码主要包括以下几部分。

- 创建与 QWidget 对象关联的 QPainter 对象 painter,这样就可以用这个 painter 在窗体上绘图了。用 setRenderHint()设置使用抗锯齿功能,会使图和文字更光滑清晰,但也更消耗运算时间。

- 创建一个 QPen 类对象 pen,设置其线宽、颜色、线型等,然后设置为 painter 的 pen。

- 创建一个 QBrush 类对象 brush,设置其颜色为黄色、填充方式为实体填充,然后设置为 painter 的 brush。

- 获取窗体的宽度和高度,并定义位于中间区域的矩形 rect,这个矩形的大小随窗体的大小变化而变化。

- 执行 painter.drawRect(rect)就可以绘制矩形 rect,矩形框的线条特性由 pen 属性决定,填充特性由 brush 属性决定。运行程序就可以得到如图 8-1 所示的居于窗体中间的填充矩形。

为了不使程序结构过于复杂,可以在 paintEvent()函数里直接设置 pen 和 brush 的各种属性,而不是设计复杂的界面来修改这些设置。要实现想要的绘图功能和效果,只需在 paintEvent()函数里直接修改代码即可。

8.1.2 QPen 的主要功能

QPen 用于绘图时设置线条,主要包括线宽、颜色、线型等,表 8-1 是 QPen 类的主要接口函

数。通常每个设置函数都有一个对应的读取函数，例如 setColor()用于设置画笔颜色，对应的读取画笔颜色的函数为 color()，表 8-1 仅列出了设置函数，这些函数都没有返回值。

表 8-1　QPen 的主要接口函数

函数原型	功能
setColor(color)	设置画笔颜色，即线条颜色，color 为 QColor 类型
setWidth(width)	设置线条宽度为 width 个像素
setStyle(style)	设置线条样式，参数 style 为枚举类型 Qt.PenStyle
setCapStyle(style)	设置线条端点样式，参数 style 为枚举类型 Qt.PenCapStyle
setJoinStyle(style)	设置连接样式，参数 style 为枚举类型 Qt.PenJoinStyle

线条颜色和宽度的设置无须多说，QPen 影响线条特性的另外 3 个主要属性是线条样式（style）、线条端点样式（capStyle）和线条连接样式（joinStyle）。

1. 线条样式

QPen.setStyle(style)函数用于设置线条样式，参数 style 是枚举类型 Qt.PenStyle，其取值有 Qt.SolidLine、Qt.DashLine、Qt.DotLine 等，几种典型的线条样式的绘图效果如图 8-2 所示。Qt.PenStyle 类型还有一个常量 Qt.NoPen 表示不绘制线条。

除几种基本的线条样式外，用户还可以自定义线条样式，自定义线条样式时需要用到 QPen 的 setDashOffset()函数和 setDashPattern()函数。

2. 线条端点样式

QPen.setCapStyle(style)函数用于设置线条端点样式，参数 style 是一个枚举类型 Qt.PenCapStyle 的常量，有以下 3 种取值：

- Qt.FlatCap（方形的线条端，不覆盖线条的端点）；
- Qt.SquareCap（方形的线条端，覆盖线条的端点并延伸半个线宽的长度）；
- Qt.RoundCap（圆角的线条端）。

3 种取值的绘图效果如图 8-3 所示，当线条较粗时，线条端点的效果才显现出来。

图 8-2　几种基本样式的线条　　　　图 8-3　各种线条端点样式

3. 线条连接样式

QPen.setJoinStyle(style)函数用于设置两个线条连接时端点的样式，参数 style 是枚举类型 Qt.PenJoinStyle，该枚举类型的取值及其绘图效果如图 8-4 所示。

图 8-4　各种线条连接样式

8.1.3　QBrush 的主要功能

QBrush 定义了 QPainter 绘图时的填充特性，包括填充颜色、填充样式、材质填充时的材质图片等，其主要接口函数如表 8-2 所示，这几个函数都没有返回值。

表 8-2　QBrush 的主要接口函数

函数原型	功能
setColor(color)	设置画刷颜色，实体填充时即为填充颜色，参数 color 为 QColor 类型
setStyle(style)	设置画刷样式，参数 style 为枚举类型 Qt.BrushStyle
setTexture(pixmap)	设置一个 QPixmap 类型的图片 pixmap 作为画刷的图片，画刷样式自动设置为 Qt.TexturePattern
setTextureImage(image)	设置一个 QImage 类型的图片 image 作为画刷的图片，画刷样式自动设置为 Qt.TexturePattern

setStyle(style)函数设置画刷的样式，参数 style 是枚举类型 Qt.BrushStyle，该枚举类型典型的几种取值如表 8-3 所示，详细的取值请参考 Qt 的帮助文档。几种典型取值的填充效果如图 8-5 所示。

表 8-3　枚举类型 Qt.BrushStyle 几个主要常量及其意义

枚举常量	描述
Qt.NoBrush	不填充
Qt.SolidPattern	单一颜色填充
Qt.HorPattern	水平线填充
Qt.VerPattern	垂直线填充
Qt.LinearGradientPattern	线形渐变填充，需要使用 QLinearGradient 类对象作为 Brush
Qt.RadialGradientPattern	辐射形渐变填充，需要使用 QRadialGradient 类对象作为 Brush
Qt.ConicalGradientPattern	圆锥形渐变填充，需要使用 QConicalGradient 类对象作为 Brush
Qt.TexturePattern	材质填充，需要指定 texture 或 textureImage 图片

渐变填充需要使用专门的类作为 brush 赋值给 QPainter，在后面详细介绍。其他各种线形填充只需设置类型参数即可，使用材质填充需要设置材质图片。

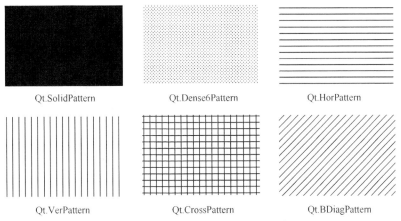

图 8-5　Qt.BrushStyle 几种填充样式的效果

下面是使用与 myWidget.py 同目录下的一个图片文件 texture2.jpg 进行材质填充的 paintEvent()事件函数的代码，用材质图片填充一个矩形，程序运行结果如图 8-6 所示。

```
def paintEvent(self,event):
    painter=QPainter(self)
    painter.setRenderHint(QPainter.Antialiasing)
    painter.setRenderHint(QPainter.TextAntialiasing)
##设置画笔
    pen=QPen()
    pen.setWidth(2)              #线宽
    pen.setColor(Qt.red)         #画线颜色
    painter.setPen(pen)
##设置画刷
    texturePixmap=QPixmap("texture2.jpg")
    brush=QBrush()
    brush.setStyle(Qt.TexturePattern)
    brush.setTexture(texturePixmap)
    painter.setBrush(brush)
##绘图
    W=self.width()
    H=self.height()
    rect=QRect(W/5,H/5,3*W/5,3*H/5)
    painter.drawRect(rect)
```

图 8-6   材质填充效果

8.1.4   渐变填充

1. 基本渐变填充

使用渐变色填充需要用渐变类的对象作为 Painter 的 brush，有以下 3 个用于渐变填充的类。

- QLinearGradient，线形渐变。指定一个起点及其颜色，以及一个终点及其颜色，还可以指定中间的某个点的颜色，对于起点至终点之间的颜色，会通过线性插值计算得到线形渐变的填充颜色。

- QRadialGradient，有简单辐射形渐变和扩展辐射形渐变两种方式。简单辐射形渐变是在一个圆内的一个焦点和一个端点之间生成渐变色，扩展辐射形渐变是在一个焦点圆和一个中心圆之间生成渐变色。

- QConicalGradient，圆锥形渐变。围绕一个中心点逆时针生成渐变色。

这 3 个渐变类都继承自 QGradient 类，3 种渐变填充的示例效果如图 8-7 所示。

(a) QLinearGradient   (b) QRadialGradient   (c) QConicalGradient

图 8-7   3 种渐变填充的效果

例如，使用 QLinearGradient 绘制一个渐变填充的矩形区域的 paintEvent()事件函数的代码如下：

```
def paintEvent(self,event):
    painter=QPainter(self)
    pen=QPen()
    pen.setStyle(Qt.NoPen)    #线的类型
```

```
painter.setPen(pen)
W=self.width()              #绘图区宽度
H=self.height()        #绘图区高度
rect=QRect(W/4,H/4,W/2,H/2)
linearGrad=QLinearGradient(rect.left(), rect.top(), rect.right(), rect.top())
linearGrad.setColorAt(0,Qt.blue)        #起点颜色
linearGrad.setColorAt(0.5,Qt.white)      #中间点颜色
linearGrad.setColorAt(1,Qt.blue)       #终点颜色
painter.setBrush(linearGrad)
painter.drawRect(rect)
```

程序运行的效果如图 8-8 所示，用渐变颜色填充了窗口中间的一个矩形区域。

创建 QLinearGradient 对象时需要传递两个坐标点，QLinearGradient 的一种构造函数的原型是：

```
QLinearGradient(x1, y1, x2, y2)
```

上面函数的 4 个参数都是 float 类型，它表示在点(x1, y1)至(x2, y2)之间通过线性插值生成渐变色。在这段代码中创建 QLinearGradient 对象的代码是：

```
linearGrad=QLinearGradient(rect.left(), rect.top(), rect.right(), rect.top())
```

使用的两个坐标点是矩形 rect 的左上角和右上角，所以是一个水平方向的渐变填充。如果要沿着矩形的对角线生成渐变填充，可以使用左上角和右下角两个点，即

```
linearGrad=QLinearGradient(rect.left(), rect.top(), rect.right(), rect.bottom())
```

在指定渐变填充的区域后，还需要用 setColorAt()函数设置起点、终点和中间任意多个点的颜色。setColorAt()是 QGradient 类的函数，其函数原型是：

```
setColorAt(self, position, color)
```

其功能是在位置 position 设置颜色 color。参数 position 是 0 至 1 之间的浮点数，表示起点到终点之间的相对位置。在示例代码中设置了 0、0.5、1 三个位置的颜色，所以得到如图 8-8 所示的绘图效果。

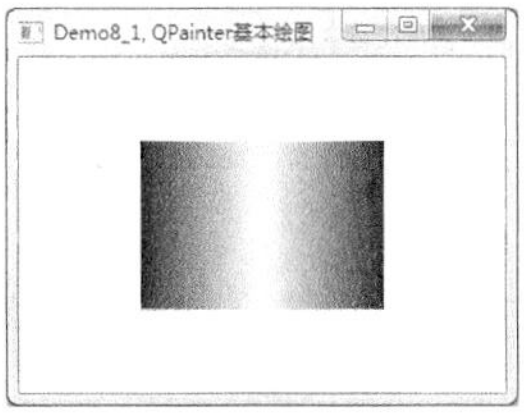

生成如图 8-7(b)所示的辐射形渐变填充效果的代码如下：

图 8-8　使用 QLinearGradient
渐变填充一个矩形区域

```
def paintEvent(self,event):
    painter=QPainter(self)
    pen=QPen()
    pen.setStyle(Qt.NoPen)
    painter.setPen(pen)
    W=self.width()
    H=self.height()
    radialGrad=QRadialGradient(W/2,H/2,W/3,W/2,H/2)
    radialGrad.setColorAt(0,Qt.white)
    radialGrad.setColorAt(1,Qt.blue)
    painter.setBrush(radialGrad)
    rect=QRect(W/4,H/4,W/2,H/2)
    painter.drawRect(rect)
```

QRadialGradient 的一种构造函数的原型为：

```
QRadialGradient(cx, cy, radius, fx, fy)
```

上面函数的 5 个参数都是 float 类型，其功能是创建圆心在(cx, cy)、半径为 radius 的辐射形渐变，焦点在(fx, fy)。用 setColorAt()设置的位置 0 处的颜色是焦点处的颜色，位置 1 处的是半径为 radius 的圆周上的颜色。在此处的代码中，圆心和焦点的坐标相同，所以得到如图 8-7(b)所示的效果。

也可以设置圆心和焦点的坐标不同，当焦点在圆心(cx, cy)和半径 radius 定义的圆的外部时，颜色的起点位置在(fx, fy)和(cx, cy)与圆周的交点处。例如执行下面的代码，可以得到如图 8-9 所示的绘图效果。

```python
def paintEvent(self,event):
    painter=QPainter(self)
    pen=QPen()
    pen.setStyle(Qt.NoPen)
    painter.setPen(pen)
    W=self.width()
    H=self.height()
    radialGrad=QRadialGradient(W/2,H/2,W/2,3*W/4,H/2)
    radialGrad.setColorAt(0,  Qt.yellow)
    radialGrad.setColorAt(0.8,Qt.blue)
    painter.setBrush(radialGrad)
    rect=QRect(W/4,H/4,W/2,H/2)
    painter. drawEllipse(rect)
```

图 8-9　使用 QRadialGradient
渐变填充的效果

在这里，圆心和焦点不是重合的，焦点在右侧圆周上。定义圆的半径为 W/2，正好等于矩形 rect 的内切圆的半径。可以测试修改圆的半径、第二个颜色的位置，观察不同的绘图效果。

图 8-7(c)是使用 QConicalGradient 类渐变填充并设置了 3 个位置的颜色，实现此效果的代码如下：

```python
def paintEvent(self,event):
    painter=QPainter(self)
    pen=QPen()
    pen.setStyle(Qt.NoPen)
    painter.setPen(pen)
    W=self.width()
    H=self.height()
    rect=QRect(W/4,H/4,W/2,H/2)
    coniGrad=QConicalGradient(W/2, H/2, 0)
    coniGrad.setColorAt(0,    Qt.yellow)
    coniGrad.setColorAt(0.5,  Qt.blue)
    coniGrad.setColorAt(1,    Qt.green)
    painter.setBrush(coniGrad)
    painter.drawRect(rect)
```

QConicalGradient 的一种构造函数的原型是：

```python
QConicalGradient(cx, cy, angle)
```

上面函数的 3 个参数都是 float 类型，它表示在圆心(cx, cy)、从角度 angle 开始的圆锥形渐变。参数 angle 的取值范围是 0～360。

2. 延展填充

前面的渐变填充的例子都是在渐变色的定义范围内填充，如果填充区域大于定义区域，QGradient.setSpread(method) 函数会影响延展区域的填充效果。参数 method 是枚举类型 QGradient.Spread，有 3 种取值，分别如下：

- QGradient.PadSpread 模式（用结束点的颜色填充外部区域，这是默认的方式）；
- QGradient.RepeatSpread 模式（重复使用渐变方式填充外部区域）；
- QGradient.ReflectSpread 模式（反射式重复使用渐变方式填充外部区域）。

setSpread()函数对圆锥形渐变不起作用。下面的代码使用辐射形渐变测试延展填充的效果，只需修改 setSpread()函数的参数，就可以得到不同的绘图效果，如图 8-10 所示。

```
def paintEvent(self,event):
    painter=QPainter(self)
    pen=QPen()
    pen.setStyle(Qt.NoPen)
    painter.setPen(pen)
    W=self.width()
    H=self.height()
    radialGrad=QRadialGradient(W/2,H/2,W/8,W/2,H/2)
    radialGrad.setColorAt(0,Qt.yellow)
    radialGrad.setColorAt(1,Qt.blue)
##延展模式 PadSpread、RepeatSpread、ReflectSpread
    radialGrad.setSpread(QGradient.ReflectSpread)
    painter.setBrush(radialGrad)
    painter.drawRect(self.rect())          #填充整个窗口
```

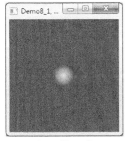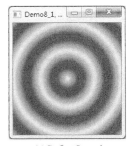

(a) PadSpread   (b) RepeatSpread   (c) ReflectSpread

图 8-10　3 种渐变延展效果

这段代码里，定义辐射形渐变的圆心是(W/2, H/2)，半径是 W/8，最后绘制矩形的语句是：

```
painter.drawRect(self.rect())
```

注意这里的参数是 self.rect()，它表示窗口的整个矩形工作区域是超过了渐变色的定义区域的，所以会有延展效果。

8.1.5　QPainter 绘制基本图形

1. 基本图形

QPainter 提供了很多绘制基本图形的功能，包括点、直线、椭圆、矩形等，由这些基本的图形可以构成复杂的图形。QPainter 提供的绘制基本图形的函数如表 8-4 所示。每个函数基本上都有多种参数形式，这里只列出函数名，给出了其中一种参数形式的示例代码，并且假设已经通过以下的代码获得了绘图窗口的 painter、窗口宽度 W 和高度 H。

```
painter=QPainter(self)
W=self.width()
H=self.height()
```

同一个函数名的其他参数形式的函数原型可查阅 Qt 的帮助文件。

表 8-4　QPainter 绘制基本图形的函数

函数名	功能和示例代码	示例图形
drawPoint	画一个点 painter.drawPoint(QPoint(W/2,H/2))	

续表

函数名	功能和示例代码	示例图形

drawPoints	画一批点
	points=[QPoint(5*W/12,H/4),
	      QPoint(3*W/4,5*H/12),
	      QPoint(2*W/4,5*H/12)]
	painter.drawPoints(QPolygon(points))	

drawLine	画直线 Line=QLine(W/4,H/4,W/2,H/2) painter.drawLine(Line)	
drawArc	画弧线 rect=QRect(W/4,H/4,W/2,H/2) startAngle=90 * 16　　#起始 90° spanAngle=90 * 16　　#旋转 90° painter.drawArc(rect, startAngle, spanAngle)	
drawChord	画一段弦 rect=QRect(W/4,H/4,W/2,H/2) startAngle=90 * 16　　#起始 90° spanAngle=90 * 16　　#旋转 90° painter. drawChord(rect, startAngle, spanAngle)	
drawPie	绘制扇形 rect=QRect(W/4,H/4,W/2,H/2) startAngle=40 * 16　　#起始 40° spanAngle=120 * 16　　#旋转 120° painter.drawPie(rect, startAngle, spanAngle)	

drawConvexPolygon	根据给定的点画凸多边形
	points=[QPoint(5*W/12,H/4),
	      QPoint(3*W/4,5*H/12),
	      QPoint(5*W/12,3*H/4),
	      QPoint(W/4,5*H/12)　]
	painter.drawConvexPolygon(QPolygon(points))	

drawPolygon	画多边形，最后一个点会和第一个点闭合
	points=[QPoint(5*W/12,H/4),
	      QPoint(3*W/4,5*H/12),
	      QPoint(5*W/12,3*H/4),
	      QPoint(2*W/4,5*H/12)]
	painter.drawPolygon(QPolygon(points))	

drawPolyline	画多点连接的线，最后一个点不会和第一个点连接
	points=[QPoint(5*W/12,H/4),
	      QPoint(3*W/4,5*H/12),
	      QPoint(5*W/12,3*H/4),
	      QPoint(2*W/4,5*H/12)]
	painter. drawPolyline(QPolygon(points))	

drawImage	在指定的矩形区域内绘制图片 rect=QRect(W/4,H/4,W/2,H/2) image=QImage("qt.jpg") painter.drawImage(rect, image)	Qt
drawPixmap	绘制 Pixmap 图片 rect=QRect(W/4,H/4,W/2,H/2) pixmap=QPixmap("qt.jpg") painter.drawPixmap(rect, pixmap)	Qt
drawText	绘制文本，只能绘制单行文本，字体的大小等属性由 QPainter.font()决定 font=painter.font() font.setPointSize(25) font.setBold(True) painter.setFont(font) rect=QRect(W/4,H/4,W/2,H/2) painter.drawText(rect,Qt.AlignCenter, "Hello,Qt")	

续表

函数名	功能和示例代码	示例图形
drawPath	绘制由 QPainterPath 对象定义的路线 rect=QRectF(W/4,H/4,W/2,H/2) path=QPainterPath() path.addEllipse(rect) path.addRect(rect) painter.drawPath(path)	
fillPath	填充某个 QPainterPath 定义的绘图路径，但是轮廓线不显示 rect=QRectF(W/4,H/4,W/2,H/2) path=QPainterPath() path.addEllipse(rect) path.addRect(rect) painter.fillPath(path,Qt.red)	
drawEllipse	画椭圆 rect=QRect(W/4,H/4,W/2,H/2) painter.drawEllipse(rect)	
drawRect	画矩形 rect=QRect(W/4,H/4,W/2,H/2) painter.drawRect(rect)	
drawRoundedRect	画圆角矩形 rect=QRect(W/4,H/4,W/2,H/2) painter.drawRoundedRect(rect,20,20)	
fillRect	填充一个矩形，无边框线 rect=QRect(W/4,H/4,W/2,H/2) painter.fillRect (rect,Qt.green)	
eraseRect	擦除某个矩形区域，等效于用背景色填充该区域 rect=QRect(W/4,H/4,W/2,H/2) painter.eraseRect(rect)	

用户可以通过修改示例 Demo8_1 里 QmyWidget 类的 paintEvent()函数里的代码对这些基本图形的绘制进行测试，这里就不再逐一举例和说明了。

2. QPainterPath 的使用

在表 8-4 列举的 QPainter 绘制基本图形的函数中，一般图形的绘制都比较简单和直观，只有 drawPath()函数是绘制一个复合的图形，它使用一个 QPainterPath 类型的参数作为绘图对象。drawPath()的函数原型是：

```
drawPath(self, path)
```

其中 path 是 QPainterPath 类型的对象。

QPainterPath 是一系列绘图操作的顺序集合，便于重复使用。一个 PainterPath 由许多基本的绘图操作组成，如绘制点移动、画线、画圆、画矩形等，一个闭合的 PainterPath 是终点和起点连接起来的绘图路径。使用 QPainterPath 的优点是绘制某些复杂形状时只需创建一个 QPainterPath 对象，然后调用 QPainter.drawPath()就可以重复使用。例如绘制一个复杂的星星图案需要多次调用 lineto()函数，定义一个 QPainterPath 类型的变量 path 记录这些绘制过程，再调用 drawPath(path) 就可以完成星星图案的绘制。

QPainterPath 提供了很多函数可以添加各种基本图形的绘制，其功能与 QPainter 提供的绘制基本图件的功能类似，也有一些专用函数，如 closeSubpath()、connectPath()等，对于 QPainterPath 的函数功能不做详细说明，可以参考 Qt 帮助文档查看 QPainterPath 类的详细描述。下一节的示例

Demo8_2 将结合 QPainter 的坐标变换功能演示 QPainterPath 绘制多个星星的实现方法。

8.2　坐标系统和坐标变换

8.2.1　坐标变换函数

QPainter 在窗口上绘图的默认坐标系统如图 8-1 所示，这是绘图设备的物理坐标。为了绘图的方便，QPainter 提供了一些坐标变换的功能，通过平移、旋转等坐标变换得到一个逻辑坐标系统，使用逻辑坐标系统在某些时候绘图更方便。QPainter 的坐标变换相关接口函数如表 8-5 所示，这些函数的输入参数都是浮点数类型，都没有返回值。

表 8-5　QPainter 有关坐标变换操作的接口函数

分组	函数原型	功能
坐标变换	translate(dx, dy)	坐标系统平移 dx 和 dy，坐标原点平移到新的点(dx, dy)
	rotate(angle)	坐标系统顺时针旋转一个角度 angle（单位是度）
	scale(sx, sy)	坐标系统缩放系数 sx 和 sy
	shear(sh, sv)	坐标系统做扭转变换 sh 和 sv
状态保存与恢复	save()	保存 painter 当前的状态，就是将当前状态压入栈
	restore()	恢复上一次状态，就是从栈中弹出上次的状态
	resetTransform()	复位所有的坐标变换

常用的坐标变换是平移、旋转和缩放，使用世界坐标变换矩阵也可以实现这些变换功能，但是需要单独定义一个 QTransform 类的变量，对于 QPainter 来说，简单的坐标变换使用 QPainter 自有的坐标变换函数就足够了。

1.　坐标平移

坐标平移函数是 QPainter.translate()，其中一种参数形式的函数原型是：

```
translate(self, dx, dy)
```

这表示将坐标系统水平方向平移 dx 个单位，垂直方向平移 dy 个单位，在默认的坐标系统中，单位就是像素。如果是从原始状态平移(dx, dy)，那么平移后的坐标原点就是(dx, dy)。

假设一个绘图窗口宽度为 300 像素，高度为 200 像素，则其原始坐标系统如图 8-11 左图所示。若执行平移函数 translate(150, 100)，则坐标系统水平向右平移 150 个像素，向下平移 100 个像素，平移后的坐标系统如图 8-11 右图所示，坐标原点在窗口的中心，而左上角的坐标变为(-150, -100)，右下角的坐标变为(150, 100)。如此将坐标原点变换到窗口中心，这在绘制某些图形时是非常方便的。

2.　坐标旋转

坐标旋转的函数是 QPainter.rotate()，其函数原型为：

```
rotate(self, angle)
```

它是将坐标系统绕坐标原点顺时针旋转角度 angle，单位是度。当 angle 为正数时表示顺时针旋转，为负数时表示逆时针旋转。

在图 8-11 右图的基础上，若执行 rotate(90)，则得到如图 8-12 所示的坐标系统。

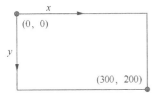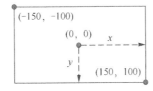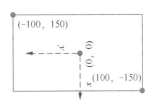

图 8-11　原始坐标系统（左图）；
平移(150, 100)后的坐标系统（右图）

图 8-12　对图 8-12 右图顺时针
旋转 90°之后的坐标系

在图 8-12 的新坐标系下，窗口左上角的坐标变成了(–100, 150)，而右下角的坐标变成了(100, –150)。

注意　旋转之后并不改变窗口矩形的实际大小，只是改变了坐标轴的方向。

3．缩放

缩放函数是 QPainter.scale()，其函数原型为：

```
scale(self, sx, sy)
```

其中，sx、sy 分别为横向和纵向缩放比例，比例大于 1 表示放大，小于 1 表示缩小。

4．状态保存与恢复

进行坐标变换时，QPainter 内部实际上有一个坐标变换矩阵，用 save()保存当前坐标状态，用 restore()恢复上次保存的坐标状态，这两个函数必须配对使用，操作的是一个栈对象。resetTransform()函数则是复位所有坐标变换操作，恢复原始的坐标系统。

8.2.2　坐标变换绘图实例

1．绘制 3 个五角星的程序

示例 Demo8_2 只有一个文件 myWidget.py，从 QWidget 继承一个类 QmyWidget，在 paintEvent()事件函数里编写代码绘制 3 个五角星，myWidget.py 文件的完整代码如下：

```python
import sys, math
from PyQt5.QtWidgets import  QApplication, QWidget
from PyQt5.QtCore import  Qt,QRect,QPoint
from PyQt5.QtGui import QPainter, QPen, QBrush,QPalette, QFont,QPainterPath

class QmyWidget(QWidget):
    def __init__(self, parent=None):
        super().__init__(parent)
        self.setPalette(QPalette(Qt.white))        #设置窗口为白色背景
        self.setAutoFillBackground(True)
        self.resize(600, 300)
        self.setWindowTitle("Demo8_2, QPainter 坐标变换")

    def paintEvent(self,event):        ##在窗口上绘图
        painter=QPainter(self)
        painter.setRenderHint(QPainter.Antialiasing)
        painter.setRenderHint(QPainter.TextAntialiasing)
##生成五角星的 5 个顶点，假设原点在五角星中心
        R=100.0             #半径
```

```
        Pi=3.14159      #常数
        deg=Pi*72.0/180
        points=[QPoint(R,0),
                QPoint(R*math.cos(deg),     -R*math.sin(deg)),
                QPoint(R*math.cos(2*deg),   -R*math.sin(2*deg)),
                QPoint(R*math.cos(3*deg),   -R*math.sin(3*deg)),
                QPoint(R*math.cos(4*deg),   -R*math.sin(4*deg))  ]
        font=painter.font()
        font.setPointSize(12)
        font.setBold(False)
        painter.setFont(font)
##设置画笔
        pen=QPen()
        pen.setWidth(2)
        pen.setColor(Qt.blue)
        pen.setStyle(Qt.SolidLine)
        pen.setCapStyle(Qt.FlatCap)
        pen.setJoinStyle(Qt.BevelJoin)
        painter.setPen(pen)
##设置画刷
        brush=QBrush()
        brush.setColor(Qt.yellow)              #画刷颜色
        brush.setStyle(Qt.SolidPattern)        #填充样式
        painter.setBrush(brush)
##设计绘制五角星的 PainterPath，以便重复使用
        starPath=QPainterPath()
        starPath.moveTo(points[0])
        starPath.lineTo(points[2])
        starPath.lineTo(points[4])
        starPath.lineTo(points[1])
        starPath.lineTo(points[3])
        starPath.closeSubpath()         #闭合路径，最后一个点与第一个点相连

        starPath.addText(points[0],font,"0")       #显示端点编号
        starPath.addText(points[1],font,"1")
        starPath.addText(points[2],font,"2")
        starPath.addText(points[3],font,"3")
        starPath.addText(points[4],font,"4")
##绘图
        painter.save()                    #保存坐标状态
        painter.translate(100,120)
        painter.drawPath(starPath)        #画星星 S1
        painter.drawText(0,0,"S1")
        painter.restore()                 #恢复坐标状态

        painter.translate(300,120)        #平移
        painter.scale(0.8,0.8)            #缩放
        painter.rotate(90)                #顺时针旋转
        painter.drawPath(starPath)        #画星星 S2
        painter.drawText(0,0,"S2")

        painter.resetTransform()          #复位所有坐标变换
        painter.translate(500,120)        #平移
        painter.rotate(-145)              #逆时针旋转
        painter.drawPath(starPath)        #画星星 S3
        painter.drawText(0,0,"S3")


##   ===========窗体测试程序 ================================
if __name__ == "__main__":
    app = QApplication(sys.argv)
    form=QmyWidget()
```

```
form.show()
sys.exit(app.exec_())
```

运行该示例程序，得到如图 8-13 所示的结果，在窗口上绘制了 3 个五角星。

第 1 个是原始的五角星，第 2 个是缩小为 0.8 倍、顺时针旋转 90°的五角星，第 3 个是逆时针旋转 145°的五角星。这个程序中用到了 QPainterPath 和 QPainter 的坐标变换功能。

2. 绘制五角星的 PainterPath 的定义

首先假设一个五角星的中心点是原点，第 0 个点在 x 轴上，五角星外接圆半径为 100，计算出 5 个顶点的坐标，保存到列表变量 points 中。

然后创建一个 QPainterPath 类对象 starPath，

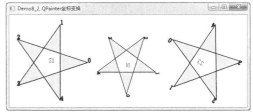

图 8-13 使用 QPainterPath 和坐标变换的绘图效果

用于记录画五角星的过程，就是几个端点的连线过程，并且标注端点的编号。使用 QPainterPath 的优点是使用一个 QPainterPath 类型的变量记录一个复杂图形的绘制过程后可以重复使用。虽然数组 points 中的端点的坐标是假设五角星的中心点是原点，在绘制不同的五角星时只需将坐标平移到新的原点位置，就可以绘制不同的五角星。

绘制第 1 个五角星的程序是：

```
painter.save()              #保存坐标状态
painter.translate(100,120)
painter.drawPath(starPath)  #画星星 S1
painter.drawText(0,0,"S1")
painter.restore()           #恢复坐标状态
```

这里，save()函数保存当前坐标状态（也就是坐标的原始状态），然后将坐标原点平移到(100, 120)，调用绘制路径的函数 drawPath(starPath)绘制五角星，在五角星的中心标注"S1"表示第 1 个五角星，最后调用 restore()函数恢复上次的坐标状态。这样就以(100, 120)为中心点绘制了第 1 个五角星。

绘制第 2 个五角星的程序是：

```
painter.translate(300,120)  #平移
painter.scale(0.8,0.8)      #缩放
painter.rotate(90)          #顺时针旋转
painter.drawPath(starPath)  #画星星 S2
painter.drawText(0,0,"S2")
```

这里首先调用坐标平移函数 translate(300, 120)。因为上次 restore()之后回到坐标初始状态，所以这次平移后，坐标原点到了物理坐标(300, 120)。而如果没有上一个 restore()，会在上一次的坐标基础上平移。

绘图之前调用缩放函数 scale(0.8, 0.8)，使得缩小到原来的 0.8 倍，再顺时针旋转 90°，然后调用绘制路径函数 drawPath(starPath)绘制第 2 个五角星。

绘制第 3 个五角星时首先使坐标复位，即

```
painter.resetTransform()        #复位所有坐标变换
```

这样会复位所有坐标变换，又回到原始坐标。然后又进行坐标平移和旋转，再绘制第 3 个五角星。

8.2.3　视口和窗口

1. 视口和窗口的定义与原理

绘图设备的物理坐标是基本的坐标系，通过 QPainter 的平移、旋转等变换可以得到更容易操作的逻辑坐标。

QPainter 还提供了视口（viewport）和窗口（window）坐标系，通过 QPainter 内部的坐标变换矩阵自动转换为绘图设备的物理坐标。

视口是指表示绘图设备的任意一个矩形区域的物理坐标，可以只选取物理坐标的一个矩形区域用于绘图。默认情况下，视口等于绘图设备的整个矩形区域。

窗口与视口是同一个矩形，只不过是用逻辑坐标定义的坐标系。窗口可以直接定义矩形区域的逻辑坐标范围。图 8-14 是对视口和窗口的图示说明。

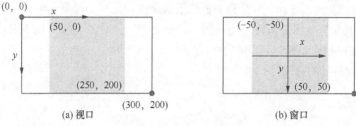

(a) 视口　　　　　(b) 窗口

图 8-14　视口和窗口示意图

图 8-14(a)中的矩形框代表绘图设备的物理大小和坐标范围，假设宽度为 300，高度为 200。现在要取其中间的一个正方形区域作为视口，灰色的正方形就是视口，绘图设备的物理坐标中，视口的左上角坐标为(50, 0)，右下角坐标为(250, 200)。定义此视口，可以使用 QPainter 的 setViewport() 函数，其函数原型为：

```
setViewport(self, x, y, width, height)
```

其中的 4 个参数都是 int 类型，单位是像素。要定义图 8-14(a)中的视口，使用下面的语句：

```
painter.setViewport(50,0,200,200)
```

表示从绘图设备物理坐标系统的起点(50, 0)开始，取宽度为 200、高度为 200 的一个矩形区域作为视口。

对于图 8-14(a)的视口所表示的正方形区域，定义一个窗口（图 8-14(b)），窗口坐标的中心在正方形中心，并设置正方形的逻辑边长为 100。可使用 QPainter 的 setWindow()函数，其函数原型为：

```
setWindow(self, x, y, width, height)
```

其中的 4 个参数是 int 类型。所以，此处定义窗口的语句是：

```
painter.setWindow(-50,-50,100,100)
```

它表示对应于视口的矩形区域，其窗口左上角的逻辑坐标是(-50, -50)，窗口宽度为 100，高度为 100。这里设置的窗口还是一个正方形，使得从视口到窗口变换时，长和宽的变换比例是相同的。实际上可以任意指定窗口的逻辑坐标范围，长和宽的变换比例不相同也是可以的。

2. 视口和窗口的使用示例

使用窗口坐标的优点是：在绘图时只需按照窗口坐标定义来绘图，而不用管实际的物理坐标范围的大小。例如在一个固定边长为 100 的正方形窗口内绘图，当实际绘图设备的大小变化时，绘制图形的大小会自动变化。这样，就可以将绘图功能与绘图设备隔离开来，使得绘图功能适用于不同大小、不同类型的设备。

示例 Demo8_3 演示了使用视口和窗口的方法，该示例只有一个文件 myWidget.py，从 Widegt 继承一个类 QmyWidget，在 paintEvent()事件里添加绘图代码。myWidget.py 文件的完整代码如下：

```python
import sys, math
from PyQt5.QtWidgets import   QApplication, QWidget
from PyQt5.QtCore import   Qt,QRect,QPoint
from PyQt5.QtGui import (QPainter, QPen, QBrush,QPalette,
                         QLinearGradient,QGradient)
class QmyWidget(QWidget):
    def __init__(self, parent=None):
        super().__init__(parent)
        self.setPalette(QPalette(Qt.white))      #设置窗口为白色背景
        self.setAutoFillBackground(True)
        self.resize(300, 300)
        self.setWindowTitle("Demo8_3, 视口和窗口")
##     ==================事件处理函数==========================
    def paintEvent(self,event):        ##在窗口上绘图
        painter=QPainter(self)
        painter.setRenderHint(QPainter.Antialiasing)
        W=self.width()
        H=self.height()
        side=min(W,H)
        rect=QRect((W-side)/2, (H-side)/2,side,side)       #视口矩形区域
        painter.drawRect(rect)           #视口大小
        painter.setViewport(rect)        #设置视口
        painter.setWindow(-100,-100,200,200)     #设置窗口大小、逻辑坐标
##设置画笔
        pen=QPen()
        pen.setWidth(1)
        pen.setColor(Qt.blue)
        pen.setStyle(Qt.SolidLine)
        painter.setPen(pen)
##绘图
        for i in range(36):
            painter.drawEllipse(QPoint(50,0),50,50)
            painter.rotate(10)

##     ============窗体测试程序 ===========================
if __name__ == "__main__":
    app = QApplication(sys.argv)
    form=QmyWidget()
    form.show()
    sys.exit(app.exec_())
```

运行这个程序，可以得到如图 8-15 所示的图形效果。当窗口的宽度大于高度时，以高度作为正方形的边长，当高度大于宽度时，以宽度作为正方形边长，且图形是自动缩放的。

程序首先定义一个正方形视口，正方形以绘图设备的长、宽中的较小者为边长。然后定义窗

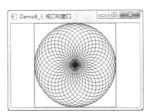
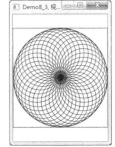

图 8-15　示例 Demo8_3 使用窗口坐标的绘图效果

口，定义的窗口是原点在中心、边长为 200 的正方形。

图 8-15 的图形效果实际上是画了 36 个圆得到的，循环部分的代码是：

```
for i in range(36):
    painter.drawEllipse(QPoint(50,0),50,50)
    painter.rotate(10)
```

每个圆的圆心都在 x 轴上的(50, 0)，半径为 50。画完一个圆之后坐标系旋转 $10°$，再画相同的圆，所以是应用了坐标轴的旋转。

8.2.4　绘图叠加的效果

使用 QPainter 的 setCompositionMode()函数可以设置绘图组合模式，即后面绘制的图与前面绘制的图的叠加模式。对上面的程序稍作修改，修改 paintEvent()事件函数的代码如下：

```
def paintEvent(self,event):        ##在窗口上绘图
    painter=QPainter(self)
    painter.setRenderHint(QPainter.Antialiasing)
    W=self.width()
    H=self.height()
    side=min(W,H)
    rect=QRect((W-side)/2, (H-side)/2,side,side)    #视口矩形区域
    painter.drawRect(rect)          #视口大小
    painter.setViewport(rect)        #设置视口
    painter.setWindow(-100,-100,200,200)      #设置窗口大小、逻辑坐标
##设置画笔
    pen=QPen()
    pen.setWidth(1)
    pen.setColor(Qt.blue)
    pen.setStyle(Qt.SolidLine)
    painter.setPen(pen)
##线形渐变
    linearGrad=QLinearGradient(0,0,100,0)      #从左到右
    linearGrad.setColorAt(0,Qt.yellow)
    linearGrad.setColorAt(0.8,Qt.green)
    linearGrad.setSpread(QGradient.ReflectSpread)      #展布模式
    painter.setBrush(linearGrad)
##设置复合模式
##    painter.setCompositionMode(
##            QPainter.RasterOp_NotSourceXorDestination)
    painter.setCompositionMode(QPainter.CompositionMode_Difference)
##  painter.setCompositionMode(QPainter.CompositionMode_Exclusion)
    for i in range(36):
        painter.drawEllipse(QPoint(50,0),50,50)
        painter.rotate(10)
```

在上面的程序中，对单个圆使用了线形渐变填充，单个圆从左到右由黄色渐变为绿色。

QPainter.setCompositionMode(mode) 函数设置绘图组合模式，参数 mode 是枚举类型 QPainter.CompositionMode，表示后绘制图形与前面图形的不同叠加运算方式。这个枚举类型有近 40 种取值，具体的意义可以查看 Qt 帮助文档。

图 8-16 是其中两种叠加模式下的绘图效果，可以发现，采用不同的叠加模式可以得到不同的绘图效果，甚至是意想不到的绚丽效果。用户可以自己修改程序，设置不同渐变色、渐变填充模式、不同叠加模式，可能绘制出更炫的图形。

8.3 自定义界面组件

8.3.1 功能概述

使用 QPainter 在 QWidget 组件上绘图的一个主要应用就是在设计自定义界面组件时，绘制组件的界面效果。

所有的界面组件都是 QWidget 的子类，在使用 UI Designer 进行窗体可视化设

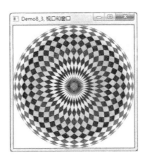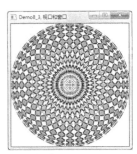

图 8-16 渐变填充和叠加效果
CompositionMode_Difference 模式叠加（左图）；
RasterOp_NotSourceXorDestination 模式叠加（右图）

计时，组件面板上有 Qt 提供的各种界面组件。但是某些时候，设计窗体时可能需要一些特殊的界面组件，而这样的组件在 UI Designer 的组件面板里没有现成的，这时就可以从 QWidget 继承一个类，创建自定义界面组件。例如，假设需要使用一个电池电量显示组件，用于电池使用或充电时显示其电量，但是在 UI Designer 的组件面板里没有这样一个现成的组件，这时就需要设计一个自定义的 Widget 组件。

示例 Demo8_4 演示如何从 QWidget 继承创建自定义界面组件，并在程序里使用自定义组件。图 8-17 是示例 Demo8_4 运行时界面。窗口上方是一个从 QWidget 继承的自定义类 QmyBattery，它在 paintEvent()事件函数里绘制电池图形。在程序运行时，拖动中间的滑动条可以设置电池电量，电池图形也会更新显示。

8.3.2 自定义 QWidget 子类 QmyBattery

所有界面组件都是 QWidget 的子类，要创建图 8-17 中的电池电量显示组件，就从 QWidget 继承一个类，并实现绘图以及各种接口功能。创建的自定义界面组件类名称为 QmyBattery，保存为文件 myBattery.py。这个文件的完整代码如下：

图 8-17 示例 Demo8_4 使用
自定义组件 QmyBattery

```python
import sys
from PyQt5.QtWidgets import   QApplication, QWidget
from PyQt5.QtCore import  pyqtSignal,Qt,QRect
from PyQt5.QtGui import QPainter,QPen, QBrush,QFontMetrics

class QmyBattery(QWidget):
    powerLevelChanged=pyqtSignal(int)      ##电量变化时发射的信号
    def __init__(self, parent=None):
        super().__init__(parent)
        self.colorBack=Qt.white          #背景颜色
        self.colorBorder=Qt.black        #电池边框颜色
        self.colorPower=Qt.green         #电量柱颜色
        self.colorWarning=Qt.red         #电量短缺时的颜色
        self.__powerLevel=65             #电量 0-100
        self.__warnLevel=20              #电量低警示阈值
##   ==========接口函数====================
    def setPowerLevel(self,power):   ##设置电量
        self.__powerLevel=power
```

```
            self.powerLevelChanged.emit(power)        #发射信号
            self.repaint()            #重绘

        def powerLevel(self):      ##返回电量
            return self.__powerLevel

        def setWarnLevel(self,warn):                  ##设置低电量阈值
            self.__warnLevel=warn
            self.repaint()          #重绘

        def warnLevel(self):      ##返回低电量阈值
            return self.__warnLevel

##    ==============事件处理函数=========================
        def paintEvent(self,event):      ##在窗口上绘图
            painter=QPainter(self)
            painter.setRenderHint(QPainter.Antialiasing)
            painter.setRenderHint(QPainter.TextAntialiasing)
            rect=QRect(0,0,self.width(),self.height())        #视口矩形区域
            painter.setViewport(rect)          #设置视口
            painter.setWindow(0,0,120,50)        #设置窗口大小，逻辑坐标
##绘制电池边框
            pen=QPen()
            pen.setWidth(2)
            pen.setColor(self.colorBorder)        #画线颜色
            pen.setStyle(Qt.SolidLine)            #线的类型，实线、虚线等
            pen.setCapStyle(Qt.FlatCap)           #线端点样式
            pen.setJoinStyle(Qt.BevelJoin)        #线的连接点样式
            painter.setPen(pen)

            brush=QBrush()
            brush.setColor(self.colorBack)        #画刷颜色
            brush.setStyle(Qt.SolidPattern)       #画刷填充样式
            painter.setBrush(brush)

            rect.setRect(1,1,109,48)
            painter.drawRect(rect)               #绘制电池边框
            brush.setColor(self.colorBorder)
            painter.setBrush(brush)
            rect.setRect(110,15,10,20)
            painter.drawRect(rect)               #画电池正极头
##画电池柱
            if self.__powerLevel>self.__warnLevel:      #正常颜色电量柱
                brush.setColor(self.colorPower)
                pen.setColor(self.colorPower)
            else:      #电量低电量柱
                brush.setColor(self.colorWarning)
                pen.setColor(self.colorWarning)

            painter.setBrush(brush)
            painter.setPen(pen)
            if self.__powerLevel>0:
                rect.setRect(5,5,self.__powerLevel,40)
                painter.drawRect(rect)        #画电池柱
##绘制电量百分数文字
            textSize=QFontMetrics(self.font())
            powStr="%d%%"%self.__powerLevel
            textRect=QRect(textSize.boundingRect(powStr))       #字符串的 rect
            painter.setFont(self.font())
            pen.setColor(self.colorBorder)
```

```
        painter.setPen(pen)
        painter.drawText(55-textRect.width()/2, 23+textRect.height()/2,powStr)

##    ===========窗体测试程序 ===============================
if __name__ == "__main__":
    app = QApplication(sys.argv)
    form=QmyBattery()
    form.show()
    sys.exit(app.exec_())
```

QmyBattery 里定义了 4 个颜色变量,这 4 个颜色变量用于控制绘图时的效果,例如背景颜色、边线颜色、电量柱颜色等。还定义了一个信号 powerLevelChanged(),这个信号在电池电量变化时发射。

QmyBattery 定义了两个私有变量。其中 self.__powerLevel 表示电池当前电量,函数 setPowerLevel()设置当前电量,并且发射信号 powerLevelChanged(),调用 repaint()函数重绘图形。self.__warnLevel 是低电量阈值,接口函数 setWarnLevel()设置这个值,并且会重绘图形。

QmyBattery 绘制界面是在 paintEvent()事件函数里实现的。绘图程序里使用了视口和窗口,使用窗口逻辑坐标绘制电池的形状,所以,组件大小变化时绘制的图形也会自动变化。paintEvent()函数里的代码功能就是利用 QPainter 的绘图功能绘制电池边框、电池头、电池电量柱、电量百分数等各个部分,这些绘图功能的实现就不具体解释了。

myBattery.py 文件的最后部分有窗体测试代码。因为 QmyBattery 是从 QWidget 继承来的,可以作为独立窗口显示,所以运行文件 myBattery.py 会显示 QmyBattery 的界面效果。

8.3.3 QmyBattery 类的使用

要在 GUI 应用程序里使用自定义的界面组件类 QmyBattery,可以通过代码的方式创建 QmyBattery 对象,也可以在 UI Designer 里可视化设计窗体时使用。

示例 Demo8_4 的主窗体 UI 文件 MainWindow.ui 可视化设计时的界面效果如图 8-18 所示,删除了主窗体的菜单栏、工具栏和状态栏。图 8-18 最上方放置的是一个 QWidget 组件,命名为 battery。

在 UI 可视化设计时,可以使用提升法(promotion)将一个组件类提升为其某个子类,例如一个 QWidget 组件类可以提升为 QmyBattery 类。在图 8-18 中选中放置的 QWidget 组件,然后在其右键菜单里点击"Promote to..."菜单项,出现如图 8-19 所示的对话框。

图 8-18 示例 Demo8_4 窗体
MainWindow.ui 设计时的界面效果

图 8-19 提升组件类对话框

　　在此对话框里，在基类名称下拉列表框里选择 QWidget，提升后的类名称设置为 QmyBattery，头文件名称会自动生成为 QmyBattery.h，但是我们设计的 QmyBattery 是在文件 myBattery.py 里的，所以将头文件修改为 myBattery。单击"Add"按钮可以将设置添加到已提升类的列表里，以便重复使用。设置后，单击"Promote"按钮，就可以将此 QWidget 组件提升为 QmyBattery 类。提升后，在属性编辑器里会看到这个组件的类名称变为 QmyBattery。

　　界面上的 QWidget 组件被提升为 QmyBattery 类后，组件并不会绘制电池图形。打开这个组件的"Go to slot"对话框，也没有发现 QmyBattery 类定义的信号 powerLevelChanged()。所以，提升法只是将一个类提升为另一个类，无法在 UI 可视化设计时就显示其界面效果，而只是当作一种"占位"来使用。

　　若要在 UI 可视化设计时就显示自定义界面组件的界面效果，就需要设计 UI Designer 插件，将自定义界面组件安装到 UI Designer 的组件面板里，但这必须采用 Qt C++进行编程，超出了本书的技术范围。

　　设计好如图 8-18 的主窗体 UI 文件 MainWindow.ui 后，对窗体进行编译，生成文件 ui_MainWindow.py，会发现在文件 ui_MainWindow.py 的最后自动增加了如下的一行 import 语句：

```
from myBattery import QmyBattery
```

　　在窗体业务逻辑类 QmyMainWindow 里编写代码，实现一些界面操作功能。文件 myMainWindow.py 的完整代码如下：

```
import sys
from PyQt5.QtWidgets import  QApplication, QMainWindow

from ui_MainWindow import Ui_MainWindow
class QmyMainWindow(QMainWindow):
    def __init__(self, parent=None):
        super().__init__(parent)
        self.ui=Ui_MainWindow()
        self.ui.setupUi(self)

        self.setWindowTitle("Demo8_4，自定义界面组件")
        self.ui.slider.setRange(0,100)
        self.ui.LabInfo.setMaximumHeight(20)
        self.ui.battery.powerLevelChanged.connect(self.do_battery_changed)
        self.ui.slider.setValue(60)

##   ======由 connectSlotsByName()自动关联的槽函数==========
    def on_slider_valueChanged(self,value):
        self.ui.battery.setPowerLevel(value)

##   =============自定义槽函数===========================
    def do_battery_changed(self,power):
        powStr="当前电量：%d %%"%power
        self.ui.LabInfo.setText(powStr)

##   =============窗体测试程序 ===========================
if __name__ == "__main__":
    app = QApplication(sys.argv)
    form=QmyMainWindow()
    form.show()
    sys.exit(app.exec_())
```

构造函数里将 battery 的信号 powerLevelChanged()与槽函数 do_battery_changed()设置了关联，此槽函数的功能是在标签 LabInfo 上显示当前电量。

在程序运行时，界面上的滑动条 slider 滑动改变值时，设置为 battery 的当前电量值，battery 会自动重绘界面上的电池图形，同时会发射信号 powerLevelChanged()，从而执行槽函数 do_battery_changed()。

8.4　Graphics View 绘图架构

8.4.1　场景、视图与图形项

采用 QPainter 绘图时需要在绘图设备的 paintEvent()事件里编写绘图的程序，实现整个绘图过程。这种方法绘图如同使用 Windows 的画图软件在绘图，绘制的图形是位图。这种方法适合于绘制复杂度不高的固定图形，不能实现图件的选择、编辑、拖放、修改等功能。

PyQt5 为绘制复杂的可交互的图形提供了 Graphics View 绘图架构，它是一种基于图形项（Graphics Item）的模型/视图结构。使用 Graphics View 架构可以绘制复杂的有大量基本图形元件的图形，并且其中每个图形元件是可选择、可拖放、可修改的，类似于矢量绘图软件的绘图功能。

Graphics View 架构主要由 3 部分组成，即场景、视图和图形项，这三者构成的 Graphics View 绘图系统结构如图 8-20 所示。

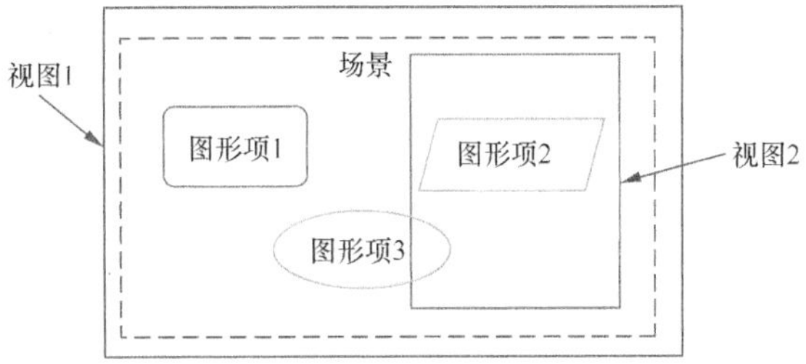

1. 场景（Scene）

QGraphicsScene 类提供绘图场景。场景是不可见的，是一个抽象的管理图形项的容器，可以向场景添加图形项，获取场景中的某个图形项等。场景主要具有如下一些功能。

图 8-20　视图、场景、图形项的关系

- 提供管理大量图形项的快速接口。
- 将事件传播给每个图形项。
- 管理每个图形项的状态，例如选择状态、焦点状态等。
- 管理未经变换的渲染功能，主要用于打印。

除了图形项，场景还有背景层和前景层，通常由 QBrush 指定，也可以通过重新实现 drawBackground()函数和 drawForeground()函数来实现自定义的背景和前景，实现一些特殊效果。

2. 视图（View）

QGraphicsView 提供绘图的视图组件，用于显示场景中的内容。可以为一个场景设置多个视图，用于对同一个数据集提供不同的视口。

在图 8-20 中，虚线框的部分是一个场景，视图 1 比场景大，显示场景的全部内容。默认情况下，当视图大于场景时，场景在视图的中间部分显示，也可以设置视图的 alignment 属性控制场景在视图中的显示位置。当视图小于场景时（图 8-20 中的视图 2），视图只能显示场景的一部分，但是会自动提供卷滚条在整个场景内移动。

QGraphicsView 是界面组件，它接收键盘和鼠标输入然后转换为场景事件，并进行坐标转换后传送给可视场景。

3. 图形项（Graphics Item）

图形项就是一些基本的图形元件，图形项的基类是 QGraphicsItem。PyQt5 提供了一些基本的图形项，如绘制椭圆的 QGraphicsEllipseItem 类、绘制矩形的 QGraphicsRectItem 类、绘制文本的 QGraphicsTextItem 类等。

QGraphicsItem 支持如下一些操作。

- 支持鼠标事件响应，包括鼠标按下、移动、释放、双击，还包括鼠标停留、滚轮、快捷菜单等事件。
- 支持键盘输入，可处理按键事件。
- 支持拖放操作。
- 支持组合，可以是父子项关系组合，也可以通过 QGraphicsItemGroup 类进行组合。

所以，图形项可以被选择、拖放、组合，若编写信号的槽函数代码或事件函数响应代码，还可以实现各种编辑和操作功能。一个图形项还可以包含子图形项，图形项还支持碰撞检测，即是否与其他图形项碰撞。

在图 8-20 所示的视图、场景和图形项之间的关系示意图中，场景是图形项的容器，可以在场景上绘制很多图形，每个图形项就是一个对象，这些图形项可以被选择、被拖动。视图是显示场景的一部分区域的视口，一个场景可以有多个视图，一个视图显示场景的部分区域或全部区域，或从不同角度观察场景。

8.4.2　Graphics View 的坐标系统

Graphics View 系统有 3 个有效的坐标系统，即场景坐标、视图坐标、图形项坐标。3 个坐标系的示意图如图 8-21 所示。绘图的时候，场景坐标等价于 QPainter 的逻辑坐标，一般以场景的中心为原点；视图坐标与设备坐标相同，是物理坐标，默

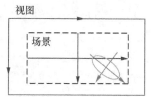

图 8-21　场景、视图、图形项
3 个坐标系统之间的关系

认以左上角为原点；图形项坐标是局部逻辑坐标，一般以图形项的中心为原点。

1. 图形项坐标（Item Coordinates）

图形项使用自己的局部坐标，通常以其中心为(0, 0)，也是各种坐标变换的中心。图形项的鼠标事件的坐标是用局部坐标表示的，创建自定义图形项，绘制图形项时只需考虑其局部坐标，QGraphicsScene 和 QGraphicsView 会自动进行坐标变换。

一个图形项的位置是其中心点在父坐标系统中的坐标，对于没有父图形项的图形项，其父对象就是场景，图形项的位置就是在场景中的坐标。如果一个图形项还是其他图形项的父项，那么父项进行坐标变换时，子项也做同样的坐标变换。

QGraphicsItem 的大多数函数都是在其局部坐标系上操作，例如一个图形项的边界矩形 QGraphicsItem.boundingRect()是用局部坐标给出的，但是 QGraphicsItem.pos()是仅有的几个例外，它返回的是图形项在父项坐标系中的坐标，如果是顶层图形项，就是在场景中的坐标。

2. 视图坐标（View Coordinates）

视图坐标就是窗口界面（widget）的物理坐标，单位是像素。视图坐标只与 widget 或视口有关，而与观察的场景无关。QGraphicsView 视口的左上角坐标总是(0, 0)。

所有的鼠标事件、拖放事件的坐标首先是由视图坐标定义的，然后用户需要将这些坐标映射为场景坐标，以便和图形项交互。

3. 场景坐标（Scene Coordinates）

场景是所有图形的基础坐标，场景坐标描述了每个顶层图形项的位置。创建场景时可以定义场景矩形区域的坐标范围，例如：

```
scene=QGraphicsScene(-400,-300,800,600)
```

这样定义的 scene 是左上角坐标为(-400, -300)，宽度为 800，高度为 600 的矩形区域，单位是像素。

每个图形项在场景里有一个位置坐标（由函数 QGraphicsItem.scenePos()给出）和一个图形项边界矩形（由 QGraphicsItem.sceneBoundingRect()函数给出），边界矩形可以使 QGraphicsScene 知道场景的哪个区域发生了变化。场景发生变化时会发射 QGraphicsScene.changed()信号，参数是一个场景的矩形列表，表示发生变化的矩形区域。

4. 坐标映射（Coordinate Mapping）

在场景中操作图形项时，进行场景到图形项、图形项到图形项或视图到场景之间的坐标变换是比较有用的。例如，在 QGraphicsView 的视口上单击鼠标时，通过函数 QGraphicsView.mapToScene()可以将视图坐标映射为场景坐标，然后用 QGraphicsScene.itemAt()函数可以获取场景中鼠标光标处的图形项。

8.4.3　Graphics View 相关的类

Graphics View 结构的主要类包括视图类 QGraphicsView、场景类 QGraphicsScene 和各种图形项类，图形项类的基类都是 QGraphicsItem。

1. QGraphicsView 类

QGraphicsView 是用于观察一个场景的物理窗口，当场景小于视图时，整个场景在视图中可见，当场景大于视图时，视图自动提供卷滚条。

QGraphicsView 的视口坐标等于显示设备的物理坐标，但是也可以对 QGraphicsView 的坐标进行平移、旋转、缩放等变换。

表 8-6 是 QGraphicsView 的主要接口函数。一般的设置函数还有一个对应的读取函数，如 setScene()对应的读取函数是 scene()，这里只列出设置函数，并且省略了函数输入参数和返回值的表示，函数的详细定义见 Qt 帮助文档。

表 8-6　QGraphicsView 主要接口函数功能说明

分组	函数	功能描述
场景	setScene()	设置关联显示的场景
	setSceneRect()	设置场景在视图中可视部分的矩形区域

续表

分组	函数	功能描述
外观	setAlignment()	设置场景在视图中的对齐方式，默认是上下都居中
	setBackgroundBrush()	设置场景的背景画刷
	setForegroundBrush()	设置场景的前景画刷
	setRenderHints()	设置视图的绘图选项
交互	setInteractive()	是否允许场景可交互，如果禁止交互，则任何键盘或鼠标操作都被忽略
	rubberBandRect()	返回选择矩形框，返回值类型为 QRect
	setRubberBandSelectionMode()	设置选择模式
	itemAt()	获取视图坐标系中某个位置的图形项
	items()	获取场景中的所有或者某个选择区域内图形项的列表
坐标	mapFromScene()	将场景中的一个坐标变换为视图的坐标
映射	mapToScene()	将视图中的一个坐标变换为场景的坐标

2. QGraphicsScene 类

QGraphicsScene 是用于管理图形项的场景，是图形项的容器，有各种接口函数用于图形项的添加、删除，以及其他操作。表 8-7 是 QGraphicsScene 的主要接口函数，表中省略了函数输入参数和返回值的表示，函数的详细定义见 Qt 帮助文档。

表 8-7　QGraphicsScene 主要接口函数功能说明

分组	函数	功能描述
场景	setSceneRect()	设置场景的矩形区域
分组	createItemGroup()	创建图形项组
	destroyItemGroup()	解除图形项组
输入	focusItem()	返回当前获得焦点的图形项
焦点	clearFocus()	去除选择焦点
	hasFocus()	视图是否有焦点
图形项	addItem()	添加一个已经创建的图形项
操作	removeItem()	删除图形项
	clear()	清除所有图形项
	mouseGrabberItem()	返回鼠标抓取的图形项
	selectedItems()	返回选择的图形项列表
	clearSelection()	清除所有选择
	itemAt()	获取某个位置的顶层图形项
	items()	返回某个矩形区域、多边形等选择区域内的图形项列表
添加图	addEllipse()	添加一个椭圆
形项	addLine()	添加一条直线
	addPath()	添加一个绘图路径(QPainterPath)
	addPixmap()	添加一个图片
	addPolygon()	添加一个多边形
	addRect()	添加一个矩形
	addSimpleText()	添加简单文本
	addText()	添加字符串
	addWidget()	添加界面组件

3. 图形项

QGraphicsItem 是所有图形项的基类，用户也可以从 QGraphicsItem 继承定义自己的图形项。PyQt5 定义了一些常见的图形项，这些图形项类的继承关系如图 8-22 所示。

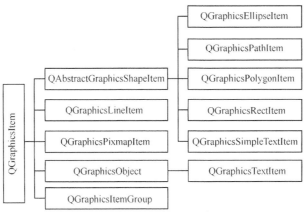

图 8-22 常见图形项类的继承关系

QGraphicsItem 类提供了图形项操作的函数，主要的接口函数如表 8-8 所示，表中省略了函数输入参数和返回值的表示，函数的详细定义见 Qt 帮助文档。

表 8-8 QGraphicsItem 主要接口函数功能说明

分组	函数	功能描述
属性设置	setFlag()	设置图形项的操作属性，例如可选择、可移动等
	setOpacity()	设置透明度
	setGraphicsEffect()	设置图形效果
	setSelected()	设置图形项是否被选中
	setData()	设置用户自定义数据
坐标	setX()	设置图形项的 x 坐标
	setY()	设置图形项的 y 坐标
	setZValue()	设置图形项的 Z 值，Z 值控制图形项的叠放次序
	setPos()	设置图形项在父项中的坐标
	scenePos()	返回图形项在场景中的坐标，相当于调用 mapToScene(0, 0)
坐标变换	resetTransform()	复位坐标系，取消所有坐标变换
	setRotation()	旋转一定角度，参数为正数时表示顺时针旋转
	setScale()	按比例缩放，默认值为 1
坐标映射	mapFromItem()	将另一个图形项的一个点映射到本图形项的坐标系
	mapFromParent()	将父项的一个点映射到本图形项的坐标系
	mapFromScene()	将场景中的一个点映射到本图形项的坐标系
	mapToItem()	将本图形项内的一个点映射到另一个图形项的坐标系
	mapToParent()	将本图形项内的一个点映射到父项坐标系
	mapToScene()	将本图形项内的一个点映射到场景坐标系

setFlag()函数用于设置一个图形项的操作标志，包括可选择、可移动、可获取焦点等，其函数原型是：

```
setFlag(self, flag, enabled:bool =True)
```

其中，参数 flag 是枚举类型 QGraphicsItem.GraphicsItemFlag，使用示例如下：

```
item2= QGraphicsEllipseItem(-100,-50,200,100)
item2.setFlag(QGraphicsItem.ItemIsSelectable)     #可选
item2.setFlag(QGraphicsItem.ItemIsFocusable)      #可以有焦点
item2.setFlag(QGraphicsItem.ItemIsMovable)        #可移动
```

setPos()函数设置图形项在父项中的坐标，如果没有父项，就是在场景中的坐标。

setZValue()函数控制图形项的叠放次序，当有多个图形项重叠时，zValue()值越大的越显示在前面。

图形项可以通过 setRotation()进行旋转，通过 setScale()进行缩放。

图形项还可以与其他图形项、父项、场景之间进行坐标变换，这些将在示例程序中讲解。

8.4.4 Graphics View 程序基本结构

1. 程序功能示例

本节以示例 Demo8_5 演示 Graphics View 程序的基本结构，包括视图、场景和图形项在同一个 Graphics View 程序中的作用和相互关系，以及 3 种坐标系之间的关系。

示例 Demo8_5 由 2 个文件组成，myMainWindow.py 和 myGraphicsView.py，没有使用 UI Designer 可视化设计窗体。

myGraphicsView.py 文件里定义了一个类 QmyGraphicsView，它从 QGraphicsView 继承而来，主要功能是将 mouseMoveEvent()和 mousePressEvent()两个事件分别转换为 mouseMove()和 mouseClicked()两个信号，以便在主窗口里进行处理。

myMainWindow.py 文件里定义了一个从 QMainWindow 继承的 QmyMainWindow 类，是示例的主窗口，运行该文件后的界面如图 8-23 所示。图 8-23 的窗口程序的主要功能如下。

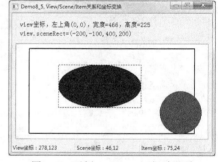

图 8-23 示例 Demo8_5 运行时界面

- 工作区是一个 QmyGraphicsView 类对象，作为绘图的视图组件。

- 创建了一个 QGraphicsScene 对象，场景的大小就是图中的实线矩形框的大小。

- 改变窗口大小，当视图大于场景时，矩形框总是居于图形视图的中央，当视图小于场景时，在视图窗口自动出现卷滚条。

- 椭圆正好处于场景的中间，圆位于场景的右下角。当图形项位置不在场景的矩形框中时，图形项也是可以显示的。

- 当鼠标在窗口上移动时，会在状态栏显示当前光标位置的视图坐标和场景坐标，在某个图形项上单击鼠标时，还会显示在图形项中的局部坐标。

这个示例演示了 Graphics View 绘图架构几个类的基本使用方法，视图、场景、绘图项 3 个坐标系的关系，以及它们之间的坐标变换。

2. 自定义图形视图类

QGraphicsView 是 PyQt5 的图形视图组件，在 UI Designer 界面组件的 Display Widgets 分组里，可用于窗体可视化设计。但是本示例中需要实现鼠标在视图上移动时显示当前光标的坐标，这涉及 mouseMoveEvent()事件的处理。QGraphicsView 没有与 mouseMoveEvent()相关的信号，因而无法定义槽函数与此事件相关联。

为此，从 QGraphicsView 继承定义一个类 QmyGraphicsView，实现鼠标移动事件函数

mouseMoveEvent()和鼠标按键事件函数 mousePressEvent()的处理，并把事件转换为自定义信号，这样就可以在主程序里设计槽函数响应这些鼠标事件。

下面是 myGraphicsView.py 文件的完整代码：

```
from PyQt5.QtWidgets import  QGraphicsView
from PyQt5.QtCore import  pyqtSignal,QPoint,Qt
from PyQt5.QtGui import     QMouseEvent

class QmyGraphicsView(QGraphicsView):
   mouseMove = pyqtSignal(QPoint)
   mouseClicked = pyqtSignal(QPoint)
##==========事件处理函数============
   def mouseMoveEvent(self,event):       ##鼠标移动事件
      point=event.pos()
      self.mouseMove.emit(point)          #发射信号
      super().mouseMoveEvent(event)

   def mousePressEvent(self,event):       ##鼠标单击事件
      if event.button()==Qt.LeftButton :
         point=event.pos()
         self.mouseClicked.emit(point)    #发射信号
      super().mousePressEvent(event)
```

两个事件函数里的参数 event 都是 QMouseEvent 类型，通过 event.pos()获取鼠标光标在视图中的坐标 point，然后作为发射信号的参数。这样，若有槽函数与此信号关联，就可以对鼠标移动、左键按下事件作出响应。

3.　主窗口界面的创建

要使用自定义组件类 QmyGraphicsView，可以在 UI Designer 里可视化设计窗体时将一个 QGraphicsView 类组件提升为 QmyGraphicsView 类，如同 8.3 节里使用 QmyBattery 类那样。

图 8-23 的界面不算太复杂，本示例不采用可视化设计的 UI 窗体文件，而用纯代码方式创建界面。这也是本书中少有的几个用纯代码方式创建界面的示例，读者可以比较纯代码方式和可视化 UI 设计方式的区别和设计效率。

myMainWindow.py 文件的 import 部分和 QmyMainWindow 类的构造函数，以及窗体测试部分的代码如下：

```
import sys
from PyQt5.QtWidgets import (QApplication, QMainWindow, QGraphicsScene,
     QStatusBar,QWidget,QVBoxLayout,QGroupBox,QLabel, QGraphicsView,
     QGraphicsItem,QGraphicsRectItem,QGraphicsEllipseItem)
from PyQt5.QtCore import   pyqtSlot,Qt,QRectF
from PyQt5.QtGui import    QPen,QBrush

from myGraphicsView import QmyGraphicsView      ##自定义视图类
class QmyMainWindow(QMainWindow):
   def __init__(self, parent=None):
      super().__init__(parent)        #调用父类构造函数
      self.__buildUI()        #构造界面
      self.__iniGraphicsSystem()       #初始化 graphics View 系统
      self.view.mouseMove.connect(self.do_mouseMovePoint)    #鼠标移动
      self.view.mouseClicked.connect(self.do_mouseClicked)   #左键按下
##  ===========窗体测试程序 ==========================
if   __name__ == "__main__":
   app = QApplication(sys.argv)
```

```
form=QmyMainWindow()
form.show()
sys.exit(app.exec_())
```

在 QmyMainWindow 类的构造函数里调用了自定义函数__buildUI()构造界面，用于创建界面上的各个组件和布局，其代码如下：

```
def __buildUI(self):        ##构造界面
    self.resize(600,450)
    self.setWindowTitle("Demo8_5, View/Scene/Item 关系和坐标变换")
    font=self.font()
    font.setPointSize(11)
    self.setFont(font)

    centralWidget =QWidget(self)                    #中间工作区组件
    vLayoutMain =QVBoxLayout(centralWidget)         #垂直布局，主布局

    groupBox = QGroupBox(centralWidget)             #显示两个 Label 的 groupBox
    vLayoutGroup = QVBoxLayout(groupBox)
    self.__labViewSize = QLabel(groupBox)
    self.__labViewSize.setText("view 坐标，左上角(0,0)，宽度=，长度=")
    vLayoutGroup.addWidget(self.__labViewSize)
    self.__labSceneRect = QLabel(groupBox)
    self.__labSceneRect.setText("view.sceneRect=()")
    vLayoutGroup.addWidget(self.__labSceneRect)
    vLayoutMain.addWidget(groupBox)         #主布局添加 groupBox

    self.view = QmyGraphicsView(centralWidget)   #绘图视图
    self.view.setCursor(Qt.CrossCursor)
    self.view.setMouseTracking(True)
    vLayoutMain.addWidget(self.view)             #添加到主布局
    self.setCentralWidget(centralWidget)         #设置工作区中间组件

    statusBar = QStatusBar(self)        #状态栏
    self.setStatusBar(statusBar)
    self.__labViewCord=QLabel("View 坐标：")
    self.__labViewCord.setMinimumWidth(150)
    statusBar.addWidget(self.__labViewCord)
    self.__labSceneCord=QLabel("Scene 坐标：")
    self.__labSceneCord.setMinimumWidth(150)
    statusBar.addWidget(self.__labSceneCord)
    self.__labItemCord=QLabel("Item 坐标：")
    self.__labItemCord.setMinimumWidth(150)
    statusBar.addWidget(self.__labItemCord)
```

这是以纯代码的方式创建图 8-23 界面上的各个组件，具体的创建过程和布局管理看代码和注释。在这段代码里创建了一个 QmyGraphicsView 类的对象 self.view，并添加到了窗口的中间工作区。

4. Graphics View 系统的创建

构造函数里调用__buildUI()函数创建了界面，包括 QmyGraphicsView 类对象 self.view。要构成一个完整的 Graphics View 绘图系统还需要场景和图形项，自定义函数__iniGraphicsSystem()用于创建 Graphics View 架构里的其余组件，也是在构造函数里调用的。函数__iniGraphicsSystem()的代码如下：

```
def __iniGraphicsSystem(self):          ##初始化 graphics View 系统
    rect=QRectF(-200,-100,400,200)
    self.scene=QGraphicsScene(rect)      #scene 逻辑坐标系定义
    self.view.setScene(self.scene)
```

```
##  画一个矩形框, 大小等于 scene
    item=QGraphicsRectItem(rect)          #矩形框的大小正好等于 scene
    item.setFlag(QGraphicsItem.ItemIsSelectable)     #可选
    item.setFlag(QGraphicsItem.ItemIsFocusable)      #可以有焦点
    pen=QPen()
    pen.setWidth(2)
    item.setPen(pen)
    self.scene.addItem(item)
##一个位于 scene 中心的椭圆, 测试局部坐标
    item2= QGraphicsEllipseItem(-100,-50,200,100)
    item2.setPos(0,0)
    item2.setBrush(QBrush(Qt.blue))
    item2.setFlag(QGraphicsItem.ItemIsSelectable)    #可选
    item2.setFlag(QGraphicsItem.ItemIsFocusable)     #可以有焦点
    item2.setFlag(QGraphicsItem.ItemIsMovable)       #可移动
    self.scene.addItem(item2)
##一个圆, 中心位于 scene 的边缘
    item3=QGraphicsEllipseItem(-50,-50,100,100)
    item3.setPos(rect.right(),rect.bottom())
    item3.setBrush(QBrush(Qt.red))
    item3.setFlag(QGraphicsItem.ItemIsSelectable)    #可选
    item3.setFlag(QGraphicsItem.ItemIsFocusable)     #可以有焦点
    item3.setFlag(QGraphicsItem.ItemIsMovable)       #可移动
    self.scene.addItem(item3)

    self.scene.clearSelection()
```

代码首先创建了 QGraphicsScene 对象 self.scene, 并与视图组件关联起来。用一个矩形 QRectF(−200, −100, 400, 200)定义了创建的场景的坐标系统, 场景的左上角坐标是(−200, −100), 场景宽度为 400, 高度为 200。这样, 场景的中心点是(0, 0), 这是场景的坐标系。

创建了一个矩形框图形项 item, 矩形框的大小就等于创建的场景的大小, 矩形框不能移动。

创建的第二个图形项 item2 是一个椭圆, 椭圆的左上角坐标是(−100, −50), 宽度为 200, 高度为 100, 所以椭圆的中心点坐标是(0, 0), 这是图形项的局部坐标系。再采用 setPos(0, 0)设置椭圆在场景中的位置, 若不调用 setPos()函数设置图形项在场景中的位置, 默认位置为(0, 0)。椭圆设置为可移动、可选择、可以获得焦点。

创建的第三个图形项 item3 是一个圆, 圆的左上角坐标是(−50, −50), 宽度为 100, 高度为 100, 所以圆的中心点坐标是(0, 0), 这是图形项的局部坐标系。再采用 setPos()设置圆在场景中的位置:

```
item3.setPos(rect.right(),rect.bottom())
```

其中心位置在场景的右下角, 圆的一部分区域超出了场景的矩形区域, 但是整个圆还是可以正常显示的。

5.　视图/场景/图形项坐标的显示

在 Graphics View 系统中有 3 个坐标系, 分别是视图坐标、场景坐标和图形项的局部坐标, 这些坐标系之间可以进行变换。

在构造函数中设置了两个信号与槽的关联, 即

```
self.view.mouseMove.connect(self.do_mouseMovePoint)    #鼠标移动
self.view.mouseClicked.connect(self.do_mouseClicked)   #左键按下
```

这是利用了自定义视图类 QmyGraphicsView 的鼠标移动和鼠标单击两个信号, 两个自定义槽函数代码如下:

```
def  do_mouseMovePoint(self,point):
    self.__labViewCord.setText("View 坐标: %d,%d" %(point.x(),point.y()))
    pt=self.view.mapToScene(point)         #变换到场景坐标
    self.__labSceneCord.setText("Scene 坐标: %.0f,%.0f"%(pt.x(),pt.y()))

def  do_mouseClicked(self,point):
    pt=self.view.mapToScene(point)         #变换到场景坐标
    item=None
    item=self.scene.itemAt(pt,self.view.transform())    #获取光标下的图形项
    if (item != None):      #有图形项
        pm=item.mapFromScene(pt)           #变换为图形项的局部坐标
        self.__labItemCord.setText("Item 坐标: %.0f,%.0f"%(pm.x(),pm.y()))
```

在 do_mouseMovePoint()函数中，参数 point 是鼠标在图形视图中的坐标，使用 QGraphicsView 的 mapToScene()函数可以将此坐标变换为场景中的坐标，这两个坐标在状态栏上显示。

在 do_mouseClicked()函数中，参数 point 也是鼠标在图形视图中的坐标，使用 QGraphicsView 的 mapToScene()函数可以将此坐标变换为场景中的坐标 pt，然后通过场景对象的 itemAt()函数获得光标下的图形项。如果鼠标光标下有图形项，就用图形项的 mapFromScene()函数将 pt 变换为图形项的局部坐标 pm，并在状态栏上显示。

在程序运行时可以在窗口上移动鼠标，在图形项上点击鼠标，然后观察状态栏上的坐标数据，理解这 3 个坐标系之间的关系。

另外主窗口还定义了 resizeEvent()事件函数的代码，以便在窗口大小变化时，显示视图区域的大小和场景的大小信息。其代码如下：

```
def resizeEvent(self,event):
    self.__labViewSize.setText('view 坐标，左上角(0,0)，宽度=%d, 高度=%d'
            %(self.view.width(),self.view.height()))
    rectF=self.view.sceneRect()       #Scene 的矩形区,QRectF
    self.__labSceneRect.setText('view.sceneRect=(%.0f,%.0f,%.0f,%.0f)'
            %(rectF.left(),rectF.top(),rectF.width(),rectF.height()))
```

在窗口大小改变时会发现，__labViewSize 显示的视图的宽度和高度是随窗口大小变化而变化的，而__labSceneRect 显示的场景的矩形区域大小是固定的，总是(−200, −100, 400, 200)。

8.4.5　Graphics View 绘图程序示例

1．功能示例

示例 Demo8_5 只是演示了 Graphics View 的基本结构和 3 个坐标系的概念，为了演示 Graphics View 架构编程的更多功能，创建示例程序 Demo8_6。

示例 Demo8_6 是一个基于 Graphics View 架构的简单绘图程序，通过这个示例可以发现 Graphics View 图形编程更多功能的使用方法。程序运行界面如图 8-24 所示。

这个示例程序具有如下的功能。

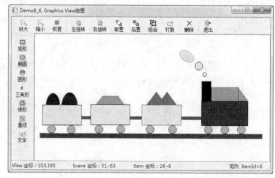

图 8-24　基于 Graphics View 架构的绘图程序

- 可以创建矩形、椭圆、圆形、三角形、梯形、直线、文字等基本图形项。
- 每个图形项都可以被选择和拖动，也可以被删除。
- 图形项或整个视图可以缩放和旋转。
- 图形项重叠时，可以调整前置或后置。
- 多个图形项可以组合，也可以解除组合。
- 鼠标在视图上移动时，会在状态栏显示视图坐标和场景坐标。
- 鼠标单击某个图形项时，会显示图形项的局部坐标，也会显示图形项的文字描述和编号。
- 双击某个图形项时，会根据图形项的类型调用颜色对话框或字体对话框，设置图形项的填充颜色、线条颜色或文字的字体。
- 选中某个图形项时，可以进行按键操作，Delete 键删除图形项，PgUp 键放大，PgDn 键缩小，空格键旋转 90°，上下左右光标键移动图形项。

2. 主窗口可视化设计

示例 Demo8_6 从项目模板 mainWindowApp 创建而来，可视化设计主窗口 MainWindow.ui，设计完成的界面如图 8-25 所示。

可视化设计窗体时删除了主窗口上的菜单栏，还添加了一个工具栏。利用设计的 Action 创建工具栏上的按钮，一个工具栏用于图形项的创建，另一个工具栏用于图形项的各种操作。设计的 Action 如图 8-26 所示。

图 8-25　可视化设计的 MainWindow.ui

Name	Used	Text	Shortcut	Checkable	ToolTip
actItem_Rect	✓	矩形			添加矩形
actItem_Ellipse	✓	椭圆			添加椭圆型
actItem_Line	✓	直线			添加直线
actEdit_Delete	✓	删除			删除选中的图元
actQuit	✓	退出			退出本系统
actItem_Text	✓	文字			添加文字
actEdit_Front	✓	前置			居于最前面
actEdit_Back	✓	后置			居于最后面
actItem_Polygon	✓	梯形			添加梯形
actZoomIn	✓	放大			放大
actZoomOut	✓	缩小			缩小
actRotateLeft	✓	左旋转			左旋转
actRotateRight	✓	右旋转			右旋转
actRestore	✓	恢复			恢复大小
actGroup	✓	组合			组合
actGroupBreak	✓	打散			取消组合
actItem_Circle	✓	圆形			圆形
actItem_Triangle	✓	三角形			三角形

图 8-26　主窗口设计的 Action

可视化设计窗体时，主窗口工作区不放置任何组件，而是在窗体业务逻辑类 QmyMainWindow 的构造函数里用代码创建一个图形视图组件。

3. 自定义图形视图类 QmyGraphicsView

本示例定义一个与示例 Demo8_5 中功能类似的图形视图类 QmyGraphicsView，但是增加了两个事件的处理，总共提供 4 个信号。myGraphicsView.py 文件的完整代码如下：

```
from PyQt5.QtWidgets import  QGraphicsView
from PyQt5.QtCore import  pyqtSignal,QPoint,Qt
from PyQt5.QtGui import    QMouseEvent,QKeyEvent

class QmyGraphicsView(QGraphicsView):
    mouseMove = pyqtSignal(QPoint)          ##鼠标移动
```

```
        mouseClicked = pyqtSignal(QPoint)        ##鼠标单击
        mouseDoubleClick = pyqtSignal(QPoint)    ##鼠标双击
        keyPress = pyqtSignal(QKeyEvent)         ##按键按下
##==========事件处理函数============
        def mouseMoveEvent(self,event):          ##鼠标移动
            point=event.pos()
            self.mouseMove.emit(point)           #发射信号
            super().mouseMoveEvent(event)

        def mousePressEvent(self,event):         ##鼠标单击
            if event.button()==Qt.LeftButton :
                point=event.pos()
                self.mouseClicked.emit(point)
            super().mousePressEvent(event)

        def mouseDoubleClickEvent(self,event):   ##鼠标双击
            if event.button()==Qt.LeftButton :
                point=event.pos()
                self.mouseDoubleClick.emit(point)
            super().mouseDoubleClickEvent(event)

        def keyPressEvent(self,event):           ##按键按下
            self.keyPress.emit(event)
            super().keyPressEvent(event)
```

4. 主窗口初始化

在 myMainWindow.py 文件中定义的类 QmyMainWindow 实现对主窗口的功能操作, 该文件的
import 部分和 QmyMainWindow 的构造函数及相关函数的代码如下:

```
import sys, random
from PyQt5.QtCore import  pyqtSlot,Qt,QPointF
from PyQt5.QtGui import  QBrush, QPolygonF,QPen,QFont,QTransform
from PyQt5.QtWidgets import  (QApplication, QMainWindow,QColorDialog,
        QFontDialog, QInputDialog, QLabel, QGraphicsScene, QGraphicsView,
        QGraphicsItem, QGraphicsRectItem, QGraphicsEllipseItem,
        QGraphicsPolygonItem, QGraphicsLineItem,
        QGraphicsItemGroup, QGraphicsTextItem)

from myGraphicsView import QmyGraphicsView
from ui_MainWindow import Ui_MainWindow
class QmyMainWindow(QMainWindow):
    def __init__(self, parent=None):
        super().__init__(parent)
        self.ui=Ui_MainWindow()
        self.ui.setupUi(self)

        self.__buildStatusBar()         #构造状态栏
        self.__iniGraphicsSystem()      #初始化 graphics View 系统
        self.__ItemId=1     #绘图项自定义数据的 key
        self.__ItemDesc=2   #绘图项自定义数据的 key

        self.__seqNum=0     #每个图形项设置一个序号
        self.__backZ=0      #后置序号
        self.__frontZ=0     #前置序号

    def __buildStatusBar(self):     ##构造状态栏
        self.__labViewCord=QLabel("View 坐标: ")
        self.__labViewCord.setMinimumWidth(150)
        self.ui.statusBar.addWidget(self.__labViewCord)
        self.__labSceneCord=QLabel("Scene 坐标: ")
```

```
    self.__labSceneCord.setMinimumWidth(150)
    self.ui.statusBar.addWidget(self.__labSceneCord)
    self.__labItemCord=QLabel("Item 坐标: ")
    self.__labItemCord.setMinimumWidth(150)
    self.ui.statusBar.addWidget(self.__labItemCord)
    self.__labItemInfo=QLabel("ItemInfo: ")
    self.ui.statusBar.addPermanentWidget(self.__labItemInfo)

def __iniGraphicsSystem(self):              ##初始化 Graphics View 系统
    self.view=QmyGraphicsView(self)         #创建图形视图组件
    self.setCentralWidget(self.view)
    self.scene=QGraphicsScene(-300,-200,600,200)  #创建 QGraphicsScene
    self.view.setScene(self.scene)          #与 view 关联

    self.view.setCursor(Qt.CrossCursor)     #设置鼠标光标
    self.view.setMouseTracking(True)
    self.view.setDragMode(QGraphicsView.RubberBandDrag)
##  4 个信号与槽函数的关联
    self.view.mouseMove.connect(self.do_mouseMove)              #鼠标移动
    self.view.mouseClicked.connect(self.do_mouseClicked)        #左键按下
    self.view.mouseDoubleClick.connect(self.do_mouseDoubleClick)  #双击
    self.view.keyPress.connect(self.do_keyPress)               #左键按下
```

构造函数在创建了可视化设计的基本界面后，调用__buildStatusBar()函数创建状态栏相关组件，调用__iniGraphicsSystem()函数进行 Graphics View 系统的初始化。

__iniGraphicsSystem()函数中创建了图形视图对象 self.view 和图形场景对象 self.scene，关联设置后构成 Graphics View 系统。还设置了 self.view 的 4 个信号与自定义槽函数关联。这 4 个槽函数的功能涉及图形项的一些具体数据，在后面再介绍这 4 个槽函数的功能。

构造函数还定义了几个私有变量，在后面的程序里会用到，它们的作用分别如下。

- self.__ItemId=1：常数，用于使用 QGraphicsItem.setData()函数为图形项设置附加数据时定义附加数据类型，表示图形项的编号。
- self.__ItemDesc=2：常数，用于使用 QGraphicsItem.setData()函数为图形项设置附加数据时定义附加数据类型，表示图形项的类型。
- self.__seqNum：一个递增的整数，设置为每个图形项的编号。
- self.__backZ：一个递减的整数，用于图形项后置时的序号。
- self.__frontZ：一个递增的整数，用于图形项前置时的序号。

5. 图形项的创建

主窗口左侧工具栏上的按钮用于创建各种标准的图形项。下面是创建图形项的各工具栏按钮关联的槽函数，以及相关自定义函数的代码：

```
@pyqtSlot()      ##添加矩形
def on_actItem_Rect_triggered(self):
    item=QGraphicsRectItem(-50,-25,100,50)
    item.setBrush(QBrush(Qt.yellow))      #设置填充颜色
    self.__setItemProperties(item,"矩形")

@pyqtSlot()       ##添加椭圆
def on_actItem_Ellipse_triggered(self):
    item=QGraphicsEllipseItem(-50,-30,100,60)
    item.setBrush(QBrush(Qt.blue))        #设置填充颜色
```

```
        self.__setItemProperties(item,"椭圆")

    @pyqtSlot()        ##添加圆
    def on_actItem_Circle_triggered(self):
        item=QGraphicsEllipseItem(-50,-50,100,100)
        item.setBrush(QBrush(Qt.cyan))        #设置填充颜色
        self.__setItemProperties(item,"圆形")

    @pyqtSlot()        ##添加三角形
    def on_actItem_Triangle_triggered(self):
        item=QGraphicsPolygonItem()
        points=[QPointF(0,-40), QPointF(60,40), QPointF(-60,40)]
        item.setPolygon(QPolygonF(points))
        item.setBrush(QBrush(Qt.magenta))        #设置填充颜色
        self.__setItemProperties(item,"三角形")

    @pyqtSlot()        ##添加梯形
    def on_actItem_Polygon_triggered(self):
        item=QGraphicsPolygonItem()
        points=[QPointF(-40,-40), QPointF(40,-40),
                QPointF(100,40),QPointF(-100,40)]
        item.setPolygon(QPolygonF(points))
        item.setBrush(QBrush(Qt.green))        #设置填充颜色
        self.__setItemProperties(item,"梯形")

    @pyqtSlot()        ##添加直线
    def on_actItem_Line_triggered(self):
        item=QGraphicsLineItem(-100,0,100,0)
        pen=QPen(Qt.red)
        pen.setWidth(4)
        item.setPen(pen)        #设置线条属性
        self.__setItemProperties(item,"直线")

    @pyqtSlot()        ##添加文字
    def on_actItem_Text_triggered(self):
        strText,OK=QInputDialog.getText(self,"输入","请输入文字")
        if (not OK):
            return
        item=QGraphicsTextItem(strText)
        font=self.font()
        font.setPointSize(20)
        font.setBold(True)
        item.setFont(font)        #设置字体
        item.setDefaultTextColor(Qt.black)        #设置颜色
        self.__setItemProperties(item,"文字")

    def __setItemProperties(self,item,desc):        ##设置属性
        item.setFlag(QGraphicsItem.ItemIsFocusable)    #选择时出现虚线框
        item.setFlag(QGraphicsItem.ItemIsMovable)      #可移动
        item.setFlag(QGraphicsItem.ItemIsSelectable)   #可选择

        self.__frontZ=1+self.__frontZ
        item.setZValue(self.__frontZ)        #叠放次序
        item.setPos(-150+random.randint(1,200),-200+random.randint(1,200))

        self.__seqNum=1+self.__seqNum        #编号
        item.setData(self.__ItemId,self.__seqNum)        #图形项编号
        item.setData(self.__ItemDesc,desc)        #图形项描述

        self.scene.addItem(item)
```

```
self.scene.clearSelection()
item.setSelected(True)
```

创建具体的图形项需要使用具体对应的类，例如创建矩形使用 QGraphicsRectItem，创建椭圆和圆使用 QGraphicsEllipseItem，创建三角形和梯形使用 QGraphicsPolygonItem，创建直线使用 QGraphicsLineItem，创建文字使用 QGraphicsTextItem。

从图 8-22 的常见图形项类的继承关系可以看出，所有图形项都是 QGraphicsItem 类的直接或间接子类。QGraphicsItem 类没有 pen、brush、font 属性，在具体的子类里才有这些属性，所以组件的属性设置有如下差异。

- QAbstractGraphicsShapeItem 类有 pen 和 brush 属性，所以其子类可以通过设置 brush 属性设置填充颜色。在程序中，矩形、椭圆、三角形、梯形等都设置了填充颜色。
- QGraphicsLineItem 只有 pen 属性，可以设置线条的颜色、线宽、线型等特性。
- QGraphicsTextItem 有 font 属性，可以设置字体，还可以通过 setDefaultTextColor()函数设置文字的颜色。

下面以创建一个椭圆为例来说明创建图形项和属性设置的过程。创建椭圆图形项、设置填充色、设置属性的代码是：

```
item=QGraphicsEllipseItem(-50,-30,100,60)
item.setBrush(QBrush(Qt.blue))        #设置填充颜色
self.__setItemProperties(item,"椭圆")
```

这里使用的 QGraphicsEllipseItem 类的构造函数的函数原型是：

```
QGraphicsEllipseItem(x, y, width, height, parent: QGraphicsItem = None)
```

前 4 个参数都是 float 类型。这表示在左上方顶点坐标为(x, y)，宽度为 width，高度为 height 的一个矩形框内创建一个椭圆，坐标(x, y)是图形项的局部坐标。代码里(x, y) = (−50, −30)，宽度为 100，高度为 60，所以创建的椭圆的中心点在图形项局部坐标的原点(0, 0)。一般的图形项的中心点都设置在其局部坐标的原点。

自定义函数__setItemProperties(item, desc)用于设置图形项的属性。参数 item 是具体的图形项，因为 Python 的变量是动态类型的，所以在调用此函数时无须做类型转换。参数 desc 是字符串类型，是图形项的类型描述。

__setItemProperties()函数中通过 QGraphicsItem 类的一些函数做了如下的设置。

- setFlag(flag, enabled = True)函数，设置图形项的一些特性，参数 flag 是枚举类型 QGraphicsItem.GraphicsItemFlag，其具体取值和意义见 Qt 的帮助文档。程序中将图形项都设置为可以获得焦点、可移动、可选择的。
- setZValue(Z)函数，设置图形项的 Z 值，参数 Z 是一个浮点数。这个参数控制叠放顺序，当有多个图形项叠加在一起时，Z 值最大的显示在最前面。
- setPos(x, y)函数，设置图形项的位置，如果图形项有父容器项，坐标(x, y)是父容器的坐标，否则就是图形场景的坐标。
- setData(key, value)函数，用于设置图形项的自定义数据，整数型参数 key 是数据名称，value 是具体的数据内容，可以是任意类型。key 和 value 是一个键值对，使用 setData()一次可以设置一个键值对，可以为一个图形项设置多个自定义键值对。程序里设置了两个自定义数据：

```
item.setData(self.__ItemId,        self.__seqNum)    #图形项的编号
item.setData(self.__ItemDesc,      desc)             #图形项的描述
```

self.__ItemId 是图形项的编号，其取值 self.__seqNum 是一个递增变量，self.__ItemDesc 是图形项的描述。这样，每个图形项有一个唯一的编号和文字描述。在窗口上单击某个图形项时，会提取这两个自定义数据显示在状态栏上。

6. 图形项操作

主窗口上另一个工具栏上的按钮实现图形项的缩放、旋转、组合等操作。

- 缩放。图形项的缩放使用 QGraphicsItem.setScale(scale)函数，参数 scale 大于 1 是放大，小于 1 是缩小。下面是"放大"和"缩小"两个按钮关联的槽函数代码：

```
@pyqtSlot()    ##放大
def on_actZoomIn_triggered(self):
    items=self.scene.selectedItems()    #QGraphicsItem 的列表
    cnt=len(items)    #选中的图形项的个数
    if cnt==1:        #只有一个图形项
        item=items[0]
        item.setScale(0.1+item.scale())
    else:
        self.view.scale(1.1,1.1)

@pyqtSlot()    ##缩小
def on_actZoomOut_triggered(self):
    items=self.scene.selectedItems()    #QGraphicsItem 的列表
    cnt=len(items)    #选中的图形项的个数
    if cnt==1:        #只有一个图形项
        item=items[0]
        item.setScale(item.scale()-0.1)
    else:
        self.view.scale(0.9,0.9)
```

QGraphicsScene 类的 selectedItems()函数返回场景中选中的图形项的列表，如果只有一个图形项被选中，就用 QGraphicsItem 的 setScale()函数对图形项进行缩放。如果选中的图形项个数大于 1，或没有图形项被选中，就用 QGraphicsView 的 scale()函数对视图进行缩放。

- 旋转。图形项的旋转使用 QGraphicsItem.setRotation(angle)函数，参数 angle 为角度值，正值表示顺时针旋转，负值表示逆时针旋转。下面是工具栏上"左旋转"和"右旋转"按钮关联的槽函数代码：

```
@pyqtSlot()    ##左旋转
def on_actRotateLeft_triggered(self):
    items=self.scene.selectedItems()    #QGraphicsItem 的列表
    cnt=len(items)
    if cnt==1:
        item=items[0]
        item.setRotation(-30+item.rotation())
    else:
        self.view.rotate(-30)

@pyqtSlot()    ##右旋转
def on_actRotateRight_triggered(self):
    items=self.scene.selectedItems()    #QGraphicsItem 的列表
```

```
        cnt=len(items)
        if cnt==1:
            item=items[0]
            item.setRotation(30+item.rotation())
        else:
            self.view.rotate(30)
```

如果有一个图形项被选中，就对图形项进行旋转，否则对绘图视图进行旋转。

- 恢复坐标变换。缩放和旋转都是坐标变换，可以取消所有变换恢复初始状态，下面是"恢复"按钮的响应代码：

```
@pyqtSlot()        ##"恢复"取消所有缩放和旋转变换
def on_actRestore_triggered(self):
    items=self.scene.selectedItems()        #QGraphicsItem 的列表
    cnt=len(items)
    if cnt==1:    #单个图形项
        item=items[0]
        item.setScale(1)            #缩放还原
        item.setRotation(0)         #旋转还原
    else:
        self.view.resetTransform()
```

- 叠放顺序。QGraphicsItem 的 zValue()函数值表示了图形项的叠放顺序，若有多个图形项叠加在一起，zValue()值最大的显示在最前面，zValue()值最小的显示在最后面。用 setZValue()函数可以设置这个属性值。下面是工具栏上的"前置"和"后置"按钮关联的槽函数代码：

```
@pyqtSlot()        ##前置
def on_actEdit_Front_triggered(self):
    items=self.scene.selectedItems()        #QGraphicsItem 的列表
    cnt=len(items)
    if cnt>0 :
        item=items[0]
        self.__frontZ=1+self.__frontZ
        item.setZValue(self.__frontZ)

@pyqtSlot()        ##后置
def on_actEdit_Back_triggered(self):
    items=self.scene.selectedItems()        #QGraphicsItem 的列表
    cnt=len(items)
    if cnt>0 :
        item=items[0]
        self.__backZ=self.__backZ-1
        item.setZValue(self.__backZ)
```

self.__frontZ 和 self.__backZ 是在类中定义的私有变量，专门用于存储叠放次序的编号。self.__frontZ 只增加，所以每增加一次都是最大值，设置该值的图形项就可以显示在最前面；self.__backZ 只减少，所以每减少一次都是最小值，设置该值的图形项就可以显示在最后面。

- 图形项的组合。可以将多个图形项组合为一个图形项，并将其当作一个整体进行操作，如同 PowerPoint 软件里图形组合功能一样。使用 QGraphicsItemGroup 类实现多个图形项的组合，QGraphicsItemGroup 是 QGraphicsItem 的子类，所以，实质上也是一个图形项。下面是工具栏上的"组合"按钮关联的槽函数代码：

```
@pyqtSlot()      ##组合
def on_actGroup_triggered(self):
    items=self.scene.selectedItems()      #QGraphicsItem 的列表
    cnt=len(items)
    if (cnt<=1):
        return

    group =QGraphicsItemGroup()      #创建组合
    self.scene.addItem(group)        #组合添加到场景中
    for i in range(cnt):
        item=items[i]
        item.setSelected(False)      #清除选择虚线框
        item.clearFocus()
        group.addToGroup(item)       #添加到组合

    group.setFlag(QGraphicsItem.ItemIsFocusable)
    group.setFlag(QGraphicsItem.ItemIsMovable)
    group.setFlag(QGraphicsItem.ItemIsSelectable)
    self.__frontZ=1+self.__frontZ
    group.setZValue(self.__frontZ)
    self.scene.clearSelection()
    group.setSelected(True)
```

当有多个图形项被选择时，创建一个 QGraphicsItemGroup 类型的实例 group，并添加到场景中，然后将选中的图形项逐一添加到 group 中。这样创建的 group 就是场景中的一个图形项，可以对其进行缩放、旋转等操作。

一个组合对象也可以被打散，使用 QGraphicsScene 的 destroyItemGroup()函数可以打散一个组合对象，这个函数打散组合，删除组合对象，但是不删除原来组合里的图形项。下面是工具栏上的"打散"按钮关联的槽函数代码：

```
@pyqtSlot()      ## "打散" 组合
def on_actGroupBreak_triggered(self):
    items=self.scene.selectedItems()      #QGraphicsItem 的列表
    cnt=len(items)
    if (cnt==1):        #假设选中的是 QGraphicsItemGroup
        group=items[0]
        self.scene.destroyItemGroup(group)
```

这里假设在单击"打散"按钮时，选中的是一个组合对象，并没有做类型判断。

- 图形项的删除。使用 QGraphicsScene 的 removeItem()函数删除某个图形项，下面是工具栏上的"删除"按钮关联的槽函数代码：

```
@pyqtSlot()      ##删除所有选中的图形项
def on_actEdit_Delete_triggered(self):
    items=self.scene.selectedItems()
    cnt=len(items)
    for i in range(cnt):
        item=items[i]
        self.scene.removeItem(item)      #删除图形项
```

7. 鼠标与键盘操作

在 QmyMainWindow 类的构造函数里调用__iniGraphicsSystem()函数时，为 self.view 的 4 个信号关联了自定义槽函数，用于实现鼠标和键盘操作。

- 鼠标移动。self.view 的信号 mouseMove()与自定义槽函数 do_mouseMove()关联，此槽函数的代码如下：

```
def  do_mouseMove(self,point):
    self.__labViewCord.setText("View 坐标: %d,%d" %(point.x(),point.y()))
    pt=self.view.mapToScene(point)        #变换到场景坐标
    self.__labSceneCord.setText("Scene 坐标: %.0f,%.0f"%(pt.x(),pt.y()))
```

参数 point 是鼠标光标在视图上的坐标，用 QGraphicsView 的 mapToScene()函数可以将此坐标变换为场景中的坐标。

- 鼠标单击。self.view 的信号 mouseClicked()与自定义槽函数 do_mouseClicked ()关联，此槽函数的代码如下：

```
def  do_mouseClicked(self,point):
    pt=self.view.mapToScene(point)        #变换到场景坐标
    item=self.scene.itemAt(pt,self.view.transform())    #获取光标下的图形项
    if (item == None):
        return
    pm=item.mapFromScene(pt)              #变换为图形项的局部坐标
    self.__labItemCord.setText("Item 坐标: %.0f,%.0f"%(pm.x(),pm.y()))
    self.__labItemInfo.setText(str(item.data(self.__ItemDesc))
            +", ItemId="+str(item.data(self.__ItemId)))
```

首先将视图的坐标 point 变换为场景中的坐标 pt，再利用 QGraphicsScene 的 itemAt()函数获得光标处的图形项。利用 QGraphicsItem 的 mapFromScene()函数将 pt 变换为图形项的局部坐标 pm。

在创建图形项时，使用 QGraphicsItem.setData(key, value)函数设置了自定义数据的键值对，用 QGraphicsItem.data(key)函数可以根据键 key 返回自定义的数据，这里用到了键 self.__ItemId 和 self.__ItemDesc，返回图形项的编号和文字描述。

- 鼠标双击。当鼠标双击某个图形项时，希望根据图形项的类型，调用不同的对话框进行图形项的设置。例如，当图形项是矩形、圆形、梯形等有填充色的对象时打开一个颜色选择对话框，设置其填充颜色；当图形项是直线时，设置其线条颜色；当图形项是文字时，打开一个字体对话框，设置其字体。

self.view 的信号 mouseDoubleClick()与自定义槽函数 do_mouseDoubleClick()关联，此槽函数的代码如下：

```
def do_mouseDoubleClick(self,point):        ##鼠标双击
    pt=self.view.mapToScene(point)          #变换到场景坐标，QPointF
    item=self.scene.itemAt(pt,self.view.transform())    #获取光标下的图形项
    if (item == None):    #没有图形项
        return
    className=str(type(item))        #将类名称转换为字符串
    if (className.find("QGraphicsRectItem") >=0):        #矩形框
        self.__setBrushColor(item)
    elif (className.find("QGraphicsEllipseItem")>=0):    #椭圆和圆
        self.__setBrushColor(item)
    elif (className.find("QGraphicsPolygonItem")>=0):    #梯形和三角形
        self.__setBrushColor(item)
    elif (className.find("QGraphicsLineItem")>=0):       #直线，设置线条颜色
        pen=item.pen()
        color=item.pen().color()
        color=QColorDialog.getColor(color,self,"选择线条颜色")
        if color.isValid():
            pen.setColor(color)
```

```
                item.setPen(pen)
        elif (className.find("QGraphicsTextItem")>=0):        #文本，设置字体
            font=item.font()
            font,OK=QFontDialog.getFont(font)
            if OK:
                item.setFont(font)

    def __setBrushColor(self,item):        ##设置填充颜色
        color=item.brush().color()
        color=QColorDialog.getColor(color,self,"选择填充颜色")
        if color.isValid():
            item.setBrush(QBrush(color))
```

双击鼠标时，首先获取光标下的图形项 item，因为 Python 是动态数据类型的，通过 Python 的内建函数 type(item)可以获得 item 的具体类名称，再将其转换为字符串，即

```
className=str(type(item))        #将类名称转换为字符串
```

根据图形项的类名称就可以判断图形项的类型，再进行相应的设置。例如，对于 QGraphicsRectItem、QGraphicsEllipseItem、QGraphicsPolygonItem 这 3 种图形项，就调用自定义函数__setBrushColor()设置图形项的填充颜色；对于直线图形项 QGraphicsLineItem 就调用选择颜色对话框，设置线条的颜色；对于文字图形项 QGraphicsTextItem 就调用选择字体对话框，设置文字的字体。

- 按键操作。在选中一个图形项之后，可以通过键盘按键实现一些快捷操作，例如缩放、旋转、移动等。self.view 的信号 keyPress()与自定义槽函数 do_keyPress()关联，此槽函数的代码如下：

```
def do_keyPress(self,event):        ##按键操作
    items=self.scene.selectedItems()        #QGraphicsItem 列表
    cnt=len(items)
    if (cnt!=1):        #没有选中的图形项，或选中的图形项多于 1 个
        return

    item=items[0]
    key=event.key()
    if (key==Qt.Key_Delete):        #删除
        self.scene.removeItem(item)
    elif (key==Qt.Key_Space):        #顺时针旋转 90°
        item.setRotation(90+item.rotation())
    elif (key==Qt.Key_PageUp):        #放大
        item.setScale(0.1+item.scale())
    elif (key==Qt.Key_PageDown):        #缩小
        item.setScale(-0.1+item.scale())
    elif (key==Qt.Key_Left):        #左移
        item.setX(-1+item.x())
    elif (key==Qt.Key_Right):        #右移
        item.setX(1+item.x())
    elif (key==Qt.Key_Up):        #上移
        item.setY(-1+item.y())
    elif (key==Qt.Key_Down):        #下移
        item.setY(1+item.y())
```

这段代码限定只有一个图形项被选中时才可以执行按键操作。

## 第 9 章

文件

Python 内建了文件读写操作的功能模块和函数，例如前面章节的一些例子中使用 os.gtcwd() 函数获取当前路径，在 Demo6_3 中使用内建函数 open()打开文本文件并读取文件内容。在读写一般的文本文件时，使用 Python 自带的功能函数是很方便的，但是对于一些复杂的二进制文件，Python 虽然也可以读写，但是实现起来比较麻烦。例如，Python 的整数类型只有 int，不区分 8 位、16 位、32 位、64 位有符号或无符号整数，浮点数只有 float，不区分 single 和 double，而一些通用的二进制数据文件可能包含各种基本数据类型，用 Python 读写起来就比较麻烦，需要进行各种转换。

PyQt5 提供了一套功能完整的进行文件读写操作的类，而且因为 PyQt5 是 Qt C++库的绑定，支持各种基本的整数和浮点数类型，为数据读写提供了方便。

如果读者是精通 Python 文件读写操作的，可以不用看本章的内容。如果读者不熟悉 Python 的文件读写操作或者想了解 PyQt5 的文件读写功能，可以阅读本章，可能会发现 PyQt5 的文件读写功能比 Python 自带的更好用。

9.1 文件操作相关类概述

9.1.1 文件操作接口类 QFile

PyQt5 中用于文件读写操作的类是 QFile，它提供了文件读写的接口函数，可以直接对文件进行读写。QFile 的父类是 QFileDevice，它提供了文件交互操作的底层功能。再上一级父类是 QIODevice，它是所有输入/输出设备的基础类。在 PyQt5 中，从 QIODevice 继承的子类还有用于网络数据传输操作的 QTcpSocket 和 QUdpSocket、用于串口操作的 QSerialPort，这些类的继承关系如图 9-1 所示。

在 Linux 系统中，所有的外设都被当作文件来访问，所以文件也可以看作是一种设备。QFile 提供了一些接口函数进行文件的读写操作，文件操作的主要功能如下。

- 打开文件,使用 open(mode)函数以不同的模式参数 mode 打开文件，这些

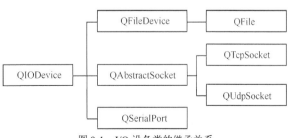

图 9-1　I/O 设备类的继承关系

模式可以是只读、只写、可读可写等。

- 读数据操作，有多个接口函数可读取文件内容，如 read()、readAll()等。
- 写数据操作，有多个接口函数可以向文件写入数据，如 write()、writeData()等。
- 关闭文件，文件使用结束后还必须用 close()函数关闭文件。

9.1.2 文件流操作类 QTextStream 和 QDataStream

使用 QFile 类就可以实现文本文件、二进制文件的读写，但是只有一些基本接口函数，使用起来不够方便。PyQt5 还提供了两个用于文件流操作的类，其中 QTextStream 用于对文本文件进行流方式的读写，QDataStream 用于对二进制文件进行流方式的读写。

在 Qt C++中，QTextStream 和 QDataStream 使用流操作符 "<<" 和 ">>" 可以很方便地进行各种类型数据的读写，但是因为 Python 是动态类型的，不能通过重载操作符进行各种数据类型的读写，但是这两个类提供了相应的各种函数，使用起来也很方便。

在使用 QDataStream 对各种基本数据类型进行读写时无须编写额外的代码做格式转换，例如，使用 writeUInt16(int)函数可以将 Python 的 int 型整数以 uint16（无符号 16 位整型数）形式写入文件，示例代码如下：

```
Value=self.ui.spin_UInt16.value()
self.fileStream.writeUInt16(Value)
```

从界面上读取的一个整数 Value 在 Python 中自动以 int 类型表示，self.fileStream 是一个 QDataStream 对象，通过 writeUInt16(Value)函数可以直接将 int 型的 Value 以 uint16 类型写入文件，无须额外编写代码做转换。而如果要用 Python 自带的模块和函数，或使用 QFile 的原始读写函数实现此相同的功能，则需要使用 Python 的 struct.pack()函数进行 int 到 uint16 的转换。

9.1.3 目录和文件操作相关的类

Python 自带的 os 和 os.path 模块中提供了大量的目录和文件操作相关的函数，如获取当前目录、新建目录、复制文件、分离文件的路径和基本文件名、判断文件是否存在等。PyQt5 中也提供了以下几个非常实用的类能进行目录和文件的操作。

- QFile 类可进行文件的复制、删除、重命名等操作。
- QFileInfo 类用于获取文件的各种信息，如文件的路径、基础文件名、后缀，修改日期、文件大小等。
- QDir 类用于目录信息的获取和操作，包括新建目录、删除目录、获取目录下的文件或子目录列表等。
- QFileSystemWatcher 类用于监视设定的目录和文件，当所监视的目录或文件出现复制、重命名、删除等操作时会发射相应的信号。

熟悉 PyQt5 这些类的使用方法后，就可以比较灵活地进行目录和文件操作，基本不再需要使用 Python 自带的相关模块函数了。

9.2 文本文件读写

9.2.1 功能概述

文本文件是指以纯文本格式存储的文件，例如 Python 源程序文件（.py 文件）、C++程序的源文件（.h 文件和.cpp 文件）。HTML 文件和 XML 文件也是纯文本文件，但是读取之后需要对内容进行解析才能显示其记录的内容。

PyQt5 提供了两种读写纯文本文件的方法，一种是用 QFile 类直接进行文件读写，另一种是 QFile 和 QTextStream 结合，用流的方法进行文件读写。

示例 Demo9_1 演示了读写文本文件的方法，其运行时界面如图 9-2 所示。该示例不仅使用了 PyQt5 提供的两种方法，还使用了 Python 内建的函数进行文本文件读写，以便与 PyQt5 的功能进行比较。

图 9-2 示例 Demo9_1 的运行时界面

示例 Demo9_1 是基于模板 mainWindowApp 创建的，主窗口 MainWindow.ui 采用可视化方法设计，主窗口工作区是一个 QPlainTextEdit 组件用于显示文本内容。

文件 myMainWindow.py 的 import 部分和 QmyMainWindow 类的构造函数代码如下：

```python
import sys
from PyQt5.QtWidgets import QApplication, QMainWindow, QFileDialog, QMessageBox
from PyQt5.QtCore import  pyqtSlot,QDir,QFile,QIODevice,QTextStream

from ui_MainWindow import Ui_MainWindow
class QmyMainWindow(QMainWindow):
    def __init__(self, parent=None):
        super().__init__(parent)
        self.ui=Ui_MainWindow()
        self.ui.setupUi(self)
        self.setCentralWidget(self.ui.textEdit)
```

构造函数的功能就是创建窗体，然后将主窗口上的 QPlainTextEdit 组件 textEdit 填充整个工作区。

9.2.2 QFile 读写文本文件

1. 读取文件

QFile 类是直接与 I/O 设备打交道进行文件读写操作的类，使用 QFile 可以直接打开或保存文本文件。图 9-2 工具栏上的"QFile 打开"按钮用 QFile 类的功能直接打开文本文件，按钮关联的槽函数及相关函数的代码如下：

```python
@pyqtSlot()    ##用 QFile 打开文件
def on_actQFile_Open_triggered(self):
```

```
    curPath=QDir.currentPath()           #获取系统当前目录
    title="打开一个文件"                    #对话框标题
    filt="程序文件(*.h *.cpp *.py);;文本文件(*.txt);;所有文件(*.*)"
    fileName,flt=QFileDialog.getOpenFileName(self,title,curPath,filt)
    if (fileName == ""):
        return
    if self.__openByIODevice(fileName):
        self.ui.statusBar.showMessage(fileName)
    else:
        QMessageBox.critical(self,"错误","打开文件失败")

def __openByIODevice(self,fileName):       ##用 QFile 打开文件
    fileDevice=QFile(fileName)
    if not fileDevice.exists():        #判断文件是否存在
        return False
    if not fileDevice.open(QIODevice.ReadOnly | QIODevice.Text):
        return False
    try:
        self.ui.textEdit.clear()
        while not fileDevice.atEnd():
            qtBytes = fileDevice.readLine()      #返回 QByteArray 类型
            pyBytes=bytes(qtBytes.data())        #QByteArray 转换为 bytes 类型
            lineStr=pyBytes.decode("utf-8")      #bytes 转换为 str 型
            lineStr=lineStr.strip()              #去除结尾增加的空行
            self.ui.textEdit.appendPlainText(lineStr)
    finally:
        fileDevice.close()
    return True
```

代码中首先使用了类函数 QDir.currentPath()获取系统当前路径，其功能与 Python 自带的 os.gtcwd()相同。

函数__openByIODevice()实现打开文本文件的功能，这段代码有以下两个要点。

（1）文件的打开方式

创建 QFile 对象 fileDevice 时将文件名 fileName 传递给它，作为 QFile 对象的关联文件。检查文件存在后，再通过 open()函数打开文件。程序中打开文件的代码是：

```
fileDevice.open(QIODevice.ReadOnly | QIODevice.Text)
```

QFile 的接口函数 open(mode)用于打开 QFile 对象已经关联的文件，参数 mode 是枚举类型 QIODevice.OpenModeFlag 的组合，它决定了文件以什么方式打开。此枚举类型的主要取值如下：

- QIODevice.ReadOnly（以只读方式打开文件，用于读取文件内容）；
- QIODevice.WriteOnly（以只写方式打开文件，用于保存内容到文件）；
- QIODevice.ReadWrite（以可读可写方式打开文件）；
- QIODevice.Append（以添加模式打开文件，新写入的数据添加到文件尾部）；
- QIODevice.Truncate（以截取方式打开文件，文件原有的内容全部被删除。以 WriteOnly 方式打开时隐含用 Truncate 模式）；
- QIODevice.Text（以文本方式打开文件，读取时"\n"被自动翻译为换行符，写入时字符串结束符会自动翻译为系统平台的编码，如 Windows 平台下是"\r\n"）。

这些模式可以通过或运算实现组合，例如 QIODevice.ReadOnly | QIODevice.Text 表示以只读和文本方式打开文件。

（2）字节码到字符串的转换

文本文件打开后，程序中以一个 while 循环逐行读取文本并显示在界面组件 textEdit 里，从文件中读取一行文本的代码是：

```
qtBytes = fileDevice.readLine()
```

readLine()函数以字符串中的换行符作为一行的结束标志，换行符是"\n"或"\r\n"。函数的返回结果是 QByteArray 类型，存储了从文件读取的原始字节码，并且在最后自动添加了一个"\0"字符作为字符串的结束符。要将 QByteArray 类型变量存储的字节码转换为 Python 里的 str 类型，还需要经过以下步骤。

- QByteArray 类型转换为 Python 的 bytes 类型。
- 通过 bytes 类型的 decode(encoding)函数将字节码转换为 Python 的字符串，必须指定编码格式 encoding，例如常用的是"utf-8"。

由于 QFile.readLine()函数在读出的数据末尾自动添加了一个"\0"，如果不去除会在每行字符串后面多显示一个空行，因此需要用 str.strip()函数去掉这个字符。

文件读写结束后，需要使用 QFile.close()函数关闭文件，取消对文件的占用。

这段代码使用 QFile.readLine()函数逐行读取文本，QFile 还有一个函数 readAll()可以一次性将文件内容全部读取出来，返回结果也是 QByteArray 类型。若使用 readAll()替换代码中的逐行读取方式，核心的代码如下：

```
qtBytes=fileDevice.readAll()           #返回 QByteArray 类型
pyBytes=bytes(qtBytes.data())          #将 QByteArray 转换为 bytes 类型
text=pyBytes.decode("utf-8")           #用 utf-8 编码为字符串
self.ui.textEdit.setPlainText(text)
```

2. 写入文件

主窗口工具栏上的"QFile 另存"按钮用 QFile 类的功能将 QPlainTextEdit 组件中的文本保存为一个文本文件，实现代码如下：

```
@pyqtSlot()       ##用 QFile 另存文件
def on_actQFile_Save_triggered(self):
    curPath=QDir.currentPath()        #获取系统当前目录
    title="另存为一个文件"
    filt="Python 程序(*.py);; C++程序(*.h *.cpp);;所有文件(*.*)"
    fileName,flt=QFileDialog.getSaveFileName(self,title,curPath,filt)
    if (fileName==""):
        return
    if self.__saveByIODevice(fileName):
        self.ui.statusBar.showMessage(fileName)
    else:
        QMessageBox.critical(self,"错误","保存文件失败")

def __saveByIODevice(self,fileName):        ##用 QFile 保存文件
    fileDevice=QFile(fileName)
    if not fileDevice.open(QIODevice.WriteOnly | QIODevice.Text):
        return False
    try:
        text=self.ui.textEdit.toPlainText()        #返回 str 类型
        strBytes=text.encode("utf-8")              #str 转换为 bytes 类型
        fileDevice.write(strBytes)                 #写入文件
```

```
finally:
    fileDevice.close()
return  True
```

自定义函数__saveByIODevice()实现文本文件的保存功能。为了保存文件,用函数 QFile.open()
打开文件时的代码是:

```
fileDevice.open(QIODevice.WriteOnly | QIODevice.Text)
```

使用 WriteOnly 模式打开文件时隐含着 Truncate 模式,即删除文件原有内容。

为了简便,这里通过 QPlainTextEdit 类的 toPlainText()函数将界面组件 textEdit 的所有内容导
出为字符串 text,然后再将字符串转换为 bytes 型数据。

QFile.write(data)函数将数据 data 写入文件,data 的数据类型必须是 QByteArray、bytes 或
bytearray,不能是 str 类型。所以,这里的 str 到 bytes 的转换是必需的。

3. QByteArray 与 bytes 之间的转换

QByteArray 是 PyQt5 的类,bytes 是 Python 自带的类,两者功能相同,但在必要的时候还是
需要进行相互的转换。

- bytes 转换为 QByteArray。示例代码如下:

```
pyBytes=bytes()                    #创建 bytes 对象
qtBytes=QByteArray(pyBytes)        #bytes 转换为 QByteArray
```

- QByteArray 转换为 bytes。示例代码如下:

```
qtBytes=QByteArray()               #创建 QByteArray 对象
pyBytes= qtBytes.data()            #或用 pyBytes= bytes(qtBytes.data())
```

9.2.3　QFile 和 QTextStream 结合读写文本文件

QTextStream 提供了读写文本数据的一些简便方法,但是 QTextStream 不能单独使用,它需要
与一个从 QIODevice 继承的 I/O 设备结合才能实现文本数据的流读写操作。在读写文本文件时,
QTextStream 与 QFile 结合使用。QTextStream 还可以与 QTcpSocket、QUdpSocket 等 I/O 设备结合
实现网络文本数据的读写。

1. 读取文件

主窗口工具栏上的“Stream 打开”按钮使用了 QTextStream,其关联槽函数和相关自定义函数
的代码如下:

```
@pyqtSlot()       ##用 QTextStream 打开文件
def on_actStream_Open_triggered(self):
    curPath=QDir.currentPath()        #获取系统当前目录
    title="打开一个文件"
    filt="程序文件(*.h *.cpp *.py);;文本文件(*.txt);;所有文件(*.*)"
    fileName,flt=QFileDialog.getOpenFileName(self,title,curPath,filt)
    if (fileName == ""):
        return
    if self.__openByStream(fileName):
        self.ui.statusBar.showMessage(fileName)
    else:
        QMessageBox.critical(self,"错误","打开文件失败")
```

```
def __openByStream(self,fileName):      ##用 QTextStream 打开文件
    fileDevice=QFile(fileName)
    if not fileDevice.exists():      #判断文件是否存在
        return False
    if not fileDevice.open(QIODevice.ReadOnly | QIODevice.Text):
        return False
    try:
        fileStream=QTextStream(fileDevice)
        fileStream.setAutoDetectUnicode(True)      #自动检测 Unicode
        fileStream.setCodec("utf-8")      #必须设置编码, 否则不能正常显示汉字
        self.ui.textEdit.clear()
        while not fileStream.atEnd():
            lineStr=fileStream.readLine()      #读取文件的一行, 读取出来就是 str
            self.ui.textEdit.appendPlainText(lineStr)      #添加到文本框显示
    finally:
        fileDevice.close()
    return   True
```

在创建 QTextStream 对象之前必须正常创建 QFile 对象, 并且打开文件。在创建 QTextStream 对象时传递一个 QFile 对象, 这样 QFile 对象和 QTextStream 对象就结合在一起了, 利用 QTextStream 可读写文件。

如果文本文件里有汉字, 需要设定为自动识别 Unicode 码, 并设置编码方式, 即下面的代码:

```
fileStream.setAutoDetectUnicode(True)
fileStream.setCodec("utf-8")
```

程序中采用了从文件中逐行读取文本的方法, 读取一行文本的语句是:

```
lineStr=fileStream.readLine()
```

其返回结果 lineStr 直接就是 str 类型了, 不用像 QFile.readLine() 的结果还需要做字节码到字符串的转换, 代码更简洁了。

也可以采用 QTextStream.readAll() 函数一次性读出文本文件的全部内容, 如:

```
text=fileStream.readAll()      #读取出来就是 str 类型
self.ui.textEdit.setPlainText(text)
```

2. 写入文件

主窗口工具栏上的 "Stream 另存" 按钮用 QFile 和 QTextStream 将 QPlainTextEdit 组件中的文本保存为一个文本文件, 实现代码如下:

```
@pyqtSlot()      ##用 QTextStream 另存文件
def on_actStream_Save_triggered(self):
    curPath=QDir.currentPath()      #获取系统当前目录
    title="另存为一个文件"
    filt="Python 程序(*.py);; C++程序(*.h *.cpp);;所有文件(*.*)"
    fileName,flt=QFileDialog.getSaveFileName(self,title,curPath,filt)
    if (fileName==""):
        return
    if self.__saveByStream(fileName):
        self.ui.statusBar.showMessage(fileName)
    else:
        QMessageBox.critical(self,"错误","保存文件失败")

def __saveByStream(self,fileName):      ##用 QTextStream 保存文件
    fileDevice=QFile(fileName)
    if not fileDevice.open(QIODevice.WriteOnly | QIODevice.Text):
        return False
```

```
        try:
            fileStream=QTextStream(fileDevice)          #用文本流读取文件
            fileStream.setAutoDetectUnicode(True)       #自动检测 Unicode
            fileStream.setCodec("utf-8")          #必须设置编码,否则不能正常显示汉字
            text=self.ui.textEdit.toPlainText()         #返回值是 str 类型
            fileStream<<text                      #使用流操作符写入
##          fileStream<<"\n**************在尾部添加的第 1 行"
        finally:
            fileDevice.close()
        return  True
```

在使用 QTextStream 对象 fileStream 写文本数据到文件时，直接使用了流的写入操作符 "<<"，
学习过 C++的读者对此不会陌生。

使用流操作符 "<<" 向文件写入一个字符串时，并不会自动在字符串的末尾添加换行符，需
要手动使用转义字符 "\n" 添加换行符。例如上面的代码中，如果要在末尾添加一行，则实现的
代码是：

```
fileStream<<"\n**************在尾部添加的第 1 行"
```

比较 QTextStream 的流读写方式和单独用 QFile 的读写方式，会发现使用 QTextStream 更方便
一些，无须进行字符串与字节码之间的转换。

9.2.4　Python 内建函数读写文本文件

Python 内建的文件功能也可以读写文本文件，为了与 PyQt5 的文本文件读写方式进行比较，
在示例中也实现了用 Python 内建的功能函数进行文本文件的读写。工具栏上的 "Python 打开" 和
"Python 另存" 两个按钮关联的槽函数代码如下：

```
@pyqtSlot()      ##用 Python 的 file()打开文件
def on_actPY_Open_triggered(self):
    curPath=QDir.currentPath()
    title="打开一个文件"
    filt="程序文件(*.h *.cpp *.py);;所有文件(*.*)"
    fileName,flt=QFileDialog.getOpenFileName(self,title,curPath,filt)
    if (fileName == ""):
        return
    self.ui.textEdit.clear()
    fileDevice=open(fileName,mode='r', encoding='utf-8')      #打开文件
    try:
        for eachLine in fileDevice:       #每次读取一行
            lineStr=eachLine.strip()        #必须用 strip()去掉末尾的'\0'
            self.ui.textEdit.appendPlainText(lineStr)
        self.ui.statusBar.showMessage(fileName)
    finally:
        fileDevice.close()

@pyqtSlot()       ##用 Python 的 file()保存文件
def on_actPY_Save_triggered(self):
    curPath=QDir.currentPath()
    title="另存为一个文件"
    filt="Python 程序(*.py);; C++程序(*.h *.cpp);;所有文件(*.*)"
    fileName,flt=QFileDialog.getSaveFileName(self,title,curPath,filt)
    if (fileName==""):
        return
    text=self.ui.textEdit.toPlainText()        #str 类型
```

```
fileDevice=open(fileName,mode='w', encoding='utf-8')
try:
    fileDevice.write(text)
    self.ui.statusBar.showMessage(fileName)
finally:
    fileDevice.close()
```

Python 的内建函数 open()用于打开文件，参数 mode 用于指定文件的打开模式，即读或写、文本或是二进制文件，参数 encoding 用于指定文本的编码方式。使用 Python 内建函数读写文本文件的具体操作在此不做过多解释，可查阅 Python 编程的资料。从代码来看，使用 Python 内建的功能函数读写文本文件也是很方便的。

9.3 二进制文件读写

9.3.1 基础知识和工具软件

1. 基本数据类型

除文本文件之外，其他的需要按照一定的格式定义读写的文件都可称为二进制文件。每种格式的二进制文件都有自己的格式定义，写入数据时按照一定的顺序，读出时也按照相应的顺序。例如地震研究中常用的 SEGY 格式的地震数据，就必须按照其标准格式要求写入数据才符合这种文件的格式规范，读取数据时也需要按照格式定义来读出数据。

二进制文件中可能存储了各种数据，例如文字、图片、视频等，这些数据都是以一些基本的数据类型的字节数据组合在一起的，就像计算机的信息都是由二进制的 0 和 1 构成的。

要掌握二进制文件的读写，必须先搞清楚各种基本的整数和浮点数类型。C 语言是类型强制的，其基本数据类型是最全面的。表 9-1 是各种基本数据类型的定义和表示。

表 9-1　整数和浮点数类型

简化表示法	C 语言类型	字节数
int8	signed char	1
uint8	unsigned char	1
int16	short	2
uint16	unsigned short	2
int	int	4
uint	unsigned int	4
int32	long	4
uint32	unsigned long	4
int64	long long	8
uint64	unsigned long long	8
float 或 single	float	4
double	double	8
bool	bool	1

注意　int 类型的字节数与所在操作系统位数有关，在 64 位操作系统上，int 长度是 4 字节，在 32 位操作系统上，int 长度是 2 字节。

Python 中的整数都是 int 类型，浮点数都是 float 类型，没有变量类型的强制定义，变量类型是动态的，这为编程提供了很强的灵活性，但是在需要强制类型时造成了不便。例如，需要向文件中写入 int8 或 uint16 整数，或写入的浮点数需要区分单精度和双精度。当然 Python 也提供了 int 和 float 类型与各种基本类型整数和浮点数之间转换的方法（在本节后面会介绍），只不过转换起来稍微有点麻烦。

2. 字节序

字节序是指一个多字节数据的各个字节码在内存或文件中的存储顺序，分为大端字节序（big endian）和小端字节序（little endian）。例如，对于一个 4 字节整数 125478，其十六进制数是 0x1E A2 60 00，在两种字节序下的存储方式不同。

大端字节序：高位字节在前（低地址），低位字节在后（高地址），如表 9-2 所示。

表 9-2 十六进制数 0x1E A2 60 00 在大端字节序下的存储

地址	0（低地址）	1	2	3（高地址）
内容	0x1E	0xA2	0x60	0x00

小端字节序：低位字节在前（低地址），高位字节在后（高地址），如表 9-3 所示。

表 9-3 十六进制数 0x1E A2 60 00 在小端字节序下的存储

地址	0（低地址）	1	2	3（高地址）
内容	0x00	0x60	0xA2	0x1E

内存中的数据字节序与 CPU 类型和操作系统有关，Intel x86 和 AMD64 的处理器全是小端字节序，而 MIPS UNIX 是大端字节序。

数据在写入文件时可以根据需要设定字节序，一般使用与操作系统一致的字节序，但也可以不一样。例如 Windows 系统的硬件字节序是小端字节序，但是保存数据为文件时也可以保存为大端字节序。

3. 查看文件十六进制内容的工具软件

在编写文件读写操作的程序时，一个查看二进制文件内容的工具软件是必不可少的，这种软件能显示文件内每个字节的十六进制内容。这样的软件比较多，其中一个完全免费且非常好用的软件是 HxD Hex Editor，这是一个专门用于查看和编辑文件十六进制内容的软件。例如使用 HxD 查看一个文件 test.stream 的界面如图 9-3 所示。本节后面的示例中编程向这个文件里写入了一个字符串"Hello"，图 9-3 就显示了文件中的十六进制内容。

图 9-3 的文件内容区域的左半部分显示了每个地址的十六进制字节码，右侧显示了这些字节码对应的文本，如果一个字节码正好对应一个 ASCII 码字符就显示为字符。窗口右侧的"数据检视"编辑器显示了文件区选中的字节对应的各种格式下的数值，例如选中了连续的两个字节，它代表的 Int16 和 UInt16 数值就自动显示出来了。

图 9-3 使用 HxD 查看文件的十六进制内容

使用 HxD 查看文件的十六进制内容可以很方便地检查文件写入的效果，例如使用不同的字节序向文件写入一个 4 字节整数，在 HxD 中就可以很方便地查看文件中的存储顺序。使用 HxD 也可以修改文件的内容，直接修改某个位置的字节码即可。

9.3.2 QDataStream 功能概述

1. 基本数据类型流化读写

QDataStream 是对 I/O 设备进行二进制流数据操作的类，其流数据格式与 CPU 类型、操作系统无关，是完全独立的。QDataStream 不仅可以用于二进制文件的流化操作，还可以用于网络数据通信的流化操作。

在对二进制文件进行操作时，创建 QDataStream 对象时需要传递一个 QFile 对象作为参数，从而与物理文件实现关联。

在 Qt C++中，QDataStream 使用流操作符"<<"和">>"进行数据的读写操作，因为 C++是强类型的，重载操作符使用起来很方便。但是 Python 的变量是动态类型的，且基本数据只有 int 和 float，无法区分表 9-1 中的各种基本类型，所以在 PyQt5 中，QDataStream 提供了一系列的接口函数替代流操作符进行数据的读写，这些接口函数如表 9-4 所示（表中仅列出了函数名称）。

表 9-4　QDataStream 读写基本数据的接口函数

数据类型	字节数	写入函数	读取函数
int8	1	writeInt8	readInt8
uint8	1	writeUInt8	readUInt8
int16	2	writeInt16	readInt16
uint16	2	writeUInt16	readUInt16
int	4	writeInt	readInt
uint	4	----	----
int32	4	writeInt32	readInt32
uint32	4	writeUInt32	readUInt32
int64	8	writeInt64	readInt64
uint64	8	writeUInt64	readUInt64
float 或 single	4	writeFloat	readFloat
double	8	writeDouble	readDouble
bool	1	writeBool	readBool

对于表 9-4 中的函数，有以下两点需要说明。

- 对于 uint 型整数没有专门的读写函数，但是 uint 和 uint32 是完全一样的，使用 uint32 相应的读写函数即可。
- 读写 float 或 double 浮点数的实际精度（4 字节或 8 字节）与 QDataStream 的属性设置有关。

在使用表 9-4 的函数进行数据读写之前，还需要使用 QDataStream 的两个接口函数设置读写操作的字节序和浮点数的精度。

（1）setByteOrder(order)函数设置字节序

参数 order 是枚举类型 QDataStream.ByteOrder，有以下两种取值：

- QDataStream.BigEndian（大端字节序）；
- QDataStream.LittleEndian（小端字节序）。

（2）setFloatingPointPrecision(precision)函数设置浮点数精度

参数 precision 是枚举类型 QDataStream.FloatingPointPrecision，有以下两种取值：

- QDataStream.SinglePrecision（单精度（4 字节）浮点数）；
- QDataStream.DoublePrecision（双精度（8 字节）浮点数）。

在设置为某种精度后，读写 float 和 double 数据的函数都按照这种精度。例如设置为 SinglePrecision 后，使用 writeDouble()和 readDouble()读写都是 4 字节浮点数；设置为 DoublePrecision 后，使用 writeFloat()和 readFloat()读写都是 8 字节浮点数。

2. 字符串的流化读写

QDataStream 为字符串的流化读写提供了以下两组函数。

- writeQString()和 readQString()：可以直接操作 Python 的 str 类型字符串。
- writeString()和 readString()：需要进行 bytes 型字节码到 str 类型字符串的转换。

这两组函数的用法和区别在示例程序里具体介绍。

3. 高级类型数据的流化读写

除数字、字符串等基本数据的流化读写外，QDataStream 还提供了以下两个函数用于流化读写一些高级类型的数据，如 QFont、QColor、QPen、QDateTime 等 PyQt5 中定义的一些类。

- writeQVariant()：将一个高级类型数据写入文件流。
- readQVariant()：从文件中读出一个高级类型数据。

至于 QFont、QColor 等这些高级类型对象的数据如何表示为具体的字节码，以及读出后如何解读，就是 QDataStream 底层做的事情了。

9.3.3 QDataStream 流化数据读写

1. 示例功能概述

示例 Demo9_2 演示使用 QDataStream 进行二进制文件流化数据读写的方法，程序运行时界面如图 9-4 所示。

该示例具有如下的功能。

- 首先需要点击"测试用文件"按钮选择一个文件，作为读写测试用的文件。
- 主工作区左侧是一些输入组件，例如输入整数、浮点数、字符串等，点击某一行的"写入"按钮，会将左侧输入框内的数据用相应的方法写入文件。也就是使用 WriteOnly 模式打开文件，只写入左侧输入的一个数据。
- 再点击其右侧的"读出"按钮可以用相应方法读取文件中的数据，并在右侧输出编辑框里显示。
- 通过界面上的"字节序"和"浮点数精度"可

图 9-4 示例 Demo9_2 演示二进制文件的流化读写

以设置 QDataStream 读写数据的字节序和浮点数精度。

- 最下面两行演示了 QFont 和 QColor 高级类型数据的流化读写。

- 点击工具栏上的"连续写入文件"按钮会将左侧各个输入编辑框内的数据按顺序连续写入测试文件。

- 点击工具栏上的"连续从文件读取"按钮会将测试文件内的数据按写入的顺序依次读出，并输出到右侧的输出编辑框里。

在运行此程序的过程中，还可以用 HxD 打开测试文件，查看数据实际写入结果，例如改变字节序后，在文件中的存储顺序是否变化了、精度设置对浮点数读写的影响、字符串数据的保存方式等。

示例 Demo9_2 是基于 mainWindowApp 模板创建的，主窗口 UI 文件 MainWindow.ui 用可视化方法设计，界面组件的布局和命名详见示例源文件。

myMainWindow.py 文件的 import 部分和 QmyMainWindow 类的构造函数的代码如下：

```python
import sys
from PyQt5.QtWidgets import  (QApplication, QMainWindow,QColorDialog,
                             QFileDialog, QMessageBox,QFontDialog)
from PyQt5.QtCore import  Qt,pyqtSlot,QDataStream,QFile,QDir,QIODevice
from PyQt5.QtGui import QPalette,QColor

from ui_MainWindow import Ui_MainWindow
class QmyMainWindow(QMainWindow):
    def __init__(self, parent=None):
        super().__init__(parent)
        self.ui=Ui_MainWindow()
        self.ui.setupUi(self)

        self.ui.groupBox.setEnabled(False)
        self.ui.actSaveALL.setEnabled(False)
        self.ui.actReadALL.setEnabled(False)
        self.__testFileName=""       #测试用文件的文件名
```

构造函数里定义了一个记录测试用文件名的私有变量 self.__testFileName。

界面上的所有功能必须在选择了一个测试文件之后才可用，窗口上的"测试用文件"按钮的槽函数代码如下：

```python
@pyqtSlot()       ##选择测试用文件
def on_btnFile_clicked(self):
    curPath=QDir.currentPath()       #当前目录
    title="选择文件"
    filt="流数据文件(*.stream)"       #文件过滤器
    fileName,flt=QFileDialog.getSaveFileName(self,title,curPath,filt)
    if (fileName == ""):
        return
    self.__testFileName=fileName       #测试用文件
    self.ui.editFilename.setText(fileName)
    self.ui.groupBox.setEnabled(True)
    self.ui.actSaveALL.setEnabled(True)
    self.ui.actReadALL.setEnabled(True)
```

2. 流化读写整数和浮点数

下面以读写 int16 类型数据的过程来讲解代码。在输入数据区的"Int16"旁边的 SpinBox 组件里设置数值，点击旁边的"写入"按钮会将数据写入文件，再点击"读出"按钮会从文件读取数据，并在右侧编辑框输出。

"写入"按钮的槽函数代码如下：

```python
@pyqtSlot()      ##写 int16
def on_btnInt16_Write_clicked(self):
    Value=self.ui.spin_Int16.value()           #Python 的 int
    if self.__iniWrite():
        try:
            self.fileStream.writeInt16(Value)    #以 int16 类型写入文件
        except Exception as e:
            QMessageBox.critical(self, "writeInt16()发生错误", str(e))
        finally:
            self.__delFileStream()               #关闭文件，删除对象
```

这里首先将界面组件 spin_Int16 的值读取到变量 Value，这个 Value 是 Python 的 int 数据类型。然后调用自定义函数__iniWrite()初始化文件写操作，这个函数里会创建一个 QDataStream 的对象 self.fileStream。再用 QDataStream 的 writeInt16()函数将 Value 以 int16 的格式写入文件。

注意，Value 本来是 Python 的 4 字节 int 整数，写入文件却是 2 字节的 int16 整数，所涉及的转换由 QDataStream 内部完成。如果变量 Value 的值在 int16 整数的数据范围之内，即-32768 至 32767，写入数据和再读出是没有问题的，如果超出这个范围，写入数据时就会出现异常。程序中使用了 try-except-finally 结构，能够捕获异常。当输入的数据超出 int16 的数据范围时，捕获异常后会出现一个出错消息提示对话框，显示的出错消息是：

```
argument 1 overflowed: value must be in the range -32768 to 32767
```

try-except-finally 结构保证最后调用自定义函数__delFileStream()删除相关对象。

自定义函数__iniWrite()和__delFileStream()的代码如下：

```python
def __iniWrite(self):          ##初始化写文件操作
    self.fileDevice=QFile(self.__testFileName)           #创建文件对象
    if  not self.fileDevice.open(QIODevice.WriteOnly):
        del self.fileDevice      #删除对象
        return False
    self.fileStream=QDataStream(self.fileDevice)          #流对象
    self.fileStream.setVersion(QDataStream.Qt_5_12)       #设置流版本号
    if self.ui.radio_BigEndian.isChecked():               #设置字节序
        self.fileStream.setByteOrder(QDataStream.BigEndian)
    else:
        self.fileStream.setByteOrder(QDataStream.LittleEndian)
##必须要设置精度，float 和 double 都按照这个精度
    precision=QDataStream.DoublePrecision
    if self.ui.radio_Single.isChecked():
        precision=QDataStream.SinglePrecision
    self.fileStream.setFloatingPointPrecision(precision)
    return True

def __delFileStream(self):        ##结束文件操作
    self.fileDevice.close()
    del self.fileStream
    del self.fileDevice
```

函数__iniWrite()的功能主要是创建 QFile 对象，以 WriteOnly 模式打开文件，创建与文件关联的 QDataStream 对象 self.fileStream。再根据界面选择设置字节序和浮点数精度。

还需要使用 QDataStream.setVersion()函数设置流版本号，这里设置为 QDataStream.Qt_5_12。使用 QDataStream 的流操作读写数据时，某些高级类型的数据如 QFont、QColor 等是由 Qt 内部编

码的，新版本的 Qt 相对于以前的版本可能编码有修改，所以需要设置一个流版本号，以保证能正确地读取文件内的数据。读操作和写操作的流版本号应该兼容，即读操作的流版本号应该高于写操作的流版本号，这样才能保证正确读写。

函数__delFileStream()的功能是关闭文件，删除前面生成的两个对象。因为每次读写文件操作时都要新建这两个对象，所以使用结束后将它们删除。

在"Int16"一行的"读出"按钮的功能是用 QDataStream.readInt16()函数从文件中读取一个 int16 整数，其槽函数及相关函数__iniRead()的代码如下：

```python
@pyqtSlot()      ##读 int16
def on_btnInt16_Read_clicked(self):
    if self.__iniRead():
        try:
            Value=self.fileStream.readInt16()
            self.ui.edit_Int16.setText("%d"%Value)
        except Exception as e:
            QMessageBox.critical(self, "readInt16()发生错误", str(e))
        finally:
            self.__delFileStream()

def __iniRead(self):        ##开始读文件操作
    if not QFile.exists(self.__testFileName):
        QMessageBox.critical(self,"错误","文件不存在")
        return False
    self.fileDevice=QFile(self.__testFileName)       #创建文件对象
    if  not self.fileDevice.open(QIODevice.ReadOnly):
        del self.fileDevice        #删除对象
        return False
    self.fileStream=QDataStream(self.fileDevice)
    self.fileStream.setVersion(QDataStream.Qt_5_12)       #设置流版本号
    if self.ui.radio_BigEndian.isChecked():
        self.fileStream.setByteOrder(QDataStream.BigEndian)
    else:
        self.fileStream.setByteOrder(QDataStream.LittleEndian)
##必须要设置精度，float 和 double 都按照这个精度
    precision=QDataStream.DoublePrecision
    if self.ui.radio_Single.isChecked():
        precision=QDataStream.SinglePrecision
    self.fileStream.setFloatingPointPrecision(precision)
    return True
```

自定义函数__iniRead()的功能是初始化文件读操作，以 ReadOnly 模式打开文件并创建 QDataStream 对象 self.fileStream。

槽函数 on_btnInt16_Read_clicked()中用 QDataStream 的 readInt16()函数将从文件读出的值赋给变量 Value，Value 是 Python 的 int 整数类型。程序中也使用了 try-except-finally 结构捕获程序异常，但是一般不会抛出异常，即使文件中写入的是一个 bool 数据，用 readInt16()读取数据，也只是读取的数结果不对，而不会抛出异常。

在这个代码框架下，读写其他整数和浮点数的代码基本相同，只需使用 QDataStream 相应的读写函数即可。例如"double"一行的"写入"和"读取"两个按钮的槽函数代码如下：

```python
@pyqtSlot()      ##写 double
def on_btnDouble_Write_clicked(self):
    Value=self.ui.spin_Double.value()
    if self.__iniWrite():
```

```
    try:
        self.fileStream.writeDouble(Value)
    except Exception as e:
        QMessageBox.critical(self, "writeDouble()发生错误", str(e))
    finally:
        self.__delFileStream()

@pyqtSlot()        ##读 double
def on_btnDouble_Read_clicked(self):
    if self.__iniRead():
        try:
            Value=self.fileStream.readDouble()
            self.ui.edit_Double.setText("%.4f"%Value)
        except Exception as e:
            QMessageBox.critical(self, "readDouble()发生错误", str(e))
        finally:
            self.__delFileStream()
```

注意，这里虽然使用的是函数 writeDouble()和 readDouble()，但是实际的浮点数精度由
setFloatingPointPrecision()函数设定。如果已经设定为单精度，则写入和读取的都是 4 字节浮点数。

3. 流化读写 bool 型数据

窗体上测试 bool 型数据的"写入"和"读出"按钮的槽函数代码如下：

```
@pyqtSlot()        ##写 bool
def on_btnBool_Write_clicked(self):
    Value=self.ui.chkBox_In.isChecked()        #bool 型
    if self.__iniWrite():
        self.fileStream.writeBool(Value)
        self.__delFileStream()

@pyqtSlot()        ##读 bool
def on_btnBool_Read_clicked(self):
    if self.__iniRead():
        Value=self.fileStream.readBool()        #bool 型
        self.ui.chkBox_Out.setChecked(Value)
        self.__delFileStream()
```

4. 流化读写字符串数据

QDataStream 有两组读写字符串的函数。测试 writeQString()和 readQString()这一组函数的两个
按钮的槽函数代码如下：

```
@pyqtSlot()        ##写 QString, 与 Python 的 str 兼容
def on_btnQStr_Write_clicked(self):
    Value=self.ui.editQStr_In.text()
    if self.__iniWrite():
        try:
            self.fileStream.writeQString(Value)
        except Exception as e:
            QMessageBox.critical(self, "writeQString()发生错误", str(e))
        finally:
            self.__delFileStream()

@pyqtSlot()        ##读 QString, 与 Python 的 str 兼容
def on_btnQStr_Read_clicked(self):
    if self.__iniRead():
        try:
            Value=self.fileStream.readQString()
            self.ui.editQStr_Out.setText(Value)
        except Exception as e:
```

```
        QMessageBox.critical(self, "readQString()发生错误", str(e))
    finally:
        self.__delFileStream()
```

writeQString()和 readQString()直接以 Python 的 str 类型的字符串作为输入输出参数。例如，将字符串"Hello"用 writeQString()函数写入文件，文件中的存储内容如图 9-5 所示。前面 4 字节是一个 4 字节整数，表示后面所需读取的字节数，0x0A 对应十进制数 10，表示后面有 10 字节的数据。"Hello"只有 5 个字母，但是在文件中每个字母用 2 字节表示。

```
Offset(h)  00 01 02 03 04 05 06 07 08 09 0A 0B 0C 0D 0E 0F   对应文本
00000000   0A 00 00 00 48 00 65 00 6C 00 6C 00 6F 00         ....H.e.l.l.o.
```

图 9-5　writeQString()函数保存到文件中的"Hello"字符串

测试 writeString()和 readString()这一组函数的两个按钮的槽函数代码如下：

```
@pyqtSlot()      ##写 String
def on_btnStr_Write_clicked(self):
    strV=self.ui.editStr_In.text()       #str 类型
    if self.__iniWrite():
        try:
            bts=bytes(strV,encoding="utf-8")     #转换为 bytes 类型
            self.fileStream.writeString(bts)
        except Exception as e:
            QMessageBox.critical(self, "写入时发生错误", str(e))
        finally:
            self.__delFileStream()

@pyqtSlot()      ##读 String
def on_btnStr_Read_clicked(self):
    if self.__iniRead():
        try:
            Value=self.fileStream.readString()       #bytes 类型
            strV=Value.decode("utf-8")       #bytes 类型解码为字符串，编码 utf-8
            self.ui.editStr_Out.setText(strV)
        except Exception as e:
            QMessageBox.critical(self, "读取时发生错误", str(e))
        finally:
            self.__delFileStream()
```

使用这一组函数时涉及 str 与 bytes 类型之间的转换，还要指定编码格式，一般用 utf-8。使用 writeString()向文件中写入字符串"Hello"，文件中的实际存储内容如图 9-6 所示。前面 4 字节是一个 4 字节整数，表示后面所需读取的字节数，这里是 6，表示后面有 6 字节的数据。"Hello"有 5 个字母，在文件中每个字母用 1 字节表示，在字符串的末尾自动添加了"\0"作为结束符。

```
Offset(h)  00 01 02 03 04 05 06 07 08 09 0A 0B 0C 0D 0E 0F   对应文本
00000000   06 00 00 00 48 65 6C 6C 6F 00                     ....Hello.
```

图 9-6　writeString()函数保存到文件中的"Hello"字符串

读者还可以自己测试一下写入汉字"你好"到文件，writeQString()和 writeString()保存的结果也有差别，这里涉及汉字的编码，就不具体解释了。

注意　在文件的读写操作中，写和读必须是对应的。写入一个 8 字节 double 数据，就应该按 8 字节 double 数据读出，如果按照 4 字节 double 数据读出得到的结果就是错误的，如果按照字符串数据读出，还可能会抛出异常。

5. 流化读写高级数据类型

使用 QDataStream 的 writeQVariant() 和 readQVariant() 函数可以读写 PyQt5 的一些高级数据类型，如 QFont、QColor、QDateTime 等数据。窗口上"选择字体"一行的 3 个按钮的槽函数代码如下：

```python
@pyqtSlot()      ##选择字体
def on_btnFont_In_clicked(self):
    font=self.ui.btnFont_In.font()
    font,OK=QFontDialog.getFont(font,self)      #选择字体
    if OK:
        self.ui.btnFont_In.setFont(font)


@pyqtSlot()      ##写 QVariant, QFont
def on_btnFont_Write_clicked(self):
    font=self.ui.btnFont_In.font()      #QFont 类型
    if self.__iniWrite():
        self.fileStream.writeQVariant(font)      #写入 QFont 类型数据
        self.__delFileStream()


@pyqtSlot()      ##读 QVariant, QFont
def on_btnFont_Read_clicked(self):
    if self.__iniRead():
        try:
            font=self.fileStream.readQVariant()   #读取为 QFont 类型
            self.ui.editFont_Out.setFont(font)
        except Exception as e:
            QMessageBox.critical(self, "读取时发生错误", str(e))
        finally:
            self.__delFileStream()
```

同样的，"选择颜色"一行的 3 个按钮的槽函数代码如下：

```python
@pyqtSlot()      ##选择颜色
def on_btnColor_In_clicked(self):
    plet=self.ui.btnColor_In.palette()      #QPalette
    color=plet.buttonText().color()         #QColor
    color= QColorDialog.getColor(color,self)
    if color.isValid():
        plet.setColor(QPalette.ButtonText,color)
        self.ui.btnColor_In.setPalette(plet)


@pyqtSlot()      ##写 QVariant，QColor
def on_btnColor_Write_clicked(self):
    plet=self.ui.btnColor_In.palette()
    color=plet.buttonText().color()         #QColor
    if self.__iniWrite():
        self.fileStream.writeQVariant(color)      #写入 QColor 类型数据
        self.__delFileStream()


@pyqtSlot()      ##读 QVariant，QColor
def on_btnColor_Read_clicked(self):
    if self.__iniRead():
        try:
            color=self.fileStream.readQVariant()      #读取为 QColor 类型
            plet=self.ui.editColor_Out.palette()
            plet.setColor(QPalette.Text,color)
            self.ui.editColor_Out.setPalette(plet)
        except Exception as e:
            QMessageBox.critical(self, "读取时发生错误", str(e))
        finally:
            self.__delFileStream()
```

从程序可以看出，函数 writeQVariant(any)的参数 any 可以是任意类型的对象（当然必须是 QDataStream 支持的类型），例如 QFont 对象、QColor 对象。函数 readQVariant()读出的结果也直接是原先写入的数据的类型。

6.　连续写入文件

为了测试方便，前面的代码都是每次向文件写一个数据，实际的二进制文件都是由具体的格式定义，按顺序存储各种数据。

工具栏上的按钮"连续写入文件"将窗口上所有用于测试的输入数据按顺序连续写入文件，模拟了完整的二进制数据文件写入功能。按钮"连续写入文件"关联槽函数的代码如下，为简化代码，没有使用 try-except-finally 结构。

```
@pyqtSlot()        ##连续写入文件
def on_actSaveALL_triggered(self):
   if not self.__iniWrite():
      QMessageBox.critical(self,"错误","为写入打开文件时出错")
      return
##数据写入部分
   Value=self.ui.spin_Int8.value()
   self.fileStream.writeInt8(Value)        #int8

   Value=self.ui.spin_UInt8.value()
   self.fileStream.writeUInt8(Value)        #uint8

   Value=self.ui.spin_Int16.value()
   self.fileStream.writeInt16(Value)        #int16

   Value=self.ui.spin_UInt16.value()
   self.fileStream.writeUInt16(Value)        #uint16

   Value=self.ui.spin_Int32.value()
   self.fileStream.writeInt32(Value)        #int32

   Value=self.ui.spin_Int64.value()
   self.fileStream.writeInt64(Value)        #int64

   Value=self.ui.spin_Int.value()
   self.fileStream.writeInt(Value)        #int

   Value=self.ui.chkBox_In.isChecked()
   self.fileStream.writeBool(Value)        #bool

   Value=self.ui.spin_Float.value()
   self.fileStream.writeFloat(Value)        #float

   Value=self.ui.spin_Double.value()
   self.fileStream.writeDouble(Value)        #double

   str_Value=self.ui.editQStr_In.text()
   self.fileStream.writeQString(str_Value)        #QString

   str_Value=self.ui.editStr_In.text()                #str 类型
   bts=bytes(str_Value,encoding="utf-8")        #转换为 bytes 类型
   self.fileStream.writeString(bts)

   font=self.ui.btnFont_In.font()
   self.fileStream.writeQVariant(font)        #QFont
```

```
        plet=self.ui.btnColor_In.palette()
        color=plet.buttonText().color()
        self.fileStream.writeQVariant(color)        #QColor

##数据写入完成
        self.__delFileStream()
        QMessageBox.information(self,"消息","数据连续写入完成.")
```

从界面组件上获取的数据会按顺序写入文件，每种数据有其固定的格式，读出时再按顺序读出即可。

7. 从文件连续读取

点击工具栏上的"连续从文件读取"按钮可以将前面连续写入保存的文件内容读取出来，然后将数据显示到界面上，其槽函数的代码如下：

```
@pyqtSlot()        ##连续读取文件
def on_actReadALL_triggered(self):
    if not self.__iniRead():
        QMessageBox.critical(self,"错误","为读取打开文件时出错")
        return
##数据读取部分
    Value=self.fileStream.readInt8()        #int8
    self.ui.edit_Int8.setText("%d"%Value)

    Value=self.fileStream.readUInt8()        #uint8
    self.ui.edit_UInt8.setText("%d"%Value)

    Value=self.fileStream.readInt16()        #int16
    self.ui.edit_Int16.setText("%d"%Value)

    Value=self.fileStream.readUInt16()        #uint16
    self.ui.edit_UInt16.setText("%d"%Value)

    Value=self.fileStream.readInt32()        #int32
    self.ui.edit_Int32.setText("%d"%Value)

    Value=self.fileStream.readInt64()        #int64
    self.ui.edit_Int64.setText("%d"%Value)

    Value=self.fileStream.readInt()        #int
    self.ui.edit_Int.setText("%d"%Value)

    Value=self.fileStream.readBool()        #bool
    self.ui.chkBox_Out.setChecked(Value)

    Value=self.fileStream.readFloat()        #float
    self.ui.edit_Float.setText("%.4f"%Value)

    Value=self.fileStream.readDouble()        #double
    self.ui.edit_Double.setText("%.4f"%Value)

    str_Value=self.fileStream.readQString()        #str
    self.ui.editQStr_Out.setText(str_Value)

    byteStr=self.fileStream.readString()        #bytes
    str_Value=byteStr.decode("utf-8")                #从 bytes 类型解码为字符串
    self.ui.editStr_Out.setText(str_Value)

    font=self.fileStream.readQVariant()        #QFont
    self.ui.editFont_Out.setFont(font)
```

```
        color=self.fileStream.readQVariant()      #QColor
        plet=self.ui.editColor_Out.palette()
        plet.setColor(QPalette.Text,color)
        self.ui.editColor_Out.setPalette(plet)

    ##数据读取完成
        self.__delFileStream()
        QMessageBox.information(self,"消息","数据连续读取完成.")
```

这里假设读取的文件是点击"连续写入文件"按钮生成的数据文件，所以在程序中没有使用 try-except-finally 结构，以简化代码。如果不是对应的文件，运行时就会出现异常并退出。所以，从二进制文件读取数据时，必须严格按照写入时的顺序和类型读取，否则读出的数据就是错误的，或出现不可预料的异常。

9.3.4 QDataStream 原始数据读写

1．原始字节数组数据读写功能

从示例 Demo9_2 可以看到，用 QDataStream 的流数据读写功能进行二进制文件的数据读写是很方便的，甚至可以读写一些高级的 PyQt5 预定义数据类型，虽然我们并不清楚这些预定义类型的具体存储格式。

在某些情况下可能需要向文件写入原始的字节数组数据，或读取一定字节数的数据自己做解析，这些是文件的原始数据读写功能。

QDataStream 提供了两组函数用于原始字节数组数据的读写。

（1）writeRawData()和 readRawData()函数

writeRawData()函数用于将原始字节数组数据写入文件，其函数原型为：

```
writeRawData(self, data) -> int
```

参数 data 是 bytes 类型，也就是字节数组；返回数据是 int 类型，表示成功写入文件的字节数。

readRawData()函数用于从文件读取指定字节数的数据，其函数原型为：

```
readRawData(self, count) -> bytes
```

输入参数 count 是 int 类型，表示需要读取的字节数；返回结果是 bytes 类型，是读取的字节数据数组。

writeRawData() 和 readRawData()函数在读写原始字节数据时，不受 QDataStream 类的 setByteOrder()函数设置的字节序的影响，它只是连续写或读相应字节数的数据。

（2）writeBytes()和 readBytes()函数

writeBytes()函数用于将一个字节数组的数据写入文件，其函数原型为：

```
writeBytes(self, data) -> QDataStream
```

参数 data 是 bytes 类型，也就是字节数组。返回结果是一个 QDataStream 对象，一般不使用此返回结果。

writeBytes()函数在将字节数组数据写入文件之前，会先写入一个 4 字节整数，表示后续写入的字节数，与图 9-6 的 writeString()函数写入字符串时的存储结构类似。而 writeRawData()函数不会做此额外的工作，它直接写字节数组的数据。

注意 QDataStream.setByteOrder()函数设置的字节序会影响 writeBytes()写入的 4 字节整数的存储方式，即这个整数会根据字节序的设置存储为大字节序或小字节序。

所以，writeRawData()函数适合写各种整数、浮点数等基本数据类型，因为这些类型数据的字节数是固定的，而 writeBytes()函数适合写字符串数据，因为字符串的长度是不固定的，前面的 4 字节整数正好可以表示字符串数据的字节数，便于用 readBytes()函数读出。

readBytes()函数的函数原型是：

```
readBytes(self) -> bytes
```

使用 readBytes()函数读取数据时无须指定需要读取的字节数，它会自动读取当前位置的 4 字节的整数作为需要读取的字节数，然后读取这些字节作为返回结果。

2. 示例程序功能

示例 Demo9_3 演示 QDataStream 读写原始字节数据的功能，图 9-7 是运行时界面。

示例 Demo9_3 从示例 Demo9_2 复制而来，然后删除了界面上用于字体和颜色读写的相关组件，增加了一个字符串写入测试相关组件。

字节序和浮点数精度的设置虽然不影响原始字节数据的读写，但是也保留了界面组件和程序中的相关代码，以便观察到底是否有影响，有何影响。

测试用文件以".raw"为后缀，以便与示例 Demo9_2 的文件区分。

图 9-7 QDataStream 原始字节数据读写示例

程序中要用到 Python 自带的 struct 模块，需要添加到 import 语句，即

```
import sys,struct
```

QmyMainWindow 类的构造函数中增加了一个字典数据的定义，构造函数的完整代码如下：

```python
class QmyMainWindow(QMainWindow):
    def __init__(self, parent=None):
        super().__init__(parent)          #调用父类构造函数，创建窗体
        self.ui=Ui_MainWindow()           #创建 UI 对象
        self.ui.setupUi(self)             #构造 UI
        self.ui.groupBox.setEnabled(False)
        self.ui.actSaveALL.setEnabled(False)
        self.ui.actReadALL.setEnabled(False)
        self.__testFileName=""
        self.__typeSize={"char":1, "bool":1,   "int8":1,   "uint8":1,
                         "int16":2,"uint16":2, "int32":4,  "uint32":4,
                         "int64":8,"uint64":8, "int":4,    "uint":4,
                         "float":4,"single":4, "double":8}
```

字典数据 self.__typeSize 定义了基本数据类型的字节数，例如 int8 类型是 1 字节，double 类型是 8 字节。定义字典数据便于在后面的代码里以类型的字符名称获取类型的字节数，提高程序的可读性。

QmyMainWindow 类中的 3 个自定义函数__iniWrite()、__delFileStream()和__iniRead()与示例 Demo9_2 的完全相同，所以不再列出其源码。

3. 基本类型数据的读写

向文件写入 int64 类型数据的按钮的槽函数代码如下：

```
@pyqtSlot()        ##写 int64
def on_btnInt64_Write_clicked(self):
    Value=self.ui.spin_Int64.value()      #Python 的 int 类型
    if self.__iniWrite():
        try:
            bts=struct.pack('q',Value)        #'q'= long long, 8 字节=int64
            self.fileStream.writeRawData(bts)
        except Exception as e:
            QMessageBox.critical(self, "写 int64 过程出现错误", str(e))
        finally:
            self.__delFileStream()
```

从界面组件 spin_Int64 上读取的数值赋值给变量 Value，它是 Python 的 int 类型，然后使用了 struct.pack()函数将此 int 数据转换为 C 语言中的 int64 型数据，转换结果变量 bts 是 bytes 型字节数组，它存储了与 Value 的值对应的 int64 的 8 字节编码数据。

这里使用了 Python 自带的 struct 模块的函数。struct 模块用于实现 Python 的数值数据与 C 语言类型数值之间的转换，C 语言类型的数据用 bytes 字节数组表示。

struct 有两个最主要的函数：pack()函数用于将 Python 的数据转换为 C 语言类型的字节数组；unpack()函数用于将 C 语言字节数组的数据转换为 Python 的数据。

pack()函数的函数原型是：

```
pack(fmt, v1, v2, ...) -> bytes
```

其中参数 fmt 是转换的格式化字符串，它指定了转换结果对应的 C 语言数据类型和字节序，参数 v1、v2 等是 Python 中的数据，可以是 int、float、bool 三种数据类型。函数的返回结果是 bytes 型字节数组。

格式化字符串有两组字符。其中一组字符用于表示字节序、字节大小和方式，字符的意义如表 9-5 所示。

表 9-5　字节序、大小和方式字符的意义

字符	字节序	大小	方式
@	native	native	native
=	native	standard	none
<	little-endian	standard	none
>	big-endian	standard	none
!	network(=big-endian)	standard	none

native 字节序表示所使用的字节序依据计算机的 CPU 自行确定，例如 x86 和 AMD64 的 CPU 是小字节序，Motorola 68000 和 PowerPC 是大字节序。

数据类型的大小和方式的 native 是指由 C 语言编译器的 sizeof()函数决定的数据类型字节数。数据类型的标准大小就是指表 9-1 中的各种数据类型的标准字节数。

在没有设置字节序字符时，"@"是默认的设置。如果文件有可能跨平台传输，最好直接指定具体的字节序。例如在 Windows 平台上用默认的小字节序写入了文件，但是到了一个服务器上默

认的却是大字节序，文件读取就会有问题。

另外一组字符表示 C 语言的数据类型，各字符的意义如表 9-6 所示。

表 9-6　表示 C 语言数据类型的字符

格式字符	简化表示法	C 语言类型	Python 类型	标准字节数
c	char	char	1 字节的 bytes	1
b	int8	signed char	int	1
B	uint8	unsigned char	int	1
?	bool	bool	bool	1
h	int16	short	int	2
H	uint16	unsigned short	int	2
i	int	int	int	4
I	uint	unsigned int	int	4
l	int32	long	int	4
L	uint32	unsigned long	int	4
q	int64	long long	int	8
Q	uint64	unsigned long long	int	8
f	float 或 single	float	float	4
d	double	double	float	8

注意，转换为 float 或 double 类型时都是采用 IEEE 浮点数格式，不适用于 IBM 格式的浮点数。

前面的程序在将 Python 的整数 Value 转换为 int64 型的字节数组时的代码是：

```
bts=struct.pack('q',Value)
```

格式化字符串'q'表示要转换为 int64 类型，使用了本机默认的字节序。如果显式地要求转换为大字节序表示，要使用下面的代码：

```
bts=struct.pack('>q',Value)
```

与 pack()函数对应的是 unpack()函数，其函数原型为：

```
unpack(fmt, buffer) -> (v1, v2, ...)
```

参数 fmt 是格式化字符串，与 pack()函数使用的格式化字符串的意义相同；参数 buffer 是 bytes 类型的字节数组。

unpack()函数的功能就是将字节数组数据 buffer 按照格式化字符串 fmt 解析，转换为 Python 的基本类型的数据后返回。返回结果是一个元组数据，即使只有一个变量。

窗口上从文件读取 int64 类型数据并显示的按钮的槽函数代码如下：

```
@pyqtSlot()      ##读 int64
def on_btnInt64_Read_clicked(self):
    if self.__iniRead():
        try:
            bts=self.fileStream.readRawData(self.__typeSize["int64"])
            Value,=struct.unpack('q',bts)     #'q'= long long, 8 字节=int64
            self.ui.edit_Int64.setText("%d"%Value)
        except Exception as e:
            QMessageBox.critical(self, "读 int64 过程出现错误", str(e))
        finally:
            self.__delFileStream()
```

程序首先用 QDataStream 的 readRawData()函数读取 8 字节数据到 bytes 型变量 bts 里，然后用 struct.unpack()函数将此字节数组的内容按照 int64 格式解析，转换为 Python 的 int 类型数据 Value。

其他类型的原始数据读写也与此类似，例如写入和读出 double 型数据的两个按钮的槽函数代码如下：

```
@pyqtSlot()      ##写 double
def on_btnDouble_Write_clicked(self):
    Value=self.ui.spin_Double.value()
    if self.__iniWrite():
        try:
            bts=struct.pack('d',Value)      #'d'= double, 8 字节=double
            self.fileStream.writeRawData(bts)
        except Exception as e:
            QMessageBox.critical(self, "写 double 过程出现错误", str(e))
        finally:
            self.__delFileStream()

@pyqtSlot()      ##读 double
def on_btnDouble_Read_clicked(self):
    if self.__iniRead():
        try:
            bts=self.fileStream.readRawData(self.__typeSize["double"])
            Value,=struct.unpack('d',bts)      #'d'= double, 8 字节
            self.ui.edit_Double.setText("%.4f"%Value)
        except Exception as e:
            QMessageBox.critical(self, "读 double 过程出现错误", str(e))
        finally:
            self.__delFileStream()
```

使用 writeRawData() 和 readRawData() 对基本类型数据的读写要明确以下几点。

（1）数值转换为字节数组后的字节序是在 struct.pack() 里用格式字符串定义的，与 QDataStream 的 setByteOrder() 设置的字节序无关。writeRawData() 函数只是将字节数组的内容写入文件。

（2）用 struct.pack() 转换浮点数时，得到的 float 类型是 4 字节，double 类型是 8 字节，与 QDataStream 的 setFloatingPointPrecision() 函数设置的浮点数精度无关。

（3）使用 struct.pack() 将一个 Python 数据转换为对应的 C 数据类型字节数组时，会检查输入数据的范围。例如，写入一个 int8 整数时，其数据范围应该是 -128～127，如果 Value 等于 1256，使用的转换语句是：

```
bts=struct.pack('b', Value)      # 'b'=signed char=int8
```

则程序会抛出异常，提示异常信息：

```
byte format requires -128 <= number <= 127
```

4．字符串数据的读写

写字符串数据应该使用 writeBytes() 函数，它会自动将数据的字节数写在前面，相应地用 readBytes() 函数读出字符串数据。界面上用于测试这两个函数功能的代码如下：

```
@pyqtSlot()      ## writeBytes 写 String
def on_btnStr_Write_clicked(self):
    strV=self.ui.editStr_In.text()      #str 类型
    if self.__iniWrite():
        bts=bytes(strV,encoding="utf-8")      #转换为 bytes 类型
        self.fileStream.writeBytes(bts)
        self.__delFileStream()

@pyqtSlot()      ## readBytes 读 String
def on_btnStr_Read_clicked(self):
    if self.__iniRead():
```

```
try:
    Value=self.fileStream.readBytes()
    strV=Value.decode("utf-8")        #从 bytes 类型解码为字符串, utf-8 码
    self.ui.editStr_Out.setText(strV)
except Exception as e:
    QMessageBox.critical(self, "读 String 过程出现错误", str(e))
finally:
    self.__delFileStream()
```

测试使用 writeBytes()函数向文件中写入字符串"Hello"，fileStream 设置使用小字节序，文件存储内容如图 9-8 所示。

```
Offset(h)  00 01 02 03 04 05 06 07 08 09 0A 0B 0C 0D 0E 0F   对应文本
00000000   05 00 00 00 48 65 6C 6C 6F                        ....Hello
```

图 9-8   writeBytes()以小字节序、utf-8 编码写入"Hello"的存储内容

从图 9-8 可以看出，前面是一个 4 字节整数，数值为 5，表示后面有 5 字节的数据要读出。紧跟着的是"Hello"每个字符的编码，每个字符占用 1 字节。还可以与图 9-6 的存储内容进行比较，图 9-8 中并没有在字符串末尾自动添加结束符"\0"。

如果用 writeRawData()函数将字符串的编码数据写入文件，不会在字符串数据前自动添加数据字节数，所以不适合写字符串数据。

5. 连续写入和读取各种类型数据

窗口工具栏上的"连续写入文件"按钮将窗口上各种类型的数据按顺序写入文件，特别注意代码中 struct.pack()函数对各种类型数据的格式化字符。

```
@pyqtSlot()        ##连续写入文件
def on_actSaveALL_triggered(self):
    if not self.__iniWrite():
        QMessageBox.critical(self,"错误","为写入打开文件时出错")
        return
##数据写入部分
    Value=self.ui.spin_Int8.value()
    bts=struct.pack('b',Value)        #'b'=signed char, int8
    self.fileStream.writeRawData(bts)

    Value=self.ui.spin_UInt8.value()
    bts=struct.pack('B',Value)        #'B'=unsigned char, uint8
    self.fileStream.writeRawData(bts)

    Value=self.ui.spin_Int16.value()
    bts=struct.pack('h',Value)        #'h'=short, int16
    self.fileStream.writeRawData(bts)

    Value=self.ui.spin_UInt16.value()
    bts=struct.pack('H',Value)        #'H'=unsigned short, uint16
    self.fileStream.writeRawData(bts)

    Value=self.ui.spin_Int32.value()
    bts=struct.pack('l',Value)        #'l'= long, 4 字节 int32
    self.fileStream.writeRawData(bts)

    Value=self.ui.spin_Int64.value()
    bts=struct.pack('q',Value)        #'q'= long long, 8 字节 int64
    self.fileStream.writeRawData(bts)
```

```
        Value=self.ui.spin_Int.value()
        bts=struct.pack('i',Value)      #'i'= int, 4 字节 int
        self.fileStream.writeRawData(bts)

        Value=self.ui.chkBox_In.isChecked()
        bts=struct.pack('?',Value)      #'?'= bool, 1 字节
        self.fileStream.writeRawData(bts)

        Value=self.ui.spin_Float.value()
        bts=struct.pack('f',Value)      #'f'= float, 4 字节
        self.fileStream.writeRawData(bts)

        Value=self.ui.spin_Double.value()
        bts=struct.pack('d',Value)      #'d'= double, 8 字节
        self.fileStream.writeRawData(bts)

        strV=self.ui.editStr_In.text()          #str 类型
        bts=bytes(strV,encoding="utf-8")        #转换为 bytes 类型
        self.fileStream.writeBytes(bts)

##数据写入完成
        self.__delFileStream()
        QMessageBox.information(self,"消息","数据连续写入完成.")
```

窗口工具栏上的"连续从文件读取"按钮则是按顺序和类型读取文件内的数据，然后显示在窗口上相应的输出编辑框里，其槽函数代码如下：

```
@pyqtSlot()     ##连续读取文件
def on_actReadALL_triggered(self):
    if not self.__iniRead():
        QMessageBox.critical(self,"错误","为读取打开文件时出错")
        return
##数据读取部分
    bts=self.fileStream.readRawData(self.__typeSize["int8"])
    Value,=struct.unpack('b',bts)       #'b'=signed char, int8
    self.ui.edit_Int8.setText("%d"%Value)

    bts=self.fileStream.readRawData(self.__typeSize["uint8"])
    Value,=struct.unpack('B',bts)       #'B'=unsigned char
    self.ui.edit_UInt8.setText("%d"%Value)

    bts=self.fileStream.readRawData(self.__typeSize["int16"])
    Value,=struct.unpack('h',bts)       #'h'=short, 2 字节
    self.ui.edit_Int16.setText("%d"%Value)

    bts=self.fileStream.readRawData(self.__typeSize["uint16"])
    Value,=struct.unpack('H',bts)       #'H'=unsigned short, 2 字节
    self.ui.edit_UInt16.setText("%d"%Value)

    bts=self.fileStream.readRawData(self.__typeSize["int32"])
    Value,=struct.unpack('l',bts)       #'l'= long, 4 字节
    self.ui.edit_Int32.setText("%d"%Value)

    bts=self.fileStream.readRawData(self.__typeSize["int64"])
    Value,=struct.unpack('q',bts)       #'q'= long long, 8 字节
    self.ui.edit_Int64.setText("%d"%Value)

    bts=self.fileStream.readRawData(self.__typeSize["int"])
    Value,=struct.unpack('i',bts)       #'i'= int, 4 字节
    self.ui.edit_Int.setText("%d"%Value)
```

```
        bts=self.fileStream.readRawData(self.__typeSize["bool"])
        Value,=struct.unpack('?',bts)        #'?'=  bool, 1 字节
        self.ui.chkBox_Out.setChecked(Value)

        bts=self.fileStream.readRawData(self.__typeSize["float"])
        Value,=struct.unpack('f',bts)        #'f'=  float, 4 字节
        self.ui.edit_Float.setText("%.4f"%Value)

        bts=self.fileStream.readRawData(self.__typeSize["double"])
        Value,=struct.unpack('d',bts)        #'d'=  double, 8 字节
        self.ui.edit_Double.setText("%.4f"%Value)

        Value=self.fileStream.readBytes()        # bytes 类型
        strV=Value.decode("utf-8")               #从 bytes 解码为字符串, utf-8 码
        self.ui.editStr_Out.setText(strV)

##数据读取完成
        self.__delFileStream()
        QMessageBox.information(self,"消息","数据连续读取完成.")
```

本节介绍了 QFile 和 QDataStream 读写二进制文件的各种功能，其使用是比较方便的。任何二进制文件都有自己的格式定义，掌握了这些方法就可以根据实际需求设计自己的文件格式和读写程序。

9.4　目录和文件操作

9.4.1　目录和文件操作相关的类

目录和文件操作指获取当前目录、新建或删除目录、获取文件的基本文件名和后缀、复制或删除文件等操作。PyQt5 提供了一些类实现目录和文件操作的功能，对于熟悉 PyQt5 类库的用户来说，使用这些类可以与 PyQt5 的文件读写操作的类自成体系。

Python 自带的 os 模块和 os.path 模块也提供了大量的功能函数实现目录和文件操作的功能，熟悉 Python 的人员也可以使用 Python 自带的这些模块和函数。

PyQt5 提供的文件和目录操作相关的类如下。

- QFile：除打开文件外，QFile 还有判断文件是否存在、复制文件、删除文件等功能。
- QFileInfo：用于提取文件的信息，包括路径、文件名、后缀等。
- QDir：用于提取目录或文件信息、获取一个目录下的文件或目录列表、创建或删除目录和文件、文件重命名等操作。
- QFileSystemWatcher：文件和目录监听类，监听目录下文件的添加、删除等变化，监听文件修改变化。

这些类基本涵盖了文件操作需要的主要功能，有些功能还在某些类里重复出现，例如 QFile 和 QDir 都具有删除文件、判断文件是否存在的功能。

9.4.2　示例功能概述

1.　界面和功能

示例 Demo9_4 演示这些目录与文件操作类的主要功能，图 9-9 是示例运行时的界面。窗口左

侧是一个 QToolBox 组件，分为 4 组，每一组是一个类的功能演示，每个组里放置一些 QPushButton 按钮，每个按钮主要调用类的某个函数，按钮的标题一般就是使用的主要函数的名称。

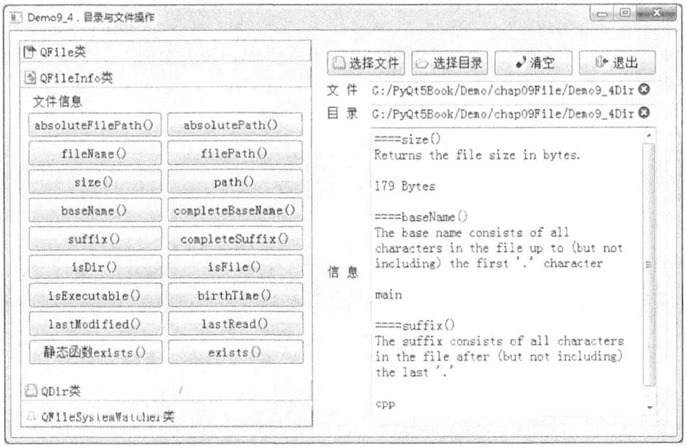

图 9-9　示例 Demo9_4 运行时界面

窗口右侧是显示区，可以选择一个目录、一个文件，然后左侧的功能基本上都是对选择的目录或文件进行操作，右下方是一个 QPlainTextEdit 组件，用于显示信息。

示例 Demo9_4 是基于模板 mainWindowApp 创建的，界面文件 MainWindow.ui 的可视化设计结果可查看示例源代码里的文件。

myMainWindow.py 文件的 import 部分和 QmyMainWindow 类的构造函数代码如下：

```
import sys
from PyQt5.QtWidgets import  QApplication, QMainWindow
from PyQt5.QtCore import (pyqtSlot, pyqtSignal, Qt, QFileSystemWatcher,
                          QCoreApplication, QDir, QFileInfo, QFile)
from PyQt5.QtWidgets import  QFileDialog, QMessageBox

from ui_MainWindow import Ui_MainWindow
class QmyMainWindow(QMainWindow):
    def __init__(self, parent=None):
        super().__init__(parent)
        self.ui=Ui_MainWindow()
        self.ui.setupUi(self)

        self.ui.toolBox.setCurrentIndex(0)
        self.fileWatcher=QFileSystemWatcher()
        self.fileWatcher.directoryChanged.connect(self.do_directoryChanged)
        self.fileWatcher.fileChanged.connect(self.do_fileChanged)
```

构造函数在创建窗体后，创建了一个 QFileSystemWatcher 类的变量 self.fileWatcher，并为其两个信号建立了与自定义槽函数的关联。QFileSystemWatcher 是用于监视目录和文件变化的类，在后面解释其用法。

窗口右侧工作区用于选择文件、目录和清空输出信息的 3 个按钮的槽函数代码如下：

```
@pyqtSlot()     ##打开文件
def on_btnOpenFile_clicked(self):
    curDir=QDir.currentPath()
    aFile,filt=QFileDialog.getOpenFileName(self, "打开文件",curDir,"所有文件(*.*)")
```

```
        self.ui.editFile.setText(aFile)

    @pyqtSlot()        ##打开目录
    def on_btnOpenDir_clicked(self):
        curDir=QDir.currentPath()
        aDir=QFileDialog.getExistingDirectory(self,"选择一个目录",
                            curDir,QFileDialog.ShowDirsOnly)
        self.ui.editDir.setText(aDir)

    @pyqtSlot()        ##清空显示
    def on_btnClear_clicked(self):
        self.ui.textEdit.clear()
```

2. 信号发射者信息的获取

每个按钮一般用函数名称作为标题，例如"QFileInfo 类"分组里的按钮"baseName()"是要演示 QFileInfo 的 baseName()函数。在 UI 可视化设计时，将 Qt 帮助文档里的这个函数的基本描述文字复制作为这个按钮的 ToolTip 文字，例如"baseName()"按钮的 ToolTip 属性是"Returns the base name of the file without the path"。

在按钮被点击时，先显示按钮的标题和 ToolTip 信息，以便明确地知道按钮演示的功能。例如，"baseName()"按钮的槽函数代码如下：

```
    @pyqtSlot()        ##baseName()
    def on_btnInfo_baseName_clicked(self):
        self.__showBtnInfo(self.sender())
        fileInfo=QFileInfo(self.ui.editFile.text())
        text=fileInfo.baseName()
        self.ui.textEdit.appendPlainText(text+"\n")
```

这里用到了一个自定义函数__showBtnInfo()，其实现代码如下：

```
    def __showBtnInfo(self,btn):       ##显示按钮的 text()和 toolTip()
        self.ui.textEdit.appendPlainText("===="+btn.text())
        self.ui.textEdit.appendPlainText(btn.toolTip()+"\n")
```

函数__showBtnInfo()的输入参数 btn 是一个具体的 QToolButton 对象，就是被点击的按钮。__showBtnInfo()函数的功能是显示此按钮的 text()和 toolTip()返回的内容。

在按钮的 clicked()信号的槽函数中调用__showBtnInfo()函数时，使用 self.sender()作为函数的输入参数。sender()是在 QObject 类中定义的一个函数，该函数用于在槽函数里获取发射信号的对象，所以 self.sender()就是这个按钮对象。再将此对象传递给__showBtnInfo(btn)函数，由于 Python 的变量是动态类型的，btn 自动就是 QToolButton 类型，因此可以通过 text()和 toolTip()函数获取按钮的文字信息。

使用 QObject.sender()和自定义函数__showBtnInfo()的好处就是在每个按钮的槽函数代码的第一行插入这条语句即可：

```
        self.__showBtnInfo(self.sender())
```

而不用出现每个按钮的 objectName，既少写了代码，也可以避免出错。

9.4.3 QFile 类

前两节使用 QFile 类进行文件的操作，使用了 QFile.open()函数。除打开文件提供读写操作外，

QFile 还有一些类函数和接口函数用于文件操作。表 9-7 是 QFile 的一些类函数，省略了函数返回值的表示。

表 9-7　QFile 的一些类函数

函数原型	功能
copy(fileName, newName)	将 fileName 表示的文件复制为文件 newName
rename(oldName, newName)	将文件 oldName 重命名为 newName
remove(fileName)	删除 fileName 表示的一个文件
exists(fileName)	判断文件 fileName 是否存在

使用 QFile 的这些类函数可以进行一些文件操作，例如使用函数 exists()判断一个文件是否存在，"exists()"按钮的槽函数代码如下：

```
@pyqtSlot()      ##类函数 exists()
def on_btnFile_exists_clicked(self):
    self.__showBtnInfo(self.sender())
    sous=self.ui.editFile.text().strip()      #源文件
    if QFile.exists(sous):
        self.ui.textEdit.appendPlainText("True \n")
    else:
        self.ui.textEdit.appendPlainText("False \n")
```

QFile 的一些接口函数如表 9-8 所示，表中省略了函数返回值的表示。

表 9-8　QFile 的一些接口函数

函数原型	功能
setFileName(fileName)	设置当前文件为 fileName，文件已打开后不能再调用此函数
copy(newName)	将当前文件复制为 newName 表示的文件
rename(newName)	将当前文件重命名为 newName
remove()	删除当前文件
exists()	判断当前文件是否存在
size()	返回当前文件的大小、字节数

创建 QFile 对象时可以在构造函数里指定文件名，也可以用 setFileName()指定一个文件，但是文件打开后不能再调用 setFileName()函数。指定的文件作为 QFile 对象的当前文件，然后接口函数 copy()、rename()等都是基于当前文件的操作。

9.4.4　QFileInfo 类

QFileInfo 类的接口函数提供文件的各种信息。QFileInfo 对象创建时可以指定一个文件名作为当前文件，也可以用 setFile()函数指定一个文件作为当前文件。

QFileInfo 常见接口函数和功能如表 9-9 所示，表中省略了函数返回值的表示。除一个类函数 exists()之外，其他都是接口函数，接口函数的操作都是针对当前文件的。

表 9-9　QFileInfo 的一些接口函数

函数原型	功能
setFile(fileName)	设置一个文件作为 QFileInfo 操作的文件
absoluteFilePath()	返回带有文件名的绝对文件路径
absolutePath()	返回绝对路径，不带文件名

续表

函数原型	功能
fileName()	返回去除路径的文件名
filePath()	返回包含路径的文件名
path()	返回不含文件名的路径
size()	返回文件大小，以字节为单位
baseName()	返回文件基名，第一个 "." 之前的文件名
completeBaseName()	返回文件基名，最后一个 "." 之前的文件名
suffix()	最后一个 "." 之后的后缀
completeSuffix()	第一个 "." 之后的后缀
isDir()	判断当前对象是否是一个目录或目录的快捷方式
isFile()	判断当前对象是否是一个文件或文件的快捷方式
isExecutable()	判断当前文件是否是可执行文件
birthTime()	返回文件创建时间，返回值为 QDateTime 类型
lastModified()	返回文件最后一次被修改的时间，返回值为 QDateTime 类型
lastRead()	返回文件最后一次被读取的时间，返回值为 QDateTime 类型
exists()	判断文件是否存在
exists(fileName)	类函数，判断 fileName 表示的文件是否存在

　　QFileInfo 提供的这些函数可以提取文件的信息，包括目录名、文件基名（不带后缀）、文件后缀等，利用这些函数可以实现灵活的文件操作。例如，下面是利用 QFile.rename()函数和 QFileInfo 的一些函数实现文件重命名功能的代码，其中就用到了提取路径、提取文件基名的功能。

```
@pyqtSlot()      ## QFile 的类函数 rename()
def on_btnFile_rename_clicked(self):
    self.__showBtnInfo(self.sender())
    sous=self.ui.editFile.text().strip()      #源文件
    if sous=="":
        self.ui.textEdit.appendPlainText("请先选择一个文件")
        return
    fileInfo=QFileInfo(sous)
    newFile=fileInfo.path()+"/"+fileInfo.baseName()+".XZY"      #新后缀.XYZ
    if QFile.rename(sous,newFile):      #重命名
        self.ui.textEdit.appendPlainText("源文件: "+sous)
        self.ui.textEdit.appendPlainText("重命名为: "+newFile+"\n")
    else:
        self.ui.textEdit.appendPlainText("重命名文件失败\n")
```

　　表 9-9 中的函数的使用方法和执行效果不再详细列举和说明，运行示例 Demo9_4 观察执行结果，查看 Qt 帮助文档或 Demo9_4 的源程序的函数使用方法。

9.4.5　QDir 类

　　QDir 是进行目录操作的类，在创建 QDir 对象时传递一个目录字符串作为当前目录，QDir 函数的功能一般是针对当前目录或目录下的文件进行操作的。表 9-10 是 QDir 的一些类函数，省略了函数返回值的表示。

表 9-10　QDir 的一些类函数

函数原型	功能
tempPath()	返回临时文件目录名称
rootPath()	返回根目录名称
homePath()	返回主目录名称

续表

函数原型	功能
currentPath()	返回当前目录名称
setCurrent(path)	设置 path 表示的目录为当前目录，bool 型返回值表示设置是否成功
drives()	返回系统的根目录列表，在 Windows 系统上返回的是盘符列表，返回数据是 QFileInfo 的列表数据

类函数 QDir.currentPath()返回应用程序的当前目录。在使用 QFileDialog 选择打开一个文件或目录时需要传递一个初始目录，可以使用 QDir.currentPath()获取应用程序当前目录作为初始目录，前面一些示例程序的代码中已经用过这个功能。

drives()函数返回的数据类型稍微有些复杂。界面上"QDir 类"分组里的"drives()"按钮获取盘符列表，其槽函数代码如下：

```
@pyqtSlot()        ##drives()
def on_btnDir_drives_clicked(self):
    self.__showBtnInfo(self.sender())
    strList=QDir.drives()    #QFileInfoList
    for line in strList:     #line 是 QFileInfo 类型
        self.ui.textEdit.appendPlainText(line.path())
    self.ui.textEdit.appendPlainText("")
```

表 9-11 是 QDir 的一些接口函数，省略了函数返回值的表示。

表 9-11　QDir 的一些接口函数

函数原型	功能
absoluteFilePath(fileName)	若 fileName 是带路径的文件名，则返回其带路径文件名；若 fileName 是不带路径的文件名，则用当前目录返回其带路径的文件名
absolutePath()	返回当前目录的绝对路径
canonicalPath()	返回当前目录的标准路径
filePath(fileName)	功能与 absoluteFilePath()函数类似，但可以是相对路径
dirName()	返回最后一级目录的名称
exists()	判断当前目录是否存在
exists(dirName)	判断一个目录 dirName 是否存在
entryList(filters, sort)	返回目录下文件名、子目录等的名称字符串列表 参数 filters 是枚举类型 QDir.Filter 参数 sort 是枚举类型 QDir.SortFlag
mkdir(dirName)	在当前目录下建一个名称为 dirName 的子目录
rmdir(dirName)	删除指定的目录 dirName
remove(fileName)	删除当前目录下的文件 fileName
rename(oldName, newName)	将文件或目录 oldName 更名为 newName
setPath(pathName)	设置 QDir 对象的当前目录为 pathName
removeRecursively()	删除当前目录及其下面的所有文件

函数 entryList(filters, sort)用于获取目录下的目录或文件列表，参数 filters 是枚举类型 QDir.Filter 的取值组合，QDir.Filter 枚举类型的常用取值如下：

- QDir.AllDirs（列出所有目录）；
- QDir.Files（列出所有文件）；
- QDir.Drives（列出所有盘符（UNIX 系统下无效））；
- QDir.NoDotAndDotDot（不列出特殊的符号，如"."和".."）；
- QDir.AllEntries（列出目录下的所有项目）。

界面上"entryList(dir)"按钮列出所有子目录,其槽函数代码如下:

```
@pyqtSlot()       ##entryList()dirs
def on_btnDir_listDir_clicked(self):
   self.__showBtnInfo(self.sender())
   sous=self.ui.editDir.text()
   dirObj=QDir(sous)       #若 sous 为空,则使用其当前目录
   strList=dirObj.entryList(QDir.Dirs | QDir.NoDotAndDotDot)
   self.ui.textEdit.appendPlainText("所选目录下的所有目录:")
   for line in strList:
      self.ui.textEdit.appendPlainText(line)
   self.ui.textEdit.appendPlainText("\n")
```

界面上"entryList(file)"按钮列出目录下的所有文件,其槽函数代码如下:

```
@pyqtSlot()       ##entryList()files
def on_btnDir_listFile_clicked(self):
   self.__showBtnInfo(self.sender())
   sous=self.ui.editDir.text()
   dirObj=QDir(sous)       #若 sous 为空,则使用其当前目录
   strList=dirObj.entryList(QDir.Files)
   self.ui.textEdit.appendPlainText("所选目录下的所有文件:")
   for line in strList:
      self.ui.textEdit.appendPlainText(line)
   self.ui.textEdit.appendPlainText("\n")
```

注意,在创建 QDir 对象时,若传递的目录字符串为空,则会以类函数 QDir.currentPath()表示的当前目录作为 QDir 对象的操作目录。

表 9-10 和表 9-11 中的函数在示例源程序中都有示例代码,这里就不一一列举了,查看示例源代码即可。

9.4.6 QFileSystemWatcher 类

QFileSystemWatcher 是对目录和文件进行监听的类。把一些目录或文件添加到 QFileSystemWatcher 对象的监听列表后,当目录或文件发生修改、删除等变化时会发射信号,从而实现对目录和文件的监听。QFileSystemWatcher 的主要接口函数如表 9-12 所示,省略了函数返回值的表示,函数的详细描述参见 Qt 帮助文档。

表 9-12   QFileSystemWatcher 的接口函数

函数原型	功能
addPath(path)	添加一个监听的目录或文件,bool 型返回值表示操作是否成功
addPaths(paths)	添加需要监听的目录或文件列表,返回的是未成功添加的文件或目录列表
directories()	返回监听的目录名称字符串列表
files()	返回监听的文件名称字符串列表
removePath(path)	移除监听的目录或文件,bool 型返回值表示操作是否成功
removePaths(paths)	移除监听的目录或文件列表,返回的是未成功移除的文件或目录列表

QFileSystemWatcher 有以下两个信号,在所监听的目录或文件发生变化时发射。

- directoryChanged()信号在所监听的目录发生变化时发射,如增加或减少文件、目录被删除等。
- fileChanged()信号在所监听的文件发生变化时发射,如文件内容被修改、文件重命名或被删除等。

在 QmyMainWindow 类的构造函数中已经建立了这两个信号和自定义槽函数的关联,两个自

定义槽函数的代码分别如下：

```
def do_directoryChanged(self,path):      ##目录发生变化
    self.ui.textEdit.appendPlainText(path)
    self.ui.textEdit.appendPlainText("目录发生了变化\n")

def do_fileChanged(self,path):          ##文件发生变化
    self.ui.textEdit.appendPlainText(path)
    self.ui.textEdit.appendPlainText("文件发生了变化\n")
```

图 9-10 是示例 Demo9_4 运行时测试 QFileSystemWatcher 功能的界面。

图 9-10　测试 QFileSystemWatcher 功能的运行界面

图 9-10 窗口左侧的 ToolBox 分组里有 5 个按钮，功能分别如下。

- 第 1 个按钮，打开选择目录对话框，使用 addPath()函数将选择的目录添加到监听列表。一次添加一个目录，可以多次添加。
- 第 2 个按钮，打开选择文件对话框，使用 addPaths()函数将选择的文件（可以多选）添加到监听列表。
- 第 3 个按钮，使用 removePaths()函数将所有监听的目录和文件移除。
- 第 4 个按钮，通过 directries()函数获取正在监听的目录列表并显示出来。
- 第 5 个按钮，通过 files()函数获取正在监听的文件列表并显示出来。

这 5 个按钮的槽函数代码分别如下：

```
@pyqtSlot()      ##addPath()添加监听目录
def on_btnWatch_addDir_clicked(self):
    self.__showBtnInfo(self.sender())
    curDir=QDir.currentPath()
    aDir=QFileDialog.getExistingDirectory(self,"选择一个需要监听的目录",
                curDir,QFileDialog.ShowDirsOnly)
    self.fileWatcher.addPath(aDir)       #添加监听目录
    self.ui.textEdit.appendPlainText("添加的监听目录：")
    self.ui.textEdit.appendPlainText(aDir+"\n")

@pyqtSlot()      ##addPaths()添加监听文件
def on_btnWatch_addFiles_clicked(self):
```

```
        self.__showBtnInfo(self.sender())
        curDir=QDir.currentPath()
        fileList,flt = QFileDialog.getOpenFileNames(self,"选择需要监听的文件",
                            curDir, "所有文件 (*.*)")
        self.fileWatcher.addPaths(fileList)      #添加监听文件列表
        self.ui.textEdit.appendPlainText("添加的监听文件：")
        for lineStr in fileList:
            self.ui.textEdit.appendPlainText(lineStr)
        self.ui.textEdit.appendPlainText("")

    @pyqtSlot()        ##removePaths()移除所有监听的文件和目录
    def on_btnWatch_remove_clicked(self):
        self.__showBtnInfo(self.sender())
        self.ui.textEdit.appendPlainText("移除所有监听的目录和文件\n")
        dirList=self.fileWatcher.directories()        #目录列表
        self.fileWatcher.removePaths(dirList)
        fileList=self.fileWatcher.files()               #文件列表
        self.fileWatcher.removePaths(fileList)

    @pyqtSlot()        ##显示监听目录, directories()
    def on_btnWatch_dirs_clicked(self):
        self.__showBtnInfo(self.sender())
        strList=self.fileWatcher.directories()
        self.ui.textEdit.appendPlainText("正在监听的目录:")
        for line in strList:
            self.ui.textEdit.appendPlainText(line)
        self.ui.textEdit.appendPlainText("\n")

    @pyqtSlot()        ##显示监听文件, files()
    def on_btnWatch_files_clicked(self):
        self.__showBtnInfo(self.sender())
        strList=self.fileWatcher.files()
        self.ui.textEdit.appendPlainText("正在监听的文件:")
        for line in strList:
            self.ui.textEdit.appendPlainText(line)
        self.ui.textEdit.appendPlainText("\n")
```

运行程序时需要注意，监听的文件最好不要在监听的目录下或其子目录下，否则对于一次变化，directoryChanged()信号会被多次发射，容易造成混乱。

使用 QFileSystemWatcher 对目录和文件监听会消耗系统资源，所以监听的文件和目录数有上限，例如 BSD 各种系统的上限是 256 个。

## 第10章

多媒体

多媒体功能指的主要是音频和视频播放功能，Python 自带有几个多媒体相关的模块可以播放几种格式的音频文件，但没有视频文件播放功能。PyQt5 具有一套完整的多媒体功能，不仅能播放多种格式的音频和视频文件，还可以通过麦克风录音，可以操作摄像头拍照和录像。这样的多媒体输入功能在很多应用里是非常有用的，例如在语音识别的应用中可以通过麦克风实时获取音频数据，在图像识别的应用中可以通过摄像头实时拍照，然后应用 Python 的算法程序进行语音和图像的处理。

10.1 PyQt5 多媒体模块功能概述

PyQt5 多媒体模块提供了一系列的类，可以实现如下一些功能。

（1）音频播放

- 可以播放压缩的音频文件，如 mp3 文件。可以播放单个文件，也可以使用播放列表播放一批文件。
- 可以播放低延迟音效文件，如 wav 文件。
- 可以访问音频设备，控制采样频率、数据字长、通道数等参数，输出音频原始数据。

（2）通过音频设备录音

- 可以探测系统是否存在麦克风这样的音频输入设备。
- 可以录制声音并且压缩为 wav 文件，录音时可以使用探测功能（Probe）获取音频数据参数，如采样频率、数据字长、通道数等，并可截取音频原始数据。
- 可以访问音频设备，控制采样频率、数据字长、通道数等参数，直接获取音频输入原始数据。

（3）视频播放

- 可以播放压缩的视频文件，如 wmv、avi 文件，可以播放单个文件，也可以使用播放列表播放一批文件。
- 可以在一个 Widget 组件上播放视频，还可以在 Graphics View 架构里，在一个图形项里播放视频。

（4）摄像头控制

- 可以探测系统是否存在摄像头设备。
- 可以使用摄像头进行预览，实时显示摄像头获取的画面。
- 可以控制摄像头拍照，可以获取拍照的图片数据并保存为文件。
- 可以控制摄像头录像并保存为文件。

（5）收音机调谐与收听

- 可以控制收音机的调谐，通过无线电数据系统 RDS（Radio Data System）接收无线电台广播的信息。

PyQt5 多媒体相关的类主要在 PyQt5.QtMultimedia 模块中，还有一些视频播放的界面组件类在 PyQt5.QtMultimediaWidgets 模块中，多媒体相关的类需要从这两个模块导入。表 10-1 是一些典型的多媒体应用所需要用到的主要的类。

表 10-1　各类多媒体功能用到的类

应用功能	用到的类
播放压缩音频（mp3、aac 等）	QMediaPlayer、QMediaPlaylist
播放音效文件（wav 文件）	QSoundEffect、QSound
播放低延迟的音频	QAudioOutput
访问原始音频输入数据	QAudioInput
录制编码的音频数据	QAudioRecorder
发现音频设备	QAudioDeviceInfo
视频播放	QMediaPlayer、QVideoWidget、QGraphicsVideoItem
视频处理	QMediaPlayer、QVideoFrame、QAbstractVideoSurface
摄像头预览	QCamera、QVideoWidget、QGraphicsVideoItem
摄像头预览处理	QCamera、QAbstractVideoSurface、QVideoFrame
摄像头拍照	QCamera、QCameraImageCapture
摄像头录像	QCamera、QMediaRecorder
收音机调谐与收听	QRadioTuner、QRadioData

本章主要介绍使用 PyQt5 多媒体模块的类实现如下一些功能的编程方法。

- 使用 QMediaPlayer 和 QMediaPlaylist 播放 mp3 等音频文件。
- 使用 QSoundEffect、QSound 播放 wav 音效文件。
- 使用 QAudioRecorder 录制音频并自动保存为 wav 文件。
- 使用 QAudioInput 控制声卡的采样率、数据字长等具体参数，采集麦克风输入的原始音频数据，对原始数据进行统计计算。
- 使用 QMediaPlayer 和 QVideoWidget 播放视频文件。
- 使用 QMediaPlayer 和 QGraphicsVideoItem 在 Graphics View 架构里播放视频。
- 使用 QCamera 进行摄像头预览、拍照。

PyQt5 的多媒体功能是比较强大的，在 GitHub 上有多个用 PyQt5 开发的音乐播放软件。PyQt5 多媒体的硬件控制功能也是比较实用的，例如开发语音识别的程序时可以通过 PyQt5 控制声卡采集原始音频数据，从而进行数据的分析和处理；开发图像识别程序时，可以通过 PyQt5 控制摄像头拍照，实时获取图片然后用于处理。

10.2　音频播放

10.2.1　使用 QMediaPlayer 播放音乐文件

1. QMediaPlayer 类功能概述

QMediaPlayer 可以播放经过压缩的音频或视频文件，如 wav、mp3、wma、wmv、avi 等文件，

QMediaPlayer 可以播放单个文件，也可以和 QMediaPlaylist 类结合，对一个播放列表进行播放。所以，使用 QMediaPlayer 和 QMediaPlaylist 可以轻松地设计一个自己的音乐或视频播放器。

QMediaPlayer 的主要接口函数如表 10-2 所示，省略了函数返回值的表示。

表 10-2　QMediaPlayer 的主要接口函数

函数原型	功能描述
duration()	返回当前文件播放时间总长，单位 ms
setPosition(position)	设置当前文件播放位置，单位 ms
setMuted(muted)	设置是否静音，muted 为 bool 类型
isMuted()	bool 型返回值表示是否静音，True 表示静音
setPlaylist(playlist)	设置播放列表，playlist 是 QMediaPlaylist 类型
playlist()	返回设置的播放列表，返回值为 QMediaPlaylist 类型
state()	返回播放器当前的状态，返回值是枚举类型 QMediaPlayer.State
setVolume(volume)	设置播放音量，int 型参数 volume 的值在 0～100
setPlaybackRate(rate)	设置播放速度，float 型参数 rate 默认为 1，表示正常速度
setMedia(media)	设置播放媒体文件，参数 media 为 QMediaContent 类型
currentMedia()	返回当前播放的媒体文件，返回值为 QMediaContent 类型
play()	开始播放
pause()	暂停播放
stop()	停止播放

QMediaPlayer 有几个有用的信号可以反映播放状态或文件信息。

- stateChanged(state)信号在调用 play()、pause()、stop()函数时发射，反映播放器当前的状态。参数 state 是枚举类型 QMediaPlayer.State，该枚举类型有 3 种取值，表示播放器的状态：

    - QMediaPlayer.StoppedState（停止状态）；
    - QMediaPlayer.PlayingState（正在播放状态）；
    - QMediaPlayer.PausedState（暂停播放状态）。

- durationChanged(duration)信号在文件的时间长度变化时发射，一般在切换播放文件时发射。参数 duration 是 int 类型，表示文件持续时间长度，单位 ms。

- positionChanged(position)信号在当前文件播放位置变化时发射，可以反映文件播放进度。参数 position 是 int 类型，单位 ms。

QMediaPlayer 可以通过 setMedia()函数设置播放单个文件，也可以通过 setPlaylist()函数设置一个 QMediaPlaylist 类对象表示的播放列表，对列表文件进行播放，并且设置自动播放下一个文件或循环播放等。QMediaPlayer 播放的文件可以是本地文件，也可以是网络上的文件。

QMediaPlaylist 记录播放媒体文件信息，可以添加、移除文件，可以设置循环播放模式，在列表文件中自动切换文件，在当前播放文件切换时发射 currentIndexChanged()信号和 currentMediaChanged()信号。

使用 PyQt5 提供的 QMediaPlayer 和 QMediaPlaylist 就可以设计功能完整的音乐播放器。示例 Demo10_1 就是用 QMediaPlayer 和 QMediaPlaylist 设计的一个音乐播放器，其运行时界面如图 10-1 所示。

图 10-1　使用 QMediaPlayer 和 QMediaPlaylist 实现的音乐播放器

窗口中间是一个 **QListWidget** 组件，上面的 3 个按钮用于文件管理，为播放列表添加、移除和清空文件，列表下方是播放控制按钮、音量控制、进度显示和控制。窗口是基于 **QMainWindow** 的，MainWindow.ui 的界面可视化设计结果见示例源文件。

2. 窗口业务逻辑类初始化

文件 myMainWindow.py 的 import 部分和窗口业务逻辑类 QmyMainWindow 的构造函数代码如下：

```
import sys
from PyQt5.QtWidgets import QApplication, QMainWindow, QFileDialog,QListWidgetItem
from PyQt5.QtCore import  pyqtSlot,QUrl,QModelIndex,QDir,QFileInfo
from PyQt5.QtGui import QIcon
from PyQt5.QtMultimedia import QMediaPlayer, QMediaPlaylist, QMediaContent

from ui_MainWindow import Ui_MainWindow
class QmyMainWindow(QMainWindow):
    def __init__(self, parent=None):
        super().__init__(parent)
        self.ui=Ui_MainWindow()
        self.ui.setupUi(self)

        self.player = QMediaPlayer(self)             #播放器
        self.playlist = QMediaPlaylist(self)         #播放列表
        self.player.setPlaylist(self.playlist)       #为播放器设置播放列表
        self.playlist.setPlaybackMode(QMediaPlaylist.Loop)      #循环模式
        self.__duration=""    #文件总时间长度
        self.__curPos=""      #当前播放位置

        self.player.stateChanged.connect(self.do_stateChanged)
        self.player.positionChanged.connect(self.do_positionChanged)
        self.player.durationChanged.connect(self.do_durationChanged)
        self.playlist.currentIndexChanged.connect(self.do_currentChanged)
```

在构造函数里创建了播放器 self.player，创建了播放列表 self.playlist，并为播放器设置了播放列表。

QMediaPlaylist 类的 setPlaybackMode(mode)函数可以设置播放列表的循环方式，参数 mode 是枚举类型 QMediaPlaylist.PlaybackMode，有以下几种取值：

- QMediaPlaylist.CurrentItemOnce（当前曲目只播放一次）；
- QMediaPlaylist.CurrentItemInLoop（当前曲目循环播放）；
- QMediaPlaylist.Sequential（从当前曲目开始顺序播放至列表结尾，然后结束播放）；
- QMediaPlaylist.Loop（列表循环播放）；
- QMediaPlaylist.Random（随机播放）。

构造函数里还创建了两个私有变量 self.__duration 和 self.__curPos，分别表示文件总时间长度和当前播放的位置，用于在文件切换和播放进度变化时显示进度信息。

程序为播放器的 3 个信号设置了关联的槽函数，这 3 个信号的意义在前面已经说明。QMediaPlaylist 的信号 currentIndexChanged(position)在播放列表的当前曲目发生变化时发射，也为此信号设置了关联的槽函数。这 4 个自定义槽函数的代码分别如下：

```
def do_stateChanged(self,state):       ##播放器状态变化
    self.ui.btnPlay.setEnabled(state!=QMediaPlayer.PlayingState)
    self.ui.btnPause.setEnabled(state==QMediaPlayer.PlayingState)
    self.ui.btnStop.setEnabled(state==QMediaPlayer.PlayingState)
```

```python
def do_positionChanged(self,position):               ##当前文件播放位置变化
    if (self.ui.sliderPosition.isSliderDown()):  #正在拖动滑块调整进度
        return
    self.ui.sliderPosition.setSliderPosition(position)
    secs=position/1000         #秒
    mins=secs/60               #分
    secs=secs % 60             #余数秒
    self.__curPos="%d:%d"%(mins,secs)
    self.ui.LabRatio.setText(self.__curPos+"/"+self.__duration)

def do_durationChanged(self,duration):               ##文件时长变化
    self.ui.sliderPosition.setMaximum(duration)
    secs=duration/1000         #秒
    mins=secs/60               #分
    secs=secs % 60             #余数秒
    self.__duration="%d:%d"%(mins,secs)
    self.ui.LabRatio.setText(self.__curPos+"/"+self.__duration)

def do_currentChanged(self,position):               ##playlist 当前曲目变化
    self.ui.listWidget.setCurrentRow(position)
    item=self.ui.listWidget.currentItem() #QListWidgetItem
    if (item != None):
        self.ui.LabCurMedia.setText(item.text())
```

3. 播放列表控制

窗口中间以一个 QListWidget 组件显示播放的文件列表,界面上显示的文件列表与 self.playlist 存储的文件列表保持同步。

窗口上方有"添加""移除""清空"3 个按钮用于播放列表管理,下方有"上一曲目"和"下一曲目"按钮用于曲目移动,在窗体中间的 QListWidget 组件上双击某个项可以播放该曲目。这些按钮和组件的相关槽函数的代码如下:

```python
@pyqtSlot()        ##添加文件
def on_btnAdd_clicked(self):
    curPath=QDir.currentPath()
    dlgTitle="选择音频文件"
    filt="音频文件(*.mp3 *.wav *.wma);;所有文件(*.*)"
    fileList,flt=QFileDialog.getOpenFileNames(self, dlgTitle,curPath,filt)
    count=len(fileList)
    if count<1:
        return
    filename=fileList[0]
    fileInfo=QFileInfo(filename)               #文件信息
    QDir.setCurrent(fileInfo.absolutePath())        #重设当前路径
    for i in range(count):
        filename=fileList[i]
        fileInfo.setFile(filename)
        song=QMediaContent(QUrl.fromLocalFile(filename))
        self.playlist.addMedia(song)        #添加播放媒体
        basename=fileInfo.baseName()
        self.ui.listWidget.addItem(basename)
    if (self.player.state()!=QMediaPlayer.PlayingState):
        self.playlist.setCurrentIndex(0)
        self.player.play()

@pyqtSlot()        ##移除一个文件
def on_btnRemove_clicked(self):
    pos=self.ui.listWidget.currentRow()
```

```
    item=self.ui.listWidget.takeItem(pos)          #Python 会自动删除
    if (self.playlist.currentIndex()==pos):        #是当前播放的曲目
        nextPos=0
        if pos>=1:
            nextPos=pos-1
        self.playlist.removeMedia(pos)             #从播放列表里移除
        if self.ui.listWidget.count()>0:
            self.playlist.setCurrentIndex(nextPos)
            self.do_currentChanged(nextPos)
        else:
            self.player.stop()
            self.ui.LabCurMedia.setText("无曲目")
    else:
        self.playlist.removeMedia(pos)

@pyqtSlot()        ##清空播放列表
def on_btnClear_clicked(self):
    self.playlist.clear()         #清空播放列表
    self.ui.listWidget.clear()
    self.player.stop()            #停止播放

@pyqtSlot()        ##上一曲目
def on_btnPrevious_clicked(self):
    self.playlist.previous()

@pyqtSlot()        ##下一曲目
def on_btnNext_clicked(self):
    self.playlist.next()

def on_listWidget_doubleClicked(self,index):       ##双击时切换播放文件
    rowNo=index.row()        #行号
    self.playlist.setCurrentIndex(rowNo)
    self.player.play()
```

这里主要用到 QMediaPlaylist 类的以下几个函数。

- addMedia(content)函数：用于添加一个播放媒体 content。

  参数 content 是 QMediaContent 类型，这是用于表示媒体资源的类。一个媒体资源可以是本地音频或视频文件，也可以是网络上的资源。程序里创建播放媒体并添加到播放列表的语句是：

```
song=QMediaContent(QUrl.fromLocalFile(filename))
self.playlist.addMedia(song)        #添加播放媒体
```

  QUrl.fromLocalFile(filename)的功能是使用 QUrl 的类函数 fromLocalFile()，根据文件名 filename 创建一个指向此文件的 QUrl 对象。此 QUrl 对象传递给 QMediaContent 的构造函数，创建一个播放媒体 song。所以 song 是指向本地文件的一个 QMediaContent 对象，再通过 QMediaPlaylist.addMedia()函数添加到播放列表。

- removeMedia(pos)函数：从播放列表中移除序号为 pos 的一个项。
- clear()函数，用于清空播放列表。
- setCurrentIndex(pos)函数：设置序号 pos 的项为当前播放的媒体。
- previous()函数和 next()函数：在播放列表中前移和后移，移动时播放列表会发射信号 currentIndexChanged()，从而自动更新界面组件 listWidget 里的当前条目。

4. 播放控制

播放、暂停或停止播放器，只需调用 QMediaPlayer 相应的函数即可，界面上 3 个按钮的槽函

数代码分别如下:

```
@pyqtSlot()      ##播放
def on_btnPlay_clicked(self):
   if (self.playlist.currentIndex()<0):
      self.playlist.setCurrentIndex(0)
   self.player.play()

@pyqtSlot()      ##暂停
def on_btnPause_clicked(self):
   self.player.pause()

@pyqtSlot()      ##停止
def on_btnStop_clicked(self):
   self.player.stop()
```

播放器的播放状态变化时会发射 stateChanged()信号,在关联的自定义槽函数 do_stateChanged()
里更新 3 个按钮的使能状态。

音量控制由一个"静音"按钮和音量滑动条控制,相关槽函数的代码如下:

```
@pyqtSlot()      ##静音控制
def on_btnSound_clicked(self):
   mute=self.player.isMuted()
   self.player.setMuted(not mute)
   if mute:
      self.ui.btnSound.setIcon(QIcon(":/icons/images/volumn.bmp"))
   else:
      self.ui.btnSound.setIcon(QIcon(":/icons/images/mute.bmp"))

@pyqtSlot(int)      ##调节音量
def on_sliderVolumn_valueChanged(self,value):
   self.player.setVolume(value)
```

文件播放进度条在 do_durationChanged()和 do_positionChanged()两个自定义槽函数里会更新,
显示当前文件播放进度。拖动滑动条的滑块可以设置文件播放位置,其槽函数的代码如下:

```
@pyqtSlot(int)      ##文件进度调控
def on_sliderPosition_valueChanged(self,value):
   self.player.setPosition(value)
```

程序运行测试时发现,如果正在播放音乐时退出程序,并不会自动停止播放(用 Qt C++编写
的相同程序是自动停止的),所以再为窗口的 closeEvent()事件函数填写代码,停止音乐播放,代
码如下:

```
def closeEvent(self,event):      ##窗体关闭时
   if (self.player.state()==QMediaPlayer.PlayingState):
      self.player.stop()
```

10.2.2 使用 QSoundEffect 和 QSound 播放音效文件

QSoundEffect 用于播放低延迟的音效文件如无压缩的 wav 文件,用于实现一些音效效果如按
键音、提示音等。使用 QSoundEffect 播放音效文件的示例代码如下:

```
url=QUrl.fromLocalFile("Ak47.wav")
player=QSoundEffect(self)
player.setLoopCount(2)      #播放循环次数
player.setSource(url)       #设置源文件
player.play()
```

这段代码的功能是播放本地音效文件 AK47.wav，这个文件需要与程序在同一目录下。QSoundEffect 不仅可以播放本地文件，还可以播放网络文件，创建 QUrl 对象时使用网络地址即可。

另外一个类 QSound 只能播放本地 wav 文件，而且是以异步方式播放。可以直接使用 QSound 的类函数播放 wav 文件，如：

```
QSound.play("fire2.wav")
QSound.play("machinegun.wav")
```

所谓异步是第一行代码开始运行后，立刻运行第二行代码，不会等第一个声音播放完之后再播放第二个声音。所以运行上面的代码，会听到两个声音同时播放。

示例 Demo10_2 有这部分程序和音效资源文件，界面和程序非常简单就不在文中详述了。

10.3　音频输入

音频输入可以使用 QAudioRecorder 或 QAudioInput 两个类实现。QAudioRecorder 是高层次的实现，输入的音频数据直接保存为 wav 文件，录音过程中可以通过 QAudioProbe 访问原始的音频数据。QAudioInput 是低层次的实现，直接控制音频输入设备的采样率、字长等参数，可以获取音频采样的原始数据，从而对音频数据做进一步的处理，也可以将原始数据写入文件。

10.3.1　使用 QAudioRecorder 录制音频

1. QAudioRecorder 录制音频功能概述

QAudioRecorder 是用于录制音频的类，它从 QMediaRecorder 类继承而来，只需要比较少的代码，就可以实现音频录制并存储到文件。图 10-2 是使用 QAudioRecorder 录制音频文件的示例程序 Demo10_3 运行时界面。

QAudioRecorder 需要使用一个 QAudioEncoderSettings 类型的变量对输入音频设备进行设置，主要是编码格式、通道数、编码模式等高级设置，图 10-2 窗口左侧是音频输入设置。

设置一个输出保存文件后就可以使用 QAudioRecorder 开始录音，录制的音频数据会自动保存到文件里。音频输入设备会根据音频设置自动确定底层的采样参数，使用 QAudioProbe 类可以获取音频输入缓冲区的参数和原始数据。图 10-2 窗口右侧显示了音频输入缓冲区的数据参数，包括缓冲区字节数、帧数、采样数、采样字长、采样率等，通过这些参数就可以从缓冲区读出原始的音频数据。

2. QAudioRecorder 录音功能的实现

示例 Demo10_3 由项目模板 mainWindowApp 创建，主窗口 MainWindow.ui 的可视化设计请查看示例源文件。myMainWindow.py 文件的 import 部分和窗体业务逻辑类 QmyMainWindow 的构造函数代码如下：

图 10-2　示例 Demo10_3 运行时界面

```
import sys,os
from PyQt5.QtWidgets import QApplication, QMainWindow, QFileDialog, QMessageBox
from PyQt5.QtCore import  pyqtSlot,QUrl
from PyQt5.QtMultimedia import (QAudioRecorder,QAudioProbe,QMultimedia,
                  QMediaRecorder,QAudioEncoderSettings,QAudioFormat)
from ui_MainWindow import Ui_MainWindow

class QmyMainWindow(QMainWindow):
    def __init__(self, parent=None):
        super().__init__(parent)
        self.ui=Ui_MainWindow()
        self.ui.setupUi(self)
        self.recorder = QAudioRecorder(self)     #录音设备
        self.recorder.stateChanged.connect(self.do_stateChanged)
        self.recorder.durationChanged.connect(self.do_durationChanged)
        self.probe = QAudioProbe(self)            #探测器
        self.probe.setSource(self.recorder)
        self.probe.audioBufferProbed.connect(self.do_processBuffer)

        if self.recorder.defaultAudioInput()=="":    #str 类型
            return       #无音频录入设备
        for device in self.recorder.audioInputs():
            self.ui.comboDevices.addItem(device)       #音频录入设备列表
        for codecName in self.recorder.supportedAudioCodecs():
            self.ui.comboCodec.addItem(codecName)       #支持的音频编码
        sampleList,isContinuous=self.recorder.supportedAudioSampleRates()
        for i in range(len(sampleList)):               #支持的采样率
            self.ui.comboSampleRate.addItem("%d"%sampleList[i])

##    channels
        self.ui.comboChannels.addItem("1")
        self.ui.comboChannels.addItem("2")
        self.ui.comboChannels.addItem("4")
##    quality
        self.ui.sliderQuality.setRange(0, QMultimedia.VeryHighQuality)
        self.ui.sliderQuality.setValue(QMultimedia.NormalQuality)
##    bitrates
        self.ui.comboBitrate.addItem("32000")
        self.ui.comboBitrate.addItem("64000")
        self.ui.comboBitrate.addItem("96000")
        self.ui.comboBitrate.addItem("128000")

    def do_stateChanged(self,state):     ##状态变化
        isRecording=(state==QMediaRecorder.RecordingState)     #正在录制
        self.ui.actRecord.setEnabled(not isRecording)
        self.ui.actPause.setEnabled(isRecording)
        self.ui.actStop.setEnabled(isRecording)
        isStoped=(state==QMediaRecorder.StoppedState)        #已停止
        self.ui.btnGetFile.setEnabled(isStoped)
        self.ui.editOutputFile.setEnabled(isStoped)

    def do_durationChanged(self,duration):      ##持续时间长度变化
        self.ui.LabPassTime.setText("已录制 %d 秒"%(duration/1000))
```

这段程序完成了如下一些功能。

（1）创建了 QAudioRecorder 对象 self.recorder，并为其两个信号设置了关联的槽函数

信号 stateChanged(state)在录音设备状态变化时发射，参数 state 是一个枚举类型 QMediaRecorder. State，表示了录音设备的 3 种工作状态，分别如下：

- QMediaRecorder.StoppedState（已停止录音）；
- QMediaRecorder.RecordingState（正在录音）；
- QMediaRecorder.PausedState（暂停录音）。

与此信号关联的槽函数通过判断工作状态，设置几个按钮的使能状态。

信号 durationChanged(duration)在录音时长发生变化时发射，int 型参数 duration 是已录音的时间长度，单位 ms。在与此信号关联的槽函数里显示已录音时间长度。

（2）创建了 QAudioProbe 对象 self.probe

QAudioProbe 是用于探测音频播放或录音时缓冲区的类，可以探测音频缓冲区的原始音频数据，从而对数据进行分析和处理，例如可以对音频数据做频谱分析。

QAudioProbe 的 setSource(source)函数可以设置一个探测对象，source 可以是 QAudioRecorder、QMediaPlayer、QCamera 等类的对象。

QAudioProbe 的信号 audioBufferProbed(buffer)在音频探测器获得一个缓冲区的数据后发射，参数 buffer 是 QAudioBuffer 类型，存储了音频缓冲区的格式和原始数据。构造函数里设置了与此信号关联的槽函数，此槽函数代码和涉及的原理较多，在后面介绍 QAudioProbe 类的部分再详细介绍。

（3）获取 QAudioRecorder 设备支持的各类参数的列表，构造界面显示

这里用到 QAudioRecorder 类的如下一些函数。

- defaultAudioInput()函数：获取默认的音频输入设备名称。
- audioInputs()函数：获取音频输入设备名称列表。
- supportedAudioCodecs()函数：获取支持的音频编码列表，返回结果是字符串列表。
- supportedAudioSampleRates()函数：获取支持的音频采样率列表。

此函数的 Python 函数原型和 C++函数原型不一样，其 Python 函数原型是：

```
supportedAudioSampleRates(self) -> Tuple[List[int], bool]
```

返回结果是一个 Tuple 结构：第一部分是 int 型数据的列表，是支持的采样率列表；第二部分是个 bool 类型的值，表示是否支持任意的采样率。

（4）其他与音频录制相关的参数选项的初始化

其他参数还有通道数，初始化为 1、2、4，分别表示单声道、立体声（双声道）和四声环绕（四声道）。

音频的编码模式有 4 种选项，界面上只设置了 2 种，即固定品质和固定比特率。如果设置为固定品质，由设备根据品质要求自动设置采样率和字长，如果设置为固定比特率，设备就自动调节品质来适应比特率。

枚举类型 QMultimedia.EncodingQuality 表示品质类型，有 5 种取值，分别如下：

- QMultimedia.VeryLowQuality（数值 0）；
- QMultimedia.LowQuality（数值 1）；
- QMultimedia.NormalQuality（数值 2）；
- QMultimedia.HighQuality（数值 3）；
- QMultimedia.VeryHighQuality（数值 4）。

程序运行时，选择一个录音输出文件后，就可以通过界面上"录音""暂停""停止"3 个按钮进行录音控制，3 个按钮的槽函数代码如下：

```python
@pyqtSlot()      ##开始录音
def on_actRecord_triggered(self):
    success=True
    if (self.recorder.state() == QMediaRecorder.StoppedState):      #已停止
        success=self.__setRecordParams()     #设置录音参数
    if success:
        self.recorder.record()

@pyqtSlot()      ##暂停
def on_actPause_triggered(self):
    self.recorder.pause()

@pyqtSlot()      ##停止
def on_actStop_triggered(self):
    self.recorder.stop()

def   __setRecordParams(self):      ##设置音频输入参数
    selectedFile=self.ui.editOutputFile.text().strip()
    if (selectedFile ==""):
        QMessageBox.critical(self,"错误","请先设置录音输出文件")
        return False
    if os.path.exists(selectedFile):
        os.remove(selectedFile)      #删除已有文件

    recordFile=QUrl.fromLocalFile(selectedFile)
    self.recorder.setOutputLocation(recordFile)      #设置输出文件

    recordDevice=self.ui.comboDevices.currentText()
    self.recorder.setAudioInput(recordDevice)         #设置录入设备

    settings=QAudioEncoderSettings()      #音频编码设置
    settings.setCodec(self.ui.comboCodec.currentText())

    sampRate=int(self.ui.comboSampleRate.currentText())
    settings.setSampleRate(sampRate)      #采样率

    bitRate=int(self.ui.comboBitrate.currentText())
    settings.setBitRate(bitRate)          #比特率

    channelCount=int(self.ui.comboChannels.currentText())
    settings.setChannelCount(channelCount)     #通道数

    quality=QMultimedia.EncodingQuality(self.ui.sliderQuality.value())
    settings.setQuality(quality)               #编码品质

    if self.ui.radioQuality.isChecked():      #编码模式为固定品质
        settings.setEncodingMode(QMultimedia.ConstantQualityEncoding)
    else:      #固定比特率
        settings.setEncodingMode(QMultimedia.ConstantBitRateEncoding)

    self.recorder.setAudioSettings(settings)      #音频设置
    return True
```

开始、暂停、停止录音只需分别调用 QAudioRecorder 的 record()、pause()和 stop()函数，这会引起 QAudioRecorder 的 state()发生变化，并发射 stateChanged()信号，在关联的槽函数

do_stateChanged()里更新界面按钮的使能状态。

在"录音"按钮的槽函数代码里，如果是从停止状态单击"录音"，将会调用自定义函数 __setRecordParams()进行音频输入参数设置。它会根据界面的输入调用 QAudioRecorder 的 3 个接口函数进行设置。

- setOutputLocation()设置保存文件。
- setAudioInput()设置音频输入设备。
- setAudioSettings()设置音频输入参数。

其中，setAudioSettings(settings)需要一个 QAudioEncoderSettings 类型的参数 settings 作为音频输入参数，设置的内容如下。

- setCodec(str)设置音频编码，如"audio/pcm"是未经编码的音频格式。
- setSampleRate(int)设置采样率，如 8000Hz 是最低的采样率，44100Hz 是一般 CD、MP3 的采样率，96000Hz 是高清晰音轨使用的采样率。
- setChannelCount(int)设置通道数，常见的有单声道、立体声（双声道）和四声环绕（四声道）。
- setBitRate(int)设置比特率，若用编码模式为 QMultimedia.ConstantBitRateEncoding，则音频输入设备采用固定的比特率采样，比特率越高，音质越好，一般较高音质用 128kbit/s 即可。
- setQuality(quality) 设置录音质量，参数为枚举类型 QMultimedia.EncodingQuality，有 QMultimedia.VeryLowQuality 到 QMultimedia.VeryHighQuality 五个等级。若编码模式设置为固定质量，则音频输入设备会根据质量要求自动设置底层的采样率、字长等参数。

单击"录音"按钮后，就可以根据设置进行录音，录音的数据会自动保存到指定的文件里。

3. QAudioProbe 获取音频输入缓冲区数据参数

由于使用了一个 QAudioProbe 类型变量 self.probe 进行录音数据的探测，在录音过程中，self.probe 会在录音的缓冲区更新数据后发射 audioBufferProbed()信号。与 audioBufferProbed()信号关联的自定义槽函数 do_processBuffer()对缓冲区的数据进行解析和显示，此槽函数的代码如下：

```
def do_processBuffer(self,buffer):
    audioFormat=buffer.format()     #返回音频格式，QAudioFormat 类型
    self.ui.spin_channelCount.setValue(audioFormat.channelCount())    #通道
    self.ui.spin_sampleSize.setValue(audioFormat.sampleSize())        #字长
    self.ui.spin_sampleRate.setValue(audioFormat.sampleRate())        #采样率
    self.ui.spin_bytesPerFrame.setValue(audioFormat.bytesPerFrame())
    if (audioFormat.byteOrder()==QAudioFormat.LittleEndian):
        self.ui.edit_byteOrder.setText("LittleEndian")     #字节序
    else:
        self.ui.edit_byteOrder.setText("BigEndian")
    self.ui.edit_codec.setText(audioFormat.codec())         #编码格式

    if (audioFormat.sampleType()==QAudioFormat.SignedInt):     #采样点类型
        self.ui.edit_sampleType.setText("SignedInt")
    elif(audioFormat.sampleType()==QAudioFormat.UnSignedInt):
        self.ui.edit_sampleType.setText("UnSignedInt")
    elif(audioFormat.sampleType()==QAudioFormat.Float):
        self.ui.edit_sampleType.setText("Float")
    else:
        self.ui.edit_sampleType.setText("Unknown")

    self.ui.spin_byteCount.setValue(buffer.byteCount())         #缓冲区字节数
```

```
self.ui.spin_duration.setValue(buffer.duration()/1000)      #缓冲区时长
self.ui.spin_frameCount.setValue(buffer.frameCount())       #缓冲区帧数
self.ui.spin_sampleCount.setValue(buffer.sampleCount())     #缓冲区采样数
```

信号 audioBufferProbed(buffer)传递的参数 buffer 是 QAudioBuffer 类型，该参数存储了缓冲区的音频格式参数和音频原始数据。通过 QAudioBuffer.format()函数可以获得音频格式参数，即

```
audioFormat=buffer.format()
```

QAudioBuffer.format()函数返回一个 QAudioFormat 类型的变量，存储了音频的格式参数信息。要使用音频的原始数据，需要对这些参数有所了解，结合如图 10-2 所示的内容对 QAudioFormat 的一些函数表示的参数做如下解释。

- channelCount()返回音频数据实际通道数，与前面的音频设置的通道数一致。
- sampleSize()返回采样点位数，是指一个采样数据点的量化位数，一般有 8 位、16 位、32 位。位数越多，声音的分辨率越高，保真度越高，一般 16 位即可达到 CD 的音频质量。
- sampleRate()返回实际的采样频率，一般等于或大于音频输入设置的采样率，也会根据设置的质量要求自动设置实际的采样率。
- sampleType()返回采样点格式，是指一个采样点用什么类型的数据来表示，有无符号整型（UnSignedInt）、有符号整型（SignedInt）和浮点数（Float）。
- byteOrder()返回字节序，即大端字节序或小端字节序。
- codec()返回实际的编码方式。
- bytesPerFrame()返回每帧字节数，不同音频编码格式的帧的定义不一样，PCM（Pulse Code Modulation）编码的一帧就是各个通道的一次采样数据。

QAudioBuffer 型参数 buffer 还有其他一些函数描述缓冲区数据的信息，结合图 10-2 对 QAudioBuffer 的这些函数进行解释如下。

- frameCount()返回帧数，对于 PCM 编码的音频数据，一帧就是一次采样点，这个函数返回了缓冲区中数据点的帧数，如 320 帧。
- sampleCount()返回采样数，采样数=帧数×通道数，因为是 2 个通道，所以采样数为 640。
- byteCount()返回缓冲区字节数，字节数=采样数×采样字节数，因为采样点位数为 8 位，即 1 个字节，所以缓冲区字节数为 640。
- duration()返回缓冲区时长，时长由帧数和采样频率决定，这里缓冲区时长为 40ms，因为帧数为 320，采样频率为 8000Hz，所以时长为

$$\frac{320}{8000} \times 1000\text{ms} = 40\text{ms}$$

QAudioBuffer 的 data()函数返回缓冲区存储的音频的原始数据，获取这些原始数据，就可以对数据进行分析或处理，例如进行语音识别必须先获得这些音频原始数据。

使用 QAudioRecorder 进行音频输入时，设置的采集参数不同，底层的音频采样参数会自动调整。例如与图 10-2 的设置相似，只是将音频编码品质设置为最高质量，则录音时缓冲区的信息就发生了较大的变化，如图 10-3 所示。可以看到缓冲区的采样字长变为 16 位，采样率变为 96000Hz，每帧字节数变为 4 字节。

所以在采用 QAudioBuffer 的 data()函数读取原始数据时，需要根据返回的缓冲区格式参数以及缓冲区帧数、采样点数据类型等参数才能正确读取原始数据，实现起来比较复杂，本例就不演示原始数据的读取了。

图 10-3　固定品质为最高品质时录音的缓冲区参数

10.3.2　使用 QAudioInput 获取音频输入

1. QAudioInput 获取音频输入功能概述

QAudioInput 类提供了接收音频设备输入数据的接口，可以获取音频输入的原始数据，其功能与 QAudioRecorder 有些相似，但也有区别。两者的区别在于以下几点。

- 创建 QAudioInput 对象时需要传递两个参数，其中一个是 QAudioDeviceInfo 类表示的音频设备，另一个是 QAudioFormat 表示的音频输入格式。指定的 QAudioFormat 直接作用于音频输入设备，也就是音频输入的数据将直接按照设置的采样率、字长等参数进行采样。而 QAudioRecorder 是设定采样品质要求，由其内部自动决定采样频率、采样点类型等底层参数。
- QAudioInput 可以指定一个 QIODevice 设备作为数据输出对象，可以是文件，也可以是其他从 QIODevice 继承的类，缓冲区的原始数据可以保存到文件，也可以只在内存中处理。而 QAudioRecorder 只能指定文件作为数据保存对象。
- QAudioInput 可以直接提供音频缓冲区的原始数据，而 QAudioRecorder 需要与 QAudioProbe 结合使用才可以获得音频的原始数据。若是要在内存中对音频输入原始数据进行处理，QAudioInput 的效率更高。

所以，QAudioInput 更适用于需要对音频输入设备进行采集参数直接控制，以及对采集原始数据进行高效实时处理的场合。

图 10-4 是使用 QAudioInput 实现音频数据输入的示例程序 Demo10_4 的运行时界面。该程序用 QAudioInput 获取音频输入，有两种方式进行音频数据的处理，分别如下。

（1）使用 QAudioInput 开始音频输入后返回的内建 IODevice 对象，在其 readyRead()信号发射时读取缓冲区的音频原始数据，对数据分析最大值、最小值、计算最大值与最小值的差值，然后在界面上用 3 个 QProgressBar 组件显示这些值。这是对音频输入原始数据的简单处理，实际的复杂处理应用可能有滤波、频谱分析或语音识别等。

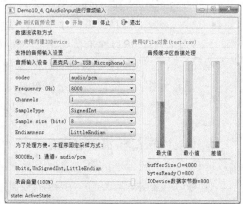

图 10-4　使用 QAudioInput 获取音频
输入原始数据并做统计计算

（2）创建一个 QFile 对象用于 QAudioInput 启动音频输入，音频输入的原始数据自动写入设置的文件里。

图 10-4 的左侧是用 QAudioDeviceInfo 类获取的音频设备，以及设备支持的各种参数，单击"测试音频设置"可以判断音频设备是否支持所设置的采集配置。为了读取原始数据的简便，在开始采集时采用固定的设置，即 8000Hz、1 通道、8 位无符号整数。

2. 窗口初始化

示例 Demo10_4 由项目模板 mainWindowApp 创建，主窗口 UI 文件 MainWindow.ui 的可视化设计结果参见示例源文件。窗体业务逻辑类 QmyMainWindow 的构造函数对窗口进行初始化，其代码如下：

```python
import sys
from PyQt5.QtWidgets import  QApplication, QMainWindow, QMessageBox
from PyQt5.QtCore import  pyqtSlot,pyqtSignal, QIODevice,QFile
from PyQt5.QtMultimedia import QAudioDeviceInfo, QAudio, QAudioFormat, QAudioInput

from ui_MainWindow import Ui_MainWindow
class QmyMainWindow(QMainWindow):
    def __init__(self, parent=None):
        super().__init__(parent)
        self.ui=Ui_MainWindow()
        self.ui.setupUi(self)

        self.ui.progBar_Max.setMaximum(256)          #8 位无符号，最大 255
        self.ui.progBar_Min.setMaximum(256)
        self.ui.progBar_Diff.setMaximum(256)
        self.ui.sliderVolumn.setMaximum(100)         #录音音量，0--100
        self.ui.sliderVolumn.setValue(100)

        self.ui.comboDevices.clear()
        self.__deviceList=QAudioDeviceInfo.availableDevices(
                        QAudio.AudioInput)      #音频输入设备列表
        for i in range(len(self.__deviceList)):
            device=self.__deviceList[i]              #QAudioDeviceInfo 类
            self.ui.comboDevices.addItem(device.deviceName())    #设备名称

        self.audioDevice=None       #音频输入设备，QAudioInput 类型
        self.BUFFER_SIZE=4000       #设置缓冲区大小
        self.ioDevice=None          #第 1 种读取方法，内建的 QIODevice 对象
        self.recordFile=QFile()     #第 2 种读取方法，使用 QFile 直接写入文件

        if len(self.__deviceList)>0:
            self.ui.comboDevices.setCurrentIndex(0)
##会触发 comboDevices 的信号 currentIndexChanged()，获取设备具体参数
        else:    #无音频输入设备
            self.ui.actStart.setEnabled(False)          #"开始"按钮
            self.ui.actDeviceTest.setEnabled(False)     #"测试"按钮
            self.ui.groupBoxDevice.setTitle("支持的音频输入设置(无设备)")
```

程序通过调用 QAudioDeviceInfo.availableDevices(QAudio.AudioInput)获取音频输入设备列表 self.__deviceList，这是一个 QAudioDeviceInfo 类对象的列表。列表的每个元素代表了一个音频输入设备，先将这些设备的名称添加到界面上的下拉列表框组件 comboDevices 的列表里。

构造函数里定义了 self.audioDevice、self.ioDevice 等几个变量，在后面的代码里具体创建或用到。如果输入设备列表不为空，使界面上的下拉列表框 comboDevices 显示其列表中的第一项，这

将使其发射 currentIndexChanged()信号，从而执行关联的槽函数。

3．音频输入设备支持的格式

在构造函数里获取了系统可用的音频输入设备列表，并将各设备的名称添加到了界面上的下拉列表框 comboDevices 里。程序运行时，在此下拉列表框里选择一个设备，会在下方的几个组件里更新该设备所支持的各种参数的选项。

界面上的下拉列表框 comboDevices 的 currentIndexChanged(int)信号的槽函数和两个相关的自定义函数的代码如下：

```python
@pyqtSlot(int)        ##选择音频输入设备，显示设备支持的参数
def on_comboDevices_currentIndexChanged(self,index):
    deviceInfo =self.__deviceList[index]       #QAudioDeviceInfo 类型
    self.ui.comboCodec.clear()                  #支持的音频编码
    codecs = deviceInfo.supportedCodecs()       #list[str]
    for strLine in codecs:
        self.ui.comboCodec.addItem(strLine)

    self.ui.comboSampleRate.clear()                     #支持的采样率
    sampleRates = deviceInfo.supportedSampleRates()     #list[int]
    for i in  sampleRates:
        self.ui.comboSampleRate.addItem("%d"% i)

    self.ui.comboChannels.clear()                       #支持的通道数
    Channels = deviceInfo.supportedChannelCounts()      #list[int]
    for i in Channels:
        self.ui.comboChannels.addItem("%d"%i )

    self.ui.comboSampleTypes.clear()                    #支持的采样点类型
    sampleTypes = deviceInfo.supportedSampleTypes()     #list[SampleType]
    for i in  sampleTypes:
        sampTypeStr=self.__getSampleTypeStr(i)
        self.ui.comboSampleTypes.addItem(sampTypeStr,i)

    self.ui.comboSampleSizes.clear()                    #采样点大小
    sampleSizes = deviceInfo.supportedSampleSizes()     #list[int]
    for i in  sampleSizes:
        self.ui.comboSampleSizes.addItem("%d"%i)

    self.ui.comboByteOrder.clear()                  #字节序
    endians = deviceInfo.supportedByteOrders()      #list[Endian]
    for i in endians:
        self.ui.comboByteOrder.addItem(self.__getByteOrderStr(i))

def __getSampleTypeStr(self,sampleType):        ##由枚举类型返回字符串
    result="Unknown"
    if sampleType==QAudioFormat.SignedInt:
        result = "SignedInt"
    elif sampleType==QAudioFormat.UnSignedInt:
        result = "UnSignedInt"
    elif sampleType==QAudioFormat.Float:
        result = "Float"
    elif sampleType==QAudioFormat.Unknown:
        result = "Unknown"
    return result

def __getByteOrderStr(self,endian):     ##由枚举类型返回字符串
    if (endian==QAudioFormat.LittleEndian):
        return "LittleEndian"
```

```
else:
    return "BigEndian"
```

从音频输入设备列表 self.__deviceList 获得的变量 deviceInfo 是 QAudioDeviceInfo 类型,这个类记录了一个音频输入设备的一些信息,程序里获取这些信息并更新界面显示。用到的 QAudioDeviceInfo 的函数如下。

- supportedCodecs():返回支持的编码格式列表,返回值是字符串列表。
- supportedSampleRates():返回支持的采样率列表,是一个 int 型列表。
- supportedChannelCounts():返回支持的通道数列表,是一个 int 型列表。
- supportedSampleTypes():返回支持的采样点类型列表,列表元素是枚举类型 QAudioFormat. SampleType,通过自定义函数 __getSampleTypeStr()获取枚举值的字符串。
- supportedByteOrders():返回支持的字节序列表,列表元素是 QAudioFormat.Endian 枚举类型,通过自定义函数 __getByteOrderStr()获取枚举值的字符串。

创建一个 QAudioInput 对象时需要传递一个 QAudioFormat 类型变量作为参数,用于指定音频输入配置,而音频设备是否支持这些配置需要进行测试。窗口上的"测试音频设置"按钮可以进行测试,其关联的槽函数代码如下:

```
@pyqtSlot()        ##测试音频输入设备是否支持选择的设置
def on_actDeviceTest_triggered(self):
    settings=QAudioFormat()
    settings.setCodec(self.ui.comboCodec.currentText())
    settings.setSampleRate(int(self.ui.comboSampleRate.currentText()))
    settings.setChannelCount(int(self.ui.comboChannels.currentText()))
    k=self.ui.comboSampleTypes.currentData()
    settings.setSampleType(k)        #参数类型 QAudioFormat.SampleType
    settings.setSampleSize(int(self.ui.comboSampleSizes.currentText()))
    if (self.ui.comboByteOrder.currentText()=="LittleEndian"):
        settings.setByteOrder(QAudioFormat.LittleEndian)
    else:
        settings.setByteOrder(QAudioFormat.BigEndian)

    index=self.ui.comboDevices.currentIndex()
    deviceInfo =self.__deviceList[index]        #当前设备 QAudioDeviceInfo
    if deviceInfo.isFormatSupported(settings):
        QMessageBox.information(self,"消息","测试成功,设备支持此设置")
    else:
        QMessageBox.critical(self,"错误","测试失败,设备不支持此设置")
```

QAudioFormat 类对象 settings 从界面上各个组件获取设置,包括编码格式、采样率、通道数等,然后用 QAudioDeviceInfo 的 isFormatSupported()函数测试是否支持此设置,如果不支持,还可以使用 QAudioDeviceInfo 的 nearestFormat()函数获取最接近的配置。

4. 获取音频输入数据

在点击工具栏上的"开始"按钮开始采集音频输入数据之前,可以设置数据流读取方式和录音音量,这 3 个组件的相关槽函数代码分别如下:

```
@pyqtSlot()        ##数据流读取方式:使用内建 IODevice
def on_radioSaveMode_Inner_clicked(self):
    self.ui.groupBox_disp.setVisible(True)

@pyqtSlot()        ##数据流读取方式:使用 QFile 对象(test.raw)
```

```
def on_radioSaveMode_QFile_clicked(self):
    self.ui.groupBox_disp.setVisible(False)

@pyqtSlot(int)      ##调节录音音量
def on_sliderVolumn_valueChanged(self,value):
    self.ui.LabVol.setText("录音音量(%d%%)"%value)
```

groupBox_disp 是占据窗口右半部分的 **GroupBox** 组件，在采集的音频数据保存到文件时隐藏此部分显示，因为这时无法实时分析采集的音频数据。

单击窗口工具栏上"开始"和"停止"按钮，就可以开始或停止音频数据输入，这两个按钮关联的槽函数代码如下：

```
@pyqtSlot()      ##开始音频输入
def on_actStart_triggered(self):
    audioFormat=QAudioFormat()       #使用固定格式，8000Hz，8 位无符号整数
    audioFormat.setSampleRate(8000)
    audioFormat.setChannelCount(1)    #通道数=1
    audioFormat.setSampleSize(8)       #8 位
    audioFormat.setCodec("audio/pcm")
    audioFormat.setByteOrder(QAudioFormat.LittleEndian)
    audioFormat.setSampleType(QAudioFormat.UnsignedInt)       #无符号整数

    index=self.ui.comboDevices.currentIndex()
    deviceInfo =self.__deviceList[index]     #当前音频设备
    if (False== deviceInfo.isFormatSupported(audioFormat)):
        QMessageBox.critical(self,"错误","测试失败，设备不支持此设置")
        return

    self.audioDevice = QAudioInput(deviceInfo,audioFormat)     #音频输入设备
    self.audioDevice.setBufferSize(self.BUFFER_SIZE)       #缓冲区大小，字节数
    self.audioDevice.stateChanged.connect(self.do_stateChanged)

##1. 使用 start()->QIODevice 启动，利用 readyRead()信号读出数据
    if self.ui.radioSaveMode_Inner.isChecked():
        self.ioDevice=self.audioDevice.start()     #返回内建的 IODevice
        self.ioDevice.readyRead.connect(self.do_IO_readyRead)

##2.使用 start(QIODevice)启动，写入文件
    if self.ui.radioSaveMode_QFile.isChecked():
        self.recordFile.setFileName("test.raw")
        self.recordFile.open(QIODevice.WriteOnly)
        self.audioDevice.start(self.recordFile)

@pyqtSlot()      ##停止音频输入
def on_actStop_triggered(self):
    self.audioDevice.stop()
    self.audioDevice.deleteLater()
##1.使用 start()->QIODevice 启动，无须处理，停止后 self.ioDevice 自动失效
##2.使用 start(QIODevice)启动，写入文件
    if self.ui.radioSaveMode_QFile.isChecked():
        self.recordFile.close()
```

这里主要涉及 3 个技术点。

（1）QAudioInput 对象的创建

程序里创建 QAudioInput 对象的语句是：

```
self.audioDevice = QAudioInput(deviceInfo,audioFormat)       #音频输入设备
```

传递了两个参数：deviceInfo 是 QAudioDeviceInfo 类型，表示所选的音频输入设备；audioFormat 是 QAudioFormat 类型，是设置的音频输入参数。

为了便于解析音频输入原始数据，音频输入的配置采用固定的简单方式，而不是根据界面上的设置进行配置。音频输入配置固定为 8000Hz 采样率、1 个通道、8 位无符号整数、audio/pcm 编码、小端字节序。

QAudioInput 的信号 stateChanged(state)在音频输入设备状态变化时发射，表示音频设备的工作状态，为此信号编写槽函数，可以进行界面组件的使能控制。关联的槽函数代码如下：

```python
def do_stateChanged(self,state):       ##设备状态变化
    isStoped=(state== QAudio.StoppedState)     #停止状态
    self.ui.groupBox_saveMode.setEnabled(isStoped)
    self.ui.sliderVolumn.setEnabled(isStoped)
    self.ui.actStart.setEnabled(isStoped)
    self.ui.actStop.setEnabled(not isStoped)
    self.ui.actDeviceTest.setEnabled(isStoped)
    self.ui.sliderVolumn.setEnabled(isStoped)

    if  state== QAudio.ActiveState:
        self.ui.statusBar.showMessage("state: ActiveState")
    elif state== QAudio.SuspendedState:
        self.ui.statusBar.showMessage("state: SuspendedState")
    elif state== QAudio.StoppedState:
        self.ui.statusBar.showMessage("state: StoppedState")
    elif state== QAudio.IdleState:
        self.ui.statusBar.showMessage("state: IdleState")
    elif state== QAudio.InterruptedState:
        self.ui.statusBar.showMessage("state: InterruptedState")
```

（2）使用内建 QIODevice 对象读取缓冲区数据

使用 QAudioInput 的 start()函数启动音频数据输入，start()函数有两种参数形式，其中一种形式的函数原型是：

```python
start(self) -> QIODevice
```

它返回一个内建的 QIODevice 对象，然后可以使用此对象读取缓冲区的数据。程序中的代码是：

```python
if self.ui.radioSaveMode_Inner.isChecked():
    self.ioDevice=self.audioDevice.start()      #返回内建的 IODevice
    self.ioDevice.readyRead.connect(self.do_IO_readyRead)
```

这里返回的内建对象是 self.ioDevice，然后为此对象的 readyRead()信号关联了自定义槽函数 do_IO_readyRead()。readyRead()信号在 I/O 设备有数据需要读取时发射，在关联的槽函数里可以读取缓冲区的数据。槽函数 do_IO_readyRead()的代码如下：

```python
def do_IO_readyRead(self):       ##内建 IODevice，读取缓冲区数据
    self.ui.LabBufferSize.setText("bufferSize()=%d" %self.audioDevice.bufferSize())
    byteCount = self.audioDevice.bytesReady()       #可以读取的字节数
    self.ui.LabBytesReady.setText("bytesReady()=%d"%byteCount)
    if byteCount>self.BUFFER_SIZE:
        byteCount=self.BUFFER_SIZE

    buffer=self.ioDevice.read(byteCount)       #返回的是 bytes 类型
    maxSize=len(buffer)       #实际字节数
    self.ui.LabBlockSize.setText("IODevice 数据字节数=%d"%maxSize)

    maxV=0
```

```
minV=255
for k in range(maxSize):
    V=buffer[k]      #取一个字节, uint8 类型数据
    if V>maxV:
        maxV=V              #求最大值
    if V<minV:
        minV=V              #求最小值

self.ui.progBar_Max.setValue(maxV)
self.ui.progBar_Min.setValue(minV)
self.ui.progBar_Diff.setValue(maxV-minV)
```

这里用到了 QIODevice 的两个重要函数。

- bytesReady()函数：返回 I/O 设备需要读取的数据的字节数。
- read(byteCount)函数：从 I/O 设备读取至多 byteCount 字节的数据，返回结果 buffer 是 bytes 类型，即字节数组。由于本程序在开始音频输入时，输入音频格式固定为 1 通道、8 位无符号整数，因此 buffer 的一字节就是一个数据点。

变量 buffer 存储了音频输入的原始数据，每字节就是一个采样数据点，是一个 8 位无符号整数。后面的代码对音频输入原始数据做了最简单的处理，即查找最大值和最小值，然后在界面上的 3 个 QProgressBar 组件里显示这些数值。

不管设置的音频输入格式是什么样的，QIODevice.read()返回的总是字节数组。如果格式比较复杂，如 2 通道、16 位有符号整数，就需要从返回的字节数组数据里解析出每个数据点的值，然后才能做更多的处理。

在停止音频输入时，由 QAudioInput.start()返回的 I/O 设备会自动失效，所以无须对 self.ioDevice 做任何处理。

（3）使用 QFile 对象作为数据记录的 I/O 设备

QAudioInput 的另外一种形式的 start()函数的原型是：

```
start(self, QIODevice)
```

可以用一个 QIODevice 对象作为 start()函数的输入参数，这样，音频输入的数据就用这个 I/O 设备的读写功能实现数据的获取。一般使用 QFile 对象作为这样的参数，输入的音频原始数据会自动记录到文件里。程序中的代码是：

```
if self.ui.radioSaveMode_QFile.isChecked():
    self.recordFile.setFileName("test.raw")
    self.recordFile.open(QIODevice.WriteOnly)
    self.audioDevice.start(self.recordFile)
```

self.recordFile 是在构造函数里创建的一个 QFile 对象，这里为其设置一个文件名"test.raw"，并且必须以 WriteOnly 模式打开。

在这种模式下，音频输入的原始数据会自动写入设置的文件里，不能在内存中读取原始数据并做处理。在停止音频输入时，必须关闭文件。

也可以使用从 QIODevice 继承的自定义类替代 QFile 类，而且必须重新实现 QIODevice 的 writeData()函数，在此函数里读取缓冲区的数据。这样其实还不如使用 start()返回的内建的 I/O 设备方便。

10.4 视频播放

QMediaPlayer 不仅可以播放音频文件，还可以播放 wmv、avi 等视频文件。播放视频文件时，用 QMediaPlayer 的 setMedia()函数指定一个媒体资源，或用 setPlaylist()指定一个播放列表。此外，要播放视频还需要用 setVideoOutput()函数指定一个界面组件用于视频显示，这个函数有 3 种参数类型，其函数原型如下：

```
setVideoOutput(self, QVideoWidget)
setVideoOutput(self, QGraphicsVideoItem)
setVideoOutput(self, QAbstractVideoSurface)
```

- QVideoWidget 是从 QWidget 和 QMediaBindableInterface 双重继承的类，是一个类似于 QWidget 的类，但是可以显示视频画面。
- QGraphicsVideoItem 是从 QGraphicsObject 和 QMediaBindableInterface 双重继承的类，是 Graphics View 架构里的一种图形项，用于在 Graphics View 架构里显示视频画面。
- QAbstractVideoSurface 是从 QObject 直接继承的用于视频显示的抽象类，它提供了用于视频画面显示的标准接口，用户需要从这个类继承一个类，实现解码视频帧内容的自定义显示。

本节只介绍前两种的视频显示，从 QAbstractVideoSurface 继承类实现自定义视频帧的显示涉及视频解码等内容，本书不做介绍。

10.4.1 在 QVideoWidget 上显示视频

1. 功能概述

示例 Demo10_5 使用 QMediaPlayer 播放视频文件，然后在 QVideoWidget 组件上显示视频画面，其运行时界面如图 10-5 所示。该程序可以打开单个视频文件进行播放，还可以全屏显示视频画面。

2. 窗体可视化设计与组件类型提升

示例 Demo10_5 的主窗口 UI 文件是 MainWindow.ui，在可视化设计时删除窗口的菜单栏、工具栏和状态栏，设计好的界面以及组件的布局和层次关系如图 10-6 所示。

主窗口的中心布局是垂直布局。窗口下方是两个 QFrame 组件，这两个组件内部都是水平布局，并且设置了 QFrame 组件的 maximumHeight 属性限制其高度。窗口上方是一个 QVideoWidget 组件 videoWidget，用于显示视频画面。

在 UI Designer 里进行窗体可视化设计时，组件面板里并没有 QVideoWidget 类，需要用提升法将一个 QWidget 组件提升为 QVideoWidget 类。具体的做法是：设计界面时，从组件面板里拖放一个 QWidget 组件到窗体上，并命名为 videoWidget，然后在组件 videoWidget 的右键快捷菜单里点击 "Promote to..." 菜单项，出现如图 10-7 所示的窗口。

在此对话框里，"Base class name" 旁边的下拉列表框

图 10-5 使用 QVideoWidget 显示画面的视频播放器

里显示基类是 QWidget，这是界面组件的基本类型。我们希望将 QWidget 提升为 QVideoWidget，所以在"Promoted class name"编辑框里输入"QVideoWidget"，在下面的头文件编辑框里会自动显示头文件名称。这样输入后，点击"Add"按钮，会将类型提升信息添加到上方的"Promoted Classes"列表里（图 10-7 是已经添加了的）。然后点击"Promote"按钮，就可以将界面上放置的 QWidget 组件提升为 QVideoWidget 类型。

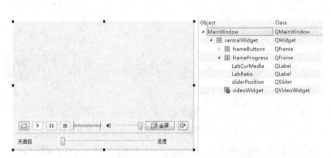

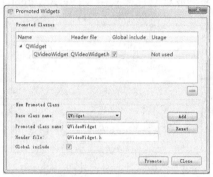

图 10-6　示例 Demo10_5 的 MainWindow.ui 设计时的效果和布局层次　　图 10-7　组件类型提升对话框

组件提升法可以将一个组件提升为一个 Qt 已有的类，也可以提升为一个自定义的类，但是提升后的类必须是基类的子类或更下级的类。

提升后的组件还可以通过右键菜单中的"Demote to ×××"菜单项降级为原来的类型，如"Demote to QWidget"。

这样设计好界面文件 MainWindow.ui 后，运行项目里的 uic.bat 文件，可以将文件 MainWindow.ui 编译为 ui_MainWindow.py。但是要特别注意，文件 ui_MainWindow.py 的最后两行是有问题的，此文件的最后两行是：

```
from QVideoWidget import QVideoWidget
import res_rc
```

这个导入语句是有问题的，因为 QVideoWidget 是在 PyQt5.QtMultimediaWidgets 模块里的，如果不加修改，在窗口业务逻辑类 QmyMainWindow 里使用此窗口界面就会出现错误，提示找不到模块 QVideoWidget。所以必须修改 ui_MainWindow.py 文件里的这一行，修改后的最后两行为：

```
from PyQt5.QtMultimediaWidgets import QVideoWidget
import res_rc
```

注意　在窗体可视化设计时使用提升法改变界面组件类型后，一定要检查.ui 文件编译后的.py 文件，其自动生成的 import 语句可能有错误，需要手动修改。

3. 窗体业务逻辑类的功能实现

QmyMainWindow 类实现对界面的业务逻辑操作，文件 myMainWindow.py 的完整代码（省略了窗体测试部分）如下：

```
import sys
from PyQt5.QtWidgets import  QApplication, QMainWindow, QFileDialog
from PyQt5.QtCore import  pyqtSlot,QUrl,QDir, QFileInfo,Qt,QEvent
```

```python
from PyQt5.QtGui import QIcon,QKeyEvent,QMouseEvent
from PyQt5.QtMultimedia import QMediaContent,QMediaPlayer

from ui_MainWindow import Ui_MainWindow
class QmyMainWindow(QMainWindow):
    def __init__(self, parent=None):
        super().__init__(parent)
        self.ui=Ui_MainWindow()
        self.ui.setupUi(self)

        self.player = QMediaPlayer(self)                 #创建视频播放器
        self.player.setNotifyInterval(1000)              #信息更新周期，ms
        self.player.setVideoOutput(self.ui.videoWidget)      #视频显示组件
        self.ui.videoWidget.installEventFilter(self)         #事件过滤器
        self.__duration=""
        self.__curPos=""
        self.player.stateChanged.connect(self.do_stateChanged)
        self.player.positionChanged.connect(self.do_positionChanged)
        self.player.durationChanged.connect(self.do_durationChanged)

##   ==============事件处理函数==========================
    def eventFilter(self,watched, event):        ##事件过滤器
        if (watched!=self.ui.videoWidget):
            return super().eventFilter(watched,event)
     ##鼠标左键按下时，暂停或继续播放
        if event.type()==QEvent.MouseButtonPress:
            if event.button()==Qt.LeftButton:
                if self.player.state()==QMediaPlayer.PlayingState:
                    self.player.pause()
                else:
                    self.player.play()
     ##全屏状态时，按 Esc 键退出全屏
        if event.type()==QEvent.KeyPress:
            if event.key() == Qt.Key_Escape:
                if self.ui.videoWidget.isFullScreen():
                    self.ui.videoWidget.setFullScreen(False)
        return super().eventFilter(watched,event)

##   ==========由 connectSlotsByName()自动关联的槽函数============
    @pyqtSlot()     ##打开文件
    def on_btnOpen_clicked(self):
        curPath=QDir.currentPath()          #获取当前目录
        title="选择视频文件"
        filt="视频文件(*.wmv *.avi);;所有文件(*.*)"
        fileName,flt=QFileDialog.getOpenFileName(self,title,curPath,filt)
        if (fileName==""):
            return

        fileInfo=QFileInfo(fileName)
        baseName=fileInfo.fileName()
        self.ui.LabCurMedia.setText(baseName)
        curPath=fileInfo.absolutePath()
        QDir.setCurrent(curPath)
        media=QMediaContent(QUrl.fromLocalFile(fileName))
        self.player.setMedia(media)          #设置播放文件
        self.player.play()

    @pyqtSlot()     ##播放
    def on_btnPlay_clicked(self):
        self.player.play()
```

```python
    @pyqtSlot()      ##暂停
    def on_btnPause_clicked(self):
        self.player.pause()

    @pyqtSlot()      ##停止
    def on_btnStop_clicked(self):
        self.player.stop()

    @pyqtSlot()      ##全屏
    def on_btnFullScreen_clicked(self):
        self.ui.videoWidget.setFullScreen(True)

    @pyqtSlot()      ##静音按钮
    def on_btnSound_clicked(self):
        mute=self.player.isMuted()
        self.player.setMuted(not mute)
        if mute:
            self.ui.btnSound.setIcon(QIcon(":/icons/images/volumn.bmp"))
        else:
            self.ui.btnSound.setIcon(QIcon(":/icons/images/mute.bmp"))

    @pyqtSlot(int)      ##音量调节
    def on_sliderVolumn_valueChanged(self,value):
        self.player.setVolume(value)

    @pyqtSlot(int)      ##播放进度调节
    def on_sliderPosition_valueChanged(self,value):
        self.player.setPosition(value)

##  =============自定义槽函数============================
    def do_stateChanged(self,state):
        isPlaying= (state==QMediaPlayer.PlayingState)
        self.ui.btnPlay.setEnabled(not isPlaying)
        self.ui.btnPause.setEnabled(isPlaying)
        self.ui.btnStop.setEnabled(isPlaying)

    def do_durationChanged(self,duration):
        self.ui.sliderPosition.setMaximum(duration)
        secs=duration/1000      #秒
        mins=secs/60            #分
        secs=secs % 60          #余数秒
        self.__duration="%d:%d"%(mins,secs)
        self.ui.LabRatio.setText(self.__curPos+"/"+self.__duration)

    def do_positionChanged(self,position):
        if (self.ui.sliderPosition.isSliderDown()):
            return          #如果正在拖动滑条，退出
        self.ui.sliderPosition.setSliderPosition(position)
        secs=position/1000      #秒
        mins=secs/60            #分
        secs=secs % 60          #余数秒
        self.__curPos="%d:%d"%(mins,secs)
        self.ui.LabRatio.setText(self.__curPos+"/"+self.__duration)
```

使用 QMediaPlayer 播放视频文件与播放音频文件的操作基本相同，设置播放媒体、播放、停止、几个信号的功能实现等可参考示例 Demo10_1，此处不再赘述。

用 QMediaPlayer 播放视频需要用 setVideoOutput()函数指定显示视频画面的界面组件，构造函数里的代码是：

```python
self.player.setVideoOutput(self.ui.videoWidget)
```

另外，QVideoWidget.setFullScreen()函数可以设置视频界面是否全屏显示。

QVideoWidget 组件没有鼠标和按键操作功能，特别是在全屏播放时不能通过快捷键退出全屏播放模式。为此，使用事件过滤器为视频显示组件 videoWidget 提供了鼠标和按键操作功能，使得在画面上点击鼠标左键时可以暂停或继续播放，在全屏状态下按 Esc 键可以退出全屏状态。事件过滤器的使用方法可以参考 5.2 节。

10.4.2　在 QGraphicsVideoItem 上播放视频

QMediaPlayer 解码的视频还可以在 QGraphicsVideoItem 类组件上显示。QGraphicsVideoItem 是继承自 QGraphicsItem 的类，是适用于 Graphics View 架构的图形项组件。所以，使用 QGraphicsVideoItem 显示视频时，可以在显示场景中和其他图形项组合显示，可以使用 QGraphicsItem 类的放大、缩小、拖动、旋转等功能。

图 10-8 是使用 QMediaPlayer 和 QGraphicsVideoItem 播放视频的示例 Demo10_6 运行时界面。该界面与图 10-5 类似，但是窗口上方是一个 QGraphicsView 组件，在这个图形视图中创建了　个

QGraphicsVideoItem 对象用于显示播放的视频，还创建了一个 QGraphicsTextItem 类型的图形项模拟弹幕显示文字。这两个图形项都可以被选中并移动。下方的控制按钮里有"放大"和"缩小"按钮，可以放大或缩小视屏画面，"弹幕文字"按钮可以显示或隐藏文字图形项。

图 10-8　使用 QGraphicsVideoItem 的视频播放器

示例 Demo10_6 的主窗口文件 MainWindow.ui 的可视化设计与示例 Demo10_5 类似，但是窗口上方用的是一个 QGraphicsView 组件。在窗体业务逻辑类 QmyMainWindow 的构造函数里创建 Graphics View 架构的各个对象，其构造函数代码如下：

```python
import sys
from PyQt5.QtWidgets import  (QApplication, QMainWindow,QFileDialog,
        QGraphicsScene,QGraphicsItem,QGraphicsTextItem)
from PyQt5.QtCore import  pyqtSlot,QSizeF, QUrl,Qt,QFileInfo,QDir
from PyQt5.QtGui import QIcon,QFont
from PyQt5.QtMultimedia import QMediaContent,QMediaPlayer
from PyQt5.QtMultimediaWidgets import  QGraphicsVideoItem

from ui_MainWindow import Ui_MainWindow
class QmyMainWindow(QMainWindow):
    def __init__(self, parent=None):
        super().__init__(parent)
        self.ui=Ui_MainWindow()
        self.ui.setupUi(self)

        self.player = QMediaPlayer(self)           #创建视频播放器
        self.player.setNotifyInterval(1000)        #信息更新周期, ms
        self.ui.btnText.setCheckable(True)         #弹幕文字按钮
        self.ui.btnText.setChecked(True)
        scene = QGraphicsScene(self)               #场景
        self.ui.graphicsView.setScene(scene)
```

```
self.videoItem = QGraphicsVideoItem()          #视频显示图形项
self.videoItem.setSize(QSizeF(320, 220))
self.videoItem.setFlag(QGraphicsItem.ItemIsMovable)
self.videoItem.setFlag(QGraphicsItem.ItemIsSelectable)
self.videoItem.setFlag(QGraphicsItem.ItemIsFocusable)
scene.addItem(self.videoItem)
self.player.setVideoOutput(self.videoItem)              #设置视频显示图形项

self.textItem=QGraphicsTextItem("面朝大海，春暖花开")   #文本图形项
font = self.textItem.font()
font.setPointSize(20)
self.textItem.setFont(font)
self.textItem.setDefaultTextColor(Qt.red)
self.textItem.setPos(100,220)
self.textItem.setFlag(QGraphicsItem.ItemIsMovable)
self.textItem.setFlag(QGraphicsItem.ItemIsSelectable)
self.textItem.setFlag(QGraphicsItem.ItemIsFocusable)
scene.addItem(self.textItem)

self.__duration=""        #文件长度
self.__curPos=""          #当前位置
self.player.stateChanged.connect(self.do_stateChanged)
self.player.positionChanged.connect(self.do_positionChanged)
self.player.durationChanged.connect(self.do_durationChanged)
```

程序创建了 QGraphicsScene 场景对象 scene，与界面上的视图组件 graphicsView 构成了 Graphics View 架构。创建了 QGraphicsVideoItem 对象 self.videoItem，并作为媒体播放器 self.player 的视频输出对象。还创建了一个 QGraphicsTextItem 对象 self.textItem 显示弹幕文字。Graphics View 图形架构的组成和基本程序结构参考 8.4 节。

程序的其他一些按钮和播放器一些信号的处理与示例 Demo10_5 完全相同，不再重复显示和解释这些代码。与示例 Demo10_5 相比，图 10-8 中新增了 3 个按钮用于视频画面的缩放和弹幕文字的隐藏与显示，这部分代码如下：

```
@pyqtSlot()      ##放大画面
def on_btnZoomIn_clicked(self):
    sc=self.videoItem.scale()
    self.videoItem.setScale(sc+0.1)

@pyqtSlot()      ##缩小画面
def on_btnZoomOut_clicked(self):
    sc=self.videoItem.scale()
    self.videoItem.setScale(sc-0.1)

@pyqtSlot(bool)      ##显示或隐藏弹幕文字
def on_btnText_clicked(self,checked):
    self.textItem.setVisible(checked)
```

10.5 摄像头的使用

10.5.1 摄像头操作概述

PyQt5 多媒体模块为摄像头操作提供了几个类，可以用于获取摄像头设备信息，通过摄像头进行拍照和录像。

（1）摄像头设备信息类 QCameraInfo

QCameraInfo 用于获取系统的摄像头设备信息，有两个类函数获取摄像头设备。

- availableCameras()返回 QCameraInfo 类型的列表，表示系统可用的摄像头。
- defaultCamera()返回一个 QCameraInfo 对象，是系统默认的摄像头设备信息。

QCameraInfo 有几个函数表示摄像头信息。

- description()返回摄像头设备描述。
- deviceName()返回摄像头设备名称。
- position()返回值是枚举类型 QCamera.Position，表示摄像头的位置。例如手机一般有两个摄像头，前置摄像头位置类型为 QCamera.FrontFace，后置摄像头位置类型为 QCamera.BackFace，未指定位置的是 QCamera.UnspecifiedPosition。

（2）操作摄像头的类 QCamera

QCamera 是用于操作摄像头的类，创建 QCamera 对象时需传递一个 QCameraInfo 对象作为参数，QCamcra 主要的接口函数有以下几个。

- setViewfinder(viewfinder)：为摄像头指定一个 QVideoWidget 或 QGraphicsVideoItem 对象 viewfinder 作为取景器，用于摄像头图像预览。一般使用一个 QCameraViewfinder 类对象用于摄像头预览，其父类是 QVideoWidget。
- setCaptureMode(mode)：用于设置摄像头工作模式，参数 mode 是枚举类型 QCamera.CaptureModes，有以下几种取值：
  - QCamera.CaptureViewfinder（取景器模式，摄像头仅用于预览）；
  - QCamera.CaptureStillImage（抓取静态图片模式）；
  - QCamera.CaptureVideo（视频录制模式）。
- isCaptureModeSupported(mode)，判断摄像头是否支持某种工作模式，参数 mode 是枚举类型 QCamera.CaptureModes。

（3）静态图片抓取类 QCameraImageCapture

QCameraImageCapture 用于控制摄像头进行静态图片的抓取。

（4）视频和音频录制类 QMediaRecorder

QMediaRecorder 通过摄像头和音频输入设备进行视频录制。

Qt 多媒体模块的功能实现是依赖于平台的。在 Windows 平台上，Qt 多媒体模块依赖于两个插件：一个是使用 Microsoft DirectShow API 的插件，DirectShow 在 Windows 98 引入，在 Windows XP 以后就逐渐过时了；另一个是 Windows Media Foundation（WMF）的插件，WMF 插件在 Windows Vista 引入，用于替代 DirectShow。

Qt 中的 WMF 插件目前无法提供摄像头支持，对摄像头的有限支持是由 DirectShow 插件提供的，目前只能显示取景器和抓取静态图片，其他大部分功能不支持。所以，目前在 Windows 平台上，Qt 的摄像头控制不支持视频录制功能，也不支持底层的视频功能，例如使用 QVideoProbe 探测视频帧。

所以，PyQt5 的多媒体模块在 Windows 平台上也无法实现摄像头录像功能，本节的示例程序 Demo10_7 只实现了摄像头预览和拍照功能。

10.5.2　示例功能和界面可视化设计

示例 Demo10_7 运行时界面如图 10-9 所示。这个窗口工作区的左侧是摄像头预览显示，是一个 QCameraViewfinder 组件，右侧是拍摄照片的显示，是一个 QLabel 组件。两个 GroupBox 组件之间使用了分割布局。

示例 Demo10_7 是基于项目模板 mainWindowApp 创建的，在可视化设计主窗口界面文件 MainWindow.ui 时，左侧摄像头预览组件是先放置一个 QWidget 组件，再提升为 QCameraViewfinder 类。

由于使用了界面组件的类型提升操作，界面文件 MainWindow.ui 被编译后生成的文件 ui_MainWindow.py

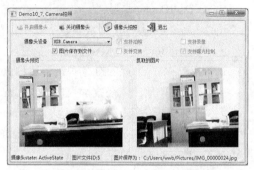

图 10-9　示例 Demo10_7 运行时界面

在最后会使用 import 语句导入 QCameraViewfinder，但是自动生成的 import 语句是有问题的，其自动生成的导入语句是：

```
from QCameraViewfinder import QCameraViewfinder
```

因为 QCameraViewfinder 类是 PyQt5.QtMultimediaWidgets 模块中的，所以应该将其修改为：

```
from PyQt5.QtMultimediaWidgets import QCameraViewfinder
```

10.5.3　使用摄像头拍照

1. 窗口功能初始化

文件 myMainWindow.py 的 import 部分，以及窗口业务逻辑类 QmyMainWindow 的构造函数的代码如下：

```python
import sys
from PyQt5.QtWidgets import  QApplication, QMainWindow, QLabel
from PyQt5.QtCore import  pyqtSlot,Qt
from PyQt5.QtGui import QImage,QPixmap
from PyQt5.QtMultimedia import (QCameraInfo, QCameraImageCapture,
     QImageEncoderSettings,QMultimedia,QVideoFrame,QSound,QCamera)

from ui_MainWindow import Ui_MainWindow
class QmyMainWindow(QMainWindow):
    def __init__(self, parent=None):
        super().__init__(parent)
        self.ui=Ui_MainWindow()
        self.ui.setupUi(self)

        self.__LabCameraState=QLabel("摄像头 state:")
        self.__LabCameraState.setMinimumWidth(150)
        self.ui.statusBar.addWidget(self.__LabCameraState)
        self.__LabImageID=QLabel("图片文件 ID:")
        self.__LabImageID.setMinimumWidth(100)
        self.ui.statusBar.addWidget(self.__LabImageID)
        self.__LabImageFile=QLabel("")      #保存的图片文件名
        self.ui.statusBar.addPermanentWidget(self.__LabImageFile)
```

```
self.camera=None        #QCamera 对象
cameras = QCameraInfo.availableCameras()  #list[QCameraInfo]
if len(cameras)>0:
    self.__iniCamera()              #初始化摄像头
    self.__iniImageCapture()        #初始化拍照功能
    self.camera.start()
```

使用 QCameraInfo 的类函数 availableCameras()获取系统的可用摄像头列表，此函数的返回结果是一个 QCameraInfo 类型的列表。

如果系统有可用的摄像头，就调用自定义函数__iniCamera()和__iniImageCapture()进行初始化。函数__iniCamera()的功能是创建 QCamera 对象，其代码如下：

```
def __iniCamera(self):      ##创建  QCamera 对象
    camInfo=QCameraInfo.defaultCamera()         #获取默认摄像头，QCameraInfo
    self.ui.comboCamera.addItem(camInfo.description())      #摄像头描述
    self.ui.comboCamera.setCurrentIndex(0)
    self.camera=QCamera(camInfo)        #创建摄像头对象
    self.camera.setViewfinder(self.ui.viewFinder)       #设置预览组件
    self.camera.setCaptureMode(QCamera.CaptureStillImage)   #拍照模式

    mode=QCamera.CaptureStillImage
    supported=self.camera.isCaptureModeSupported(mode)
    self.ui.checkStillImage.setChecked(supported)       #支持拍照
    supported=self.camera.isCaptureModeSupported(QCamera.CaptureVideo)
    self.ui.checkVideo.setChecked(supported)            #支持视频录制
    supported=self.camera.exposure().isAvailable()
    self.ui.checkExposure.setChecked(supported)         #支持曝光补偿
    supported=self.camera.focus().isAvailable()
    self.ui.checkFocus.setChecked(supported)            #支持变焦

    self.camera.stateChanged.connect(self.do_cameraStateChanged)

def do_cameraStateChanged(self,state):      ##摄像头状态变化
    if (state==QCamera.UnloadedState):
        self.__LabCameraState.setText("摄像头 state: UnloadedState")
    elif (state==QCamera.LoadedState):
        self.__LabCameraState.setText("摄像头 state: LoadedState")
    elif (state==QCamera.ActiveState):
        self.__LabCameraState.setText("摄像头 state: ActiveState")
    self.ui.actStartCamera.setEnabled(state!=QCamera.ActiveState)
    self.ui.actStopCamera.setEnabled(state==QCamera.ActiveState)
```

这里使用 QCameraInfo.defaultCamera()获得默认的摄像头设备信息 camInfo，并且在程序里只使用这个默认的摄像头。

程序创建摄像头设备，并设置摄像头预览组件和工作模式，关键的 3 行语句是：

```
self.camera=QCamera(camInfo)        #创建摄像头对象
self.camera.setViewfinder(self.ui.viewFinder)       #设置预览组件
self.camera.setCaptureMode(QCamera.CaptureStillImage)   #拍照模式
```

然后使用 QCamera 类的一些接口函数判断摄像头对一些功能是否支持，包括是否支持拍照、录像、曝光、变焦等，并更新界面上相应 CheckBox 组件的显示。

最后将 self.camera 的 stateChanged()信号与自定义槽函数 do_cameraStateChanged()关联。当摄像头用 start()函数启动后，其状态为 QCamera.ActiveState；用 stop()函数关闭摄像头后，其状态为 QCamera.LoadedState。

QCamera 类还有一个信号 statusChanged(status)在摄像头的工作状况变化时发射，参数 status 是枚举类型 QCamera.Status，更详细地表示摄像头的各种工作状况。

函数__iniImageCapture()的功能是创建 QCameraImageCapture 对象，并做一些设置，其代码如下：

```python
def __iniImageCapture(self):        ##创建 QCameraImageCapture 对象
    self.capturer = QCameraImageCapture(self.camera)
    settings=QImageEncoderSettings()        #拍照设置
    settings.setCodec("image/jpeg")        #设置图形编码
    settings.setResolution(640, 480)        #分辨率
    settings.setQuality(QMultimedia.HighQuality)        #图片质量
    self.capturer.setEncodingSettings(settings)
    self.capturer.setBufferFormat(QVideoFrame.Format_Jpeg)        #缓冲区格式
    if self.ui.chkBoxSaveToFile.isChecked():
        dest=QCameraImageCapture.CaptureToFile        #保存到文件
    else:
        dest=QCameraImageCapture.CaptureToBuffer        #保存到缓冲区
    self.capturer.setCaptureDestination(dest)        #保存目标

    self.capturer.readyForCaptureChanged.connect(self.do_imageReady)
    self.capturer.imageCaptured.connect(self.do_imageCaptured)
    self.capturer.imageSaved.connect(self.do_imageSaved)
```

QCameraImageCapture 是用于摄像头拍照的类，创建对象 self.capturer 时传递 self.camera 作为参数，这样就建立了 self.capturer 与 self.camera 之间的关联。

QCameraImageCapture 有以下几个接口函数用于拍照的参数设置。

- setEncodingSettings(settings)设置拍照图片的编码，settings 是 QImageEncoderSettings 类型，设置内容包括编码方案、分辨率、图片质量等。
- setBufferFormat(format)函数设置拍照缓冲区的图片的格式，参数 format 是枚举类型 QVideoFrame.PixelFormat，有几十种取值，这里用 QVideoFrame.Format_Jpeg，也就是使用 JPEG 格式。
- setCaptureDestination(destination)函数用于设置所拍摄图片的保存方式，destination 是枚举类型 QCameraImageCapture.CaptureDestination，有以下两种取值：
  - ◆ QCameraImageCapture.CaptureToBuffer（拍摄的图片保存在缓冲区里，会发射信号 imageCaptured()，在此信号的槽函数里可以提取缓冲区中的图片）；
  - ◆ QCameraImageCapture.CaptureToFile（拍摄的图片自动保存文件到用户目录的"图片"文件夹里，保存图片后会发射 imageSaved()信号）。

如果设置为 CaptureToBuffer，就只会发射 imageCaptured()信号，图片出现在缓冲区，不会自动保存为文件，也不会发射 imageCaptured()信号；而如果设置为 CaptureToFile，两个信号都会被发射。

程序里为 self.capturer 的 3 个信号设置了关联的槽函数，这 3 个槽函数的功能在后面解释。

2. 拍照功能的实现

程序运行后，如果有摄像头设备就自动打开了，窗口左侧的"摄像头预览"框里实时显示摄像头拍摄的画面。窗口上的"图片保存到文件"复选框可以设置照片是否保存到文件。点击窗口上的"摄像头拍照"按钮就可以拍照，图片会在窗口右侧的"抓取的图片"里显示。窗口工具栏上的"开启摄像头"和"关闭摄像头"按钮可以开启和关闭摄像头。这几个按钮的槽函数，以及

self.capturer 的 3 个信号关联的槽函数代码如下：

```
@pyqtSlot(bool)      ##设置保存方式
def on_chkBoxSaveToFile_clicked(self,checked):
    if checked:
        dest=QCameraImageCapture.CaptureToFile    #保存到文件
    else:
        dest=QCameraImageCapture.CaptureToBuffer   #保存到缓冲区
    self.capturer.setCaptureDestination(dest)      #保存目标

@pyqtSlot()      ##拍照
def on_actCapture_triggered(self):
    QSound.play("shutter.wav")       #播放快门音效
    self.camera.searchAndLock()      #快门半按下时锁定摄像头参数
    self.capturer.capture()          #拍照
    self.camera.unlock()             #快门按钮释放时解除锁定

@pyqtSlot()      ##打开摄像头
def on_actStartCamera_triggered(self):
    self.camera.start()

@pyqtSlot()      ##关闭摄像头
def on_actStopCamera_triggered(self):
    self.camera.stop()

##   ============自定义槽函数===============================
def do_imageReady(self,ready):       ##是否可以拍照了
    self.ui.actCapture.setEnabled(ready)

def do_imageCaptured(self,imageID,preview):      ##图片被抓取到内存
    H=self.ui.LabImage.height()
    W=self.ui.LabImage.width()
##preview 是 QImage 对象
    scaledImage = preview.scaled(W,H, Qt.KeepAspectRatio, Qt.SmoothTransformation)
    self.ui.LabImage.setPixmap(QPixmap.fromImage(scaledImage))
    self.__LabImageID.setText("图片文件 ID:%d"%imageID)
    self.__LabImageFile.setText("图片保存为：")

def do_imageSaved(self,imageID,fileName):      ##图片被保存
    self.__LabImageID.setText("图片文件 ID:%d"%imageID)
    self.__LabImageFile.setText("图片保存为：  "+fileName)
```

"摄像头拍照"按钮的槽函数里有这样 3 行语句：

```
self.camera.searchAndLock()
self.capturer.capture()
self.camera.unlock()
```

在拍照之前执行了 self.camera.searchAndLock()，这是用于在快门半按下时锁定摄像头的曝光、白平衡等参数，拍照后又执行 self.camera.unlock()解除锁定。一些简单的摄像头可能根本就不支持对焦、曝光、白平衡等控制，可以将前后的这两行语句注释掉。

QCameraImageCapture 的 3 个信号及关联的槽函数的作用如下。

- readyForCaptureChanged(ready)信号在摄像头是否可以拍照的状态变化时发射，bool 型参数 ready 正好用于控制拍照按钮的使能状态。
- imageCaptured(imageID, preview)在图像被抓取到缓冲区后发射，imageID 是图像的编号，

每次拍照时自动累加，preview 是 QImage 类型，是拍摄的图片。在关联的槽函数里，将此图片的内容显示到界面上的 QLabel 组件 LabImage 上。

- imageSaved(imageID, fileName)信号在图片保存为文件后发射，fileName 是自动保存的文件名称。在关联的槽函数里显示了 imageID 和文件名 fileName。

10.5.4 使用 QMediaRecorder 通过摄像头录像

QMediaRecorder 类用于通过摄像头进行视频录制，由于 Windows 上无法实现录像，下面只给出用 QMediaRecorder 录像的示意性代码。

```
camInfo=QCameraInfo.defaultCamera()              #获取默认摄像头
camera=QCamera(camInfo)                          #创建摄像头对象
camera.setCaptureMode(QCamera.CaptureVideo)      #录像模式
mediaRecorder = QMediaRecorder(camera)
mediaRecorder.setOutputLocation(QUrl.fromLocalFile(fileName))
mediaRecorder.record()
```

使用摄像头录像，QCamera 对象的工作模式需设置为 QCamera.CaptureVideo。QMediaRecorder 对象创建时关联摄像头对象，用 setOutputLocation()设置保存的视频文件，调用 record()就可以开始录像了，视频会保存到设置的文件里。调用 QMediaRecorder 的 stop()函数结束录像。

Qt 的摄像头录像功能在其他一些平台上是可用的，例如在 Ubuntu 上是可以使用 PyQt5 编程进行摄像头录像的，感兴趣的读者可以自己测试一下。

## 第11章

GUI 设计增强技术

前面的几章已经将 GUI 设计用到各种界面组件的使用和一些主要编程主题的技术都介绍了，本章再介绍以下两个有助于增强 GUI 应用程序功能和界面效果的技术。

- 多语言界面，或称为国际化，是管理界面和程序中的字符串资源，进行语言翻译，从而为软件提供多种语言界面的技术。
- Qt 样式表 QSS（Qt Style Sheets）定制界面效果，QSS 是类似于 CSS 的技术，具有非常强大的界面效果定制功能，使用 QSS 可以设计出独具特色的软件界面。

11.1 多语言界面

11.1.1 多语言界面设计概述

1. 基本步骤

有些软件需要开发多语言界面版本，例如中文版和英文版，并且在软件里需要方便地切换界面语言。PyQt5 为多语言界面提供了支持，只要在编写代码时遵循一些规则，再使用一些工具软件和编程方法，就可以很方便地为应用程序提供多语言界面支持。

开发 PyQt5 的多语言界面应用程序，主要包括以下几个步骤。

（1）可视化设计 UI 窗体时用一种语言，例如汉语。

（2）在 Python 中基于 PyQt5 编写的程序，凡是用到字符串的地方都需要将字符串用类函数 QCoreApplication.translate()封装。

（3）创建一个需要翻译的源文件的配置文件，例如命名为 transSources.txt，文件格式类似于 Qt Creator 的项目配置文件，将需要翻译的.ui 文件和.py 文件都添加进去，并指定需要生成的翻译文件（.ts 文件）。

（4）使用 PyQt5 的工具软件 pylupdate5.exe 对文件 transSources.txt 进行编译，生成指定的多个翻译文件。

（5）使用 Qt Linguist 软件打开生成的翻译文件。翻译文件提取了界面和程序中的所有字符串，将这些字符串翻译为需要的语言，例如将所有中文字符串翻译为英文。

（6）在 Linguist 软件中完成翻译后，使用 Linguist 软件的发布功能，可以导出更为紧凑的语言资源文件（.qm 文件），以便在程序中使用。

（7）在程序中创建 QTranslator 对象并载入某个.qm 文件，然后用 QCoreApplication 的类函数

installTranslator()加载 QTranslator 对象，就可以使用.qm 文件的内容显示界面，实现不同的语言界面。

2. 为什么不使用 QObject.tr()函数

如果读者是熟悉 Qt C++编程的，应该知道在 Qt C++程序中一般使用 QObject 的类函数 tr()对需要翻译的字符串进行封装，而不使用 QCoreApplication.translate()。

在 PyQt5 中也有 tr()函数，凡是从 QObject 继承的类都可以使用 tr()函数，tr()函数封装字符串的写法示例如下：

```
self.ui.statusBar.showMessage(self.tr("文件名:"))
```

这里自动将代码所在的类作为上下文（context）。但是由于 Python 是动态类型的，在使用 tr()时可能出现上下文不明确，因此 PyQt5 的官方建议是使用 QCoreApplication.translate()函数。使用 translate()函数的写法示例如下：

```
text=QCoreApplication.translate("QmyMainWindow","文件名:")
self.ui.statusBar.showMessage(text)
```

translate()函数的第一个参数是上下文，也就是代码所在类的名称，第二个参数是需要翻译的字符串。这样可以明确字符串所在的类，不会因为 Python 的动态类型而出现问题。

3. translate()函数使用注意事项

为了能使 pylupdate5 正确提取代码中需要翻译的字符串，使用 translate()函数时需要注意以下一些事项。

（1）尽量使用字符串常量，不要使用字符串变量

在 translate()函数中要直接传递字符串常量，而不要用变量传递字符串，例如下面的代码使用了字符串变量，使用 pylupdate5 工具提取项目中的字符串时，将不能提取"选择的文件名"这个字符串。

```
textFile="选择的文件名"
text=QCoreApplication.translate("QmyMainWindow",textFile)
self.ui.statusBar.showMessage(text)
```

（2）使用字符串变量时需要用 QT_TRANSLATE_NOOP()宏进行标记

若要使用字符串变量，需要用 PyQt5.QtCore 模块中的宏 QT_TRANSLATE_NOOP()进行标记，一般用于字符串列表的初始化，例如：

```
from PyQt5.QtCore import QT_TRANSLATE_NOOP

cityList=[QT_TRANSLATE_NOOP("QmyMainWindow", "北京市"),
          QT_TRANSLATE_NOOP("QmyMainWindow", "上海市"),
          QT_TRANSLATE_NOOP("QmyMainWindow", "四川省")]
text=QCoreApplication.translate("QmyMainWindow",cityList[0])
self.ui.statusBar.showMessage(text)
```

这样标记后，字符串列表中的 3 个字符串都会出现在生成的翻译文件里。

（3）translate()中不能使用拼接的动态字符串

translate()函数中不能使用拼接的动态字符串，例如，下面两行生成字符串变量 text 的语句都是可以运行的，在界面上也可以显示拼接后的字符串，但是在生成翻译文件时，无法提取其中的字符串。

```
num=100
text=QCoreApplication.translate("QmyMainWindow","第"+str(num)+"行")
text=QCoreApplication.translate("QmyMainWindow","第%d 行"%num)
self.ui.statusBar.showMessage(text)
```

11.1.2　多语言界面设计示例

1.　示例程序功能

下面通过一个完整示例说明创建多语言界面的过程和功能实现，示例 Demo11_1 运行时中文界面如图 11-1 所示。在工具栏上有界面语言选择的两个按钮，当点击"English"按钮切换到英文时的界面如图 11-2 所示。

图 11-1　示例 Demo11_1 的中文界面　　　　图 11-2　示例 Demo11_1 的英文界面

程序运行时点击工具栏上的两个按钮就可以在中文和英文两种界面之间切换，且当前设置的语言会被自动保存到注册表里，程序下次启动时自动使用上次的界面语言。

2.　界面和程序中为翻译做的修改

示例 Demo11_1 是从第 3 章的 Demo3_7 复制过来的，窗体文件 MainWindow.ui 不需要做任何修改。程序文件 myMainWindow.py 做了简化，去掉了动态创建工具栏和状态栏组件的功能，对程序中用到字符串的地方用 QCoreApplication.translate() 进行了封装。下面是 import 部分和 QmyMainWindow 类的部分代码：

```python
import sys
from PyQt5.QtWidgets import  QApplication, QMainWindow,QActionGroup
from PyQt5.QtGui import  QTextCharFormat, QFont
from PyQt5.QtCore import  (Qt, pyqtSlot, QCoreApplication,
                    QTranslator, QSettings, QT_TRANSLATE_NOOP)

from ui_MainWindow import Ui_MainWindow
class QmyMainWindow(QMainWindow):
   _tr = QCoreApplication.translate      ##类属性，替代作用

   def __init__(self, parent=None):
       super().__init__(parent)
       self.ui=Ui_MainWindow()
       self.ui.setupUi(self)

       text=self._tr("QmyMainWindow","文件名: ")
       self.ui.statusBar.showMessage(text)
       actionGroup= QActionGroup(self)
       actionGroup.addAction(self.ui.actLang_CN)
       actionGroup.addAction(self.ui.actLang_EN)
       actionGroup.setExclusive(True)
       self.setCentralWidget(self.ui.textEdit)
       self.__translator=None      #QTranslator 对象

##   ============自定义功能函数=============================
```

```
def setTranslator(self,translator,Language):
    self.__translator=translator
    if Language=="EN":
        self.ui.actLang_EN.setChecked(True)
    else:
        self.ui.actLang_CN.setChecked(True)

def on_actFile_New_triggered(self):        ##新建文件，不实现具体功能
    text=self._tr("QmyMainWindow", "新建文件")
    self.ui.statusBar.showMessage(text)

def on_actFile_Open_triggered(self):       ##打开文件，不实现具体功能
    text=self._tr("QmyMainWindow", "打开的文件:")
    self.ui.statusBar.showMessage(text)

def on_actFile_Save_triggered(self):       ##保存文件，不实现具体功能
    text=self._tr("QmyMainWindow", "文件已保存")
    self.ui.statusBar.showMessage(text)
```

在 QmyMainWindow 类里定义了一个类属性：

```
_tr = QCoreApplication.translate
```

这样就可以用 self._tr()替代 QCoreApplication.translate()，简化了代码书写。在涉及字符串需要进行翻译封装时就用了 self._tr()，如：

```
text=self._tr("QmyMainWindow", "文件名:")
text=self._tr("QmyMainWindow", "新建文件")
text=self._tr("QmyMainWindow", "文件已保存")
```

自定义函数 setTranslator(self, translator, Language)用于在应用程序启动时，向主窗口传递 QTranslator 对象和上次界面语言类型。在创建应用程序的代码里调用此函数，而不是在 QmyMainWindow 类的构造函数里调用。

3. 生成翻译文件

程序中为需要翻译的字符串做好封装后，就可以用 PyQt5 的工具软件 pylupdate5 生成翻译文件（.ts）文件。pylupdate5.exe 是安装 PyQt5 时自动安装的一个工具软件，在目录“D:\Python37\Scripts”里，这个目录被添加到了 Windows 系统的 PATH 环境变量里，所以在 cmd 环境里可以直接执行 pylupdate5。

要执行 pylupdate5 程序，先要为示例项目编写一个配置文件，这个配置文件是类似于 Qt Creator 的项目文件，所以可以用“.pro”作为文件后缀。但是双击.pro 文件会打开 Qt Creator，不便于修改，所以我们直接命名为 transSources.txt，下面是这个文件的内容：

```
## transSources.txt 用于生成翻译文件(.ts)文件的配置文件
## .ts 是需要生成的翻译资源文件
TRANSLATIONS  =appLang_CN.ts\
              appLang_EN.ts

## SOURCES 指定需要翻译的 .py、 .pyw 文件
SOURCES +=  myMainWindow.py

## FORMS 指定需要翻译的 .ui 文件
FORMS +=MainWindow.ui
```

这个文件里有以下 3 部分。

- TRANSLATIONS 指定了要生成的翻译文件名，可以生成多个翻译文件，一个文件是一种语言，多个文件时用"\"续行。
- SOURCES 指定了需要翻译的源程序文件，也就是项目中的.py、.pyw 文件，多个文件时用"\"续行。
- FORMS 指定了需要翻译的.ui 界面文件。

可以翻译.ui 文件，也可以翻译.ui 文件编译后的.py 文件，例如，transSources.txt 文件的内容也可以是下面这样的：

```
TRANSLATIONS  =appLang_CN.ts\
               appLang_EN.ts

SOURCES += myMainWindow.py\
           ui_MainWindow.py
```

准备好文件 transSources.txt 后，就用 pylupdate5 编译生成指定的.ts 文件。为了方便执行 pylupdate5 指令，编写一个批处理文件 transUpdate.bat，下面是此文件的内容：

```
rem  用pylupdate5.exe 编译 transSources.txt 文件，生成.ts 文件
pylupdate5  -noobsolete  transSources.txt
```

指令中的参数-noobsolete 表示删除翻译文件中一些无用的项。

在 Windows 资源管理器里双击文件 transUpdate.bat 就可以执行编译指令。如果目录下不存在文件 appLang_CN.ts 和 appLang_EN.ts 就生成这两个文件，如果文件已经存在就更新这两个文件的内容，所以修改界面和程序后可以再次生成翻译文件，而不会删除已经翻译的内容。

4. 使用 Qt Linguist 翻译文件

生成的翻译文件 appLang_CN.ts 和 appLang_EN.ts 内包含了 UI 界面和 Python 程序里的所有字符串，使用 Qt Linguist 将这些字符串翻译为需要的语言版本。在 Qt 的程序组里可以找到 Qt Linguist 软件。

appLang_CN.ts 是中文界面的翻译文件，因为源程序的界面就是用中文设计的，所以无须再翻译。appLang_EN.ts 是英文翻译文件，需要将提取的所有中文字符串翻译为英文。

在 Linguist 软件中打开文件 appLang_EN.ts，第一次打开一个.ts 文件时，Linguist 会出现如图 11-3 所示的语言设置对话框，用于设置目标语言和所在国家/地区。这个对话框也可以通过 Linguist 主菜单的"编辑"→"翻译文件设置..."菜单项调出。appLang_EN.ts 是用于英文界面的翻译文件，所以选择语言 English，国家/地区可选择"任意国家"。

图 11-3　Linguist 软件设置语种的对话框

打开 appLang_EN.ts 文件后的 Linguist 软件界面如图 11-4 所示。左侧"上下文"列表里列出了项目中的 UI 窗口或类，这里 MainWindow 是 UI 文件中的界面类，QmyMainWindow 是窗体业务逻辑类。"字符串"列表里列出了左侧某个上下文对象中提取的字符串，右侧"短语和表单"会显示窗口界面的预览或字符串在源程序中出现的代码段。

在"字符串"列表中选择一个原文后，在下方会出现译文编辑框，在此填写字符串对应的英文译文。Linguist 可以同时打开项目的多个.ts 文件，例如可以同时打开 appLang_EN.ts 和 appLang_CN.ts，在选中一个原文后，在下方会出现对应的多个语言的译文编辑框，可以同时翻译多个语言版本。

在 Linguist 软件里完成翻译后，点击菜单项"文件"→"发布"，就可以生成与.ts 文件对应的.qm 文件，如 appLang_EN.qm。这是更为紧凑的语言资源文件，程序里就通过调用.qm 文件实现界面的语言切换。

图 11-4　Linguist 软件翻译 ts 文件的界面

5．调用翻译文件改变界面语言

要在程序里使用.qm 文件，需要创建 QTranslator 对象并载入.qm 文件，然后用 QCoreApplication 的类函数 installTranslator()安装翻译器。这个过程在应用程序启动时完成，所以在 myMainWindow.py 文件的窗体测试程序部分编写代码如下：

```
##   ===========窗体测试程序===============================
if  __name__ == "__main__":        ##用于当前窗体测试
    app = QApplication(sys.argv)
##  读取注册表里的语言设置
    QCoreApplication.setOrganizationName("mySoft")
    QCoreApplication.setApplicationName("Demo11_1")
##  HKEY_CURRENT_USER/Software/mySoft/Demo11_1
    regSettings=QSettings(QCoreApplication.organizationName(),
                    QCoreApplication.applicationName())
    Language=regSettings.value("Language","EN")      #读取键值，默认为"EN"
    trans=QTranslator()      #翻译器对象
    if Language=="EN":
        trans.load("appLang_EN.qm")
    else:
        trans.load("appLang_CN.qm")
    QCoreApplication.installTranslator(trans)

    form=QmyMainWindow()
    form.setTranslator(trans,Language)
    form.show()
    sys.exit(app.exec_())
```

这里用到了读取注册表键值的功能。QCoreApplication 有几个类函数用于设置和表示一些全局信息。

- setOrganizationName(orgName)和 organizationName()：用于设置和返回机构名称。
- setApplicationName(appName)和 applicationName()：用于设置和返回应用程序名称。

QSettings 是用于读取和保存应用程序设置的类,这些设置保存的位置与平台有关,在 Windows 平台上就是注册表,在 macOS 和 iOS 系统上就是属性列表文件。按照程序中的设置,创建的 regSettings 对应注册表中的目录是：

```
HKEY_CURRENT_USER/Software/mySoft/Demo11_1
```

使用 QSettings 的 value(key, defaultValue)函数读出 key 键的值,如果这个键不存在,就返回默认值 defaultValue。

QTranslator 类是翻译器类,主要功能就是载入.qm 文件,然后由 QCoreApplication 的类函数 installTranslator()安装到应用程序里,就可以实现相应的语言界面。

代码里还调用了 QmyMainWindow 类的自定义接口函数 setTranslator(),即

```
form.setTranslator(trans,Language)
```

这是为了将创建的 QTranslator 类对象和当前语言类型传递给主窗口对象 form,让主窗口可以保存此 QTranslator 对象。

在程序启动时做这样的工作后,程序启动时就可以使用上次的界面语言。在程序运行时,点击工具栏上的"汉语"或"English"按钮就可以实时切换界面语言,这两个按钮关联的槽函数代码如下：

```
@pyqtSlot()       ##英语界面
def on_actLang_EN_triggered(self):
    QCoreApplication.removeTranslator(self.__translator)
    self.__translator=QTranslator()
    self.__translator.load("appLang_EN.qm")
    QCoreApplication.installTranslator(self.__translator)
    regSettings=QSettings(QCoreApplication.organizationName(),
                    QCoreApplication.applicationName())
    regSettings.setValue("Language","EN")       #保存设置
    self.ui.retranslateUi(self)                 #UI 重新翻译

@pyqtSlot()       ##汉语界面
def on_actLang_CN_triggered(self):
    QCoreApplication.removeTranslator(self.__translator)
    self.__translator=QTranslator()
    self.__translator.load("appLang_CN.qm")
    QCoreApplication.installTranslator(self.__translator)
    regSettings=QSettings(QCoreApplication.organizationName(),
                    QCoreApplication.applicationName())
    regSettings.setValue("Language","CN")       #保存设置
    self.ui.retranslateUi(self)                 #UI 重新翻译
```

这两个槽函数的功能和代码类似。首先要移除原来的翻译器,虽然可以在应用程序里安装多个翻译器,但只有最后安装的被使用,一般最好只安装一个翻译器。然后再创建翻译器、载入.qm 文件、安装到应用程序,再保存当前界面语言类型到注册表。

最后执行了这样一条语句：

```
self.ui.retranslateUi(self)
```

这是让界面重新翻译了一次,如果不执行这条语句,界面的语言是无法实时切换的。打开文件 ui_MainWindow.py,可以看到 Ui_MainWindow 类里定义的函数 retranslateUi()的代码,下面仅

显示了其中的一部分代码：

```
class Ui_MainWindow(object):
    def retranslateUi(self, MainWindow):
        _translate = QtCore.QCoreApplication.translate
        self.menu_E.setTitle(_translate("MainWindow", "编辑(&E)"))
        self.menu_F.setTitle(_translate("MainWindow", "格式(&M)"))
        self.menu.setTitle(_translate("MainWindow", "界面语言"))
        self.menu_F_2.setTitle(_translate("MainWindow", "文件(&F)"))
        self.actEdit_Cut.setText(_translate("MainWindow", "剪切"))
        self.actEdit_Cut.setShortcut(_translate("MainWindow", "Ctrl+X"))
        self.actEdit_Copy.setText(_translate("MainWindow", "复制"))
```

可以看出 retranslateUi()函数的功能就是将界面上的所有涉及字符串静态设置的集中到一起，用 QtCore.QCoreApplication.translate()函数封装。所以，切换语言时需要调用窗体的 retranslateUi()函数重新翻译。在 Ui_MainWindow 类的 setupUi()函数里调用了 retranslateUi()函数，所以新建窗体时会自动翻译界面。

如果一个应用程序有多个窗体，新建窗体时调用的 setupUi()会自动翻译。但是如果一个窗体已经存在于内存中，切换语言后再显示这个窗体时就需要显式地调用其 retranslateUi()函数。当然可以在切换语言时发射信号，用槽函数进行响应，但这样会增加额外的开销和复杂度，特别是当一个应用程序的窗口很多时。所以，大型的软件在选择界面语言后，一般要下次启动时才生效。

11.2　QSS 定制界面

11.2.1　Qt 样式表的作用

Qt 样式表（Qt Style Sheets，QSS）是用于定制用户界面的强有力的机制，其概念、术语是受到 HTML 中的级联样式表（Cascading Style Sheets，CSS）启发而来的，但是 QSS 是应用于 Qt 的窗体界面的。

与 HTML 的 CSS 类似，Qt 的样式表是用纯文本的格式定义的，在应用程序运行时可以载入和解析这些样式定义。使用样式表可以定义各种界面组件（QWidget 类及其子类）的样式，从而使应用程序的界面呈现不同的效果。很多软件具有选择不同界面主题的功能，使用 Qt 的样式表就可以实现这样的功能。

在 UI Designer 中就集成了 Qt 样式表的编辑功能。在设计窗体界面时，选择窗体或某个界面组件，单击鼠标右键，在弹出的快捷菜单中选择 "Change styleSheet..." 菜单项就可以出现样式表编辑对话框。图 11-5 是某个窗体的样式表编辑对话框，已经对窗体和一些类设置了样式定义，例如：

```
QWidget{
    background-color: rgb(0, 85, 127);
    font: 12pt "宋体";
}
```

这定义了 QWidget 类的背景颜色、字体大小和名称。这个样式定义会应用于 QWidget 类及其子类：

```
QLineEdit{
    border: 2px groove gray;
    border-radius: 10px;
```

```
    padding: 2px 4px;
    color: rgb(255, 255, 0);
    border-color: rgb(0, 255, 0);
}
```

这定义了 QLineEdit 类的显示效果，包括边框宽度、圆角边框的半径、边框颜色、文字颜色等。

在图 11-5 的对话框中，上方有几个具有下拉菜单的按钮，可以定义一些常用的样式属性，例如前景色 color、背景色 background-color、选中后颜色 selection-color、背景图片 background-image 等。

图 11-5　样式表编辑对话框

图 11-6　应用样式表后的显示效果

在窗体可视化设计时设置样式表后立刻就可以显示效果，图 11-6 是用图 11-5 的样式设置后一个窗体的显示效果。它改变了窗体和组件的背景颜色，QLineEdit 组件定义了边框颜色、圆角大小等，使其具有圆角的效果。

如果熟练而灵活地使用 QSS，再加上美工的设计，就可以设计出非常具有特色的软件界面。

11.2.2　Qt 样式表句法

1. 一般句法格式

Qt 样式表的句法（Syntax）与 HTML 的 CSS 句法几乎完全相同。Qt 样式表包含一系列的样式法则，一个样式法则由一个选择器（selector）和一些声明（declaration）组成。例如：

```
QPlainTextEdit{
    font: 12pt "仿宋";
    color: rgb(255, 255, 0);
    background-color: rgb(0, 0, 0);
}
```

其中，QPlainTextEdit 就是选择器，表明后面花括号里的样式声明应用于 QPlainTextEdit 类及其子类。样式声明部分是样式法则列表，每个样式法则由属性和值组成，每条法则用分号结束。每条样式法则由"属性：值"构成，例如上面的

```
font: 12pt "仿宋";
```

表示 font 属性、字体大小为 12pt、字体名称为"仿宋"，当一个属性有多个值时，多个值之间用空格隔开。

2. 选择器（selector）

Qt 样式表支持 CSS2 中定义的所有选择器，表 11-1 是一些常用的选择器。

表 11-1 Qt 样式表中的选择器类型

选择器	例子	用途
通用选择器	*	所有组件
类型选择器	QPushButton	所有 QPushButton 类及其子类的组件
属性选择器	QPushButton[flat="false"]	所有 flat 属性为 false 的 QPushButton 类及其子类的组件。如果样式表应用后组件的属性再发生变化，需要重新应用样式表才能刷新显示效果
非子类选择器	.QPushButton	所有 QPushButton 类的组件，但是不包括 QPushButton 的子类
ID 选择器	QPushButton#btnOK	objectName 为 btnOK 的 QPushButton 实例
从属对象选择器	QDialog QPushButton	所有从属于 QDialog 的 QPushButton 类的实例，即 QDialog 对话框里的所有 QPushButton
子对象选择器	QDialog > QPushButton	所有直接从属于 QDialog 的 QPushButton 类的实例

这些选择器的定义为选择界面组件提供了灵活性。选择器可以组合使用，一个样式声明可以应用于多个选择器，例如：

```
QPlainTextEdit,QLineEdit,QPushButton,QCheckBox{
    color: rgb(255, 255, 0);
    background-color: rgb(0, 0, 0);
}
```

这个样式声明将同时应用于 QPlainTextEdit、QLineEdit、QPushButton 和 QCheckBox 的对象。

```
QLineEdit[readOnly="true"], QCheckBox[checked="true"]
{ background-color: rgb(255, 0, 0) }
```

上面的这个样式应用于 readOnly 属性为 true 的 QLineEdit 和 checked 属性为 true 的 QCheckBox 实例，使其背景颜色为红色。

注意 QSS 的句法和其中的符号标记与 Python 语言无关，所以在 QSS 中表示 bool 值的常量是 true 和 false，不要用 Python 中首字母大写的 True 和 False。

3. 子控件（sub-controls）

对于一些组合的界面组件，需要对其子控件进行选择，例如 QComboBox 的下拉按钮或 QSpinBox 的上、下按钮。通过选择器的子控件可以对这些界面元素进行显示效果控制。例如：

```
QComboBox::drop-down{ image: url(:/images/images/down.bmp); }
```

选择器 QComboBox::drop-down 选择了 QComboBox 的 drop-down 子控件，定义的样式是设置其 image 属性为资源文件中的图片 down.bmp。

```
QSpinBox::up-button{ image: url(:/images/images/up.bmp); }
QSpinBox::down-button{ image: url(:/images/images/down.bmp); }
```

以上两条样式定义语句分别定义了 QSpinBox 的上、下按钮的图片，用资源文件中的图片替代了默认的按钮图标。

例如，这样定义的 QComboBox 和 QSpinBox 具有如图 11-7 所示的显示效果。

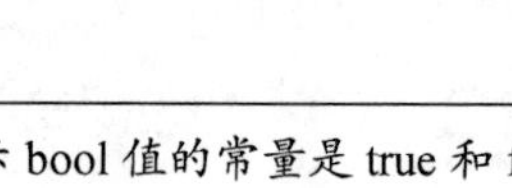

Qt 中常见的子控件如表 11-2 所示，所有子控件的详细描述参见 Qt 的帮助文档。

图 11-7 自定义了按钮图片的 QComboBox 和 QSpinBox

表 11-2 Qt 样式表中常见的子控件列表

子控件名称	说明
::branch	QTreeView 的分支指示器
::chunk	QProgressBar 的进度显示块
::close-button	QDockWidget 或 QTabBar 页面的关闭按钮
::down-arrow	QComboBox、QHeaderView（排序指示器）、QScrollBar 或 QSpinBox 的下拉箭头
::down-button	QScrollBar 或 QSpinBox 的向下按钮
::drop-down	QComboBox 的下拉按钮
::float-button	QDockWidget 的浮动按钮
::groove	QSlider 的凹槽
::indicator	QAbstractItemView、QCheckBox、QRadioButton、可勾选的 QMenu 菜单项或可勾选的 QGroupBox 的指示器
::handle	QScrollBar、QSplitter 或 QSlider 的滑块
::icon	QAbstractItemView 或 QMenu 的图标
::item	QAbstractItemView、QMenuBar、QMenu 或 QStatusBar 的一个项
::left-arrow	QScrollBar 的向左箭头
::menu-arrow	具有下拉菜单的 QToolButton 的下拉箭头
::menu-button	QToolButton 的菜单按钮
::menu-indicator	QPushButton 的菜单指示器
::right-arrow	QMenu 或 QScrollBar 的右侧箭头
::pane	QTabWidget 的面板
::scroller	QMenu 或 QTabBar 的卷轴
::section	QHeaderView 的分段
::separator	QMenu 或 QMainWindow 的分隔器
::tab	QTabBar 或 QToolBox 的分页
::tab-bar	QTabWidget 的分页条。这个子控件只用于控制 QTabBar 在 QTabWidget 中的位置，定义分页的样式使用::tab 子控件
::text	QAbstractItemView 的文字
::title	QGroupBox 或 QDockWidget 的标题
::up-arrow	QHeaderView（排序指示器），QScrollBar 或 QSpinBox 的向上箭头
::up-button	QSpinBox 的向上按钮

4. 伪状态（pseudo-states）

选择器可以包含伪状态，使得样式法则只能应用于界面组件的某个状态，也就是一种条件应用法则。伪状态出现在选择器的后面，用一个冒号隔开。例如，下面的样式法则：

```
QLineEdit:hover{ background-color: lime;
                 color: yellow;}
```

这定义了当鼠标移动到 QLineEdit 上方时（hover），改变 QLineEdit 的背景色和前景色。

可以对伪状态取反，方法是在伪状态前面加一个感叹号，例如：

```
QLineEdit:!read-only{ background-color: rgb(235, 255, 251); }
```

这定义了 readonly 属性为 false 的 QLineEdit 的背景色。

伪状态可以串联使用，相当于逻辑与的计算，例如：

```
QCheckBox:hover:checked{ color: red; }
```

这定义了当鼠标移动到一个被勾选了的 QCheckBox 组件上方时，其字体颜色变为红色。

伪状态可以并联使用，相当于逻辑或的计算，例如：

```
QCheckBox:hover, QCheckBox:checked{ color: red; }
```

这表示鼠标移动到 QCheckBox 组件上方或 QCheckBox 组件被勾选时，字体颜色变为红色。

子控件也可以使用伪状态，如：

```
QCheckBox::indicator:checked{
        image: url(:/images/images/checked.bmp);}
QCheckBox::indicator:unchecked{
        image: url(:/images/images/unchecked.bmp);}
```

这里定义了 QCheckBox 的 indicator 在 checked 和 unchecked
两种状态下的显示图片，例如，可以得到如图 11-8 所示的效果。

☑ Checked   ☐ Unchecked

图 11-8　自定义图片作为
QCheckBox 的指示器

Qt 样式定义中常见的一些伪状态如表 11-3 所示，熟悉这些伪
状态并灵活应用可以定义自己想要的界面效果。

表 11-3　Qt 样式表中常见的伪状态

伪状态	描述
:active	当组件处于一个活动的窗体时，此状态为真
:adjoins-item	QTreeView::branch 与一个条目相邻时，此状态为真
:alternate	当 QAbstractItemView 的 alternatingRowColors()属性为 true 时，绘制交替的行时此状态为真
:bottom	组件处于底部，例如 QTabBar 的表头位于底部
:checked	组件被勾选，例如 QAbstractButton 的 checked 属性为 true
:closable	组件可以被关闭，例如当 QDockWidget 的 DockWidgetClosable 属性为 true 时
:closed	条目（item）处于关闭状态，例如 QTreeView 的一个没有展开的条目
:default	条目是默认的，例如一个默认的 QPushButton 按钮或 QMenu 中一个默认的 action
:disabled	条目被禁用
:editable	QComboBox 是可编辑的
:edit-focus	条目有编辑焦点
:enabled	条目被使能
:exclusive	条目是一个排他性组的一部分，例如一个排他性 QActionGroup 的一个菜单项
:first	第一个项，例如 QTabBar 中的第一个页
:flat	条目是 flat 的，例如 QPushButton 的 flat 属性设置为 true 时
:focus	条目具有输入焦点
:has-children	条目有子条目，例如 QTreeView 的一个节点具有子节点
:horizontal	条目具有水平方向
:hover	鼠标移动到条目上方时
:last	最后一个项，例如 QTabBar 中的最后一页
:left	条目位于左侧，例如 QTabBar 的页头位于左侧
:maximized	条目处于最大化，例如最大化的 QMdiSubWindow 窗口
:minimized	条目处于最小化，例如最小化的 QMdiSubWindow 窗口
:movable	条目是可移动的
:off	对于可以切换状态的条目，其状态处于"off"
:on	对于可以切换状态的条目，其状态处于"on"
:open	条目处于打开状态，例如 QTreeView 的一个展开的条目
:pressed	条目上按下了鼠标
:read-only	条目是只读或不可编辑的
:right	条目位于右侧，例如 QTabBar 的页头位于右侧
:selected	条目被选中，例如 QTabBar 中一个被选中的页或 QMenu 中一个被选中的菜单项
:top	条目位于顶端，例如 QTabBar 的页头位于顶端
:unchecked	条目处于未被选中状态
:vertical	条目处于垂直方向

5. 属性

Qt 样式表内对每一个选择器可定义多条样式规则，每条规则是一个"属性：值"对，Qt 样式
表中可定义的属性很多，可以在 Qt 的帮助文件中查找"Qt Style Sheets Reference"查看所有属性

的详细说明。

在图 11-5 的样式表编辑对话框中，从上方几个按钮的下拉菜单中可以设计常用的一些属性，例如"Add Resource"按钮下 3 个菜单项可以从项目的资源文件中选择图片作为 background-image、border-image 或 image 属性的值；"Add Color"按钮的下拉菜单用于设置组件的各种颜色，包括前景色、背景色、边框颜色等，颜色的值可以用 rgb()、rgba()函数表示，或 Qt 能识别的颜色常量。

使用样式表可以定义组件复杂的显示效果。每个界面组件都可以用图 11-9 的盒子模型（Box Model）来表示，模型由 4 个同心矩形表示。

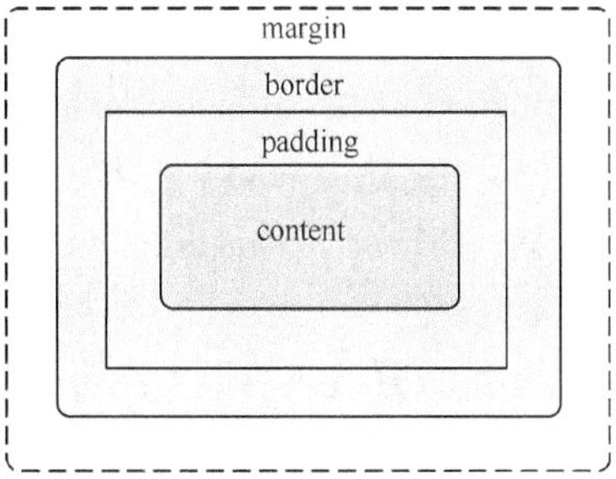

（1）content 是显示内容矩形区域，例如 QLineEdit 用于显示文字的区域。max-width、min-width、max-height、min-height 属性分别定义最大/最小宽度和高度就是定义这个矩形区，例如：

图 11-9　组件的盒子模型（来自 Qt 帮助文档）

```
QLineEdit{
    min-width:50px;
    max-height:40px;
}
```

这定义 QLineEdit 最小宽度为 50px，最大高度是 40px，其中 px 是单位，表示像素。

（2）padding 是包围 content 的矩形区域，通过 padding 属性可以定义 padding 的宽度，或 padding-top、padding-bottom、padding-left、padding-right 分别定义 padding 的上、下、左、右宽度，例如：

```
QLineEdit{ padding: 0px 10px 0px 10px;}
```

这设定 padding 的上、右、下、左的宽度，它等效于：

```
QLineEdit{
    padding-top:0px;
    padding-right:10px;
    padding-bottom: 0px;
    padding-left:10px;
}
```

（3）border 是包围 padding 的边框，通过 border 属性（或 border-width、border-style、border-color）可以定义边框的线宽、线型和颜色，也可以分别定义 border 的上、下、左、右的线宽和颜色。使用 border-radius 可以定义边框转角的圆弧半径，从而构造具有圆角矩形的编辑框或按钮等组件，例如：

```
QLineEdit{
    border-width: 2px;
    border-style: solid;
    border-color: gray;
    border-radius: 10px;
    padding: 0px 10px;
}
```

这使得 QLineEdit 具有灰色边框线条、圆角矩形的效果。

通过 border-radius、min-width、min-height 等属性可以设计圆形的按钮，如：

```
QPushButton {
    border: 2px groove red;
    border-radius: 30px;
```

```
    min-width:60px;
    min-height:60px;
}
```

这使得边框转角半径等于 content 宽度或长度的一半，宽度和长度相等，就可以得到一个圆形的按钮。

使用 border-image 属性还可以为组件设置背景图片，图片会填充 border 矩形框之内的区域，一般使用材质图片设置背景，以使界面具有统一的特色，例如：

```
QLineEdit, QPushButton{
        border-image: url(:/images/images/border.jpg);}
```

（4）margin 是 border 之外与父组件之间的空白边距，可以分别定义上、下、左、右的边距大小。

默认的情况下，margin、border-width 和 padding 属性默认值为零，这种情况下，4 个同心矩形就是重合的一个矩形。

使用 Qt 样式表可以为界面组件设计各种美观的显示效果，美观而特殊的界面不仅需要编程的能力，更重要的是美工设计能力。

11.2.3　Qt 样式表的使用

1．程序中使用 Qt 样式表

有多种方法可以使用 Qt 样式表。

第一种是在可视化设计 UI 窗体时，直接用样式表编辑器为窗体或窗体上的组件设计样式表，这样设计的样式保存在窗体的.ui 文件里，窗体创建时会自动应用所设计的样式表。这样设计的样式表对应用程序是固定的，而且为每个窗体都设计样式表，重复性工作量大。

第二种是使用 QApplication 类的 setStyleSheet()函数在应用程序创建时，为应用程序全局设置样式，例如窗体测试部分的代码如下：

```
if __name__ == "__main__":        #用于当前窗体测试
    app = QApplication(sys.argv)   #创建 GUI 应用程序
    app.setStyleSheet("QLineEdit { background-color: gray }")
    form=QmyWidget()               #创建窗体
    form.show()
    sys.exit(app.exec_())
```

这里为应用程序里所有的 QLineEdit 组件设置样式，如果应用程序内的 QLineEdit 组件没有再被设置其他样式，则所有 QLineEdit 组件的背景色为灰色。

也可以使用 QWidget 的 setStyleSheet()函数为一个窗口、一个对话框或一个界面组件设置样式，一般在窗体的构造函数里设置，例如：

```
class QmyWidget(QWidget):
    def __init__(self, parent=None):
        super().__init__(parent)
        self.ui=Ui_Widget()
        self.ui.setupUi(self)
        self.setStyleSheet("QLineEdit { background-color: red }")
```

这样为本窗体上的所有 QLineEdit 组件设置样式，即背景色为红色。

还可以用某个具体组件调用 setStyleSheet()函数，因为界面组件都是 QWidget 的子类，例如：

```
self.ui.editName.setStyleSheet("color: blue;"
                               "background-color: lime;"
                               "selection-color: yellow;"
                               "selection-background-color: red;")
```

这是设置一个 objectName 为 editName 的组件的样式，注意这时在样式表中无须设置 selector 名称，所设置的样式只应用于 editName 这个组件。

这样将样式表固定在程序中，很显然是无法实现界面效果切换的。为了动态切换界面效果，一般将样式表定义保存为.qss 后缀的纯文本文件，然后在程序中打开文件，读取文本内容，再调用 setStyleSheet()函数应用样式。示例代码如下：

```
if __name__ == "__main__":            #用于当前窗体测试
    app = QApplication(sys.argv)      #创建 GUI 应用程序
    file=QFile("myStyle.qss")
    file.open(QFile.ReadOnly)
    qtBytes=file.readAll()            #QByteArray
    pyBytes=qtBytes.data()            #QByteArray 转换为 bytes
    styleStr=pyBytes.decode("utf-8")          #bytes 转换为 str
    app.setStyleSheet(styleStr)

    form=QmyWidget()          #创建窗体
    form.show()
    sys.exit(app.exec_())
```

这里使用了同目录下的文件 myStyle.qss，这个文件里存储了所有的样式定义。使用样式文件的好处是，如果要改变界面效果，只需修改文件或切换文件即可，如同多语言界面的处理方式一样，也便于使用第三方的样式定义文件，实现专业的界面效果。

2. 样式定义的明确性

当多条样式法则对一个属性定义了不同值时，就会出现冲突，例如：

```
QPushButton#btnSave { color: gray }
QPushButton { color: red }
```

这两条法则都可以应用于 objectName 为 btnSave 的 QPushButton 组件，都定义了其前景色，这就会出现冲突。这时，选择器的明确性（specificity）决定组件适用的样式法则，即法则应用于更明确的组件。在上面的例子中，QPushButton#btnSave 被认为是比 QPushButton 更明确的选择器，因为它指向一个具体对象，而不是 QPushButton 的所有实例。所以，如果是在一个窗口上应用上面的两条法则，则 btnSave 按钮的前景色为 gray，而其他按钮的前景色为 red。

同样，具有伪状态的选择器被认为比没有伪状态的选择器明确性更强，如：

```
QPushButton:hover { color: white }
QPushButton { color: red }
```

这样，当鼠标在按钮上停留时颜色为 white，否则颜色为 red。

如果两个选择器具有相同的明确性，则以法则出现的先后顺序为准，后出现的法则起作用，例如：

```
QPushButton:hover { color: white }
QPushButton:enabled { color: red }
```

这里的两个选择器具有相同的明确性，所以，当鼠标停留在一个使能的按钮上时，只有第二条法则起作用。这种情况下，如果不希望出现冲突，应该修改法则以使其更明确，如下面这两条法则是不冲突的：

```
QPushButton:hover:enabled { color: white }
QPushButton:enabled { color: red }
```

父子关系的两个类作为选择器时，具有相同的明确性，例如：

```
QPushButton { color: red }
QAbstractButton { color: gray }
```

这两个选择器的明确性相同，所以只依赖于语句的先后顺序。

确定法则的明确性，Qt 样式表遵循 CSS2 的规定，在设计样式表时应尽量明确并避免冲突情况。

3. 样式定义的级联性

样式定义可以在应用程序、窗体或一个具体组件中定义，任何一个组件的样式是其父组件、父窗体和应用程序的样式的融合。当出现冲突时，组件会使用离自己最近的样式定义，即按顺序使用组件自己的样式、父组件的样式定义、父窗体的样式定义或应用程序的样式定义，而不考虑样式选择器的确定性。

例如，在 QApplication 中设置全局样式：

```
from PyQt5.QtWidgets import  qApp
qApp.setStyleSheet("QPushButton { color: red }")
```

那么应用程序中所有未再定义样式的 QPushButton 的前景颜色为 red。qApp 是表示当前应用程序的全局变量，需要从 PyQt5.QtWidgets 模块导入。

如果在一个窗体类（如 QmyWidget）中再定义样式：

```
self.setStyleSheet("QPushButton { color: blue }")
```

则窗体上的按钮的前景色为 blue，而不是 red。

如果窗体上有一个名称为 btnSave 的 QPushButton 按钮，其样式定义如下：

```
self.ui.btnSave.setStyleSheet(
           "color: yellow; background-color: black;")
```

则按钮 btnSave 按照自己的样式显示前景和背景色。

Qt 样式表功能强大，可以设计出独具特色的界面效果，但是这需要有较好的美工设计，而涉及编程的内容并不太多。

第三部分

数据可视化

## 第12章

PyQtChart 二维绘图

Charts 是 Qt 的一个二维图表模块，可以绘制各种常见的二维图表，如折线图、柱状图、饼图、散点图、极坐标图等，功能比较全面，绘制的图形效果也比较美观，是用于数据二维可视化的有力工具。PyQtChart 是 Qt Charts 模块的 Python 绑定，它需要单独安装。

本章首先介绍 PyQtChart 模块的基本特点和功能，以画折线图为例介绍用 PyQtChart 绘制一个二维图表的程序基本结构，以及一个图表的各组成部分的程序控制方法，然后介绍散点图、柱状图、饼图、蜡烛图等典型图表的绘制，还有图表框选缩放、左右双坐标轴、对数坐标轴、时间日期坐标轴等一些功能的实现。

12.1 PyQtChart 概述

12.1.1 模块安装与基本功能

Charts 是 Qt 类库的一部分，但是安装的 PyQt5 里并没有这个模块，需要单独安装一个 PyQtChart 包。PyQtChart 与 PyQt5 都是 Riverbank 出品的，最新的版本号都是一致的，例如如果有 PyQt 5.12，就有 PyQtChart 5.12。

要安装 PyQtChart，只需在 Windows 的 cmd 窗口里执行下面的命令即可。

```
pip3 install PyQtChart
```

这样将会自动从 PyPI 网站上下载安装最新版本的 PyQtChart，本书使用的版本是 PyQtChart 5.12。

PyQtChart 安装后的类都在 PyQt5.QtChart 模块中，所以程序中要使用其中的类时，import 语句示例如下：

```
from PyQt5.QtChart import QChartView,QChart,QLineSeries,QValueAxis
```

PyQtChart 模块包括一组易于使用的图表操作类，它基于 Qt 的 Graphics View 架构，其核心组件是 QChartView 和 QChart。

QChartView 的父类是 QGraphicsView，就是 Graphics View 架构中的视图类，所以，QChartView 是用于显示图表的视图。

QChart 的继承关系如图 12-1 所示，可以看到 QChart 是从 QGraphicsItem 继承而来的，所以，QChart 是一种图形项。QPolarChart 是用于绘制极坐标图的图表类，它从 QChart 继承而来。

图 12-1 QChart 的继承关系

12.1.2 一个简单的 PyQtChart 绘图程序

先用一个简单的示例程序说明 PyQtChart 绘图的基本原理。示例 Demo12_1 目录下只有一个文件 myMainWindow.py，它用纯代码的方式创建一个基于 QMainWindow 的 GUI 应用程序，并用 PyQtChart 模块中的几个主要的类绘制了一个简单的图表。myMainWindow.py 文件的完整代码如下：

```python
import sys, math
from PyQt5.QtWidgets import  QApplication, QMainWindow
from PyQt5.QtChart import QChartView,QChart,QLineSeries,QValueAxis

class QmyMainWindow(QMainWindow):
   def __init__(self, parent=None):
      super().__init__(parent)
      self.setWindowTitle("Demo12_1, QChart 基本绘图")
      self.resize(580,420)
##创建 chart 和 chartView
      chart = QChart()                 #创建 chart
      chart.setTitle("简单函数曲线")
      chartView=QChartView(self)       #创建 chartView
      chartView.setChart(chart)        #chart 添加到 chartView
      self.setCentralWidget(chartView)
##创建曲线序列
      series0 = QLineSeries()
      series1 = QLineSeries()
      series0.setName("Sin 曲线")
      series1.setName("Cos 曲线")
      chart.addSeries(series0)         #序列添加到图表
      chart.addSeries(series1)
##序列添加数值
      t=0
      intv=0.1
      pointCount=100
      for i in range(pointCount):
         y1=math.cos(t)
         series0.append(t,y1)
         y2=1.5*math.sin(t+20)
         series1.append(t,y2)
         t=t+intv
##创建坐标轴
      axisX = QValueAxis()          #x 轴
      axisX.setRange(0, 10)         #设置坐标轴范围
      axisX.setTitleText("time(secs)")    #轴标题
      axisY = QValueAxis()          #y 轴
      axisY.setRange(-2, 2)
      axisY.setTitleText("value")
##为序列设置坐标轴
      chart.setAxisX(axisX, series0)      #为序列 series0 设置坐标轴
      chart.setAxisY(axisY, series0)
      chart.setAxisX(axisX, series1)      #为序列 series1 设置坐标轴
      chart.setAxisY(axisY, series1)

##   ===========窗体测试程序 ===========================
if __name__ == "__main__":
   app = QApplication(sys.argv)
   form=QmyMainWindow()
```

```
form.show()
sys.exit(app.exec_())
```

程序运行时界面如图 12-2 所示，绘制了一个简单的但是包含各种基本元素的图表，图表中有两条曲线。分析代码可以看出一个图表的基本组成部分和相互关联。

（1）首先创建一个 QChart 对象 chart 和一个 QChartView 对象 chartView，将 chart 在 chartView 里显示，使用下面一行语句：

```
chartView.setChart(chart)
```

（2）图表上用于显示数据的称为序列（series），这里使用折线序列 QLineSeries，创建了两个 QLineSeries 类型的序列 series0 和 series1，并将序列添加到 chart 中。

序列存储用于显示的数据，所以需要为两个序列添加平面数据点的坐标数据。程序中用正弦函数和余弦函数生成数据作为序列的数据。

（3）图表还需要坐标轴，创建两个 QValueAxis 类型的坐标轴对象 axisX 和 axisY，再使用 QChart 的 setAxisX() 和 setAxisY() 函数为两个序列分别设置 x 轴和 y 轴。

图表创建后还会自动生成图例（Legend），图例是与序列对应的（如图 12-2 所示）。

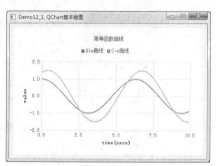

图 12-2　示例 Demo12_1 运行时界面

12.1.3　图表的主要组成部分

观察示例 Demo12_1 的程序和运行后的界面，可知 QChartView 是 QChart 的视图组件，而一个 QChart 绘制的图表一般包括序列、坐标轴、图例、图表标题等部分。

1. QChartView

QChartView 是 QChart 的视图组件，类似于 Graphics View 架构中的 QGraphicsView。实际上，在可视化设计窗口 UI 界面时，就是先放置一个 QGraphicsView 组件，然后提升为 QChartView。QChartView 类定义的函数很少，只有以下几个。

- setChart(chart)函数，设置一个 QChart 对象 chart 作为显示的图表。
- chart()函数，返回 QChartView 当前的 QChart 类对象。
- setRubberBand(rubberBand)函数，设置选择框的类型，即鼠标在视图组件上拖动选择范围的方式，参数 rubberBand 是一个 QChartView.RubberBand 枚举类型的组合，枚举类型有以下几种取值：
  - QChartView.NoRubberBand（无选择框）；
  - QChartView.VerticalRubberBand（垂直选择）；
  - QChartView.HorizontalRubberBand（水平选择）；
  - QChartView.RectangleRubberBand（矩形框选择）。
- rubberBand()函数，返回设置的选择框类型。

2. QChart

QChart 是从 QGraphicsItem 继承的图形项组件，是在一个 QChartView 视图组件里显示的图表。

一个图表包含序列、坐标轴、图例等基本元素，QChart 就是管理这些元素从而绘制图表的类。

QChart 用于绘制一般的笛卡儿坐标系的图表，如折线图、柱状图等，QChart 的子类 QPolarChart 用于绘制极坐标图。

3. 序列

序列是数据的表现形式，图 12-2 中的两条曲线就是两个 QLineSeries 类型的序列。

图表的类型主要就是由序列的类型决定的，常见的图表类型有折线图、柱状图、饼图、散点图等，PyQtChart 模块中的序列类的层次关系如图 12-3 所示。QAbstractSeries 类是所有这些类的上层类，QAbstractSeries 的父类是 QObject，所以这些序列类并不是可视组件，只是用于管理各种类型序列的数据的类。

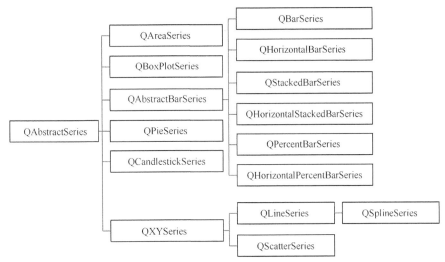

图 12-3　数据序列类的继承关系

这些序列类可以分为以下几组。

（1）从 QXYSeries 继承的曲线和散点类

- QLineSeries 折线序列：两个数据点之间直接用直线连接的序列，用于一般的曲线显示，如图 12-2 中用的就是 QLineSeries 序列。
- QSplineSeries 曲线序列：数据点的连线会做光滑处理的曲线序列。
- QScatterSeries 散点序列：只显示数据点的序列。

（2）从 QAbstractBarSeries 继承的各种柱状图类

- QBarSeries 和 QHorizontalBarSeries：常见的柱状图序列。
- QStackedBarSeries 和 QHorizontalStackedBarSeries：堆叠柱状图序列。
- QPercentBarSeries 和 QHorizontalPercentBarSeries：百分比柱状图序列。

（3）从 QAbstractSeries 直接继承的特殊序列类

- QPieSeries 饼图序列。
- QCandlestickSeries 蜡烛图序列：可绘制常用于金融数据分析的蜡烛图。

- QBoxPlotSeries 箱线图序列：用于金融数据分析的一种图形。
- QAreaSeries 面积图序列：用两个 QLineSeries 序列曲线作为上界和下界绘制填充的面积图。

4. 坐标轴

一般的图表都有横轴和纵轴两个坐标轴，例如折线图一般表示数据曲线，坐标轴用 QValueAxis 类的数值坐标轴，如果用对数坐标，就可以使用 QLogValueAxis 类的坐标轴。柱状图的横坐标经常是文字表示的类别，可以用 QBarCategoryAxis 作为横轴，而饼图没有坐标轴。

PyQtChart 中各种坐标轴类的特点及用途如表 12-1 所示，类的继承关系如图 12-4 所示。

表 12-1 PyQtChart 中的坐标轴类

坐标轴类	特点	用途
QValueAxis	数值坐标轴	作为数值型数据的坐标轴
QCategoryAxis	分组数值坐标轴	可以为数值范围设置文字标签
QLogValueAxis	对数数值坐标轴	作为数值型数据的对数坐标轴，可以设置对数的基
QBarCategoryAxis	类别坐标轴	用字符串作为坐标轴的刻度，用于图表的非数值坐标轴
QDateTimeAxis	日期时间坐标轴	作为日期时间数据的坐标轴

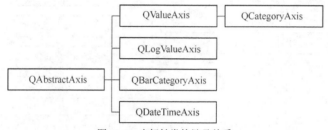

图 12-4　坐标轴类的继承关系

QAbstractAxis 类的父类是 QObject，所以坐标轴类不是可见的组件类，只是用于封装坐标轴相关的各种数据和属性，如坐标轴的刻度、标签、网格线、标题等属性。

5. 图例

图例（Legend）是对图表上显示的序列的示例说明，图 12-2 中为两条曲线显示的图例有线条颜色和文字说明。QLegend 是封装了图例功能的类，在 QChart 对象添加序列后会自动生成图例，可以为每个序列设置图例中的文字，可以控制图例显示在图表的上、下、左、右的不同位置。

本章后面将通过示例详细介绍各种图表的绘制方法，以及 PyQtChart 模块使用中的一些典型功能的实现方法。PyQtChart 模块包含的二维绘图功能比较完善，绘图效果比较美观，用于一般的二维数据可视化是足够的了。

12.2　QChart 绘制折线图

12.2.1　示例功能概述与界面设计

示例 Demo12_2 以绘制折线图为例，详细介绍图表各个部分的设置和操作，包括图表的标题、图例、边距等属性设置，QLineSeries 序列的属性设置，QValueAxis 坐标轴的属性设置等。程序运行时界面如图 12-5 所示。

示例 Demo12_2 是由项目模板 mainWindowApp 创建的，主窗口 MainWindow.ui 采用可视化方法设计。图 12-5 的界面组成和功能分别如下。

- 工具栏：工具栏上的"刷新绘图"按钮用于重新绘制曲线。
- 图表属性设置面板：左侧是一个 QToolBox 组件，分为 3 个组，用于进行图表设置、曲线设置和坐标轴设置。
- 图表视图：右侧先放置一个 QFrame 组件，然后放置一个 QGraphicsView 组件并垂直布局，用提升法提升为 QChartView 类，命名为 chartView。

将一个组件提升为另一个类的"提升法"的具体操作可参见 10.4 节的示例，本例中将 QGraphicsView 组件提升为 QChartView 组件的对话框设置如图 12-6 所示。

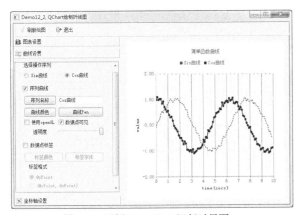

图 12-5 示例 Demo12_2 运行时界面

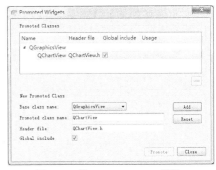

图 12-6 将 QGraphicsView 组件
提升为 QChartView 组件的对话框

主工作区的 QToolBox 组件和 QFrame 组件采用水平分割布局。界面上的组件的具体布局和命名见示例源文件 MainWindow.ui。

注意，由于在 UI 可视化设计时用到了组件类提升的功能，在 MainWindow.ui 编译后的文件 ui_MainWindow.py 的最后面会加入一条导入 QChartView 的 import 语句，即

```
from QChartView import QChartView
```

但是这条语句是错误的，QChartView 是 PyQt5.QtChart 模块中的一个类，需要将其更改为如下的语句：

```
from PyQt5.QtChart import QChartView
```

12.2.2 QPen 属性设置对话框设计

在本示例中经常需要设置一些对象的 pen 属性，如折线序列的 pen 属性、网格线的 pen 属性等。pen 属性就是一个 QPen 对象，设置内容主要包括线型、线宽和颜色。为使用方便，在 Qt 项目中专门设计一个对话框文件 QWDialogPen.ui，编译后生成文件 ui_QWDialogPen.py，对应的窗体业务逻辑类是 QmyDialogPen，此对话框运行时界面如图 12-7 所示，可以设置 pen 的线型、线

宽和颜色。

修改示例目录下的 uic.bat 文件，将对 QWDialogPen.ui 编译的语句添加进去，修改后的文件 uic.bat 内容如下：

```
echo off
copy .\QtApp\MainWindow.ui   MainWindow.ui
pyuic5 -o ui_MainWindow.py  MainWindow.ui

copy .\QtApp\QWDialogPen.ui  QWDialogPen.ui
pyuic5 -o ui_QWDialogPen.py  QWDialogPen.ui

pyrcc5 .\QtApp\res.qrc -o res_rc.py
```

图 12-7　QPen 属性设置对话框

QmyDialogPen 类在文件 myDialogPen.py 中定义，此文件的完整代码如下：

```
import sys
from PyQt5.QtWidgets import  QApplication, QDialog, QColorDialog
from PyQt5.QtCore import  pyqtSlot, Qt
from PyQt5.QtGui import QPen, QPalette,QColor
from ui_QWDialogPen import Ui_QWDialogPen
class QmyDialogPen(QDialog):
    def __init__(self, parent=None):
        super().__init__(parent)
        self.ui=Ui_QWDialogPen()
        self.ui.setupUi(self)
        self.__pen=QPen()
##"线型"ComboBox 的选择项设置
        self.ui.comboPenStyle.clear()
        self.ui.comboPenStyle.addItem("NoPen",0)
        self.ui.comboPenStyle.addItem("SolidLine",1)
        self.ui.comboPenStyle.addItem("DashLine",2)
        self.ui.comboPenStyle.addItem("DotLine",3)
        self.ui.comboPenStyle.addItem("DashDotLine",4)
        self.ui.comboPenStyle.addItem("DashDotDotLine",5)
        self.ui.comboPenStyle.addItem("CustomDashLine",6)
        self.ui.comboPenStyle.setCurrentIndex(1)

##=================自定义接口函数====================
    def setPen(self,pen):     ##设置 pen
        self.__pen=pen
        self.ui.spinWidth.setValue(pen.width())      #线宽
        i=int(pen.style())     #枚举类型转换为整型
        self.ui.comboPenStyle.setCurrentIndex(i)
        color=pen.color()      #QColor 类型
        qss="background-color: rgb(%d, %d, %d)"%(
            color.red(),color.green(),color.blue())
        self.ui.btnColor.setStyleSheet(qss)      #使用样式表设置按钮背景色

    def getPen(self):     ##返回 pen
        index=self.ui.comboPenStyle.currentIndex()
        self.__pen.setStyle(Qt.PenStyle(index))         #线型
        self.__pen.setWidth(self.ui.spinWidth.value())      #线宽
        color=self.ui.btnColor.palette().color(QPalette.Button)
        self.__pen.setColor(color)      #颜色
        return  self.__pen

    @staticmethod      ##类函数
    def staticGetPen(iniPen):
## 不能有参数 self，不能与类的接口函数同名，也就是不能命名为 getPen()
        Dlg=QmyDialogPen()     #创建一个对话框
        Dlg.setPen(iniPen)     #设置初始化 QPen
```

```
        pen=iniPen
        ok=False
        ret=Dlg.exec()          #模态显示对话框
        if ret==QDialog.Accepted:
            pen=Dlg.getPen()    #获取 pen
            ok=True
        return   pen ,ok        #返回设置的 QPen 对象

##   ==========由 connectSlotsByName()自动关联的槽函数============
    @pyqtSlot()     ##选择颜色
    def on_btnColor_clicked(self):
        color=QColorDialog.getColor()
        if color.isValid():      #用样式表设置 QPushButton 的背景色
            qss="background-color: rgb(%d, %d, %d);"%(
                color.red(),color.green(),color.blue())
            self.ui.btnColor.setStyleSheet(qss)

##   ============窗体测试程序 ===============================
if __name__ == "__main__":
    app = QApplication(sys.argv)
    iniPen=QPen(Qt.blue)
    pen=QmyDialogPen.staticGetPen(iniPen)       #测试类函数调用
    sys.exit(app.exec_())
```

自定义对话框的设计和使用在第 6 章已经介绍绍过，QmyDialogPen 对话框类定义了两个公共接口函数，setPen()用于设置初始的 QPen 对象，getPen()用于返回设置好属性的 QPen 对象。

QmyDialogPen 类的特殊之处在于使用@staticmethod 修饰符定义了一个类函数（也就是 C++中的静态函数）staticGetPen()，其接口定义是：

```
@staticmethod       #类函数
def staticGetPen(iniPen):
```

注意，这里的函数参数中没有 self，因为调用类函数时是没有具体对象的。另外，函数名不要与类中的接口函数名重名，虽然在 C++中大量使用同名的接口函数和静态函数，但是由于 Python 的语言特性，应尽量避免使用 overload 型函数。

类函数 staticGetPen()的功能实际上是在函数里创建一个 QmyDialogPen 对话框，将其当作一个正常的对话框使用。所以，类函数 staticGetPen()就是封装了对话框的调用过程，简化了外部调用的代码。

setPen()函数的代码中使用样式表设置按钮的背景颜色，因为其背景颜色无法通过其他的接口函数直接设置。样式表的定义和使用见 11.2 节。

12.2.3　主窗口业务逻辑类初始化

myMainWindow.py 文件的 import 部分和主窗口业务逻辑类 QmyMainWindow 的构造函数代码如下：

```
import sys, math, random
from PyQt5.QtWidgets import  (QApplication, QMainWindow,QDialog,
                              QFontDialog,QColorDialog)
from PyQt5.QtCore import  pyqtSlot,Qt,QMargins
from PyQt5.QtGui import QPainter,QPen,QColor,QBrush,QFont
from PyQt5.QtChart import QChart,QLineSeries,QValueAxis,QLegendMarker
```

```
from myDialogPen import QmyDialogPen
from ui_MainWindow import Ui_MainWindow
class QmyMainWindow(QMainWindow):
    def __init__(self, parent=None):
        super().__init__(parent)
        self.ui=Ui_MainWindow()
        self.ui.setupUi(self)

        self.setWindowTitle("Demo12_2, QChart 绘制折线图")
        self.setCentralWidget(self.ui.splitter)
        self.__chart=None           #图表
        self.__curSeries=None       #当前序列
        self.__curAxis=None         #当前坐标轴

        self.__createChart()        #创建图表
        self.__prepareData()        #添加数据
```

在构造函数里先定义了 3 个私有变量，并且都初始化为 None，这 3 个变量在后面调用的两个函数里具体赋值。这样在构造函数里先定义变量有利于一下子看到在类里有哪些变量。

构造函数里调用了两个自定义函数，其中函数__createChart()用于创建图表，函数__prepareData()用于为序列添加数据点。函数__createChart()的码如下：

```
def __createChart(self):
    self.__chart = QChart()
    self.__chart.setTitle("简单函数曲线")
    self.ui.chartView.setChart(self.__chart)
    self.ui.chartView.setRenderHint(QPainter.Antialiasing)

    series0 = QLineSeries()
    series0.setName("Sin 曲线")
    series1 = QLineSeries()
    series1.setName("Cos 曲线")
    self.__curSeries=series0         #当前序列

    pen=QPen(Qt.red)
    pen.setStyle(Qt.DotLine)
    pen.setWidth(2)
    series0.setPen(pen)         #序列的线条设置
    pen.setStyle(Qt.SolidLine)
    pen.setColor(Qt.blue)
    series1.setPen(pen)         #序列的线条设置
    self.__chart.addSeries(series0)
    self.__chart.addSeries(series1)

    axisX = QValueAxis()
    self.__curAxis=axisX         #当前坐标轴
    axisX.setRange(0, 10)         #设置坐标轴范围
    axisX.setLabelFormat("%.1f")         #标签格式
    axisX.setTickCount(11)         #主分隔个数
    axisX.setMinorTickCount(4)
    axisX.setTitleText("time(secs)")         #轴标题
    axisX.setGridLineVisible(True)
    axisX.setMinorGridLineVisible(False)

    axisY = QValueAxis()
    axisY.setRange(-2, 2)
    axisY.setLabelFormat("%.2f")         #标签格式
    axisY.setTickCount(5)
    axisY.setMinorTickCount(4)
```

```
        axisY.setTitleText("value")
        axisY.setGridLineVisible(True)
        axisY.setMinorGridLineVisible(False)
##        self.__chart.setAxisX(axisX, series0)        #添加 x 坐标轴
##        self.__chart.setAxisX(axisX, series1)        #添加 x 坐标轴
##        self.__chart.setAxisY(axisY, series0)        #添加 y 坐标轴
##        self.__chart.setAxisY(axisY, series1)        #添加 y 坐标轴
##另一种实现设置坐标轴的方法
        self.__chart.addAxis(axisX,Qt.AlignBottom)       #坐标轴添加到图表
        self.__chart.addAxis(axisY,Qt.AlignLeft)
        series0.attachAxis(axisX)      #序列 series0 附加坐标轴
        series0.attachAxis(axisY)
        series1.attachAxis(axisX)      #序列 series1 附加坐标轴
        series1.attachAxis(axisY)
```

这个函数的功能是创建 QChart 对象 self.__chart 并添加到界面上的 chartView 里，再创建序列和坐标轴，对坐标轴做了一些属性设置。

在设置序列关联的坐标轴时，使用了与示例 Demo12_1 中不同的方法。即先将坐标轴添加到 QChart 对象，并指定坐标轴的位置：

```
        self.__chart.addAxis(axisX,Qt.AlignBottom)       #坐标轴添加到图表
        self.__chart.addAxis(axisY,Qt.AlignLeft)
```

然后使用序列类的 attachAxis()函数为序列附加坐标轴，如：

```
        series0.attachAxis(axisX)       #序列 series0 附加坐标轴
        series0.attachAxis(axisY)
```

函数__createChart()只是构建了图表的基本框架，并没有为序列添加数据。函数__prepareData() 用于为图表的序列添加数据，这个函数的代码如下：

```
    def __prepareData(self):      ##为序列设置数据点
        chart=self.ui.chartView.chart()     #获取 chartView 中的 QChart 对象
        series0=chart.series()[0]     #获取第 1 个序列, QLineSeries
        series0.clear()
        series1=chart.series()[1]     #获取第 2 个序列, QLineSeries
        series1.clear()

        t,y1,y2=0.0,0.0,0.0
        intv=0.1
        pointCount=100
        for i in range(pointCount):
            rd=random.randint(-5,5)       #随机数, -5~+5
            y1=math.sin(t)+rd/50.0
            series0.append(t,y1)          #序列添加数据点
            rd=random.randint(-5,5)
            y2=math.cos(t)+rd/50.0
            series1.append(t,y2)
            t=t+intv
```

QChart 的 series()函数返回的是序列对象列表，得益于 Python 的动态类型，无须做类型转换就可以直接获取图表中的序列，如：

```
    series0=chart.series()[0]       #获取第 1 个序列, QLineSeries
    series1=chart.series()[1]       #获取第 2 个序列, QLineSeries
```

此函数中生成正弦和余弦曲线的数据时还叠加了随机数，所以每次生成的曲线略有不同。主

窗口工具栏上的按钮"刷新绘图"的功能是调用函数__prepareData()重新设置序列的数据，其关联的槽函数代码如下：

```
@pyqtSlot()      ##"刷新绘图"工具栏按钮
def on_actDraw_triggered(self):
    self.__prepareData()
```

12.2.4 图表各组成部件的属性设置

1. QChart 的设置

QChart 接口函数较多，其主要接口函数分类整理后如表 12-2 所示。对于一个属性，通常有一个设置函数和一个对应的读取函数，如 setTitle()用于设置图表标题，对应的读取图表标题的函数为 title()。表 12-2 仅列出设置函数或单独的读取函数，表中只列出了函数名，函数详细定义请参考 Qt 帮助文档。

表 12-2 QChart 类的主要接口函数

分组	函数名	功能描述
图表外观	setTitle()	设置图表标题，显示在图表上方，支持 HTML 格式
	setTitleFont()	设置图表标题字体
	setTitleBrush()	设置图表标题画刷，用于绘制背景色
	setTheme()	设置主题，多种预定义主题定义了图表的配色
	setMargins()	设置绘图区与图表边界的 4 个边距
	legend()	返回图表的图例，返回值是一个 QLegend 类的对象
	setAnimationOptions()	设置序列或坐标轴的动画效果
数据序列	addSeries()	添加序列
	series()	返回图表拥有的序列的列表
	removeSeries()	移除一个序列，但并不删除序列对象
	removeAllSeries()	移除并删除图表的所有序列
坐标轴	addAxis()	为图表的某个方向添加坐标轴
	axes()	返回某个方向的坐标轴列表
	setAxisX()	设置某个序列的 x 坐标轴
	setAxisY()	设置某个序列的 y 坐标轴
	removeAxis()	移除一个坐标轴
	createDefaultAxes()	根据已添加的序列的类型，创建默认的坐标轴，前面已有的坐标轴会被删除

图 12-8 是进行图表设置的界面，通过界面可以设置图表标题的文字内容和字体，可以设置图例的位置、是否显示图例、字体和颜色，可以设置 4 个边距的值，可以设置动画效果及主题。这个界面上各组件的槽函数代码如下：

```
##=======1.1 标题=========
@pyqtSlot()      ##设置标题文字
def on_btnTitleSetText_clicked(self):
    text=self.ui.editTitle.text()
    self.__chart.setTitle(text)

@pyqtSlot()      ##设置标题文字颜色
def on_btnTitleColor_clicked(self):
    color=self.__chart.titleBrush().color()
    color=QColorDialog.getColor(color)
    if color.isValid():
        self.__chart.setTitleBrush(QBrush(color))
```

```
    @pyqtSlot()      ##设置标题字体
    def on_btnTitleFont_clicked(self):
        iniFont=self.__chart.titleFont()      #QFont 类型
        font,ok=QFontDialog.getFont(iniFont)
        if ok:
            self.__chart.setTitleFont(font)

##=======1.2 图例========
    @pyqtSlot(bool)      ##图例是否可见
    def on_groupBox_Legend_clicked(self,checked):
        self.__chart.legend().setVisible(checked)

    @pyqtSlot()      ##图例的位置，上
    def on_radioButton_clicked(self):
        self.__chart.legend().setAlignment(Qt.AlignTop)

    @pyqtSlot()      ##图例的位置，下
    def on_radioButton_2_clicked(self):
        self.__chart.legend().setAlignment(Qt.AlignBottom)

    @pyqtSlot()      ##图例的位置，左
    def on_radioButton_3_clicked(self):
        self.__chart.legend().setAlignment(Qt.AlignLeft)

    @pyqtSlot()      ##图例的位置，右
    def on_radioButton_4_clicked(self):
        self.__chart.legend().setAlignment(Qt.AlignRight)

    @pyqtSlot()      ##图例的文字颜色
    def on_btnLegendlabelColor_clicked(self):
        color=self.__chart.legend().labelColor()
        color=QColorDialog.getColor(color)
        if color.isValid():
            self.__chart.legend().setLabelColor(color)

    @pyqtSlot()      ##图例的字体
    def on_btnLegendFont_clicked(self):
        iniFont=self.__chart.legend().font()
        font,ok=QFontDialog.getFont(iniFont)
        if ok:
            self.__chart.legend().setFont(font)

##=======1.3 边距========
    @pyqtSlot()      ##设置图表的 4 个边距
    def on_btnSetMargin_clicked(self):
        mgs=QMargins()
        mgs.setLeft(self.ui.spinMarginLeft.value())
        mgs.setRight(self.ui.spinMarginRight.value())
        mgs.setTop(self.ui.spinMarginTop.value())
        mgs.setBottom(self.ui.spinMarginBottom.value())
        self.__chart.setMargins(mgs)

##=======1.4 动画效果========
    @pyqtSlot(int)      ##动画效果
    def on_comboAnimation_currentIndexChanged(self,index):
        animation=QChart.AnimationOptions(index)
        self.__chart.setAnimationOptions(animation)

    @pyqtSlot(int)      ##图表的主题
    def on_comboTheme_currentIndexChanged(self,index):
        self.__chart.setTheme(QChart.ChartTheme(index))
```

图例是一个 QLegend 类的对象，通过 QChart.legend()函数可以获得图表的图例。图例是根据添加的序列自动生成的，可以修改图例的一些属性，如在图表中的显示位置、图例文字的字体等。

图 12-8 中的"图例"分组框（QGroupBox 组件）的标题带有一个复选按钮，这是在窗体可视化设计时设置这个 QGroupBox 组件的 checkable 属性为 True 所致。当这个复选框被勾选时，分组框里的所有组件可用，当这个复选框被取消时，分组框里的所有组件被禁用。这样，QGroupBox 分组框既可以当作一个 QCheckBox 组件使用，又可以控制框内组件的使能状态，本示例中大量使用了这种方式。

QChart.setAnimationOptions(options)函数用于设置图表的动画效果，参数 options 是枚举类型 QChart.AnimationOption，有以下几种取值：

- QChart.NoAnimation（无动画效果）；
- QChart.GridAxisAnimations（背景网格有动画效果）；
- QChart.SeriesAnimations（序列有动画效果）；
- QChart.AllAnimations（都有动画效果）。

图 12-8　图表设置界面

QChart.setTheme(theme)函数用于设置图表主题，主题是预定义的图表配色样式。参数 theme 是枚举类型 QChart.ChartTheme，有多种取值，详见 Qt 帮助文档。

2. QLineSeries 序列的设置

本示例图表的序列使用的是 QLineSeries，它是 QXYSeries 的子类，用于绘制二维数据点的折线图。QLineSeries 的主要接口函数如表 12-3 所示（包括从父类继承的一些常用函数），表中只列出了函数名，函数详细定义请参考 Qt 帮助文档。

表 12-3　QLineSeries 类的主要接口函数

分组	函数	功能描述
序列总体	setName()	设置序列的名称，这个名称会显示在图例里，支持 HTML 格式
	setUseOpenGL()	设置是否使用 openGL 加速
	chart()	返回序列所属的图表对象，返回值为 QChart 对象
序列外观	setVisible()	设置序列可见性
	show()	显示序列，使序列可见
	hide()	隐藏序列，使其不可见
	setColor()	设置序列线条的颜色
	setPen()	设置绘制线条的画笔
	setBrush()	设置绘制数据点的画刷
	setOpacity()	设置序列的透明度，0 表示完全透明，1 表示不透明
数据点	setPointsVisible()	设置数据点的可见性
	append()	添加一个数据点到序列
	insert()	在某个位置插入一个数据点
	replace()	替换某个数据点
	clear()	清除所有数据点
	remove()	删除某个数据点
	removePoints()	从某个位置开始，删除指定个数的数据点
	count()	数据点的个数
	at()	返回某个位置的数据点，返回值类型为 QPointF
	pointsVector()	返回数据点的列表，列表元素类型是 QPointF

续表

分组	函数	功能描述
数据点标签	setPointLabelsVisible()	设置数据点标签的可见性
	setPointLabelsColor()	设置数据点标签的文字颜色
	setPointLabelsFont()	设置数据点标签字体
	setPointLabelsFormat()	设置数据点标签格式
	setPointLabelsClipping()	设置标签的裁剪属性，默认为 True，即绘图区外的标签被裁剪掉
坐标轴	attachAxis()	为序列附加一个坐标轴，通常需要一个 x 轴和一个 y 轴
	detachAxis()	解除一个附加的坐标轴
	attachedAxes()	返回附加的坐标轴的列表，列表元素类型是具体的坐标轴类型

（1）选择当前操作序列

示例中对曲线序列进行属性设置的界面如图 12-9 所示。首先通过上方的"选择操作序列"里的两个 RadioButton 按钮选择当前操作序列，赋值给变量 self.__curSeries，用序列的当前属性刷新界面组件的显示。两个 RadioButton 按钮的槽函数功能相同，代码如下：

```
@pyqtSlot()        ##获取当前数据序列, sin
def on_radioSeries0_clicked(self):
    if self.ui.radioSeries0.isChecked():
        self.__curSeries=self.__chart.series()[0]
    else:
        self.__curSeries=self.__chart.series()[1]
##获取序列的属性值，并显示到界面上
    self.ui.editSeriesName.setText(self.__curSeries.name())
    self.ui.groupBox_Series.setChecked(self.__curSeries.isVisible())
    self.ui.chkBoxPointVisible.setChecked(
            self.__curSeries.pointsVisible())      #数据点是否显示
    self.ui.chkkBoxUseOpenGL.setChecked(
            self.__curSeries.useOpenGL())          #使用 openGL
    self.ui.sliderOpacity.setValue(self.__curSeries.opacity()*10)
    visible=self.__curSeries.pointLabelsVisible()  #数据点标签可见性
    self.ui.groupBox_PointLabel.setChecked(visible)


@pyqtSlot()        ##获取当前数据序列, cos
def on_radioSeries1_clicked(self):
    self.on_radioSeries0_clicked()
```

（2）序列的线条属性设置

图 12-9 的"序列曲线"分组框及其内部组件用于设置序列的线条属性，各组件的槽函数代码如下：

```
##========2.2 序列曲线设置=========
@pyqtSlot(bool)    ##序列是否可见
def on_groupBox_Series_clicked(self,checked):
    self.__curSeries.setVisible(checked)


@pyqtSlot()        ##设置序列名称
def on_btnSeriesName_clicked(self):
    seriesName=self.ui.editSeriesName.text()
    self.__curSeries.setName(seriesName)
    if self.ui.radioSeries0.isChecked():
        self.ui.radioSeries0.setText(seriesName)
    else:
        self.ui.radioSeries1.setText(seriesName)


@pyqtSlot()        ##序列的曲线颜色
```

图 12-9　曲线序列设置界面

```
def on_btnSeriesColor_clicked(self):
    color=self.__curSeries.color()
    color=QColorDialog.getColor(color)
    if color.isValid():
        self.__curSeries.setColor(color)

@pyqtSlot()        ##序列曲线的 Pen 设置
def on_btnSeriesPen_clicked(self):
    iniPen=self.__curSeries.pen()
    pen,ok=QmyDialogPen.staticGetPen(iniPen)
    if ok:
        self.__curSeries.setPen(pen)

@pyqtSlot(bool)        ##序列的数据点是否可见，数据点形状是固定的
def on_chkBoxPointVisible_clicked(self,checked):
    self.__curSeries.setPointsVisible(checked)

@pyqtSlot(bool)        ##使用 openGL 加速后，不能设置线型，不能显示数据点
def on_chkkBoxUseOpenGL_clicked(self,checked):
    self.__curSeries.setUseOpenGL(checked)

@pyqtSlot(int)        ##序列的透明度
def on_sliderOpacity_sliderMoved(self,position):
    self.__curSeries.setOpacity(position/10.0)
```

"曲线 Pen" 按钮用于设置序列曲线的线条的属性，其槽函数代码里使用了自定义的用于 pen 属性设置的对话框类 QmyDialogPen，并且使用了其类函数 staticGetPen()，使调用对话框的过程得以简化。

setUseOpenGL(enable)函数是在 QAbstractSeries 类中定义的一个函数，用于设置绘制序列时是否使用 openGL 加速。这个函数只对 QLineSeries 和 QScatterSeries 序列有效。使用 openGL 加速后，会在图表的绘图区自动创建一个透明的 QOpenGLWidget 组件，序列是在这个 QOpenGLWidget 组件上绘制，而不是在 QChartView 上绘制。

使用 openGL 加速后可以大大提高绘制曲线的速度，一般 PC 上绘制速度会提高上百倍。所以，对于序列的数据点非常多、需要考虑绘图效率的情况下可以开启 openGL 加速。但是开启 openGL 加速后，序列的某些设置是无效的，例如对于 QLineSeries 序列，开启 openGL 加速后不能设置线型（只能是实线）、不能显示数据点、不能设置透明度、不能显示数据点标签，但是仍可以设置线条的颜色和线宽。

（3）数据点标签

图 12-9 的 "数据点标签" 分组框及其内部组件用于设置序列的数据点标签，可以设置是否显示标签，标签的字体，以及标签显示的内容，各组件的槽函数代码如下：

```
##======2.3 数据点标签 ========
@pyqtSlot(bool)        ##数据点标签 groupBox
def on_groupBox_PointLabel_clicked(self,checked):
    self.__curSeries.setPointLabelsVisible(checked)

@pyqtSlot()        ##序列数据点标签颜色
def on_btnSeriesLabColor_clicked(self):
    color=self.__curSeries.pointLabelsColor()
    color=QColorDialog.getColor(color)
    if color.isValid():
        self.__curSeries.setPointLabelsColor(color)

@pyqtSlot()        ##序列数据点标签字体
```

```python
    def on_btnSeriesLabFont_clicked(self):
        font=self.__curSeries.pointLabelsFont()
        font,ok=QFontDialog.getFont(font)
        if ok:
            self.__curSeries.setPointLabelsFont(font)

    @pyqtSlot()        ##序列数据点标签的显示格式
    def on_radioSeriesLabFormat0_clicked(self):
        self.__curSeries.setPointLabelsFormat("@yPoint")

    @pyqtSlot()        ##序列数据点标签的显示格式
    def on_radioSeriesLabFormat1_clicked(self):
        self.__curSeries.setPointLabelsFormat("(@xPoint,@yPoint)")
```

setPointLabelsFormat()函数设置数据点标签的格式，有两种数据可以在数据点标签中显示，有固定的标签：

- @xPoint，数据点的 X 值；
- @yPoint，数据点的 Y 值。

例如，使数据点标签只显示 Y 值，设置语句为：

```python
self.__curSeries.setPointLabelsFormat("@yPoint")
```

如果要使数据点标签显示(X, Y)值，设置语句为：

```python
self.__curSeries.setPointLabelsFormat("(@xPoint,@yPoint)")
```

3. QValueAxis 坐标轴的设置

本例中使用 QValueAxis 类型的坐标轴，这是数值型坐标轴，与 QLineSeries 配合使用绘制一般的数据曲线。QValueAxis 类的主要接口函数如表 12-4 所示（包括从 QAbstractAxis 继承的函数），表中只列出了函数名，函数详细定义请参考 Qt 帮助文档。

表 12-4　QValueAxis 类的主要接口函数

分组	函数	功能描述
坐标轴整体	setVisible()	设置坐标轴可见性
	orientation()	返回坐标轴方向，返回值类型是枚举类型 Qt.Orientation
	setMin()	设置坐标轴最小值
	setMax()	设置坐标轴最大值
	setRange()	设置坐标轴最小、最大值表示的范围
	setReverse()	坐标轴反向
	applyNiceNumbers()	自动调整坐标轴范围和分度个数，使坐标轴看起来更美观
轴标题	setTitleVisible()	设置轴标题的可见性
	setTitleText()	设置轴标题的文字
	setTitleFont()	设置轴标题的字体
	setTitleBrush()	设置轴标题的画刷
轴标签	setLabelFormat()	设置标签格式，例如可以设置显示的小数点位数
	setLabelsAngle()	设置标签的角度，单位为度
	setLabelsBrush()	设置标签的画刷
	setLabelsColor()	设置标签文字颜色
	setLabelsFont()	设置标签文字字体
	setLabelsVisible()	设置轴标签文字是否可见
轴线和刻度线	setTickCount()	设置坐标轴主刻度的个数
	setLineVisible()	设置轴线和刻度线的可见性
	setLinePen()	设置轴线和刻度线的画笔
	setLinePenColor()	设置轴线和刻度线的颜色

续表

分组	函数	功能描述
主网格线	setGridLineColor()	设置网格线的颜色
	setGridLinePen()	设置网格线的画笔
	setGridLineVisible()	设置网格线的可见性
次刻度和次网格线	setMinorTickCount()	设置两个主刻度之间的次刻度的个数
	setMinorGridLineColor()	设置次网格线的颜色
	setMinorGridLinePen()	设置次网格线的画笔
	setMinorGridLineVisible()	设置次网格线的可见性

参看图 12-5 图表的 x 坐标轴，QValueAxis 坐标轴有以下几个组成部分。

- 轴标题：在坐标轴下方显示的文字，图中 x 轴的标题是 "time(secs)"。轴标题除了可以设置文字内容，还可以设置字体、画刷和可见性。

- 轴线和主刻度线：轴线是图中从左到右的表示坐标轴的直线，刻度线是垂直于轴线的短线，主刻度个数是 tickCount()。

- 轴刻度标签：在主刻度处显示的数值标签文字，可以控制其数值格式、文字颜色和字体等。

- 主网格线：在绘图区与主刻度对应的网格线，主网格线的条数等于 tickCount()，可以设置其颜色、线条的 pen 属性、可见性等。

- 次网格线：相邻两个主刻度之间划分的次刻度的个数是 minorTickCount()，次网格线是在绘图区与次刻度对应的网格线，可以设置次网格线的颜色、线条 pen 属性、可见性等。

图 12-10 坐标轴设置的界面

搞清楚坐标轴的这些组成部分后，对其进行属性读取或设置就只需调用相应的函数即可。图 12-10 是示例中窗口左侧 "坐标轴设置" 的界面内容，可以对坐标轴的各种属性进行设置。

在图 12-10 的界面上首先选择需要操作的坐标轴对象，两个 RadioButton 按钮的代码功能相同，选择一个坐标轴对象后，将轴对象的属性显示到界面上。

```
@pyqtSlot()        ##选择坐标轴 x
def on_radioAxisX_clicked(self):
    if (self.ui.radioAxisX.isChecked()):
        self.__curAxis=self.ui.chartView.chart().axisX()        #QValueAxis
    else:
        self.__curAxis=self.ui.chartView.chart().axisY()
##获取坐标轴的各种属性，显示到界面上
    self.ui.groupBox_Axis.setChecked(self.__curAxis.isVisible())
    self.ui.chkBoxAxisReverse.setChecked(self.__curAxis.isReverse())
    self.ui.spinAxisMin.setValue(self.__curAxis.min())
    self.ui.spinAxisMax.setValue(self.__curAxis.max())
    self.ui.editAxisTitle.setText(self.__curAxis.titleText())
    self.ui.groupBox_AxisTitle.setChecked(
                self.__curAxis.isTitleVisible())        #轴标题可见
    self.ui.editAxisLabelFormat.setText(
                self.__curAxis.labelFormat())        #标签格式
    self.ui.groupBox_AxisLabel.setChecked(
```

```
                    self.__curAxis.labelsVisible())        #标签可见
     self.ui.groupBox_GridLine.setChecked(
                    self.__curAxis.isGridLineVisible())     #网格线可见
     self.ui.groupBox_Ticks.setChecked(
                    self.__curAxis.isLineVisible())         #主刻度线可见
     self.ui.spinTickCount.setValue(self.__curAxis.tickCount())
     self.ui.spinMinorTickCount.setValue(self.__curAxis.minorTickCount())
     self.ui.groupBox_MinorGrid.setChecked(
                    self.__curAxis.isMinorGridLineVisible())  #次网格线可见

@pyqtSlot()        ##选择坐标轴 y
def on_radioAxisY_clicked(self):
     self.on_radioAxisX_clicked()
```

通过 QChart 的 axisX() 和 axisY() 函数可以获得图表关联的坐标轴对象，私有变量 self.__curAxis 用于表示当前操作的坐标轴对象。

坐标轴各种属性的设置只需调用 QValueAxis 的相应函数即可，各种接口函数可参考表 12-4。下面列出图 12-10 界面上的各个组件的功能实现槽函数代码，这些代码很简单，注释也很明了，就不再做过多解释。

```
##======3.2 坐标轴可见性和范围========
@pyqtSlot(bool)      ##坐标轴可见性
def on_groupBox_Axis_clicked(self,checked):
     self.__curAxis.setVisible(checked)

@pyqtSlot(bool)      ##坐标反向
def on_chkBoxAxisReverse_clicked(self,checked):
     self.__curAxis.setReverse(checked)

@pyqtSlot()        ##设置坐标范围
def on_btnSetAxisRange_clicked(self):
     minV=self.ui.spinAxisMin.value()
     maxV=self.ui.spinAxisMax.value()
     self.__curAxis.setRange(minV,maxV)

##========3.3 轴标题========
@pyqtSlot(bool)      ##坐标轴标题可见性
def on_groupBox_AxisTitle_clicked(self,checked):
     self.__curAxis.setTitleVisible(checked)

@pyqtSlot()        ##设置轴标题
def on_btnAxisSetTitle_clicked(self):
     self.__curAxis.setTitleText(self.ui.editAxisTitle.text())

@pyqtSlot()        ##设置轴标题的颜色
def on_btnAxisTitleColor_clicked(self):
     color=self.__curAxis.titleBrush().color()
     color=QColorDialog.getColor(color)
     if color.isValid():
        self.__curAxis.setTitleBrush(QBrush(color))

@pyqtSlot()        ##设置轴标题的字体
def on_btnAxisTitleFont_clicked(self):
     iniFont=self.__curAxis.titleFont()
     font,ok=QFontDialog.getFont(iniFont)
     if ok:
        self.__curAxis.setTitleFont(font)

##======3.4 轴刻度标签========
```

```
@pyqtSlot(bool)      ##可见性
def on_groupBox_AxisLabel_clicked(self,checked):
    self.__curAxis.setLabelsVisible(checked)

@pyqtSlot()      ##设置标签格式
def on_btnAxisLabelFormat_clicked(self):
    strFormat=self.ui.editAxisLabelFormat.text()
    self.__curAxis.setLabelFormat(strFormat)

@pyqtSlot()      ##设置标签文字颜色
def on_btnAxisLabelColor_clicked(self):
    color=self.__curAxis.labelsColor()
    color=QColorDialog.getColor(color)
    if color.isValid():
        self.__curAxis.setLabelsColor(color)

@pyqtSlot()      ##设置标签字体
def on_btnAxisLabelFont_clicked(self):
    iniFont=self.__curAxis.labelsFont()
    font,ok=QFontDialog.getFont(iniFont)
    if ok:
        self.__curAxis.setLabelsFont(font)


##======3.5  轴线和主刻度=========
@pyqtSlot(bool)      ##可见性
def on_groupBox_Ticks_clicked(self,checked):
    self.__curAxis.setLineVisible(checked)

@pyqtSlot(int)      ##主刻度个数
def on_spinTickCount_valueChanged(self,arg1):
    self.__curAxis.setTickCount(arg1)

@pyqtSlot()      ##设置线条 Pen
def on_btnAxisLinePen_clicked(self):
    iniPen=self.__curAxis.linePen()
    pen,ok=QmyDialogPen.staticGetPen(iniPen)
    if ok:
        self.__curAxis.setLinePen(pen)

@pyqtSlot()      ##设置线条颜色
def on_btnAxisLinePenColor_clicked(self):
    color=self.__curAxis.linePenColor()
    color=QColorDialog.getColor(color)
    if color.isValid():
        self.__curAxis.setLinePenColor(color)


##======3.6  主网格线=========
@pyqtSlot(bool)      ##可见性
def on_groupBox_GridLine_clicked(self,checked):
    self.__curAxis.setGridLineVisible(checked)

@pyqtSlot()      ##设置线条 Pen
def on_btnGridLinePen_clicked(self):
    iniPen=self.__curAxis.gridLinePen()
    pen,ok=QmyDialogPen.staticGetPen(iniPen)
    if ok:
        self.__curAxis.setGridLinePen(pen)

@pyqtSlot()      ##设置线条颜色
def on_btnGridLineColor_clicked(self):
    color=self.__curAxis.gridLineColor()
    color=QColorDialog.getColor(color)
```

```
        if color.isValid():
            self.__curAxis.setGridLineColor(color)

##======3.7 次网格线========
@pyqtSlot(bool)      ##可见性
def on_groupBox_MinorGrid_clicked(self,checked):
    self.__curAxis.setMinorGridLineVisible(checked)

@pyqtSlot(int)      ##次刻度个数
def on_spinMinorTickCount_valueChanged(self,arg1):
    self.__curAxis.setMinorTickCount(arg1)

@pyqtSlot()      ##设置线条 Pen
def on_btnMinorPen_clicked(self):
    iniPen=self.__curAxis.minorGridLinePen()
    pen,ok=QmyDialogPen.staticGetPen(iniPen)
    if ok:
        self.__curAxis.setMinorGridLinePen(pen)

@pyqtSlot()      ##设置线条颜色
def on_btnMinorColor_clicked(self):
    color=self.__curAxis.minorGridLineColor()
    color=QColorDialog.getColor(color)
    if color.isValid():
        self.__curAxis.setMinorGridLineColor(color)
```

在本章后面的示例中涉及 QChart、序列和坐标轴的一些基本设置时一般就不再列出代码，参考本节示例代码即可。

12.3 QChart 绘图高级功能

12.3.1 功能概述

前面两节对于用 QLineSeries 序列绘制折线图已经做了比较深入的介绍，本节再通过一个示例 Demo12_3 介绍绘制图表的一些高级和实用功能的实现。示例 Demo12_3 运行时界面如图 12-11 所示，这个示例涉及如下的内容。

（1）使用 QScatterSeries 绘制散点图，图 12-11 中有两个散点序列，就是两条曲线上的数据点。

（2）使用 QSplineSeries 序列绘制光滑曲线。在图 12-11 中两条曲线的数据点比较少，用 QLineSeries 绘制的折线图只是将相邻两个点用直线连接起来，而 QSplineSeries 类能根据数据点的分布自动插值计算形成比较光滑的曲线。

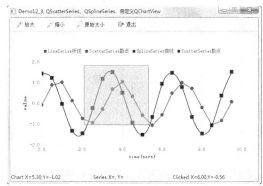

图 12-11 示例 Demo12_3 运行时界面

（3）自定义了一个从 QChartView 继承的类 QmyChartView 用作图表的视图组件，在 QmyChartView 中实现了鼠标、按键事件的处理，能够在鼠标移动时发射信号 mouseMove()，鼠标框选一个矩形区域时放大显示此区域，通过按键进行图表缩放和移动操作。

（4）4 个序列利用了 hovered()和 clicked()信号，这两个信号里的参数带有序列上点的坐标信息，可以直接用于显示。

12.3.2　自定义类 QmyChartView

QChart 和 QChartView 是基于 Graphics View 结构的绘图类，要对一个 QChart 图表进行鼠标和按键操作，需要在 QChartView 类里对鼠标和按键事件进行处理，这就需要自定义一个从 QChartView 继承的类，这与示例 Demo8_5 中从 QGraphicsView 继承一个自定义图形视图类并实现鼠标和按键操作的原理类似。

自定义一个类 QmyChartView，它从 QChartView 继承而来，对需要处理的鼠标和按键事件进行处理。myChartView.py 文件的完整代码如下：

```python
from PyQt5.QtWidgets import  QGraphicsView
from PyQt5.QtCore import  pyqtSignal,QPoint,Qt, QRectF
from PyQt5.QtGui import   QMouseEvent,QKeyEvent
from PyQt5.QtChart import QChartView

class QmyChartView(QChartView):
   mouseMove = pyqtSignal(QPoint)     ##鼠标移动信号
   def __init__(self, parent=None):
      super().__init__(parent)
      self.setDragMode(QGraphicsView.RubberBandDrag)
      self.__beginPoint=QPoint()       #矩形框选的起点
      self.__endPoint=QPoint()         #矩形框选的终点

##==========事件处理函数============
   def mousePressEvent(self,event):         ##鼠标单击
      if event.button()==Qt.LeftButton :
         self.__beginPoint=event.pos()      #记录起点
      super().mousePressEvent(event)

   def mouseMoveEvent(self,event):       ##鼠标移动
      point=event.pos()
      self.mouseMove.emit(point)         #发射信号
      super().mouseMoveEvent(event)

   def mouseReleaseEvent(self,event): ##鼠标框选放大，右键恢复
      if event.button()==Qt.LeftButton:
         self.__endPoint=event.pos()
         rectF=QRectF()
         rectF.setTopLeft(self.__beginPoint)
         rectF.setBottomRight(self.__endPoint)
         self.chart().zoomIn(rectF)        #矩形区域放大
      elif event.button()==Qt.RightButton:
         self.chart().zoomReset()          #鼠标右键释放，resetZoom
      super().mouseReleaseEvent(event)

   def keyPressEvent(self,event):          ##按键操作
      key=event.key()
      if key==Qt.Key_Plus:
         self.chart().zoom(1.2)
      elif key==Qt.Key_Minus:
         self.chart().zoom(0.8)
      elif key==Qt.Key_Left:
         self.chart().scroll(10,0)
```

```
    elif key==Qt.Key_Right:
        self.chart().scroll(-10,0)
    elif key==Qt.Key_Up:
        self.chart().scroll(0,-10)
    elif key==Qt.Key_Down:
        self.chart().scroll(0,10)
    elif key==Qt.Key_PageUp:
        self.chart().scroll(0,-50)
    elif key==Qt.Key_PageDown:
        self.chart().scroll(0,50)
    elif key==Qt.Key_Home:
        self.chart().zoomReset()
    super().keyPressEvent(event)
```

在 QmyChartView 的构造函数里调用了 QChartView.setDragMode()函数将视图组件鼠标拖动选择方式设置为"橡皮框"形式，即

```
self.setDragMode(QGraphicsView.RubberBandDrag)
```

这样，在图表上按下鼠标左键框选时，随着鼠标拖动会显示一个矩形选择框。

QmyChartView 重定义了鼠标的 3 个事件函数和键盘按键事件的函数，定义了一个信号 mouseMove(QPoint)，在 mouseMoveEvent()事件里发射此信号并传递鼠标光标处的屏幕坐标，用于在主窗口里实现鼠标在图表上移动时显示当前位置的坐标。

mousePressEvent(event)是在鼠标左键或右键按下时触发的事件函数，在程序里先判断是否是鼠标左键按下，如果是鼠标左键按下，就用变量 self.__beginPoint 记录鼠标在视图组件中的位置。

mouseReleaseEvent(event)是在鼠标左键或右键释放时触发的事件函数，若是鼠标左键释放，则用变量 self.__endPoint 记录鼠标位置坐标。self.__beginPoint 和 self.__endPoint 就定义了鼠标框选的矩形区域，用关联的 QChart 组件的 zoomIn(QRectF)函数对这个矩形区域进行放大。

mouseMoveEvent(event)是鼠标在图表上移动时触发的事件函数，通过 event.pos()获取鼠标在视图组件中的坐标 point，然后发射信号 mouseMove(point)。在使用 QmyChartView 类组件的主窗口里，可以定义槽函数与此信号关联，通过传递的参数将视图坐标变换为图表的坐标，从而实现鼠标光标处的坐标数值实时显示。

keyPressEvent(event)是键盘按键按下时触发的事件函数，从 event.key()可以获得按下按键的名称，判断按键然后做出缩放、移动等操作。

QChart 有以下几个用于缩放和移动的函数。

- zoom(factor)函数：对图表整个显示区的内容进行缩放，float 型参数 factor 大于 1 表示放大，小于 1 表示缩小，缩放后坐标轴的范围会自动变化。
- zoomIn()函数：放大图表，放大因子为 2。
- zoomOut()函数：缩小图表，缩小因子为 2。
- zoomIn(rect)函数：参数 rect 是 QRectF 类型对象，表示一个矩形框，此函数的功能是放大显示 rect 表示的矩形区域。
- zoomReset()函数：取消所有缩放变化，恢复图表原始的大小。
- scroll(dx, dy)函数：参数 dx 和 dy 都是 float 型，表示平移的像素值。

12.3.3　主窗口可视化设计

示例 Demo12_3 的主窗口界面文件是 MainWindow.ui，Python 中对应的业务逻辑类是 QmyMainWindow。图 12-11 窗口的主工作区是一个 QmyChartView 组件，可以在 QmyMainWindow 类的构造函数里用代码创建此组件并填充整个工作区。

设计好的 MainWindow.ui 的窗体界面如图 12-12 所示，创建了几个 Action，然后设计工具栏，主工作区空着用于在代码里创建 QmyChartView 对象实例。

图 12-12　示例 Demo12_3 的
MainWindow.ui 可视化设计结果

12.3.4　绘图功能的实现

1. 构造函数的内容

在 QmyMainWindow 类的构造函数里就完成图表的构造。myMainWindow.py 文件的 import 部分、QmyMainWindow 类的构造函数和部分相关函数的代码如下：

```python
import sys, math,random
from PyQt5.QtWidgets import  QApplication, QMainWindow,QWidget, QLabel
from PyQt5.QtCore import  Qt,pyqtSlot
from PyQt5.QtGui import QPen,QPainter,QBrush,QColor
from PyQt5.QtChart import (QChart,QLineSeries,QSplineSeries,
                          QScatterSeries,QValueAxis,QLegendMarker)

from ui_MainWindow import Ui_MainWindow
from myChartView import QmyChartView
class QmyMainWindow(QMainWindow):
    def __init__(self, parent=None):
        super().__init__(parent)
        self.ui=Ui_MainWindow()
        self.ui.setupUi(self)
        self.__buildStatusBar()        #创建状态栏 QLabel 组件

        self.chartView = QmyChartView(self)
        self.chartView.setRenderHint(QPainter.Antialiasing)
        self.chartView.setCursor(Qt.CrossCursor)     #鼠标指针为十字星
        self.setCentralWidget(self.chartView)        #填充整个工作区
        self.chartView.mouseMove.connect(self.do_chartView_mouseMove)
        self.__createChart()       #创建图表
        self.__prepareData()       #为序列设置数据

    def __buildStatusBar(self):       ##构造状态栏
        self.__labChartXY = QLabel("Chart X=,   Y=  ")       #图表坐标
        self.__labChartXY.setMinimumWidth(200)
        self.ui.statusBar.addWidget(self.__labChartXY)
        self.__labHoverXY = QLabel("Hovered X=,   Y= ")      #序列 hover 点坐标
        self.__labHoverXY.setMinimumWidth(200)
        self.ui.statusBar.addWidget(self.__labHoverXY)
        self.__labClickXY = QLabel("Clicked X=,   Y=  ")     #序列 click 点坐标
        self.__labClickXY.setMinimumWidth(200)
        self.ui.statusBar.addWidget(self.__labClickXY)

    def do_chartView_mouseMove(self,point):     ##鼠标移动
        pt=self.chartView.chart().mapToValue(point)      #转换为图表的数值
        hint="Chart X=%.2f,Y=%.2f"%(pt.x(),pt.y())
        self.__labChartXY.setText(hint)       #状态栏显示
```

构造函数里创建了 QmyChartView 类对象 self.chartView，还为其 mouseMove()信号关联了自定义槽函数 do_chartView_mouseMove()。在这个槽函数里，参数 point 是图表上的像素坐标，通过 self.chartView.chart()可以访问图表视图关联的 QChart 对象，并用 QChart.mapToValue()函数将像素坐标变换为图表的数据坐标。

2. 创建图表

构造函数里调用了函数__createChart()创建图表，此函数代码如下：

```python
def __createChart(self):      ##创建图表
    chart = QChart()          #创建 chart
    chart.legend().setVisible(True)
    self.chartView.setChart(chart)      #chart 添加到 chartView

    pen=QPen()
    pen.setWidth(2)
##======== LineSeries 折线和 ScatterSeries 散点
    seriesLine = QLineSeries()
    seriesLine.setName("LineSeries 折线")
    seriesLine.setPointsVisible(False)      #数据点不可见
    pen.setColor(Qt.red)
    seriesLine.setPen(pen)
    seriesLine.hovered.connect(self.do_series_hovered)      #信号 hovered
    seriesLine.clicked.connect(self.do_series_clicked)      #信号 clicked
    chart.addSeries(seriesLine)      #添加到 chart

    seriesLinePoint = QScatterSeries()      #散点序列
    seriesLinePoint.setName("ScatterSeries 散点")
    shape=QScatterSeries.MarkerShapeCircle      #MarkerShapeRectangle
    seriesLinePoint.setMarkerShape(shape)      #散点形状，只有 2 种
    seriesLinePoint.setBorderColor(Qt.yellow)
    seriesLinePoint.setBrush(QBrush(Qt.red))
    seriesLinePoint.setMarkerSize(10)      #散点大小
    seriesLinePoint.hovered.connect(self.do_series_hovered)
    seriesLinePoint.clicked.connect(self.do_series_clicked)
    chart.addSeries(seriesLinePoint)      #添加到 chart

##======== SplineSeries 曲线和 ScatterSeries 散点
    seriesSpLine = QSplineSeries()
    seriesSpLine.setName("SplineSeries 曲线")
    seriesSpLine.setPointsVisible(False)      #数据点不可见
    pen.setColor(Qt.blue)
    seriesSpLine.setPen(pen)
    seriesSpLine.hovered.connect(self.do_series_hovered)      #信号 hovered
    seriesSpLine.clicked.connect(self.do_series_clicked)      #信号 clicked
    chart.addSeries(seriesSpLine)      #添加到 chart

    seriesSpPoint = QScatterSeries()      #散点序列
    seriesSpPoint.setName("ScatterSeries 散点")
    shape=QScatterSeries.MarkerShapeRectangle      #MarkerShapeCircle
    seriesSpPoint.setMarkerShape(shape)      #散点形状，只有 2 种
    seriesSpPoint.setBorderColor(Qt.green)
    seriesSpPoint.setBrush(QBrush(Qt.blue))
    seriesSpPoint.setMarkerSize(10)      #散点大小
    seriesSpPoint.hovered.connect(self.do_series_hovered)      #信号 hovered
    seriesSpPoint.clicked.connect(self.do_series_clicked)      #信号 clicked
    chart.addSeries(seriesSpPoint)      #添加到 chart
```

```
##创建默认坐标轴
    chart.createDefaultAxes()        #创建默认坐标轴
    chart.axisX().setTitleText("time(secs)")
    chart.axisX().setRange(0,10)
    chart.axisX().applyNiceNumbers()
    chart.axisY().setTitleText("value")
    chart.axisY().setRange(-2,2)
    chart.axisY().applyNiceNumbers()

    for marker in chart.legend().markers():      #QLegendMarker 类型列表
        marker.clicked.connect(self.do_LegendMarkerClicked)
```

这段代码创建了 QChart 对象、4 个序列和默认的坐标轴，并为序列的 hovered()和 clicked()信号关联了槽函数，为图例标记（QLegendMarker 类型）的 clicked()信号关联了槽函数。

（1）QScatterSeries 序列

QScatterSeries 是显示散点的序列，它的接口函数可以设置散点的形状、大小、填充颜色和边框颜色。 QScatterSeries.setMarkerShape(shape)用于设置散点形状，参数 shape 是枚举类型 QScatterSeries.MarkerShape，只有以下两种取值：

- QScatterSeries.MarkerShapeCircle（圆形散点）；
- QScatterSeries.MarkerShapeRectangle（方形散点）。

虽然只有两种散点形状，但是可以通过填充颜色、边框颜色等构成多种不同的散点，也可以通过 Graphics View 结构的绘图功能自定义散点形状。

（2）QSplineSeries 序列

QSplineSeries 的父类是 QLineSeries，其接口函数与 QLineSeries 完全相同，只是绘制曲线的方式不同。QLineSeries 是将相邻数据点用直线连接，而 QSplineSeries 根据数据点做了插值，使曲线变得光滑。

（3）hovered()信号和 clicked()信号

QSplineSeries、QLineSeries 和 QScatterSeries 这 3 个类都是从 QXYSeries 继承来的，在 QXYSeries 类中定义了以下两个比较有用的信号。

- 信号 hovered(point, state)在鼠标移动到序列上或离开序列时发射。QPointF 类型的参数 point 就是序列上的点的数据坐标，bool 型参数 state 表示是进入（True）或是离开（False）。
- 信号 clicked(point)在单击序列上的点时发射，QPointF 类型的参数 point 就是序列上的点的数据坐标。

4 个序列的这两个信号都与相应的槽函数关联，用于在状态栏上显示序列上的点坐标信息，这两个自定义槽函数的代码如下：

```
def do_series_hovered(self,point,state):       ##序列的 hovered 信号
    if state:
        hint="Hovered X=%.2f,Y=%.2f"%(point.x(),point.y())
        self.__labHoverXY.setText(hint)
    else:
        self.__labHoverXY.setText("Series X=, Y=")

def do_series_clicked(self,point):      ##序列的 clicked 信号
    hint="Clicked X=%.2f,Y=%.2f"%(point.x(),point.y())
    self.__labClickXY.setText(hint)
```

（4）创建默认坐标轴

QChart.createDefaultAxes()函数用于创建默认的坐标轴，创建的默认坐标轴会自动与已经添加的序列关联，这与前面两个示例创建坐标轴的方式不同。创建的默认坐标轴可以通过 QChart 的 axisX()和 axisY()访问，仍然可以设置坐标轴的范围、标题等属性。

因为序列是基于数据点的，所以创建的默认坐标轴是 QValueAxis，这里还调用了 QValueAxis.apply-NiceNumbers()函数自动调整坐标轴范围和分度个数，以使得坐标轴看起来更美观。

（5）QLegendMarker 的使用

函数__createChart()的最后两行代码是：

```
for marker in chart.legend().markers():
    marker.clicked.connect(self.do_LegendMarkerClicked)
```

图表添加序列后会自动创建图例，QLegend.markers()函数返回的是一个列表，列表元素是 QLegendMarker 类型的对象。QLegendMarker 对象就是图例上与每个序列关联的小色块和文字，QLegendMarker 的接口函数可以控制图例上的显示效果。QLegendMarker 类的主要接口函数如表 12-5 所示，表中只列出了函数名，函数的详细定义请参考 Qt 帮助文档。

表 12-5　QLegendMarker 类的主要接口函数

函数	功能描述
setVisible()	设置图例标记的可见性
setLabel()	设置标签，即图例中的序列的名称
setFont()	设置标签的字体
series()	返回关联的序列
type()	返回图例标记的类型，返回值类型是枚举类型 QLegendMarker.LegendMarkerType

QLegendMarker.type()函数返回图例标记的类型,其返回值是枚举类型 QLegendMarker.Legend-MarkerType，此枚举类型的取值与序列类型的关系如表 12-6 所示（表中表示枚举类型及其取值时省略了前缀 "QLegendMarker."）

表 12-6　枚举类型 LegendMarkerType 的取值与序列类型的关系

LegendMarkerType 枚举类型取值	对应的序列类
LegendMarkerTypeArea	QAreaSeries
LegendMarkerTypeBar	QBarSeries 和 QHorizontalBarSeries
	QStackedBarSeries 和 QHorizontalStackedBarSeries
	QPercentBarSeries 和 QHorizontalPercentBarSeries
LegendMarkerTypePie	QPieSeries
LegendMarkerTypeXY	QLineSeries、QSplineSeries 和 QScatterSeries
LegendMarkerTypeBoxPlot	QBoxPlotSeries
LegendMarkerTypeCandlestick	QCandlestickSeries

函数__createChart()的最后两行代码是将每个 QLegendMarker 对象的 clicked()信号与自定义槽函数 do_LegendMarkerClicked()关联，此槽函数的代码如下：

```
def do_LegendMarkerClicked(self):    ##点击图例小方块
    marker =self.sender()             #QLegendMarker 类型
    if (marker.type() != QLegendMarker.LegendMarkerTypeXY):
        return
    marker.series().setVisible(not marker.series().isVisible())
    marker.setVisible(True)
```

```
alpha = 1.0
if not marker.series().isVisible():
    alpha = 0.5

brush = marker.labelBrush()        #QBrush
color = brush.color()              #QColor
color.setAlphaF(alpha)
brush.setColor(color)
marker.setLabelBrush(brush)

brush = marker.brush()
color = brush.color()
color.setAlphaF(alpha)
brush.setColor(color)
marker.setBrush(brush)

pen = marker.pen()        #QPen
color = pen.color()
color.setAlphaF(alpha)
pen.setColor(color)
marker.setPen(pen)
```

程序里通过 QObject.sender()函数获得信号的发射者 marker，也就是图例上被点击的 QLegendMarker 对象。程序的功能是将 marker 关联的序列显示或隐藏，但是 marker 总是设置为显示。这样，图例上的 QLegendMarker 对象就可以当作一个 QCheckBox 组件来使用，控制序列的显示或隐藏。

3. 填充数据

构造函数还调用函数__prepareData()为图表中的序列设置数据，此函数代码如下：

```
def __prepareData(self):       ##为序列设置数据
    series0=self.chartView.chart().series()[0]     #QLineSeries
    series1=self.chartView.chart().series()[1]     #QScatterSeries
    series2=self.chartView.chart().series()[2]     #QSplineSeries
    series3=self.chartView.chart().series()[3]     #QScatterSeries
    series0.clear()
    series1.clear()
    series2.clear()
    series3.clear()

    t=0
    intv=0.5
    pointCount=20      #数据点个数较少
    for i in range(pointCount):
        rd=random.randint(-5,5)        #随机数，-5~+5
        y1=math.sin(2*t)+rd/50.0
        series0.append(t,y1)          #QLineSeries
        series1.append(t,y1)          #QScatterSeries

        rd=random.randint(-5,5)       #随机数，－5~+5
        y2=1.5*math.sin(2*t+20)+rd/50.0
        series2.append(t,y2)          #QSplineSeries
        series3.append(t,y2)          #QScatterSeries
        t=t+intv
```

为序列填充数据时，特意用了比较少的数据点，以体现出 QLineSeries 和 QSplineSeries 绘制曲线的差别。

4. 工具栏上缩放按钮的功能实现

鼠标框选和放大显示矩形区域里的图表内容，单击鼠标右键恢复原始大小，用键盘按键进行缩放操作，这些功能都是在 QmyChartView 类里实现的。

工具栏上的几个缩放按钮由几个 Action 创建，它们的槽函数代码如下：

```python
@pyqtSlot()       ##放大
def on_actZoomIn_triggered(self):
    self.chartView.chart().zoom(1.2)

@pyqtSlot()       ##缩小
def on_actZoomOut_triggered(self):
    self.chartView.chart().zoom(0.8)

@pyqtSlot()       ##复位原始大小
def on_actZoomReset_triggered(self):
    self.chartView.chart().zoomReset()
```

本节设计的类 QmyChartView 在用鼠标进行缩放操作时非常方便，在后面的示例里还将会用到。

12.4 对数坐标轴和多坐标轴

12.4.1 功能概述

本节通过示例 Demo12_4 演示如何使用对数坐标轴 QLogValueAxis，以及如何在一个图表中附加左、右两个坐标轴，两个序列的纵轴分别使用左轴和右轴，但是共用底部的横轴。示例运行时界面如图 12-13 所示。

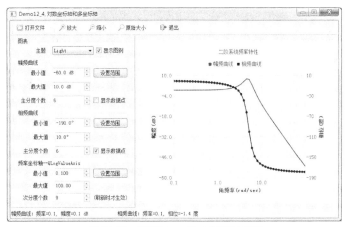

图 12-13 示例 Demo12_4 运行时界面

图 12-13 的图表是根据载入数据文件里的频率（frequency）、幅度（magnitude）和相位（phase）数据绘制的幅频曲线和相频曲线，信息类专业的读者对此图应该是比较熟悉的。显示了数据点的曲线是相频曲线，未显示数据点的曲线是幅频曲线。

幅频曲线的横坐标是频率，纵坐标是幅度数据，幅度一般以分贝（dB）为单位。相频曲线的横坐标是频率，纵坐标是相位，相位以度（degree）为单位。幅频曲线和相频曲线的频率点是相同的，频率一般使用角频率（rad/sec）。

绘制幅频曲线和相频曲线时，频率轴一般使用对数坐标。对数坐标轴可以拉宽低频，压缩高频，这样绘制的曲线的低频特征更突出。

在图 12-13 的图表中，底部的坐标轴使用了对数坐标轴 QLogValueAxis，左侧和右侧各附加一个 QValueAxis 坐标轴，左轴是幅频曲线的纵轴，右轴是相频曲线的纵轴。

图 12-13 的窗口左侧的面板里可以对图表、序列和坐标轴做一些简单的设置。右侧的图表使用了自定义的图表视图类 QmyChartView，将示例 Demo12_3 目录下的文件 myChartView.py 复制到本示例目录下即可。

12.4.2　主窗口可视化设计

在图 12-13 的窗口中使用 Python 中的自定义类 QmyChartView 作为图表视图组件。在示例 Demo12_3 中是在 QmyMainWindow 类中用代码创建 QmyChartView 对象实例，当 UI 比较复杂时可能有些麻烦，因为涉及布局的创建。

实际上，在可视化设计 MainWindow.ui 时可以放置一个 QGraphicsView 组件，然后将其提升为 QmyChartView 类。组件提升对话框如图 12-14 所示。在图 12-14 中，提升类的名称设置为 QmyChartView，头文件修改为 myChartView，因为 QmyChartView 是在 myChartView.py 文件中定义的。

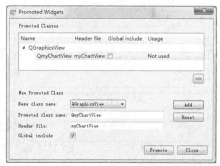

图 12-14　可视化设计 UI 时将 QGraphicsView
提升为 QmyChartView

MainWindow.ui 文件编译后生成文件 ui_MainWindow.py，这个文件倒数第二行的 import 语句是：

```
from myChartView import QmyChartView
```

这个语句是没有问题的，无须修改，因为 QmyChartView 是在文件 myChartView.py 里自定义的 Python 类，但需要保证 myChartView.py 与项目的其他 Python 源程序文件在同一个目录下。

12.4.3　界面和图表初始化

在窗体业务逻辑类 QmyMainWindow 的构造函数里完善窗体界面，并进行绘图系统的初始化，构造函数及部分相关代码如下：

```
import sys
from PyQt5.QtWidgets import (QApplication, QMainWindow, QWidget,
                             QLabel, QFileDialog)
from PyQt5.QtCore import  Qt,pyqtSlot,QDir,QFileInfo
from PyQt5.QtGui import QPen,QPainter,QBrush,QColor
from PyQt5.QtChart import (QChart, QLineSeries, QValueAxis,
                           QLegendMarker, QLogValueAxis)

from ui_MainWindow import Ui_MainWindow
class QmyMainWindow(QMainWindow):
    def __init__(self, parent=None):
        super().__init__(parent)
        self.ui=Ui_MainWindow()
        self.ui.setupUi(self)
```

```
        self.__buildStatusBar()
        self.ui.frameSetup.setEnabled(False)        #禁用控制面板
        self.ui.chartView.setRenderHint(QPainter.Antialiasing)
        self.chartView.setCursor(Qt.CrossCursor)
        self.__iniChart()        #创建 self.chart

    def __buildStatusBar(self):        ##创建状态栏上的对象
        self.__labMagXY = QLabel("幅频曲线，")
        self.__labMagXY.setMinimumWidth(250)
        self.ui.statusBar.addWidget(self.__labMagXY)
        self.__labPhaseXY = QLabel("相频曲线，")
        self.__labPhaseXY.setMinimumWidth(250)
        self.ui.statusBar.addWidget(self.__labPhaseXY)

    def __iniChart(self):        ##图表初始化
        self.chart = QChart()        #创建 chart
        self.chart.setTitle("二阶系统频率特性")
        self.chart.legend().setVisible(True)
        self.ui.chartView.setChart(self.chart)        #chart 添加到 chartView
## bottom 轴是 QLogValueAxis
        self.__axisFreq = QLogValueAxis()
        self.__axisFreq.setLabelFormat("%.1f")        #标签格式
        self.__axisFreq.setTitleText("角频率(rad/sec)")
        self.__axisFreq.setRange(0.1,100)
        self.__axisFreq.setMinorTickCount(9)
        self.chart.addAxis(self.__axisFreq,Qt.AlignBottom)
## left 轴是 QValueAxis
        self.__axisMag = QValueAxis()
        self.__axisMag.setTitleText("幅度(dB)")
        self.__axisMag.setRange(-40, 10)
        self.__axisMag.setTickCount(6)
        self.__axisMag.setLabelFormat("%.1f")        #标签格式
        self.chart.addAxis(self.__axisMag,Qt.AlignLeft)
## right 轴是 QValueAxis
        self.__axisPhase = QValueAxis()
        self.__axisPhase.setTitleText("相位(度)")
        self.__axisPhase.setRange(-200,0)
        self.__axisPhase.setTickCount(6)
        self.__axisPhase.setLabelFormat("%.0f")        #标签格式
        self.chart.addAxis(self.__axisPhase,Qt.AlignRight)
```

函数__iniChart()用于图表初始化，它创建了 QChart 对象 self.chart，创建了 3 个坐标轴，但是没有创建序列。

self.__axisFreq 是 QLogValueAxis 类对象，是对数坐标轴。QLogValueAxis 不能设置主分度数，也就是 setTickCount()的设置是无效的，对数坐标的主分度就是在 10^n 数值处，如 0.1、1、10、100 等。

QChart 类的函数 addAxis(axis, alignment)添加坐标轴 axis 到图表时，参数 alignment 表示坐标轴的位置。程序中创建并添加了 3 个坐标轴：

```
self.chart.addAxis(self.__axisFreq,    Qt.AlignBottom)
self.chart.addAxis(self.__axisMag,     Qt.AlignLeft)
self.chart.addAxis(self.__axisPhase,   Qt.AlignRight)
```

12.4.4　载入数据文件并绘制曲线

项目 Demo12_4 的子目录 "\freqData" 下有已经生成的用于绘制幅频曲线和相频曲线的数据

文件，如 freqDataWn.txt。该目录下还有一个文件 generateData.m，这是生成数据的 MATLAB 程序文件，懂 MATLAB 和波特（Bode）图分析的读者可以自己修改此程序里的参数生成新的数据。

文件 freqDataWn.txt 里有 3 列数据，其中第 1 列是频率，第 2 列是幅度，第 3 列是相位。

点击主窗口工具栏上的"打开文件"按钮，选择一个数据文件，程序会读取文件内容并绘制曲线。"打开文件"按钮的关联槽函数代码如下：

```
@pyqtSlot()       ##"打开文件"按钮
def on_actOpen_triggered(self):
    curPath=QDir.currentPath()
    filename,flt=QFileDialog.getOpenFileName(self,"打开一个文件",curPath,
            "频率响应数据文件(*.txt);;所有文件(*.*)")
    if (filename==""):
        return

    aFile=open(filename,'r')
    allLines=aFile.readlines()        #读取所有行，list 类型，每行末尾带有\n
    aFile.close()
    fileInfo=QFileInfo(filename)
    QDir.setCurrent(fileInfo.absolutePath())

    self.__loadData(allLines)         #解析数据
    self.__drawBode()                 #绘制幅频曲线和相频曲线
    self.ui.frameSetup.setEnabled(True)

def __loadData(self,allLines):        ##从字符串列表读取数据
    rowCnt=len(allLines)              #文本行数
    self.__vectW=[0]*rowCnt
    self.__vectMag=[0]*rowCnt
    self.__VectPhase=[0]*rowCnt
    for i in range(rowCnt):
        lineText=allLines[i].strip()       #一行的文字，必须去掉末尾的\n
        strList=lineText.split()           #分割为字符串列表
        self.__vectW[i]=float(strList[0])          #频率
        self.__vectMag[i]=float(strList[1])        #幅度
        self.__VectPhase[i]=float(strList[2])      #相位
```

选择文件后，将文件内容全部读取到一个字符串列表变量 allLines 里，然后调用自定义函数 __loadData(allLines)解析文件内容，将 3 列数据分别存储到 3 个数值型列表变量里。这种读取数据文件并解析数据的方法可参考 4.4 节的详细介绍。

按钮的槽函数还调用自定义函数 __drawBode()绘图，此函数的代码如下：

```
def __drawBode(self):          ##绘制幅频曲线和相频曲线
    self.chart.removeAllSeries()     #删除所有序列
## 创建序列
    pen=QPen(Qt.red)
    pen.setWidth(2)
    seriesMag = QLineSeries()           #幅频曲线序列
    seriesMag.setName("幅频曲线")
    seriesMag.setPen(pen)
    seriesMag.setPointsVisible(False)
    seriesMag.hovered.connect(self.do_seriesMag_hovered)

    seriesPhase = QLineSeries()         #相频曲线序列
    pen.setColor(Qt.blue)
    seriesPhase.setName("相频曲线")
    seriesPhase.setPen(pen)
    seriesPhase.setPointsVisible(True)
```

```
      seriesPhase.hovered.connect(self.do_seriesPhase_hovered)
##  为序列添加数据点
      count=len(self.__vectW)           #数据点个数
      for i in range(count):
          seriesMag.append(self.__vectW[i],self.__vectMag[i])
          seriesPhase.append(self.__vectW[i],self.__VectPhase[i])
##设置坐标轴范围
      minMag=min(self.__vectMag)
      maxMag=max(self.__vectMag)
      minPh=min(self.__VectPhase)
      maxPh=max(self.__VectPhase)
      self.__axisMag.setRange(minMag,maxMag)
      self.__axisPhase.setRange(minPh,maxPh)
##序列添加到 chart，并指定坐标轴
      self.chart.addSeries(seriesMag)
      seriesMag.attachAxis(self.__axisFreq)
      seriesMag.attachAxis(self.__axisMag)
      self.chart.addSeries(seriesPhase)
      seriesPhase.attachAxis(self.__axisFreq)
      seriesPhase.attachAxis(self.__axisMag)
      for marker in self.chart.legend().markers():
          marker.clicked.connect(self.do_LegendMarkerClicked)

  def do_seriesMag_hovered(self,point,state):      ##关联幅频曲线 hovered 信号
      if state:
          hint="幅频曲线：频率=%.1f, 幅度=%.1f dB"%(point.x(),point.y())
          self.__labMagXY.setText(hint)

  def do_seriesPhase_hovered(self,point,state):    ##关联相频曲线 hovered 信号
      if state:
          hint="相频曲线：频率=%.1f, 相位=%.1f 度"%(point.x(),point.y())
          self.__labPhaseXY.setText(hint)
```

这段代码先删除 self.chart 图表里的所有序列，然后创建了两个 QLineSeries 序列用于绘制幅频曲线和相频曲线。

在用 attachAxis()函数为序列附加坐标轴时，两个序列附加了不同的坐标轴。幅频曲线序列 seriesMag 附加了底部的坐标轴 self.__axisFreq 和左侧的坐标轴 self.__axisMag，相频曲线序列 seriesPhase 附加了底部的坐标轴 self.__axisFreq 和右侧的坐标轴 self.__axisPhase。这样，两条曲线就在一个图上显示了，但是使用了不同的纵坐标轴。

实际绘制波特图（幅频曲线和相频曲线合起来叫作波特图）时，幅频曲线和相频曲线一般是用上下两个图表示的，这里只是为了功能演示将它们放在了一个图里。

这段程序里还为序列的 hovered()信号关联了槽函数，为图例标记关联了槽函数。图例标记关联的槽函数 do_LegendMarkerClicked()与示例 Demo12_3 的完全相同，就不再列出其代码了。

主窗口左侧控制面板的功能实现在示例 Demo12_2 里都有过介绍，这些功能的实现代码也不再列出来了，查看示例源程序即可。

12.5 饼图和各种柱状图

12.5.1 功能概述

饼图和柱状图是常用的数据分析和统计图表，PyQtChart 模块提供了以下绘制这些图表的序列类。

- QBarSeries 和 QHorizontalBarSeries：用于绘制柱状图和水平柱状图的序列类。
- QStackedBarSeries 和 QHorizontalStackedBarSeries：用于绘制堆叠柱状图和水平堆叠柱状图的序列类。
- QPercentBarSeries 和 QHorizontalPercentBarSeries：用于绘制百分比柱状图和水平百分比柱状图的序列类。
- QPieSeries：用于绘制饼图的序列类。

其中，各个柱状图序列类都是从 QAbstractBarSeries 类继承的，而 QPieSeries 的父类是 QAbstractSeries（见图 12-3）。

本节通过示例 Demo12_5 介绍这些图表的绘制方法，图 12-15 是示例运行时的界面。左上方是随机生成的若干个学生的数学、语文、英语分数，平均分是自动计算的，左下方是根据分数按分数段统计的人数，右方是各种图表的页面。

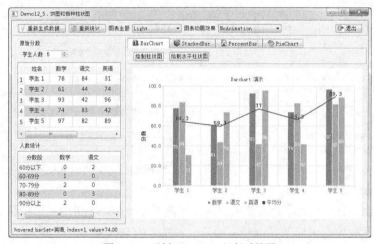

图 12-15   示例 Demo12_5 运行时界面

窗口左上方"原始分数"框里有一个 QTableView 组件，使用 Model/View 结构提供数据显示和编辑功能，修改学生人数后点击工具栏上的"重新生成数据"会重新随机生成学生分数并进行统计。在分数表格里修改某个分数后会自动计算一个学生的平均分。窗口左下方是一个 QTreeWidget 组件，固定为 5 行，用于显示分数段统计结果。

窗口右边是一个 QTabWidget 组件，共有 4 个页面，分别显示柱状图、堆叠柱状图、百分比柱状图和饼图。在窗体可视化设计时，每个图表页面放置一个 QGraphicsView 组件，然后提升为 QmyChartView 类，组件提升的设置方法如图 12-14 所示，将示例 Demo12_4 里的文件 myChartView.py 复制到本示例目录下。注意，QmyChartView 类的鼠标和键盘操作对饼图无效。

主窗口 UI 文件 MainWindow.ui 的组件的布局和命名见示例源文件，此处不再赘述。

12.5.2   窗口初始化与数据准备

界面文件 MainWindow.ui 经编译后生成 ui_MainWindow.py，对应的窗口业务逻辑类是

QmyMainWindow，文件 myMainWindow.py 的 import 部分和 QmyMainWindow 类的构造函数代码如下：

```python
import sys, random
from PyQt5.QtWidgets import   QApplication, QMainWindow
from PyQt5.QtCore import   Qt,pyqtSlot
from PyQt5.QtGui import QStandardItemModel,QStandardItem,QPainter,QPen
from PyQt5.QtChart import *

from ui_MainWindow import Ui_MainWindow
class QmyMainWindow(QMainWindow):
   COL_NAME    =0     #姓名的列编号
   COL_MATH    =1     #数学的列编号
   COL_CHINESE =2     #语文的列编号
   COL_ENGLISH =3     #英语的列编号
   COL_AVERAGE =4     #平均分的列编号

   def __init__(self, parent=None):
      super().__init__(parent)
      self.ui=Ui_MainWindow()
      self.ui.setupUi(self)

      self.ui.tableView.setAlternatingRowColors(True)
      self.ui.treeWidget.setAlternatingRowColors(True)
      self.setStyleSheet("QTreeWidget, QTableView{"
                    "alternate-background-color:rgb(170, 241, 190)}")
      self.__studCount=10     #学生人数
      self.ui.spinCount.setValue(self.__studCount)
      self.dataModel = QStandardItemModel(self)     #数据模型
      self.ui.tableView.setModel(self.dataModel)     #设置数据模型
      self.dataModel.itemChanged.connect(self.do_calcuAverage)   #平均分

      self.__generateData()     #初始化数据
      self.__surveyData()       #数据统计

      self.__iniBarChart()      #柱状图初始化
      self.__iniStackedBar()
      self.__iniPercentBar()
      self.__iniPieChart()      #饼图初始化
```

定义了 COL_NAME、COL_MATH 等几个类属性，其值等于数据列在数据模型中的列编号，3 门课的列编号也正好是在"人数统计"QTreeWidget 组件中的列编号。

构造函数的功能主要分为两个部分。

（1）数据模型创建和数据初始化

创建了一个 QStandardItemModel 类的数据模型 self.dataModel，与界面上的组件 tableView 构成 Model/View 结构。self.dataModel 的信号 itemChanged()与自定义槽函数 do_calcuAverage()关联，用于在数据模型中任何一个原始分数发生变化时自动计算平均分，函数 do_calcuAverage()的代码如下：

```python
def do_calcuAverage(self,item):     ##计算平均分
   if (item.column()<self.COL_MATH or item.column()>self.COL_ENGLISH):
      return     #如果被修改的 item 不是数学、语文、英语就退出

   rowNo=item.row()     #获取数据的行编号
   avg=0.0
   for i in range(self.COL_MATH, 1+self.COL_ENGLISH):
      item=self.dataModel.item(rowNo,i)
      avg= avg+float(item.text())
```

```
avg=avg/3.0        #计算平均分
item=self.dataModel.item(rowNo,self.COL_AVERAGE)       #平均分数据 item
item.setText("%.1f"%avg)       #更新平均分数据
```

构造函数调用函数__generateData()生成原始分数数据,调用函数__surveyData()对分数进行分段统计,这两个函数的实现代码如下:

```
def __generateData(self):       ##随机生成分数数据
    self.dataModel.clear()
    headerList=["姓名","数学","语文","英语","平均分"]
    self.dataModel.setHorizontalHeaderLabels(headerList)       #设置表头文字
    for i in range(self.__studCount):
        itemList=[]
        studName="学生%2d"%(i+1)
        item=QStandardItem(studName)       #创建 item
        item.setTextAlignment(Qt.AlignHCenter)
        itemList.append(item)       #添加到列表
        avgScore=0
        for j in range(self.COL_MATH, 1+self.COL_ENGLISH):   #数学、语文、英语
            score=50.0+random.randint(-20,50)
            item=QStandardItem("%.0f"%score)       #创建 item
            item.setTextAlignment(Qt.AlignHCenter)
            itemList.append(item)       #添加到列表
            avgScore =avgScore+score
        item=QStandardItem("%.1f"%(avgScore/3.0))       #创建平均分 item
        item.setTextAlignment(Qt.AlignHCenter)
        item.setFlags(item.flags() & (not Qt.ItemIsEditable))       #不允许编辑
        itemList.append(item)       #添加到列表
        self.dataModel.appendRow(itemList)       #添加到数据模型

def __surveyData(self):       ##统计各分数段人数
    for i in range(self.COL_MATH, 1+self.COL_ENGLISH):   #统计 3 列
        cnt50,cnt60,cnt70,cnt80,cnt90=0,0,0,0,0
        for j in range(self.dataModel.rowCount()):       #行数等于学生人数
            val=float(self.dataModel.item(j,i).text())       #分数
            if val<60:
                cnt50 =cnt50+1
            elif (val>=60 and val<70):
                cnt60 = cnt60+1
            elif (val>=70 and val<80):
                cnt70 =cnt70+1
            elif (val>=80 and val<90):
                cnt80 =cnt80+1
            else:
                cnt90 =cnt90+1

        item=self.ui.treeWidget.topLevelItem(0)       #第 1 行, <60
        item.setText(i,str(cnt50))       # 第 i 列
        item.setTextAlignment(i,Qt.AlignHCenter)

        item=self.ui.treeWidget.topLevelItem(1)       #第 2 行, [60, 70)
        item.setText(i,str(cnt60))       # 第 i 列
        item.setTextAlignment(i,Qt.AlignHCenter)

        item=self.ui.treeWidget.topLevelItem(2)       #第 3 行, [70, 80)
        item.setText(i,str(cnt70))       # 第 i 列
        item.setTextAlignment(i,Qt.AlignHCenter)

        item=self.ui.treeWidget.topLevelItem(3)       #第 4 行, [80, 90)
        item.setText(i,str(cnt80))       # 第 i 列
```

```
        item.setTextAlignment(i,Qt.AlignHCenter)

        item=self.ui.treeWidget.topLevelItem(4)      #第 5 行, [90, 100]
        item.setText(i,str(cnt90))      # 第 i 列
        item.setTextAlignment(i,Qt.AlignHCenter)
```

函数__generateData()的功能是先清除数据模型 self.dataModel 的数据，重新设置表头文字，再根据学生人数 self.__studCount 随机生成分数，构建数据模型 self.dataModel 的内容。如果对 QStandardItemModel 类和 Model/View 结构不了解，可以查看 4.4 节的内容。

函数__surveyData()的功能是根据 self.dataModel 的数据按分数段统计人数，并在界面上的组件 treeWidget 里显示。

（2）图表初始化

构造函数最后调用了 4 个函数对 4 个图表分别进行初始化，这 4 个函数的代码如下：

```
def __iniBarChart(self):      ##柱状图初始化
    chart = QChart()
    chart.setTitle("Barchart 演示")
    self.ui.chartViewBar.setChart(chart)
    self.ui.chartViewBar.setRenderHint(QPainter.Antialiasing)

def __iniStackedBar(self):      ##堆叠柱状图初始化
    chart = QChart()
    chart.setTitle("StackedBar 演示")
    self.ui.chartViewStackedBar.setChart(chart)
    self.ui.chartViewStackedBar.setRenderHint(QPainter.Antialiasing)

def __iniPercentBar(self):      ##百分比柱状图初始化
    chart = QChart()
    chart.setTitle("PercentBar 演示")
    self.ui.chartViewPercentBar.setChart(chart)
    self.ui.chartViewPercentBar.setRenderHint(QPainter.Antialiasing)

def __iniPieChart(self):      ##饼图初始化
    chart = QChart()
    chart.setTitle("Piechart 演示")
    self.ui.chartViewPie.setChart(chart)
    chart.setAnimationOptions(QChart.SeriesAnimations)
    self.ui.chartViewPie.setRenderHint(QPainter.Antialiasing)
```

这 4 个函数的功能相同，都是创建 QChart 图表对象，然后添加到界面上相应的 QChartView 组件里，不创建序列或坐标轴。

12.5.3　其他界面操作功能的实现

主窗口上方是一个 QFrame 面板组件，上面有几个按钮和下拉列表框实现一些操作，下面是这几个组件的信号关联的槽函数代码。

```
@pyqtSlot()      ##"重新生成数据"按钮
def on_toolBtn_GenData_clicked(self):
    self.__studCount=self.ui.spinCount.value()      #学生人数
    self.__generateData()
    self.__surveyData()

@pyqtSlot()      ##"重新统计"按钮
def on_toolBtn_Counting_clicked(self):
```

```
        self.__surveyData()

    def __getCurrentChart(self):        ##获取当前 QChart 对象
        page=self.ui.tabWidget.currentIndex()
        if page ==0:
            chart=self.ui.chartViewBar.chart()
        elif page ==1:
            chart=self.ui.chartViewStackedBar.chart()
        elif page ==2:
            chart=self.ui.chartViewPercentBar.chart()
        else:
            chart=self.ui.chartViewPie.chart()
        return chart

    @pyqtSlot(int)       ##设置图表主题
    def on_comboTheme_currentIndexChanged(self,index):
        chart=self.__getCurrentChart()
        chart.setTheme(QChart.ChartTheme(index))

    @pyqtSlot(int)       ##图表动画
    def on_comboAnimation_currentIndexChanged(self,index):
        chart=self.__getCurrentChart()
        chart.setAnimationOptions(QChart.AnimationOption(index))
```

12.5.4　柱状图

在窗口上多页组件的"BarChart"页面里绘制柱状图和水平柱状图,绘图效果如图 12-15 所示。在这个图中,学生的 3 门课的分数绘制成柱状图,每个学生的平均分绘制为折线。界面上"绘制柱状图"和"绘制水平柱状图"两个按钮的槽函数代码如下。

```
    @pyqtSlot()      ##绘制柱状图
    def on_btnBuildBarChart_clicked(self):
        self.draw_barChart()

    @pyqtSlot()        ##绘制水平柱状图
    def on_btnBuildBarChartH_clicked(self):
        self.draw_barChart(False)
```

这两个槽函数都调用了自定义函数 draw_barChart(),分别绘制柱状图和水平柱状图。函数 draw_barChart()的代码如下。

```
    def draw_barChart(self,isVertical=True):        ##绘制柱状图或水平柱状图
        chart =self.ui.chartViewBar.chart()
        chart.removeAllSeries()               #删除所有序列
        chart.removeAxis(chart.axisX())       #删除坐标轴 x
        chart.removeAxis(chart.axisY())       #删除坐标轴 y
        if isVertical:       #柱状图
            chart.setTitle("Barchart 演示")
            chart.legend().setAlignment(Qt.AlignBottom)
        else:                    #水平柱状图
            chart.setTitle("Horizontal Barchart 演示")
            chart.legend().setAlignment(Qt.AlignRight)

        setMath = QBarSet("数学")        #QBarSet 数据集
        setChinese = QBarSet("语文")
        setEnglish= QBarSet("英语")

        seriesLine = QLineSeries()        #平均分曲线
```

```
    seriesLine.setName("平均分")
    pen=QPen(Qt.red)
    pen.setWidth(2)
    seriesLine.setPen(pen)
    seriesLine.setPointLabelsVisible(True)              #数据点标签可见
    if isVertical:      #柱状图
        seriesLine.setPointLabelsFormat("@yPoint")      #显示 y 数值标签
    else:               #水平柱状图
        seriesLine.setPointLabelsFormat("@xPoint")      #显示 x 数值标签
    font=seriesLine.pointLabelsFont()
    font.setPointSize(10)
    font.setBold(True)
    seriesLine.setPointLabelsFont(font)

    stud_Count=self.dataModel.rowCount()        #学生人数
    nameList=[]        #学生姓名列表，用于 QBarCategoryAxis 类坐标轴
    for i in range(stud_Count):
        item=self.dataModel.item(i,self.COL_NAME)       #姓名，用作坐标轴标签
        nameList.append(item.text())
        item=self.dataModel.item(i,self.COL_MATH)       #数学
        setMath.append(float(item.text()))
        item=self.dataModel.item(i,self.COL_CHINESE)    #语文
        setChinese.append(float(item.text()))
        item=self.dataModel.item(i,self.COL_ENGLISH)    #英语
        setEnglish.append( float(item.text()))
        item=self.dataModel.item(i,self.COL_AVERAGE)    #平均分
        if isVertical:
            seriesLine.append(i,float(item.text()))     #用于柱状图
        else:
            seriesLine.append(float(item.text()),i)     #用于水平柱状图

##创建一个序列 QBarSeries，并添加 3 个数据集
    if isVertical:
        seriesBar = QBarSeries()        #柱状图序列
    else:
        seriesBar = QHorizontalBarSeries()    #水平柱状图序列
    seriesBar.append(setMath)                   #添加数据集
    seriesBar.append(setChinese)
    seriesBar.append(setEnglish)
    seriesBar.setLabelsVisible(True)            #数据点标签可见
    seriesBar.setLabelsFormat("@value")    #显示数值标签
    seriesBar.setLabelsPosition(QAbstractBarSeries.LabelsCenter)
    seriesBar.hovered.connect(self.do_barSeries_Hovered)    #hovered 信号
    seriesBar.clicked.connect(self.do_barSeries_Clicked)    #clicked 信号
    chart.addSeries(seriesBar)      #添加柱状图序列
    chart.addSeries(seriesLine)     #添加折线图序列
##学生姓名坐标轴
    axisStud = QBarCategoryAxis()       #文字型坐标轴
    axisStud.append(nameList)           #添加文字列表
    axisStud.setRange(nameList[0], nameList[stud_Count-1])       #坐标轴范围
##数值坐标轴
    axisValue = QValueAxis()
    axisValue.setRange(0, 100)
    axisValue.setTitleText("分数")
    axisValue.setTickCount(6)
    axisValue.applyNiceNumbers()
    if isVertical:
        chart.setAxisX(axisStud, seriesBar)
        chart.setAxisY(axisValue, seriesBar)
        chart.setAxisX(axisStud, seriesLine)
        chart.setAxisY(axisValue, seriesLine)
```

```
        else:
            chart.setAxisX(axisValue, seriesBar)
            chart.setAxisY(axisStud, seriesBar)
            chart.setAxisX(axisValue, seriesLine)
            chart.setAxisY(axisStud, seriesLine)

        for marker in chart.legend().markers():    #QLegendMarker 类型列表
            marker.clicked.connect(self.do_LegendMarkerClicked)
```

此函数的 bool 型输入参数 isVertical 的取值确定要绘制的图表类型，当 isVertical 为 True 时绘制柱状图，为 False 时绘制水平柱状图，默认值为 True。用一个函数 draw_barChart()实现两种柱状图的绘制，这样既可以重用代码，也可以看出绘制两种图表时的差别。

绘制柱状图或水平柱状图主要涉及以下几个类的使用。

（1）数据集类 QBarSet

一个柱状图序列有多个 QBarSet 数据集，在图 12-15 中只有一个柱状图，这个柱状图有 3 个数据集，分别是数学、语文、英语 3 门课的分数。

QBarSet 是直接从 QObject 继承而来的，其主要功能是管理数据点、设置数据集对应棒柱的边线颜色、填充颜色和标签字体。QBarSet 主要的接口函数如表 12-7 所示，表中只列出了函数名，函数详细定义请参考 Qt 帮助文档。

表 12-7 QBarSet 类的主要接口函数

分组	函数	功能描述
标签	setLabel()	设置数据集的标签，用于图例显示的文字
	setLabelBrush()	设置标签的画刷
	setLabelColor()	设置标签的文字颜色
	setLabelFont()	设置标签的字体
棒柱	setBorderColor()	设置数据集的棒柱的边框颜色
	setBrush()	设置数据集的棒柱的画刷
	setColor()	设置数据集的棒柱的填充颜色
	setPen()	设置数据集的棒柱的边框画笔
数据点	append()	添加一个数据到数据集
	insert()	在某个位置插入一个数据到数据集
	remove()	从某个位置开始删除一定数量的数据
	replace()	替换某个位置的数据
	at()	返回某个位置的数据
	count()	返回数据的个数
	sum()	返回数据集内所有数据的和

在上面的程序中创建了 3 个数据集，即

```
setMath = QBarSet("数学")        #QBarSet 数据集
setChinese = QBarSet("语文")
setEnglish= QBarSet("英语")
```

创建 QBarSet 对象后并未对其棒柱颜色、字体等做设置，这些由图表的主题自动设置。对数据集的操作主要是遍历数据模型、将数据添加到数据集、使用 QBarSet 的 append(value)函数添加一个数值 value，如：

```
item=self.dataModel.item(i,self.COL_MATH)      #数学
setMath.append(float(item.text()))
```

注意，append(value)只是添加一个数值 value，而不是像 QLineSeries 的函数 append(x, y)那样

添加一个二维数据点。

（2）序列类 QBarSeries 和 QHorizontalBarSeries

柱状图序列是 QBarSeries，水平柱状图序列是 QHorizontalBarSeries，这两个类的接口完全相同。在创建序列 seriesBar 时需要判断 isVertical 的值，即下面的代码：

```
if isVertical:
    seriesBar = QBarSeries()          #柱状图序列
else:
    seriesBar = QHorizontalBarSeries()      #水平柱状图序列
```

序列 seriesBar 添加了 3 个 QBarSet 数据集，即

```
seriesBar.append(setMath)        #添加数据集
seriesBar.append(setChinese)
seriesBar.append(setEnglish)
```

所以，虽然有 3 个数据集，但是只有一个柱状图序列。

QBarSeries 类和 QHorizontalBarSeries 类的接口函数完全相同，它们的接口函数都是在父类 QAbstractBarSeries 中定义的。所以，从 QAbstractBarSeries 继承的类都具有相同的接口函数，包括后面要介绍的堆叠柱状图和百分比柱状图序列类。QAbstractBarSeries 类的接口函数都是对柱状图整体的设置，其主要接口函数如表 12-8 所示，表中只列出了函数名，函数详细定义请参考 Qt 帮助文档。

表 12-8　QAbstractBarSeries 类的主要接口函数

分组	函数	功能描述
外观	setBarWidth()	设置棒柱的宽度
	setLabelsVisible()	设置棒柱的标签可见性
	setLabelsFormat()	设置棒柱的标签的格式，只支持一种：@value
	setLabelsPosition()	棒柱标签的位置，可在数据棒的中间、顶端、底端、外部
	setLabelsAngle()	设置标签的角度
	setLabelsPrecision()	设置标签的有效数字位数，最多 6 位
数据集	append()	添加一个 QBarSet 数据集到序列
	insert()	在某个位置插入一个 QBarSet 数据集到序列
	remove()	移除一个数据集，解除所属关系，并删除数据集对象
	take()	移除一个数据集，但是不删除数据集对象
	clear()	清除全部数据集，并删除数据集对象
	barSets()	返回数据集对象的列表，列表元素是 QBarSet 类型

程序中对柱状图序列的显示效果做了一些设置，其代码如下：

```
seriesBar.setLabelsVisible(True)          #数据点标签可见
seriesBar.setLabelsFormat("@value")       #显示数值标签
seriesBar.setLabelsPosition(QAbstractBarSeries.LabelsCenter)
```

- setLabelsVisible(bool)函数：控制是否在棒柱上显示数值，默认是不显示的。
- setLabelsFormat(format)函数：控制棒柱上显示的数值的格式，格式字符串中可以通过 "@value"获取棒柱对应的数值，且只有这一个变量，但可以带文字，如：

```
seriesBar.setLabelsFormat("@value 分")    #显示数值标签
```

- setLabelsPosition(position)函数：控制标签在棒柱中的显示位置，参数 position 是枚举类型 QAbstractBarSeries.LabelsPosition，有以下几种取值：
  - ◆ QAbstractBarSeries.LabelsCenter（标签显示在棒柱的中央）；
  - ◆ QAbstractBarSeries.LabelsInsideEnd（标签显示在棒柱的顶端）；

◆　QAbstractBarSeries.LabelsInsideBase（标签显示在棒柱的底端）；

◆　QAbstractBarSeries.LabelsOutsideEnd（标签显示在棒柱顶端的外部）。

QAbstractBarSeries 类有较多的信号，在程序中用到了 hovered() 和 clicked() 这两个信号，设置连接的语句是：

```
seriesBar.hovered.connect(self.do_barSeries_Hovered)     #hovered 信号
seriesBar.clicked.connect(self.do_barSeries_Clicked)     #clicked 信号
```

这两个自定义槽函数的代码如下：

```
def do_barSeries_Hovered(self,status, index, barset):  ##关联 hovered 信号
    hint="hovered barSet="+barset.label()
    if status:      #进入
        hint=hint+", index=%d, value=%.2f"%(index, barset.at(index))
    else:           #离开
        hint=""
    self.ui.statusBar.showMessage(hint)

def do_barSeries_Clicked(self, index, barset):        ##关联 clicked 信号
    hint="clicked barSet="+barset.label()
    hint=hint+", count=%d, sum=%.2f"%(barset.count(), barset.sum())
    self.ui.statusBar.showMessage(hint)
```

hovered() 信号在鼠标光标进入或离开一个棒柱时发射，其中的 bool 型参数 status 表示进入（True）或离开（False），barset 是鼠标光标处棒柱所关联的 QBarSet 对象，index 是棒柱在 barset 中的序号。通过这些参数，就可以访问棒柱关联的 QBarSet 对象，获取棒柱的原始数值。

clicked() 信号在点击一个棒柱时发射，barset 是鼠标点击的棒柱所关联的 QBarSet 对象。槽函数里调用了 QBarSet 的一些接口函数获取信息：QBarSet.label() 函数返回数据集的名称，如"数学"；QBarSet.count() 函数返回数据集的数据个数；QBarSet.sum() 函数返回数据集中所有数据的和。

这两个槽函数只是获取了一些数据并显示在状态栏里，可以利用这两个信号设计交互操作功能，使软件界面更友好一些。

（3）文字类别坐标轴 QBarCategoryAxis

本示例中柱状图的横坐标是学生的姓名，QBarCategoryAxis 类用于创建这种文字类别的坐标轴。QBarCategoryAxis 类的主要接口函数如表 12-9 所示，表中只列出了函数名，函数详细定义请参考 Qt 帮助文档。

表 12-9　QBarCategoryAxis 主要接口函数

分组	函数	功能描述
类别 管理	append()	添加一个类别（category）到坐标轴
	insert()	在某个位置插入一个类别到坐标轴
	replace()	替换某个类别
	remove()	移除某个类别
	clear()	删除所有类别
	at()	返回某个索引位置的类别文字
	setCategories()	设置一个字符串列表作为坐标轴的类别文字
	categories()	返回坐标轴的类别字符串列表
坐标 范围	setMin()	设置坐标轴最小值
	setMax()	设置坐标轴最大值
	setRange()	设置坐标轴范围

QBarCategoryAxis 坐标轴的数据是字符串列表，每个字符串称为一个类别（category）。程序中使用学生的姓名作为类别坐标轴的数据内容。

程序最后还为图例标记的单击信号关联了槽函数 do_LegendMarkerClicked()，此槽函数代码与示例 Demo12_3 完全一样。程序运行后会发现，在图 12-15 上单击图例中"数学""语文""英语"任何一个图例标记时，整个柱状图都会显示或隐藏，不能单独显示或隐藏表示某一门课的棒柱。

另外，由于使用了 QmyChartView 作为图表的视图组件，因此可以通过鼠标和键盘对图表进行操作，如通过鼠标框选矩形框进行区域放大，单击右键恢复图表大小。

12.5.5 堆叠柱状图

在窗口上多页组件的"StackedBar"页面里绘制堆叠柱状图和水平堆叠柱状图。图 12-16 显示的是水平堆叠柱状图，图中有数学、语文、英语 3 个数据集，堆叠柱状图将这 3 个数据集叠加成一个棒柱来显示，一个棒柱中的每个小段是一门课的分数，棒柱的高度体现了总分的高低。

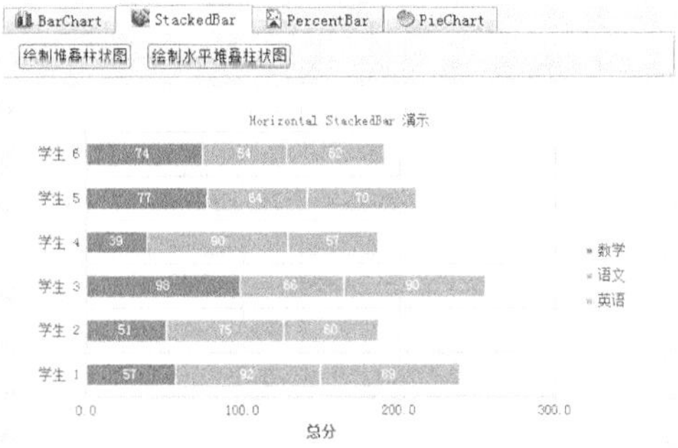

界面上"绘制堆叠柱状图""绘制水平堆叠柱状图"两个按钮的槽函数，以及相关函数的代码如下：

图 12-16 堆叠柱状图绘图界面

```
@pyqtSlot()          ##绘制 StackedBar
def on_btnBuildStackedBar_clicked(self):
    self.draw_stackedBar()

@pyqtSlot()          ##绘制水平 StackedBar
def on_btnBuildStackedBarH_clicked(self):
    self.draw_stackedBar(False)

def draw_stackedBar(self,isVertical=True):
    chart =self.ui.chartViewStackedBar.chart()
    chart.removeAllSeries()                #删除所有序列
    chart.removeAxis(chart.axisX())        #删除坐标轴
    chart.removeAxis(chart.axisY())
    if isVertical:        #堆叠柱状图
        chart.setTitle("StackedBar 演示")
        chart.legend().setAlignment(Qt.AlignBottom)
    else:                 #水平堆叠柱状图
        chart.setTitle("Horizontal StackedBar 演示")
        chart.legend().setAlignment(Qt.AlignRight)
##创建 3 门课程的数据集
    setMath   = QBarSet("数学")
    setChinese= QBarSet("语文")
    setEnglish= QBarSet("英语")
    stud_Count=self.dataModel.rowCount()
    nameList=[]            #学生姓名列表
    for i in range(stud_Count):
        item=self.dataModel.item(i,self.COL_NAME)      #姓名
        nameList.append(item.text())
        item=self.dataModel.item(i,self.COL_MATH)      #数学
        setMath.append(float(item.text()))
        item=self.dataModel.item(i,self.COL_CHINESE)   #语文
        setChinese.append(float(item.text()))
        item=self.dataModel.item(i,self.COL_ENGLISH)   #英语
        setEnglish.append(float(item.text()))
```

```
##创建序列
   if isVertical:
       seriesBar = QStackedBarSeries()
   else:
       seriesBar = QHorizontalStackedBarSeries()
   seriesBar.append(setMath)
   seriesBar.append(setChinese)
   seriesBar.append(setEnglish)
   seriesBar.setLabelsVisible(True)          #显示每段的标签
   seriesBar.setLabelsFormat("@value")
   seriesBar.setLabelsPosition(QAbstractBarSeries.LabelsCenter)
   seriesBar.hovered.connect(self.do_barSeries_Hovered)     #hovered 信号
   seriesBar.clicked.connect(self.do_barSeries_Clicked)     #clicked 信号
   chart.addSeries(seriesBar)
##创建坐标轴
   axisStud =QBarCategoryAxis()          #类别坐标轴
   axisStud.append(nameList)
   axisStud.setRange(nameList[0], nameList[stud_Count-1])
   axisValue =QValueAxis()                #数值坐标轴
   axisValue.setRange(0, 300)
   axisValue.setTitleText("总分")
   axisValue.setTickCount(6)
   axisValue.applyNiceNumbers()
   if isVertical:
       chart.setAxisX(axisStud, seriesBar)
       chart.setAxisY(axisValue, seriesBar)
   else:
       chart.setAxisY(axisStud, seriesBar)
       chart.setAxisX(axisValue, seriesBar)
```

QStackedBarSeries 是堆叠柱状图序列，QHorizontalStackedBarSeries 是水平堆叠柱状图序列。绘制堆叠柱状图用到的数据集、坐标轴等与绘制柱状图相同，绘制堆叠柱状图的函数 draw_stackedBar() 与前面绘制柱状图的函数 draw_barChart() 的结构和功能相似，就不做解释了。

12.5.6　百分比柱状图

在窗口上多页组件的"PercentBar"页面里绘制百分比柱状图和水平百分比柱状图。图 12-17 显示的是水平百分比柱状图。这个水平百分比柱状图是根据主窗口左下方的人数统计表格数据绘制的。

图的左侧坐标轴用的是 QBarCategoryAxis 类型坐标轴，类别是三门功课名称。一门功课对应一个棒柱，一个棒柱有 5 段，对应 5 个分数段的统计人数。为 QBarSet 对象添加数据时直接添加人数，棒柱中会自动显示百分比。横坐标是累积百分比，每门功课各分数段的累积百分比总是 100%。为避免某个分数段统计人数为 0，可将学生人数设置为较大值，如 50。

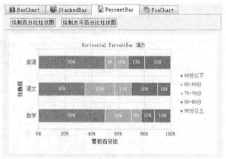

图 12-17　百分比柱状图绘图界面

下面是界面上两个绘图按钮的槽函数和相关函数的代码：

```
@pyqtSlot()        ##绘制 PercentBar
def on_btnPercentBar_clicked(self):
    self.draw_percentBar()
```

```
    @pyqtSlot()        ##绘制水平 PercentBar
    def on_btnPercentBarH_clicked(self):
        self.draw_percentBar(False)

    def draw_percentBar(self,isVertical=True):
        chart =self.ui.chartViewPercentBar.chart()
        chart.removeAllSeries()
        chart.removeAxis(chart.axisX())
        chart.removeAxis(chart.axisY())
        chart.legend().setAlignment(Qt.AlignRight)
        if isVertical:
            chart.setTitle("PercentBar 演示")
        else:
            chart.setTitle("Horizontal PercentBar 演示")
```

##创建数据集

```
        scoreBarSets=[]     #QBarSet 对象列表
        sectionCount=5      #5 个分数段，分数段是数据集
        for i in range(sectionCount):
            item=self.ui.treeWidget.topLevelItem(i)
            barSet=QBarSet(item.text(0))       #一个分数段
            scoreBarSets.append(barSet)        #QBarSet 对象列表
        categories=["数学","语文","英语"]
        courseCount=3        #3 门课程
        for i in range(sectionCount):          #5 个分数段
            item=self.ui.treeWidget.topLevelItem(i)    #treeWidget 第 i 行
            barSet=scoreBarSets[i]             #某个分数段的 QBarSet
            for j in range(courseCount):       #课程是 category
                barSet.append(float(item.text(j+1)))
```

##创建序列

```
        if isVertical:
            seriesBar = QPercentBarSeries()
        else:
            seriesBar = QHorizontalPercentBarSeries()
        seriesBar.append(scoreBarSets)        #添加一个 QBarSet 对象列表
        seriesBar.setLabelsVisible(True)       #显示百分比
        seriesBar.hovered.connect(self.do_barSeries_Hovered)    #hovered 信号
        seriesBar.clicked.connect(self.do_barSeries_Clicked)    #clicked 信号
        chart.addSeries(seriesBar)
```

##创建坐标轴

```
        axisSection =  QBarCategoryAxis()     #类别坐标
        axisSection.append(categories)
        axisSection.setTitleText("分数段")
        axisSection.setRange(categories[0], categories[courseCount-1])
        axisValue =  QValueAxis()              #数值坐标
        axisValue.setRange(0, 100)
        axisValue.setTitleText("累积百分比")
        axisValue.setTickCount(6)
        axisValue.setLabelFormat("%.0f%")      #标签格式
        axisValue.applyNiceNumbers()
        if isVertical:
            chart.setAxisX(axisSection, seriesBar)
            chart.setAxisY(axisValue,   seriesBar)
        else:
            chart.setAxisY(axisSection, seriesBar)
            chart.setAxisX(axisValue,   seriesBar)
```

QPercentBarSeries 用于绘制百分比柱状图，QHorizontalPercentBarSeries 用于绘制水平百分比

柱状图。绘图中也用到 QBarSet 作为数据集，但是使用了一个 QBarSet 对象的列表 scoreBarSets，每个 QBarSet 对象存储 3 门课的同一分数段的人数，所以有 5 个 QBarSet 对象。这个 QBarSet 对象的列表 scoreBarSets 可以直接用序列的 append()函数添加到序列里，而不用像前面的示例代码那样逐个地添加。

```
seriesBar.append(scoreBarSets)        #添加一个 QBarSet 对象列表
```

12.5.7　饼图

绘制饼图的界面如图 12-18 所示，饼图是根据窗口左下方的统计人数表格的数据绘制的。饼图只能表示一门课程的各个分数段的人数和百分比，所以需要在界面上选择课程。界面上方的 HoleSize 用于设置饼图中心空心圆的相对大小，数值在 0 到 1 之间，PieSize 用于设置饼图与图表视图的相对大小，数值在 0 到 1 之间。

图 12-18 中上方面板上的几个组件的功能的槽函数，以及相关代码如下：

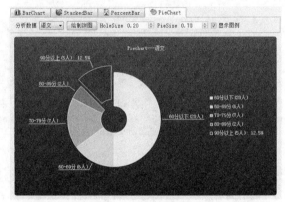

图 12-18　饼图绘图界面

```
@pyqtSlot(int)       ##选择课程
def on_comboCourse_currentIndexChanged(self,index):
    self.draw_pieChart()

@pyqtSlot()          ##绘制饼图
def on_btnDrawPieChart_clicked(self):
    self.draw_pieChart()

@pyqtSlot(float)     ##设置 holeSize
def on_spinHoleSize_valueChanged(self,arg1):
    seriesPie=self.ui.chartViewPie.chart().series()[0]
    seriesPie.setHoleSize(arg1)

@pyqtSlot(float)     ##设置 pieSize
def on_spinPieSize_valueChanged(self,arg1):
    seriesPie=self.ui.chartViewPie.chart().series()[0]
    seriesPie.setPieSize(arg1)

@pyqtSlot(bool)      ##显示图例 checkbox
def on_chkBox_PieLegend_clicked(self,checked):
    self.ui.chartViewPie.chart().legend().setVisible(checked)

def draw_pieChart(self):      ##绘制饼图的函数
    chart =self.ui.chartViewPie.chart()
    chart.legend().setAlignment(Qt.AlignRight)
    chart.removeAllSeries()             #删除所有序列

    seriesPie =  QPieSeries()           #饼图序列
    seriesPie.setHoleSize(self.ui.spinHoleSize.value())     #空心大小
    colNo=1+self.ui.comboCourse.currentIndex()      #在 treeWidget 中的列号
    sec_count=5                          #分数段个数
    for i in range(sec_count):          #添加分块数据，5 个分数段
```

```
        item=self.ui.treeWidget.topLevelItem(i)
        sliceLabel=item.text(0)+"(%s 人)"%item.text(colNo)
        sliceValue=int(item.text(colNo))
        seriesPie.append(sliceLabel,sliceValue)
    seriesPie.setLabelsVisible(True)      #只影响已创建的分块
    seriesPie.hovered.connect(self.do_pieHovered)
    chart.addSeries(seriesPie)
    chart.setTitle("Piechart---"+self.ui.comboCourse.currentText())

def do_pieHovered(self,pieSlice,state):
    pieSlice.setExploded(state)        #弹出或缩回，具有动态效果
    if state:       #进入，显示带百分数的标签
        self.__oldLabel=pieSlice.label()     #保存原来的 Label
        pieSlice.setLabel(self.__oldLabel+": %.1f%%"
                          %(pieSlice.percentage()*100) )
    else:       #离开，显示原来的标签
        pieSlice.setLabel(self.__oldLabel)
```

绘制饼图的函数是 draw_pieChart()，绘制饼图无须设置坐标轴。绘制饼图的序列类是 QPieSeries，一个饼图有多个分块（slice）组成，每个分块是一个 QPieSlice 类对象。

QPieSeries 类的主要功能是管理饼图的分块数据和饼图外观，其主要的接口函数如表 12-10 所示，表中只列出了函数名，函数的详细定义请参考 Qt 帮助文档。

表 12-10 QPieSeries 类的主要接口函数

分组	函数	功能描述
分块 操作	append()	添加一个分块到饼图
	insert()	在某个位置插入一个分块
	remove()	移除并删除一个分块
	take()	移除一个分块，但是并不删除数据块对象
	clear()	清除序列所有的分块
	slices()	返回序列的所有分块的列表，列表元素是 QPieSlice 类型
	count()	返回序列分块的个数
	isEmpty()	如果序列是空的，返回 True，否则返回 False
	sum()	返回序列各分块的数值的和
外观	setHoleSize()	设置饼图中心的空心圆的大小，在 0～1 之间
	setPieSize()	设置饼图占图表矩形区的相对大小，0 表示最小，1 表示最大
	setLabelsVisible()	设置分块的标签的可见性

QPieSlice 类是饼图上的一个分块，主要用于存储分块的数据，并决定分块的显示效果。QPieSlice 类的主要接口函数如表 12-11 所示，表中只列出了函数名，函数的详细定义请参考 Qt 帮助文档。

表 12-11 QPieSlice 类的主要接口函数

分组	函数	功能描述
数据	series()	返回分块所属的 QPieSeries 序列对象
	setValue()	设置分块的数值，必须是正数
	percentage()	返回本数据块的值在饼图中所有数据块的值的和中所占的百分比，数值在 0 到 1 之间。当饼图的数据块变化后自动更新
标签	setLabelVisible()	设置标签的可见性
	setLabel()	设置分块的标签文字
	setLabelBrush()	设置标签的画刷
	setLabelColor()	设置标签的颜色
	setLabelFont()	设置标签的字体
	setLabelPosition()	设置标签的位置

分组	函数	功能描述
外观	setExploded()	设置分块是否弹出，如果设置为 True，分块具有弹出效果
	setPen()	设置绘制分块的边框的画笔
	setBorderColor()	设置边框的颜色，是画笔颜色的便捷调用方式
	setBorderWidth()	设置边框的线宽，是画笔线宽的便捷调用方式
	setBrush()	设置绘制分块的画刷
	setColor()	设置分块的填充颜色，是画刷颜色的便捷调用方式

QPieSeries.append(label, value)函数向饼图序列添加数据时会自动创建一个 QPieSlice 对象，参数 label 是分块的文字标签，value 是分块数据的值。

QPieSeries.setLabelsVisible(bool)函数设置饼图里各个分块的标签是否可见，它只影响已经创建的分块，所以必须在添加完数据后再调用这个函数，而不是在添加数据之前调用。

添加完数据后，通过 QPieSeries.slices()函数可以获取饼图所有分块的 QPieSlice 对象列表。

QPieSeries 也有 hovered()和 clicked()这两个信号，程序中为 hovered()信号关联了槽函数 do_pieHovered(pieSlice, state)。其中的参数 pieSlice 就是鼠标光标移入或移出时的 QPieSlice 对象。槽函数 do_pieHovered()的代码里用到了 QPieSlice 的以下两个函数。

- setExploded(state)函数：参数 state 为 True 时，分块从饼图中弹出一点，具有图 12-18 的弹出效果，当 state 为 False 时，分块正常嵌在饼图里。
- percentage()函数：返回分块的数值在整个饼图中所占的百分比，这个百分比是自动计算的。返回数值在 0～1，表示 0%～100%。

这个槽函数的代码使得鼠标移动到某个分块上时，分块从饼图中弹出并增加百分比显示，当鼠标移开时，分块又回到饼图里，并恢复显示原来的标签。

12.6 蜡烛图和日期时间坐标轴

12.6.1 功能概述

蜡烛图是股票等金融数据分析常用的一种图形，PyQtChart 模块中用于绘制蜡烛图的序列类是 QCandlestickSeries。示例 Demo12_6 使用 QCandlestickSeries 序列类绘制蜡烛图曲线，同时横坐标轴使用了日期时间坐标轴类 QDateTimeAxis，可以方便地以日期时间数据作为坐标数据。示例 Demo12_6 运行时界面如图 12-19 所示。

该示例程序有如下一些功能。

- 打开一个含有股票数据的纯文本文件后，根据文件里的数据绘制蜡烛图和 4 条滑动平均曲线。
- 鼠标在蜡烛图上移动或点击某个蜡烛时，显示此蜡烛对象的数据。
- 横坐标使用的是日期时间坐标轴类 QDateTimeAxis，可以设置日期的显示格式。

QCandlestickSeries 类的主要作用是管理蜡烛图的数据和总体外观，包括上涨型和下跌型蜡烛的实体填充颜色、线条颜色等。每个蜡烛是一个 QCandlestickSet 对象，它管理了每个蜡烛相关的开盘、收盘、最高、最低、时间戳等数据，以及蜡烛的画笔、画刷等外观属性。关于蜡烛图的一些专业术语本书不做具体介绍，读者可自己查阅资料。

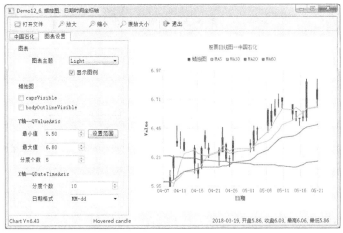

图 12-19　示例 Demo12_6 运行时界面

QCandlestickSeries 的主要接口函数如表 12-12 所示，表中只列出了函数名，函数的详细定义请参考 Qt 帮助文档。

表 12-12　QCandlestickSeries 类的主要接口函数

分组	函数	功能描述
数据	append()	添加一个 QCandlestickSet 对象到蜡烛图序列
	insert()	在序列的某个位置插入一个 QCandlestickSet 对象
	remove()	删除序列中的一个 QCandlestickSet 对象
	take()	从序列中移出一个 QCandlestickSet 对象，但并不删除它
	clear()	清除并删除序列中的所有 QCandlestickSet 对象
	set()	返回序列中的 QCandlestickSet 对象列表
外观	setIncreasingColor()	设置上涨型蜡烛实体部分的填充颜色
	setDecreasingColor()	设置下跌型蜡烛实体部分的填充颜色
	setBodyOutlineVisible()	设置蜡烛实体部分的边框线是否可见
	setCapsVisible()	设置上影线和下影线顶端的小横线是否可见
	setPen()	设置绘制蜡烛的线条属性
	setBrush()	设置绘制蜡烛的画刷属性

QCandlestickSeries 还有以下几个比较有用的信号可用于交互操作。

- hovered(status, set)信号

  当鼠标进入或移出某个蜡烛时发射此信号。bool 型参数 status 表示鼠标进入（True）或移出（False），set 是发射信号的 QCandlestickSet 对象。利用此信号，可以获取鼠标下的蜡烛的数据，可以改变其外观。

- clicked(set)信号

  单击某个蜡烛时发射此信号，set 是发射信号的 QCandlestickSet 对象。

- doubleClicked(set)信号

  双击某个蜡烛时发射此信号，set 是发射信号的 QCandlestickSet 对象。

QCandlestickSet 是表示蜡烛图上一个蜡烛对象的类，它的主要接口函数如表 12-13 所示，表

中只列出了函数名，函数的详细定义请参考 Qt 帮助文档。

表 12-13 QCandlestickSet 类的主要接口函数

分组	函数	功能描述
数据	setOpen()	设置开盘价
	setClose()	设置收盘价
	setHigh()	设置最高价
	setLow()	设置最低价
	setTimestamp()	设置一个时间戳数据，设置的数据是 float 型
外观	setPen()	设置绘制蜡烛的线条属性
	setBrush()	设置绘制蜡烛的画刷属性

12.6.2 界面和图表初始化

本示例的主窗体 UI 文件是 MainWindow.ui，窗体上的图表视图组件使用的是 QmyChartView 类，将示例 Demo12_3 目录下的 myChartView.py 文件复制到本示例目录下即可。在可视化设计窗体时，在窗体上放置一个 QGraphicsView 组件，然后提升为 QmyChartView 类，组件的提升方法设置参考图 12-14。窗体上其他组件的命名和布局参见示例源文件 MainWindow.ui。

在窗体业务逻辑类 QmyMainWindow 的构造函数里创建状态栏上的标签，并进行 Model/View 结构和图表的初始化，构造函数及部分相关代码如下：

```python
import sys
from PyQt5.QtWidgets import (QApplication, QMainWindow, QWidget,
                            QLabel, QFileDialog, QMessageBox)
from PyQt5.QtCore import Qt,pyqtSlot,QDir,QFileInfo, QDateTime, QDate
from PyQt5.QtGui import (QStandardItemModel, QStandardItem,
                         QPen, QPainter, QBrush)
from PyQt5.QtChart import (QChart, QLineSeries, QCandlestickSet,
         QValueAxis, QLegendMarker, QDateTimeAxis, QCandlestickSeries)

from ui_MainWindow import Ui_MainWindow
class QmyMainWindow(QMainWindow):
    def __init__(self, parent=None):
        super().__init__(parent)
        self.ui=Ui_MainWindow()
        self.ui.setupUi(self)

        self.__buildStatusBar()
        self.ui.chartView.setRenderHint(QPainter.Antialiasing)
        self.ui.chartView.setCursor(Qt.CrossCursor)      #设置鼠标指针为十字星
##初始化 Model/View 结构
        self.itemModel=QStandardItemModel(self)     #数据模型
        self.ui.tableView.setModel(self.itemModel)
        self.ui.tableView.setAlternatingRowColors(True)
        self.ui.tableView.horizontalHeader().setDefaultSectionSize(80)
        self.ui.tableView.verticalHeader().setDefaultSectionSize(24)
##初始化图表
        self.__iniChart()
        self.ui.chartView.mouseMove.connect(self.do_chartView_mouseMove)

    def __buildStatusBar(self):      ##创建状态栏上的 QLabel 对象
        self.__labChartXY = QLabel("Chart Y= ")
        self.__labChartXY.setMinimumWidth(200)
        self.ui.statusBar.addWidget(self.__labChartXY)
```

```
    self.__labHoverXY = QLabel("Hovered candle")
    self.__labHoverXY.setMinimumWidth(200)
    self.ui.statusBar.addWidget(self.__labHoverXY)
    self.__labClickXY = QLabel("Clicked candle")
    self.ui.statusBar.addPermanentWidget(self.__labClickXY)

def do_chartView_mouseMove(self,point):    ##鼠标移动时触发
    pt=self.chart.mapToValue(point)          #QPointF 转换为图表的数值
    self.__labChartXY.setText("Chart Y=%.2f"%(pt.y()))      #状态栏显示
```

构造函数里创建了一个 **QStandardItemModel** 对象 self.itemModel，与界面上的组件 tableView 构成 Model/View 结构，用于打开文本数据文件后存储和显示数据。

构造函数里调用自定义函数__iniChart()进行图表初始化，这个函数的代码如下：

```
def __iniChart(self):      ##进行图表初始化
    self.chart = QChart()
    self.chart.setTitle("股票日线图")
    self.chart.setTheme(QChart.ChartThemeBlueCerulean)
    self.ui.chartView.setChart(self.chart)

## x轴是 QDateTimeAxis
    self.__axisX = QDateTimeAxis()
    dateFormat=self.ui.comboDateFormat.currentText()      #如"MM-dd"
    self.__axisX.setFormat(dateFormat)      #标签格式
    self.__axisX.setTickCount(10)              #主分隔个数
    self.__axisX.setTitleText("日期")
    dateMin=QDateTime.fromString("2018-01-01","yyyy-MM-dd")
    self.__axisX.setMin(dateMin)
    dateMax=dateMin.addDays(150)
    self.__axisX.setMax(dateMax)
    self.chart.addAxis(self.__axisX,Qt.AlignBottom)

## y轴是 QValueAxis
    self.__axisY = QValueAxis()
    self.__axisY.setTitleText("Value")
    self.__axisY.setRange(0, 20)
    self.__axisY.setTickCount(5)
    self.__axisY.setLabelFormat("%.2f")
    self.chart.addAxis(self.__axisY,Qt.AlignLeft)
```

这段代码创建了 QChart 对象 self.chart，创建了坐标轴，但是没有创建序列。

横轴使用的是日期时间型坐标轴类 **QDateTimeAxis**。这个坐标轴类的 setMin()、setMax()、setRange()等函数都使用 QDateTime 类型数据作为参数；setFormat()函数设置坐标轴标签的显示格式，格式的具体表示参见 3.4 节。

12.6.3 绘图功能的实现

示例程序运行起来后，点击窗口工具栏上的"打开文件"按钮，选择示例的子目录"\StockData"里的纯文本数据文件就可以绘制图表。纯文本文件有 9 列，第 1 行是表头。"打开文件"按钮关联槽函数代码如下：

```
@pyqtSlot()      ##"打开文件"按钮
def on_actOpen_triggered(self):
    curPath=QDir.currentPath()
    filename,flt=QFileDialog.getOpenFileName(self,"打开一个文件",curPath,
                 "股票数据文件(*.txt);;所有文件(*.*)")
```

```
    if (filename==""):
        return

    aFile=open(filename,'r')
    allLines=aFile.readlines()        #读取所有行，list 类型，每行末尾带有\n
    aFile.close()
    fileInfo=QFileInfo(filename)
    QDir.setCurrent(fileInfo.absolutePath())
    self.ui.tabWidget.setTabText(0,fileInfo.baseName())

    self.__loadData(allLines)         #载入数据到数据模型
    self.__drawChart()                #绘制图表
    self.ui.tab_Setup.setEnabled(True)
```

程序采用 Python 自带的读取文本文件的功能，将文件全部内容读取到字符串列表变量 allLines
里，然后调用函数__loadData(allLines)从字符串列表里读取数据到数据模型里，再调用函数
__drawChart()绘制图表。

自定义函数__loadData()的代码如下：

```
def __loadData(self,allLines):        ##从字符串列表读取数据构建数据模型
    rowCount=len(allLines)            #文本行数，第 1 行是标题
    self.itemModel.setRowCount(rowCount-1)      #实际数据行数
##设置表头
    header=allLines[0].strip()        #第 1 行是表头
    headerList=header.split()
    self.itemModel.setHorizontalHeaderLabels(headerList)      #设置表头文字
    colCount=len(headerList)          #列数
    self.itemModel.setColumnCount(colCount)      #数据列数
##设置模型数据
    for i in range(rowCount-1):
        lineText=allLines[i+1].strip()              #获取数据区的一行
        tmpList=lineText.split()
        for j in range(colCount):
            item=QStandardItem(tmpList[j])          #创建 item
            item.setTextAlignment(Qt.AlignHCenter)
            self.itemModel.setItem(i,j,item)        #为模型的某个位置设置 item
```

从文本文件读取空格分隔的字符串数据并解析保存到 QStandardItemModel 数据模型的详细原
理参见 4.4 节。

函数__drawChart()用于根据载入的数据绘制图表，其代码如下：

```
def __drawChart(self):        ##绘制图表
    self.chart.removeAllSeries()        #删除所有序列
    self.chart.setTitle("股票日线图--"+self.ui.tabWidget.tabText(0))
## 1. 创建蜡烛图
    seriesCandle = QCandlestickSeries()
    seriesCandle.setName("蜡烛图")
    seriesCandle.setIncreasingColor(Qt.red)          #上涨型蜡烛颜色
    seriesCandle.setDecreasingColor(Qt.darkGreen)    #下跌型蜡烛颜色
    visible=self.ui.chkBox_Outline.isChecked()
    seriesCandle.setBodyOutlineVisible(visible)
    seriesCandle.setCapsVisible(self.ui.chkBox_Caps.isChecked())

    self.chart.addSeries(seriesCandle)
    seriesCandle.attachAxis(self.__axisX)
    seriesCandle.attachAxis(self.__axisY)
    seriesCandle.clicked.connect(self.do_candleClicked)
    seriesCandle.hovered.connect(self.do_candleHovered)
```

2. 创建 MA 曲线

```
pen=QPen()
pen.setWidth(2)
seriesMA1 = QLineSeries()
seriesMA1.setName("MA5")
pen.setColor(Qt.magenta)
seriesMA1.setPen(pen)
self.chart.addSeries(seriesMA1)
seriesMA1.attachAxis(self.__axisX)
seriesMA1.attachAxis(self.__axisY)

seriesMA2 = QLineSeries()
seriesMA2.setName("MA10")
pen.setColor(Qt.yellow)
seriesMA2.setPen(pen)
self.chart.addSeries(seriesMA2)
seriesMA2.attachAxis(self.__axisX)
seriesMA2.attachAxis(self.__axisY)

seriesMA3 = QLineSeries()
seriesMA3.setName("MA20")
pen.setColor(Qt.cyan)
seriesMA3.setPen(pen)
self.chart.addSeries(seriesMA3)
seriesMA3.attachAxis(self.__axisX)
seriesMA3.attachAxis(self.__axisY)

seriesMA4 = QLineSeries()
seriesMA4.setName("MA60")
pen.setColor(Qt.green)
seriesMA4.setPen(pen)
self.chart.addSeries(seriesMA4)
seriesMA4.attachAxis(self.__axisX)
seriesMA4.attachAxis(self.__axisY)
```

3. 填充数据到序列

```
dataRowCount=self.itemModel.rowCount()        #数据点个数
for i in range(dataRowCount):
    dateStr=self.itemModel.item(i,0).text()        #字符串，如"2018/02/03"
    dateValue=QDate.fromString(dateStr,"yyyy/MM/dd")      #类型 QDate
    dtValue=QDateTime(dateValue)    #日期时间 QDateTime
    timeStamp=dtValue.toMSecsSinceEpoch()       #时间戳，毫秒数

    oneCandle= QCandlestickSet()    #一个蜡烛对象
    oneCandle.setOpen(float(self.itemModel.item(i,1).text()))    #开盘
    oneCandle.setHigh(float(self.itemModel.item(i,2).text()))    #最高
    oneCandle.setLow(float(self.itemModel.item(i,3).text()))     #最低
    oneCandle.setClose(float(self.itemModel.item(i,4).text()))   #收盘
    oneCandle.setTimestamp(timeStamp)    #时间戳
    seriesCandle.append(oneCandle)        #添加到序列

    M1=float(self.itemModel.item(i,5).text())       #滑动平均值
    M2=float(self.itemModel.item(i,6).text())
    M3=float(self.itemModel.item(i,7).text())
    M4=float(self.itemModel.item(i,8).text())
    seriesMA1.append(timeStamp,M1)
    seriesMA2.append(timeStamp,M2)
    seriesMA3.append(timeStamp,M3)
    seriesMA4.append(timeStamp,M4)
```

```
## 4．设置 X 坐标轴范围
    minDateStr=self.itemModel.item(0,0).text()        #字符串，如"2017/02/03"
    minDate=QDate.fromString(minDateStr,"yyyy/MM/dd")    #类型 QDate
    minDateTime=QDateTime(minDate)        #最小日期时间，QDateTime
    maxDateStr=self.itemModel.item(dataRowCount-1,0).text()
    maxDate=QDate.fromString(maxDateStr,"yyyy/MM/dd")
    maxDateTime=QDateTime(maxDate)        #最大日期时间
    self.__axisX.setRange(minDateTime,maxDateTime)      #日期时间范围
    dateFormat=self.ui.comboDateFormat.currentText()    #格式，如"MM-dd"
    self.__axisX.setFormat(dateFormat)        #标签格式
    self.__axisY.applyNiceNumbers()        #y 轴
    for marker in self.chart.legend().markers():    #QLegendMarker 类型列表
        marker.clicked.connect(self.do_LegendMarkerClicked)
```

这段程序比较长，分为以下几个功能部分。

（1）创建蜡烛图序列

创建了 QCandlestickSeries 类对象 seriesCandle，做了一些属性设置，特别是设置上涨型和下跌型蜡烛的颜色。

（2）创建了 4 个 QLineSeries 序列

创建了 4 个 QLineSeries 序列，用于显示 4 个滑动平均数据曲线。

（3）为序列填充数据

为 QCandlestickSeries 序列添加 QCandlestickSet 对象，以及为 QLineSeries 序列添加数据点时，都需要用到时间戳数据。首先将数据模型里的日期字符串，如"2018/02/03"转换为 QDateTime 类型变量 dtValue，再将其转换为一个浮点数 timeStamp 表示的时间戳，即

```
    timeStamp=dtValue.toMSecsSinceEpoch()        #时间戳，毫秒数
```

QDateTime.toMSecsSinceEpoch()函数是将 QDateTime 型表示的日期时间转换为一个长整型数，这个数表示从 1970-01-01 00:00:00.000 到这个日期时间的毫秒数（基于 UTC 时间）。QDateTime还有另一个函数 fromMSecsSinceEpoch(msecs)可以将毫秒数 msecs 转换为 QDateTime 表示的日期时间。

每个 QCandlestickSet 对象都调用 setTimestamp(timeStamp)设置时间戳，QLineSeries 序列添加数据点时用 timeStamp 作为横坐标数据。

（4）蜡烛图序列关联的槽函数

为蜡烛图序列 seriesCandle 的 clicked()和 hovered()两个信号关联了槽函数,关联的两个槽函数的代码如下：

```
def do_candleClicked(self,dataSet):        ##点击某个蜡烛时触发
    valOpen=dataSet.open()
    valClose=dataSet.close()
    valHigh=dataSet.high()
    valLow=dataSet.low()
    price="开盘%.2f, 收盘%.2f, 最高%.2f, 最低%.2f"%(
            valOpen,valClose,valHigh,valLow)
    timeStamp=dataSet.timestamp()        #时间戳数据
    dt=QDateTime.fromMSecsSinceEpoch(timeStamp)
    dateStr=dt.toString("yyyy-MM-dd, ")
    self.__labClickXY.setText(dateStr+price)

def do_candleHovered(self,status,dataSet):        ##移入/离开某个蜡烛时触发
```

```
      if status==False:
          self.__labHoverXY.setText("Hovered candle")
          return
      valOpen=dataSet.open()
      valClose=dataSet.close()
      valHigh=dataSet.high()
      valLow=dataSet.low()
      price="开盘%.2f, 收盘%.2f, 最高%.2f, 最低%.2f"%(
              valOpen,valClose,valHigh,valLow)
      timeStamp=dataSet.timestamp()        #时间戳数据
      dt=QDateTime.fromMSecsSinceEpoch(timeStamp)
      dateStr=dt.toString("yyyy-MM-dd, ")
      self.__labHoverXY.setText(dateStr+price)
```

这两个槽函数的参数 dataSet 都是当前的蜡烛对象, 是 QCandlestickSet 类型变量。通过其 4 个函数可以获得 4 个价格数据, 通过 timestamp()函数可以获得时间戳数据, 再用 QDateTime 的类函数 fromMSecsSinceEpoch()将此时间戳数据转换为 QDateTime 类型的变量, 就可以使用 QDateTime.toString()函数转换为日期字符串了。

（5）蜡烛图序列的图例标签

在函数 __drawChart()的代码最后还为图例标记关联了槽函数, 此槽函数的功能与示例 Demo12_3 中的一样, 这里不再列出其代码。点击图例的标记时, QLineSeries 序列可以显示或隐藏, 但是蜡烛图序列总是无法隐藏, 这是 QCandlestickSeries 类本身的特点。

界面上设置图表主题、设置 QValueAxis 坐标轴范围等功能在前面的示例里有涉及, 这里不再列出其代码。对蜡烛图的两个属性的设置, 以及 QDateTimeAxis 坐标轴的两个属性设置的代码如下:

```
## ======蜡烛图属性设置======
@pyqtSlot(bool)      ##capsVisible
def on_chkBox_Caps_clicked(self,checked):
   seriesCandle =self.chart.series()[0]
   seriesCandle.setCapsVisible(checked)

@pyqtSlot(bool)      ##bodyOutlineVisible
def on_chkBox_Outline_clicked(self,checked):
   seriesCandle =self.chart.series()[0]
   seriesCandle.setBodyOutlineVisible(checked)

##======x 轴--QDateTimeAxis 属性设置=======
@pyqtSlot(str)       ##标签格式
def on_comboDateFormat_currentIndexChanged(self,arg1):
   self.__axisX.setFormat(arg1)

@pyqtSlot(int)       ##分度数
def on_btnX_Ticks_valueChanged(self,arg1):
   self.__axisX.setTickCount(arg1)
```

12.7 区域填充图

12.7.1 功能概述

PyQtChart 模块中的 QAreaSeries 是一个用于绘制区域填充图形的序列类, 它的一种形式的构造函数原型如下:

```
QAreaSeries(upperSeries, lowerSeries: QLineSeries = None)
```

其中的 upperSeries 和 lowerSeries 都是 QLineSeries 对象。upperSeries 曲线表示区域的上界，lowerSeries 曲线表示区域的下界，实际上并不要求 upperSeries 曲线上的值都大于 lowerSeries 曲线上的值，只要是这两个曲线之间的区域都被填充。如果不指定 lowerSeries，就以零值线作为下界。

QAreaSeries 绘制的填充图形可以突出地表示一个区域，使用 QAreaSeries 可以实现一些特殊的数据可视化，例如平面数据点的 Delaunay 三角形剖分显示，每个三角形用不同的颜色填充，又例如地震波形显示时的正半部分或负半部分用填充显示。

图 12-20 是示例 Demo12_7 运行时界面。它用 4 种方式显示一段地震波数据，地震波数据已经去直流，即均值为零。图 12-20 显示的曲线是正半部分填充的，还可以显示负半部分填充的，或正、负都填充的，3 种填充显示方式都用到了 QAreaSeries 序列类。QAreaSeries 类的主要接口函数如表 12-14 所示，表中只列出了函数名，函数的详细定义请参考 Qt 帮助文档。

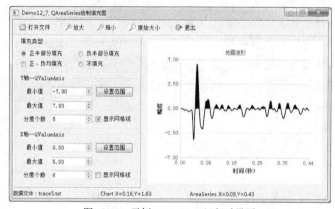

图 12-20　示例 Demo12_7 运行时界面

表 12-14　QAreaSeries 类的主要接口函数

分组	函数	功能描述
数据	setUpperSeries()	设置一个 QLineSeries 序列作为区域上界
	setLowerSeries()	设置一个 QLineSeries 序列作为区域下界
外观	setColor()	设置区域填充颜色，这是设置画刷颜色的简便方法
	setBrush()	设置区域填充的画刷，可以使用渐变填充
	setBorderColor()	设置序列的画笔颜色
	setPen()	设置绘制区域边界的画笔

可以在 QAreaSeries 的构造函数里设定上界和下界 QLineSeries 对象，也可以调用函数 setUpperSeries() 和 setLowerSeries() 分别设定上界曲线和下界曲线。

QAreaSeries 绘制的填充区域的外观属性主要是填充颜色和边线颜色，还可以使用渐变填充。

12.7.2　界面和图表初始化

本示例的主窗体 UI 文件是 MainWindow.ui，窗体上的图表视图组件使用的是 QmyChartView 类，将示例 Demo12_3 目录下的 myChartView.py 文件复制到本示例目录下即可。在可视化设计主窗体 UI 文件 MainWindow.ui 时，在窗体上放置一个 QGraphicsView 组件，然后提升为 QmyChartView 类，组件的提升法设置参考图 12-14。MainWindow.ui 窗体上其他组件的命名和布局参见示例源文件。

在窗体业务逻辑类 QmyMainWindow 的构造函数里完善窗体界面，并进行图表的初始化，构造函数及部分相关代码如下：

```python
import sys
from PyQt5.QtWidgets import QApplication, QMainWindow, QLabel,QFileDialog
from PyQt5.QtCore import  Qt, pyqtSlot, QDir, QFileInfo
from PyQt5.QtGui import QPen, QPainter
from PyQt5.QtChart import QChart,QLineSeries,QValueAxis, QAreaSeries

from ui_MainWindow import Ui_MainWindow
class QmyMainWindow(QMainWindow):
    def __init__(self, parent=None):
        super().__init__(parent)
        self.ui=Ui_MainWindow()
        self.ui.setupUi(self)

        self.__buildStatusBar()
        self.ui.chartView.setRenderHint(QPainter.Antialiasing)
        self.ui.chartView.setCursor(Qt.CrossCursor)
        self.ui.chartView.mouseMove.connect(self.do_chartView_mouseMove)
        self.__colorLine=Qt.darkBlue        #曲线颜色
        self.__colorFill=Qt.darkBlue        #填充颜色
        self.__iniChart()       #创建 self.chart
## "填充类型" 4 个 RadioButton 关联槽函数
        self.ui.radioFill_Pos.clicked.connect(self.do_redrawFill)
        self.ui.radioFill_Neg.clicked.connect(self.do_redrawFill)
        self.ui.radioFill_Both.clicked.connect(self.do_redrawFill)
        self.ui.radioFill_None.clicked.connect(self.do_redrawWave)

    def __buildStatusBar(self):         ##创建状态栏上的 QLabel 对象
        self.__labFileName = QLabel("数据文件")
        self.__labFileName.setMinimumWidth(200)
        self.ui.statusBar.addWidget(self.__labFileName)
        self.__labChartXY = QLabel("Chart, X=, Y=")
        self.__labChartXY.setMinimumWidth(200)
        self.ui.statusBar.addWidget(self.__labChartXY)
        self.__labAreaXY = QLabel("AreaSeries, X=, Y=")
        self.__labAreaXY.setMinimumWidth(200)
        self.ui.statusBar.addWidget(self.__labAreaXY)

    def do_chartView_mouseMove(self,point):     ##鼠标移动时显示坐标
        pt=self.ui.chartView.chart().mapToValue(point)
        self.__labChartXY.setText("Chart X=%.2f,Y=%.2f"%(pt.x(),pt.y()))

    def __iniChart(self):       ##初始化图表
        self.chart = QChart()
        self.chart.setTitle("地震波形")
        self.chart.legend().setVisible(False)       #不显示图例
        self.ui.chartView.setChart(self.chart)
## 创建坐标轴 x
        self.__axisX = QValueAxis()
        self.__axisX.setTitleText("时间(秒)")
        self.__axisX.setRange(0, 10)
```

```
            self.__axisX.setTickCount(10)
            self.__axisX.setLabelFormat("%.2f")
            self.chart.addAxis(self.__axisX,Qt.AlignBottom)
##  创建坐标轴 y
            self.__axisY = QValueAxis()
            self.__axisY.setTitleText("幅度")
            self.__axisY.setRange(-5,5)
            self.__axisY.setTickCount(5)
            self.__axisY.setLabelFormat("%.2f")
            self.chart.addAxis(self.__axisY,Qt.AlignLeft)
```

构造函数里调用自定义函数__iniChart()进行图表初始化，图表初始化只是创建了 QChart 对象和坐标轴，并未创建绘图序列。

为界面上"填充类型"分组框里的 4 个 RadioButton 的 clicked()信号设置了关联的槽函数，其中 3 个绘制填充图形的按钮关联的槽函数是相同的。do_redrawFill()和 do_redrawWave()这两个函数在后面解释。

12.7.3 绘图功能的实现

1. 打开数据文件

程序运行时点击窗口工具栏上的"打开文件"按钮，打开子目录"\seismicData"下的一个纯文本数据文件。这些数据文件只有一列，是从实际的地震监测数据中导出的部分数据点，数据采样频率是 1000Hz。"打开文件"按钮关联的槽函数代码如下：

```
@pyqtSlot()       ##"打开文件"按钮
def on_actOpen_triggered(self):
    curPath=QDir.currentPath()        #获取当前路径
    filename,flt=QFileDialog.getOpenFileName(self,"打开一个文件",curPath,
                 "地震数据文件(*.txt);;所有文件(*.*)")
    if (filename==""):
        return
    aFile=open(filename,'r')
    allLines=aFile.readlines()        #读取所有行，list 类型，每行末尾带有\n
    aFile.close()
    fileInfo=QFileInfo(filename)
    QDir.setCurrent(fileInfo.absolutePath())
    self.__labFileName.setText("数据文件: "+fileInfo.fileName())

    rowCnt=len(allLines)              #行数，即数据点数
    self.__vectData=[0]*rowCnt        #数据列表
    for i in range(rowCnt):
        lineText=allLines[i].strip()       #字符串表示的数字
        self.__vectData[i]=float(lineText)
    minV=min(self.__vectData)
    self.ui.spinY_Min.setValue(minV)
    maxV=max(self.__vectData)
    self.ui.spinY_Max.setValue(maxV)

    if self.ui.radioFill_None.isChecked():
        self.do_redrawWave()          #绘制波形曲线
    else:
        self.do_redrawFill()          #绘制有填充的波形
    self.ui.frameSetup.setEnabled(True)
```

因为文件只有 1 列数据，所以数据解析很简单，读取的数据保存到列表变量 self.__vectData 里。数据读取出来后，根据界面上"填充类型"4 个 RadioButton 的选择情况调用不同的函数绘图。

2. 绘制无填充曲线

自定义槽函数 do_redrawWave()绘制无填充的数据曲线，其代码如下：

```
@pyqtSlot()      ##绘制原始波形曲线
def do_redrawWave(self):
    self.chart.removeAllSeries()       #删除所有序列
    pen=QPen(self.__colorLine)         #曲线颜色
    pen.setWidth(2)
    seriesWave = QLineSeries()
    seriesWave.setUseOpenGL(True)      #使用 openGL
    seriesWave.setPen(pen)
    vx=0
    intv=0.001     #1000Hz 采样
    pointCount=len(self.__vectData)
    for i in range(pointCount):
        value=self.__vectData[i]
        seriesWave.append(vx,value)
        vx =vx+ intv
    self.__axisX.setRange(0,vx)
    self.chart.addSeries(seriesWave)
    seriesWave.attachAxis(self.__axisX)
    seriesWave.attachAxis(self.__axisY)
```

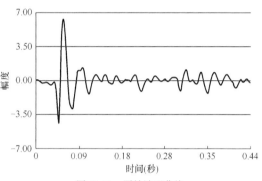

无填充曲线就是数据的原始波形曲线，使用 QLineSeries 序列，并且开启了 openGL 加速，在数据点较多时可以加快绘图速度。与图 12-20 中对应的原始波形曲线如图 12-21 所示。

图 12-21　原始波形曲线

3. 绘制填充曲线

自定义槽函数 do_redrawFill()绘制 3 种填充曲线，其代码如下：

```
@pyqtSlot()      ##绘制 3 种填充曲线
def do_redrawFill(self):
    self.chart.removeAllSeries()          #删除所有序列
    pen=QPen(self.__colorLine)            #线条颜色
    pen.setWidth(2)

    seriesFullWave = QLineSeries()        #全波形
    seriesFullWave.setUseOpenGL(True)
    seriesFullWave.setPen(pen)
    seriesPositive = QLineSeries()        #正半部分曲线
    seriesPositive.setUseOpenGL(True)
    seriesPositive.setVisible(False)      #不显示
    seriesNegative = QLineSeries()        #负半部分曲线
    seriesNegative.setUseOpenGL(True)
    seriesNegative.setVisible(False)      #不显示即可
    seriesZero = QLineSeries()            #零值线
    seriesZero.setUseOpenGL(True)
    seriesZero.setVisible(False)          #不显示即可

## 填充数据
    vx=0
    intv=0.001     ##1000Hz 采样，数据点间隔时间
```

```
        pointCount=len(self.__vectData)          #数据点数
        for i in range(pointCount):
            value=self.__vectData[i]
            seriesFullWave.append(vx,value)      #完整波形
            seriesZero.append(vx,0)              #零值线
            if value>0:
                seriesPositive.append(vx,value)   #正半部分波形
                seriesNegative.append(vx,0)
            else:
                seriesPositive.append(vx,0)
                seriesNegative.append(vx,value)   #负半部分波形
            vx =vx+intv
        self.__axisX.setRange(0,vx)

##   创建 QAreaSeries 序列，设置上、下界的 QLineSeries 对象
        pen.setStyle(Qt.NoPen)          #无线条，隐藏填充区域的边线
        if self.ui.radioFill_Pos.isChecked():     #positive fill
            series = QAreaSeries(seriesPositive, seriesZero)   #QAreaSeries
            series.setColor(self.__colorFill)     #填充色
            series.setPen(pen)          #不显示线条
            self.chart.addSeries(series)
            series.attachAxis(self.__axisX)
            series.attachAxis(self.__axisY)
        elif self.ui.radioFill_Neg.isChecked():    #negative fill
            series = QAreaSeries(seriesZero,seriesNegative)
            series.setColor(self.__colorFill)
            series.setPen(pen)          #不显示线条
            self.chart.addSeries(series)
            series.attachAxis(self.__axisX)
            series.attachAxis(self.__axisY)
        elif self.ui.radioFill_Both.isChecked():    #both fill
            series = QAreaSeries(seriesZero,seriesFullWave)
            series.setColor(self.__colorFill)
            series.setPen(pen)          #不显示线条
            self.chart.addSeries(series)
            series.attachAxis(self.__axisX)
            series.attachAxis(self.__axisY)
        series.clicked.connect(self.do_area_clicked)      #关联槽函数

## QAreaSeries 的两个 QLineSeries 序列必须添加到 chart 里，否则程序会崩溃
        self.chart.addSeries(seriesZero)             #隐藏
        self.chart.addSeries(seriesPositive)         #隐藏
        self.chart.addSeries(seriesNegative)         #隐藏
        self.chart.addSeries(seriesFullWave)         #全波形曲线，显示

        seriesPositive.attachAxis(self.__axisX)
        seriesPositive.attachAxis(self.__axisY)
        seriesNegative.attachAxis(self.__axisX)
        seriesNegative.attachAxis(self.__axisY)
        seriesZero.attachAxis(self.__axisX)
        seriesZero.attachAxis(self.__axisY)
        seriesFullWave.attachAxis(self.__axisX)
        seriesFullWave.attachAxis(self.__axisY)

    def do_area_clicked(self,point):
        self.__labAreaXY.setText("AreaSeries X=%.2f,Y=%.2f"
                            %(point.x(),point.y()))      #状态栏显示
```

为了绘制 3 种填充曲线，程序里创建了 4 个 **QLineSeries** 序列，全部开启 openGL 加速。

- seriesPositive：正半部分曲线，在添加数据点时只添加大于 0 的点，小于等于 0 的点全部设置为 0。该序列设置为不可见。
- seriesNegative：负半部分曲线，在添加数据点时只添加小于或等于 0 的点，大于 0 的点全部设置为 0。该序列设置为不可见。
- seriesZero：零值线，所有数据为 0。该序列设置为不可见。
- seriesFullWave：完整波形曲线。

要绘制不同的填充曲线，在创建 QAreaSeries 序列对象时要使用不同的 QLineSeries 序列作为上界、下界。

- 正半部分填充曲线：使用 seriesPositive 和 seriesZero 作为上界和下界。
- 负半部分填充曲线：使用 seriesZero 和 seriesNegative 作为上界和下界。
- 正、负都填充的曲线：使用 seriesZero 和 seriesFullWave 作为上界和下界。

注意，构成 QAreaScrics 序列的上界和下界的两个 QLineSeries 也需要添加到 QChart 对象里，否则程序会崩溃。代码里将所有序列都添加到了 self.chart 里，稍微有些冗余，但避免了复杂的逻辑判断。程序绘制的正、负都填充的曲线如图 12-22 所示。

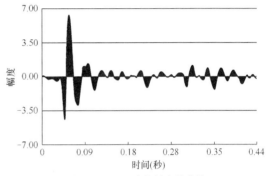

图 12-22　正、负都填充的曲线

程序里还为 QAreaSeries 序列对象 series 的 clicked()信号关联了自定义槽函数 do_area_clicked(point)，参数 point 是 QPointF 类型，此槽函数的功能是显示鼠标点击的点在图表坐标系内的坐标。

12.8　极坐标图

12.8.1　功能概述

前面介绍的各种图形使用的都是笛卡儿坐标系，在数据可视化时有时还会用到极坐标系。PyQtChart 模块中绘制极坐标图要用到 QPolarChart 类，它的父类是 QChart。所以，QPolarChart 是一个图表类，而不是一个序列类。

在 QPolarChart 图上可以使用 QLineSeries、QSplineSeries、QScatterSeries、QAreaSeries 等序列类绘图，可以使用 QValueAxis、QCategoryAxis 等任何坐标轴类作为径向坐标轴或角度坐标轴。

示例 Demo12_8 使用 QPolarChart 和 QSplineSeries 绘制玫瑰线，径向坐标轴和角度坐标轴都使用 QValueAxis 坐标轴类。程序运行时界面如图 12-23 所示。

对于使用 QPolarChart 绘制的极坐标图，有一点需要明确：QPolarChart 绘制的极坐标图，当圆周角度范围是从 0°至 360°时，正北方向为 0°，角度沿顺时针方向递增，所以正东方向是 90°。

这样的角度定义与数学上常用的极坐标的角度定义不一样，这样的极坐标系常用于地理上表示方位，正北向是 NE0°（北偏东零度），正东向是 NE90°。

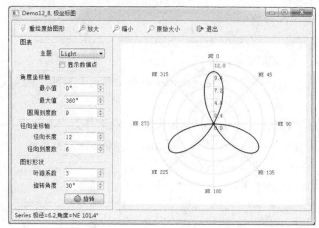

图 12-23 示例 Demo12_8 运行时界面

QPolarChart 的用法与 QChart 基本一样，只是添加坐标轴时有差别。QPolarChart 添加坐标轴的函数 addAxis() 的函数原型是：

```
addAxis(self, axis, polarOrientation)
```

其中，axis 是坐标轴对象，polarOrientation 是枚举类型 QPolarChart.PolarOrientation，表示坐标轴的方位，有两种取值：

- QPolarChart.PolarOrientationRadial（作为径向坐标轴）；
- QPolarChart.PolarOrientationAngular（作为角度坐标轴）。

12.8.2 绘制极坐标图

本示例的主窗体 UI 文件是 MainWindow.ui，窗体上的图表视图组件用 QChartView 类，在界面上放置 QGraphicsView 组件后提升为 QChartView 类。

由于是从 QGraphicsView 类提升为 QChartView 类，UI 文件 MainWindow.ui 编译后生成的文件 ui_MainWindow.py 的倒数第二行需要修改为下面的语句：

```
from PyQt5.QtChart import QChartView
```

UI 文件 MainWindow.ui 窗体上其他组件的命名和布局参见示例源文件。

在窗体业务逻辑类 QmyMainWindow 的构造函数里进行图表的初始化，并绘制玫瑰线，构造函数代码如下：

```
import sys, math
from PyQt5.QtWidgets import  QApplication, QMainWindow,QLabel
from PyQt5.QtCore import  Qt,pyqtSlot
from PyQt5.QtGui import QPen,QPainter
from PyQt5.QtChart import QSplineSeries,QValueAxis,QPolarChart,QChart
```

```
from ui_MainWindow import Ui_MainWindow
class QmyMainWindow(QMainWindow):
    def __init__(self, parent=None):
        super().__init__(parent)
        self.ui=Ui_MainWindow()
        self.ui.setupUi(self)
        self.setWindowTitle("Demo12_8，极坐标图")
        self.__iniChart()      #创建 self.chart
        self.__drawRose()      #绘制曲线
```

构造函数里调用自定义函数__iniChart()进行图表初始化，调用__drawRose()函数绘制玫瑰线。__iniChart()函数的代码如下：

```
def __iniChart(self):      ##图表初始化
    self.chart = QPolarChart()      #极坐标图
    self.chart.legend().setVisible(False)
    self.ui.chartView.setChart(self.chart)
    self.ui.chartView.setRenderHint(QPainter.Antialiasing)
    self.ui.chartView.setCursor(Qt.CrossCursor)

##创建坐标轴
    self.__axisAngle = QValueAxis()            #角度坐标轴
    self.__axisAngle.setRange(0, 360)
    self.__axisAngle.setLabelFormat("NE %.0f")
    self.__axisAngle.setTickCount(9)
##   self.__axisAngle.setReverse(True)         #只适用于笛卡儿坐标系
    self.chart.addAxis(self.__axisAngle,
                    QPolarChart.PolarOrientationAngular)
    self.__axisRadial = QValueAxis()           #径向坐标轴
    self.__axisRadial.setTickCount(6)
    self.__axisRadial.setLabelFormat("%.1f")
    self.chart.addAxis(self.__axisRadial,
                    QPolarChart.PolarOrientationRadial)

##创建 QSplineSeries 序列曲线
    pen=QPen(Qt.blue)
    pen.setWidth(2)
    seriesSpLine = QSplineSeries()
    seriesSpLine.setPen(pen)
    seriesSpLine.setPointsVisible(True)         #数据点可见
    seriesSpLine.hovered.connect(self.do_series_hovered)
    self.chart.addSeries(seriesSpLine)
    seriesSpLine.attachAxis(self.__axisAngle)
    seriesSpLine.attachAxis(self.__axisRadial)

def do_series_hovered(self,point,state):
    info="Series 极径=，角度="
    if state:
        info="Series 极径=%.1f,角度=NE %.1f°"%(point.y(),point.x())
    self.ui.statusBar.showMessage(info)
```

这段程序创建了 QPolarChart 类对象 self.chart，并创建了两个 QValueAxis 类的坐标轴，分别用作角度坐标轴和径向坐标轴。注意，用于极坐标系的坐标轴不能反向，也就是 QValueAxis.setReverse()函数是无效的。

角度坐标轴的数据单位是度，数据范围不一定是 0°～360°，而可以是任意范围，如−180°～360°，但是正北向必然是最小角度，沿顺时针方向递增，闭合一周到正北向是最大值。极坐标的角度范围一般用 0°～360°表示完整的一周。

曲线序列使用的是 QSplineSeries 类, 并为其 hovered()信号关联了槽函数, 在槽函数里传递的参数 point 就是序列在极坐标系里的坐标点, 包含极径和角度信息。

函数__drawRose()用于绘制曲线, 其代码如下:

```
def __drawRose(self):        ##绘制玫瑰线
    series0=self.chart.series()[0]
    series0.clear()
    theta=0.0        #角度
    delta=5.0        #角度变化量
    R=10.0           #最大长度
    N=self.ui.spinCount.value()     #花瓣数

    cnt=1+math.ceil(360/delta)      #数据点个数
    for i in range(cnt):
        ang=math.radians(theta)     #角度转换为弧度
        rho=R*math.cos(N*ang)
        series0.append(theta,rho)   #数据点: 角度、长度
        theta =theta+delta
    self.__axisRadial.setRange(0, 2+R)
```

这个函数绘制多叶玫瑰线, 界面上 QSpinBox 组件的 spinCount 的值控制花瓣个数。玫瑰线的数学方程是:

$$r = R \cdot \cos(N \cdot \theta)$$

其中, R 是花瓣最大长度, 程序中取为 10, N 是花瓣个数, θ是角度, $\theta \in [0, 2\pi]$, r 是计算出的极径。

将计算的一系列角度和极径添加到序列里, 就自动在极坐标系里绘制出曲线。

注意, 由于 QPolarChart 极坐标系的起点角度和递增方向与数学上常用的极坐标系的定义不同, 因此本示例绘制出来的玫瑰线与常规的不同, 例如在 Matlab 中用 polarplot()函数绘制的三叶曲线与本示例绘制的三叶曲线不同。

12.8.3 其他功能的实现

工具栏上的按钮, 以及窗口左侧控制面板上的一些组件的槽函数代码如下:

```
##=====工具栏按钮=====
@pyqtSlot()     ##重画曲线
def on_actRedraw_triggered(self):
    self.ui.spinAngle_Min.setValue(0)
    self.ui.spinAngle_Max.setValue(360)
    self.__drawRose()

@pyqtSlot()     ##放大
def on_actZoomIn_triggered(self):
    self.ui.chartView.chart().zoom(1.2)

@pyqtSlot()     ##缩小
def on_actZoomOut_triggered(self):
    self.ui.chartView.chart().zoom(0.8)
```

```python
@pyqtSlot()        ##恢复原始大小
def on_actZoomReset_triggered(self):
    self.ui.chartView.chart().zoomReset()


##=====图表外观控制=====
@pyqtSlot(int)        ##主题
def on_comboTheme_currentIndexChanged(self,index):
    self.ui.chartView.chart().setTheme(QChart.ChartTheme(index))


@pyqtSlot(bool)      ##显示数据点
def on_chkBox_ShowPoints_clicked(self,checked):
    series=self.ui.chartView.chart().series()[0]
    series.setPointsVisible(checked)


##=====角度坐标轴设置 =======
@pyqtSlot(int)        ##设置最小值
def on_spinAngle_Min_valueChanged(self, arg1):
    self.__axisAngle.setMin(arg1)


@pyqtSlot(int)        ##设置最大值
def on_spinAngle_Max_valueChanged(self, arg1):
    self.__axisAngle.setMax(arg1)


@pyqtSlot(int)        ##圆周刻度数
def on_spinAngle_Ticks_valueChanged(self,arg1):
    self.__axisAngle.setTickCount(arg1)


##=====径向坐标轴设置 ======
@pyqtSlot(int)        ##设置坐标范围
def on_spinRadial_Max_valueChanged(self,arg1):
    self.__axisRadial.setMax(arg1)


@pyqtSlot(int)        ##径向刻度数
def on_spinRadial_Ticks_valueChanged(self,arg1):
    self.__axisRadial.setTickCount(arg1)


##=====曲线形状=====
@pyqtSlot(int)        ##花瓣个数
def on_spinCount_valueChanged(self,value):
    self.__drawRose()


@pyqtSlot()          ##曲线旋转
def on_btnRotate_clicked(self):
    dltAng=self.ui.spinRotate.value()          #旋转的角度，顺时针方向为正
    series0=self.chart.series()[0]             #获取序列
    pointCount=len(series0.pointsVector())     #数据点个数
    for i in range(pointCount):
        pt=series0.pointsVector()[i]           #QPointF
        ang=pt.x()+dltAng      #角度
        if ang>=360:
            ang=ang-360
        elif ang<0:
            ang=360+ang
        series0.replace(i,ang,pt.y())
```

用于图表主题设置、图表缩放和坐标轴设置的代码与前面示例的都相同，但是极坐标图与 QChart 图表的缩放效果不同。极坐标图的放大是通过缩小角度坐标轴的范围实现放大，如原来的角度坐标轴的范围是 0°～360°，放大后的范围变为 30°～330°，超出角度范围的曲线不会被显示；

反之，极坐标图的缩小就是通过扩大角度坐标轴的范围，使原来的曲线变形。在极坐标图上无法使用鼠标框选范围进行放大。

曲线旋转的功能是根据界面上 QSpinBox 组件 spinRotate 里输入的角度值对曲线进行旋转，角度为正时顺时针旋转，反之就逆时针旋转。极坐标曲线的旋转只需改变数据点的角度，无须改变极径。由于角坐标轴的范围是 0°～360°，超过范围的数据点不会显示，因此旋转时要将角度修正到这个范围里来。

在 QPolarChart 上绘制曲线时还有一个问题，如果序列上相邻两个点之间的角度差超过 180°，两个点之间的连线将不会被画出来，而是会与极坐标系的中心点之间画一个连线。在对曲线进行旋转时，在 0° 线的附近正好有两个点跨越 0° 时角度差大于 180°，就属于这种情况。

## 第13章

PyQtDataVisualization 三维绘图

Data Visualization 是 Qt 中的一个三维数据可视化模块，可以绘制三维柱状图、三维散点图、三维曲面等。Data Visualization 模块的功能虽然不能和一些专业的三维图形类库（如 VTK）相提并论，但是它简单易用，对于简单的三维数据显示是比较实用的。PyQt5 中并没有 Data Visualization 模块，需要单独安装 PyQtDataVisualization 包。

本章首先介绍 PyQtDataVisualization 模块的基本组成和主要类的功能，然后介绍三维柱状图、三维散点图和三维曲面的绘制方法。

13.1 PyQtDataVisualization 模块概述

13.1.1 模块安装与导入

Data Visualization 是 Qt 类库的一部分，但是安装的 PyQt5 里并没有这个模块，需要单独安装 PyQtDataVisualization 包。PyQtDataVisualization 也是 Riverbank 出品的，其最新的版本与 PyQt5 一致。要安装 PyQtDataVisualization，只需在 Windows 的 cmd 窗口里执行下面的命令：

```
pip3 install PyQtDataVisualization
```

这样将会自动从 PyPI 网站上下载安装最新版本的 PyQtDataVisualization。本书使用的版本是 PyQtDataVisualization 5.12。

PyQtDataVisualization 安装后的类都在 PyQt5.QtDataVisualization 模块中，所以程序中要使用其中的类时，import 语句示例如下：

```
from PyQt5.QtDataVisualization import Q3DBars, QBar3DSeries
```

13.1.2 模块中主要的类

PyQtDataVisualization 的三维绘图功能主要由三种三维图表类实现，分别是三维柱状图类 Q3DBars、三维散点图类 Q3DScatter 和三维曲面类 Q3DSurface。这三个类的父类是 QAbstract3DGraph，它是从 QWindow 继承而来的，继承关系如图 13-1 所示。

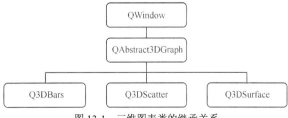

图 13-1　三维图表类的继承关系

一个三维图也是由图表、序列、坐标轴等元素组成的。Q3DBars、Q3DScatter、Q3DSurface 相当于 PyQtChart 中的 QChart，而每一种三维图表对应一种三维序列，三种三维序列类的继承关系如图 13-2 所示。

一种序列类只能用于一种三维图表类，例如 QBar3DSeries 只能作为三维柱状图 Q3DBars 的序列，而不能作为三维散点图 Q3DScatter 的序列。在一个图中可以有多个同类型的序列，例如三维曲面图 Q3DSurface 中可以有多个 QSurface3DSeries 序列，用于显示不同的曲面。

有两种坐标轴类可应用于三维图表，其中 QValue3DAxis 是数值型坐标轴，QCategory3DAxis 是文字类别坐标轴，它们都继承自 QAbstract3DAxis（如图 13-3 所示）。

图 13-2 三维图表序列类的继承关系　　　　图 13-3 三维图表坐标轴类的继承关系

PyQtDataVisualization 模块中有数据代理（data proxy）类。数据代理类就是与序列对应，用于存储序列的数据的类。因为三维图表类型不一样，存储数据的结构也不一样，例如三维散点序列 QScatter3DSeries 存储的是三维数据点的空间坐标，只需要用一维数组或列表就可以存储这些数据，而 QSurface3DSeries 序列存储的数据点在水平面上是用网格划分的，需要二维数组才可以存储相应的数据。为此，对于每一种序列，都有一个数据代理类，它们都继承自 QAbstractDataProxy，每个数据代理类还有一个基于项数据模型的数据代理子类（如图 13-4 所示）。

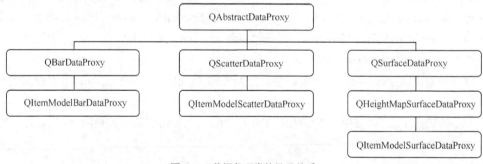

图 13-4 数据代理类的继承关系

对于三维曲面序列 QSurface3DSeries，还有一个专门用于显示地图高程数据的数据代理类 QHeightMapSurfaceDataProxy，可以将一个图片表示的高程数据显示为三维曲面。用户也可以根据需要从 QAbstractDataProxy 继承，定义自己的数据代理类。

一个完整的三维图表就由这些类的对象组成，例如对于一个三维散点图，其基本组成是：Q3DScatter 作为图表类；QScatter3DSeries 作为序列类；QScatterDataProxy 作为序列的数据代理类，用于存储空间散点的坐标数据。三个坐标轴都是数值数据，所以都使用 QValue3DAxis 类。

后面各节将具体介绍 PyQtDataVisualization 模块中的三维柱状图、三维散点图、三维曲面图的绘图编程方法。

13.2　三维柱状图

13.2.1　功能概述

示例 Demo13_1 使用 Q3DBars 图表类和 QBar3DSeries 序列类绘制一个三维柱状图,并在界面上对其一些常见属性和操作进行控制,程序运行时界面如图 13-5 所示。

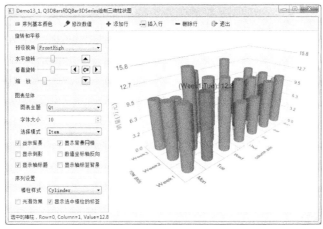

图 13-5　示例 Demo13_1 运行时界面

图 13-5 的窗口右侧是用 Q3DBars 和 QBar3DSeries 绘制的三维柱状图,这个图只有一个 QBar3DSeries 序列,数据是按行存储的,可以有多行。水平方向是行坐标轴和列坐标轴,使用 QCategory3DAxis 坐标轴类;垂直方向是数值坐标轴,使用 QValue3DAxis 坐标轴类。在图表上点击一个棒柱时,可以在图上显示其行标签、列标签和数值,在状态栏上还会显示其行编号、列编号和数值。

窗口工具栏上的按钮用于修改柱状图棒柱的基本颜色,修改选中棒柱的数值,添加、插入或删除行。窗口左侧是图形操作和属性设置的面板,分为以下多个组。

- “旋转和平移”组:可以选择预设的三维图表观察视角,可以通过 Slider 组件进行水平旋转、垂直旋转和缩放。在图形上按住鼠标右键时上下、左右拖动可以进行水平和垂直方向的旋转,鼠标滚轮滚动可以进行缩放。分组框里的 4 个带箭头的按钮用于对三维柱状图在上、下、左、右 4 个方向上平移,中间一个按钮用于复位视角。
- “图表总体”组:用于设置图表主题、标签字体大小、棒柱选择模式,以及设置各种图表元素的可见性和显示效果。
- “序列设置”组:设置序列的一些属性,如棒柱的形状、光滑效果等。

13.2.2　窗体可视化设计

本示例主窗体 UI 文件是 MainWindow.ui,可视化设计完成的 UI 如图 13-6 所示。可视化设计时只设计了工具栏、左侧面板等部分,窗体右侧的区域不放置任何组件,用于在窗体业务逻辑类 QmyMainWindow 的构造函数里创建三维图表。

由于三维图表类 Q3DBars、Q3DScatter 和 Q3DSurface 都是从 QWindow 继承而来的（如图 13-1 所示），不能简单使用 QWidget 组件作为 Q3DBars 图表的容器，而需要在代码中使用 QWidget 的类函数 createWindowContainer()创建 QWidget 对象作为 Q3DBars 的容器。

窗体左侧的控制面板是一个 QFrame 对象，命名为 frameSetup。

"旋转和平移"分组框里用于平移的 5 个 ToolButton 按钮在一个 QFrame 组件里网格布局，4 个方向按钮上的图标使用的不是资源文件里的图标，QToolButton 有一个 arrowType 属性，在可视化设计时修改此属性就可以出现相应的方向图标。

界面上"选择模式"下拉列表框的可选条目在可视化设计时直接输入，图 13-6 中显示了其列表内容。"棒柱样式"下拉列表框用于选择棒柱的样式，也在可视化设计时直接输入其列表内容。

图 13-6　可视化设计时的 MainWindow.ui 界面

窗体上其他组件的命名、布局和属性设置详见示例源文件 MainWindow.ui。

13.2.3　初始化创建三维柱状图

在窗体业务逻辑类 QmyMainWindow 的构造函数里完善界面，创建三维图表。构造函数及部分相关代码如下：

```
import sys,random
from PyQt5.QtWidgets import  (QApplication, QMainWindow, QWidget,
                             QSplitter, QColorDialog,QInputDialog)
from PyQt5.QtCore import  pyqtSlot,Qt
from PyQt5.QtGui import QVector3D
from PyQt5.QtDataVisualization import *

from ui_MainWindow import Ui_MainWindow
class QmyMainWindow(QMainWindow):
    def __init__(self, parent=None):
        super().__init__(parent)
        self.ui=Ui_MainWindow()
        self.ui.setupUi(self)

        self.ui.sliderZoom.setRange(10,500)     #默认缩放范围，100=原始大小
        self.ui.sliderH.setRange(-180,180)      #水平旋转角度范围
        self.ui.sliderV.setRange(-180,180)      #垂直旋转角度范围

        self.__iniGraph3D()        #创建图表
        splitter=QSplitter(Qt.Horizontal)
        splitter.addWidget(self.ui.frameSetup)      #左侧控制面板
        splitter.addWidget(self.__container)        #右侧图表
        self.setCentralWidget(splitter)
```

在 import 部分直接导入了 PyQt5.QtDataVisualization 的全部内容，因为程序中要导入的类比

较多，如果逐一导入需要写多行。

调用自定义函数__iniGraph3D()创建并绘制图表，在这个函数里会创建一个 QWidget 对象 self.__container 作为图表的容器。后面的程序创建水平分割条，将界面上的控制面板 frameSetup 和刚创建的 self.__container 分割布局，然后填充整个主窗口工作区。

自定义函数__iniGraph3D()及相关函数的代码如下：

```
def __iniGraph3D(self):          ##创建 3D 图表
    self.graph3D = Q3DBars()
    self.__container = QWidget.createWindowContainer(self.graph3D)
    camView=Q3DCamera.CameraPresetFrontHigh      #预设视角
    self.graph3D.scene().activeCamera().setCameraPreset(camView)      #视角
    self.graph3D.activeTheme().setLabelBackgroundEnabled(False)

##创建坐标轴
    axisV=QValue3DAxis()                 #数值坐标轴
    axisV.setTitle("销量(万元)")
    axisV.setTitleVisible(True)                 #轴标题可见
    axisV.setLabelFormat("%.1f")                #轴标签格式
    self.graph3D.setValueAxis(axisV)            #设置数值坐标轴

    axisRow=QCategory3DAxis()                    #文字类别型坐标轴
    axisRow.setTitle("row axis")
##      rowLabs=["Week1" , "Week2", "Week3"]
##      axisRow.setLabels(rowLabs)      #设置行标签，也可以在 dataProxy 里设置
    axisRow.setTitleVisible(True)
    self.graph3D.setRowAxis(axisRow)            #设置行坐标轴

    axisCol=QCategory3DAxis()                    #文字类别型坐标轴
    axisCol.setTitle("column axis")
    colLabs=["Mon", "Tue" , "Wed", "Thur", "Fri", "Sat","Sun"]
##      axisCol.setLabels(colLabs)      #设置列标签，也可以在 dataProxy 里设置
    axisCol.setTitleVisible(True)
    self.graph3D.setColumnAxis(axisCol)         #设置列坐标轴

##创建序列
    self.series = QBar3DSeries()        #三维柱状图序列
    self.series.setMesh(QAbstract3DSeries.MeshCylinder)      #棒柱样式
    self.series.setItemLabelFormat("(@rowLabel,@colLabel): %.1f")
    self.series.setName("3D 柱状图序列")
    self.graph3D.addSeries(self.series)         #添加序列到图表
    self.dataProxy=QBarDataProxy()              #创建数据代理
    for j in range(3):          #3 行
        rowItems= []                # 一行的 QBarDataItem 对象列表
        for i in range(7):          #7 列
            value=random.uniform(8,16)          #均匀分布
            item=QBarDataItem(value)            #每个棒柱对应一个 QBarDataItem 对象
            rowItems.append(item)
        rowStr="Week%d"%(j+1)       #行标签
        self.dataProxy.addRow(rowItems,rowStr)          #添加行及行标签
    self.dataProxy.setColumnLabels(colLabs)             #设置列标签
    self.series.setDataProxy(self.dataProxy)            #设置数据代理
    self.series.selectedBarChanged.connect(self.do_barSelected)

def do_barSelected(self,position):       ##选择一个棒柱时触发
    if position.x()<0 or position.y()<0:        #无选中的棒柱
        self.ui.actBar_ChangeValue.setEnabled(False)
```

```
    return
self.ui.actBar_ChangeValue.setEnabled(True)
bar=self.series.dataProxy().itemAt(position)    #QBarDataItem 对象
info="选中的棒柱, Row=%d, Column=%d, Value=%.1f"%(
      position.x(),position.y(),bar.value())
self.ui.statusBar.showMessage(info)
```

这段程序包括了创建三维柱状图的完整过程，从以下几个方面来理解这段程序。

（1）三维图表的创建

创建 Q3DBars 对象后，必须为其创建一个 QWidget 对象作为容器，即

```
self.graph3D = Q3DBars()
self.__container = QWidget.createWindowContainer(self.graph3D)
```

这里使用 QWidget 的类函数 createWindowContainer()创建一个特殊的 QWidget 对象 self.__container，这样创建的 QWidget 对象才可以作为 QWindow 类组件的容器。

（2）场景和相机

Q3DBars 的父类 QAbstract3DGraph 定义了三维图表的一些基本元素和属性，包括场景、主题、选择模式等。

QAbstract3DGraph.scene()函数返回一个 Q3DScene 对象，它是三维图表的场景对象。在一个三维场景里必须有相机（camera）和光源（light），创建三维图表时会自动创建默认的相机和光源。

- Q3DScene.activeCamera()函数返回场景当前的相机对象，该对象是 Q3DCamera 类型。相机就类似于人的眼睛，通过相机位置的控制可以实现图形的旋转、缩放和平移。

- Q3DScene.activeLight()函数返回场景当前的光源对象，该对象是 Q3DLight 类型，可以设置光源的位置。

（3）坐标轴

Q3DBars 用以下 3 个函数分别设置 3 个坐标轴。

- setValueAxis(axis)：设置一个 QValue3DAxis 类型的对象 axis 作为数值坐标轴，也就是垂直方向的坐标轴。QValue3DAxis 类的函数 setLabelFormat()可以设置轴刻度标签的显示格式。

- setRowAxis(axis)：设置一个 QCategory3DAxis 类型的对象 axis 作为行坐标轴。

- setColumnAxis (axis)：设置一个 QCategory3DAxis 类型的对象 axis 作为列坐标轴。

QCategory3DAxis 的函数 setLabels(labels)可以设置一个字符串列表 labels 作为坐标轴的刻度标签文字。程序里并没有使用这个函数来设置行标签和列标签，而是在数据代理里进行设置，因为要动态增加或减少行。如果柱状图的行数和列数都是固定的，可以使用 QCategory3DAxis.setLabels(labels)函数直接设置坐标轴的刻度标签。

（4）QBar3DSeries 序列

QBar3DSeries 是三维柱状图序列，创建的实例对象 self.series 添加到 Q3DBars 的三维图表里才可以显示。

QBar3DSeries 的函数 setItemLabelFormat(formatStr)用于设置点击一个棒柱后显示标签的内容格式，程序中设置为：

```
self.series.setItemLabelFormat("(@rowLabel,@colLabel): %.1f")
```

格式字符串 formatStr 中可以使用一些标记符号，这些符号的意义如表 13-1 所示。

表 13-1　QBar3DSeries 的 setItemLabelFormat()函数可用的标记符号

标记符号	意义
@rowTitle	行坐标轴的标题
@colTitle	列坐标轴的标题
@valueTitle	数值坐标轴的标题
@rowIdx	可见的行索引号
@colIdx	可见的列索引号
@rowLabel	项所在的行坐标的文字标签
@colLabel	项所在的列坐标的文字标签
@valueLabel	项的数值，显示格式与 QValue3DAxis.labelFormat 相同
@seriesName	序列名称
%<format spec>	指定的数值显示格式，格式规则与 QValue3DAxis.labelFormat 相同

（5）数据代理

与 QBar3DSeries 配套的数据代理类是 QBarDataProxy，它用于存储和管理在 QBar3DSeries 序列中显示的数据。

在三维柱状图中，每一个棒柱对应一个 QBarDataItem 对象。QBarDataProxy 在添加、插入或删除数据时都是按行操作的，所以从程序里可以看到，创建的一行 QBarDataItem 对象先保存在列表变量 rowItems 里，然后用 QBarDataProxy.addRow()函数加入数据代理里，并且设置了一个行标签，即

```
rowStr="Week%d"%(j+1)          #行标签
self.dataProxy.addRow(rowItems,rowStr)      #添加行及行标签
```

添加完所有行对象后，还用数据代理设置了列标签，即：

```
colLabs=["Mon", "Tue" , "Wed", "Thur", "Fri", "Sat","Sun"]
self.dataProxy.setColumnLabels(colLabs)      #设置列标签
```

（6）QBar3DSeries 的 selectedBarChanged()信号

在三维柱状图上点选棒柱，当前棒柱变化时会发射 selectedBarChanged()信号，这个信号的函数原型是：

```
selectedBarChanged(position)
```

其中的参数 position 是 QPoint 类型变量，position.x()表示棒柱的行号，position.y()表示棒柱的列号。

为此信号关联自定义槽函数 do_barSelected()，当点击一个棒柱时在状态栏里显示其信息。有棒柱被选中时，通过 QBarDataProxy 的 itemAt(position)函数可以获得这个棒柱关联的 QBarDataItem 对象，通过 QBarDataItem.value()可以获取其关联的数值。

构造函数里完成了三维柱状图的创建，程序运行起来后就会显示一个三维柱状图。

13.2.4　其他功能的实现

1．数据管理

QBarDataProxy 存储和管理三维柱状图关联的数据。在三维柱状图中，每个棒柱对应于一个 QBarDataItem 对象（棒柱数据对象），所以 QBarDataProxy 管理的数据的基本单元是 QBarDataItem

对象，当 QBarDataProxy 中的数据发生添加、插入、删除、修改等变化时，图表就会更新显示。
QBarDataProxy 的主要接口函数如下。

- addRow(rowItems, rowLabel)：添加一行棒柱数据对象，rowItems 是 QBarDataItem 对象列表，rowLabel 是行标签（可省略）。
- insertRow(rowIndex, rowItems, rowLabel)：在行号 rowIndex 之前插入一行棒柱数据对象，rowItems 是 QBarDataItem 对象列表，rowLabel 是行标签（可省略）。
- removeRows(rowIndex, removeCount, removeLabels = True)：从行号 rowIndex 开始删除 removeCount 行的棒柱数据对象，removeLabels 指定是否删除行标签，默认为 True。
- setRow(rowIndex, rowItems, rowLabel)：替换行号为 rowIndex 的棒柱数据对象，rowItems 是 QBarDataItem 对象列表，rowLabel 是行标签（可省略）。
- setItem(rowIndex, columnIndex, item)或 setItem(position, item)：更新某个棒柱数据对象，item 是一个 QBarDataItem 对象，棒柱的位置可用行号 rowIndex、列号 columnIndex 指定，或用 QPoint 型变量 position 指定，position.x()表示棒柱的行号，position.y()表示棒柱的列号。
- rowCount()：返回数据的行数，也就是三维柱状图中棒柱的行数。
- rowAt(rowIndex)：返回行号为 rowIndex 的一行棒柱的数据对象，返回结果是 QBarDataItem 对象列表，可以通过这个列表访问该行的每个棒柱数据对象。
- itemAt(rowIndex, columnIndex)或 itemAt(position)：返回行号 rowIndex、列号 columnIndex 处的棒柱数据对象，或 QPoint 型变量 position 指定位置的棒柱数据对象，返回结果是 QBarDataItem 类型。
- resetArray()：清除现有的所有数据，以及行标签和列标签。

工具栏上的"修改数值"按钮可以修改当前棒柱的数值，其关联的槽函数代码如下：

```python
@pyqtSlot()     ##"修改数值"
def on_actBar_ChangeValue_triggered(self):
    position=self.series.selectedBar()      #当前棒柱的位置
    if position.x()<0 or position.y()<0:
        return
    bar=self.dataProxy.itemAt(position)      #QBarDataItem 对象
    value=bar.value()
    newValue,OK = QInputDialog.getDouble(self,
                "输入数值","更改棒柱数值",value, 0, 50, 1)
    if OK:
        bar.setValue(newValue)
        self.dataProxy.setItem(position,bar)
```

QBar3DSeries 的 selectedBar()函数返回当前棒柱的位置，返回值 position 是一个 QPoint 类型的变量，需要对 position 的有效性进行判断，当没有棒柱被选中时，其行号和列号是小于 0 的。通过 position 从数据代理 self.dataProxy 里获得关联的 QBarDataItem 对象 bar，修改 bar 的数值后，再用 QBarDataProxy 的函数 setItem(position, bar)更新棒柱数据对象。

工具栏上的"添加行""插入行""删除行" 3 个按钮的关联槽函数代码如下：

```python
@pyqtSlot()     ##"添加行"
def on_actData_Add_triggered(self):
    rowLabel,OK = QInputDialog.getText(self,"输入字符串","请输入行标签")
    rowLabel=rowLabel.strip()
```

```
    if (not OK) or  (rowLabel==""):
        return

    rowItems=[]
    for i in range(7):       #一周 7 天
        value=random.uniform(10,20)    #均匀分布
        item=QBarDataItem(value)          #创建棒柱数据对象
        rowItems.append(item)
    self.dataProxy.addRow(rowItems,rowLabel)       #添加行数据及行标签

@pyqtSlot()       ##"插入行"
def on_actData_Insert_triggered(self):
    rowLabel,OK = QInputDialog.getText(self,"输入字符串","请输入行标签")
    rowLabel=rowLabel.strip()
    if (not OK) or  (rowLabel==""):
        return
    position=self.series.selectedBar()       #当前的棒柱
    if position.x()<0:
        rowIndex=0
    else:
        rowIndex=position.x()

    rowItems=[]
    for i in range(7):       #一周 7 天
        value=random.uniform(5,10)     #均匀分布
        item=QBarDataItem(value)          #创建棒柱数据对象
        rowItems.append(item)
    self.dataProxy.insertRow(rowIndex,rowItems,rowLabel)        #插入行

@pyqtSlot()       ##"删除行"
def on_actData_Delete_triggered(self):
    position=self.series.selectedBar()
    if position.x()<0 or position.y()<0:
        return
    rowIndex=position.x()
    removeCount=1          #删除的行数
    removeLabels=True      #是否删除行标签
    self.dataProxy.removeRows(rowIndex,removeCount,removeLabels)
```

这些操作主要是用到了 **QBarDataProxy** 的一些接口函数，结合前面的函数说明和代码中的注释即可看明白。

2. 视角、旋转、缩放和平移

QAbstract3DGraph.scene()函数返回一个 Q3DScene 对象，它是自动创建的三维场景对象。三维场景里有相机、光源等基本对象，对计算机三维图形学有所了解的读者对这些概念会比较熟悉。

场景的相机位置就是我们看三维物体的视角，相机有一些预设的视角，在控制面板的"预设视角"下拉列表框中列出了所有预设视角，选择某一项就可以改变相机位置，从而得到不同的图像显示效果。此下拉列表框关联的槽函数代码如下：

```
@pyqtSlot(int)       ##"预设视角"
def on_comboCamera_currentIndexChanged(self,index):
    cameraPos=Q3DCamera.CameraPreset(index)
    self.graph3D.scene().activeCamera().setCameraPreset(cameraPos)
```

Q3DCamera.setCameraPreset(preset)函数用于设置视角，参数 preset 是预设视角枚举类型 Q3DCamera.CameraPreset，它有 20 多种取值，其中的几种是：

- Q3DCamera.CameraPresetFrontLow（前下方）;
- Q3DCamera.CameraPresetFront（正前方）;
- Q3DCamera.CameraPresetFrontHigh（前上方）;
- Q3DCamera.CameraPresetLeft（左侧）。

在程序运行时，在图像上滚动鼠标滚轮就可以缩放，按住鼠标右键并上下左右拖动鼠标可以对图像进行三维旋转。图像的旋转和缩放是通过改变场景的相机的位置和缩放系数来实现的。控制面板上有 3 个 QSlider 组件分别用于水平旋转、垂直旋转和缩放。3 个 QSlider 组件关联的槽函数代码如下：

```
@pyqtSlot(int)    ##"水平旋转"
def on_sliderH_valueChanged(self,value):
    xRot=self.ui.sliderH.value()       #水平
    self.graph3D.scene().activeCamera().setXRotation(xRot)

@pyqtSlot(int)    ##"垂直旋转"
def on_sliderV_valueChanged(self,value):
    yRot=self.ui.sliderV.value()       #垂直
    self.graph3D.scene().activeCamera().setYRotation(yRot)

@pyqtSlot(int)    ##"缩放"
def on_sliderZoom_valueChanged(self,value):
    zoom=self.ui.sliderZoom.value()    #缩放
    self.graph3D.scene().activeCamera().setZoomLevel(zoom)
```

Q3DCamera 有以下几个接口函数实现旋转和缩放操作。

- setXRotation(rotation)函数设置绕 x 轴旋转的角度，rotation 取值范围是-180～180。
- setYRotation(rotation)函数设置绕 y 轴旋转的角度，rotation 实际有效范围是 0～90。
- setZoomLevel(zoomLevel)函数设置缩放的百分数，zoomLevel 为 100 时表示无缩放，zoomLevel 不能小于 1，默认的可缩放范围是 10～500。
- setCameraPosition(horizontal, vertical, zoom = 100.0)函数同时设置这 3 个参数。

旋转和缩放是移动相机的位置来实现的，还可以移动目标的位置来实现上下左右的平移，Q3DCamera 有以下两个相关函数。

- target()函数：返回场景中目标的位置，返回值是 QVector3D 类型，是目标在空间中的坐标。场景创建时，目标默认的坐标是(0, 0, 0)。目标每个方向的坐标可变化范围是-1.0～1.0，是一个相对值。对三维柱状图来说，y 轴（垂直方向）的坐标是被忽略的，目标点总是平面上的一个点。
- setTarget(target)函数：设置目标的坐标点，参数 target 是 QVector3D 类型。

通过这两个函数获取目标点、修改坐标后再设置为目标点，就可以实现三维图像在场景中的平移。"旋转和平移"组里右下方 5 个用于平移的按钮的槽函数代码如下：

```
@pyqtSlot()    ##复位到 FrontHigh 视角
def on_btnResetCamera_clicked(self):
    cameraPos=Q3DCamera.CameraPresetFrontHigh
    self.graph3D.scene().activeCamera().setCameraPreset(cameraPos)

@pyqtSlot()    ##"左移"
def on_btnMoveLeft_clicked(self):
```

```
        target3D=self.graph3D.scene().activeCamera().target()      #QVector3D
        x=target3D.x()
        target3D.setX(x+0.1)
        self.graph3D.scene().activeCamera().setTarget(target3D)

    @pyqtSlot()      ##"右移"
    def on_btnMoveRight_clicked(self):
        target3D=self.graph3D.scene().activeCamera().target()      #QVector3D
        x=target3D.x()
        target3D.setX(x-0.1)
        self.graph3D.scene().activeCamera().setTarget(target3D)

    @pyqtSlot()      ##"上移"
    def on_btnMoveUp_clicked(self):
        target3D=self.graph3D.scene().activeCamera().target()      #QVector3D
        z=target3D.z()
        target3D.setZ(z-0.1)
        self.graph3D.scene().activeCamera().setTarget(target3D)

    @pyqtSlot()      ##"下移"
    def on_btnMoveDown_clicked(self):
        target3D=self.graph3D.scene().activeCamera().target()      #QVector3D
        z=target3D.z()
        target3D.setZ(z+0.1)
        self.graph3D.scene().activeCamera().setTarget(target3D)
```

平移是通过修改 **QVector3D** 类型坐标点的 x 值和 z 值实现的，在 FrontHigh 视角下对应的是左右平移和上下平移，所以应该先复位到 FrontHigh 视角下。如果在其他视角下，平移操作不一定正好是上下或左右平移，但有时也正好实现需要的平移效果。

3. 图表总体设置

图表的设置就是对 **Q3DBars** 对象的一些属性的设置，包括主题、棒柱选择模式、关联坐标轴的显示效果等。控制面板上"图表总体"分组框里各组件的相关槽函数代码如下：

```
    @pyqtSlot(int)      ##"图表主题"
    def on_cBoxTheme_currentIndexChanged(self,index):
        theme=Q3DTheme.Theme(index)
        self.graph3D.activeTheme().setType(theme)

    @pyqtSlot(int)      ##"字体大小"
    def on_spinFontSize_valueChanged(self,arg1):
        font = self.graph3D.activeTheme().font()
        font.setPointSize(arg1)
        self.graph3D.activeTheme().setFont(font)

    @pyqtSlot(int)      ##"选择模式"
    def on_cBoxSelectionMode_currentIndexChanged(self,index):
        if index<=7:          #前面 8 个直接用枚举类型转换
            mode=QAbstract3DGraph.SelectionFlags(index)
        elif  index==8:       #row slice
            mode=QAbstract3DGraph.SelectionItemAndRow
                        | QAbstract3DGraph.SelectionSlice
        elif  index==9:       #column slice
            mode=QAbstract3DGraph.SelectionItemAndColumn
                        | QAbstract3DGraph.SelectionSlice
        self.graph3D.setSelectionMode(mode)

    @pyqtSlot(bool)      ##"显示背景"
    def on_chkBoxBackground_clicked(self,checked):
        self.graph3D.activeTheme().setBackgroundEnabled(checked)
```

```
@pyqtSlot(bool)      ##"显示背景的网格"
def on_chkBoxGrid_clicked(self,checked):
    self.graph3D.activeTheme().setGridEnabled(checked)

@pyqtSlot(bool)      ##"数值坐标轴反向"
def on_chkBoxReverse_clicked(self,checked):
    self.graph3D.valueAxis().setReversed(checked)

@pyqtSlot(bool)      ##"显示倒影"
def on_chkBoxReflection_clicked(self,checked):
    self.graph3D.setReflection(checked)

@pyqtSlot(bool)      ##"显示轴标题"
def on_chkBoxAxisTitle_clicked(self,checked):
    self.graph3D.valueAxis().setTitleVisible(checked)
    self.graph3D.rowAxis().setTitleVisible(checked)
    self.graph3D.columnAxis().setTitleVisible(checked)

@pyqtSlot(bool)      ##"显示轴标签背景"
def on_chkBoxAxisBackground_clicked(self,checked):
    self.graph3D.activeTheme().setLabelBackgroundEnabled(checked)
```

QAbstract3DGraph.activeTheme()返回一个 Q3DTheme 对象，它是图表的当前主题对象。Q3DTheme 定义了图表显示的外观效果，例如序列的基本颜色、背景颜色、字体、网格线颜色、是否显示网格线、标签颜色、标签背景色、环境光源强度等。这里的代码只演示了 Q3DTheme 的部分功能，其他更多接口函数可查阅 Qt 帮助文档。

QAbstract3DGraph 的函数 setReflection(enable)仅对三维柱状图有效，对三维散点图和三维曲面图无效，当参数 enable 为 True 时，棒柱在平面上有倒影效果。

"选择模式"是指鼠标在图表上单击时，图表上的棒柱或散点被选择的模式。QAbstract3DGraph.setSelectionMode(mode)函数用于设置选择模式，参数 mode 是枚举类型 QAbstract3DGraph.SelectionFlag，其取值常量如表 13-2 所示（表格中的枚举常量前省略了前缀"QAbstract3DGraph."）。

表 13-2　QAbstract3DGraph.SelectionFlag 枚举类型取值

枚举常量	意义
SelectionNone	不允许选择
SelectionItem	选择并且高亮度显示一个项
SelectionRow	选择并且高亮度显示一行
SelectionItemAndRow	选择一个项和一行，用不同颜色高亮显示
SelectionColumn	选择并且高亮度显示一列
SelectionItemAndColumn	选择一个项和一列，用不同颜色高亮显示
SelectionRowAndColumn	选择交叉的一行和一列
SelectionItemRowAndColumn	选择交叉的一行和一列，用不同颜色高亮显示
SelectionSlice	切片选择，需要与 SelectionRow 或 SelectionColumn 结合使用
SelectionMultiSeries	选中同一个位置的多个序列的项

这些选择模式并不是对所有的三维序列都有效，例如，对于三维散点图只有 SelectionNone 和 SelectionItem 两种模式是有效的。要实现切片选择时，需要将 SelectionSlice 与 SelectionItemAndRow 或 SelectionItemAndColumn 等组合使用。在可视化设计窗体时，在"选择模式"下拉列表框中直接输入的可选条目如图 13-6 所示。

当选择模式为 Row Slice 或 Column Slice 时，在三维柱状图上点击一个棒柱时，图表会出现一个主视口（view port）和一个副视口，在主视口里显示行切片或列切片，副视口显示缩小的原始的三维图表，再点击副视口的三维图表会切换回原始的显示方式。例如行切片时的显示效果如图 13-7 所示。

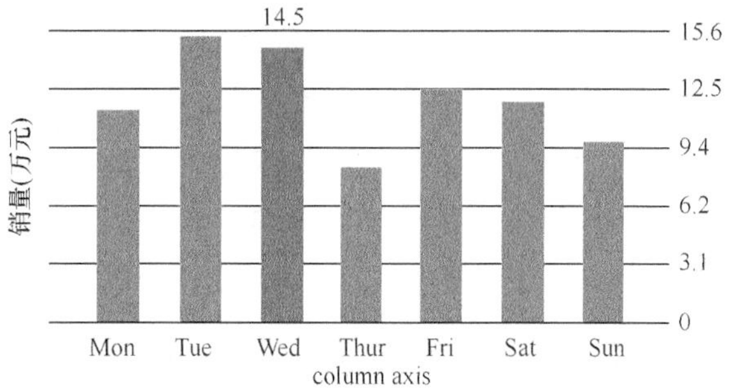

图 13-7　选择模式为 Row Slice 时的切片显示效果

4. 序列设置

Q3DBars 只能显示 QBar3DSeries 序列，Q3DBars 类新定义的函数主要如下。

- setDataProxy(proxy)函数：设置一个 QBarDataProxy 类的对象 proxy 作为序列的数据代理。

- dataProxy()函数：返回序列的 QBarDataProxy 类型的数据代理对象。

序列 QBar3DSeries 的数据代理也可以在其构造函数里设置，其另一种形式的构造函数原型是：

```
QBar3DSeries(proxy, parent: QObject = None)
```

其中的参数 proxy 是 QBarDataProxy 类型的数据代理对象。

QBar3DSeries 的父类 QAbstract3DSeries 定义了所有三维序列类的一些共同的接口函数，主要的函数如下。

- setMesh(meshType)：设置序列的 mesh 的形状。对三维柱状图来说，mesh 就是棒柱，对于三维散点图就是单个的散点，对于三维曲面只有点击的网格点才以 mesh 形状显示。参数 meshType 是枚举类型 QAbstract3DSeries.Mesh，它有十多种取值（详见 Qt 帮助文档），例如：

  ♦ QAbstract3DSeries.MeshBar（棱柱）；

  ♦ QAbstract3DSeries.MeshCylinder（圆柱）；

  ♦ QAbstract3DSeries.MeshSphere（圆球）。

- setBaseColor(color)：设置序列的基本颜色，即柱状图、散点或曲面的基本颜色。

- setBaseGradient(gradient)：设置序列的基本渐变色，参数 gradient 是 QLinearGradient 类型。

- setItemLabelFormat(formatStr)：设置选中 mesh 时显示标签的格式。

- setItemLabelVisible(visible)：设置点击一个 mesh 时是否显示其标签。

- setMeshSmooth(enable)：设置序列的 mesh 是否有更光滑的显示效果。

控制面板上"序列设置"分组框里的几个组件的相关槽函数代码如下：

```
@pyqtSlot(int)      ##"棒柱样式"
def on_cBoxBarStyle_currentIndexChanged(self,index):
    mesh=QAbstract3DSeries.Mesh(index+1)     # 0=MeshUserDefined
    self.series.setMesh(mesh)

@pyqtSlot(bool)     ##"光滑效果"
def on_chkBoxSmooth_clicked(self,checked):
    self.series.setMeshSmooth(checked)
```

```
@pyqtSlot(bool)      ##"显示选中棒柱的标签"
def on_chkBoxItemLabel_clicked(self,checked):
    self.series.setItemLabelVisible(checked)
```

工具栏上"序列基本颜色"按钮的代码如下：

```
@pyqtSlot()      ##"序列基本颜色"
def on_actSeries_BaseColor_triggered(self):
    color=self.series.baseColor()
    color=QColorDialog.getColor(color)
    if color.isValid():
        self.series.setBaseColor(color)
```

三维柱状图相关的类还有一些其他的接口函数和功能，在这个示例里无法全部涉及，需要用到的时候查 Qt 帮助文档即可。

13.3　三维散点图

13.3.1　功能概述

要绘制三维散点图，需要用到图表类 Q3DScatter、序列类 QScatter3DSeries 和数据代理类 QScatterDataProxy。示例 Demo13_2 使用这些类演示了三维散点图绘制的基本方法，程序运行时界面如图 13-8 所示，它绘制了一个"墨西哥草帽"的散点图，但是在运行时可以修改散点的坐标，可以添加新的散点，也可以删除散点。

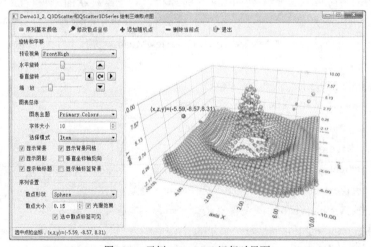

图 13-8　示例 Demo13_2 运行时界面

示例 Demo13_2 与示例 Demo13_1 的界面组成基本相同，控制面板上的组件的功能和代码与示例 Demo13_1 的也基本相同，因为控制面板上的功能基本都是在它们的共同父类如 QAbstract3DGraph、QAbstract3DSeries 中定义的。

示例 Demo13_2 的工具栏上的按钮功能根据数据代理类 QScatterDataProxy 的功能特点设计，可以修改某个点的坐标，可以添加或删除点。

本示例的主窗体 UI 文件 MainWindow.ui 与示例 Demo13_1 的界面组成基本相同，可视化设计时也是只设计工具栏、控制面板等，为创建三维图表预留空间。窗体上的组件布局、命名和属性设置详见示例源文件 MainWindow.ui。

13.3.2 创建三维散点图

在窗体业务逻辑类 QmyMainWindow 的构造函数里完善界面，初始化创建三维散点图。构造函数及部分相关代码如下：

```python
import sys,math,random
from PyQt5.QtWidgets import  (QApplication, QMainWindow, QWidget,
                  QSplitter, QColorDialog, QInputDialog, QLineEdit)
from PyQt5.QtCore import  pyqtSlot, Qt
from PyQt5.QtGui import  QVector3D
from PyQt5.QtDataVisualization  import *

from ui_MainWindow import Ui_MainWindow
class QmyMainWindow(QMainWindow):
    def __init__(self, parent=None):
        super().__init__(parent)
        self.ui=Ui_MainWindow()
        self.ui.setupUi(self)

        self.__iniGraph3D()      #创建图表
        self.ui.sliderZoom.setRange(10,500)    #默认缩放范围，100=原始大小
        self.ui.sliderH.setRange(-180,180)     #水平旋转角度范围
        self.ui.sliderV.setRange(-180,180)     #垂直旋转角度范围
        splitter=QSplitter(Qt.Horizontal)
        splitter.addWidget(self.ui.frameSetup)    #左侧控制面板
        splitter.addWidget(self.__container)      #右侧图表
        self.setCentralWidget(splitter)
```

构造函数里调用了自定义函数 __iniGraph3D()创建图表，这个函数及其相关函数的代码如下：

```python
    def __iniGraph3D(self):       ##创建 3D 图表
        self.graph3D = Q3DScatter()
        self.__container = QWidget.createWindowContainer(self.graph3D)
        self.dataProxy = QScatterDataProxy()      #数据代理
        self.series = QScatter3DSeries(self.dataProxy)    #创建序列
        self.series.setItemLabelFormat("(x,z,y)=(@xLabel,@zLabel,@yLabel)")
        self.series.setMeshSmooth(True)
        self.graph3D.addSeries(self.series)
##   设置坐标轴，使用内建的坐标轴
        self.graph3D.axisX().setTitle("axis X")
        self.graph3D.axisX().setTitleVisible(True)
        self.graph3D.axisY().setTitle("axis Y")
        self.graph3D.axisY().setTitleVisible(True)
        self.graph3D.axisZ().setTitle("axis Z")
        self.graph3D.axisZ().setTitleVisible(True)
        self.graph3D.activeTheme().setLabelBackgroundEnabled(False)
        self.series.setMesh(QAbstract3DSeries.MeshSphere)      #散点形状
        self.series.setItemSize(0.15)      #散点大小 default 0. value 0~1

##  墨西哥草帽，-10:0.5:10,  N=41
        N=41
        itemCount=N*N       #总数据点个数
        itemArray=[]        #QScatterDataItem 对象列表
        x=-10.0
```

```
    for i in range(1,N+1):
        y=-10.0
        for  j in range(1,N+1):
            z=math.sqrt(x*x+y*y)
            if z!=0:
                z=10*math.sin(z)/z
            else:
                z=10
            vect3D=QVector3D(x,z,y)              #三维坐标点
            item=QScatterDataItem(vect3D)        #散点对象 QScatterDataItem
            itemArray.append(item)
            y=y+0.5
        x=x+0.5

    self.dataProxy.resetArray(itemArray)         #重置数组
    self.series.selectedItemChanged.connect(self.do_itemSelected)

def do_itemSelected(self,index):        ##点击选择一个散点时触发
    if index<0:
        self.ui.actPoint_ChangeValue.setEnabled(False)
        self.ui.actData_Delete.setEnabled(False)
        self.ui.statusBar.showMessage("没有选中点")
        return
    self.ui.actPoint_ChangeValue.setEnabled(True)
    self.ui.actData_Delete.setEnabled(True)
    item=self.dataProxy.itemAt(index)        #QScatterDataItem 对象
    info="选中点的坐标, (x,z,y)=(%.2f, %.2f, %.2f)"%(item.x(),item.z(),item.y())
    self.ui.statusBar.showMessage(info)
```

自定义函数__iniGraph3D()用于初始化创建图表，这段程序包括了创建三维散点图的完整过程，与创建三维柱状图的过程类似，但有以下几点需要说明。

（1）QScatterDataProxy 数据代理类

与三维散点序列 QScatter3DSeries 配套的数据代理类是 QScatterDataProxy，它存储和管理的基本元素是 QScatterDataItem 对象。序列中每个点对应一个 QScatterDataItem 对象，QScatterDataItem 存储了空间点的三维坐标。

QScatterDataProxy 的函数 resetArray(itemArray)用于重设数据内容，itemArray 是 QScatterDataItem 类型对象的列表。在此示例中，墨西哥草帽的数据点在水平面上是均匀分布的，所以相当于在水平面上做了网格划分，每个网格里面都有一个数据点。但是散点图并不要求数据点规则分布，它只是根据每个散点的三维坐标和旋转方向绘图。

QScatterDataProxy 可以对空间中单个点的坐标数据进行管理，在后面讲数据管理时详细介绍。

（2）坐标轴及其方向

Q3DScatter 类图表的 3 个坐标轴都是 QValue3DAxis 类型，可以通过其接口函数 setAxisX(axis)、setAxisY(axis)、setAxisZ(axis)设置 QValue3DAxis 类对象 axis 作为某个坐标轴。在创建图表时，Q3DScatter 会内建坐标轴对象，通过 axisX()、axisY()、axisZ()函数就可以访问这 3 个坐标轴对象，程序中就用了内建的坐标轴对象。

在__iniGraph3D()函数中，为 3 个坐标轴标注了轴标题，在绘制出来的三维图形中会发现，从正前方看所绘制的三维图时，3 个坐标轴的正方向如图 13-9 所示。

在此三维坐标系中，若将 *xz* 平面看作水平面，东西方向为 *x* 轴，南北方向为 *z* 轴，且向北方向为正；垂直方向为 *y* 轴，向上为正。在__iniGraph3D()函数中，计算墨西哥草帽的散点坐标时采用的是常规三维坐标系，水平面是 *x* 和 *y*，垂直方向是 *z*，所以计算出的(x, y, z)坐标作为散点对象 QScatterDataItem 的坐标时，使用的语句是：

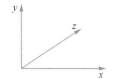

图 13-9　三维图默认的坐标方向

```
vect3D=QVector3D(x,z,y)      #三维坐标点
item=QScatterDataItem(vect3D)  #空间一个散点对象
```

（3）散点形状和大小

散点形状使用 QAbstract3DSeries.setMesh(meshType)函数进行设置，参数 meshType 是枚举类型 QAbstract3DSeries.Mesh。在柱状图中是设置每个棒柱的形状，在散点图中是设置每个散点的形状。

散点的大小由 QScatter3DSeries.setItemSize(size)函数进行设置，参数 size 是 0 到 1 之间的浮点数，表示散点的相对大小，图表会根据数值自动调整散点的大小。

（4）QScatter3DSeries 的 selectedItemChanged()信号

在三维散点图上点击选择一个散点时会发射 selectedItemChanged()信号，这个信号的函数原型是：

```
selectedItemChanged(index)
```

其中的参数 index 是 int 类型变量，表示散点在数据代理中的索引号。通过此索引号就可以从数据代理中获取散点关联的 QScatterDataItem 对象。

为此信号关联了自定义槽函数 do_itemSelected()，当点击选择一个散点时，在状态栏里显示其信息。当前选中的散点变化时，通过 QScatterDataProxy.itemAt(index)函数可以获得这个散点关联的 QScatterDataItem 对象，就可以获得其三维坐标数据。

程序运行时，左侧控制面板上与示例 Demo13_1 相同的组件的代码完全相同，就不再重复介绍。但有一点需要注意，对于三维散点图，设置数据点的选择模式时，只有 SelectionNone 和 SelectionItem 两种模式有效，因为三维散点序列的数据点是用一维数组管理的，没有行和列的概念。

控制面板上"图表总体"里剔除了"显示倒影"，因为此功能只对三维柱状图有效。增加了"显示阴影"复选框，其槽函数代码如下：

```
@pyqtSlot(bool)     ##"显示阴影"
def on_chkBoxShadow_clicked(self,checked):
    if checked:
        quality=QAbstract3DGraph.ShadowQualityMedium
    else:
        quality=QAbstract3DGraph.ShadowQualityNone
    self.graph3D.setShadowQuality(quality)
```

QAbstract3DGraph 的函数 setShadowQuality(quality)用于设置三维物体的阴影的品质，参数 quality 是枚举类型 QAbstract3DGraph.ShadowQuality，它有 ShadowQualityNone、ShadowQualityMedium、ShadowQualitySoftHigh 等 6 级数值。

13.3.3　散点数据管理

QScatterDataProxy 存储和管理三维散点图关联的数据。在三维散点图中，每个散点对应一个

QScatterDataItem 对象（散点数据对象），所以 QScatterDataProxy 管理的数据的基本单元是 QScatterDataItem 对象，且是以列表的方式存储 QScatterDataItem 对象。QScatterDataProxy 的主要接口函数如下。

- array()：返回数据代理存储的所有散点数据对象的列表。
- addItem(item)：添加一个 QScatterDataItem 数据对象 item 到内部数据列表里。
- insertItem(index, item)：在位置 index 处插入一个散点 QScatterDataItem 数据对象 item。
- removeItems(index, removeCount)：从位置 index 起删除 removeCount 个散点数据对象。
- setItem(index, item)：设置索引为 index 的散点数据对象为 item。
- itemAt(index)：返回索引为 index 的 QScatterDataItem 对象。
- resetArray(itemArray)：清除已有散点数据列表，替换为 QScatterDataItem 型的列表数据 itemArray。

工具栏上"修改散点坐标"按钮可以修改当前选中散点的坐标数据，代码如下：

```
@pyqtSlot()    ##"修改散点坐标"
def on_actPoint_ChangeValue_triggered(self):
    index=self.series.selectedItem()    #当前散点的索引
    if index<0:
        return
    item=self.dataProxy.itemAt(index)    #QScatterDataItem 对象
    coord="%.2f, %.2f, %.2f"%(item.x(),item.z(),item.y())
    newText,OK = QInputDialog.getText(self,"修改散点坐标",
            "按格式输入点的坐标（x,z,y）",QLineEdit.Normal,coord)
    if not OK:
        return

    newText=newText.strip()
    xzy=newText.split(',')       #按逗号分割
    if len(xzy) != 3:
        QMessageBox.critical(self,"错误","输入坐标数据格式错误")
        return
    item.setX(float(xzy[0]))
    item.setZ(float(xzy[1]))
    item.setY(float(xzy[2]))
    self.dataProxy.setItem(index,item)
```

QScatter3DSeries.selectedItem()函数返回当前选中散点的索引号，当没有散点被选中时，索引号小于 0。

使用 QInputDialog 对话框显示和获取散点的三维坐标，用到了字符串处理的一些方法，输入坐标的对话框如图 13-10 所示。修改散点的坐标后，散点在图中的显示位置立刻发生变化。

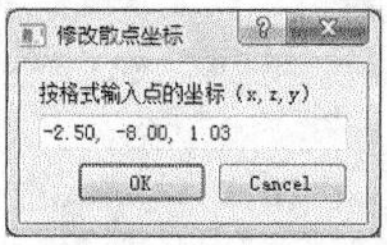

工具栏上"添加随机点"和"删除当前点"按钮的槽函数代码如下：

图 13-10 设置散点坐标的对话框

```
@pyqtSlot()    ##"添加随机点"
def on_actData_Add_triggered(self):
    x=random.uniform(-10,10)
    z=random.uniform(-10,10)
    y=random.uniform(5,10)
    coord="%.2f, %.2f, %.2f"%(x,z,y)
    newText,OK = QInputDialog.getText(self,"随机添加点",
```

```
                            "按格式输入点的坐标（x,z,y)",QLineEdit.Normal,coord)
        if not OK:
            return

        newText=newText.strip()
        xzy=newText.split(',')      #按逗号分割
        if len(xzy) != 3:
            QMessageBox.critical(self,"错误","输入坐标数据格式错误")
            return
        item=QScatterDataItem()
        item.setX(float(xzy[0]))
        item.setZ(float(xzy[1]))
        item.setY(float(xzy[2]))
        self.dataProxy.addItem(item)

    @pyqtSlot()      ##"删除当前点"
    def on_actData_Delete_triggered(self):
        index=self.series.selectedItem()      #索引
        if index<0:
            return
        removeCount=1      #删除点个数
        self.dataProxy.removeItems(index,removeCount)
```

13.4 三维曲面图

13.4.1 功能概述

绘制三维曲面需要使用 Q3DSurface 图表类和 QSurface3DSeries 序列，根据使用的数据代理类的不同，可以绘制以下两种三维曲面图。

- QSurfaceDataProxy 数据代理类：根据空间点的三维坐标绘制曲面，如一般的三维函数曲面。示例 Demo13_3 演示这种图表的绘制。
- QHeightMapSurfaceDataProxy 数据代理类：根据一个图片的数据绘制三维曲面，典型的如三维地形图。示例 Demo13_4 演示这种图表的绘制。

13.4.2 三维曲面图

1. 初始化绘制三维曲面

图 13-11 是示例 Demo13_3 使用 QSurfaceDataProxy 数据代理类绘制普通三维曲面图的运行时界面，与示例 Demo13_2 的界面基本相同，但是"序列设置"部分增加了"曲面样式"下拉列表框和"平面着色"复选框，工具栏上的按钮功能有所不同。

示例 Demo13_3 初始化绘制一个"墨西哥草帽"的曲面，程序运行时可以修改某个点的坐标，可以删除某一行的数据点，还可以使用渐变色绘制曲面。

主窗体 UI 文件 MainWindow.ui 上的组件的命名、布局和属性设置详见示例源文件。在窗体业务逻辑类 QmyMainWindow 的构造函数里完善界面，初始化创建三维曲面图。构造函数及部分相关代码如下：

```
import sys, math
from PyQt5.QtWidgets import  (QApplication, QMainWindow, QWidget,
```

```
                    QSplitter, QLineEdit, QColorDialog, QInputDialog)
from PyQt5.QtCore import  pyqtSlot,Qt
from PyQt5.QtGui import QVector3D, QLinearGradient
from PyQt5.QtDataVisualization import *

from ui_MainWindow import Ui_MainWindow
class QmyMainWindow(QMainWindow):
    def __init__(self, parent=None):
        super().__init__(parent)
        self.ui=Ui_MainWindow()
        self.ui.setupUi(self)

        self.__iniGraph3D()        #创建图表
        self.ui.sliderZoom.setRange(10,500)    #默认缩放范围，100=原始大小
        self.ui.sliderH.setRange(-180,180)     #水平旋转角度范围
        self.ui.sliderV.setRange(-180,180)     #垂直旋转角度范围
        splitter=QSplitter(Qt.Horizontal)
        splitter.addWidget(self.ui.frameSetup)     #左侧控制面板
        splitter.addWidget(self.__container)       #右侧图表
        self.setCentralWidget(splitter)
```

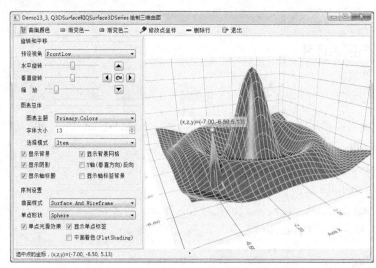

图 13-11　示例 Demo13_3 绘制的三维曲面图

自定义函数__iniGraph3D()用于初始化创建图表，其代码如下：

```
def __iniGraph3D(self):        ##创建 3D 图表
    self.graph3D = Q3DSurface()
    self.__container = QWidget.createWindowContainer(self.graph3D)
    self.graph3D.activeTheme().setLabelBackgroundEnabled(False)
    self.dataProxy = QSurfaceDataProxy()                   #数据代理
    self.series = QSurface3DSeries(self.dataProxy)    #创建序列
    self.series.setItemLabelFormat("(x,z,y)=(@xLabel,@zLabel,@yLabel)")
    self.series.setMeshSmooth(True)               #单点光滑显示
    self.series.setMesh(QAbstract3DSeries.MeshSphere)      #单点样式
    self.graph3D.addSeries(self.series)

##创建坐标轴
    axisX=QValue3DAxis()
    axisX.setTitle("Axis X")
    axisX.setTitleVisible(True)
```

```
    axisX.setRange(-11,11)
    self.graph3D.setAxisX(axisX)

    axisY=QValue3DAxis()
    axisY.setTitle("Axis Y")              #垂直方向的坐标轴
    axisY.setTitleVisible(True)
    axisY.setAutoAdjustRange(True)        #垂直方向自动调整范围
    self.graph3D.setAxisY(axisY)

    axisZ=QValue3DAxis()
    axisZ.setTitle("Axis Z")
    axisZ.setTitleVisible(True)
    axisZ.setRange(-11,11)
    self.graph3D.setAxisZ(axisZ)

## 墨西哥草帽，-10:0.5:10, N=41
    N=41
    x=-10.0
    for i in range(1,N+1):
        itemRow = []        # 一行的 QSurfaceDataItem 列表
        y=-10.0
        for  j in range(1,N+1):
            z=math.sqrt(x*x+y*y)
            if z!=0:
                z=10*math.sin(z)/z
            else:
                z=10
            vect3D=QVector3D(x,z,y)            #三维坐标点
            item=QSurfaceDataItem(vect3D)     #QSurfaceDataItem 对象
            itemRow.append(item)              #一行的 QSurfaceDataItem 对象
            y=y+0.5
        x=x+0.5
        self.dataProxy.addRow(itemRow)        #每次添加一行

    self.series.selectedPointChanged.connect(self.do_pointSelected)

def do_pointSelected(self,position):          ##选择一个点时触发
    if position.x()<0 or position.y()<0:    #必须加此判断
        self.ui.actPoint_Modify.setEnabled(False)
        self.ui.actPoint_DeleteRow.setEnabled(False)
        self.ui.statusBar.showMessage("没有选中点")
        return
    self.ui.actPoint_Modify.setEnabled(True)
    self.ui.actPoint_DeleteRow.setEnabled(True)
    item=self.dataProxy.itemAt(position)        #QSurfaceDataItem 对象
    info="选中点的坐标, (x,z,y)=(%.2f, %.2f, %.2f)"%(item.x(),item.z(),item.y())
    self.ui.statusBar.showMessage(info)
```

  三维曲面实际上是由三维空间中的点确定的，曲面的基本数据是空间中的点坐标，然后由图形类的底层将这些点连线划分为基本的三角形，再渲染成曲面。在确定三维曲面的数据点时，一般有两个轴向的坐标是均匀划分的。

  与三维曲面序列 QSurface3DSeries 配套的数据代理类是 QSurfaceDataProxy，它用二维索引管理数据，与三维柱状图的数据代理类 QBarDataProxy 的管理方式类似。

  空间中每个数据点对应一个 QSurfaceDataItem 对象（数据点对象），存储数据点的空间坐标。程序中用 itemRow 列表变量每次存储一行数据点的 QSurfaceDataItem 对象，然后用 QSurfaceDataProxy.addRow()函数一次添加一行的数据点对象。

绘制的三维曲面只显示曲面，不显示数据点，只有点击某个点时才显示这个数据点（是否显示还与"选择模式"的设置有关）。点选的当前数据点变化时，QSurface3DSeries 类会发射信号 selectedPointChanged(position)，其中的参数 position 是 QPoint 类型，有数据点的行号、列号信息。

为序列的 selectedPointChanged() 信号关联了自定义槽函数 do_pointSelected()，在曲面上点击一个数据点时，在状态栏上显示其坐标。

2. 数据管理

QSurfaceDataProxy 存储和管理三维曲面的数据点关联的数据。在三维曲面中，每个数据点是一个 QSurfaceDataItem 对象（数据点对象），所以，QSurfaceDataProxy 管理数据的基本单元是 QSurfaceDataItem 对象。QSurfaceDataProxy 的主要接口函数如下。

- addRow(rowItems)：添加一行数据点对象，rowItems 是 QSurfaceDataItem 对象列表。
- insertRow(rowIndex, rowItems)：在行号 rowIndex 之前插入一行数据点对象，rowItems 是 QSurfaceDataItem 对象列表。
- removeRows(rowIndex, removeCount)：从行号 rowIndex 开始删除 removeCount 行的数据点对象。
- setRow(rowIndex, rowItems)：替换行号为 rowIndex 的数据点对象，rowItems 是 QSurfaceDataItem 对象列表。
- setItem(rowIndex, columnIndex, item) 或 setItem(position, item)：更新某个数据点对象。item 是一个 QSurfaceDataItem 对象，数据点的位置可用行号 rowIndex、列号 columnIndex 指定，或用 QPoint 型变量 position 指定，position.x() 表示行号，position.y() 表示列号。
- rowCount()：返回三维曲面数据点的行数。
- itemAt(rowIndex, columnIndex) 或 itemAt(position)：返回行号 rowIndex、列号 columnIndex 处的数据点对象，或 QPoint 型变量 position 指定位置的数据点对象，返回结果是 QSurfaceDataItem 类型。

工具栏上"修改点坐标"和"删除行"按钮的槽函数代码如下：

```
@pyqtSlot()      ##"修改点坐标"
def on_actPoint_Modify_triggered(self):
    position=self.series.selectedPoint()      #类型 QPoint
    if position.x()<0 or position.y()<0:
        return
    item=self.dataProxy.itemAt(position)      #QSurfaceDataItem 对象
    coord="%.2f, %.2f, %.2f"%(item.x(),item.z(),item.y())
    newText,OK = QInputDialog.getText(self,"修改散点坐标",
            "按格式输入点的坐标（x,z,y)",QLineEdit.Normal,coord)
    if not OK:
        return

    newText=newText.strip()
    xzy=newText.split(',')      #按逗号分割
    if len(xzy) != 3:
        QMessageBox.critical(self,"错误","输入坐标数据格式错误")
        return
    item.setX(float(xzy[0]))
    item.setZ(float(xzy[1]))
```

```
    item.setY(float(xzy[2]))
    self.dataProxy.setItem(position,item)

@pyqtSlot()    ##"删除行"
def on_actPoint_DeleteRow_triggered(self):
    position=self.series.selectedPoint()    #类型 QPoint
    if position.x()<0 or position.y()<0:
        return
    removeCount=1    #删除行的个数
    self.dataProxy.removeRows(position.x(),removeCount)
```

3. 其他设置

对于三维曲面图和后面要介绍的三维地形图，其"选择模式"下拉列表框中只有前 2 项和最后 2 项有效，也就是不能选择行数据点或列数据点，但是可以切片显示。

控制面板上"序列设置"分组框里的"曲面样式"下拉列表框设置曲面样式，其槽函数代码如下：

```
@pyqtSlot(int)    ##"曲面样式"
def on_comboDrawMode_currentIndexChanged(self,index):
    if index==0:
        self.series.setDrawMode(QSurface3DSeries.DrawWireframe)
    elif index==1:
        self.series.setDrawMode(QSurface3DSeries.DrawSurface)
    else:
        self.series.setDrawMode(QSurface3DSeries.DrawSurfaceAndWireframe)
```

QSurface3DSeries.setDrawMode(mode) 函数用于设置曲面样式，参数 mode 是枚举类型 QSurface3DSeries.DrawFlag，取值有以下几种：

- QSurface3DSeries.DrawWireframe（只绘制线网）；
- QSurface3DSeries.DrawSurface（只绘制曲面）；
- QSurface3DSeries.DrawSurfaceAndWireframe（绘制线网和曲面）。

图 13-11 是设置为 QSurface3DSeries.DrawSurfaceAndWireframe 时的绘图效果。

控制面板上"序列设置"分组框里的"平面着色(FlatShading)"复选框设置曲面是否使用平面着色，代码如下：

```
@pyqtSlot(bool)    ##"Flat Shading"
def on_chkBoxFlatShading_clicked(self,checked):
    self.series.setFlatShadingEnabled(checked)
```

若使用平面着色，曲面的每个基本三角形使用同一颜色，曲面总体上显得不够光滑。若不使用平面着色，基本三角形内部也会使用插值颜色，曲面总体显得更光滑。

选择图表主题后会自动改变曲面的颜色，曲面会使用单一颜色，只是不同的区域呈现不同的亮度和阴影效果。曲面也可以使用渐变色填充。窗口工具栏上"曲面颜色""渐变颜色一""渐变颜色二"这 3 个按钮的槽函数代码如下：

```
@pyqtSlot()    ##"曲面颜色"
def on_actSurf_Color_triggered(self):
    color=self.series.baseColor()
    color=QColorDialog.getColor(color)
    if color.isValid():
        self.series.setBaseColor(color)
        self.series.setColorStyle(Q3DTheme.ColorStyleUniform)
```

```
@pyqtSlot()      ##"渐变颜色一"
def on_actSurf_GradColor1_triggered(self):
    gr=QLinearGradient()
    gr.setColorAt(0.0, Qt.black)
    gr.setColorAt(0.33, Qt.blue)
    gr.setColorAt(0.67, Qt.red)
    gr.setColorAt(1.0, Qt.yellow)
    self.series.setBaseGradient(gr)
    self.series.setColorStyle(Q3DTheme.ColorStyleRangeGradient)

@pyqtSlot()      ##"渐变颜色二"
def on_actSurf_GradColor2_triggered(self):
    grGtoR=QLinearGradient()
    grGtoR.setColorAt(1.0, Qt.darkGreen)
    grGtoR.setColorAt(0.5, Qt.yellow)
    grGtoR.setColorAt(0.2, Qt.red)
    grGtoR.setColorAt(0.0, Qt.darkRed)
    self.series.setBaseGradient(grGtoR)
    self.series.setColorStyle(Q3DTheme.ColorStyleRangeGradient)
```

其中用到的序列的几个函数都是在 QSurface3DSeries 的父类 QAbstract3DSeries 中定义的。

（1）setColorStyle(style)函数，设置序列的颜色样式

参数 style 是枚举类型 Q3DTheme.ColorStyle，其取值有如下 3 种：

- Q3DTheme.ColorStyleUniform（用单一颜色渲染序列的对象）；
- Q3DTheme.ColorStyleObjectGradient（对序列的每个对象用完整的渐变色渲染，而不考虑对象的高度）；
- Q3DTheme.ColorStyleRangeGradient（对序列的每个对象用渐变色的一部分范围填充，考虑对象的高度以及其在 y 轴的位置）。

对一个三维曲面来说只有一个对象，所以 ColorStyleObjectGradient 和 ColorStyleRange Gradient 两种设置的效果是一样的，但是对于三维柱状图效果就不一样。

（2）setBaseColor(color)函数，设置序列基本颜色

要使用单一颜色渲染，需要设置序列的颜色样式为 Q3DTheme.ColorStyleUniform。

（3）setBaseGradient(gradient)函数，设置序列基本渐变色对象

参数 gradient 是 QLinearGradient 类对象。要使用渐变色渲染，需要设置颜色样式为 Q3DTheme. ColorStyleRangeGradient 或 Q3DTheme.ColorStyleRangeGradient。

13.4.3　三维地形图

当 QSurface3DSeries 序列使用 QHeightMapSurfaceDataProxy 类作数据代理时，可以读取一个图片文件，将图片像素的颜色值作为高程数据绘制三维地形图。图 13-12 是示例 Demo13_4 运行时界面，右侧的三维曲面是一个地形图。

图 13-12 的界面与图 13-11 相比，除工具栏上缺少两个用于数据点管理的按钮外，其他的界面组件都相同，因为 QHeightMapSurfaceDataProxy 是从图片读取数据的，无法修改数据。

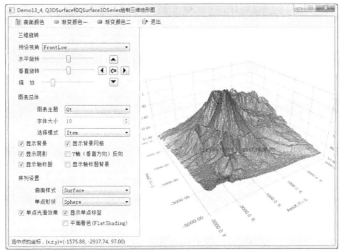

图 13-12　示例 Demo13_4 绘制的三维地形图

示例 Demo13_4 的窗体业务逻辑类 QmyMainWindow 的构造函数的代码与示例 Demo13_3 的完全相同，这里就不再重复显示了。两个示例的代码差别在于初始化绘制图表的函数__iniGraph3D()的代码不同。本示例的函数__iniGraph3D()的代码如下：

```python
def __iniGraph3D(self):        ##创建 3D 图表
    self.graph3D = Q3DSurface()
    self.__container = QWidget.createWindowContainer(self.graph3D)
    self.graph3D.activeTheme().setLabelBackgroundEnabled(False)

    heightMapImage=QImage("mountain.png")        #黑白图片
##      heightMapImage=QImage("sea.png")         #彩色图片
    self.dataProxy = QHeightMapSurfaceDataProxy(heightMapImage)
    self.dataProxy.setValueRanges(-5000, 5000, -5000, 5000)

    self.series  = QSurface3DSeries(self.dataProxy)      #创建序列
    self.series.setItemLabelFormat("(x,z,y)=(@xLabel,@zLabel,@yLabel)")
    self.series.setFlatShadingEnabled(False)      #曲面更光滑
    self.series.setMeshSmooth(True)
    self.series.setDrawMode(QSurface3DSeries.DrawSurface)
    self.series.setMesh(QAbstract3DSeries.MeshSphere)        #单点样式
    self.graph3D.addSeries(self.series)

##    创建坐标轴
    axisX=QValue3DAxis()
    axisX.setTitle("AxisX:西--东")
    axisX.setTitleVisible(True)
    axisX.setLabelFormat("%.1f 米")
    axisX.setRange(-5000,5000)
    self.graph3D.setAxisX(axisX)

    axisY=QValue3DAxis()
    axisY.setTitle("AxisY:高度")        #垂直方向的坐标轴
    axisY.setTitleVisible(True)
    axisY.setAutoAdjustRange(True)
    self.graph3D.setAxisY(axisY)

    axisZ=QValue3DAxis()
```

```
        axisZ.setTitle("AxisZ:南--北")
        axisZ.setTitleVisible(True)
        axisZ.setRange(-5000,5000)
        self.graph3D.setAxisZ(axisZ)
        self.series.selectedPointChanged.connect(self.do_pointSelected)

    def do_pointSelected(self,position):       ##选择一个点时触发
        if position.x()<0 or position.y()<0:
            self.ui.statusBar.showMessage("没有选中点")
            return
        item=self.dataProxy.itemAt(position)    #QSurfaceDataItem 对象
        info="选中点的坐标, (x,z,y)=(%.2f, %.2f, %.2f)"%(item.x(),item.z(),item.y())
        self.ui.statusBar.showMessage(info)
```

在示例项目文件夹下有两个图片文件,其中一个是灰度图片 mountain.png,另一个是彩色图片 sea.png。创建 QHeightMapSurfaceDataProxy 数据代理对象时载入一个图片文件,并指定平面坐标范围,即以下代码:

```
heightMapImage=QImage("mountain.png")           #灰度图片
self.dataProxy = QHeightMapSurfaceDataProxy(heightMapImage)
self.dataProxy.setValueRanges(-5000, 5000, -5000, 5000)
```

QHeightMapSurfaceDataProxy 支持多种图片文件格式,可以是彩色图片也可以是灰度图片。由于图片信息不包含平面坐标范围,因此需要使用 setValueRanges()函数设置图片数据在平面上 z 轴和 x 轴的坐标范围,其函数原型为:

```
setValueRanges(self, minX, maxX, minZ, maxZ)
```

高程数据从图片中读取,如果是灰度图,就以像素的红色成分的值作为高度值,如果是彩色图,就以红、绿、蓝三种颜色的平均值作为高度值。所以这里的高程只是相对意义上的高程,并不是严格意义上真实的高程数据,所绘制的三维地形图只是通过高程表现出地形的基本形态。

在 Q3DSurface 图中,可以显示多个曲面或地形图,还可以通过 Q3DSurface 的 addCustomItem(item) 函数添加 QCustom3DItem 类型的自定义三维对象 item,QCustom3DItem 类对象可以是其他三维建模软件建立的三维模型,由此可以显示较复杂的三维场景。

## 第14章

Matplotlib 数据可视化

Matplotlib 是 Python 中做数据绘图最常用的一个包，它提供了二维和三维绘图功能，能绘制曲线、直方图、柱状图、饼图、伪色图、等高线图、极坐标图、三维曲面、三维等高线等各种图，具有丰富的绘图定制功能，能在图中使用 LaTeX 标记输出数学符号和公式，生成具有出版品质的图。

Matplotlib 最初是仿照 MATLAB 的绘图功能开发的，matplotlib.pyplot 模块提供了类似于 MATLAB 的指令式绘图功能，一般介绍 Matplotlib 绘图功能的书也以介绍这种指令式绘图为主。但是这种方式适合在脚本化的程序中进行数据可视化，而不适合在 GUI 应用程序中绘图。实际上 Matplotlib 是完全采用面向对象的方式设计的，图的各个组成元素都有相应的类，通过类的接口可以完全控制 Matplotlib 的绘图功能，适合在 GUI 应用程序中嵌入数据可视化功能。

本章主要介绍 Matplotlib 的面向对象的绘图功能，介绍 Matplotlib 绘图涉及的各个主要类的使用，特别是在 GUI 应用程序中的使用。

14.1 Matplotlib 的基本用法

14.1.1 Matplotlib 的安装

可以使用下面的指令从 PyPI 网站下载并安装最新版本的 Matplotlib。

```
pip3 install  matplotlib
```

这样将安装最新版本的 Matplotlib，并自动安装 NumPy、kiwisolver、pyparsing、cycler、python-dateutil、six 等依赖项。本书写作时安装的 Matplotlib 版本是 3.0.0。

Matplotlib 及其依赖项的安装包比较大，可以使用镜像网站以提高安装速度，例如：

```
pip3 install -i  https://pypi.tuna.tsinghua.edu.cn/simple matplotlib
```

安装 Matplotlib 后最好再从 Matplotlib 的官网上下载 PDF 格式的用户使用手册，此用户手册有 2000 多页，资料非常齐全，是学习使用 Matplotlib 的第一手资料。虽然不可能从头看到尾，但是作为手册来查询是非常有用的。

Matplotlib 的一个主要的依赖项是 NumPy，这也是 Python 中常用的一个包，它提供了类似于 MATLAB 的数组和矩阵计算功能，是 Python 中各种科学计算包的基础。本书不对 NumPy 的基本用法做介绍，不熟悉 NumPy 的读者请查阅相关资料或书籍。

14.1.2　一个脚本化的绘图程序

先用一个简单的程序演示 Matplotlib 的基本绘图功能。示例 Demo14_1 目录下的文件 Demo14_1Script.py 使用 matplotlib.pyplot 模块的指令式功能绘图，其完整代码如下：

```
## 程序文件：Demo14_1Script.py
## 使用 matplotlib.pyplot 指令式绘图
import numpy as np
import matplotlib.pyplot as plt

plt.suptitle("Plot by pyplot API script")     #总的标题
t = np.linspace(0, 10, 40)     #在[0,10]区间平均分布的 40 个数
y1=np.sin(t)
y2=np.cos(2*t)

plt.subplot(1,2,1)          #1 行 2 列，第 1 个子图
plt.plot(t,y1,'r-o',label="sin", linewidth=1, markersize=5)
plt.plot(t,y2,'b:',label="cos",linewidth=2)
plt.xlabel('time(sec)')      #x 轴标题
plt.ylabel('value')          #y 轴标题
plt.title("plot of functions")      #子图标题
plt.xlim([0,10])      #x 轴坐标范围
plt.ylim([-2,2])      #y 轴坐标范围
plt.legend()      #生成图例

plt.subplot(1,2,2)   #1 行 2 列，第 2 个子图
week=["Mon","Tue","Wed","Thur","Fri","Sat","Sun"]
sales=np.random.randint(20,70,7)        #生成[20,70]区间的 7 个整数
plt.bar(week,sales)      #柱状图
plt.ylabel('sales')      #y 轴标题
plt.title("Bar Chart")      #子图标题
plt.show()      #显示图
```

运行该程序，会显示如图 14-1 的窗口。这个窗口是 Matplotlib 自动创建的，窗口上有一个图（figure），这个图有两个子图。下方有一个工具栏，可以对图进行一些操作，包括平移、矩形框选放大、子图区域设置、保存图片等，当鼠标在图上移动时，在工具栏的右端会显示鼠标光标处的坐标值。

这个程序使用 NumPy 的数组计算功能生成数据，使用 matplotlib.pyplot 的指令式绘图方法绘制曲线和柱状图。程序中的注释已经足够解释每行代码的功能，本书假设读者对 NumPy 和 Matplotlib 的基本使用有一定的

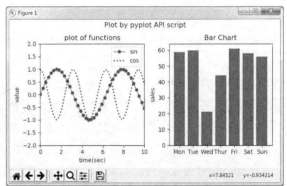

图 14-1　运行程序 Demo14_1Script.py 显示的图形窗口

了解，不再具体介绍 NumPy 的基本使用方法，也不再具体介绍 matplotlib.pyplot 模块的指令式绘图功能，对这两个功能不熟悉的读者请查阅相关资料或书籍。

NumPy 和 Matplotlib 都提供了非常详细的类和函数的帮助信息，可以在 Python 交互式环境下使用 Python 内建函数获取模块的内容清单或一个函数的具体帮助信息。例如，使用 dir()函数可以列出 matplotlib.pyplot 模块的所有属性、函数和类。

```
>>> import matplotlib.pyplot as plt
>>> dir(plt)
```

使用 help()函数可以显示一个类或函数的帮助信息，例如，通过下面的指令获取 plot()函数的详细帮助信息：

```
>>> help(plt.plot)
```

显示的 plot()函数的帮助信息中详细地列出了函数的参数形式，显示了各个参数的意义和各种取值，例如 plot()函数中表示颜色的常数列表、数据点样式列表、线型列表等都在帮助信息里有显示，要善于查询和使用这种帮助信息。

14.1.3 GUI 程序中的 Matplotlib 绘图

1. 示例程序和运行效果

一般的书上介绍 Matplotlib 的绘图功能都主要是介绍 matplotlib.pyplot 模块中的指令式绘图功能，因为这种方式与 MATLAB 很相似，使用过 MATLAB 的人转而使用 Matplotlib 绘图会比较容易上手。但是这种方式将绘图的效果都固定在程序里了，例如曲线的颜色、线条类型等，如果要修改就需要修改源程序重新运行，所以这种方式只适合做研究时的快速数据可视化，不能做成 GUI 应用程序进行交互式绘图。

Matplotlib 是完全采用面向对象方法设计的，图的各个组成元素，如图、子图、坐标轴、曲线等都有相应的类，还有各种涉及图的操作的类。通过类的接口函数和属性可以对图的各个组成元素进行完全的控制，这种方法称为面向对象（Object-Oriented，OO）方法。面向对象方法适合在 GUI 应用程序中使用，因为在程序中可以对这些对象实例进行操作。

下面先用一个简单的程序演示在 GUI 应用程序中使用 Matplotlib 的面向对象方法绘图的基本方法。示例 Demo14_1 目录下的文件 Demo14_1GUI.py 的完整代码如下：

```
## 程序文件：Demo14_1GUI.py
## 使用matplotlib 面向对象方法在 GUI 中绘图
import sys
import numpy as np
import matplotlib as mpl
from matplotlib.backends.backend_qt5agg import (FigureCanvas,
            NavigationToolbar2QT as NavigationToolbar)
from PyQt5.QtWidgets import  QApplication, QMainWindow
from PyQt5.QtCore import  Qt

class QmyMainWindow(QMainWindow):
    def __init__(self, parent=None):
        super().__init__(parent)       #调用父类构造函数
        self.setWindowTitle("Demo14_1, GUI 中的matplotlib 绘图")
## rcParams[]参数设置，以正确显示汉字
        mpl.rcParams['font.sans-serif']=['KaiTi','SimHei']     #汉字字体
        mpl.rcParams['font.size']=12      #字体大小
        mpl.rcParams['axes.unicode_minus'] =False      #正常显示负号
        self.__iniFigure()      #创建绘图系统，初始化窗口
        self.__drawFigure()      #绘图

##===========自定义函数=================
    def __iniFigure(self):      ##创建绘图系统，初始化窗口
```

```
        self.__fig=mpl.figure.Figure(figsize=(8, 5))        #单位英寸
        self.__fig.suptitle("plot in GUI application")      #总的图标题
        figCanvas = FigureCanvas(self.__fig)    #创建 FigureCanvas 对象
        naviToolbar=NavigationToolbar(figCanvas, self)      #创建工具栏
        naviToolbar.setToolButtonStyle(Qt.ToolButtonTextUnderIcon)
        self.addToolBar(naviToolbar)            #添加工具栏到主窗口
        self.setCentralWidget(figCanvas)

    def __drawFigure(self):        ##绘图
        t = np.linspace(0, 10, 40)
        y1=np.sin(t)
        y2=np.cos(2*t)

        ax1=self.__fig.add_subplot(1,2,1)       #matplotlib.axes.Axes 类
        ax1.plot(t,y1,'r-o',label="sin", linewidth=1, markersize=5)
        ax1.plot(t,y2,'b:',label="cos",linewidth=2)
        ax1.set_xlabel('X 轴')                   #x 轴标题
        ax1.set_ylabel('Y 轴',fontsize=14)       #y 轴标题
        ax1.set_xlim([0,10])
        ax1.set_ylim([-1.5,1.5])
        ax1.set_title("曲线")         #子图标题
        ax1.legend()                 #自动创建图例

        ax2=self.__fig.add_subplot(1,2,2)       #matplotlib.axes.Axes 类
        week=["Mon","Tue","Wed","Thur","Fri","Sat","Sun"]
        sales=np.random.randint(200,400,7)
        ax2.bar(week,sales)              #绘制柱状图
        ax2.set_xlabel('week days')      #x 轴标题
        ax2.set_ylabel('参观人数')        #y 轴标题
        ax2.set_title("柱状图")          #子图标题

##   =============窗体测试程序 ================================
if __name__ == "__main__":
    app = QApplication(sys.argv)
    form=QmyMainWindow()
    form.show()
    sys.exit(app.exec_())
```

程序运行时的界面如图 14-2 所示。注意这个程序是用 PyQt5 的 GUI 应用程序框架创建的。为了减少程序的复杂度，没有使用可视化方法设计 UI 窗体，而是采用纯代码的方式。程序中定义了一个基于 QMainWindow 的窗口类 QmyMainWindow，界面构造和绘图都是在 QmyMainWindow 的构造函数中实现的。

2. 后端（backend）

Matplotlib 的绘图结果可以有各种输出形式，例如在 Python 交互式环境中输出绘图结果，嵌入到 wxpython、pygtk、Qt 等 GUI 框架中输出绘图结果，将绘图结果输出为图片文件，或在 Web 应用程序中输出绘图结果。要实现这些不同的输出，Matplotlib 需要有不同的处理方法，这些不同的输出功能就称为后端（backend）。而相对的就是前端（frontend），是用户面对的代

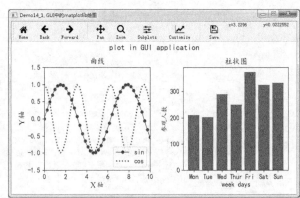

图 14-2 使用 Matplotlib 绘图的 PyQt5 GUI 程序界面

码。例如，对于一段相同的前端绘图代码，后端就是实现场景后面的工作以生成绘图输出。

有两种后端，一种是用户界面后端（也称为交互式后端），例如用于 wxpython、pygtk、tkinter、qt4、qt5、macosx 的后端，另一种是用于生成图片文件的后端，如生成 PNG、SVG、PDF 等文件。

对于用户界面后端，Matplotlib 还将渲染器（renderer）和画布（canvas）分离开来，以实现更灵活的定制功能。Matplotlib 使用的主要的渲染器是基于 Anti-Grain Geometry C++库的 Agg 渲染器。除了 macosx，所有的用户界面都使用 Agg 渲染器，因而有 WXAgg、GTK3Agg、QT4Agg、QT5Agg、TkAgg 等。有些用户界面也支持其他的渲染器，如 Cairo 渲染器，因而有 GTK3Cairo、QT4Cairo、QT5Cairo 等。

在 Matplotlib 安装目录的"backends"子目录里是这些后端的模块文件，例如有 backend_gtk3agg.py、backend_gtk3cairo.py、backend_qt5agg.py、backend_qt5cairo.py 等。本书只考虑 QT5Agg 渲染器，所以在程序的 import 部分有如下的语句：

```
from matplotlib.backends.backend_qt5agg import (
        FigureCanvas, NavigationToolbar2QT as NavigationToolbar)
```

这是从 matplotlib.backends.backend_qt5agg 模块中导入了 FigureCanvas 类和 NavigationToolbar2QT 类，并将 NavigationToolbar2QT 类重命名为 NavigationToolbar。

追踪查看 FigureCanvas 类的源程序，可以发现它的上层父类之一是 QWidget，所以，它是用于在 PyQt5 GUI 界面上显示 Matplotlib 绘图结果的 Widget 组件。要在 PyQt5 GUI 窗体上显示 Matplotlib 绘图结果，必须创建一个 FigureCanvas 界面组件，就如同使用 PyQtChart 模块绘制图表时需要先创建一个 QChartView 界面组件。

3. 程序解读

（1）为正常显示汉字的设置

在自定义类 QmyMainWindow 的构造函数里实现窗体界面构造和 Matplotlib 绘图。

首先对 Matplotlib 的全局设置做一些修改，以便正确显示汉字。可以修改全局字典变量 matplotlib.rcParams 里的参数，也可以修改配置文件 matplotlibrc 的内容。程序中的设置语句如下：

```
mpl.rcParams['font.sans-serif']=['KaiTi','SimHei']    #汉字字体
mpl.rcParams['font.size']=12      #字体大小
mpl.rcParams['axes.unicode_minus'] =False    #正常显示负号
```

第 1 行语句是设置字体族（font family）"sans-serif"的参数，第 3 行语句是为了正常显示负号。

Matplotlib 中将字体分为 5 种字体族，分别是"serif""sans-serif""cursive""fantasy""monospace"，每一种字体族可以设定多种字体。在默认的 matplotlibrc 文件中使用的字体族是"sans-serif"，这个字体族的字体不包含汉字字体，所以无法正常显示汉字。

第 1 行语句将'font.sans-serif'参数设置为['KaiTi', 'SimHei']，Matplotlib 将优先使用字体'KaiTi'，如果找不到这个字体的字体文件，就使用后面的字体'SimHei'，可以为一个字体族设置多个字体。Windows 系统中常见的汉字字体名称如下。

- KaiTi =楷体；SimHei=黑体；FangSong=仿宋。
- STSong=华文宋体；STFangsong=华文仿宋；STHeiti=华文黑体。

关于字体的设置可以查看配置文件 matplotlibrc 的默认内容，在 Matplotlib 3.0.0 用户手册的

第 89 页。

（2）创建绘图界面组件的函数__iniFigure()

构造函数里调用自定义函数__iniFigure()创建绘图相关的界面组件，此函数的完整代码见前面的程序清单。程序首先创建了一个 matplotlib.figure.Figure 类对象 self.__fig：

```
self.__fig=mpl.figure.Figure(figsize=(8, 5))          #单位英寸
```

Figure 类就是用于绘图的图表类，是 Matplotlib 中一个主要的类，它负责管理一个图形窗口中子图、各种图表组件的绘制，其功能类似于 PyQtChart 模块中的 QChart 类。但是一个 Figure 里可以绘制多个子图，而 QChart 只能绘制一个图表。

创建 FigureCanvas 对象时必须传递一个 Figure 类对象，程序中是：

```
figCanvas = FigureCanvas(self.__fig)       #创建 FigureCanvas 对象
```

这样，Figure 类对象 self.__fig 就用 figCanvas 作为图形渲染区域（画布），self.__fig 的各种绘图操作都在此画布上显示出来。

创建 NavigationToolbar 类导航工具栏 naviToolbar 时传递一个 FigureCanvas 对象作为参数，即

```
naviToolbar=NavigationToolbar(figCanvas, self)        #创建工具栏
```

这样创建的导航工具栏的操作就是针对关联的 FigureCanvas 类对象 figCanvas。Navigation-Toolbar 的父类是 QToolBar，所以可以使用 setToolButtonStyle()函数设置按钮显示方式，并且添加它作为主窗口的工具栏。

程序运行时，图 14-2 中的工具栏与图 14-1 中的工具栏有些差异，例如图 14-2 的工具栏中有"Customize"按钮对子图进行设置，而图 14-1 的工具栏中没有这个按钮。两个工具栏的"Subplots"按钮弹出的对话框的界面也不同，这就是由于使用了不同的后端引起的。

FigureCanvas 的父类是 QWidget，所以其对象示例可以作为主窗口的中心组件。Navigation-Toolbar 和 FigureCanvas 还有其他的一些功能，在后面再具体介绍。

（3）实现绘图功能的函数__drawFigure()

构造函数里调用自定义函数__drawFigure()绘图，其完整代码参见前面的代码清单。

函数__drawFigure()实现的绘图功能与程序 Demo14_1Script.py 中的几乎相同，但是实现的方法不同。在文件 Demo14_1GUI.py 的 import 部分没有导入 matplotlib.pyplot，它完全使用面向对象的方法绘图。

在使用 NumPy 的功能准备好数据后，程序首先创建了一个子图，代码是：

```
ax1=self.__fig.add_subplot(1,2,1)      #子图 1
```

self.__fig 是 matplotlib.figure.Figure 类对象，是整个图。使用 Figure.add_subplot()函数创建了一个对象 ax1。函数 Figure.add_subplot()与 matplotlib.pyplot.subplot()参数格式和功能完全相同，这里不再对参数做详细的说明，读者可以通过内建函数 help()获取该函数的详细帮助信息，输入指令是：

```
>>> from matplotlib.figure import Figure
>>> help (Figure.add_subplot)
```

这里创建的对象 ax1 是 matplotlib.figure.Axes 类型，它是管理一个子图区域绘图的类。通过 Axes 类的接口函数在子图区域画图，例如 ax1 使用 plot()函数绘制了两条曲线，Axes.plot()函数的

使用方法与 matplotlib.pyplot.plot() 函数相同。

　　Axes 类通过属性和接口函数对子图的各个组成元素，如曲线、坐标轴范围、标题、网格线、图例等进行操作。一般通过一组 set_ 和 get_ 函数对一个属性进行设置和获取，例如 Axes.set_xlim() 函数设置 x 轴坐标范围，Axes.get_xlim() 函数返回 x 轴的坐标范围。这与 matplotlib.pyplot 模块中的操作方法不同，pyplot.xlim() 函数既可以设置 x 轴坐标范围，也可以返回 x 轴坐标范围。

　　Axes 类是 Matplotlib 绘图中最主要的一个类，一个子图上的所有元素都由 Axes 管理，所以在 GUI 中进行 Matplotlib 绘图主要就是 Axes 类及其管理的各个子对象的操作，如坐标轴（Axis 类）、曲线（Line2D 类）、文本（Text 类）、图例（Legend 类）的操作。这些操作都使用面向对象的方法，与 matplotlib.pyplot 中的指令式操作的方法不同，但实现的功能相同。

　　本节先通过一个简单示例演示了在 GUI 程序中使用 Matplotlib 绘图的基本方法，下一节再对 Matplotlib 绘图时常用到的各个类的使用方法进行详细介绍。

14.2　图的主要元素的面向对象操作

14.2.1　图的主要组成元素

　　要对一个图（Figure）的各个组成元素进行编程操作，首先要搞清楚图的组成元素的名称及其对应的类，然后才可以使用类的属性和接口函数进行操作。

　　Matplotlib 官方例子程序 anatomy.py 绘制的一个图完整地演示了一个图的各个组成元素，图 14-3 是 anatomy.py 运行时显示的图，示例 Demo14_1 目录下有这个文件，读者也可以从 Matplotlib 官网下载此程序的最新版本运行，并解读其中的代码。

　　下面对图 14-3 所示的一个典型的二维图的各组成元素进行解释说明。

　　（1）Figure 图（或图表），对应类 matplotlib.figure.Figure

　　Figure 就是画布上的整个图，一个图可以有多个子图（Axes），Figure 管理这些子图，可以添加、删除子图，也可以清除整个图形区域。

　　（2）Axes 子图，对应类 matplotlib.axes.Axes

　　Axes 就是 Figure 上的一个子绘图区域，一个 Figure 上可以有多个 Axes，但是一个 Axes 只能属于某个 Figure。一个 Axes 对象被创建时，会自动创建 x 轴和 y 轴，它们是 Axis 类对象，Axes 有一些函数对坐标轴的宏观属性进行设置，如 set_xlim() 和 set_ylim() 分别设置 x 轴和 y 轴的坐标范围，set_xlabel() 和 set_ylabel() 分别设置 x 轴和 y 轴的标题。

　　Axes 提供了很多绘图函数在子图上绘图，如 Axes.plot() 函数绘制一般的曲线，Axes.scatter() 函数绘制散点图。绘图函数会生成对象实例，例如 Axes.plot() 函数绘制曲线返回的结果是 Line2D 类型的对象，Axes.scatter() 函数绘制散点图返回的是 PathCollection 类型对象。Axes 有一些容器变量对子图上的这些对象进行管理，如 Axes.get_lines() 返回子图上由 plot() 函数生成的 Line2D 对象的列表。

　　（3）Axis 坐标轴，对应类 matplotlib.axis.Axis

　　Axis 是管理坐标轴的类，它管理坐标轴的标题、刻度、刻度标签、网格线等。从图 14-3 上可以看到一个坐标轴有以下几部分。

- 轴标题（axis label）：坐标轴的标题字符串，如图中的"X axis label"。
- 主刻度（major tick）：坐标轴上的主分度的短线，如图中 x 轴的 0、1、2、3、4 等数值处的刻度。
- 主刻度标签（major tick label）：在主刻度处的文字标签，一般是坐标数值。
- 次刻度（minor tick）：相邻两个主刻度之间的细分刻度，次刻度默认是不显示的。
- 次刻度标签（minor tick label）：与次刻度对应的文字标签，默认是不显示的。
- 网格线（grid line）：与主刻度、次刻度对应的都有网格线。

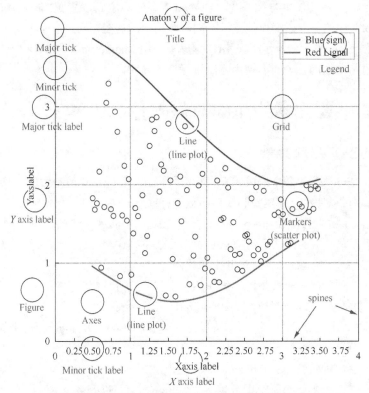

图 14-3　Matplotlib 官方例子程序 anatomy.py 绘制的图

Axis 有两个子类，XAxis 和 YAxis，分别用于表示 x 轴和 y 轴。通过 x 轴和 y 轴对象及其管理的刻度、标签、网格线等对象可以完全定制坐标轴和网格线的显示效果。

（4）Legend 图例，对应类 matplotlib.legend.Legend

使用 Axes.legend()函数可以为一个子图自动生成图例，获取图例对象后，可以使用 Legend 类的接口函数对图例的显示内容和效果进行完全的控制，例如控制图例显示位置、图例文字内容等。

（5）其他图形元素类

图上所有可见元素都有对应的类，例如文字是 Text 类，坐标轴线、刻度线、网格线、绘制的曲线都是 Line2D 类，Axes.bar()函数绘制的柱状图的各个矩形是 Rectangle 类等。所有这些图形元素的抽象父类都是 matplotlib.artist.Artist 类，在程序中只要获得这些对象，就可以通过类的接口函数对此对象进行操作。

14.2.2 示例程序功能和窗体可视化设计

本节通过示例程序 Demo14_2 演示和介绍 Matplotlib 绘图的主要对象的操作方法。示例 Demo14_2 是基于模板 mainWindowApp 的项目，只有一个主窗口，程序运行时的界面如图 14-4 所示。

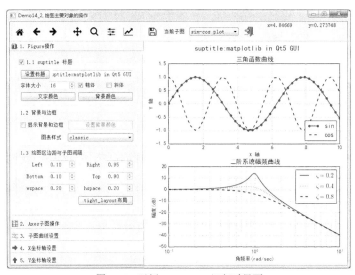

图 14-4　示例 Demo14_2 运行时界面

在图 14-4 中，右侧是一个 FigureCanvas 组件，用于 Matplotlib 绘图，这个图有两个子图。主窗口上方是一个 NavigationToolbar 工具栏，但是对原始的工具栏做了些改造，增加了一个下拉列表框和一个退出按钮。下拉列表框中列出了图中的两个子图，用于选择当前操作的子图。窗口左侧是一个 QToolBox 组件，分成了 5 个组，分别对 Figure、子图、子图中的曲线、x 轴和 y 轴进行各种操作。这个示例对一个图的各种主要元素的操作基本都涉及了。

采用可视化方法设计主窗体 UI 文件 MainWindow.ui，设计好的 MainWindow.ui 文件界面如图 14-5 所示。在可视化设计窗体时，删除了窗体上的菜单栏、工具栏和状态栏。在窗体上设计了 QToolBox 组件的各个分页的内容，还创建了一个名称为 actQuit 的 Action，实现关闭窗口的功能。

图 14-5　窗体界面文件 MainWindow.ui 设计时效果

右侧工作区空白。不能在窗体可视化设计时放置一个 QWidget 组件，然后提升为 FigureCanvas 类，因为创建 FigureCanvas 类对象时必须传递一个 Figure 对象。所以，工具栏和绘图组件在窗体业务逻辑类 QmyMainWindow 的构造函数里创建。

  窗体 MainWindow.ui 上 QToolBox 组件里的界面组件很多，其命名、属性设置和布局不再介绍，请查看示例源文件 MainWindow.ui。

14.2.3 界面创建与初始化绘图

  界面文件 MainWindow.ui 对应的业务逻辑类是 QmyMainWindow，在其构造函数里完成界面创建，并进行初始化绘图，其构造函数代码如下：

```
import sys
from PyQt5.QtWidgets import  (QApplication, QMainWindow,
                        QSplitter,QColorDialog,QLabel,QComboBox)
from PyQt5.QtCore import  pyqtSlot,Qt
from PyQt5.QtGui import QColor
import numpy as np
import matplotlib as mpl
import matplotlib.style as mplStyle      ##样式模块
from  matplotlib.backends.backend_qt5agg import (FigureCanvas,
                   NavigationToolbar2QT as NavigationToolbar)

from ui_MainWindow import Ui_MainWindow
class QmyMainWindow(QMainWindow):
   def __init__(self, parent=None):
      super().__init__(parent)
      self.ui=Ui_MainWindow()
      self.ui.setupUi(self)

      self.setWindowTitle("Demo14_2，绘图主要对象的操作")
      mplStyle.use("classic")      #使用样式，必须在绘图之前调用
      mpl.rcParams['font.sans-serif']=['KaiTi','SimHei']      #显示汉字
      mpl.rcParams['font.size']=12
      mpl.rcParams['axes.unicode_minus'] =False      #减号 unicode 编码

      self.__fig=None            #Figure 对象
      self.__curAxes=None        #当前操作的 Axes，为了方便单独用变量
      self.__curLine=None        #当前操作的曲线
      self.__createFigure()      #创建 Figure 和 FigureCanvas 对象，初始化界面
      self.__drawFig2X1()        #绘图

      axesList=self.__fig.axes #图的子图列表
      for one in axesList:       #添加到工具栏上的下拉列表框里
         self.__comboAxes.addItem(one.get_label())

      legendLocs=['best','upper right','upper left', 'lower left',
               'lower right', 'right', 'center left','center right',
               'lower center', 'upper center', 'center']      #图例位置
      self.ui.combo_LegendLoc.addItems(legendLocs)      #添加选项
      styleList=mplStyle.available      #可用样式列表，字符串列表
      self.ui.comboFig_Style.addItems(styleList)
```

构造函数完成了以下几个工作。

（1）设置 Matplotlib 绘图的全局样式

设置样式的语句是：

```
mplStyle.use("classic")
```

matplotlib.style 模块中定义了一些与样式操作相关的函数和属性。样式就是图表的一些配色、

布局等设置，通过样式可以快速设置图表的整体外观。

使用 matplotlib.style.use(styleName)函数设置一个样式，参数 styleName 是样式名称，例如 "classic"。必须在绘图之前设置样式，才会影响后面的绘图效果。

在构造函数的后面还使用 matplotlib.style.available 属性的值填充界面上的 QComboBox 组件 comboFig_Style 的列表，这个 available 属性是一个字符串列表，是 Matplotlib 中所有可用样式的名称。

（2）调用自定义函数__createFigure()进行绘图系统和界面的初始化

函数__createFigure()的代码如下：

```
def __createFigure(self):      ##创建 Figure 和 FigureCanvas 对象，初始化界面
    self.__fig=mpl.figure.Figure()
    figCanvas = FigureCanvas(self.__fig)        #创建 FigureCanvas 对象
    self.__fig.suptitle("suptitle:matplotlib in Qt GUI",
            fontsize=16, fontweight='bold')     #总的图标题

    naviToolbar=NavigationToolbar(figCanvas, self)       #创建工具栏
    actList=naviToolbar.actions()     #关联的 Action 列表
    count=len(actList)
    lastAction=actList[count-1]         #最后一个 Action

    labCurAxes=QLabel("当前子图")
    naviToolbar.insertWidget(lastAction,labCurAxes)       #插入 Label 组件
    self.__comboAxes=QComboBox(self)  #子图列表，用于选择子图
    self.__comboAxes.setToolTip("选择当前子图")
    self.__comboAxes.currentIndexChanged.connect(self.do_currentAxesChaned)
    naviToolbar.insertWidget(lastAction,self.__comboAxes)   #插入 combobox
    naviToolbar.insertAction(lastAction,self.ui.actQuit)    #插入 Action
    self.addToolBar(naviToolbar)        #添加作为主窗口工具栏

    splitter = QSplitter(self)
    splitter.setOrientation(Qt.Horizontal)
    splitter.addWidget(self.ui.toolBox)     #左侧控制面板
    splitter.addWidget(figCanvas)           #右侧 FigureCanvas 对象
    self.setCentralWidget(splitter)
```

绘图系统初始化就是创建Figure类的对象self.__fig，再创建FigureCanvas对象并作为self.__fig的画布。

NavigationToolbar 的父类是 QToolBar，所以可以使用 QToolBar 的一些接口函数改造工具栏。创建 NavigationToolbar 类的工具栏 naviToolbar 后，在工具栏上插入一个 QComboBox 组件 self.__comboAxes，用于列出图中的所有子图。构造函数里调用__drawFig2X1()函数完成绘图后再填充此下拉列表框，用于在程序运行时选择当前操作的子图，所以为其 currentIndexChanged()信号关联了槽函数 do_currentAxesChaned()。这个槽函数的功能是获取子图的一些属性后显示到界面上，在后面再解释其功能。

创建的 FigureCanvas 对象 self.__fig 与界面上原有的组件 toolBox 使用左右分割布局，然后填充整个主窗口工作区。

（3）调用自定义函数__drawFig2X1()绘图

函数__drawFig2X1()在 Figure 类对象 self.__fig 上绘制了两个子图，其代码如下：

```
def __drawFig2X1(self):      ##绘图
    ax1=self.__fig.add_subplot(2,1,1,label="sin-cos plot")      #子图 1
    t = np.linspace(0, 10, 40)
    y1=np.sin(t)
    y2=np.cos(2*t)
    ax1.plot(t,y1,'r-o',label="sin", linewidth=2, markersize=5)
    ax1.plot(t,y2,'b--',label="cos",linewidth=2)      #绘制曲线
    ax1.set_xlabel('X 轴')      #x 轴标题
    ax1.set_ylabel('Y 轴')      #y 轴标题
    ax1.set_xlim([0,10])      #x 轴坐标范围
    ax1.set_ylim([-1.5,1.5])      #y 轴坐标范围
    ax1.set_title("三角函数曲线")
    ax1.legend()      #自动创建图例
    self.__curAxes=ax1      #当前操作的 Axes 对象

    ax2=self.__fig.add_subplot(2,1,2,label="magnitude plot")      #子图 2
    w = np.logspace(-1, 1, 100)      #角频率对数取点，10^(-1,1)之间，100 个点
    mag=self.__getMag(w,zta=0.1,wn=1)      #阻尼比=0.1
    ax2.semilogx(w,mag,'g-',label=r'$\zeta=0.2$', linewidth=2)
    mag=self.__getMag(w,zta=0.4,wn=1)      #阻尼比=0.4
    ax2.semilogx(w,mag,'r:',label=r'$\zeta=0.4$', linewidth=2)
    mag=self.__getMag(w,zta=0.8,wn=1)      #阻尼比=0.8
    ax2.semilogx(w,mag,'b--',label=r'$\zeta=0.8$', linewidth=2)
    ax2.set_xlabel('角频率(rad/sec)')
    ax2.set_ylabel('幅度(dB)')
    ax2.set_title("二阶系统幅频曲线")
    ax2.legend()      #自动创建 Axes 的图例

def __getMag(self,w,zta=0.2,wn=1.0):      ##计算幅频曲线的数据
    w2=w*w
    a1=1-w2/(wn*wn)
    b1=a1*a1
    b2=4*zta*zta/(wn*wn)*w2
    b=np.sqrt(b1+b2)
    mag=-20*np.log10(b)      #幅度
    return mag
```

使用 Figure.add_subplot()函数创建子图，返回的对象是 matplotlib.figure.Axes 类型。子图类 Axes 是绘图操作的主要类。

第 1 个子图 ax1 用函数 plot()绘制了两条简单的曲线，第 2 个子图用函数 semilogx()绘制了二阶振荡系统的幅频曲线，x 轴采用对数坐标。二阶系统的幅频特性的幅度计算公式是：

$$A(\omega) = \frac{1}{\sqrt{\left(1 - \frac{\omega^2}{\omega_n^2}\right)^2 + \left(2\xi\,\frac{\omega}{\omega_n}\right)^2}}$$

其中，$\xi \in (0,1)$ 是阻尼比，$\omega_n > 0$ 是自然频率，ω 是角频率。当阻尼比和自然频率固定时，使 ω 在一定范围内取值，计算出 $A(\omega)$ 就可以做出系统的幅度—频率特性曲线。自定义函数__getMag()用于计算幅度序列，并且以分贝（dB）为单位表示幅度。读者即使对此公式原理不懂也没关系，知道其是用于产生数据的即可。

Axes 有很多接口函数用于绘制各种不同的图形，如常见的 plot()用于绘制曲线，还有其他一些绘图函数如表 14-1 所示。表中只列出了函数名称，部分绘图函数的使用在后面会有示例介绍。

表 14-1　Axes 类绘制各种曲线和图的函数

类别	函数	功能描述
曲线 或图	plot()	绘制一般的曲线，通过选项设置还可以绘制阶梯状曲线
	semilogx()	x 轴采用对数坐标的曲线
	semilogy()	y 轴采用对数坐标的曲线
	loglog()	x 轴和 y 轴都采用对数坐标的曲线
	stem()	绘制火柴杆图，例如演示信号采样点的图
	scatter()	绘制散点图
	fill()	绘制一个填充的多边形区域
	fill_between()	填充两条水平方向上的曲线之间的区域，即两组 y 值之间的区域
	fill_betweenx()	填充两条垂直方向上的曲线之间的区域，即两组 x 值之间的区域
	stackplot()	绘制叠加面积图
	bar()	一次绘制一个柱状图序列，可以多个序列并排，也可以叠加
	barh()	绘制水平柱状图
	pie()	绘制饼图
统计 相关	hist()	绘制一个信号的统计直方图
	hist2d()	绘制两个信号的二维统计直方图
	hexbin()	与 hist2d()函数功能类似，绘制两个信号的统计直方图，但是使用六边形蜂窝网格，更容易揭示信息
	boxplot()	绘制箱线图
	violin()	绘制小提琴（violin）图
	errorbar()	绘制误差棒图
矩形 网格	contour()	绘制等高线图
	contourf()	绘制填充等高线图
	streamplot()	绘制一个向量场的流线图
	quiver()	绘制一个二维场的箭头图
	imshow()	显示一个图片，图片数据是二维数组，颜色由 colormap 决定，或是 RGB、RBGA 表示颜色的三维数组
	pcolor()	根据非规则矩形网格数据绘制伪色图，色块颜色由 colormap 决定。数组较大时，pcolor()速度较慢，推荐使用相同功能而速度更快的 pcolormesh()
	pcolormesh()	根据非规则矩形网格数据绘制伪色图，色块颜色由 colormap 决定
三角 形网 格	triplot()	绘制非结构化的三角形网格图，如 Delaunay 三角形剖分网格
	tricontour()	绘制非结构化三角形网格的等高线图
	tricontourf()	绘制非结构化三角形网格的填充型等高线图
	tripcolor()	绘制非结构化三角形网格的伪色图
信号 分析	acorr()	计算一个信号的自相关（autocorrelation）并绘制曲线
	xcorr()	计算两个信号的互相关（cross correlation）并绘制曲线
	psd()	计算并绘制一个信号的功率谱密度（Power Spectral Density）图
	cohere()	计算并绘制两个信号的互相干（coherence）曲线
	csd()	计算并绘制两个信号的互谱密度（cross spectral density）
	magnitude_spectrum()	计算一个信号的 FFT（快速傅里叶变换），并绘制频率—幅度曲线，幅度以原始数值或 dB（分贝）为单位
	phase_spectrum()	计算一个信号的 FFT，并绘制频率—相位曲线
	angle_spectrum()	计算一个信号的 FFT，并绘制频率—角度曲线
	specgram()	使用短时傅里叶变换（SFFT）计算信号的频谱，绘制时频谱图，用于信号的时频分析

从表 14-1 可以看到，Axes 类的绘图功能非常丰富，能绘制各种常见图形，能对信号做统计分析并绘图，能绘制矩形网格的伪色图、等高线图，能绘制非矩形网格数据的图，还具有信号分析计算与绘图功能。有些功能涉及一些专业理论知识，如非矩形网格划分的 Delaunay 三角形划分方法是计算几何学的内容，信号分析与绘图中涉及大量信号分析计算的理论，如互相关计算、FFT 变换、时频分析等。读者用到某些专业的绘图功能时查阅函数的帮助信息，并从官网上找到示例

程序，就可快速学会如何使用这些绘图函数。

（4）几个 QComboBox 组件的列表填充

在构造函数里完成绘图系统初始化和绘图后，对界面上的几个 QComboBox 组件的列表进行填充。

在 Figure 对象中绘制的子图都保存在其 axes 属性里，所以 self.__fig.axes 是图上的子图列表。绘制子图时设置的 label 属性值相当于子图的名称标签，如：

```
ax2=self.__fig.add_subplot(2,1,2,label="magnitude plot")
```

通过 Axes.get_label()可以返回这个名称标签，所以将绘制的两个子图的名称标签添加到工具栏上的下拉列表框 self.__comboAxes 里。

还将图例位置和图表样式添加到了相应的 QComboBox 组件的列表里。之所以在绘图之后再填充列表，是因为它们的槽函数里会用到 self.__curAxes 等变量，而这个变量是在__drawFig2X1()函数里赋值的。

14.2.4　Figure 对象的操作

程序运行时，通过窗口左侧的控制面板对图的各个组成元素进行操作。控制面板分成了 5 个组，第 1 组是对 Figure 对象的操作，界面如图 14-4 所示。

matplotlib.figure.Figure 类是整个图的最上层容器类，它主要管理子图的创建、删除和布局，以及整个图的背景、绘图区边距等。

下面是第 1 组里的"1.1 suptitle 标题"分组框里各组件的相关槽函数代码：

```
##=======1.1 suptitle   图表的标题
def __setFig_suptitle(self,refreshDraw=True):     ##设置 suptitle
   textStr=self.ui.editFig_Title.text()
   objText=self.__fig.suptitle(textStr)      #设置 suptitle, 返回 Text 对象
   objText.set_fontsize(self.ui.spinFig_Fontsize.value())    #设置字体大小
   ##并非所有的字体都支持粗体和斜体, 例如某些汉字字体就不支持
   if self.ui.chkBoxFig_Bold.isChecked():     #粗体
     objText.set_fontweight('bold')
   else:
     objText.set_fontweight('normal')

   if self.ui.chkBoxFig_Italic.isChecked():      #斜体
     objText.set_fontstyle('italic')
   else:
     objText.set_fontstyle('normal')

   if refreshDraw:     #立即刷新
     self.__fig.canvas.draw()     #刷新
   return objText

@pyqtSlot(bool)     ##"1.1 suptitle 标题" GroupBox
def on_groupBox_suptitle_clicked(self,checked):
   if checked:
     self.__setFig_suptitle()
   else:
     self.__fig.suptitle("")     #相当于不显示
     self.__fig.canvas.draw()
```

```
@pyqtSlot()        ##"设置标题"按钮
def on_btnFig_Title_clicked(self):
    self.__setFig_suptitle()

@pyqtSlot(int)        ##字体大小
def on_spinFig_Fontsize_valueChanged(self,arg1):
    self.__setFig_suptitle()

@pyqtSlot(bool)        ##粗体
def on_chkBoxFig_Bold_clicked(self,checked):
    self.__setFig_suptitle()

@pyqtSlot(bool)        ##斜体
def on_chkBoxFig_Italic_clicked(self,checked):
    self.__setFig_suptitle()

@pyqtSlot()        ##文字颜色
def on_btnFig_TitleColor_clicked(self):
    color=QColorDialog.getColor()        #QColor
    if color.isValid():
        r,g,b,a=color.getRgbF()                #将 QColor 转换为 r、g、b、a
        objText=self.__setFig_suptitle(False)
        objText.set_color((r,g,b,a))        #文字颜色
        self.__fig.canvas.draw()

@pyqtSlot()        ##文字背景颜色
def on_btnFig_TitleBackColor_clicked(self):
    color=QColorDialog.getColor()        #QColor
    if color.isValid():
        r,g,b,a=color.getRgbF()
        objText=self.__setFig_suptitle(False)
        objText.set_backgroundcolor((r,g,b,a))        #设置文字背景颜色
        self.__fig.canvas.draw()
```

suptitle 就是一个图的总标题，使用 Figure.suptitle() 设置图的总标题，该函数原型是：

```
suptitle(self, title, **kwargs)
```

其中 title 是设置的标题字符串，kwargs 是可选设置的参数及其取值，如 fontsize、fontweight 等参数。函数返回的是一个 matplotlib.text.Text 类对象。通过 Text 类的接口函数，可以对标题文字做进一步的设置，如设置其字体大小、设置是否粗体或斜体、设置文字颜色和背景颜色等。Text 类的所有接口函数可以查看帮助信息或 Matplotlib 用户手册。

Figure 类没有相应的函数获取已设置的 suptitle，所以程序中修改 suptitle 的属性时都需要重新生成 suptitle 的 Text 对象，然后利用 Text 的接口函数进行操作。

对图的任何对象或属性进行修改后，并不会自动刷新界面上的显示，需要调用 FigureCanvas 类的 draw() 函数刷新图的显示，也就是程序中每个函数最后的一行代码：

```
self.__fig.canvas.draw()        #刷新显示
```

属性 self.__fig.canvas 指向 self.__fig 所在的 FigureCanvas 对象。

"1.2 背景与边框" 分组框里的几个组件的槽函数代码如下：

```
##=======1.2 背景与边框
@pyqtSlot(bool)        ##set_frameon, 显示背景和边框
def on_chkBoxFig_FrameOn_clicked(self,checked):
    self.__fig.set_frameon(checked)
```

```
        self.ui.btnFig_FaceColor.setEnabled(checked)
        self.__fig.canvas.draw()

@pyqtSlot()      ##set_facecolor 设置背景颜色
def on_btnFig_FaceColor_clicked(self):
    color=QColorDialog.getColor()
    if color.isValid():
        r,g,b,a=color.getRgbF()       #将 QColor 转换为 r、g、b、a
        self.__fig.set_facecolor((r,g,b))
        self.__fig.canvas.draw()

@pyqtSlot(str)      ##设置图表样式
def on_comboFig_Style_currentIndexChanged(self,arg1):
    mplStyle.use(arg1)      #设置样式会改变字体设置，汉字无法显示，需重新设置字体
    mpl.rcParams['font.sans-serif']=['KaiTi','SimHei']
    mpl.rcParams['axes.unicode_minus'] =False
    mpl.rcParams['font.size']=12
    self.__fig.clear()         #需要清除后重新绘制
    self.__drawFig2X1()
    self.__fig.canvas.draw()
```

Figure.set_frameon()函数设置是否显示背景，Figure.set_facecolor()函数设置图的背景颜色。图的背景颜色只填充非子图区域，子图有自己的背景色。

在界面上的"图表样式"下拉列表框里选择一个样式后，需要重新设置 rcParams 字典里汉字显示相关的设置，因为设置样式会修改字体设置，这些内建的样式都不能正常显示汉字。设置的样式要对绘图生效需要重新绘图，而不是仅仅刷新而已。

"1.3 绘图区边距与子图间隔"分组框里的组件的槽函数代码如下：

```
##=======1.3 边距，子图间隔
@pyqtSlot()     ##tight_layout 布局
def on_btnFigure_tightLayout_clicked(self):
    self.__fig.tight_layout()        #对所有子图进行一次 tight_layout
    self.__fig.canvas.draw()

@pyqtSlot(float)     ##left margin
def on_spinFig_marginLeft_valueChanged(self,value):
    self.__fig.subplots_adjust(left=value)
    self.__fig.canvas.draw()

@pyqtSlot(float)     ##right margin
def on_spinFig_marginRight_valueChanged(self,value):
    self.__fig.subplots_adjust(right=value)
    self.__fig.canvas.draw()

@pyqtSlot(float)     ##bottom margin
def on_spinFig_marginBottom_valueChanged(self,value):
    self.__fig.subplots_adjust(bottom=value)
    self.__fig.canvas.draw()

@pyqtSlot(float)     ##top margin
def on_spinFig_marginTop_valueChanged(self,value):
    self.__fig.subplots_adjust(top=value)
    self.__fig.canvas.draw()

@pyqtSlot(float)     ##wspace
def on_spinFig_wspace_valueChanged(self,value):
    self.__fig.subplots_adjust(wspace=value)
    self.__fig.canvas.draw()
```

```
@pyqtSlot(float)      ## hspace
def on_spinFig_hspace_valueChanged(self,value):
    self.__fig.subplots_adjust(hspace=value)
    self.__fig.canvas.draw()
```

"tight_layout 布局"按钮的功能是执行一次 Figure 类的 tight_layout()函数，这个函数的功能是对图上的各个子图自动进行紧凑布局，自动调整子图大小、各个边距大小以及子图的水平和垂直间距。紧凑布局不考虑 suptitle，所以如果显示了 suptitle，会造成子图标题与 suptitle 的位置重叠。

界面上其他几个 QDoubleSpinBox 组件的功能是手动设置图的 4 个边距，以及子图之间的间距，都调用 Figure 类的 subplots_adjust()函数，但是使用了不同的参数。设置的数值是 0～1 的小数，表示相对大小。

图 14-6 Axes 子图操作面板

14.2.5 Axes 子图的操作

matplotlib.figure.Axes 是图中的子图类，绘图的主要功能就是由 Axes 类完成的，除了用表 14-1 中的函数绘制各种曲线和图形，Axes 类还有各种接口函数对子图的一些属性进行设置。图 14-6 是窗口左侧控制面板第 2 组的操作界面。

1. 选择当前操作子图

在本示例的图中有两个子图，在操作子图之前，需要在工具栏上的子图下拉列表框里选择当前操作的子图。这个列表框的 currentIndexChanged()信号在构造函数里关联了自定义槽函数 do_currentAxesChaned()，下面是这个槽函数的代码：

```
@pyqtSlot(int)      ##当前子图切换
def do_currentAxesChaned(self,index):
    axesList=self.__fig.axes      #子图列表
    self.__curAxes=self.__fig.axes[index]  #当前操作的 Axes
## 3.1 刷新子图内的曲线列表
    self.ui.comboAxes_Lines.clear()
    lines=self.__curAxes.get_lines()      #子图中的 Line2D 对象列表，也就是曲线
    for oneLine in lines:
        self.ui.comboAxes_Lines.addItem(oneLine.get_label())
    axesLabel=self.__curAxes.get_label()  #子图的 Label
    self.ui.chkBoxAxes_Visible.setText("当前子图可见（"+axesLabel+"）")
## ToolBox 第 2 组，"当前子图可见"CheckBox
    axesVisible=self.__curAxes.get_visible()      #子图可见
    self.ui.chkBoxAxes_Visible.setChecked(axesVisible)
    self.on_chkBoxAxes_Visible_clicked(axesVisible)      #执行一次
## 2.2 子图外观
    isFrameOn=self.__curAxes.get_frame_on()      #是否显示背景
    self.ui.chkBoxAxes_FrameOn.setChecked(isFrameOn)
## 2.3 图例
    legend=self.__curAxes.get_legend()      #返回子图的图例
    self.ui.groupBox_AexLegend.setChecked(legend.get_visible())
    self.ui.chkBoxLegend_Dragable.setChecked(legend.get_draggable())
## ToolBox 第 4 组  X 轴
    xmin,xmax=self.__curAxes.get_xbound()      #轴数据范围
    self.ui.spinAxisX_Min.setValue(xmin)
```

```
        self.ui.spinAxisX_Max.setValue(xmax)
        textStr=self.__curAxes.get_xlabel()        #轴标题
        self.ui.editAxisX_Label.setText(textStr)
        textStr=self.__curAxes.get_xscale()        #scale
        self.ui.comboAxisX_Scale.setCurrentText(textStr)
##  ToolBox 第 5 组    Y 轴
        ymin,ymax=self.__curAxes.get_ybound()        #轴数据范围
        self.ui.spinAxisY_Min.setValue(ymin)
        self.ui.spinAxisY_Max.setValue(ymax)
        textStr=self.__curAxes.get_ylabel()        #轴标题
        self.ui.editAxisY_Label.setText(textStr)
        textStr=self.__curAxes.get_yscale()        #scale
        self.ui.comboAxisY_Scale.setCurrentText(textStr)
```

Figure 类的 axes 属性是所有子图的列表，选择的当前子图赋值给变量 self.__curAxes。

选择子图后，还要刷新操作面板第 3 组里的子图内的曲线列表，以便选择当前操作的曲线。使用 Axes.get_lines()函数返回子图内的曲线列表，plot()和 semilogx()绘制的曲线都是 Line2D 类型的对象，都在这个返回的列表里。

然后通过 Axes 类的一些接口函数返回当前子图的一些属性，例如 get_frame_on()返回是否显示背景颜色，get_legend()返回图例对象，get_xbound()返回 x 轴坐标范围，利用这些返回结果刷新界面上组件的显示。

2．子图可见性与子图标题设置

子图可以被显示或隐藏，子图标题的设置使用 Axes.set_title()函数，返回的是一个 Text 对象，几个界面组件的代码功能与设置 suptitle 的类似，下面仅列出部分代码：

```
##=====ToolBox 第 2 组: ==="Axes 子图操作" 分组里的功能================
@pyqtSlot(bool)        ## "当前子图可见"CheckBox
def on_chkBoxAxes_Visible_clicked(self,checked):
    self.__curAxes.set_visible(checked)
    self.__fig.canvas.draw()
    self.ui.groupBox_AxesTitle.setEnabled(checked)
    self.ui.groupBox_AxesBack.setEnabled(checked)
    self.ui.groupBox_AexLegend.setEnabled(checked)
    self.ui.page_Series.setEnabled(checked)        #能否设置曲线

##=======2.1 子图标题
def __setAxesTitle(self):        ##设置子图标题
    textStr=self.ui.editAxes_Title.text()
    objText=self.__curAxes.set_title(textStr)        #设置标题，获取 Text 对象
    objText.set_fontsize(self.ui.spinAxes_Fontsize.value())
    if self.ui.chkBoxAxes_Bold.isChecked():
        objText.set_fontweight('bold')
    else:
        objText.set_fontweight('normal')

    if self.ui.chkBoxAxes_Italic.isChecked():
        objText.set_fontstyle('italic')
    else:
        objText.set_fontstyle('normal')
    self.__fig.canvas.draw()
    return objText

@pyqtSlot()        ##"设置标题"按钮
def on_btnAxes_Title_clicked(self):
    self.__setAxesTitle()        #设置标题
```

```
@pyqtSlot(bool)        #粗体
def on_chkBoxAxes_Bold_clicked(self,checked):
    self.__setAxesTitle()
```

3. 子图外观设置

"2.2 子图外观" 分组框里几个组件的槽函数代码如下:

```
##======2.2 子图外观
@pyqtSlot(bool)        ##set_frame_on, 是否显示背景颜色
def on_chkBoxAxes_FrameOn_clicked(self,checked):
    self.__curAxes.set_frame_on(checked)        #隐藏背景时, 边框也隐藏了
    self.ui.btnAxes_FaceColor.setEnabled(checked)
    self.__fig.canvas.draw()


@pyqtSlot()        ##set_facecolor 设置背景颜色
def on_btnAxes_FaceColor_clicked(self):
    color=QColorDialog.getColor()
    if color.isValid():
        r,g,b,a=color.getRgbF()
        self.__curAxes.set_facecolor((r,g,b))
        self.__fig.canvas.draw()


@pyqtSlot(bool)        ##grid(), 设置 X 网格线可见性
def on_chkBoxAxes_GridX_clicked(self,checked):
    self.__curAxes.grid(b=checked,which='both',axis='x')
##        which : {'major', 'minor', 'both'}
##        axis : {'both', 'x', 'y'}
    self.__fig.canvas.draw()


@pyqtSlot(bool)        ##grid(), 设置 Y 网格线可见性
def on_chkBoxAxes_GridY_clicked(self,checked):
    self.__curAxes.grid(b=checked,which='both',axis='y')
    self.__fig.canvas.draw()


@pyqtSlot(bool)        ##显示/隐藏坐标轴
def on_chkBoxAxes_AxisOn_clicked(self,checked):
    if checked:
        self.__curAxes.set_axis_on()
    else:
        self.__curAxes.set_axis_off()
    self.__fig.canvas.draw()


@pyqtSlot(bool)        ##显示/隐藏次刻度
def on_chkBoxAxes_MinorTicksOn_clicked(self,checked):
    if checked:
        self.__curAxes.minorticks_on()
    else:
        self.__curAxes.minorticks_off()
    self.__fig.canvas.draw()
```

这里使用了 Axes 类的一些接口函数设置子图的一些显示属性。

设置是否显示 x 轴或 y 轴的网格线用 Axes.grid() 函数, 这个函数的原型是

```
grid(self,b=None,which='major',axis='both', **kwargs)
```

其中参数 b 是布尔类型, 表示显示或隐藏; 参数 which 指哪个网格, 取值范围是{'major', 'minor', 'both'}, 分别表示主网格、次网格、两种网格; 参数 axis 表示设置的轴对象, 取值范围是{'both', 'x', 'y'}, 分别表示两个坐标轴、x 轴、y 轴。

有些逻辑性设置是分别用两个函数，如 Axes.set_axis_on()函数显示坐标轴、Axes.set_axis_off()函数隐藏坐标轴。隐藏坐标轴将同时隐藏 x 和 y 坐标轴，及其相关的轴标题、刻度、刻度标签和网格线。

4. 图例设置

"2.3 图例" 分组框里的几个组件的槽函数代码如下：

```
##======2.3 图例
@pyqtSlot(bool)        ##图例可见
def on_groupBox_AexLegend_clicked(self,checked):
    legend=self.__curAxes.get_legend()     #获得 Legend 对象
    legend.set_visible(checked)
    self.__fig.canvas.draw()

@pyqtSlot(int)         ##图例位置
def on_combo_LegendLoc_currentIndexChanged(self,index):
    legend=self.__curAxes.legend(loc=index)    #需要重新生成图例对象
    legend.set_draggable(self.ui.chkBoxLegend_Dragable.isChecked())
    self.__fig.canvas.draw()

@pyqtSlot(bool)        ##图例可拖动
def on_chkBoxLegend_Dragable_clicked(self,checked):
    legend=self.__curAxes.get_legend()        #获得 Legend 对象
    legend.set_draggable(checked)
    self.__fig.canvas.draw()

@pyqtSlot()           ##重新生成图例
def on_btnLegend_regenerate_clicked(self):
    index=self.ui.combo_LegendLoc.currentIndex()      #图例位置
    legend=self.__curAxes.legend(loc=index)           #生成图例
    legend.set_draggable(self.ui.chkBoxLegend_Dragable.isChecked())
    self.__fig.canvas.draw()
```

Axes.legend()函数可以自动为子图中的曲线生成图例，Axes.get_legend()函数返回子图中的图例对象。图例对象是 matplotlib.legend.Legend 类，Legend 类有一些接口函数对图例的显示效果做一些设置。

图例在子图中的显示位置是由 Axes.legend()生成图例时用参数 loc 指定的。Legend 类没有 set_loc()这样的函数，所以在界面上的"图例位置"下拉列表框里选择新的图例位置时需要重新生成图例。而图例是否可拖动，不能在生成图例时用参数设置，只能使用 Legend.set_draggable()函数设置。

自动生成图例时，以子图中曲线的 label 属性作为图例的标签文字。Legend 类具有很强的定制功能，也可以定制图例的显示对象和显示文字，还可以设置显示的背景色、文字大小等。对于图例的定制功能参考 Matplotlib 的用户手册和官方示例程序，这里就不详细介绍了。

14.2.6 曲线设置

Axes 类使用表 14-1 中的绘图函数绘制各种图形，生成的图形对象的类型各不相同。本示例用 plot()和 semilogx()绘制的曲线都是 matplotlib.lines.Line2D 类对象，具有共同的属性。操作面板的第 3 组是曲线设置，界面如图 14-7 所示。

图 14-7 曲线设置操作面板

界面上"当前操作曲线"下拉列表框的选项在选择子图时更新，一个子图上有多条曲线，此下拉列表框的槽函数代码如下：

```
@pyqtSlot(int)      ##选择当前操作曲线
def on_comboAxes_Lines_currentIndexChanged(self,index):
    lines=self.__curAxes.get_lines()      #子图中的 Line2D 对象列表，也就是曲线
    self.__curLine=lines[index]           #当前操作的曲线
    lineVisible=self.__curLine.get_visible()
    self.ui.groupBox_LineSeries.setChecked(lineVisible)

    marker=self.__curLine.get_marker()
    isMarked= (marker=="" or marker=="None")     #是否有标记点
    self.ui.groupBox_Marker.setChecked(not isMarked)
    self.ui.groupBox_Marker.setEnabled(lineVisible)

    lw=self.__curLine.get_linewidth()       #线宽
    self.ui.spinSeries_LineWidth.setValue(lw)
    ms=self.__curLine.get_markersize()      #标记点大小
    self.ui.spinMarker_Size.setValue(ms)
    mew=self.__curLine.get_markeredgewidth()      #标记点边线宽度
    self.ui.spinMarker_EdgeWidth.setValue()
```

这段代码将选择的曲线对象赋值给变量 self.__curLine，然后通过 Line2D 的接口函数获取曲线的一些属性，以刷新界面显示。

"3.2 曲线外观"和"3.3 标记点"分组框里的各组件的槽函数代码如下：

```
##======3.2 曲线外观
@pyqtSlot(bool)      ##曲线可见
def on_groupBox_LineSeries_clicked(self,checked):
    self.__curLine.set_visible(checked)
    self.ui.groupBox_Marker.setEnabled(checked)
    self.__fig.canvas.draw()

@pyqtSlot(str)      ##set_linestyle()线型
def on_comboSeries_LineStyle_currentIndexChanged(self,arg1):
    self.__curLine.set_linestyle(arg1)
    self.__fig.canvas.draw()

@pyqtSlot(int)      ##set_linewidth()线宽
def on_spinSeries_LineWidth_valueChanged(self,arg1):
    self.__curLine.set_linewidth(arg1)
    self.__fig.canvas.draw()

@pyqtSlot(str)      ##set_drawstyle()绘图样式
def on_comboSeries_DrawStyle_currentIndexChanged(self,arg1):
    self.__curLine.set_drawstyle(arg1)
    self.__fig.canvas.draw()

@pyqtSlot()      ##set_color()设置曲线颜色
def on_btnSeries_LineColor_clicked(self):
    color=QColorDialog.getColor()
    if color.isValid():
        r,g,b,a=color.getRgbF()
        self.__curLine.set_color((r,g,b))
        self.__fig.canvas.draw()

##======3.3 标记点
@pyqtSlot(bool)      ##标记点可见
def on_groupBox_Marker_clicked(self,checked):
```

```
    if checked:
        arg1=self.ui.comboMarker_Shape.currentText()
        shape=arg1[0]        #左边第 1 个字符
    else:
        shape=""             #无标记点
    self.__curLine.set_marker(shape)
    self.__fig.canvas.draw()

@pyqtSlot(str)        ##set_marker() 标记点形状
def on_comboMarker_Shape_currentIndexChanged(self,arg1):
    shape=arg1[0]    #左边第 1 个字符
    self.__curLine.set_marker(shape)
    self.__fig.canvas.draw()

@pyqtSlot(int)        ##set_markersize() 标记点大小
def on_spinMarker_Size_valueChanged(self,arg1):
    self.__curLine.set_markersize(arg1)
    self.__fig.canvas.draw()

@pyqtSlot()           ## set_markerfacecolor()标记点颜色
def on_btnMarker_Color_clicked(self):
    color=QColorDialog.getColor()
    if color.isValid():
        r,g,b,a=color.getRgbF()
        self.__curLine.set_markerfacecolor((r,g,b))
        self.__fig.canvas.draw()

@pyqtSlot(int)        ##set_markeredgewidth() 边线线宽
def on_spinMarker_EdgeWidth_valueChanged(self,arg1):
    self.__curLine.set_markeredgewidth(arg1)
    self.__fig.canvas.draw()

@pyqtSlot()           ##set_markeredgecolor()边线颜色
def on_btnMarker_EdgeColor_clicked(self):
    color=QColorDialog.getColor()
    if color.isValid():
        r,g,b,a=color.getRgbF()
        self.__curLine.set_markeredgecolor((r,g,b))
        self.__fig.canvas.draw()
```

Line2D 对象的设置主要是线型、线宽、颜色，以及标记点的形状、大小、颜色等属性的设置，在 Axes.plot()函数里可以快捷设置，这里是用面向对象的方法进行设置。设置的参数的取值与 matplotlib.pyplot.plot()函数，甚至 MATLAB 的 plot()函数的取值都是一样的，就不再详细解释了。

14.2.7　x 轴和 y 轴设置

1.　相关类功能概述

一个二维笛卡儿坐标系有两个坐标轴：x 轴和 y 轴。坐标轴类是 matplotlib.axis.Axis，它管理坐标轴的轴标题（axis label）、主/次刻度线（tick line）、主/次刻度标签（tick label）、主/次网格线（grid line），还管理生成主/次刻度的格式定义。Axis 类还有两个子类，XAxis 类和 YAxis 类，分别用于 x 轴和 y 轴。

主/次刻度线、主/次刻度标签等都是对象列表，例如主刻度线不是只有一个，而是所有主刻度线的列表。Axis 类的以下接口函数可以获得这些 Text 或 Line2D 对象列表，从而可以进行操作。

- Axis.get_majorticklabels()函数：返回主刻度标签列表，是 Text 对象列表。

- Axis.get_majorticklines()函数：返回主刻度线列表，是 Line2D 对象列表。
- Axis.get_minorticklabels()函数：返回次刻度标签列表，是 Text 对象列表。
- Axis.get_minorticklines()函数：返回次刻度线列表，是 Line2D 对象列表。
- Axis.get_gridlines()函数：返回主网格线 Line2D 对象列表，不包括次网格线。

还有一个类 matplotlib.axis.Tick，它表示坐标轴上的一个刻度，一个刻度对应的有刻度线、刻度标签和网格线。Axis 类有以下两个函数获得主刻度列表和次刻度列表。

- Axis.get_major_ticks()函数：返回主刻度列表，是 Tick 对象列表。
- Axis.get_minor_ticks()函数：返回次刻度列表，是 Tick 对象列表。

Tick 类有一些属性直接指向与刻度对应的刻度线、刻度标签和网格线，可以用于显示效果的设置。表 14-2 是 Tick 类的主要属性及其作用。

表 14-2　Tick 类的主要属性及其作用

Tick 类的属性	类型	作用
tick1line	Line2D 对象	第 1 个刻度线，对于 x 轴就是下方坐标轴的刻度线
tick2line	Line2D 对象	第 2 个刻度线，对于 x 轴就是上方坐标轴的刻度线
gridline	Line2D 对象	网格线，一个刻度只有一个网格线
label1	Text 对象	第 1 个刻度标签，对于 x 轴就是下方坐标轴的刻度标签
label2	Text 对象	第 2 个刻度标签，对于 x 轴就是上方坐标轴的刻度标签
gridOn	bool	控制是否显示网格线
tick1On	bool	控制是否显示第 1 个刻度线
tick2On	bool	控制是否显示第 2 个刻度线
label1On	bool	控制是否显示第 1 个刻度标签
label2On	bool	控制是否显示第 2 个刻度标签

由于 Axis 有函数获取坐标轴的一些对象列表，可以直接对列表进行操作，也可以获得刻度列表后，用 Tick 类的属性进行操作。例如，控制显示 x 轴的主刻度标签，可以用下面的代码：

```
for label in self.__curAxes.xaxis.get_majorticklabels():
    label.set_visible(True)
```

也可以使用下面的代码：

```
for tick in self.__curAxes.xaxis.get_major_ticks():
    tick.label1On = True      #bottom 轴
    tick.label2On = True      #top 轴
```

Axis.get_majorticklabels()函数直接获得所有刻度标签的列表，包括上轴和下轴的，所以其列表元素的个数是 Axis.get_major_ticks()返回列表的两倍。使用 get_major_ticks()获得刻度之后再操作的优点是可以分别控制上轴、下轴（或左、右坐标轴）的显示属性。

一个二维子图（Axes 类）有 x 轴和 y 轴两个坐标轴对象，Axes 类有一些函数对坐标轴进行操作，例如设置数据范围、坐标轴反向等。Axes 类中对 x 轴操作的常用函数如表 14-3 所示，表中只列出了函数名称，功能说明以 set_ 函数为主。对 y 轴操作的相关函数类似。

表 14-3　Axes 类中对 x 轴操作的常用函数

set_函数	get_函数	功能
	xaxis 属性	xaxis 是属性，就是 x 轴对象
	get_xaxis()	返回 x 轴对象，是 XAxis 类型

set_函数	get_函数	功能
invert_xaxis()	xaxis_inverted()	设置 x 坐标轴是否反向
set_xlim()	get_xlim()	设置 x 坐标轴的数据范围
set_xbound()	get_xbound()	设置 x 坐标轴的上下界
set_xlabel()	get_xlabel()	设置 x 轴的标题，设置时可以进行 Text 对象的各种属性设置。get_xlabel()函数只返回轴标题字符串，而不是 Text 对象
set_xscale()	get_xscale()	设置 x 轴的比例尺类型，如"linear""log""symlog"等
set_autoscalex_on()	get_autoscalex_on()	设置是否绘图后自动设置 x 轴坐标范围

获得子图的 x 轴对象可以使用属性 Axes.xaxis 或函数 Axes.get_xaxis()。

Axes.set_xlim()和 Axes.set_xbound()函数的区别是：set_xlim()函数设置的数据是有方向的，如果坐标轴反向，set_xlim()设置的数据范围也应该反向，而 set_xbound()函数不管坐标轴是否反向，总是设置下限和上限值。

操作面板第 4 组是对 x 坐标轴的操作，界面如图 14-8 所示。对 y 坐标轴进行设置的界面和代码实现与 x 轴操作类似，对 y 轴的操作就不介绍了，可查看示例源程序。

2. Axes 类对 x 轴的操作

"4.1 数据特性"和"4.2 X 轴标题"分组框的操作都用到 Axes 类中相关的一些函数，这两个分组框里的组件的相关槽函数代码如下。设置 x 轴标题格式的代码与设置 suptitle 的类似，所以省略了部分相似的代码。

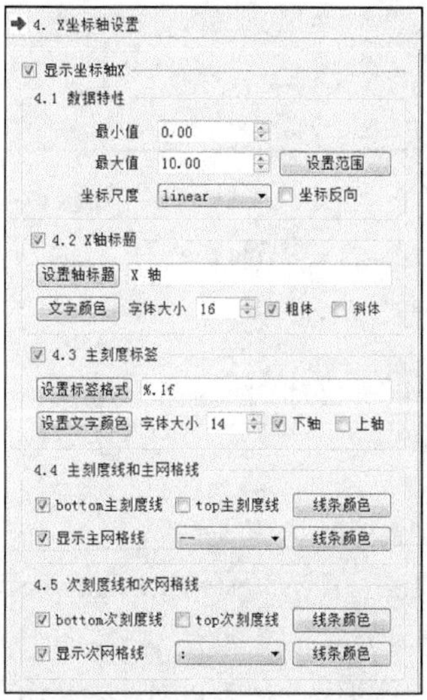

```
@pyqtSlot(bool)        ##"显示坐标轴 X"GroupBox
def on_groupBox_AxisX_clicked(self,checked):
    self.__curAxes.xaxis.set_visible(checked)
    self.__fig.canvas.draw()

##========4.1 数据范围
@pyqtSlot()          ##set_xbound() 设置范围
def on_btnAxisX_setBound_clicked(self):
    self.__curAxes.set_xbound(self.ui.spinAxisX_Min.value(),
                          self.ui.spinAxisX_Max.value())
    self.__fig.canvas.draw()

@pyqtSlot()          ##invert_xaxis()轴坐标反向,toggle 型操作
def on_chkBoxAxisX_Invert_clicked(self):
    self.__curAxes.invert_xaxis()
    self.__fig.canvas.draw()

@pyqtSlot(str)       ##set_xscale()设置坐标尺度
def on_comboAxisX_Scale_currentIndexChanged(self,arg1):
    self.__curAxes.set_xscale(arg1)
    self.__fig.canvas.draw()

##========4.2 x 轴标题
def __setAxisX_Label(self,refreshDraw=True):      ##设置 x 轴标题
    textStr=self.ui.editAxisX_Label.text()
    objText=self.__curAxes.set_xlabel(textStr)
    objText.set_fontsize(self.ui.spinAxisX_LabelFontsize.value())
    if self.ui.chkBoxAxisX_LabelBold.isChecked():
        objText.set_fontweight('bold')
    else:
        objText.set_fontweight('normal')

    if self.ui.chkBoxAxisX_LabelItalic.isChecked():
```

图 14-8 x 坐标轴设置操作面板

```
        objText.set_fontstyle('italic')
    else:
        objText.set_fontstyle('normal')
    if refreshDraw:
        self.__fig.canvas.draw()
    return objText


@pyqtSlot(bool)      ## x轴标题可见性
def on_groupBox_AxisXLabel_clicked(self,checked):
    objText=self.__setAxisX_Label(False)      #不立刻刷新绘图
    objText.set_visible(checked)
    self.__fig.canvas.draw()


@pyqtSlot()        ##设置x轴Label
def on_btnAxisX_setLabel_clicked(self):
    self.__setAxisX_Label()
```

3. 设置主刻度标签

"4.3 主刻度标签"分组框的功能是设置主刻度的格式、标签字体大小，以及上轴、下轴是否显示。各组件的槽函数代码如下：

```
##======4.3  X轴主刻度标签
@pyqtSlot(bool)        ##"4.3主刻度标签"GroupBox，刻度标签可见性
def on_groupBoxAxisX_TickLabel_clicked(self,checked):
    for label in self.__curAxes.xaxis.get_ticklabels():      #包括上、下轴
        label.set_visible(checked)
    self.__fig.canvas.draw()


@pyqtSlot()      ##设置标签格式
def on_btnAxisX_TickLabFormat_clicked(self):
    formatStr=self.ui.editAxisX_TickLabFormat.text()    #格式字符串如"%.2f"
    formatter = mpl.ticker.FormatStrFormatter(formatStr)
    self.__curAxes.xaxis.set_major_formatter(formatter)
    self.__fig.canvas.draw()


@pyqtSlot()      ##设置文字颜色
def on_btnAxisX_TickLabColor_clicked(self):
    color=QColorDialog.getColor()
    if not color.isValid():
        return
    r,g,b,a=color.getRgbF()
    for label in self.__curAxes.xaxis.get_ticklabels():
        label.set_color((r,g,b,a))
    self.__fig.canvas.draw()


@pyqtSlot(int)       ##字体大小
def on_spinAxisX_TickLabelFontsize_valueChanged(self,arg1):
    for label in self.__curAxes.xaxis.get_ticklabels():
        label.set_fontsize(arg1)
    self.__fig.canvas.draw()


@pyqtSlot(bool)      ## bottom axis major ticklabel
def on_chkBoxAxisX_TickLabBottom_clicked(self,checked):
    for tick in self.__curAxes.xaxis.get_major_ticks():
        tick.label1On = checked        #bottom轴主刻度标签
    self.__fig.canvas.draw()


@pyqtSlot(bool)      ## top axis major ticklabel
def on_chkBoxAxisX_TickLabTop_clicked(self,checked):
    for tick in self.__curAxes.xaxis.get_major_ticks():
        tick.label2On = checked        #top轴主刻度标签
    self.__fig.canvas.draw()
```

在获取坐标轴的列表对象时，若是对上、下两个轴的对象同时操作，使用 Axis 类的函数更简单，可同时返回上下轴的对象列表。如果要分别操作上轴、下轴的对象，则用 Axis.get_major_ticks()返回刻度列表后，可分别操作上轴、下轴的对象。

设置刻度标签的格式时用到格式器（Formatter），这里使用了 FormatStrFormatter 类型的格式器，使用与 sprintf()函数类似的数值到字符串的格式定义。matplotlib.ticker 模块中还有多种格式器，如 NullFormatter、IndexFormatter、FuncFormatter 等，格式器的使用本书不具体介绍了。

在坐标轴上生成刻度还使用到定位器（Locator），默认使用 AutoLocator。matplotlib.ticker 模块中定义了多种定位器，如 LinearLocator、MultipleLocator、LogLocator 等，对于定位器的使用本书也不具体介绍了。

4. 主刻度线和主网格线

"4.4 主刻度线和主网格线"分组框里的组件设置上、下主刻度的显示，控制主网格线的显示和设置，各组件的槽函数代码如下：

```
#=======4.4 主刻度线和主网格线
@pyqtSlot(bool)     ##bottom 主刻度线
def on_chkBoxX_majorTickBottom_clicked(self,checked):
    for tick in self.__curAxes.xaxis.get_major_ticks():     #Tick 对象
        tick.tick1On=checked        #是属性，而不是方法
        tick.tick1line.set_markersize(6)            #长度
        tick.tick1line.set_markeredgewidth(3)       #宽度
    self.__fig.canvas.draw()

@pyqtSlot(bool)     ##top 主刻度线
def on_chkBoxX_majorTickTop_clicked(self,checked):
    for tick in self.__curAxes.xaxis.get_major_ticks():     #Tick 对象
        tick.tick2On=checked        #是属性，而不是方法
        tick.tick2line.set_markersize(6)            #长度
        tick.tick2line.set_markeredgewidth(3)       #宽度
    self.__fig.canvas.draw()


@pyqtSlot()     ##主刻度线颜色
def on_btnLineColorX_majorTick_clicked(self):
    color=QColorDialog.getColor()
    if not color.isValid():
        return
    r,g,b,a=color.getRgbF()
    for line in self.__curAxes.xaxis.get_majorticklines():
        line.set_color((r,g,b,a))
    self.__fig.canvas.draw()

@pyqtSlot(bool)     ##显示主网格线
def on_chkBoxX_majorGrid_clicked(self,checked):
    for tick in self.__curAxes.xaxis.get_major_ticks():     #Tick 对象
        tick.gridOn=checked     #是属性，而不是方法
        tick.gridline.set_linewidth(2)
        ls=self.ui.comboLineStyle_XmajorGrid.currentText()      #线条样式
        tick.gridline.set_linestyle(ls)
    self.__fig.canvas.draw()

@pyqtSlot()     ##主网格线颜色
def on_btnLineColorX_majorGrid_clicked(self):
    color=QColorDialog.getColor()
    if not color.isValid():
```

```
    return
    r,g,b,a=color.getRgbF()
    for tick in self.__curAxes.xaxis.get_major_ticks():    #Tick 对象
        tick.gridline.set_color((r,g,b,a))
    self.__fig.canvas.draw()

@pyqtSlot(str)    ##主网格线样式
def on_comboLineStyle_XmajorGrid_currentIndexChanged(self,arg1):
    for line in self.__curAxes.xaxis.get_gridlines():    #line2D 对象列表
        line.set_linestyle(arg1)
    self.__fig.canvas.draw()
```

刻度线和网格线都是 Line2D 类对象，获取对象后就可以使用 Line2D 类的接口函数进行线条的属性设置，如设置线宽、线型、颜色等。

5. 次刻度线和次网格线

"4.5 次刻度线和次网格线"分组框里的组件设置上、下次刻度线的显示，控制次网格线的显示和属性，各组件的槽函数代码如下：

```
#==========4.5 次刻度线和次网格线
@pyqtSlot(bool)    ##bottom 次刻度线
def on_chkBoxX_minorTickBottom_clicked(self,checked):
    minorLocator = mpl.ticker.AutoMinorLocator()    #必须创建次刻度
    self.__curAxes.xaxis.set_minor_locator(minorLocator)
    for tick in self.__curAxes.xaxis.get_minor_ticks():
        tick.tick1On=checked               #是属性，而不是方法
        tick.tick1line.set_markersize(3)          #长度
        tick.tick1line.set_markeredgewidth(2)       #宽度
    self.__fig.canvas.draw()

@pyqtSlot(bool)    ##top 次刻度线
def on_chkBoxX_minorTickTop_clicked(self,checked):
    minorLocator = mpl.ticker.AutoMinorLocator()    #必须创建次刻度
    self.__curAxes.xaxis.set_minor_locator(minorLocator)
    for tick in self.__curAxes.xaxis.get_minor_ticks():
        tick.tick2On=checked               #是属性，而不是方法
        tick.tick2line.set_markersize(3)          #长度
        tick.tick2line.set_markeredgewidth(2)       #宽度
    self.__fig.canvas.draw()

@pyqtSlot()    ##次刻度线颜色
def on_btnLineColorX_minorTick_clicked(self):
    color=QColorDialog.getColor()
    if not color.isValid():
        return
    r,g,b,a=color.getRgbF()
    for line in self.__curAxes.xaxis.get_minorticklines():
        line.set_color((r,g,b,a))
    self.__fig.canvas.draw()

@pyqtSlot(bool)    ##显示次网格线
def on_chkBoxX_minorGrid_clicked(self,checked):
    for tick in self.__curAxes.xaxis.get_minor_ticks():    #Tick 对象
        tick.gridOn=checked        #是否显示
        tick.gridline.set_linewidth(1)
        ls=self.ui.comboLineStyle_XminorGrid.currentText()
        tick.gridline.set_linestyle(ls)        #设置线型
    self.__fig.canvas.draw()

@pyqtSlot()    ##次网格线颜色
```

```
def on_btnLineColorX_minorGrid_clicked(self):
    color=QColorDialog.getColor()
    if not color.isValid():
        return
    r,g,b,a=color.getRgbF()
    for tick in self.__curAxes.xaxis.get_minor_ticks():      #Tick 对象
        tick.gridline.set_color((r,g,b,a))
    self.__fig.canvas.draw()

@pyqtSlot(str)      ##次网格线样式
def on_comboLineStyle_XminorGrid_currentIndexChanged(self,arg1):
    for tick in self.__curAxes.xaxis.get_minor_ticks():      #Tick 对象
        tick.gridline.set_linestyle(arg1)
    self.__fig.canvas.draw()
```

默认创建的子图是没有次刻度的，需要创建次刻度才可以对次刻度进行属性设置。程序中使用 AutoMinorLocator 类型的定位器自动生成次刻度，即下面的两行代码：

```
minorLocator = mpl.ticker.AutoMinorLocator()
self.__curAxes.xaxis.set_minor_locator(minorLocator)
```

次刻度线和次网格线都是 Line2D 类对象，获取对象后使用 Line2D 类的接口函数进行线条的属性设置即可。

本节介绍了 Matplotlib 面向对象方式绘图涉及的几个主要类的基本使用方法，主要是 Figure、Axes、Axis、Line2D、Text、Tick 等类。这些类的功能非常丰富，本节不可能把所有功能都介绍到，但是掌握这些基本方法后，在实际使用中再结合查阅帮助信息和示例程序，就可以实现自己需要的绘图功能。

14.3　交互操作

14.3.1　交互功能概述

使用 Matplotlib 绘图还可以进行一些交互操作，最简单的就是使用与 FigureCanvas 类对象关联的 NavigationToolbar 类工具栏对图表进行交互操作。此外，还可以使用 FigureCanvas 类提供的事件处理功能对鼠标和键盘事件进行响应，从而实现一些交互操作。

示例 Demo14_3 演示 Matplotlib 绘图的一些交互功能的实现，程序运行时界面如图 14-9 所示。这个程序实现了以下一些功能。

- 对 NavigationToolbar 工具栏对象做了一些改造，使其显示中文标题和提示信息，并且在工具栏上插入了几个由自定义 Action 创建的工具栏按钮。

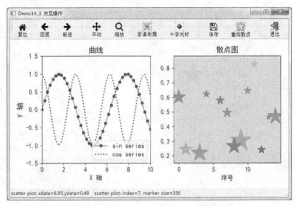

图 14-9　示例 Demo14_3 运行时界面

- 当鼠标在子图上移动时，在状态栏里显示鼠标光标处的坐标数值。
- 当鼠标移动到一个子图上时，设置显示绿色背景颜色，鼠标离开子图时背景颜色恢复为白色，其功能类似于 PyQt5 中的 hover()事件。
- 鼠标在曲线序列或散点序列上点击时，可以拾取序列上的数据点，并在状态栏上显示拾取的信息。
- 使用鼠标滚轮可以对子图进行缩放。NavigationToolbar 工具栏提供的缩放功能只有矩形框选择区域放大或鼠标右键拖动缩放。

这些交互操作功能都是通过对 FigureCanvas 类的一些事件进行处理而实现的。FigureCanvas 类的父类是 QWidget，而 QWidget 是具有事件处理功能的。FigureCanvas 将 QWidget 的事件处理功能进行了封装，提供了一些事件名称，需要使用 FigureCanvas 类的 mpl_connect()函数将一个事件与一个函数关联，就可以实现对事件的处理。FigureCanvas 提供的一些事件，以及这些事件的名称和参数 event 的类型如表 14-4 所示。

表 14-4　FigureCanvas 提供的事件

事件名称	事件类	事件触发时机
button_press_event	MouseEvent	鼠标按键被按下
button_release_event	MouseEvent	鼠标按键被释放
draw_event	DrawEvent	画布被重画，但是在屏幕更新之前
key_press_event	KeyEvent	键盘按键被按下
key_release_event	KeyEvent	键盘按键被释放
motion_notify_event	MouseEvent	鼠标移动
pick_event	PickEvent	画布上的一个对象被拾取
resize_event	ResizeEvent	画布被改变大小
scroll_event	MouseEvent	鼠标滚轮动作
figure_enter_event	LocationEvent	鼠标进入一个 Figure 对象
figure_leave_event	LocationEvent	鼠标离开一个 Figure 对象
axes_enter_event	LocationEvent	鼠标进入一个子图
axes_leave_event	LocationEvent	鼠标离开一个子图

表 14-4 中的 MouseEvent、KeyEvent 等都是在 matplotlib.backend_bases 模块中定义的事件类。Matplotlib 中所有事件的基类都是 matplotlib.backend_bases.Event，任何一个事件都有如下的属性。

- name：事件的名称。
- canvas：产生事件的 FigureCanvas 对象。
- guiEvent：触发 Matplotlib 事件的 GUI 事件。

交互操作中最常用的事件是鼠标和键盘操作产生的事件。MouseEvent 和 KeyEvent 事件类的父类都是 LocationEvent，它有如下一些属性。

- x：画布上 x 位置，单位像素。
- y：画布上 y 位置，单位像素。
- inaxes：产生鼠标事件的 Axes 子图对象。
- xdata：鼠标光标处的 x 数据坐标值。
- ydata：鼠标光标处的 y 数据坐标值。

FigureCanvas 类提供了两个函数用于建立和解除事件与处理函数之间的关联。

- mpl_connect(eventName, func)，将一个事件与一个处理函数关联，eventName 是字符串表示的事件，func 是事件处理函数，例如：

  ```
  self._cid4=figCanvas.mpl_connect("pick_event",self.do_scatter_pick)
  ```

  mpl_connect()函数返回一个编号，这个编号不要设置为局部变量，以免被 Python 的垃圾回收机制删除，而影响事件的正常处理。
- mpl_disconnect(cid)，解除事件关联，cid 是 mpl_connect()创建关联时返回的编号。

14.3.2　界面构造与初始化绘图

示例的主窗体 UI 文件是 MainWindow.ui，可视化设计时在窗体上并不放置任何组件，只是设计了几个 Action，如图 14-10 所示。这些 Action 用于在创建 NavigationToolbar 工具栏时，在工具栏上创建按钮。

图 14-10　可视化设计的 Action

文件 myMainWindow.py 中的业务逻辑类 QmyMainWindow 的构造函数代码如下：

```python
import sys
from PyQt5.QtWidgets import  QApplication, QMainWindow, QLabel
from PyQt5.QtCore import  pyqtSlot, Qt
from PyQt5.QtChart import QChart, QLineSeries, QValueAxis
import numpy as np
import matplotlib as mpl
from  matplotlib.backends.backend_qt5agg import (FigureCanvas,
          NavigationToolbar2QT as NavigationToolbar)

from ui_MainWindow import Ui_MainWindow
class QmyMainWindow(QMainWindow):
    def __init__(self, parent=None):
        super().__init__(parent)
        self.ui=Ui_MainWindow()
        self.ui.setupUi(self)

        self.setWindowTitle("Demo14_3, 交互操作")
        self.__labMove=QLabel("Mouse Move:")
        self.__labMove.setMinimumWidth(200)
        self.ui.statusBar.addWidget(self.__labMove)
        self.__labPick=QLabel("Mouse Pick:")
        self.__labPick.setMinimumWidth(200)
        self.ui.statusBar.addWidget(self.__labPick)

        mpl.rcParams['font.sans-serif']=['SimHei']     #显示汉字
        mpl.rcParams['font.size']=11
        mpl.rcParams['axes.unicode_minus'] =False
        self.__fig=None            #Figure 对象
        self.__createFigure()      #创建 Figure 和 FigureCanvas 对象，初始化界面
        self.__drawFig1X2()        #绘图
```

构造函数里创建了两个 QLabel 组件添加到状态栏里，用于在后面进行信息显示。调用自定义函数__createFigure()初始化界面，调用__drawFig1X2()绘图。

函数__createFigure()及相关函数的代码如下：

```
def __createFigure(self):      ##创建绘图系统
    self.__fig=mpl.figure.Figure(figsize=(8, 5))      #单位英寸
    figCanvas = FigureCanvas(self.__fig)      #创建 FigureCanvas 对象
    self.__naviBar=NavigationToolbar(figCanvas, self)      #创建工具栏
    actList=self.__naviBar.actions()      #关联的 Action 列表
    for act in actList:      #获得每个 Action 的标题和 toolTip 并显示, 可注释掉
        print ("text=%s,\ttoolTip=%s"%(act.text(),act.toolTip())))
    self.__changeActionLanguage()      #改工具栏的语言为汉语
##工具栏改造
    actList[6].setVisible(False)      #隐藏 Subplots 按钮
    actList[7].setVisible(False)      #隐藏 Customize 按钮
    act8=actList[8]      #分隔条
    self.__naviBar.insertAction(act8,self.ui.actTightLayout)      #"紧凑布局"
    self.__naviBar.insertAction(act8,self.ui.actSetCursor)      #"十字光标"
    count=len(actList)      #Action 的个数
    lastAction=actList[count-1]      #最后一个 Action
    self.__naviBar.insertAction(lastAction,self.ui.actScatterAgain)
    lastAction.setVisible(False)      #隐藏其原有的坐标提示
    self.__naviBar.addSeparator()
    self.__naviBar.addAction(self.ui.actQuit)      #"退出"按钮
    self.__naviBar.setToolButtonStyle(Qt.ToolButtonTextUnderIcon)
    self.addToolBar(self.__naviBar)      #添加作为主窗口工具栏
    self.setCentralWidget(figCanvas)
    figCanvas.setCursor(Qt.CrossCursor)
##必须保留变量 cid, 否则可能被当作垃圾回收
    self.__cid1=figCanvas.mpl_connect("motion_notify_event", self.do_canvas_mouseMove)
    self.__cid2=figCanvas.mpl_connect("axes_enter_event", self.do_axes_mouseEnter)
    self.__cid3=figCanvas.mpl_connect("axes_leave_event", self.do_axes_mouseLeave)
    self.__cid4=figCanvas.mpl_connect("pick_event",self.do_series_pick)
    self.__cid5=figCanvas.mpl_connect("scroll_event",self.do_scrollZoom)

def __changeActionLanguage(self):      ##将工具栏原有按钮的文字改为中文
    actList=self.__naviBar.actions()      #关联的 Action 列表
    actList[0].setText("复位")      #Home
    actList[0].setToolTip("复位到原始视图")      #Reset original view
    actList[1].setText("回退")      #Back
    actList[1].setToolTip("回到前一视图")      #Back to previous view
    actList[2].setText("前进")      #Forward
    actList[2].setToolTip("前进到下一视图")      #Forward to next view
    actList[4].setText("平动")      #Pan
    actList[4].setToolTip("左键平移坐标轴, 右键缩放坐标轴")
    actList[5].setText("缩放")      #Zoom
    actList[5].setToolTip("框选矩形框缩放")      #Zoom to rectangle
    actList[6].setText("子图")      #Subplots
    actList[6].setToolTip("设置子图")      #Configure subplots
    actList[7].setText("定制")      #Customize
    actList[7].setToolTip("定制图表参数")
    actList[9].setText("保存")      #Save
    actList[9].setToolTip("保存图表")      #Save the figure
```

NavigationToolbar.actions()函数返回工具栏关联的 Action 列表, 程序中用一个 for 循环显示所有 Action 的 text 和 toolTip 字符串, 显示的内容如下:

```
text=Home,      toolTip=Reset original view
text=Back,      toolTip=Back to previous view
text=Forward,      toolTip=Forward to next view
text=,      toolTip=
text=Pan,      toolTip=Pan axes with left mouse, zoom with right
```

```
text=Zoom,      toolTip=Zoom to rectangle
text=Subplots,     toolTip=Configure subplots
text=Customize,     toolTip=Edit axis, curve and image parameters
text=,     toolTip=
text=Save,     toolTip=Save the figure
text=,     toolTip=
```

从这些文字内容可以看出工具栏上按钮的顺序，并且可以通过更改 Action 的 text 和 toolTip 属性，使其变为中文。函数__changeActionLanguage()就实现这个功能。

由于 NavigationToolbar 的父类是 QToolBar，因此可使用 QToolBar 的 insertAction()函数将可视化设计的"紧凑布局""十字光标""重绘散点"等 Action 添加到工具栏上，还可以将工具栏上原来的"Subplots"和"Customize"两个按钮隐藏。这样就将 NavigationToolbar 工具栏原有的功能与自定义的功能融合到一起了。

函数__createFigure()最后将 FigureCanvas 对象的几个事件与自定义函数关联起来，这些自定义函数的功能在后面解释。

函数__drawFig1X2()初始绘制两个子图，其代码如下：

```python
def __drawFig1X2(self):      ##初始化绘图
    gs=self.__fig.add_gridspec(1,2)      #1 行, 2 列
    ax1=self.__fig.add_subplot(gs[0,0],label="Line2D plot")
    t = np.linspace(0, 10, 40)
    y1=np.sin(t)
    y2=np.cos(2*t)
    ax1.plot(t,y1,'r-o',label="sin series", linewidth=1,
        markersize=5, picker=True)      #绘制一条曲线
    ax1.plot(t,y2,'b:',label="cos series",linewidth=2)      #绘制一条曲线
    ax1.set_xlabel('X 轴')
    ax1.set_ylabel('Y 轴')
    ax1.set_xlim([0,10])
    ax1.set_ylim([-1.5,1.5])
    ax1.set_title("曲线")
    ax1.legend()      #自动创建图例

    self.__axScatter=self.__fig.add_subplot(gs[0,1],
                    label="scatter plot")      #创建绘制散点图的子图
    self.__drawScatters(N=15)      #绘制散点图

def __drawScatters(self,N=15):      ##绘制散点图
    x=range(N)      #序列 0,1,...,N-1
    y=np.random.rand(N)
    colors=np.random.rand(N)      #0~1 随机数
    self.__markerSize=(40*(0.2+np.random.rand(N)))**2
    self.__axScatter.scatter(x,y,s=self.__markerSize,c=colors,
        marker='*',alpha=0.5, label="scatter series",picker=True)
    ##s=The marker size
    ##c=color, sequence, or sequence of color, optional, default: 'b'
    self.__axScatter.set_title("散点图")
    self.__axScatter.set_xlabel('序号')
```

这个函数绘制了两个子图，第一个子图是前面绘制过的曲线，但是在绘制第一条曲线时设置 picker 参数为 True，即

```python
ax1.plot(t,y1,'r-o',label="sin series", linewidth=1, markersize=5, picker=True)
```

这样创建的 Line2D 曲线对象就是可拾取的，当鼠标在对象上点击时会触发 pick_event 事件。

任何对象创建时默认是不可拾取的。

第二个子图是用 Axes.scatter()函数绘制的散点图。因为在程序运行起来后还需要重绘散点图，所以单独用一个函数__drawScatters()绘制散点图。绘制散点图的语句是：

```
self.__axScatter.scatter(x,y,s=self.__markerSize,c=colors,
        marker='*',alpha=0.5, label="scatter series",picker=True)
```

其中，x、y 是散点的坐标数组，程序里的 x 是序号，y 是随机数；参数 s 是表示散点大小的数组，如果是标量就统一大小。这里使用了私有变量 self.__markerSize 是为了保存散点的大小数据，用于在拾取一个散点时查询此数据；参数 c 指定散点的颜色数组，如果是标量就统一颜色。散点序列也设置为可拾取的。

14.3.3　界面其他功能的实现

本示例除事件处理外的其他功能就是工具栏上新增的几个按钮，这几个按钮关联 Action 的槽函数代码如下：

```
@pyqtSlot()      ## 紧凑布局
def on_actTightLayout_triggered(self):
    self.__fig.tight_layout()
    self.__fig.canvas.draw()

@pyqtSlot()      ## 设置鼠标光标
def on_actSetCursor_triggered(self):
    self.__fig.canvas.setCursor(Qt.CrossCursor)

@pyqtSlot()      ## 重新绘制散点图
def on_actScatterAgain_triggered(self):
    self.__axScatter.clear()        #清除子图
    self.__drawScatters(N=15)
    self.__fig.canvas.draw()
```

14.3.4　交互事件的处理

在 QmyMainWindow 的构造函数里共设置了 4 个事件的处理函数，程序运行起来后，鼠标或按键操作触发相应的事件时，与事件关联的函数就会执行。

1. axes_enter_event 和 axes_leave_event 事件处理

在构造函数里设置了如下的两个信号与函数的关联：

```
self._cid2=figCanvas.mpl_connect("axes_enter_event", self.do_axes_mouseEnter)
self._cid3=figCanvas.mpl_connect("axes_leave_event", self.do_axes_mouseLeave)
```

axes_enter_event 事件在鼠标移动到一个子图上时触发，axes_leave_event 事件在鼠标离开一个子图时触发。利用这两个事件，可以实现对子图的高亮显示。关联的两个函数的代码如下：

```
def do_axes_mouseEnter(self,event):
    event.inaxes.patch.set_facecolor('g')      #设置背景为绿色
    event.inaxes.patch.set_alpha(0.2)          #透明度
    event.canvas.draw()

def do_axes_mouseLeave(self,event):
```

```
event.inaxes.patch.set_facecolor('w')        #设置背景为白色
event.canvas.draw()
```

这两个函数的参数 event 都是 LocationEvent 类型，event.inaxes 属性就是触发事件的子图，event.canvas 就是触发事件的 FigureCanvas 对象。

这两个函数实现的功能是：在鼠标移动到一个子图上时，子图背景变为绿色，鼠标移出子图时，背景又恢复为白色。

2. motion_notify_event 事件处理

motion_notify_event 事件的关联函数是 do_canvas_mouseMove()，其代码如下：

```
def do_canvas_mouseMove(self,event):
    if event.inaxes==None:
        return
    info="%s: xdata=%.2f,ydata=%.2f  "%(
        event.inaxes.get_label(), event.xdata, event.ydata)
    self.__labMove.setText(info)
```

当鼠标在图的非子图区域移动时也会触发此事件，所以必须判断 event.inaxes 是否为 None。当鼠标在子图上移动时，就可以通过 event.xdata 和 event.ydata 获得鼠标光标处的坐标值，从而进行显示。

3. pick_event 事件处理

pick_event 事件的关联函数是 do_series_pick ()，其代码如下：

```
def do_series_pick(self,event):
    series=event.artist            #产生事件的对象
    index=event.ind[0]             #索引号，可能有多个对象被拾取，只取第 1 个
    if isinstance(series,mpl.collections.PathCollection):     #散点序列
        markerSize=self.__markerSize[index]
        info="%s: index=%d, marker size=%d "%(
            event.mouseevent.inaxes.get_label(),index,markerSize)
    elif isinstance(series, mpl.lines.Line2D):        #曲线序列
        x=event.mouseevent.xdata
        y=event.mouseevent.ydata
        info="%s: index=%d, data_xy=(%.2f, %.2f) "%(
            series.get_label(),index,x,y)
    self.__labPick.setText(info)
```

函数的参数 event 是 PickEvent 类型，其父类是 Event，它有以下几个额外的属性。

- mouseevent 是 MouseEvent 类型的对象，是产生拾取操作的鼠标事件。
- artist 是 matplotlib.artist.Artist 类型的对象，是鼠标拾取的对象。
- 其他属性，如 ind 属性，是否有 ind 属性与拾取的具体对象有关。

在本示例中，只有两个序列对象设置为可拾取的，即散点序列和"sin"曲线，在通过 event.artist 获得对象序列 series 后，需要判断其类型，以确定是哪个序列。

用 isinstance()函数判断一个对象是否是一个类的实例，Axes.scatter()函数绘制的散点图序列是 matplotlib.collections.PathCollection 类，用 Axes.plot()函数绘制的曲线是 matplotlib.lines.Line2D 类。

ind 是拾取的对象特有的一个属性，并不是所有的对象都有这个属性，但是这两个序列有这个属性，它表示拾取的点在对象序列中的序号。通过这个序号可以查询数据获取数值，例如对于散点序列有如下的代码：

```
index=event.ind[0]       #索引号
markerSize=self.__markerSize[index]
```

index 就是所拾取的散点对象在散点序列中的序号，通过 self.__markerSize[index]就可以从列表数据 self.__markerSize 中获取这个散点的大小。在散点图上点击拾取一个散点后，状态栏上的标签__labPick 显示的示例内容如下：

```
"scatter plot: index=4, marker size=420"
```

4. scroll_event 事件处理

scroll_event 事件的关联函数是 do_scrollZoom ()，其代码如下：

```
def do_scrollZoom(self,event):         ##通过鼠标滚轮缩放
    ax=event.inaxes         #产生事件的axes对象
    if ax==None:
        return
    self.__naviBar.push_current()      #当前状态压入栈，这样才可以撤销
    xmin,xmax=ax.get_xbound()          #获取x范围
    xlen=xmax-xmin
    ymin,ymax=ax.get_ybound()                #获取y范围
    ylen=ymax-ymin

## event.step 属性，标量，滚动步数。正为'up'，负为'down'
    xchg=event.step*xlen/20
    xmin=xmin+xchg
    xmax=xmax-xchg
    ychg=event.step*ylen/20
    ymin=ymin+ychg
    ymax=ymax-ychg
    ax.set_xbound(xmin,xmax)
    ax.set_ybound(ymin,ymax)
    event.canvas.draw()
```

这个函数的功能是通过鼠标滚轮操作实现子图的缩放，缩放前用 NavigationToolbar 的 push_current()函数将画布的当前状态压入栈。只有压入栈后，才可以通过工具栏的"回退"按钮回到上一状态或"复位"按钮恢复原始状态。

鼠标滚轮上滚时，event.button 属性等于"up"，event.step 为正，用于放大；鼠标滚轮下滚时，event.button 属性等于"down"，event.step 为负，用于缩小。放大和缩小实际就是改变 x 轴和 y 轴的坐标范围。

点击 NavigationToolbar 工具栏上的"缩放"按钮后，可以用鼠标框选矩形区域进行放大，但不能缩小，点击"平动"按钮后可以用鼠标右键拖动缩放。增加了鼠标滚轮缩放操作后既可放大，又可缩小，与平移操作结合起来进行缩放非常方便。

本示例只对这 4 个事件进行了处理，搞清楚其处理的基本方法后，就可以根据软件功能实际需求对相应的事件做出处理。

14.4 典型二维图的绘制

14.4.1 自定义绘图组件类 QmyFigureCanvas

到目前为止，本章的示例程序都是在 Python 程序中创建 FigureCanvas 对象和 Figure 对象构造绘图系统，因为创建 FigureCanvas 对象时必须传递一个 Figure 对象作为参数，这样就不能在 UI

可视化设计时放置一个 QWidget 组件然后提升为 FigureCanvas 类。

在 UI 比较复杂时，希望在 UI 可视化设计时就放置一个类似于 FigureCanvas 的组件，而不是用代码生成界面组件。为此，我们设计了一个从 QWidget 继承的绘图组件类 QmyFigureCanvas，在这个类里创建一个 FigureCanvas 对象、一个 Figure 对象和一个 NavigationToolbar 工具栏，构成一个绘图组件。在 UI 窗体可视化设计时，就可以放置一个 QWidget 组件然后提升为 QmyFigureCanvas 类，这样方便界面可视化设计。

myFigureCanvas.py 文件中定义了 QmyFigureCanvas，其完整代码如下：

```
from PyQt5.QtWidgets import   QWidget
import matplotlib as mpl
from  matplotlib.backends.backend_qt5agg import (FigureCanvas,
                    NavigationToolbar2QT as NavigationToolbar)
from PyQt5.QtWidgets import   QVBoxLayout

class QmyFigureCanvas(QWidget):
    def __init__(self, parent=None, toolbarVisible=True,showHint=False):
        super().__init__(parent)
        self.figure=mpl.figure.Figure()    #公共属性 figure
        figCanvas = FigureCanvas(self.figure)     #创建 FigureCanvas 对象
        self.naviBar=NavigationToolbar(figCanvas, self)    #公共属性 naviBar
        self.__changeActionLanguage()      #工具栏改为汉语

        actList=self.naviBar.actions()    #关联的 Action 列表
        count=len(actList)       #Action 的个数
        self.__lastActtionHint=actList[count-1]    #最后的坐标提示
        self.__showHint=showHint     #是否在工具栏上显示坐标提示
        self.__lastActtionHint.setVisible(self.__showHint)
        self.__showToolbar=toolbarVisible    #是否显示工具栏
        self.naviBar.setVisible(self.__showToolbar)

        layout = QVBoxLayout(self)
        layout.addWidget(self.naviBar)      #添加工具栏
        layout.addWidget(figCanvas)         #添加 FigureCanvas 对象
        layout.setContentsMargins(0,0,0,0)
        layout.setSpacing(0)
        self.__cid=figCanvas.mpl_connect("scroll_event",
                self.do_scrollZoom)        #支持鼠标滚轮缩放

##==========公共接口函数==========
    def setToolbarVisible(self,isVisible=True):    ##是否显示工具栏
        self.__showToolbar=isVisible
        self.naviBar.setVisible(isVisible)

    def setDataHintVisible(self,isVisible=True):     ##是否显示坐标提示
        self.__showHint=isVisible
        self.__lastActtionHint.setVisible(isVisible)

    def redraw(self):    ##重绘曲线，快捷调用
        self.figure.canvas.draw()

    def __changeActionLanguage(self):    ##汉化工具栏
        actList=self.naviBar.actions()    #关联的 Action 列表
        actList[0].setText("复位")      #Home
        actList[0].setToolTip("复位到原始视图")    #Reset original view
        actList[1].setText("回退")      #Back
        actList[1].setToolTip("回退前一视图")      #Back to previous view
        actList[2].setText("前进")      #Forward
```

```
        actList[2].setToolTip("前进到下一视图")   #Forward to next view
        actList[4].setText("平动")        #Pan
        actList[4].setToolTip("左键平移坐标轴,右键缩放坐标轴")
        actList[5].setText("缩放")        #Zoom
        actList[5].setToolTip("框选矩形框缩放")    #Zoom to rectangle
        actList[6].setText("子图")        #Subplots
        actList[6].setToolTip("设置子图")          #Configure subplots
        actList[7].setText("定制")        #Customize
        actList[7].setToolTip("定制图表参数")
        actList[9].setText("保存")        #Save
        actList[9].setToolTip("保存图表")          #Save the figure

    def do_scrollZoom(self,event):     ##通过鼠标滚轮缩放
        ax=event.inaxes     #产生事件 axes 对象
        if ax==None:
            return
        self.naviBar.push_current()
        xmin,xmax=ax.get_xbound()
        xlen=xmax-xmin
        ymin,ymax=ax.get_ybound()
        ylen=ymax-ymin

        xchg=event.step*xlen/20   #step positive = 'up', negative ='down'
        xmin=xmin+xchg
        xmax=xmax-xchg
        ychg=event.step*ylen/20
        ymin=ymin+ychg
        ymax=ymax-ychg
        ax.set_xbound(xmin,xmax)
        ax.set_ybound(ymin,ymax)
        event.canvas.draw()
```

通过前面几个示例的讲解，QmyFigureCanvas 类的实现代码不难理解。它创建了 Figure、FigureCanvas 和 NavigationToolbar 对象并组合在一个 QWidget 组件里，并且将工具栏汉化，实现了鼠标滚轮缩放，提供了公共属性 figure 和 naviBar，提供了几个接口函数对组件进行设置，例如是否显示工具栏、是否显示坐标提示等。

14.4.2　QmyFigureCanvas 类的使用

使用设计的 QmyFigureCanvas 类，就可以在窗体 UI 可视化设计时使用提升法，将一个 QWidget 组件提升为 QmyFigureCanvas 类了，在窗体界面比较复杂时比较有用。示例 Demo14_4 演示多种常用二维图的绘制，其运行时界面如图 14-11 所示，在 QTabWidget 组件的每个页面就使用了一个 QmyFigureCanvas 类组件。

可视化设计窗体文件 MainWindow.ui，设计时界面如图 14-12 所示。在 QTabWidget 组件的一个页面里，左侧是一个 QFrame 组件作

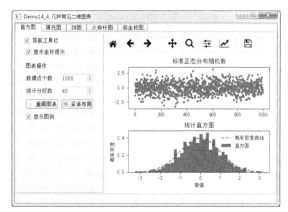

图 14-11　示例 Demo14_4 运行时界面

为操作面板,右侧放置的是一个 QWidget 组件,然后使用组件提升方法,将这个 QWidget 组件提升为 QmyFigureCanvas 类。提升组件的对话框如图 14-13 所示,提升为 QmyFigureCanvas,头文件是 myFigureCanvas,这样设置后,无须对 MainWindow.ui 编译后生成的文件 ui_MainWindow.py 做任何修改。

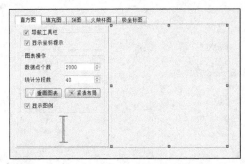

图 14-12　MainWindow.ui 可视化设计时界面

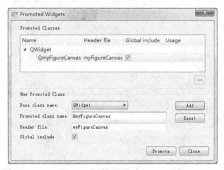

图 14-13　QWidget 组件提升为 QmyFigureCanvas

图 14-12 中 QTabWidget 组件的每个页面的界面设计与图 14-12 类似,只是不同图的操作面板上的设置稍有不同,界面设计的结果参看示例源文件 MainWindow.ui。

文件 myMainWindow.py 中的业务逻辑类 QmyMainWindow 的构造函数完成初始化绘图,其构造函数代码如下:

```
import sys
from PyQt5.QtWidgets import  QApplication, QMainWindow
from PyQt5.QtCore import  pyqtSlot, Qt
import numpy as np
import matplotlib as mpl

from ui_MainWindow import Ui_MainWindow
class QmyMainWindow(QMainWindow):
    def __init__(self, parent=None):
        super().__init__(parent)
        self.ui=Ui_MainWindow()
        self.ui.setupUi(self)

        self.setWindowTitle("Demo14_4, 几种常见二维图表")
        self.setCentralWidget(self.ui.tabWidget)
        mpl.rcParams['font.sans-serif']=['SimHei']
        mpl.rcParams['font.size']=9        #显示汉字
        mpl.rcParams['axes.unicode_minus'] =False      #减号 unicode 编码

        self.__drawHist()        #直方图
        self.__drawFill()        #曲线填充
        self.__drawPie()         #饼图
        self.__drawStem()        #火柴杆图
        self.__drawPolarSpiral()        #极坐标图--螺旋线
```

构造函数的功能就是调用几个自定义的绘图函数绘制各个页面的图,无须编写代码创建 Figure、FigureCanvas、NavigationToolbar 等对象构成绘图系统,因为绘图系统由 QmyFigureCanvas 类初始化完成了,只需使用界面上的 QmyFigureCanvas 组件绘图即可,而且这些 QmyFigureCanvas 组件自带工具栏和鼠标滚轮缩放功能。几个二维图的绘制和一些简单设置在下面分别介绍。

14.4.3 直方图

"直方图"页面上用于绘制直方图的 QmyFigureCanvas 组件的名称是 widgetHist。在 QmyMainWindow 的构造函数里调用自定义函数__drawHist()绘制直方图，这个函数的代码如下：

```python
def __drawHist(self,pointCount=2000, binsCount=40):     ##绘制统计直方图
    x=range(pointCount)
    y=np.random.randn(pointCount)              #标准正态分布随机数
    self.ui.widgetHist.figure.clear()        #清除图表

    ax1=self.ui.widgetHist.figure.add_subplot(2,1,1,label="points")
    ax1.scatter(x,y,marker=".")
    ax1.set_title("标准正态分布随机数")

    ax2=self.ui.widgetHist.figure.add_subplot(2,1,2,label="histogram")
    ax2.hist(y,bins=binsCount,density=True,label="直方图")
    ax2.set_title("统计直方图")
    ax2.set_xlabel('数值')
    ax2.set_ylabel('概率密度')

    dens = np.exp(-0.5*(bins**2))/np.sqrt(2*np.pi)       #理论概率密度曲线
    ax2.plot(bins,dens,"--r",label="概率密度曲线")
    leg=ax2.legend()
    leg.set_visible(self.ui.chkBoxHist_Legend.isChecked())
```

使用 Axes.hist()函数计算并绘制一个数组数据的统计直方图，程序中的代码是：

```python
ax2.hist(y,bins=binsCount,density=True,label="直方图")
```

其中，y 是标准正态分布的随机数数组，bins 指定生成的直方图的柱体的个数，density 指定是否将统计的直方图的概率密度归一化为 1，若 density 为 True 就归一化。

hist()函数还可以设置其他一些参数，如下：

- orientation 参数：取值范围{'horizontal', 'vertical'}，设定绘制水平或垂直的直方图；
- histtype 参数：取值范围{'bar', 'barstacked', 'step', 'stepfilled'}，设定直方图的类型，'bar'是常见的柱状直方图，'barstacked'是堆叠的柱状直方图；
- color 参数：标量或序列，设定柱体的颜色。

hist()函数绘制直方图的各种设置和绘图效果可以查阅 Matplotlib 官方示例。

程序运行后，"直方图"页面左侧的操作面板上可以对导航工具栏和直方图进行一些操作。这些组件的相关槽函数代码如下：

```python
##===========page 1 直方图===========
@pyqtSlot(bool)      ##显示工具栏
def on_gBoxHist_toolbar_clicked(self,checked):
    self.ui.widgetHist.setToolbarVisible(checked)

@pyqtSlot(bool)       ##显示坐标提示
def on_chkBoxHist_ShowHint_clicked(self,checked):
    self.ui.widgetHist.setDataHintVisible(checked)

@pyqtSlot()      ##紧凑布局
def on_btnHist_tightLayout_clicked(self):
    self.ui.widgetHist.figure.tight_layout()
    self.ui.widgetHist.redraw()       #刷新绘图
```

```
@pyqtSlot()      ##重画图表
def on_btnHist_redraw_clicked(self):
    pointCount=self.ui.spinHist_PointCount.value()
    binsCount=self.ui.spinHist_binsCount.value()
    self.__drawHist(pointCount, binsCount)
    self.ui.widgetHist.redraw()      #刷新绘图

@pyqtSlot(bool)      ##显示图例
def on_chkBoxHist_Legend_clicked(self,checked):
    axesList=self.ui.widgetHist.figure.axes      #子图列表
    leg=axesList[1].get_legend()
    leg.set_visible(checked)
    self.ui.widgetHist.redraw()      #刷新绘图
```

widgetHist 是界面上的 QmyFigureCanvas 组件，通过其接口函数可以控制是否显示工具栏，是否显示工具栏上的坐标提示，以及刷新绘图。

14.4.4　填充图

QmyMainWindow 的构造函数里调用自定义函数__drawFill()绘制填充图，这个函数的代码如下：

```
def __drawFill(self):      ##绘制填充图
    xmax=5
    x = np.linspace(0.0, xmax, 200)
    y = np.cos( 2*np.pi * x) * np.exp(-x)
    self.ui.widgetFill.figure.clear()
    ax1=self.ui.widgetFill.figure.add_subplot(1,1,1)
    ax1.plot(x,y,'k-')      #绘制曲线

    if self.ui.radioFill_Both.isChecked():        #曲线与 0 之间填充
        ax1.fill_between(x,0,y,facecolor='g')
    elif self.ui.radioFill_Up.isChecked():        #填充 y≥0 的部分
        ax1.fill_between(x,0,y,where=y>=0,facecolor='g')
    elif self.ui.radioFill_Down.isChecked():      #填充 y≤0 的部分
        ax1.fill_between(x,0,y,where=y<=0,facecolor='g')

    ax1.set_xlim(0,xmax)
    ax1.set_ylim(-1,1)
    ax1.set_title("曲线之间填充")
    ax1.set_xlabel('时间(sec)')
    ax1.set_ylabel('响应幅度')
    checked=self.ui.chkBoxFill_gridLine.isChecked()
    ax1.grid(b=checked,which='major',axis='both')
```

程序运行时的"填充图"页面如图 14-14 所示。Axes.fill_between()函数绘制填充图，其函数原型是：

```
fill_between(self, x, y1, y2=0, where=None, interpolate=False, step=None)
```

其中，x 是横坐标数组，y1、y2 是两个曲线的纵坐标数组，其中一个可以是标量，例如 y2 = 0，参数 where 可以设置填充条件。

函数__drawFill()的代码根据界面上 3 个 RadioButton 的选择情况绘制不同的填充曲线，可以上下都填充，也可以只填充上半部分或下半部分。

图 14-14 左侧操作面板几个组件的槽函数代码如下：

```
##=======2.填充图=========
@pyqtSlot()        ##曲线与 0 之间填充
def on_radioFill_Both_clicked(self):
    self.__drawFill()
    self.ui.widgetFill.redraw()

@pyqtSlot()        ##填充 y≥0 的部分
def on_radioFill_Up_clicked(self):
    self.__drawFill()
    self.ui.widgetFill.redraw()

@pyqtSlot()        ##填充 y≤0 的部分
def on_radioFill_Down_clicked(self):
    self.__drawFill()
    self.ui.widgetFill.redraw()

@pyqtSlot()        ##紧凑布局
def on_btnFill_tightLayout_clicked(self):
    self.ui.widgetFill.figure.tight_layout()
    self.ui.widgetFill.redraw()

@pyqtSlot(bool)        ##显示网格线
def on_chkBoxFill_gridLine_clicked(self,checked):
    ax=self.ui.widgetFill.figure.axes[0]
    ax.grid(b=checked,which='major',axis='both')
    self.ui.widgetFill.redraw()
```

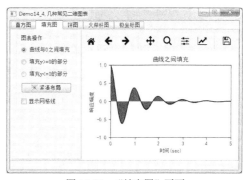

图 14-14　"填充图"页面

14.4.5　饼图

QmyMainWindow 的构造函数里调用自定义函数__drawPie()绘制饼图，这个函数的代码如下：

```
def __drawPie(self):        ##绘制饼图
    days=("Monday","Tuesday","Wednesday","Thursday", "Friday","Saturday","Sunday")
    sliceCount=7        #饼图分块个数
    sales=np.random.randint(50,400,sliceCount)        #50-400，7 个随机数
    self.ui.widgetPie.figure.clear()
    exploded =np.zeros(sliceCount)        #具有弹出效果的块
    index=self.ui.comboPie_explode.currentIndex()
    if index<sliceCount:
        exploded[index]=0.1
    holeSize=self.ui.spinPie_HoleSize.value()        #空心圆大小
    ax1=self.ui.widgetPie.figure.add_subplot(1,1,1)
    wedges, texts, autotexts=ax1.pie(sales,labels=days,
            explode=exploded,wedgeprops=dict(width=1-holeSize),
            autopct='%.1f%%',shadow=True)
    ax1.set_title("一周每日销量占比")
    ax1.axis('equal')        #等宽坐标轴

    handles, labels = ax1.get_legend_handles_labels()        #获得图例数据
    for i in range(sliceCount):
        lab="%s--%d"%(labels[i],sales[i])
        labels[i]=lab        #改变图例标签
    leg=ax1.legend(handles, labels,loc="upper right")
    leg.set_draggable(True)
    leg.set_visible(self.ui.chkBoxPie_Legend.isChecked())
```

程序运行时的"饼图"页面如图 14-15 所示。绘制饼图使用 Axes.pie()函数，程序中的代码是：

```
wedges, texts, autotexts=ax1.pie(sales,labels=days,
            explode=exploded,wedgeprops=dict(width=1-holeSize),
            autopct='%.1f%%',shadow=True)
```

其中，sales 是销量数据数组；参数 labels 设定为每个分块的文字标签；参数 explode 是一个数组，非零的数据对应的分块具有弹出效果；参数 wedgeprops 是一个字典数据，用于设置一些参数，如 width 表示分块的相对宽度，范围是 0～1；参数 autopct 设置输出在分块内的文字的格式；参数 shadow 决定饼图是否有阴影。

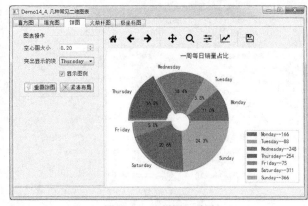

图 14-15　"饼图"页面

函数 pie()返回的数据有 3 个：wedges 是 matplotlib.patches.Wedge 类型的序列，表示饼图的每个分块对象；texts 是一个 Text 对象序列，是在饼图外圈的标签文字对象，即 "Monday" "Tuesday" 等文字；autotexts 是一个 Text 对象序列，是在每个分块里的文字对象，即那些百分比数字标签。

程序中还对图例的显示内容进行了修改，如果是用 legend()函数自动生成图例，将只显示每个分块的标签文字。程序里通过 Axes.get_legend_handles_labels()函数获得图例的 handles 和 labels，然后对 labels 进行改造后再生成图例。

"饼图"页面左侧操作面板几个组件的槽函数代码如下：

```
##=======3.饼图=========
@pyqtSlot()        ##重画饼图
def on_btnPie_redraw_clicked(self):
    self.__drawPie()
    self.ui.widgetPie.redraw()


@pyqtSlot()        ##紧凑布局
def on_btnPie_tightLayout_clicked(self):
    self.ui.widgetPie.figure.tight_layout()
    self.ui.widgetPie.redraw()


@pyqtSlot(bool)        ##显示图例
def on_chkBoxPie_Legend_clicked(self,checked):
    axesList=self.ui.widgetPie.figure.axes        #子图列表
    leg=axesList[0].get_legend()
    leg.set_visible(checked)
    self.ui.widgetPie.redraw()
```

14.4.6　火柴杆图

QmyMainWindow 的构造函数里调用自定义函数 __drawStem()绘制火柴杆图，这个函数的代码如下：

```
def __drawStem(self):        ##绘制火柴杆图
    t=np.linspace(0, 4*np.pi, 200)        #高密度采样来模拟连续信号
    wn=1
    y=np.sin(wn*t)        #模拟正弦信号
    pointCount=self.ui.spinStem_PointCount.value()        #离散采样点数
    t2=np.linspace(0, 4*np.pi, pointCount)
    y2=np.sin(wn*t2)        #离散采样点
```

```
self.ui.widgetStem.figure.clear()
ax1=self.ui.widgetStem.figure.add_subplot(1,1,1)
isVis=self.ui.chkBoxStem_Analog.isChecked()
ax1.plot(t,y,"b:",label="连续信号",visible=isVis)
ax1.plot(t2,y2,"k-",drawstyle='steps-post',label="采样保持信号",
        visible=self.ui.chkBoxStem_Holder.isChecked())
ax1.stem(t2, y2, '--',label="采样点")      #火柴杆图

ax1.set_title("信号采样与保持示意图")
ax1.set_xlabel('时间(sec)')
ax1.set_ylabel('信号幅度')
leg=ax1.legend()
leg.set_draggable(True)
leg.set_visible(self.ui.chkBoxStem_Legend.isChecked())
```

程序运行时的"火柴杆图"页面如图 14-16 所示。

程序首先对一个正弦信号采样 200 个点，用 Axes.plot()函数绘制第一条曲线，用密集采样来模拟连续信号。然后再对此正弦信号用少量点采样，如采样 20 个点，用 Axes.stem()函数绘制火柴杆图，用 Axes.plot()函数绘制阶梯状曲线，表示零阶保持器的信号。

使用 Axes.plot()函数绘制阶梯状曲线时使用了参数 drawstyle，其取值范围是{'default', 'steps', 'steps-pre', 'steps-mid', 'steps-post'}，程序中的代码是：

```
ax1.plot(t2,y2,"k-",drawstyle='steps-post',label="采样保持信号",
        visible=self.ui.chkBoxStem_Holder.isChecked())
```

学习过数字信号的读者对图 14-16 是熟悉的，它很直观地演示了模拟信号采样、零阶保持的原理。

在左侧操作面板上可以设置离散采样数据点个数，可以显示或隐藏连续信号、采样保持信号，可以更好地说明信号的相关原理，例如只显示火柴杆图和采样保持信号，可以看清楚零阶采样保持输出信号的特性。操作面板上各组件的槽函数代码如下：

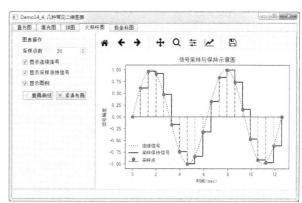

图 14-16　"火柴杆图"页面

```
##========4.火柴杆图============
@pyqtSlot()      ##重画曲线
def on_btnStem_redraw_clicked(self):
    self.__drawStem()
    self.ui.widgetStem.redraw()


@pyqtSlot()      ##紧凑布局
def on_btnStem_tightLayout_clicked(self):
    self.ui.widgetStem.figure.tight_layout()
    self.ui.widgetStem.redraw()


@pyqtSlot(bool)     ##显示连续信号
def on_chkBoxStem_Analog_clicked(self,checked):
    axesList=self.ui.widgetStem.figure.axes      #子图列表
    line=axesList[0].lines[0]      #连续信号曲线
    line.set_visible(checked)
    self.ui.widgetStem.redraw()
```

```
@pyqtSlot(bool)        ##显示采样保持信号
def on_chkBoxStem_Holder_clicked(self,checked):
    axesList=self.ui.widgetStem.figure.axes        #子图列表
    line=axesList[0].lines[1]        #采样保持信号曲线
    line.set_visible(checked)
    self.ui.widgetStem.redraw()

@pyqtSlot(bool)        ##显示图例
def on_chkBoxStem_Legend_clicked(self,checked):
    axesList=self.ui.widgetStem.figure.axes        #子图列表
    leg=axesList[0].get_legend()
    leg.set_visible(checked)
    self.ui.widgetStem.redraw()
```

14.4.7　极坐标图

QmyMainWindow 的构造函数里调用自定义函数__drawPolarSpiral()在极坐标系里绘制一个螺旋线，这个函数的代码如下：

```
def __drawPolarSpiral(self):        ##绘制螺旋线
    rho = np.arange(0, 2.5, 0.02)    #极径, 0--2.5, 间隔 0.02
    theta = 2 * np.pi * rho        #角度, 单位: 弧度
    self.ui.widgetPolar.figure.clear()

##ax1 是 matplotlib.projections.polar.PolarAxes 类型的子图
    ax1=self.ui.widgetPolar.figure.add_subplot(1,1,1,polar=True)
    ax1.plot(theta, rho,"r",linewidth=3)
    ax1.set_rmax(3)        #极径最大值
    ax1.set_rticks([0, 1,  2])        #极径刻度坐标
    ax1.set_rlabel_position(90)        #极径刻度坐标, 90°是正北
    ax1.grid(self.ui.chkBoxPolar_gridOn.isChecked())        #是否显示网格
```

要使用极坐标系，生成子图时需要设置参数 polar = True，或 projection = 'polar'，生成的子图类型是 matplotlib.projections.polar.PolarAxes，表 14-1 所列的绘制各种图的函数很多在 PolarAxes 类里都可以使用。这里使用 plot()函数绘制一条曲线，即

```
ax1.plot(theta, rho,"r",linewidth=3)
```

PolarAxes.plot()函数根据角度和极径数组数据绘制一条曲线，其他用于曲线设置的参数与 Axes.plot()函数的相同。

"极坐标图"页面初始化绘制的螺旋线如图 14-17 所示。Matplotlib 的默认的极坐标系零度在正东方向，角度沿逆时针方向增长，这与 PyQtChart 中的极坐标系是不同的。这样的极坐标系是数学上常用的，适合于绘制函数曲线。

PolarAxes 极坐标系的有两个重要的可配置参数：角度增长方向可以设置为逆时针方向（默认）或顺时针方向，角度偏移量指 0°的起始位置。如果设置为顺时针，角度偏移量为 90°，那么得到的极坐标系就和 PyQtChart 中的极坐标系相同了。

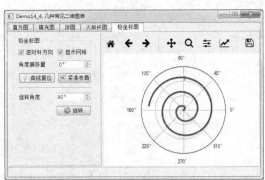

图 14-17　"极坐标图"页面

界面左侧的操作面板用于对图表进行操作，几个组件的槽函数代码如下：

```python
##=====5.极坐标图========
@pyqtSlot()        ##"曲线复位"
def on_btnPolar_redraw_clicked(self):
    self.__drawPolarSpiral()
    self.ui.chkBoxPolar_direction.setCheckState(Qt.Checked)    #逆时针方向
    self.ui.spinPolar_offset.setValue(0)          #偏移量重置为0
    self.ui.widgetPolar.redraw()

@pyqtSlot(bool)      ##逆时针方向
def on_chkBoxPolar_direction_clicked(self,checked):
    ax1=self.ui.widgetPolar.figure.axes[0]    #获取子图
    if self.ui.chkBoxPolar_direction.isChecked():
        ax1.set_theta_direction(1)       #顺时针方向-1;  逆时针方向1:
    else:
        ax1.set_theta_direction(-1)
    self.ui.widgetPolar.redraw()

@pyqtSlot(bool)        ##显示网格线
def on_chkBoxPolar_gridOn_clicked(self,checked):
    ax1=self.ui.widgetPolar.figure.axes[0]    #获取子图
    ax1.grid(self.ui.chkBoxPolar_gridOn.isChecked())
    self.ui.widgetPolar.redraw()

@pyqtSlot(int)      ##角度偏移量
def on_spinPolar_offset_valueChanged(self,arg1):
    ax1=self.ui.widgetPolar.figure.axes[0]      #获取子图
    offsetDeg=self.ui.spinPolar_offset.value()
    ax1.set_theta_offset(np.pi*offsetDeg/180.0)      #单位：弧度
    self.ui.widgetPolar.redraw()

@pyqtSlot()        ##紧凑布局
def on_btnPolar_tightLayout_clicked(self):
    self.ui.widgetPolar.figure.tight_layout()
    self.ui.widgetPolar.redraw()

@pyqtSlot()        ##旋转
def on_btnPolar_rotate_clicked(self):
    deg=self.ui.spinPolar_rotation.value()        #旋转角度
    radian=np.pi*deg/180.0       #单位：弧度
    ax1=self.ui.widgetPolar.figure.axes[0]     #获取子图
    line=ax1.get_lines()[0]            #获取曲线
    xdata=radian+line.get_xdata()         #角度数据，单位：弧度
    line.set_xdata(xdata)
    self.ui.widgetPolar.redraw()
```

本节设计了一个非常有用的自定义类 QmyFigureCanvas，它创建了 FigureCanvas、Figure、NavigationToolbar 等组件，构成一个 Matplotlib 绘图系统。在窗体可视化设计时可以放置一个 QWidget 并提升为 QmyFigureCanvas 类，方便了界面的可视化设计。

示例 Demo14_4 只演示了 5 种二维图的基本绘制方法。Matplotlib 能绘制的图很多，表 14-1 中列出的各种图及其功能细节不可能全部介绍，掌握了本节介绍的将 Matplotlib 绘图功能嵌入 GUI 中的设计方法后，绘制其他图也都是类似的。

14.5 三维数据绘图

14.5.1 三维数据绘图概述

Matplotlib 可以绘制一些三维图形,如三维曲面图、三维线网图、三维散点图等。只能在 mpl_toolkits.mplot3d.axes3d.Axes3D 类型的子图上绘制三维图,要创建 Axes3D 类型的子图,需要在 Figure.add_subplot()函数创建子图时设置参数 projection='3d',如:

```
ax3D=figure.add_subplot(1,2,1,projection='3d')
```

其中,figure 是一个 Figure 类型对象,这样生成的子图 ax3D 就是 Axes3D 类型。

Axes3D 类定义的一些绘制三维图的函数如表 14-5 所示,表中仅列出了函数名称。Axes3D 的父类是 matplotlib.axes._axes.Axes,父类中定义的一些绘图函数与表 14-1 基本相同,在 Axes3D 中也可以使用。

表 14-5 Axes3D 子图类新定义的一些绘图函数

函数	功能描述
plot_surface()	绘制三维曲面
plot_wireframe()	绘制三维线网图
scatter()	绘制三维散点图
plot()	绘制二维或三维曲线
bar3d()	绘制三维柱状图
contour()	绘制三维等高线图
contourf()	绘制三维填充型等高线图
quiver()	绘制三维场箭头图
plot_trisurf()	绘制三角形网格划分的三维曲面
tricontour()	根据三角形网格数据绘制三维等高线图
tricontourf()	根据三角形网格数据绘制三维等高线填充图
voxels()	绘制填充的三维体素图

Matplotlib 只提供了一些基本的三维绘图功能,有些接口函数甚至只定义了而没有实现。它的功能不如那些专业的三维绘图库(如 VTK),但它是随 Matplotlib 提供的一个轻量级的三维绘图库,做一些简单的要求不太高的三维绘图是可以的。

本节通过示例 Demo14_5 简单介绍 Matplotlib 中绘制三维曲面、三维线网图和散点图的方法。三维数据也可以用二维图表现出来,例如一个三维曲面可以投影到 x-y 平面上,用颜色表示一个点的 z 轴的数值,这就是 Axes 类中的 pcolormesh()、pcolor()等函数绘制的伪色图。

示例 Demo14_5 运行时界面如图 14-18 所示。窗口右侧是一个 QmyFigureCanvas 类组件,在上面有两个子图。第一个是 Axes3D 子图,通过在操作面板上选择 3D 绘图类型,可以绘制三维曲面图、三维线网图、三维散点图。第二个是 Axes 子图,通过操作面板上选择 2D 绘图类型,可以绘制伪色图、等高线图等。两个子图的下方是一个 colorbar,两个子图使用同一个 colorbar,操作面板上提供了多组 colormap 供选择。

窗口左侧是一个 QFrame 面板组件,上面放置了各种下拉列表框和按钮用于对绘图进行设置。

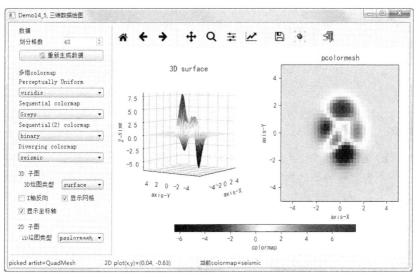

图 14-18　示例 Demo14_5 运行时界面

14.5.2　窗体初始化

　　将示例 Demo14_4 里设计的文件 myFigureCanvas.py 复制到本示例目录下。示例 Demo14_5 的主窗体文件 MainWindow.ui 可视化设计时，窗体右边先放置一个 QWidget 组件，然后提升为 QmyFigureCanvas 类。窗体上其他组件的命名和布局见示例源文件 MainWindow.ui。窗体业务逻辑类 QmyMainWindow 的构造函数代码如下：

```python
import sys
from PyQt5.QtWidgets import  QApplication, QMainWindow, QLabel
from PyQt5.QtCore import  pyqtSlot,Qt
import numpy as np
import matplotlib as mpl
from mpl_toolkits.mplot3d import axes3d

from ui_MainWindow import Ui_MainWindow
class QmyMainWindow(QMainWindow):
    def __init__(self, parent=None):
        super().__init__(parent)
        self.ui=Ui_MainWindow()
        self.ui.setupUi(self)
        self.setWindowTitle("Demo14_5, 三维数据绘图")
        self.__colormap=mpl.cm.seismic    #Colormap 对象
        self.__iniUI()    #初始化界面

        mpl.rcParams['font.sans-serif']=['SimHei']      #黑体
        mpl.rcParams['font.size']=10
        mpl.rcParams['axes.unicode_minus'] =False
        self.__colorbar=None     #Colorbar 对象
        self.__generateData()    #生成数据
        self.__iniFigure()       #绘图初始化

        self.ui.widgetPlot.figure.canvas.setCursor(Qt.CrossCursor)
```

```
self.ui.widgetPlot.figure.canvas.mpl_connect(
        "motion_notify_event",self.do_canvas_mouseMove)
self.ui.widgetPlot.figure.canvas.mpl_connect(
        "pick_event",self.do_canvas_pick)

self.on_combo3D_type_currentIndexChanged(0)       #3D 曲线
self.on_combo2D_type_currentIndexChanged(0)       #2D 曲线
self.ui.widgetPlot.figure.subplots_adjust(left=0.05,
        bottom=0.26, right=0.97, top=0.92, wspace=0.28)
```

构造函数的功能大致分为以下几部分。

1. 界面初始化

调用自定义函数__iniUI()进行界面初始化。这个函数除初始化状态栏和工具栏外，还初始化多个 colormap 下拉列表框的列表内容，代码如下。

```
def __iniUI(self):      ##界面初始化
##  状态栏
    self.__labPick=QLabel("picked artist")
    self.__labPick.setMinimumWidth(200)
    self.ui.statusBar.addWidget(self.__labPick)
    self.__labMove=QLabel("(x,y)=")
    self.__labMove.setMinimumWidth(200)
    self.ui.statusBar.addWidget(self.__labMove)
    self.__labCmp=QLabel("colormap=seismic")
    self.__labCmp.setMinimumWidth(200)
    self.ui.statusBar.addWidget(self.__labCmp)

##  工具栏
    self.ui.widgetPlot.naviBar.addAction(self.ui.actSetCursor)
    self.ui.widgetPlot.naviBar.addSeparator()
    self.ui.widgetPlot.naviBar.addAction(self.ui.actQuit)

##  各个 coloamap  下拉列表框
    cmList1=('viridis', 'plasma', 'inferno', 'magma', 'cividis')
    self.ui.comboCm1.addItems(cmList1)
    self.ui.comboCm1.currentTextChanged.connect(self.do_comboColormap_Changed)

    cmList2=('Greys', 'Purples', 'Blues', 'Greens', 'Oranges', 'Reds',
        'YlOrBr', 'YlOrRd', 'OrRd', 'PuRd', 'RdPu', 'BuPu',
        'GnBu', 'PuBu', 'YlGnBu', 'PuBuGn', 'BuGn', 'YlGn')
    self.ui.comboCm2.addItems(cmList2)
    self.ui.comboCm2.currentTextChanged.connect(self.do_comboColormap_Changed)

    cmList3=( 'binary', 'gist_yarg', 'gist_gray', 'gray', 'bone', 'pink',
        'spring', 'summer', 'autumn', 'winter', 'cool', 'Wistia',
        'hot', 'afmhot', 'gist_heat', 'copper')
    self.ui.comboCm3.addItems(cmList3)
    self.ui.comboCm3.currentTextChanged.connect(self.do_comboColormap_Changed)

    cmList4=('PiYG', 'PRGn', 'BrBG', 'PuOr', 'RdGy', 'RdBu',
        'RdYlBu', 'RdYlGn', 'Spectral', 'coolwarm', 'bwr', 'seismic')
    self.ui.comboCm4.addItems(cmList4)
    self.ui.comboCm4.currentTextChanged.connect(self.do_comboColormap_Changed)
```

colormap 就是渐变色的定义，封装 colormap 功能的类是 matplotlib.colors.Colormap。某些绘图函数可以用参数 cmap 指定一个 colormap 对象，从而使得图形的某些特性与颜色对应。例如，在绘制三维曲面图、三维等高线图时，某个方向（一般是 z 轴）的数值与颜色对应；在绘制二维伪色图、二维等高线图时，某个网格的颜色与该网格处的数值对应，从而直观地表现出数据的特点。

matplotlib.cm 模块中预定义了很多 colormap，这些 colormap 被分成了多个组，添加到界面上各下拉列表框里的是这些 colormap 的字符串名称。Matplotlib 官网上的示例程序 colormap reference 显示了所有这些 colormap 的渐变效果。

构造函数中定义了一个私有变量 self.__colormap 并初始化为 mpl.cm.seismic，在绘制一些三维图和二维图时，可以在绘图函数中使用参数 cmap=self.__colormap 指定 colormap 用于绘图。

几个 colormap 下拉列表框的 currentTextChanged()信号都与槽函数 do_comboColormapChanged() 关联，用于运行时选择 colormap。这个槽函数的代码功能在后面解释。

2. 生成数据和绘图初始化

构造函数里调用__generateData()函数生成数据，调用__iniFigure()函数进行绘图初始化，这两个函数的代码如下：

```python
def __generateData(self):     ##生成数据
    divCount=self.ui.spinDivCount.value()      #划分网格个数
    x=np.linspace(-5, 5, divCount, endpoint=True)
    y=np.linspace(-5, 5, divCount, endpoint=True)
    x,y= np.meshgrid(x, y)      #二维网格化数组

    p11=3*((1-x)**2)
    p12=np.exp(-x**2-(y+1)**2)
    p1=p11*p12     #按元素相乘
    p21=x/5-x**3-y**5
    p22=np.exp(-x**2-y**2)
    p2=-10*p21*p22
    p31=np.exp(-(x+1)**2-y**2)
    p3=-p31/3
    self._Z=p1+p2+p3      #Z 数据
    self._X=x             #X 数据
    self._Y=y             #Y 数据

def __iniFigure(self):     ##初始化图表，创建子图
    self.ui.widgetPlot.figure.clear()
    gs=self.ui.widgetPlot.figure.add_gridspec(1,2)     #1 行, 2 列
    self.ax3D=self.ui.widgetPlot.figure.add_subplot(
            gs[0,0],projection='3d',label="plot3D")
    self.ax2D=self.ui.widgetPlot.figure.add_subplot(
            gs[0,1],label="plot2D")
```

生成数据使用的是 MATLAB 中测试三维绘图常用的一个 peaks 函数，根据 x 和 y 坐标数据计算 z 坐标的公式是

$$z = 3(1-x)^2 e^{-x^2-(y+1)^2} - 10\left(\frac{x}{5} - x^3 - y^5\right) e^{-x^2-y^2} - \frac{1}{3} e^{-(x+1)^2-y^2}$$

生成的数据赋值给私有变量 self._X、self._Y 和 self._Z，以便在程序里重复使用。

绘图初始化就是创建两个子图，并保存为变量 self.ax3D 和 self.ax2D，以便在后面的程序里直接使用。

3. 事件处理

构造函数设置了 FigureCanvas 对象两个事件的关联函数，分别是 pick_event 和 motion_notify_event，用于在图上拾取对象时显示对象的类型信息，以及鼠标移动时显示坐标信息。这两个关联函数的代码如下：

```
def do_canvas_mouseMove(self,event):      ##鼠标移动
    if event.inaxes==self.ax2D:
        info="2D plot(x,y)=(%.2f, %.2f)"%(event.xdata,event.ydata)
    elif event.inaxes==self.ax3D:      #3D 图不能得到正确的坐标数据
        info="3D plot(x,y)=(%.2f, %.2f)"%(event.xdata,event.ydata)
    else:
        info=""
    self.__labMove.setText(info)

def do_canvas_pick(self,event):      ##拾取对象
    info="picked artist="+event.artist.__class__.__name__      #类名称
    self.__labPick.setText(info)
```

构造函数最后调用界面上 "3D 绘图类型" 下拉列表框 combo3D_type 的槽函数绘制一个三维曲面图，调用 "2D 绘图类型" 下拉列表框 combo2D_type 的槽函数绘制伪色图，这两个槽函数的功能实现在后面介绍。

14.5.3 绘制三维图

程序运行时，在界面上 "3D 绘图类型" 下拉列表框里选择需要绘制的三维图，下拉列表框 combo3D_type 的槽函数代码如下：

```
@pyqtSlot(int)      ## 3D 绘图类型
def on_combo3D_type_currentIndexChanged(self,index):
    self.ax3D.clear()
    if index==0:      # 3D surface
        series3D = self.ax3D.plot_surface(self._X, self._Y, self._Z,
                        cmap=self.__colormap,linewidth=1,picker=True)
        self.ax3D.set_title("3D surface")
    elif index==1:   # 3D wireframe
        series3D = self.ax3D.plot_wireframe(self._X, self._Y, self._Z,
                        cmap=self.__colormap,linewidth=1,picker=True)
        self.ax3D.set_title("3D wireframe")
    elif index==2:      # 3D scatter
        series3D = self.ax3D.scatter(self._X, self._Y, self._Z,
                        s=15,c='g',picker=True)
        self.ax3D.set_title("3D scatter")

    self.ax3D.set_xlabel("axis-X")
    self.ax3D.set_ylabel("axis-Y")
    self.ax3D.set_zlabel("axis-Z")
    self.ui.widgetPlot.redraw()
```

这个槽函数根据下拉列表框的选项，用 Axes3D 类的函数绘制以下 3 种三维图。

- plot_surface()函数绘制三维曲面图。用参数 cmap 设置了一个 colormap，三维曲面会根据 colormap 的设置具有渐变色效果。图像设置为可拾取的，即 picker = True。运行时点击三维曲面图，pick_event 事件的响应函数 do_canvas_pick()会被执行，显示的信息是 "picked artist=Poly3DCollection"。

- plot_wireframe()函数绘制三维线网图。虽然也用参数 cmap 设置了一个 colormap，但是绘图无效，不会出现渐变色。图像设置为可拾取的，运行时点击三维线网图，显示状态信息是"picked artist=Line3DCollection"。
- scatter()函数绘制三维散点图。用参数 c 设置一个颜色，不能使用 cmap。图像设置为可拾取的，运行时点击散点图，显示状态信息是"picked artist=Path3DCollection"。

界面上"3D 子图"分组框里几个控制三维图显示效果的复选框的槽函数代码如下：

```
@pyqtSlot(bool)        ## z 轴反向
def on_chkBox3D_invertZ_clicked(self,checked):
    self.ax3D.invert_zaxis()      #toggle 型操作
    self.ui.widgetPlot.redraw()


@pyqtSlot(bool)        ## 显示网格
def on_chkBox3D_gridOn_clicked(self,checked):
    self.ax3D.grid(checked)
    self.ui.widgetPlot.redraw()


@pyqtSlot(bool)        ## 显示坐标轴
def on_chkBox3D_axisOn_clicked(self,checked):
    if checked:
        self.ax3D.set_axis_on()
    else:
        self.ax3D.set_axis_off()
    self.ui.widgetPlot.redraw()
```

14.5.4　三维数据绘制二维图

使用三维数据可以绘制多种二维图，这些图用颜色区分 z 轴数值。程序运行时，在界面上"2D 绘图类型"下拉列表框里选择需要绘制的二维图，下拉列表框 combo2D_type 的槽函数代码如下：

```
@pyqtSlot(int)        ##2D 绘图类型
def on_combo2D_type_currentIndexChanged(self,index):
    self.ax2D.clear()
    if index==0:       # pcolormesh 伪色图，更高效
        series2D=self.ax2D.pcolormesh(self._X, self._Y,self._Z,
                cmap=self.__colormap,picker=True)
        self.ax2D.set_title("pcolormesh")
    elif index==1:     # pcolor 伪色图
        series2D=self.ax2D.pcolor(self._X, self._Y,self._Z,
                cmap=self.__colormap,picker=True)
        self.ax2D.set_title("pcolor")
    elif index==2:     # imshow 显示图片
        Z=np.flipud(self._Z)           #需要上下翻转
        series2D=self.ax2D.imshow(Z, cmap=self.__colormap,
                extent=[-5,5,-5,5],picker=True)
        self.ax2D.set_title("imshow")
    elif index==3:     # contour 等高线图
        series2D=self.ax2D.contour(self._X, self._Y,self._Z,
                cmap=self.__colormap, levels=10)      #没有参数 picker
        self.ax2D.set_title("contour")
        self.__labPick.setText("contour 不能拾取")
```

```
    elif index==4:    # contourf 填充等高线图
        series2D=self.ax2D.contourf(self._X, self._Y,self._Z,
                cmap=self.__colormap)              #没有参数 picker
        self.ax2D.set_title("contourf")
        self.__labPick.setText("contourf 不能拾取")

    if self.__colorbar==None:      #还未创建 __colorbar
        self.__colorbar=self.ui.widgetPlot.figure.colorbar(
            mappable=series2D, ax=[self.ax2D,self.ax3D],
            orientation='horizontal',label="colorbar",
            shrink=0.8, aspect=25,   pad=0.2,fraction=0.05)
        self.__colorbar.solids.set_edgecolor("face")

    self.ax2D.set_xlabel("axis-X")
    self.ax2D.set_ylabel("axis-Y")
    self.ui.widgetPlot.redraw()
```

这里使用了 Axes 类的以下相关函数绘制二维图。

- pcolormesh()函数绘制伪色图，返回对象是 matplotlib.collections.QuadMesh 类。
- pcolor()函数绘制伪色图，返回对象是 matplotlib.collections.Collection 类，pcolormesh()函数比 pcolor()函数效率高，推荐使用 pcolormesh()。
- imshow()函数将一个二维数组内容当作图片显示，需要用 extent 参数指定 x 轴和 y 轴坐标范围，因为数据的缘故，在显示前需要对 self._Z 数组进行上下翻转。
- contour()函数绘制等高线，参数 levels 为一个整数时，是设定等高线条数，如果是一个递增数据的数组，就是在指定数值处绘制等高线。
- contourf()函数绘制填充型等高线。contour()和 contourf()都不能使用 picker 参数。

这些函数还有较多的参数设置，可以查看函数的帮助信息，或通过官网示例程序了解函数的详细使用方法，在此就不详细介绍了。

程序的后面使用 Figure.colorbar()函数在图上创建一个 matplotlib.colorbar.Colorbar 类的对象 self.__colorbar，代码是：

```
self.__colorbar=self.ui.widgetPlot.figure.colorbar(
        mappable=series2D, ax=[self.ax2D, self.ax3D],
        orientation='horizontal',label="colorbar",
        shrink=0.8, aspect=25,   pad=0.2,fraction=0.05)
```

其中，mappable 参数指定关联的序列，参数 ax=[self.ax2D, self.ax3D]表示需要这两个子图腾出空间来用于绘制 colorbar，其他的一些参数用于设置 colorbar 的大小、长宽比等绘图效果。

14.5.5　colormap

1. colormap 的选择

在程序运时，可以在窗口上的几个 colormap 下拉列表框里选择一个 colormap 重新绘图。在窗体的构造函数中将几个 colormap 下拉列表框的 currentTextChanged()信号与自定义槽函数 do_comboColormap_Changed()关联，这个槽函数的代码如下：

```
@pyqtSlot(str)     ##在 ComboBox 中选择了 colormap
def do_comboColormap_Changed(self,arg1):
    self.__colormap=mpl.cm.get_cmap(arg1)    #通过字符串获得 colormap
    self.__labCmp.setText("当前 colormap="+arg1)
```

```
self.__colorbar.set_cmap(self.__colormap)        #设置colormap
self.__colorbar.draw_all()

index=self.ui.combo3D_type.currentIndex()                    #三维图类型
self.on_combo3D_type_currentIndexChanged(index)              #重画三维图
self.ui.chkBox3D_invertZ.setChecked(False)
self.ui.chkBox3D_gridOn.setChecked(True)
self.ui.chkBox3D_axisOn.setChecked(True)

index=self.ui.combo2D_type.currentIndex()                    #二维图类型
self.on_combo2D_type_currentIndexChanged(index)              #重画二维图
```

matplotlib.cm.get_cmap(arg1)函数的功能是根据名称 arg1 获得 Colormap 对象。这样更新变量 self.__colormap 的值之后，再更新界面上的 self.__colorbar，重绘三维和二维子图。由于重绘三维子图时会恢复子图的默认设置，因此将界面上的 3 个复选框的状态恢复为默认状态。

2. 正则化

colormap 实际上就是规定了起始和终止颜色的渐变颜色表或颜色函数，在绘图函数里用参数 cmap 指定 colormap，就是将 z 轴数值与颜色之间建立映射。前面在绘图时都使用的是默认的映射关系，例如：

```
series3D = self.ax3D.plot_surface(self._X, self._Y, self._Z,  cmap=self.__colormap)
```

它将自动使 self._Z 的最小值与 self.__colormap 的起始颜色对应，使 self._Z 的最大值与 self.__colormap 的终止颜色对应。这样的默认映射在大部分情况下绘图是适用的，它可以显示出图的各部分的相对大小。但是在某些情况下，我们需要人为地改变数值与颜色之间的映射关系，这就可以使用正则化方法。

在绘图函数里使用 norm 参数可以设定数值与颜色之间的正则化关系，例如：

```
normDef=mpl.colors.Normalize(vmin=-10,vmax=10)      #指定范围线性正则化
series3D = self.ax3D.plot_surface(self._X, self._Y, self._Z,
                    cmap=self.__colormap, norm=normDef)
```

mpl.colors.Normalize 类是线性正则化，colormap 的起始颜色和 vmin 值对应，终止颜色和 vmax 对应。在绘图函数里不使用 norm 参数时，相当于是定义了

```
normDef=mpl.colors.Normalize(vmin=self._Z.min(),vmax=self._Z.max())
```

除常用的线性正则化类之外，还有其他几种正则化类，如对数正则化类 LogNorm，其创建方式是：

```
normDef=mpl.colors.LogNorm(vmin=0.1,vmax=10)        #对数正则化
```

对数正则化要求 vmin 和 vmax 两个参数都大于零，否则对数计算会出错。

还有对称对数正则化类 SymLogNorm，其创建方式是：

```
normDef=mpl.colors.SymLogNorm(linthresh=0.02, linscale=0.02,
                vmin=self._Z.min(), vmax=self._Z.max())
```

SymLogNorm 一般应用于正负对称的数据，允许 vmin 小于零。参数 linthresh 设定线性映射范围，就是当数据的绝对值小于 linthresh 时使用线性映射，大于或等于 linthresh 时使用对数映射。参数 linscale 是定义将线性范围(-linthresh, +linthresh)延伸到的十倍程的倍数，默认为 1。

此外还有幂级数正则化类 PowerNorm、离散正则化类 BoundaryNorm 等，用户也可以自定义正则化类，这些就不具体介绍了。示例 Demo14_5 在界面上并没有正则化设置的功能，直接修改源程序进行测试即可。

本章的重点是介绍将 Matplotlib 的绘图功能嵌入到 PyQt5 GUI 应用程序窗口界面上的面向对象编程方法，限于篇幅没有全面详细地介绍各种绘图函数的使用。在需要绘制某种特殊的图形时（如信号分析的各种图），读者可以参考其他专门介绍 Matplotlib 绘图的书或 Matplotlib 官方示例程序，搞清楚 Matplotlib 绘图函数的过程化使用方法后，再运用本章介绍的面向对象编程方法就可以在 PyQt5 GUI 应用程序中嵌入 Matplotlib 绘图功能了。